普通高等教育“十二五”规划教材

无机及分析化学

南昌航空大学
吴小琴　陈燕清　周　韦　罗　艳　编著

化学工业出版社
·北京·

本书是在编者主讲本课程多年的基础上形成的，出版前曾以教案的形式反复修改并使用多年。

本教材充分注意工科专业特点，编写既体现科学性、理论课“知其所以然”的宗旨；又注意适用性以强化本课程与专业课之间的联系。在内容上，将原工科无机化学和分析化学的基本内容优化组合成为一个新的体系，精心安排了12章内容，依次为：绪论，化学反应中的能量变化，化学反应的基本原理，定量分析基础，酸碱平衡与酸碱滴定法，沉淀-溶解平衡与沉淀滴定法，氧化还原平衡与氧化还原滴定法，原子结构和元素周期表，化学键与分子结构，配位平衡与配位滴定法，元素选述，紫外-可见分光光度法。同时针对工科环境与材料类专业的本科教学，引入相关专业中无机化学与化学分析领域中最新的知识和科研成果，让学生感受到理论课的必要性、指导性和实用性，符合当前高校学科发展和教育改革的需要。

本书可供高等学校环境工程、给水排水工程、金属材料及热处理、金属腐蚀与防护和高分子材料与工程等专业作教材使用，也可供有关人员参考。

图书在版编目（CIP）数据

无机及分析化学/吴小琴等编著．—北京：化学工业出版社，2013.11（2022.7重印）
普通高等教育“十二五”规划教材
ISBN 978-7-122-18678-2

Ⅰ.①无…　Ⅱ.①吴…　Ⅲ.①无机化学-高等学校-教材②分析化学-高等学校-教材　Ⅳ.①O61②O65

中国版本图书馆CIP数据核字（2013）第244211号

责任编辑：刘俊之　　文字编辑：颜克俭
责任校对：陶燕华　　装帧设计：刘丽华

出版发行：化学工业出版社（北京市东城区青年湖南街13号　邮政编码100011）
印　　装：北京捷迅佳彩印刷有限公司
787mm×1092mm　1/16　印张18¼　彩插1　字数482千字　2022年7月北京第1版第6次印刷

购书咨询：010-64518888　　售后服务：010-64518899
网　　址：http://www.cip.com.cn
凡购买本书，如有缺损质量问题，本社销售中心负责调换。

定　价：49.00元

前言

当前经济和科技飞速发展，教育改革在不断深化，随着新教学大纲的修订，对高等学校教学内容和体系的改革提出了更高的要求，也催促着教材改革和更新。《无机及分析化学》课程是把原工科《无机化学》和《分析化学》两门基础课的基本内容优化组合而成的一门高等学校课程，是四年制本科环境工程、给水排水工程、金属材料及热处理、金属腐蚀与防护和高分子材料与工程等非化学类工科专业的第一门学科基础必修课，也是这五个专业的核心课程之一。学习无机及分析化学的基本理论和基本知识，可以为这些专业的后续课程打下必要的基础，为各工程的设计提供思路和理论依据。目前国内同类高校教材不少，但尚无针对这几个工科专业本科教学的《无机及分析化学》专用教材。因此，作者在授课时，常面对学生的提问：①老师，为什么不按书本讲课呢？②这门课与我们专业有什么关系？关于第一个问题，实践证明只有初入校门的大学生才会提出，因为他（她）还习惯中学的教学模式，还注重手中的教材。因此，为了适应教学需要，更好地培养环境与材料类专业技术人员，切实加强学生专业基础理论知识，掌握现代无机化学和化学分析领域中与所学专业相关的新理论、新标准、新技术，为后续课程的学习做好铺垫，编者在多年教学实践的基础上，编写了本教材。在教材内容的安排上，本书的编写力求做到以下几点。

① 与不同层次的“无机及分析化学”课程教学大纲匹配，贴合教学实际。

② 内容先进且实用，传承的部分做到精准，同时以“阅读材料”的方式引入与授课专业（环境、给排水、高分子材料工程，金属材料及热处理、金属腐蚀与防护）相关的无机及分析化学方面的新知识和新成果，以回答第二个问题。

③ 知识系统完整，思路清晰，承前启后。即教材内容的起点与当前中学化学教材无机和分析内容相衔接，也为后续相关专业课留下接口。

与同类教材比较，力求体现下列特色与创新：

① 针对工科环境与材料类专业的本科教学；

② 反映了相关专业中无机化学与化学分析领域中最新的科学技术成果；

③ 体现学术价值，理论课“知其所以然”宗旨；

④ 强化本课程与专业课之间的联系。

编写总体思路为：通过本课程的学习，使学生理解并掌握物质结构的基础理论，化学反应的基本原理及具体应用，定量分析中常用的化学分析方法原理。培养学生运用无机及分析化学的理论去解决环境工程、给水排水工程、金属腐蚀与防护、金属材料及热处理和高分子材料与工程中一般相关问题的能力。具体要求如下。

① 掌握化学反应的基本原理，能判断一个化学反应能否发生，反应的限度。初步了解化学反应中的能量关系，安全利用反应式解决材料工艺、环境保护和给水排水方面的实际问题。

② 掌握近代物质结构理论，从原子结构、分子结构入手，阐明材料的性能、物理和化学变化的实质。

③ 理解化学平衡理论及其应用，具体掌握酸碱平衡、沉淀溶解平衡、氧化还原平衡和配位平衡这四大平衡及它们之间的共存和相互影响。

④ 了解常见有毒元素及其化合物的性质、监测方法和环境治理、给水排水中涉及的化学反应。

⑤ 了解最基本的材料元素及其化合物的结构、来源、性质及用途。

⑥ 熟练掌握容量分析和分光光度分析的基本原理、方法和适用范围，在水质分析、环境监测、材料元素定量中的具体应用。

⑦ 熟练掌握定量分析数据的处理方法，能准确表达测定结果，并对测定结果的可靠性进行评价。

本书根据教学计划，建议讲授64+6学时左右，环境工程和给水排水工程专业适用。材料类不同专业可根据本专业要求选用相关章节和内容。本书亦可供普通高等院校有关专业参考使用。

本书由吴小琴教授、陈燕清、周韦、罗艳博士编著。具体编写安排是：陈燕清（第4、8、9、12章及附录一、五）、周韦、罗艳（第5、6、7、10章及附录四、六、七、八）、吴小琴（第1、2、3、11章、其他章节的部分习题，本书的其他内容），统稿。

本书由南昌航空大学环境与化学工程学院院长颜流水教授主审。他精心审阅本书，提出了许多宝贵的修改意见，编者根据审稿意见作了认真修改，编者在此对颜教授表示衷心的感谢。

本书由南昌航空大学教材建设基金资助出版。感谢南昌航空大学、教务处和环化学院相关领导与同仁；同时也要感谢化学工业出版社的编辑。正是大家对课程改革与教材编写的热情关心、全力支持与具体帮助，才使本书得以如期问世。

限于编者的水平，书中难免有不当之处，敬请读者和专家不吝指正。

编著者

2013年7月于南昌红角洲

目 录

第1章 绪 论

Chapter 1 Introduction

1.1 概述 …… 1

1.1.1 化学的起源、研究对象及学科地位 …… 1

1.1.2 化学变化的基本特征 …… 2

1.1.3 化学的基础分支学科 …… 2

1.1.4 化学带来的问题与未来发展趋势 …… 6

1.2 无机及分析化学课程的基本内容和任务 …… 6

1.2.1 基本内容 …… 6

1.2.2 任务 …… 6

1.3 本课程与环境和材料工程类各专业的联系 …… 6

1.4 无机及分析化学课程的学习方法 …… 7

[阅读材料] 理工科大学新生怎样自主学习 …… 8

思考题 …… 8

第2章 化学反应中的能量变化

Chapter 2 Energy Changes in Chemical Reactions

2.1 概念与术语 …… 9

2.1.1 系统与环境 …… 9

2.1.2 过程与途径 …… 9

2.1.3 状态与状态函数 …… 9

2.1.4 热 Q 和功 W …… 10

2.1.5 热力学能 U 和焓 H …… 10

2.2 热化学 …… 11

2.2.1 化学反应中的能量变化——反应热（反应热效应） …… 11

2.2.2 热化学反应方程式 …… 12

2.2.3 热化学定律 …… 13

2.2.4 标准摩尔生成焓 $\Delta_f H_m^\ominus$ 及标准摩尔燃烧焓 $\Delta_c H_m^\ominus$ …… 14

2.3 化学反应热效应的理论计算 …… 15

2.3.1 利用标准摩尔生成焓的数据计算 …… 15

2.3.2 利用标准摩尔燃烧焓的数据计算 …… 15

2.3.3 利用标准摩尔生成焓或标准摩尔反应焓变数据，根据盖斯定律计算 …… 15

[阅读材料] 锂离子电池中的热效应 …… 16

思考题与习题 …… 17

第 3 章 化学反应的基本原理

Chapter 3 Basic Principle of Chemical Reactions

3.1 化学反应的自发性及其判断 …… 18
3.1.1 自发过程及其特点 …… 18
3.1.2 自然界的两条基本定律 …… 18
3.1.3 混乱度与熵的概念 …… 19
3.1.4 焓变判据和熵变判据 …… 20
3.1.5 摩尔反应吉布斯自由能变和化学反应的方向 …… 20
3.1.6 吉布斯方程的应用 …… 22
3.2 化学反应的限度——化学平衡 …… 23
3.2.1 可逆反应与化学平衡 …… 23
3.2.2 分压定律和化学平衡常数 …… 24
3.2.3 吉布斯自由能变与标准平衡常数 …… 27
3.2.4 化学平衡的移动 …… 29
3.3 化学反应的速率 …… 30
3.3.1 化学反应速率及表示方法 …… 30
3.3.2 反应速率理论简介 …… 31
3.3.3 影响化学反应速率的因素 …… 34
[阅读材料] 光化学反应与光催化剂 …… 36
思考题与习题 …… 36

第 4 章 定量分析基础

Chapter 4 The Basic of Quantitative Analysis

4.1 分析化学的定义、历史、任务和作用 …… 39
4.2 定量分析方法的分类与选择 …… 39
4.2.1 化学分析方法 …… 39
4.2.2 仪器分析方法 …… 40
4.3 定量分析的过程及分析结果的表示 …… 41
4.3.1 分析化学过程 …… 41
4.3.2 定量分析结果的表示 …… 41
4.4 定量分析中的误差 …… 42
4.4.1 准确度和精密度 …… 42
4.4.2 定量分析误差产生的原因 …… 44
4.4.3 提高分析结果准确度的方法 …… 45
4.5 有效数字的运算规则 …… 46
4.5.1 有效数字 …… 46
4.5.2 有效数字的运算规则 …… 46
4.6 有限实验数据的统计处理 …… 47
4.7 滴定分析法概述 …… 49
4.7.1 滴定分析法的特点 …… 49
4.7.2 滴定分析对化学反应的要求和滴定方式 …… 50
4.7.3 基准物质和标准溶液 …… 51

4.7.4 滴定分析的计算 …… 51
[阅读材料] 以数理统计法对化学分析中实验数据差异性的研究 …… 52
思考题与习题 …… 53

第5章 酸碱平衡与酸碱滴定法

Chapter 5 Acid-base Equilibrium and Acid-base Titration

5.1 经典酸碱理论 …… 56
5.2 酸碱质子理论 …… 56
5.2.1 共轭酸碱 …… 56
5.2.2 酸碱反应 …… 57
5.3 弱酸、弱碱解离平衡 …… 57
5.3.1 一元弱酸、弱碱的解离平衡 …… 57
5.3.2 多元弱酸、弱碱的解离平衡 …… 58
5.3.3 同离子效应和盐效应 …… 58
5.3.4 共轭酸碱对的 $K_a^\ominus$ 与 $K_b^\ominus$ 的关系 …… 58
5.4 酸碱平衡体系中有关组分浓度的计算 …… 59
5.4.1 分布系数与分布曲线 …… 60
5.4.2 溶液酸度的计算 …… 61
5.5 酸碱缓冲溶液 …… 64
5.5.1 酸碱缓冲溶液的作用原理 …… 65
5.5.2 酸碱缓冲溶液的 pH 计算 …… 65
5.5.3 缓冲容量和缓冲范围 …… 66
5.5.4 缓冲溶液的配制 …… 66
5.6 酸碱滴定法 …… 66
5.6.1 酸碱指示剂 …… 66
5.6.2 酸碱滴定法的基本原理 …… 69
5.7 酸碱滴定法的应用 …… 74
5.7.1 酸碱标准溶液的配制与标定 …… 74
5.7.2 应用实例 …… 74
[阅读材料] 酸碱滴定分析在聚酰胺-胺表征中的应用 …… 77
思考题与习题 …… 79

第6章 沉淀-溶解平衡与沉淀滴定法

Chapter 6 Precipitation-solubility Equilibrium and Precipitation Titration

6.1 难溶电解质的溶度积和溶度积规则 …… 83
6.1.1 难溶电解质的溶度积 …… 83
6.1.2 溶解度和溶度积的相互换算 …… 83
6.1.3 溶度积规则 …… 84
6.2 沉淀-溶解平衡的移动 …… 85
6.2.1 同离子效应和盐效应对沉淀-溶解平衡的影响 …… 85
6.2.2 沉淀生成 …… 86
6.2.3 沉淀的溶解 …… 86
6.2.4 分步沉淀 …… 87

6.2.5 沉淀转化 …… 88
6.3 重量分析法 …… 88
6.3.1 重量分析法简介 …… 88
6.3.2 沉淀的形成 …… 89
6.3.3 影响沉淀纯度的因素 …… 90
6.3.4 沉淀条件的选择及减少沉淀沾污的方法 …… 91
6.3.5 沉淀的过滤、洗涤、烘干或灼烧 …… 92
6.3.6 重量分析对沉淀的要求 …… 92
6.3.7 重量分析的计算和应用实例 …… 93
6.4 沉淀滴定法 …… 93
6.4.1 莫尔法 …… 94
6.4.2 佛尔哈德法 …… 95
6.4.3 法扬斯法 …… 95
6.4.4 银量法的应用 …… 97
[阅读材料] 铁基非晶合金铁硅硼中硅和硼的测定 …… 97
思考题与习题 …… 98

第7章 氧化还原反应与氧化还原滴定法

Chapter 7 Redox Equilibrium and Redox Titration

7.1 氧化还原反应方程式的配平 …… 101
7.1.1 氧化数法 …… 101
7.1.2 离子-电子法 …… 102
7.2 电极电势 …… 103
7.2.1 原电池 …… 103
7.2.2 电极电势 …… 104
7.3 电极电势的应用 …… 107
7.3.1 判断原电池的正、负极及计算原电池的电动势 …… 107
7.3.2 判断氧化还原反应自发进行的方向 …… 107
7.3.3 判断氧化还原反应进行的次序 …… 108
7.3.4 判断氧化还原反应进行的完全程度 …… 108
7.4 元素标准电极电势图及其应用 …… 109
7.4.1 元素标准电极电势图 …… 109
7.4.2 元素标准电极电势图的应用 …… 110
7.5 氧化还原反应的速率及其影响因素 …… 110
7.6 氧化还原滴定法 …… 111
7.6.1 方法概述 …… 111
7.6.2 条件电极电势 …… 111
7.6.3 氧化还原滴定曲线 …… 112
7.6.4 氧化还原指示剂 …… 114
7.6.5 氧化还原预处理 …… 115
7.7 常用氧化还原滴定法 …… 115
7.7.1 高锰酸钾法 …… 115
7.7.2 重铬酸钾法 …… 117

7.7.3 碘量法 …… 117
[阅读材料] 氧化还原法处理冶金综合电镀废水 …… 120
思考题与习题 …… 121

第8章 原子结构和元素周期表
Chapter 8 Atomic Structure and Element Periodic Table

8.1 原子核外电子的运动状态 …… 125
8.1.1 氢原子光谱和玻尔理论 …… 125
8.1.2 微观粒子的波粒二象性和测不准原理 …… 127
8.1.3 波函数和原子轨道 …… 129
8.1.4 波函数和电子云的空间图形 …… 130
8.1.5 四个量子数及其对原子核外电子运动状态的描述 …… 132
8.2 多电子原子结构 …… 134
8.2.1 近似能级图 …… 134
8.2.2 核外电子排布的规律 …… 136
8.2.3 核外电子排布和元素周期系 …… 136
8.3 元素基本性质的周期性 …… 138
8.3.1 原子半径 …… 138
8.3.2 电离势 …… 139
8.3.3 电子亲和势 …… 140
8.3.4 电负性 …… 141
[阅读材料] 原子态与金属态贵金属化学稳定性的差异 …… 142
思考题与习题 …… 143

第9章 化学键与分子结构
Chapter 9 Chemical Bond and Molecular Structure

9.1 离子键 …… 145
9.1.1 离子键的形成与特点 …… 145
9.1.2 晶格能 …… 146
9.1.3 离子的电荷、电子构型和半径 …… 147
9.1.4 离子的极化 …… 148
9.2 共价键 …… 149
9.2.1 现代价键理论 …… 149
9.2.2 分子轨道理论 …… 153
9.3 共价键的极性和分子的极性 …… 158
9.3.1 极性键和非极性键 …… 158
9.3.2 极性分子和非极性分子 …… 158
9.4 金属键理论 …… 159
9.5 分子间力和氢键 …… 160
9.5.1 分子间力 …… 160
9.5.2 氢键 …… 162
[阅读材料] 功能高分子微球选择性清除环境毒素 …… 164
思考题与习题 …… 165

第10章　配位平衡与配位滴定法

Chapter 10　Coordination Equilibrium and Complexometry

10.1　配合物的基本知识……167
10.1.1　配合物的基本概念及组成……167
10.1.2　配合物的命名……168
10.1.3　配合物的类型……169
10.2　配合物的价键理论……171
10.2.1　配合物中的化学键……171
10.2.2　配合物的空间构型……171
10.2.3　外轨型配合物与内轨型配合物……173
10.3　配位平衡……173
10.3.1　配合物的离解平衡……173
10.3.2　配离子的稳定常数……174
10.3.3　配位平衡的移动……175
10.4　配位化合物的应用……177
10.4.1　在分析化学中的用途……177
10.4.2　在冶金工业中的应用……178
10.4.3　在医学方面的应用……178
10.5　配位滴定法……179
10.5.1　配位滴定法概述……179
10.5.2　EDTA与金属离子配合物的稳定性……180
10.5.3　金属指示剂……184
10.5.4　配位滴定原理……187
10.5.5　配位滴定的方式及其应用……192
[阅读材料]　浅谈EDTA在水泥化学分析中的应用……194
思考题与习题……195

第11章　元素选述

Chapter 11　Descriptions of the Selected Elements

11.1　环境污染和常见有毒无机物……199
11.1.1　砷及其无机化合物……199
11.1.2　铬及其无机化合物……202
11.1.3　汞及其无机化合物……206
11.1.4　镉及其化合物……210
11.1.5　铅及其化合物……211
11.2　材料关键元素及其无机化合物……216
11.2.1　铁及其化合物……216
11.2.2　碳及其无机化合物……220
[阅读材料]　石墨烯和碳纳米管的结构与性能简介……226
11.2.3　硅及其无机化合物……229
[阅读材料]　光伏材料……234
思考题与习题……235

第12章　紫外-可见分光光度法

Chapter 12　UV-VIS Spectrometry

12.1　概述…… 238

12.1.1　电磁波谱…… 238

12.1.2　物质的颜色与光的关系…… 239

12.2　光吸收的基本定律…… 240

12.2.1　朗伯-比尔定律 …… 240

12.2.2　偏离朗伯-比尔定律的原因 …… 241

12.3　显色反应及其影响因素…… 242

12.3.1　显色反应与显色剂…… 242

12.3.2　影响显色反应的因素…… 242

12.4　光度分析法及其仪器…… 243

12.4.1　目视比色法…… 243

12.4.2　分光光度法及分光光度计…… 243

12.4.3　吸光光度法测量条件的选择…… 246

12.5　紫外-可见分光光度法测定方法 …… 247

12.6　吸光光度法的应用…… 249

[阅读材料]　比值-导数法同时测定污水中的苯酚和苯胺 …… 250

思考题与习题…… 251

附　录

附录一　本书采用的法定计量单位…… 254

附录二　基本物理常量、化学分析术语和本书使用的其他符号与名称…… 255

附录三　常见物质的 $\Delta_f H_m^\ominus$、$\Delta_f G_m^\ominus$ 和 $S_m^\ominus$ …… 262

附录四　弱酸、弱碱的解离平衡常数 $K^\ominus$ …… 269

附录五　几种常用缓冲溶液的配制…… 270

附录六　常见难溶化合物的溶度积常数…… 271

附录七　标准电极电势（298.15K）及一些电对的条件电极电势 …… 272

附录八　金属-有机配位体配合物的稳定常数 …… 276

附录九　常用化合物的相对分子质量…… 279

参考文献

元素周期表

第1章 绪论

Chapter 1 Introduction

1.1 概述

1.1.1 化学的起源、研究对象及学科地位

化学（chemistry）起源于人类的生产实践，原始人类从用火（燃烧是一种化学现象）之时开始，由野蛮进入文明，同时也开始了用化学方法认识和改造天然物质。人类先会用火制作熟食，之后创造了制陶、冶炼技术；再后又开拓了酿造、染色工艺等。这些对天然物质进行加工改造的生产实践，属于实用化学工艺时期，也成为古代文明的标志。在这些生产实践的基础上，萌发了古代化学知识。直到17世纪（1661年）英国化学家罗伯特-波义耳（Robert Boyle，1627～1691）提出了科学的化学元素（chemical element）概念，化学才真正作为自然科学中的一个独立部分极为迅速地发展起来。

化学是自然科学中一门重要的基础学科。是在分子（molecule）、原子（atom）、离子（ion）层次上研究物质（substances）的组成（form）、结构（structure）、性质（property）及其变化（change）、能量变化（energy changes）的一门学科。严格地说，物质按其存在、发展形态可分为三类：第一类是能量类物质，如光、磁场、电场等，这些是最原始的物质；第二类是时空类物质，如黑洞等，这些是由于原始物质运动而产生出来的物质运动现象；第三类是形象类的物质，如石头、树木、水等，人们一般所认识的是指第三类的物质，即实物，化学研究对象也是指第三类物质。化学是研究物质**化学反应**（chemical reaction）现象、探究其中的规律和原因，发现并研究物质在自然界的存在、提取、人工合成和应用的学科。人工合成新物质，是化学的核心与特征，是其他科学所没有的特点。

物质种类繁多，美国化学文摘1991年登录的化学物质总数为1200万种，1998年10月为1800万种，2005年12月为2700万种物质，2007年为3200万种，2013年7月登录的物质有7263万多种（http://www.cas.org/index）。

物质无所不在，空气、水源、土壤，人类的衣、食、住、行、用等生活各方面，国民经济各部门，尖端科技领域，哪里有物质，那里就离不开化学这门基础科学。如在应用技术和尖端科学领域有：聚酯纤维，塑料门窗、管道涂料等。用于收录机、电视机、计算机等各种电器中的高纯物质（硅、锗、砷化镓、锑化铟等），杂质含量$\leqslant 10^{-9}$，是常用的半导体材料；光缆材料（如海底电缆，用于现代通信，主要是光导纤维——硅锗氧化物，由于光在光纤传输中的损耗几乎不随温度而变，所以供应2.5万人同时通话都互不干扰）；高效储氢材料（如$LaNi_5$，加压下每克储氢100mL）；热敏、气敏、湿敏材料（机器人制造用，均是Si、Ge、Al、Ga、As等复合氧化物）；超导材料Hg（4K），Cu、Ba、La、O组成的陶瓷材料（30K），$YBa_2Cu_3O_7$（90K），$Tl_2Ca_2Ba_2Cu_3O_{10}$（120K）；紫外非线性光学晶体[如偏硼酸钡BBO——$Ba(BO_2)_2$]；闪烁晶体，如BGO晶体（锗酸铋——$Bi_4Ge_4O_{12}$），具有荧光性，当一定能量的电子、γ射线、重带电粒子进入BGO时，

它能发出蓝绿色的荧光，光的强度和位置与入射粒子的能量和位置对应。高能燃料（火箭用，如液氢和肼等）；高能电池（飞船通信用，如锌-卤素、钠或锂-水）；高强度、耐高温特种材料（飞船制造用，如难熔钨钼合金）；高氧化合物（潜水员、宇航员呼吸用，如过氧化钠、超氧化钾）。新型催化剂的研制与利用，使化学工业的许多不可能成为可能，如石油裂解、汽车尾气的净化、光化学处理污染物、光解水等。探索生命现象的奥秘——“分子水平”的生物学研究，已证实生命现象涉及大量复杂的反应。现代工业生产过程质量控制，在临床检验中测定糖类、有机酸、氨基酸、蛋白质、抗源、抗体、DNA、激素、生化需氧量以及某些致癌物质无不需要化学。除此之外，人们现在对物质结构与化学变化的规律有了较深刻的认识，各种不同类型物质大量地被合成出来，已形成了庞大的化工体系。创造出许多高新产品，如氧化铝陶瓷制品，金刚石及其钻头，光学纤维胃镜。近年来还发现了不少新结构的材料，如富勒烯（fullerenes）C_{60}、C_{50}、碳纳米管（carbon nanotube）、石墨烯（graphene）等。

总之，化学研究的是客观存在的物质中的实物，因此化学与我们的生活息息相关，在保证人类的生存并不断提高人类的生活质量方面起着重要作用。化学是一门实用的学科，用化学的知识可以分析和解决社会中的许多问题，例如能源、粮食、健康、资源与可持续发展等问题。

化学也是自然科学中一门承上启下的“中心科学”（central science），如图 1-1。

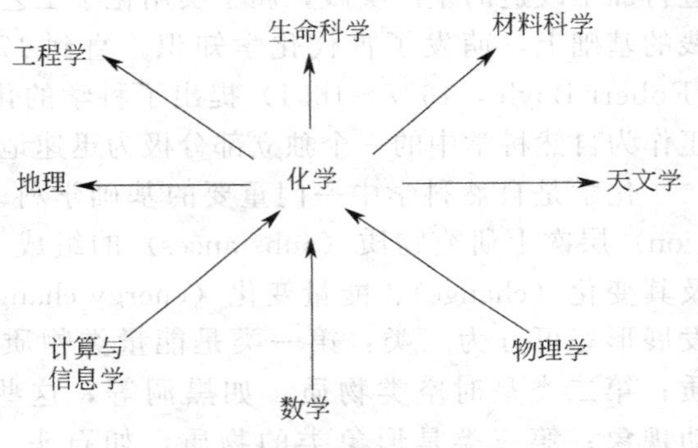

图 1-1　化学是中心科学

以计算与信息学、数学和物理学为基础，又是交叉学科和现代热点研究领域：生命科学，材料科学，环境化学，绿色化学，能源化学，计算化学，纳米化学，手性药物和手性技术等相关专业的专业基础。化学与其他学科的交叉与渗透，还产生了很多边缘学科，如农业化学、环境化学、地球化学、宇宙化学、海洋化学、大气化学、医药化学、生物化学、材料化学、放射化学、激光化学、计算化学、星际化学等。

1.1.2　化学变化的基本特征

物质的变化有物理变化和化学变化，通常所说的化学主要研究化学变化（核能源，核医学：涉及原子能裂变-原子能的和平利用，属于核化学，不在此类）。化学变化通过化学反应而呈现，化学变化有以下三大特征：

(1) 质变　质指**分子**，即分子变了，原子间的化学键在**化学反应**后重新改组；

(2) 定量　元素未变，原子未变，所以**化学反应**前后体系与环境间质量守恒；

(3) 有能量变化　化学变化时，键能改变，能量不同，所以体系与环境之间有能量交换，但**化学反应**前后体系与环境间总体能量守恒。

1.1.3　化学的基础分支学科

(1) 传统的四大分支　无机化学（inorganic chemistry）、分析化学（analytical chemistry）、有机化学（organic chemistry）和物理化学（physical chemistry），形成于 20 世纪 20 年代前后。

(2) 后来的五大分支（80 类）生物化学（biological chemistry）、有机化学、大分子化学（macromolecular chemistry）、应用化学和化学工程（applied chemistry and chemical engineering)、物理化学和分析化学，1967年美国化学文摘（CA）。

(3) 现代的七大分支 无机化学、有机化学、生物化学、高分子化学、分析化学、物理化学和核化学［1989年《中国大百科全书》（化学卷）］。

① **无机化学** 无机化学是研究无机物的组成、性质、结构和反应的科学，是化学科学中最基础的部分。无机物包括除碳氢化合物及其衍生物外的所有元素及其化合物（碳化合物中的CO、CO_2、碳酸盐等属于无机化合物，其余属于有机化合物）；大学无机化学课程内容包含基础理论和元素化学两部分：基础理论包括热化学、化学热力学和化学动力学基础（这些也属于物理化学的范畴），化学反应中的四大平衡关系，原子结构理论、分子结构理论、晶体结构理论、酸碱理论、配位化学理论等。元素化学部分主要有：元素及其化合物，重点介绍元素周期表中的重要元素及其主要化合物的性质和变化规律、制备、用途等。

人类最早接触到的化学知识便是无机化学，如金属冶炼、玻璃制造以及陶器、印染技术的应用。无机化学的形成常以1869年俄国科学家门捷列夫（Mendeleev D I）和德国的化学家迈耶尔（Meyer J L）发现周期律和公布周期表为标志。他们把当时已知的63种元素及其化合物的零散知识，归纳成一个统一整体——元素周期表。一个多世纪以来，化学研究的成果还在不断丰富和发展周期律，周期律的发现是科学史上的一座丰碑。在最近几十年中无机化学发展很快，派生出稀有元素化学、无机合成化学、络合物化学、同位素化学、无机高分子化学、无机固体化学、生物无机化学、金属有机化学、金属酶化学、金属间化合物化学等新的分支学科。

在现代无机化学的研究中广泛采用物理学和物理化学的实验手段和理论方法，结合各种现代化的谱学测试手段，如X射线衍射（XRD）、电子顺磁共振谱（ESR）、光电子能谱（XPS）、穆斯堡尔谱（Mossbauer spectroscopy）、核磁共振谱（NMR）、红外（IR）和拉曼光谱（Raman spectroscopy）等，以获得无机化合物的几何结构信息，及化学键的性质、自旋分布、能级结构等电子结构的信息。并运用分子力学、分子动力学、量子化学等理论，进行深入的分析，了解原子、分子和分子集聚体层次无机化合物的结构及其与性能的关系，探求化学反应的微观历程和宏观化学规律的微观依据。另外，无机合成依然是无机化学的基础。现代无机合成除了常规的合成方法外，更重视发展新的合成方法，尤其是特殊的和极端条件下的合成，如超高压、超高温、超低温、强磁场、电场、激光、等离子体等条件下合成多种多样在一般条件下难以得到的新化合物、新物相、新物态，合成出了如超微态、纳米态、微乳与胶束、无机膜、非晶态、玻璃态、陶瓷、单晶、晶须、微孔晶体等多种特殊聚集态，及具有团簇、层状、某些特定的多型体、层间嵌插结构、多维结构的复杂的无机化合物，而且很多化合物都具有如激光发射、发光、光电、光磁、光声、高密度信息存储、永磁性、超导性、储氢、储能等特殊的功能，这些新型的无机物有着广泛的应用前景。无机化学的发展对解决矿产资源的综合利用，近代技术中所迫切需要的原材料等有重要的作用。

② **有机化学** 有机化学是研究碳氢化合物及其衍生物的学科，以碳的正四面体结构为基础。

有机化学的研究范围是碳氢化合物及其衍生物的来源、制备、结构、性质、用途及其有关理论。由于有机化合物都含有碳，并以碳氢化合物为母体，所以有机化学又可称为“碳化合物的化学”或“碳氢化合物及其衍生物的化学”。在人类已发现的化合物中，绝大多数是有机化合物，它们比无机化合物多几十倍。随着有机化学的发展，已派生出元素有机化学、有机合成化学、金属和非金属有机化学、物理有机化学、生物有机化学、有机分析化学、天然有机物化学、高分子化学、药物化学等分支学科。

有机化学的结构理论和有机化合物的分类，也形成于19世纪下半叶。如1861年德国化学家凯库勒（Kekulé F A）提出价键概念及1874年荷兰化学家范特霍夫（van't Hoff）和法国化学家勒贝尔（Lebel）的四面体学说，至今仍是有机化学最基本的概念之一，世界有机化学权威杂志就是用Tetrahedron（四面体）命名的。有机化学是最大的化学分支学科，医药、农药、染料、化妆品等无不与有机化学有关。在有机物中有些小分子，如乙烯（C_2H_4）、丙烯（C_3H_6）、丁二烯（C_4H_6），在一定温度、压力和有催化剂的条件下可以聚合成相对分子质量为几万、几十万的高分子材料，这就是塑料、人造纤维、人造橡胶等，所以说现代高分子化学是从有机化学中派生出来的，高分子材料已经走进千家万户、各行各业。如果说过去的有机化学改变了你我的生活，那么当今的有机化学将会把不可能变成可能。

③ **生物化学** 运用化学理论和方法研究生命现象的本质的一门学科。生物体的生命现象（过程）作为物质运动的一种独有的特殊的运动形式，其基本表现形式就是新陈代谢和自我繁殖。构成这种特殊运动形式的物质基础是蛋白质、核酸、糖类、脂类、维生素、激素、萜类、卟啉生物分子等。正是这些生物分子之间的相互协调作用才形成了丰富多彩的生命现象。根据不同的研究对象和目的，生物化学又可分为医用生物化学、微生物生物化学、农业生物化学、工业生物化学等。随着现代化学、物理学和数学最新研究成果和实验技术的渗入，生物化学获得了迅速的发展，在医药卫生、工农业生产和国防等方面，得到日益广泛的应用。

④ **高分子化学** 研究大分子化合物的学科。高分子化学包括：天然高分子化学、高分子合成化学、高分子物理化学、高聚物应用、高分子物理。高分子是由一种或几种结构单元多次（$10^3 \sim 10^5$）重复连接起来的化合物。它们的组成元素不多，主要是C、H、O、N、S等，但是相对分子质量很大，一般在10000以上，有的可高达几百万，所以称为高分子化合物。高分子化合物是衣、食、住、行和工农业生产各方面都离不开的材料，其中棉、毛、丝、天然橡胶等都是最常用的高分子材料，是天然高分子材料。高分子合成化学主要涉及塑料、合成纤维、合成橡胶三大领域，另外还有涂料、胶黏剂等。随着该学科的迅速发展，创造了许多自然界从来没有过的人工合成高分子化合物。例如，生活中用量很大的塑料聚氯乙烯（PVC）是由结构单元氯乙烯（$CH_2=CHCl$），合成纤维尼龙-66是由两种结构单元己二胺［$-NH(CH_2)_6NH-$］和己二酸［$-CO(CH_2)_4CO-$］多次重复连接而成。有一些结构复杂或者结构尚未确定的高分子化合物，在名称上有时加“树脂”二字，例如酚醛树脂、脲醛树脂等。如今，人们建立了颇具规模的高分子合成工业，生产出五彩缤纷的塑料、美观耐用的合成纤维、性能优异的合成橡胶。这些高分子在国民经济各部门成为不可缺少的材料，可满足各种需求。目前高分子材料的年产量已超过1亿吨，预计以后其总产量会大大超过各种金属总产量之和。高分子合成材料、金属材料和无机非金属材料并列构成材料世界的三大支柱。若按使用材料的主要种类来划分时代，人类经历了石器时代、青铜器时代、铁器时代，目前正在迈向高分子时代。

⑤ **分析化学** 获得物质的组成，结构，动态变化信息及其有关理论的学科。根据分析任务，可以分为定性分析和定量分析两个部分。定性分析是为检测物质中原子、原子团、分子等成分的种类而进行的分析，即检出化合物或混合物是由何种元素所组成；定量分析是为测定物质中化学成分的含量而进行的分析，即测定各组成部分间的相对数量关系。根据分析方法，可分为化学分析（重量分析和容量分析）和仪器分析两大类。就试样用量的不同，分析化学还可分为常量分析、半微量分析、微量分析和超微量分析。

分析化学分支形成最早，瑞典化学家贝采利乌斯（Berzelius J J）始创了重量分析。他最早分离出硅（1810年）、钽（1824年）和锆（1824年）；详尽地研究了碲的化合物（1834年）和稀有金属（钒、钼、钨等）的化合物；大大改进了分析方法（使用橡皮管、水浴、干燥器、洗瓶、滤纸、吹管分析）和燃烧分析方法（1814年）。他著有《化学教程》（1808～1812年）。还有1846年德国化学家弗雷西尼斯（Fresenius C R）的《定性化学分析导论》和《定量分析导论》，1855年德国分析化学家莫尔（Mohr K F）的《化学分析滴定法教程》等专著相继出版，其中介绍的仪器设备、分离和测定方法，已初具今日化学分析的端倪。19世纪初，原子量的准确测定，对原子量数据的积累和周期律的发现，都有很重要的作用，同时促进了分析化学的发展。

借助于光学性质和电学性质的光度分析法以及测定物质内部结构的X射线衍射法、红外光谱法、紫外光谱法、核磁共振法，以及流动相与固定相两相对样品中不同组分作用力的差异的色谱法等建立了近代的仪器分析方法。随着电子技术、计算机、微波技术等的发展，分析化学研究如虎添翼，空间分辨率现已达 10^{-10}m，这是原子半径的数量级，时间分辨率已达飞秒级（1fs＝10^{-15}s），这和原子世界里电子运动速度差不多。肉眼看不见的原子，借助于仪器的延伸已经变成可以摸得着、看得见的实物，微观世界的原子和分子不再那么神秘莫测了。这些方法可以快速灵敏地对物质进行检测，如对运动员服用兴奋剂的检测，尿样中某些药物浓度即使低到 10^{-13}g·mL^{-1}时，也难躲避分析化学家们的锐利眼睛。分析化学的发展促进了其他学科和技术的发展，并在国民经济各部门有着广泛的应用，特别在当代生物科学和新材料科学的研究中起着十分重要的作用。

⑥ **物理化学** 利用物理测量、数学处理的方法来研究物质及其反应，探索物性与化性间内在联系的学科。物理化学又称理论化学，它应用物理学原理和方法研究有关化学现象和化学过程。物理化学是从化学变化与物理变化的联系入手，研究化学反应的方向和限度（化学热力学）、化学反应的速率和机理（化学动力学）以及物质的微观结构与宏观性质间的关系（结构化学）等问题，它是整个化学学科和化学工艺学的理论基础。

1887年德国化学家奥斯特瓦尔德（Ostwald F W）和荷兰化学家范特霍夫（van't Hoff J H）合作创办了世界第一种物理化学期刊《国际物理化学与化学物理研究》（德语：Zeitschrift für Physikalische Chemie），努力将物理化学从有机和分析化学中独立出来，标志着这个分支学科的形成。在物理化学发展过程中，逐步形成了若干分支学科：结构化学、热化学、化学热力学、化学动力学、电化学、溶液理论、液体界面化学、量子化学、催化作用及其理论等。物理化学有不少卓著的成就，如化学键本质、分子间相互作用、分子结构的测定、表面形态与结构的表征等。随着物理科学的发展，21世纪物理化学会在继续分子层次的基础研究的同时，更重视分子以上层次的复杂体系的基础研究，并密切与生命、材料、能源、环境等领域交叉。强调理论与实验方法的自主创新和理论与实验的紧密结合。

⑦ **核化学** 研究原子核（稳定的和放射性的）的反应、性质、结构、分离、制备、鉴定等的一门学科。属于物理学和化学的边缘学科，全称为“原子核化学”。包括放射性元素化学、放射分析化学、辐射化学、同位素化学、核化学。在普通高校的课程中极少开设这门课，在此不展开。

在研究各类物质的性质和变化规律的过程中，化学逐渐发展成为若干分支学科，但在探索和处理具体课题时，这些分支学科（尤其是传统的四大基础学科）又相互联系、相互渗透。无机物或有机物的合成总是研究（或生产）的起点，在进行过程中必定要靠分析化学的测定结果来指示合成工作中原料、中间体、产物的组成和结构，而这一切当然都离不开物理化学的理论指导。因此，与化学相关的专业一般都要了解传统的四大基础学科。

1.1.4 化学带来的问题与未来发展趋势

如前所述，化学创造了世界，为人类的生存和发展作出了巨大贡献。但不可否认化学也改变了世界，给我们的生活带来了一些负面影响。如化工厂的黄色烟尘破坏了空气的清新；煤和石油的燃烧造成的酸雨破坏了森林的翠绿；大地的白色污染和海洋的赤潮。目前我国更为严重的是土壤和水体的污染经生物链影响到人类健康。因此，绿色化学、原子经济反应、环境保护、零排放和循环化学等理念和措施成为未来化学发展的方向。

1.2 无机及分析化学课程的基本内容和任务

1.2.1 基本内容

无机及分析化学课程的内容概括为：化学反应基本原理，常用分析化学（化学分析），热力学与化学反应，结构与性质，部分元素化学。主要内容如下。

① 近代物质结构理论，原子、分子结构，化学性质、化学变化与结构。

② 化学平衡理论（化学热力学），平衡原理与平衡移动的规律。

③ 四大平衡与四大滴定、重量分析法。

④ 某些环境污染元素及化合物的结构与性质，鉴定与治理；材料重要元素的结构及其化合物的性质。

⑤ 紫外-可见分光光度法。

⑥ 阅读材料。

具体见目录。

1.2.2 任务

承前启后，完成过渡，打下扎实基础，为后续课程铺路。注重培养学生的自学能力，为学生以后的学习、提高、研究、创新提供基本知识、基本理论、基本实验技能。

1.3 本课程与环境和材料工程类各专业的联系

本课程与环境工程专业的后续专业课程“环境化学”、“环境监测”、“大气污染控制工程”、“水污染控制工程”等有着密切联系，是“三废”监测与治理工程的必要基础。环境化学是随着环境污染问题的提出而兴起的一门综合性基础学科。它是由从化学中分化出来的大气污染化学、水污染化学和土壤污染化学等分支学科，与气象学、生物学、水文地质学、土壤学等进行综合而逐渐形成的。其任务是从化学的角度来探讨由人类活动而引起的环境质量的变化规律及保护和改善的原理。主要包括：环境污染的化学监测、环境中化学污染的机理、应用化学方法、物理化学方法防治污染并对其化学原理进行研究。

给水排水工程所覆盖的专业领域有：城市水资源、市政给水排水、建筑给水排水、工业给水排水、农业给水排水、城市水系统、水环境保护和修复、节水、水质及其相关的高新技术问题等。给水排水工程专业的后续专业课“水污染控制工程”等课程与无机及分析化学有着密切联系。

高分子化学是以高分子化合物为研究对象的一门学科。内容包括高分子化合物的结构、性质、合成方法、反应机理和高分子化合物溶液的性质等。高分子化合物一般以有机小分子聚合而成，其微观结构是有机小分子的结构。“无机及分析化学”课程中的近代物质结构理论与其相关。

无机及分析化学是金属腐蚀与防护专业的重要基础，金属腐蚀一般是由于氧化还原反应，电镀常与配合物相伴。本课程与金属腐蚀与防护专业的后续课程“电化学原理”、“金属腐蚀学”、“电镀理论与工艺”、“金属材料表面改性”和“电镀废水处理”密不可分。如下列国家基金项目无不涉及无机及分析化学的基本理论：铝合金表面超疏水性与海洋大气腐蚀行为关系研究；“约束刻蚀-电解”精密复合加工技术及相关理论研究；SiCp/Al复合材料界面特征与其在Cl离子环境中耐蚀性的相关性研究。

金属材料是指金属元素或以金属元素为主构成的具有金属特性的材料的统称。包括纯金属、合金、金属间化合物和特种金属材料等。金属材料的性能决定着材料的适用范围及应用的合理性。金属材料的性能主要分为四个方面，即力学性能、化学性能、物理性能、工艺性能。金属材料的化学性能属于无机化学范畴，是由该项金属元素的结构所决定。金属材料的组成成分属于分析化学的领域，不同的合金具有不同的性能。因此，无机及分析化学课程是金属材料及热处理专业的重要基础。材料类专业常开设的这门课程常称为“普通化学”，学时较少，“普通化学”教材主要包括物质的状态和结构、化学热力学、化学平衡、化学反应速率、元素周期律等基本化学原理，授课内容在“无机及分析化学”范围内，侧重于无机化学的内容。“无机及分析化学”是金属材料及热处理专业的后续课程“材料科学基础”、“材料分析技术”、“失效分析”和“复合材料”的重要基础。如材料与化学相关国家自然科学基金项目有：碳纳米管增强Nb/Nb_5Si_3复合材料的制备及强韧化机制研究；新型有机-无机杂化纳米复合颗粒磁性液体的制备及其双可调光子晶体构建；新型非中心对称MOFs材料的设计合成及其光电性能研究；新型无机－有机杂化微球的制备及其在分离科学中的应用；热管用金刚石/铜复合材料的界面构建、调控及导热机制研究等。

1.4 无机及分析化学课程的学习方法

无机及分析化学课程是同学们进入大学学习的第一门化学类专业基础课，这学期也是同学们从中学生成长为大学生的转折期，所以很重要。常有一些以前学习很好的同学不适应，也有一些中学学习并不突出的同学脱颖而出。这是因为大学不是中学的简单延伸，而是有质的变化。大学学习与之前的学习最大的不同是：自主学习取代了被动学习。大学教学的特点是：授课内容多，速度快，练习少，重复少，所以难免有部分学生课堂上没有完全听懂，需要课后认真看书，慢慢琢磨方能消化；老师课后辅导时间少，有问题要靠自己多思考，或同学们多讨论才能解决。这些行为完全要靠自觉，这就是自主学习。而中学教与学的特点是：授课内容少，练习多，老师反复教，这样学生最终都能弄懂；学习由老师安排，家长督促；老师与学生相处时间多，同学们问老师方便，学习可依赖老师或家长。这就是被动学习：不是我要学，而是老师和家长要我学，学生随着老师和家长的指挥而动。

怎样做到大学的自主学习，提出以下供师生共勉。

① 上好每一节课，学习思路清晰：问题的提出、解决、应用条件、尚存在的问题。

② 多看书，勤思考，理清知识点，掌握重点，攻克难点，把书读薄。

③ 注意培养自学能力，自觉利用校图书馆、学院资料室的相关纸质或网络资源，拓展知识面。课内外学时比一般为1∶1.5。

④ 化学是一门以实验为基础的科学。要重视实验，理论联系实际，用学过的理论知识阐明实验的依据，解释实验中出现的现象。

[阅读材料] 理工科大学新生怎样自主学习

大多数学生进入大学时已是年满或即将年满 18 周岁的成年人了，因此对自己应该有更高的要求——生活独立，自主学习。对理工科的大学新生来说，开好头起好步非常重要，其中最主要的是尽快地从被动学习转变为自主学习。做到自主学习的前提是自己来安排自己的学习，刚开始心中要有一个短期的符合实际的学习目标，并根据个人不同的情况而确立。如成绩一向优异的同学的目标应是争取全优，一年后拿奖学金；其他的同学则可降低些标准，但其底线是不挂科！目标确立了，就要制订实现目标的具体计划了。

大学学习无非是课间学习和课余学习两方面。

课间学习是大学学习的最主要途径，如果不需要听课，上大学也就没太大的必要，在家自学就好了。所以，大学生们开学后首先要抄好本学期“课程表”并遵照执行，作为实现目标的第一步。因为能上大学的同学都是高中阶段的优秀学生，大学的课间学习还保留了部分被动学习的成分，据作者十多年观察理工科大学新生都能认真对待上课，一般不会翘课。

大学里的自主学习最主要是看学生课余时间的学习安排。可以肯定的是，理工科学生绝大多数晚上一定要看书（包括教材和参考书）并且做习题的，这是自主学习的第二步。因为大学老师的授课进度远快于中小学老师，所以通常只有极少部分同学能在课堂上接受理解全部的内容，其他同学都需要课后自己复习，或与同学讨论交流，甚至问老师才能全部消化，独立完成作业。可见大学新生大致可分成三个群体，一是基础好接受和适应能力强，课后稍加复习就可轻松完成课业的学生；二是基础较好接受、适应能力较强，课后把握好自己也能自主学习的学生；三是基础不够好，或接受、适应能力还不够强，虽然心急也很努力，但暂时还是难于完全自主学习的学生。这里主要针对后两个群体谈一下自主学习的问题。

对第二个群体而言，一定要“把握好自己”，最主要指在听课、复习、做习题三个方面都能高度自律并有高效率。如何能做到这一点呢？需要身体无不适，头脑很清醒，心态很平和，时间有保证。这就要求身体健康，吃饱睡好，处理好个人的生活（对第一次离家就读的学生来说这也是一个要面临的问题：培养独立生活的能力，如怎样使个人各种用品井然有序，不因找东西浪费时间）。对周围的人和事，不烦不躁，同时还要自律，自觉把学习放在中心地位。课余的时间除饮食睡眠适当运动偶尔娱乐外，大部分还是应该放在学习上。

对第三个群体来说，除上述之外，关键的要克服自卑、害羞心理，这是自主学习的第三步。因为曾经优秀，所以大学生的自尊心都比较强，加上刚来到一个新环境，同学和老师都不熟，“请教”二字实在难于开口。但不懂的问题纠结太久或搁置都不是办法，它们会影响到你的睡眠和心情，甚至饮食和健康，直至学业。因此，要正视自己面临的问题，及时主动向同学和老师请教问题，须知“学问学问，就是边学边问”。只有这样，才能及时解决学习中的疑难和困惑，放松心情，逐步形成自己的一种学习方式，一步一步完成学业，实现你的第一个目标，也为一生的自主学习打下基础。

思考题

大学时期自己将怎样学好化学？

其他习题请参阅《无机及分析化学学习要点与习题解》

第 2 章　化学反应中的能量变化

Chapter 2　Energy Changes in Chemical Reactions

众所周知，化学反应过程中会发生物质变化和能量变化。如：瓦斯（甲烷，CH_4）爆炸就是瓦斯和空气组成达到甲烷的爆炸限时，混合气体在火源作用下发生的一种迅猛的氧化反应。其化学反应式为：

$$CH_4(g)+2O_2(g) = CO_2(g)+2H_2O(l) \qquad \Delta H=-890.359\text{kJ}\cdot\text{mol}^{-1}$$

即 1g 甲烷若发生爆炸可使 1000g 水的温度升高 11.3℃。化学反应的这种巨大能量变化，是造成化工及其相关企业严重事故的主要原因。因此，凡是选择化学作为"专业基础课程"专业的学生，都需要了解化学反应的能量变化、测量和计算方法。

2.1　概念与术语

2.1.1　系统与环境

系统（system）——研究的对象；环境（surrounding）——与体系相关的外围。

常见的三种系统如下。

① **敞开系统**（open system）　系统与环境之间有物质、有能量的交换（如烧杯）。

② **封闭系统**（closed system）　系统与环境之间无物质、有能量的交换（如反应釜）。

③ **孤立系统**（isolated system）　系统与环境之间无物质、无能量的交换（如保温瓶，弹式量热计）。

2.1.2　过程与途径

过程（process）——状态变化的经过。如定温过程、定压过程、定容过程、绝热过程、循环过程等。途径（path）——体系变化的具体方式。10℃水升至 50℃，可用热源加热至 50℃，高速搅拌慢慢变热至 50℃，也可能会先加热至 60℃，再降至 50℃。

2.1.3　状态与状态函数

(1) 状态　状态（state）常用于描述人或事物表现出的形态。当物质体系的物性、化性都有确定的值时，体系就处于一定的状态。

(2) 状态函数　状态函数（state function）是用于描述体系热力学状态的物理量，如描述气体状态的 p、n、V、T 等，在气体处于一定状态时，状态函数均有确定的值。

状态函数的特征（数学研究的结果）：状态一定，状态函数值一定；状态改变，状态函数值也改变，而且改变值与途径无关。

状态函数的两种类型如下。

① **强度性质**（intensive property）　它是体系本身的特性，其数值与体系中物质的量无关，不具有加和性，即整体与局部性质相同，通常是由两个广度性质之比构成，如 C、T、p、密度、黏度等都是强度性质。

② **广度性质（容量性质，extensive property，capacity property）** 这种性质的数值与体系内物质的量成正比，且具有加和性。如体积、质量、物质的量、热力学能等都是广度性质。整个体系的某一广度性质是体系中各部分该种性质的总和。例如，烧杯中水的体积就等于各部分水的体积的总和。

2.1.4 热 Q 和功 W

当封闭体系或敞开体系的状态发生变化时，往往伴随着与环境间的能量交换，这种能量交换可分为两类：一类是热，另一类是功。

(1) 热 由于**温差**而在体系和环境之间传递的能量称为热（heat），Q 表示，具方向性（吸热、放热）。

(2) 功 除热外，体系与环境间传递的一切能量称为功（work），W 表示，具方向性。功的种类很多，如体积功（volume work）或称膨胀功（expansion work，无用功）——热力学上把体系反抗外压体积变化时所做的功，用 $-p\Delta V$ 表示；除体积功以外的其他形式的功统称为非体积功（或称非膨胀功、有用功、其他功），如电功、机械功、引力功、表面功等，用 W_f 表示。因此

$$W=-p\Delta V+W_f \tag{2-1}$$

Q、W 的符号规定：体系吸热，$Q>0$；体系放热，$Q<0$；

体系得功，$W>0$；体系做功 $W<0$ 。

Q、W 均不是状态函数，它们的变化与途径有关，只有指明了途径才能计算过程的热和功。微量的功或热用符号 δW 或 δQ 表示。功和热的 SI 单位为焦耳或千焦（J 或 kJ）。

在化学反应中，系统中一般只做体积功（因非体积功如电功需特殊的原电池装置），所以在本章的讨论中系统做功除特别指明外一般均指体积功。

2.1.5 热力学能 U 和焓 H

(1) 热力学能 体系内部物质各种形式能量的总和称为体系的热力学能（thermodynamic energy，或内能，internal energy），用符号 U 表示。从微观角度看，它应包括体系中分子、原子、离子等质点的动能（平动能、转动能、振动能）；各种微粒间相互吸引或排斥而产生的势能；原子间相互作用的化学键能；电子运动能；原子核能等。但不包括体系整体的动能和位能。

热力学能是体系本身的性质，仅取决于体系的状态。虽然热力学能的数值现在尚无法求得，但热力学能却是体系的状态函数。体系的状态一定，则有一个确定的热力学能数值；体系状态发生变化时，热力学能的改变值 ΔU 一定，且与体系始、终状态有关而与变化的途径无关。在热力学中，ΔU 的数值可通过体系与环境交换的热和功的数值来确定。热力学能是体系的广度性质，其 U 和 ΔU 都具有加和性。

高二物理已学**热力学第一定律**（first law of thermodynamics）："自然界的一切物质都具有能量，能量有各种不同的形式，能够从一种形式转化为另一种形式，从一种物质传递到另一种物质，在转化和传递过程中，能量的总值不变。"这就是能量守恒定律。

热力学第一定律数学表达式

$$U_2-U_1=\Delta U=Q+W \tag{2-2}$$

【例 2-1】 某过程中，体系从环境中吸收热量 100J，对环境做功为 150J，求过程中体系和环境的热力学能改变量。

解 体系吸热 100J，同时对环境做功 150J，所以 $Q_{体}=100\text{J}$，$W_{体}=-150\text{J}$，$\Delta U_{体}=$

$Q_体 + W_体 = -50$ (J) 即体系减少 50J。

(2) 焓 焓（enthalpy）是与内能有联系的物理量，用符号 H 表示。

定义：
$$H = U + pV \tag{2-3}$$

恒压下焓变（enthalpy change）$\Delta H = \Delta U + p\Delta V$

为什么状态函数只决定于所处的状态，而与变化途径无关？这是数学研究中的结论；为什么 p、V、T、n、ΔU、ΔH 是状态函数，而 Q、W 不是？这将在物理化学中推导证明。

2.2 热化学

把热力学理论与方法应用于化学反应，研究化学反应的热效应及其变化规律的科学，称为热化学（thermochemistry）。

2.2.1 化学反应中的能量变化——反应热（反应热效应）

化学反应热效应是指系统发生化学反应时，在只做体积功不做非体积功的等温过程中吸收或放出的能量，也称反应热（heat of reaction）。化学反应常在恒容（如反应釜）或恒压（如烧杯）等条件下进行，因此化学反应常分为恒容热效应和恒压热效应，即恒容反应热和恒压反应热。

(1) 恒容反应热（效应）及其测量

在等温条件下，若系统发生的化学反应是在容积恒定的容器中进行，且为不做非体积功的过程，则该过程中系统与环境之间交换的热量就是恒容（constant volume）反应热，符号为 Q_v。

在恒容（封闭体系）下进行的反应，$\Delta V = 0$。根据 $\Delta U = Q + W$，恒容条件下，无膨胀功，即 $W = 0$，所以，

$$\Delta U = Q，即 Q_v = \Delta U = U_2 - U_1 \tag{2-4}$$

故可以通过测定恒容热效应来确定恒容条件下进行的化学反应的能量变化。实际工作中常通过弹式量热计来实现。常用燃料如煤、天然气、汽油等的燃烧反应热都可用弹式量热计来测量。

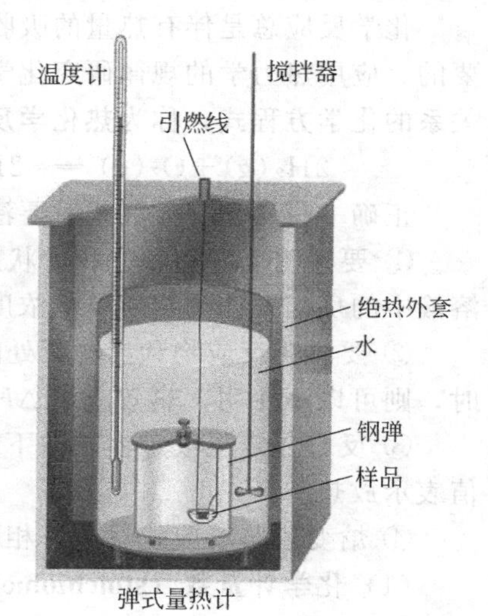

图 2-1 剖面图

【例 2-2】 将 0.500g 火箭燃料肼（N_2H_4，液态）放在盛有 1210g H_2O 的弹式量热计的钢弹内，通入氧气，完全燃烧后，体系的温度由 293.18K 上升至 294.82K。已知钢弹组件在实验温度时的总热容 C_b 为 848J·K^{-1}。试计算在此条件下联氨完全燃烧所放出的热量（图 2-1）。

解 联氨在燃烧时所放出的热量使内装的水和钢弹组件的温度升高，水的比热容

$C_{H_2O} = 4.18 J \cdot g^{-1} \cdot K^{-1}$，所以

$$\begin{aligned} Q_v &= -(C_{H_2O} + C_b)\Delta T \\ &= -(4.18 \times 1210 + 848) \times (294.82 - 293.18) \\ &= -9685.5(J) = -9.69(kJ) \end{aligned}$$

则 1mol N_2H_4 可产生的热量为 $9.69 \times 32/0.5 = 620(kJ \cdot mol^{-1})$

具体的测量过程将在物化实验中进行。

(2) 定压反应热 Q_p 和焓变 ΔH

在定温定压条件下，化学反应的反应热称为**定压（constant pressure）反应热**，用符号

Q_p表示。大多数化学反应是在敞口容器中进行的，可看成在定压（大气压，变化不大）下进行的，定压反应热 Q_p 更有实际意义。

由定压反应热定义及热力学第一定律可得：

$$\Delta U = Q + W = Q_p - p\Delta V \tag{2-5}$$

所以

$$\begin{aligned} Q_p &= \Delta U + p\Delta V \\ &= (U_2 - U_1) + p(V_2 - V_1) \\ &= (U_2 + pV_2) - (U_1 + pV_1) \end{aligned} \tag{2-6}$$

式(2-6) 中 U、p、V 都是状态函数，其组合 $(U+pV)$ 也是状态函数。所以式(2-6)又可写成：

$$Q_p = H_2 - H_1 = \Delta H \tag{2-7}$$

即定压反应热等于焓变（enthalpy change）。所以焓可认为是物质的热含量，即物质内部可以转变为热的能量，同 Q 一样，体系放热 $\Delta H<0$ ；体系吸热，$\Delta H >0$。ΔH 与 ΔU 的区别：

$$\Delta H = \Delta U + p\Delta V \tag{2-8}$$

所以，$\Delta H - \Delta U = p\Delta V$

注意单位：ΔH、ΔU 为 $kJ \cdot mol^{-1}$； p 为 kPa；ΔV 为 $m^3 \cdot mol^{-1}$

$W = p\Delta V$ ，单位为 $kPa \cdot m^3 \cdot mol^{-1}$ 即 $kJ \cdot mol^{-1}$，当 ΔV 为 $L^3 \cdot mol^{-1}$ 则为 $J \cdot mol^{-1}$。

讨论：

① 当体系的始态和终态都是液、固体时，ΔV 很小，此时，$\Delta H \approx \Delta U$。

② 当反应有气体参加时，ΔV 较大，$\Delta H > \Delta U = \Delta U + \sum n(g)RT (p\Delta V = \Delta nRT)$

R 为气体常数，$R = 8.314 J \cdot mol \cdot K^{-1}$，$\sum n(g)$ 为反应前后气体摩尔数的变化 $\sum n(g) = \Delta n = n_2 - n_1$（$n_2$ 为产物的气体摩尔数；n_1 为反应物的气体摩尔数）。

2.2.2 热化学反应方程式

化学反应总是伴有热量的吸收或放出，对化学反应体系来说，这种能量的变化是非常重要的。应用热力学的规律研究化学反应热效应的科学称为**热化学**。表示化学反应及其热效应关系的化学方程式，称为**热化学反应方程式**，或注明反应热的化学方程式。如：

$$2H_2(g) + O_2(g) \xlongequal{\quad} 2H_2O(g) \quad \Delta H^{\ominus}(298.15K) = -483.64 kJ \cdot mol^{-1}$$

正确书写热化学方程式时要注意以下几点。

① 要注明反应物和产物的状态，用 g、l、s、aq 分别表示气体、液体、固体、水溶液。溶液中的反应要注明物质的量浓度。

② 要注明反应物和产物所处的压力和温度。若温度和压力分别是 298K 和标准压力 $p^{\ominus}$ 时，则可以不注明，热效应用 $\Delta H^{\ominus}$ 表示标态下焓变，其他条件用 ΔH 表示。

③ 反应在定压或定容条件下完成时，则用 ΔH 或 ΔU 表示反应热，正值表示吸热，负值表示放热。

④ 焓变值与反应式对应。相同的反应，计量系数有倍数关系，焓变也有倍数关系。

（1）**化学计量数（stoichiometric number）和化学反应计量方程式**

化学计量数（符号为 ν_i，若指物质 B，则其化学计量数为 ν_B）与化学反应方程式的系数的概念不同。对某一化学反应方程式来说，化学反应方程式的系数与化学计量数的绝对值相同，但化学反应方程式的系数都为正值，而按规定，反应物的化学计量数为负值，生成物的化学计量数为正值。化学反应计量方程式指满足质量守恒定律的化学反应方程式。

$$0 = \sum_B \nu_B B \tag{2-9}$$

如下列反应式中：

$$N_2+3H_2 = 2NH_3$$

化学反应计量方程式可写为：$0=2NH_3-N_2-3H_2$

化学计量数 ν_i 分别为　$\nu(NH_3)=2$，$\nu(N_2)=-1$，$\nu(H_2)=-3$

(2) **化学反应进度**

为了表示化学反应进行的程度，国家标准（GB 3102.8—93）规定了一个物理量——化学反应进度（extent of reaction），其符号为 ξ（读作 ksai），单位为 1mol。虽然 ξ 的单位与物质的量 n 的单位相同，但是其含义不同。ξ 是不同于物质的量 n 的一种新的物理量。化学反应进度定义式为：

$$d\xi=\nu_B^{-1}dn_B \quad 或 \quad dn_B=\nu_B d\xi \tag{2-10}$$

式(2-10) 是化学反应进度的微分定义式。

若系统发生在限的化学反应，则

$$n_B(\xi)-n_B(\xi_0)=\nu_B(\xi-\xi_0) \quad 或 \quad \Delta n_B=\nu_B\Delta\xi \tag{2-11}$$

式中，$n_B(\xi)$ 、$n_B(\xi_0)$ 分别代表反应进度为 ξ 和 ξ_0 时的物质 B 的物质的量；ξ_0 为反应起始的反应进度，一般为 0，这样式(2-11) 简化为

$$\Delta n_B=\nu_B\xi \quad 即\ \xi=\nu_B{}^{-1}\Delta n_B \tag{2-12}$$

随着反应的进行，反应进度逐渐增大，当反应进行到 Δn_B 的数值恰好等于 ν_B 值时，反应进度 $\xi=\nu_B^{-1}\Delta n_B=1mol$ 时，称该反应发生了反应进度为 1mol 的反应，即通常所说的单位反应进度。在后面的各热力学函数变的计算中，都是以单位反应进度为计量基础的。例如，

对任一符合　$0=\sum_B \nu_B B$ 的化学反应，若能按化学计量方程式定量完成，其反应为：

$$aA+bB \longrightarrow gG+dD$$

若发生了反应进度为 1mol 的反应，则

$$\xi=\nu_A^{-1}\Delta n_A=\nu_B^{-1}\Delta n_B=\nu_G^{-1}\Delta n_G=\nu_D^{-1}\Delta n_G=1mol \tag{2-13}$$

根据 $\Delta n_B=\nu_B\xi$，即指化学反应中的反应物（$a$mol 物质 A 和 $b$mol 物质 B）反应，生成产物（$g$mol 的物质 G 和 $d$mol 的物质 D）。各组分按化学反应方程式的**化学计量数**消耗反应物各组分的物质的量并生成产物各组分的物质的量。反应式中单箭头表示反应的方向。

反应进度的定义式表明，反应进度与化学反应计量方程式的写法有关。因此，在应用反应进度这一物理量时，必须指明具体的化学反应方程式。

例：合成氨的反应为 $N_2+3H_2=2NH_3$，$\xi=1mol$，表示 1mol N_2 与 3mol H_2 完全反应，生成 2mol NH_3。若写成 $1/2N_2+3/2H_2=NH_3$ 时，$\xi=1mol$ 时，则表示消耗了 1/2mol N_2 和 3/2mol H_2，生成 1mol NH_3。显然，此反应进行了 1mol 的反应进度只相当于前面反应进度的一半。故反应进度与反应计量方程式的写法有关，写法不同，化学计量数不同，ξ 值就不相同。

因同一反应中任一组分 B 的 $\Delta n_B/\nu$ 数值都相等，所以，反应进度 ξ 的值与选用反应任一组分 B 的量的变化 Δn_B 无关，而与化学反应计量方程式的写法有关。

2.2.3 热化学定律

(1) 两反应互为逆反应时，焓变符号相反，绝对值相同。

(2) 盖斯定律　1840 年，俄国化学家盖斯（G. H. Hess，1802-1850 年）经过多年的热化学实验研究，从大量实验结果中总结出一条定律，叫**盖斯定律**。其内容是：一个化学反应，不论是一步完成还是分多步完成，其反应热是相同的。即反应热只与反应体系的始、终态有关，与变化的途径无关。这是热化学中最基本的规律。

虽然盖斯定律是实验定律，但在热力学第一定律创建之后，可从理论上得到证明。因为 $Q_V=\Delta U$，$Q_p=\Delta H$，而 ΔH、ΔU 只与体系始、终态有关，与途径无关。

使用盖斯定律时必须注意反应条件相同，即定压下一步完成，如分数步完成时，每一步亦应在相同的定压下进行；定容也是如此。

利用该定律不仅可以用已知反应的反应热来推算难以测定或无法测定的未知反应的反应热，同时适用于各种状态函数变化量的计算。

2.2.4 标准摩尔生成焓 $\Delta_f H_m^{\ominus}$ 及标准摩尔燃烧焓 $\Delta_c H_m^{\ominus}$

(1) 物质的标准态

热力学函数如 U、H、S、G 等均为状态函数，不同的系统或同一系统的不同状态均有不同的数值，同时 U、H、G 的绝对值还无法确定。为了比较不同的系统或同一系统的不同状态的这些热力学函数的变化，需要规定一个状态作为比较的标准，这就是热力学的标准状态。

热力学规定：物质的标准状态是在温度 T，标准压力 $p^{\ominus}$（10^5Pa）下的状态，简称标准态，用右上标"$^{\ominus}$"表示。当系统处于标准态时，指系统中诸物质均处于各自的标准态。对具体的物质而言，相应的标准态如下。

气体：规定温度 TK，标准压力 $p^{\ominus}$ 下纯气体物质的理想气体状态。

纯液体：规定温度 TK，标准压力 $p^{\ominus}$ 下纯液体状态。

溶液：规定温度 TK，标准压力 $p^{\ominus}$ 下溶质的浓度为 $c^{\ominus}$（$c^{\ominus}=1\text{mol}\cdot\text{L}^{-1}$）的溶液。

纯固体：规定温度 TK，标准压力 $p^{\ominus}$ 下纯固体或最稳定的晶体状态。

为了避免温度变化出现无限多个物质的标准态和构建热力学数据的方便，通常选择 298K 作为规定温度，即 $T=298$K。

(2) 标准摩尔反应焓变 $\Delta_r H_m^{\ominus}$ 和标准摩尔生成焓 $\Delta_f H_m^{\ominus}$

在标准状态下，反应进度为 1 摩尔（mol）时的焓变定义为该反应的标准摩尔反应焓变(standard molar enthalpy change of reaction)，以符号 $\Delta_r H_m^{\ominus}$ 表示，简写为 $\Delta_r H^{\ominus}$ 或 $\Delta H_r^{\ominus}$，其单位为 $\text{kJ}\cdot\text{mol}^{-1}$。

由稳定单质生成 1 摩尔（mol）化合物的标准摩尔反应焓变就是该化合物的标准摩尔生成焓(standard molar enthalpy of formation)，以符号 $\Delta_f H_m^{\ominus}$ 表示，简写为 $\Delta H_f^{\ominus}$，其单位为 $\text{kJ}\cdot\text{mol}^{-1}$。

在热化学中，规定在指定温度的标准状态下，元素的**最稳定态的单质**的标准摩尔生成焓值为零。

$$\Delta_f H_m^{\ominus}(\text{最稳定态单质})=0 \tag{2-14}$$

石墨、液态溴、斜方硫、O_2、H_2、N_2 气等均为最稳定的单质，其对应的标准摩尔生成焓值为零。

由此可知，一个由稳定单质生成化合物的生成反应的标准摩尔反应焓变就是该化合物的标准摩尔生成焓。

各种物质 298K 时的标准摩尔生成焓数据可从附录中查到，由此可方便计算出任意化学反应的标准摩尔焓变。对标态下的任意反应：$a\text{A}+b\text{B} \longrightarrow g\text{G}+d\text{D}$，其反应焓变计算公式为：$\Delta H_r^{\ominus}=g\Delta H_f^{\ominus}(\text{G})+d\Delta H_f^{\ominus}(\text{D})-[a\Delta H_f^{\ominus}(\text{A})+b\Delta H_f^{\ominus}(\text{B})]$

例 在 298K 及标准压力条件下，由附录的数据计算下列反应式 $4NH_3(g)+5O_2(g)=\!=\!=4NO(g)+6H_2O(g)$ 在 298K，$p^{\ominus}$ 时的反应热，查准数据代入公式即可。

(3) 标准摩尔燃烧焓 $\Delta_c H_m^{\ominus}$

在指定温度、标准压力下，1mol 化合物完全燃烧生成稳定产物时的反应热定义为该化合物的标准摩尔燃烧焓（standard molar enthalpy of combustion)，用符号 $\Delta_r H_m^{\ominus}$ 表示，单位为 $\text{kJ}\cdot\text{mol}^{-1}$。

所谓的稳定产物指的是：$CO_2(g)$、$H_2O(l)$、$SO_2(g)$、$N_2(g)$、$HCl(aq)$。

热化学中规定这些稳定产物及助燃物质 $O_2(g)$ 的标准摩尔燃烧焓为零。

设 298K 下任意化学反应为 $aA+bB \longrightarrow gG+dD$，该化学反应的标准摩尔焓变等于**反应物**的标准摩尔燃烧焓总和减去**产物**的标准摩尔燃烧焓的总和。

$$\Delta H_r^{\ominus}=-\sum \nu i \Delta H_c^{\ominus}(\text{反应物})-\sum \nu i \Delta H_c^{\ominus}(\text{生成物})$$

注意：化学计量数 ν_i 反应物取负值，产物取正值。

或直接用系数：

$$\Delta H_r^{\ominus}=a\Delta H_c^{\ominus}(A)+b\Delta H_c^{\ominus}(B)-[g\Delta H_c^{\ominus}(G)+d\Delta H_c^{\ominus}(D)] \tag{2-15}$$

因为助燃物质 $O_2(g)$ 的标准摩尔燃烧焓为零，产物 $CO_2(g)$、$H_2O(l)$ 的标准摩尔燃烧焓也为零，如：

$$CH_3CH_2OH(l)+3O_2(g) = 2CO_2(g)+3H_2O(l)$$

所以，该化学反应（燃烧反应）的标准摩尔焓变等于该反应物（燃烧物）的标准摩尔燃烧焓。

2.3 化学反应热效应的理论计算

2.3.1 利用标准摩尔生成焓的数据计算

根据标准摩尔生成焓的定义，可得出化学反应的标准摩尔焓变 $\Delta_r H_m^{\ominus}$ 可由下式计算：

$$\Delta H_r^{\ominus}=\sum \nu_i \Delta H_f^{\ominus}(\text{生成物})+\sum \nu_i \Delta H_f^{\ominus}(\text{反应物})$$

或

$$\Delta H_r^{\ominus}=g\Delta H_f^{\ominus}(G)+d\Delta H_f^{\ominus}(D)-[a\Delta H_f^{\ominus}(A)+b\Delta H_f^{\ominus}(B)] \tag{2-16}$$

即反应的标准焓变等于各生成物的标准生成焓乘以化学计量数（ν_i 表示）的总和加上各反应物的标准生成焓乘以化学计量数的总和。应用此公式时应注意：

① $\Delta H_r^{\ominus}$的计算实际上是体系的终态减去始态，因为反应物的化学计量数为负值；

因为反应的焓变随温度变化较小（反应物的生成焓与生成物的生成焓同时变化之后会相互抵消），所以在温度变化不大时，下式成立：

$$\Delta H_r^{\ominus}(T) \approx \Delta H_r^{\ominus}(298.15K)$$

② 公式中应包括反应中所涉及的各种物质，并需要考虑聚集状态；

③ 公式中应包括反应方程式中的化学计量数（或系数），注意两者的区别，选用公式。

2.3.2 利用标准摩尔燃烧焓的数据计算

根据标准摩尔燃烧焓的定义，可得出化学反应的标准摩尔焓变 $\Delta_r H_m^{\ominus}$ 也可由标准摩尔燃烧焓的数据计算。

计算公式见式(2-15)。

注意：燃烧反应式中燃烧物的量是 1mol。助燃物质 $O_2(g)$，燃烧产物 $CO_2(g)$、$H_2O(l)$ 的标准摩尔燃烧焓均为零。

2.3.3 利用标准摩尔生成焓或标准摩尔反应焓变数据，根据盖斯定律计算

利用盖斯定律所得到的计算规则可求出一些难以测定的反应的热力学数据，如：

C(石墨) + $O_2(g) \longrightarrow CO_2$　　$\Delta H_r^{\ominus}(3)$

\+　　　　　　　　　$\uparrow \Delta H_r^{\ominus}(2)$

$O_2(g) \longrightarrow CO(g) + 1/2\ O_2(g)$　　$\Delta H_r^{\ominus}(1)$

通过该循环可以算出一氧化碳的生成焓。

解题思路：根据盖斯定律，$\Delta H_r^\ominus(3)=\Delta H_r^\ominus(1)+\Delta H_r^\ominus(2)$

所以，
$$\Delta H_r^\ominus(1)=\Delta H_r^\ominus(3)-\Delta H_r^\ominus(2)=\Delta H_f^\ominus(CO)$$

因为 $\Delta H_r^\ominus(1)$ 很难准确测定，但 $\Delta H_r^\ominus(3)$ 和 $\Delta H_r^\ominus(2)$ 可以准确测定，所以通过上述循环借助 $\Delta H_r^\ominus(3)$ 和 $\Delta H_r^\ominus(2)$ 来测定一氧化碳的生成焓 $\Delta H_r^\ominus(CO)$。

[阅读材料] 锂离子电池中的热效应*

锂离子电池具有能量密度大、输出功率高、充放电寿命长、无污染、工作温度范围宽、自放电小等诸多优点。但锂离子电池存在不安全因素，电池在过充电时会产生热量，热量的积累很容易使电池发生爆炸，在意外短路时也容易发生爆炸。锂离子电池的爆炸主要是由电池材料之间的化学反应放热引起的。正极活性物质、负极活性物质、电解液等都会在正常使用和滥用情况下发生放热反应，引起电池的升温，进一步促使反应的加剧，当热量积累到一定程度的时候，便潜在爆炸的危险。

目前，有关电池材料热稳定性的研究主要采用加速度量热仪（accelerating rate calorimetry，ARC）和差示扫描量热仪（differential scanning calorimetry，DSC）等设备。利用这两种设备进行的研究能够基本表征锂离子电池常用材料的热稳定性，然而，由于ARC自身的限制，只能测试到放热反应，不能测量有吸热现象的反应，因此实验结果可能与实际有一定的差别。使用DSC时，由于反应池的密封性不好，当反应产物有气体产生时，会使内部压力大大增加，容易造成反应产物的溢出，从而改变了实验条件，因此不能反映真实的化学反应过程。C80微量量热仪是一种灵敏度非常高的新一代热分析仪，能很好地解决上述问题。本文使用C80微量量热仪（法国Setaram公司，主要技术指标为：测量温度范围为室温至300℃，恒温控制精度为±0.001℃；升温速度为0.01～2.0℃/min；分辨率为0.1mW；感度极限为0.1μW）对电解液、电解液与电极材料、整个电池的放热特性进行了研究，以分析探讨锂离子电池内部主要产热过程，为了解锂离子电池爆炸提供实验上的依据。

锂离子电池材料包括：正极材料，脱锂 $Li_{0.5}CoO_2$；负极材料，嵌锂碳负极 $Li_{0.86}C_6$；电解液[电解质为 $LiPF_6$，所用溶剂是混合有机溶剂，由一种挥发性小、介电常数高的有机溶剂EC（碳酸乙烯酯）和一种低黏度和易挥发的有机溶剂DEC（碳酸二乙酯）组成，所得电解液有较低的黏度、较高的介电常数、较低的挥发性]。

① 锂离子电池材料中热反应分析　锂离子电池材料之间主要放热反应有：电解液分解、负极的热分解及其与电解液的反应、正极的热分解及其与电解液的反应等。此外，由于电池存在电阻，有电流通过时也产生少量热量。

② 锂离子电池热效应分析　电池在充电状态时，电池材料的活性大，积蓄的能量多，容易发生放热反应。在使用电池时，由于电池内有电流的通过，因电池内阻的存在而产生热量，产生的热量促使负极与电解液的反应、SEI（solid electrolyte interface）膜的分解，热量的累积和体系温度的升高使负极与电解液、正极与电解液发生放热反应及其他反应。

利用C80微量量热仪测试了锂离子电池内部主要产热过程。分析了电池内部有机电解液的热分解、正负极的热分解及其与电解液的反应热特性。结果表明，嵌锂碳与电解液甚至在40℃就有反应，脱锂 $Li_{0.5}CoO_2$ 与电解液在132℃开始反应放热。当电池温度超过72℃时，开始发生放热反应，总放热量为 $1036.7J\cdot g^{-1}$。

结论：尽管电池内部的产热因素众多，但是，在不同的温度阶段，由不同的反应贡献较多的热量。如果放出的热量没有及时导出，就会引起电池温度的升高，从而进一步促进内部反应的增多和反应过程的加剧，释放出更多的热量。同时，反应产生的气体使体系内部压力增大，引起电池的热膨胀，在安全措施（如安全阀等）失效的情况下，就潜在电池爆炸的危险。

*详见：王青松，孙金华，姚晓林，陈春华．锂离子电池中的热效应．应用化学，2006，23（5）：489-493.

思考题与习题

基本概念复习及相关思考

2-1 说明下列术语的含义：

体系与环境；过程与途径；状态与状态函数；强度性质；广度性质；热和功；

热力学能（内能）和焓；热化学反应方程式；恒容反应热；定压反应热；标准摩尔生成焓；标准摩尔燃烧焓。

2-2 根据物质的生成焓计算反应焓的公式是什么？

2-3 思考下列问题

(1) 热力学标准态与中学所学的标准状况有何区别？

(2) $Q_v=\Delta U$ 等式成立的条件是什么？$Q_p=\Delta H$ 等式成立的条件是什么？此二等式说明了什么问题？

(3) 计算反应焓变 $\Delta_r H_m^{\ominus}$ 的方法有几种？

习 题

2-4 已知乙醇的标准摩尔燃烧焓为 $-1366.83\ kJ\cdot mol^{-1}$，计算 298.15K、$p^{\ominus}$ 时乙醇的标准摩尔生成焓。

2-5 利用附录数据，计算下列反应的 $\Delta_r H_m^{\ominus}$

(1) $Fe_3O_4(s)+4H_2(g) = 3Fe(s)+4H_2O(g)$

(2) $AgCl(s)+Br^-(aq) = AgBr(s)+Cl^-(aq)$

(3) $Cu^{2+}(aq)+Zn(s) = Cu(s)+Zn^{2+}(aq)$

(4) $4NH_3(g)+5O_2(g) = 4NO(g)+6H_2O(l)$

2-6 苯和氧按下列方程式反应：

$$C_6H_6(l)+7.5O_2(g) = 6CO_2(g)+3H_2O(l)$$

在 298.15K、$p^{\ominus}$ 下，0.5mol 苯在氧气中完全燃烧放出 1634 kJ 的热量，求在相同条件下，C_6H_6 的标准摩尔燃烧焓 $\Delta_c H_m^{\ominus}[C_6H_6(l)]$ 和该燃烧反应的内能变化 $\Delta_r U_m^{\ominus}$。

2-7 已知下列化学反应的标准摩尔反应焓变 $\Delta_r H_m^{\ominus}$，求乙炔（C_2H_2,g）的标准摩尔生成焓 $\Delta_f H_m^{\ominus}(C_2H_2,g)$

(1) $C_2H_2(g)+2.5O_2(g) = 2CO_2(g)+H_2O(g)$ $\Delta_r H_m^{\ominus}=-1246.2kJ/mol$

(2) $C(s)+2H_2O(g) = CO_2(g)+2H_2(g)$ $\Delta_r H_m^{\ominus}=90.9kJ/mol$

(3) $2H_2O(g) = O_2(g)+2H_2(g)$ $\Delta_r H_m^{\ominus}=483.6kJ/mol$

2-8 人体靠下列一系列反应去除体内酒精的影响：

$$CH_3CH_2OH \xrightarrow{O_2} CH_3CHO \xrightarrow{O_2} CH_3COOH \xrightarrow{O_2} CO_2$$

计算在常温下人体去除 1mol CH_3CH_2OH 时各步反应的 $\Delta_r H_m^{\ominus}$ 及总反应的 $\Delta_r H_m^{\ominus}$。

2-9 Calculate change of internal energy of system, when:

(1) system absorbed the heat of 980 J and did the work of 500 J to surrounding;

(2) system absorbed the 380 J and surrounding did the work of 320 J to system.

2-10 Calculate the $\Delta_f H_m^{\ominus}$ of CuO through the following heat-reacting equation:

(1) $Cu_2O(s)+\frac{1}{2}O_2(g) \longrightarrow 2CuO(s)$ $\Delta H_r^{\ominus}=-143.7kJ\cdot mol^{-1}$

(2) $CuO(s)+Cu(s) \longrightarrow Cu_2O(s)$ $\Delta H_r^{\ominus}=-11.5kJ\cdot mol^{-1}$

2-11 (1) 某气缸中有气体 1.0L，在 100kPa 下气体从环境中吸收了 900J 的热量后，恒压条件下体积膨胀到 1.5L，计算系统的内能变化 ΔU。

(2) 试由下列数据计算 N—H 键能和 $H_2N—NH_2(g)$ 中的 N—N 键能。已知 $NH_3(g)$ 的 $\Delta H_f^{\ominus}=-46kJ\cdot mol^{-1}$；$H_2N—NH_2(g)$ 的 $\Delta H_f^{\ominus}=95kJ\cdot mol^{-1}$；H—H 的键能 $=436kJ\cdot mol^{-1}$；N≡N 的键能 $=946kJ\cdot mol^{-1}$。

第3章　化学反应的基本原理

Chapter 3　Basic Principle of Chemical Reactions

就化学研究而言，一个化学反应能否被利用，需要考虑三个问题：第一是反应能否发生，这是化学热力学问题；第二是反应进行的速率，这是化学动力学的问题，对于有益的化学反应，需要提高反应速率，节省反应时间，提高经济效益，对于不利的化学反应或者我们不需要的化学反应，要采取措施减慢反应速率；第三是反应的产率问题，即化学平衡的问题，对于我们需要的反应，应尽可能多地使反应物转化为生成物，提高原材料的利用率，降低成本。

本章主要讨论化学反应能否发生，即反应的方向、反应的限度，并对反应速率略作介绍。

3.1　化学反应的自发性及其判断

3.1.1　自发过程及其特点

在自然界中，一定条件下不需要任何外力作用就能自动进行的过程称为自发过程（spontaneous process）。对于化学反应来说，在一定条件（定温、定压）下不需要借助外力做功而能自动进行的反应，被认为具有自发性。自发过程有什么特点？人们研究了大量的自然现象，物理、化学过程，发现所有自发过程都有以下规律。

(1) 自发过程具有明确的方向性　自发过程在一定条件下只能自发地向一个方向进行，其逆过程不能自发进行。若要使逆过程能够进行，必须借助外力对体系做功。从过程的能量变化来看，这个方向是物质系统从高能态倾向于低能态。

例如，水会自发往低处流，降低势能，要使水由低处向高处流，必须靠抽水机做机械功；热水会自然冷却，降低温度，要使热量由低温物体流向高温物体，必须利用冷冻机做功。气体也总是从高压处自发地向低压处扩散，加压则要做功。上述逆过程的进行，都要消耗环境的能量，或者说在环境中留下了功与热转化的永久性“痕迹”。

(2) 自发过程都具有做功的能力　例如，高处流下的水可以推动水轮机做机械功；热机利用热传导而做功；利用硫酸铜和锌的反应可以组成原电池做电功。但做功的能力随着自发过程的不断进行而逐渐减少，当体系达到平衡后，就不具有做功能力。

(3) 自发过程都有一定的限度　自发过程都有限度，一旦做功能力完全丧失，自发过程就会停止。例如，水流到最低处不再流动，其水位差为零；热传导到两物体温度相等就会停止，其温度差为零，化学反应进行到一定程度达到化学平衡，从宏观上看化学反应停止了。

总之，自发过程总是单方向趋于平衡状态。平衡状态就是该条件下自发过程的限度。

3.1.2　自然界的两条基本定律

19世纪70年代，法国化学家贝特洛（Berthelot M P E）和丹麦化学家汤姆森（Thomson J）希望找到一种能用于判断反应或过程能否自发进行即反应自发性的依据，从自然界的两条基本定律入手。

① **物质体系倾向于最低能量**

如：水往低处流，高温物质自然冷却，气体由高压向低压扩散。

② **物质体系倾向于取得最大混乱度**

如：香水在空气中扩散，墨水在水中扩散，沙堆的自然垮塌。

提出了：自发反应的方向用化学的语言就是系统的焓减少的方向，即 $\Delta H<0$。

但进一步的研究发现，有些过程如冰的融化、KNO_3 固体在水中的溶解、N_2O_5 的分解都能自发进行，这些过程的共同点是吸热过程（$\Delta H>0$），同时混乱度增加；另外，冰会自然融化为水，$CaCO_3$ 在常温常压下不会分解，在高温（1114.5K）时，会分解生成 CaO 和 CO_2，这些现象还说明化学反应的自发性与反应的温度有关。由此可见，仅把焓变（$\Delta H<0$）作为自发反应的判据是不全面的，还要考虑反应前后混乱度和温度的变化。

3.1.3 混乱度与熵的概念

(1) 什么是混乱度

混乱度（disorder degree，无序程度）是有序度的反义词，即组成物质的质点在一个指定空间区域内排列和运动的无序程度。排列有序则无序度小，其混乱度小；运动的无序则有序度小，其混乱度大。

(2) 熵的概念

在热力学中，系统的混乱度用状态函数“熵”来度量。熵（entropy）是系统内部质点混乱度或无序度的量度，用符号 S 表示。若以 Ω（读作 oumige）代表系统内部的微观状态数，则熵 S 与微观状态数 Ω 有如下关系：

$$S=k\ln\Omega \tag{3-1}$$

式中，k 为 Boltzmann（玻耳兹曼）常数，$k=1.3807\times10^{-23}\,J\cdot K^{-1}$。

关于熵的几点说明如下。

① 每种物质在给定条件下都有一定的熵值，体系的混乱度越大，熵值越大。

② 熵是体系宏观性质，是体系内大量分子平均行为的体现，具有统计意义，对只有几个、几十个或几百个分子的体系就无所谓熵。

③ 熵是一个广度性质的状态函数，体系混乱度增加的过程即为熵增过程。

(3) 熵变的计算

20 世纪初，人们根据一系列低温实验事实和推测，总结得出了热力学第三定律，即：在绝对零度时，任何纯物质的完整晶体的熵值都等于零。这是一个经验定律，应用统计力学理论，从熵的微观意义上得到证明。因此，可得：0K 时，$S_0=0$；在温度 TK 时，有

$$\Delta S=S_T-S_0=S_T$$

1mol 物质在一定温度和 $p^\ominus$ 下的熵值为标准摩尔规定熵，记作 $S_m^\ominus$，单位为 $J\cdot mol^{-1}\cdot K^{-1}$，纯物质均为正值。

孤立体系因体系与环境无能量交换，所以该体系发生的自发过程必为熵增加过程（即混乱度增大过程），直到熵增至最大（$\Delta S=0$）达到平衡为止，不可能发生熵减少过程。为此，孤立体系的熵判据为：

$\Delta S_{孤立}>0$　　自发过程

$\Delta S_{孤立}=0$　　平衡过程压力下的熵值为标准摩尔规定熵，记作 S

$\Delta S_{孤立}<0$　　非自发过程

实际遇到的体系都不是孤立体系，我们可将体系与环境加在一起构成孤立体系，用总熵变来判断过程的方向和限度。即

$$\Delta S>0 \quad 自发$$
$$\Delta S_{总}=\Delta S_{孤立}=\Delta S_{体系}+\Delta S_{环境}=0 \quad 平衡$$
$$\Delta S<0 \quad 非自发$$

以热力学第三定律为基础，利用物质的摩尔质量、热容、相变热等数据，可以计算出各种物质在一定温度下熵值的大小。

1mol 纯物质在标准状态下的熵称为**标准摩尔熵**（standard molar entropy），用符号 $S_m^\ominus$ 表示，单位为 $J \cdot mol^{-1} \cdot K^{-1}$。

熵与焓及热力学能等状态函数不同之处在于其绝对值可以求算，一些物质在 298K 时的熵数据见附录。

熵值大小存在着如下变化规律。

① 聚集状态，同一物质：$S_g>S_l>S_s$。

② 结构相近时，分子量大 S 大，如 $S_{氟}<S_{氯}<S_{溴}$。

③ 分子量相近，结构越复杂，S 越大。

④ 同物质，同状态，T 越大，S 越大，一般 ΔS_T 取 ΔS（298K）值。

⑤ 同物质，同状态，密度小，S 越大，S_T(金刚石)$<S$(石墨)。

熵变的计算：与焓变相似：对任意化学反应 $aA+dD=gG+hH$，

$$\Delta_r S_m^\ominus=\sum\nu_i S_m^\ominus(生成物)+\sum\nu_i S_m^\ominus(反应物)$$

$$或\ \Delta_r S_m^\ominus=gS_m^\ominus(G)+hS_m^\ominus(H)-[aS_m^\ominus(A)+dS_m^\ominus(D)] \quad (3\text{-}2)$$

注意：$S_m^\ominus$ 单位为 $J \cdot mol^{-1} \cdot K^{-1}$，纯物质均为正值；某些水合离子为负值。

通过熵的定义和对物质标准摩尔熵值 $S_m^\ominus$ 变化规律的分析可知以下几点。

① S 与 H、U 不同的是，它的绝对值是可以测定的。因为体系混乱度越低，有序性越高，熵值就越低。

② 物质的熵值与系统的温度、压力有关。一般温度升高，系统的混乱度增加，熵值增大；随着压力的增加，体系的熵值大幅度降低。

3.1.4 焓变判据和熵变判据

（1）**焓变判据** 焓变即体系能量的变化，自发过程中 $\Delta H=H_2-H_1<0$

（2）**熵变（Entropy change）判据** 熵变即体系混乱度的变化，自发过程中，$\Delta S=S_2-S_1>0$

3.1.5 摩尔反应吉布斯自由能变和化学反应的方向

从上述两个判据可知，判断化学反应自发进行的方向可有 $\Delta H<0$ 或 $\Delta S>0$，但这还是不够的。如下列也能自发进行的过程：298K 时，冰自动融化为水过程，$\Delta H>0$，$\Delta S>0$；NH_4NO_3 等固体物质在水中溶解也是吸热过程，可以自发进行，$\Delta H>0$，$\Delta S>0$，但 0℃ 时，水自动结成冰的过程是：$\Delta H<0$，$\Delta S<0$，显然它们用焓变判据和熵变判据解释是矛盾的。

（1）吉布斯自由能

由于经验判据的不完善，1878 年美国物理化学家吉布斯（Gibbs G W）对当时世界各国关于热力学研究方面的成果进行了总结，成功地将决定过程是否自发进行的能量因素（ΔH）及混乱度因素（ΔS）结合起来，提出了吉布斯函数（Gibbs function），即吉布斯自由能（Gibbs free energy，G）的概念，并以此来判断定温定压条件下化学反应过程的自发性。

吉布斯自由能 G 的定义为： $G=H-TS$ (3-3)

由于 H、T、S 都是状态函数，所以它们的线性组合 G 也是状态函数，是一种广度性质，具有能量的量纲，单位为 J 或 $kJ \cdot mol^{-1}$。

由于 U、H 的绝对值无法求算，所以 G 的绝对值也无法确定。

当一个体系从始态（自由能为 G_1）变化到终态（自由能为 G_2）时，体系的吉布斯自由能变化值 ΔG 为：$\Delta G = G_2 - G_1$；若是化学反应体系，则 G_1 和 G_2 分别是反应物和生成物的自由能。在恒温恒压非体积功等于零的状态变化中，吉布斯函数变（吉布斯自由能变）

$$\Delta G = G_2 - G_1 = \Delta H - T\Delta S \quad \text{吉布斯-亥姆霍兹方程} \tag{3-4}$$

同标准摩尔反应焓变（$\Delta_r H_m^\ominus$）与标准摩尔生成焓（$\Delta_r H_m^\ominus$）相似，也有标准摩尔反应 Gibbs 自由能变和标准摩尔生成自由能，分别由 $\Delta_r G_m^\ominus$ 和 $\Delta_f G_m^\ominus$ 表示。热力学规定：在规定温度、标准压力 $p^\ominus$ 下，稳定单质的标准生成吉布斯自由能为零。在此标准状态下由稳定单质生成 1mol 物质时的吉布斯自由能变叫做该物质的标准生成吉布斯自由能。即：

$$\Delta_f G_m^\ominus(\text{最稳定态单质}, 298.15\text{K}) = 0 \quad \text{单位为 kJ} \cdot \text{mol}^{-1}$$

对于标态下任一反应的 $\Delta_r G_m^\ominus$ 可用下列两种方法计算。

① $$298.15\text{K}, \Delta_r G_m^\ominus = \sum \nu_i \Delta_f G_m^\ominus(\text{生成物}) + \sum \nu_i \Delta_f G_m^\ominus(\text{反应物}) \tag{3-5}$$

② 其他 T，$\Delta_r G_m^\ominus = \Delta_r H_m^\ominus - T\Delta_r S_m^\ominus$（吉布斯-亥姆霍兹方程）所需数据见附录。（由于反应前后的变化会相互基本抵消，公式中 $\Delta_f G_m^\ominus$、$\Delta_r H_m^\ominus$、$\Delta_r S_m^\ominus$ 的数据均可用附录中 298.15K 的数据。）

对可逆反应而言，正逆反应的 $\Delta_r G_m^\ominus$ 数值相等，符号相反。

(2) 吉布斯自由能变（吉布斯函数变）判据

大量的实验事实证明，对于一个定温定压、只作体积功的封闭体系，体系总是自发地朝着吉布斯自由能降低（$\Delta_r G < 0$）的方向进行；当体系的吉布斯自由能降低到最小值（$\Delta_r G = 0$）时达到平衡状态；体系的吉布斯自由能升高（$\Delta_r G > 0$）的过程不能自动进行，但逆过程可自发进行。即：

$\Delta_r G < 0$　　自发过程

$\Delta_r G = 0$　　平衡状态

$\Delta_r G > 0$　　非自发过程

需要强调说明，吉布斯自由能判据的使用条件为定温定压、不做有用功的封闭体系。

【例 3-1】 求 298K、标准状态下反应 $CH_4(g) + 2H_2O(g) \!=\!=\!= CO_2(g) + 4H_2(g)$ 的 $\Delta_r G_m^\ominus$，并判断反应的自发性。

利用附录数据代入式(3-5)

解得 $\Delta_r G_m^\ominus > 0$ 故该反应在 298.15 K 的标准状态下不能自发进行。

(3) 反应方向讨论　根据吉布斯-亥姆霍兹方程：$\Delta G = \Delta H - T\Delta S$

可以看出 ΔG 中包含着 ΔH 和 ΔS 两种与反应进行方向有关的因素，体现了熵变与焓变两种效应的对立和统一。具体分成如下几种情况。

① 如果 $\Delta H < 0$（放热反应），同时 $\Delta S > 0$（熵增加），则 $\Delta G < 0$，在任意温度下，正反应均能自发进行。

② 如果 $\Delta H > 0$（吸热反应），同时 $\Delta S < 0$（熵减少），则 $\Delta G > 0$，在任意温度下，正反应均不能自发进行，但其逆反应在任意温度下均能自发进行。

③ 如果 $\Delta H < 0$，$\Delta S < 0$（放热且熵减的反应），则低温下，因 $|\Delta H| > |T\Delta S|$，所以 $\Delta G < 0$，正反应能自发进行；高温时，由于 $|\Delta H| < |T\Delta S|$，使得 $\Delta G > 0$，正反应不能自发进行。

④ 如果 $\Delta H > 0$，$\Delta S > 0$（吸热且熵增的反应），则低温下，由于 $|\Delta H| > |T\Delta S|$，使得 $\Delta G > 0$，正反应不能自发进行；高温时，由于 $|\Delta H| < |T\Delta S|$，使得 $\Delta G < 0$，正反应能自发进行。

当反应体系的温度变化不太大时，$\Delta_r H$ 及 $\Delta_r S$ 变化不大，可近似看作是常数，采用附录 298.15K 数据。

3.1.6 吉布斯方程的应用

吉布斯方程在实际工作中有广泛应用，下面是其在环境保护方面的应用实例。

【例 3-2】 求 298K 和 1273K 时下列反应的 $\Delta_r G_m^{\ominus}$，判断在此二温度下反应的自发性，估算反应可以自发进行的最低温度是多少？

$$CaCO_3(s) = CaO(s) + CO_2(g)$$

解 (1) 298K 时，利用公式 $\Delta_r G_m^{\ominus} = \sum \nu_i \Delta_f G_m^{\ominus}(\text{生成物}) + \sum \nu_i \Delta_f G_m^{\ominus}(\text{反应物})$

可求得：$\Delta_r G_m^{\ominus} = \Delta_f G_m^{\ominus}(CO_2, g) + \Delta_f G_m^{\ominus}(CaO, s) - \Delta_f G_m^{\ominus}(CaCO_3, s)$

$= (-394.359) + (-604.03) - (-1128.79)$

$= 130.401(kJ \cdot mol^{-1}) > 0$，故该温度时反应不能进行。

(2) 1273K 时，利用公式：$\Delta_r G_m^{\ominus} = \Delta_r H_m^{\ominus} - T\Delta_r S_m^{\ominus}$

	$CaCO_3(s) =$	$CaO(s) +$	$CO_2(g)$
$\Delta_f H_m^{\ominus}/kJ \cdot mol^{-1}$	-1206.92	-635.09	-393.51
$S_m^{\ominus}/J \cdot mol^{-1} \cdot K^{-1}$	92.9	39.75	213.74

$\Delta_r H_m^{\ominus} = \Delta_f H_m^{\ominus}(CO_2, g) + \Delta_f H_m^{\ominus}(CaO, s) - \Delta_f H_m^{\ominus}(CaCO_3, s)$

$= (-393.51) + (-635.09) - (-1206.92)$

$= 178.32(kJ \cdot mol^{-1})$

$\Delta_r S_m^{\ominus} = S_m^{\ominus}(CO_2, g) + S_m^{\ominus}(CaO, s) - S_m^{\ominus}(CaCO_3, s)$

$= 213.74 + 39.75 - 92.9 = 160.59(J \cdot mol^{-1} \cdot K^{-1}) = 0.16(kJ \cdot mol^{-1} \cdot K^{-1})$

求得 $\Delta_r G_m^{\ominus} = \Delta_r H_m^{\ominus} - T\Delta_r S_m^{\ominus}$

$= 178.32 - 1273 \times 0.16 = -25.36 < 0$

故在该温度下反应可以进行。

(3) 发生分解反应最低温度：$\Delta_r G_m^{\ominus} = 0$ 平衡发生改变，此时

$$T = \Delta_r H_m^{\ominus} / \Delta_r S_m^{\ominus} = 178.32/0.16 = 1114.5(K)$$

答：反应可以自发进行的最低温度为 1114.5K。

【例 3-3】 汽车尾气中主要的有毒物质是 CO、NO 和烃类有机物，还有水蒸气。有人认为消除 CO 的污染可通过下列反应：

$$CO(g) = C(s) + 1/2O_2(g) \quad (1)$$

也有人建议： $CO(g) + NO(g) = CO_2(g) + 1/2\ N_2(g)$ (2)

还有人提出： $CO(g) + H_2O(g) = CO_2(g) + H_2(g)$ (3)

根据吉布斯自由能判据判断上述方案的可行性。

解 式(1)，$\Delta_r G_m^{\ominus} = 1/2\Delta_f G_m^{\ominus}(O_2, g) + \Delta_f G_m^{\ominus}(C, s) - \Delta_f G_m^{\ominus}(CO, g)$

$= 0 + 0 - (-137kJ \cdot mol^{-1}) = 137kJ \cdot mol^{-1} \geqslant 0$；

且 $\Delta_r H_m^{\ominus} = 110.525kJ \cdot mol^{-1} > 0$ ；$\Delta_r S_m < 0$

这说明在任意温度下，正反应均不能自发进行。

式(2)，$\Delta_r G_m^{\ominus} = \Delta_f G_m^{\ominus}(CO_2, g) + 1/2\ \Delta_f G_m^{\ominus}(N_2, g) - \Delta_f G_m^{\ominus}(CO, g) - \Delta_f G_m^{\ominus}(NO, g)$

$= (-394.359) + 0 - (-137.168) - 86.55$

$= -343.741(kJ \cdot mol^{-1}) < 0$

式(3)，$\Delta_r G_m^{\ominus} = \Delta_f G_m^{\ominus}(CO_2, g) + \Delta_f G_m^{\ominus}(H_2, g) - \Delta_f G_m^{\ominus}(CO, g) - \Delta_f G_m^{\ominus}(H_2O, g)$

$= (-394.359) + 0 - (-137.168) - (-228.575)$

$= -28.616(kJ \cdot mol^{-1}) < 0$

所以方案(2) 和方案(3) 可行，方案(2) 比方案(3) 更佳。

【例 3-4】 煤中总有一些含硫杂质，当煤燃烧时，就有 SO_2、SO_3 生成，它们严重污染环境。试问可否用廉价的石灰（CaO）来吸收 SO_2、SO_3，以减少烟道废气对空气的污染？

解 (1) $CaO(s) + SO_3(g) \xlongequal{} CaSO_4(s)$

解题过程同上。解得：$\Delta_r G_m^{\ominus} < 0$，反应可自发进行。但 $\Delta_r H_m^{\ominus} < 0$，$\Delta_r S_m^{\ominus} < 0$，故温度不宜过高，反应方向转变温度为：

$$T = \Delta_r H_m^{\ominus} / \Delta_r S_m^{\ominus} = -403.5 / -0.19 = 2124(K) = 1851℃$$

一般烧煤炉温在 1200℃左右，低于逆转温度，所以用生石灰来吸收 SO_3 是可行的，已有人采用这种方法了。

(2) $CaO(s) + SO_2(g) + 1/2\ O_2 \xlongequal{} CaSO_4(s)$

同样解得：$\Delta_r G^{\ominus} < 0$，反应可自发进行。但 $\Delta H < 0$，$\Delta S < 0$ 故温度不宜过高，反应方向转变温度为：

$$T = \Delta_r H_m^{\ominus} / \Delta_r S_m^{\ominus} = -502.4 / -0.389 = 1291.5(K) = 1018(℃)$$

故用生石灰来吸收 SO_2 受煤燃烧温度的影响，温度低于 1018℃时能进行，高于该温度则逆向进行，实际应用该法时效率不超过 50%。一般用碱液［NaOH、$Ca(OH)_2$、$Mg(OH)_2$］效果显著。

热力学原理在化学中广泛应用，如溶解性、稳定性等。

下面是反应限度问题。

3.2 化学反应的限度——化学平衡

化学平衡（Chemical Equilibrium）涉及绝大多数的化学反应及相变化等，如无机及化学分析中的酸碱平衡、沉淀溶解平衡、氧化还原平衡和配位解离平衡等。本节通过化学平衡共同特征和规律性，应用热力学基本原理，探讨化学平衡建立的条件、化学反应的限度以及化学平衡移动的方向等重要化学反应中的问题。

3.2.1 可逆反应与化学平衡

(1) 可逆反应

在一定的条件下，一个化学反应既可以自左进行，也可以自右进行，这样的反应称为可逆反应（reversible reaction）。习惯上，把从左向右进行的反应称为正反应，把从右向左进行的反应称为逆反应。反应的可逆性和不彻底性是一般化学反应的普遍特征，因此，几乎所有的反应都是可逆反应，只是可逆的程度不同而已。由于正、逆反应同处一个系统中，所以在密闭容器中可逆反应不能进行到底，即可逆反应中的反应物不能全部转化为生成物。

可逆反应常使用双向半箭头符号，以强调反应的可逆性。如标准状态下，

$$CO(g) + H_2O(g) \rightleftharpoons CO_2(g) + H_2(g) \qquad \Delta_r G_m^{\ominus} = -28.616 kJ \cdot mol^{-1}$$

(2) 化学平衡

由第一节可知：在恒温恒压且非体积功为零时，可用化学反应的吉布斯自由能变 $\Delta_r G$ 来判断化学反应进行的方向。对上述反应，其开始时，体系中只有 CO(g) 和 $H_2O(g)$ 分子，且 $\Delta_r G_m^{\ominus} < 0$，则只能发生正向反应，这时 CO 和 $H_2O(g)$ 分子数目最多，正反应的速率最大；以后随着反应的进行，CO(g) 和 $H_2O(g)$ 的数目减少，正反应速率逐渐

降低。

另外，一旦体系中出现产物 CO_2 分子和 H_2 分子，就会出现逆向反应。随着反应系统中 CO_2 和 H_2 分子数目的不断增多，逆反应速率逐渐增大，直到系统内正反应速率等于逆反应速率时，系统中各种物质的浓度不再发生变化。此时建立了一种动态平衡，称做**化学平衡**。

在此反应过程中系统吉布斯自由能在不断变化，直至最终系统的吉布斯自由能 G 值不再改变，出现所谓化学平衡状态（equilibrium state），此时 $\Delta_r G_m = 0$。

对于任何可逆反应，必然呈现化学平衡状态，就是在可逆反应体系中，正反应和逆反应的速率相等，反应物和生成物的浓度不再随时间而改变的状态。

一定条件下，平衡状态也反映出该反应条件下化学反应可以完成的最大限度。在平衡状态下，虽然反应物和生成物的浓度不再发生变化，但并不是静止的。

所以，化学平衡有如下特征。

① 化学平衡是一种动态平衡［dynamic（kinetic；mobile）equilibrium］，表面停止而实际上正、逆反应都在进行，不过是两者的速率相等而已。即单位时间内正反应消耗的分子数恰好等于逆反应生成的分子数。

② 化学平衡是相对的、有条件的。一旦维护平衡的条件发生了变化（如温度、压力等变化），系统的宏观性质和物质组成都将发生变化。旧的平衡将被打破，新的平衡将被建立。

③ 在一定的温度下每一化学平衡都有其特定的平衡常数。化学平衡一旦建立，以化学反应方程式中化学计量数为幂指数的各物种的浓度（或分压）的乘积为一常数，称为平衡常数，在同一温度下，同一反应的化学平衡常数相同。

3.2.2 分压定律和化学平衡常数

(1) 分压定律

在气相反应中，反应物和生成物处于同一气体混合物中，此时，每种组分气体的分子都会对容器的器壁碰撞并产生压力，这种压力称为组分气体的分压力。对于理想气体，组分气体的分压力等于等温条件下，组分气体单独占有与气体混合物相同的体积时所产生的压力。而在适当条件下，真实气体可近似地看做理想气体。例如，在容积为 1 L 的容器中，盛有由 N_2 和 O_2 组成的气体混合物。若将此容器中的 O_2 除掉，所余 N_2 的压力为 79kPa；若将容器中的 N_2 除掉，所余 O_2 的压力为 21kPa。则在上述气体混合物中 N_2 的分压力为 $p(N_2)=$ 79kPa，O_2 的分压力为 $p(O_2)=21\text{kPa}$。

几种不同的气体混合成一种气体混合物时，此气体混合物的总压力等于各组分气体的分压力之和（如上例中，容器中气体的总压力为 100kPa）。这就是道尔顿（Dalton J，英国）1807 年提出的气体分压定律（law of partial pressure of gas）。对此定律进一步讨论如下。

设有一理想气体混合物，含有 A、B 两种组分。其中组分 A 的物质的量为 $n(\text{A})$，组分 B 的物质的量为 $n(\text{B})$，在定温、定容条件下，各自的状态方程式为

$$p(\text{A})V=n(\text{A})RT$$

$$p(\text{B})V=n(\text{B})RT$$

对于气体混合物，也有相应的状态方程式：

$$pV=nRT$$

因为 $n=n(\text{A})+n(\text{B})$，所以

$$p=p(\text{A})+p(\text{B}) \quad 或 \quad p=\sum_{\text{B}} p_{\text{B}} \tag{3-6}$$

此处 B 表示物质（反应物或生成物）。这就是分压定律的数学表达式。只要经过简单的数学处理，就可得到分压力与总压力之间的定量关系：

$$p(\mathrm{A})=p\frac{n(\mathrm{A})}{n}=px(\mathrm{A})$$

$$p(\mathrm{B})=p\frac{n(\mathrm{B})}{n}=px(\mathrm{B}) \tag{3-7}$$

式中，$n(\mathrm{A})/n$ 和 $n(\mathrm{B})/n$［即 $x(\mathrm{A})$ 和 $x(\mathrm{B})$］分别称为组分气体 A 和 B 的摩尔气体分数（molar fraction，即物质的量分数）。根据阿伏加德罗（Avogadro A，意大利）定律，定温定压下，气体的体积与该气体的物质的量成正比，由此得出如下结果：

$$n_{\mathrm{B}}/n=V_{\mathrm{B}}/V \quad 或 \quad x_{\mathrm{B}}=\varphi_{\mathrm{B}}$$

式中 $\varphi_{\mathrm{B}}=V_{\mathrm{B}}/V$，称为组分气体 B 的体积分数（volume fraction）；V_{B}称为组分气体 B 的分体积。它是在定温定压下组分气体单独存在时所占有的体积。实践中，组分气体的体积分数一般都是以实测的体积百分数表示的。因此，分压力与总压力之间的定量关系也可表示为：

$$p(\mathrm{A})=p\frac{n(\mathrm{A})}{n}=px(\mathrm{A})\%$$

$$p(\mathrm{B})=p\frac{n(\mathrm{B})}{n}=px(\mathrm{B})\% \tag{3-8}$$

即某组分气体的分压力等于混合气体总压力与该组分气体的体积百分数的乘积。这样组分气体压力的计算就十分方便了。

(2) 实验平衡常数

化学平衡常数包括实验平衡常数和标准平衡常数。

实验事实表明，在一定的反应条件下，任何一个可逆反应经过一定时间后，都会达到化学平衡，此时反应系统中以化学反应方程式中化学计量数（ν_{B}）为幂指数的各物种的浓度（或分压）的乘积为一常数。这个常数叫实验平衡常数（或经验平衡常数），简称平衡常数（equilibrium constant）。可用 K_{c}或 K_{p}表示。

对于任一可逆反应，其化学反应计量方程式为：

$$0=\sum_{\mathrm{B}}\nu_{\mathrm{B}}\mathrm{B}$$

在一定的温度下，达到平衡时，各组分浓度之间的关系为：

$$K_{\mathrm{c}}=\prod_{\mathrm{B}}(c_{\mathrm{B}})^{\nu_{\mathrm{B}}} \tag{3-9}$$

K_{c}称为浓度平衡常数，c_{B}为物质 B 的平衡浓度。

如对任意反应：

$$a\mathrm{A}+b\mathrm{B} = g\mathrm{G}+d\mathrm{D}$$

$$K_{\mathrm{c}}=\prod(c_{\mathrm{B}})^{\nu_{\mathrm{B}}}=c_{\mathrm{G}}^{g}\times c_{\mathrm{D}}^{d}/c_{\mathrm{A}}^{a}\times c_{\mathrm{B}}^{b}$$

对于气相反应，在恒温下，气体的分压与浓度成正比（$p=cRT$），因此，在平衡常数表达式中，可以用平衡时的气体分压来代替浓度。用 K_{p}表示压力平衡常数，其表达式为：

$$K_{\mathrm{p}}=\prod_{\mathrm{B}}(p_{\mathrm{B}})^{\nu_{\mathrm{B}}} \tag{3-10}$$

式中，p_{B}为物质 B 的平衡分压。

对于气相反应，平衡常数可用 K_{c}或 K_{p}表示，但通常情况下两者并不相等。由于平衡常数表达式中各组分的浓度（或分压）的单位不为 1，所以实验平衡常数的单位通常也不为 1。实验平衡常数的单位取决于化学反应计量方程式中生成物与反应物的单位及相应的化学计量数。例如下列反应：

$$2\mathrm{NO_2(g)} \rightleftharpoons \mathrm{N_2O_4(g)} \quad K_{\mathrm{p}}=\prod_{\mathrm{B}}(p_{\mathrm{B}})^{\nu_{\mathrm{B}}}=p(\mathrm{N_2O_4})\cdot p^{-2}(\mathrm{NO_2})$$

则所得单位为 $\mathrm{Pa^{-1}}$或 $\mathrm{kPa^{-1}}$，单位不为 1。

(3) 标准平衡常数

国家标准（GB 3102—93）中给出了标准平衡常数（standard equilibrium constant）$K^{\ominus}$ 的定义。在标准平衡常数表达式中，有关组分的浓度（或分压）都必须用相对浓度（或相对分压）来表示。即反应方程式中各物种的浓度（或分压）均须除以其标准态的量，即除以 $c^{\ominus}$（$c^{\ominus}=1\text{mol}\cdot\text{L}^{-1}$）或 $p^{\ominus}$（$p^{\ominus}=10^5\text{Pa}$），这样相对浓度（或分压）的单位为 1，所以标准平衡常数的单位为 1。

对于理想气体反应系统，下述任意可逆反应：

$$a\text{A(g)}+b\text{B(g)} \rightleftharpoons g\text{G(g)}+d\text{D(g)}$$

其标准平衡常数：

$$K^{\ominus}=\prod_{\text{B}}(p_{\text{B}}/p^{\ominus})^{\nu_{\text{B}}}=\{[p(\text{G})/p^{\ominus}]^g\times[p(\text{D})/p^{\ominus}]^d\}/\{[p(\text{A})/p^{\ominus}]^a\times[p(\text{B})/p^{\ominus}]^b\} \tag{3-11}$$

若为溶液中溶质的反应，对于下述任意可逆反应：

$$a\text{A(aq)}+b\text{B(aq)} \rightleftharpoons g\text{G(aq)}+d\text{D(aq)}$$

其标准平衡常数：

$$K^{\ominus}=\prod_{\text{B}}(c_{\text{B}}/c^{\ominus})^{\nu_{\text{B}}}=\{[c(\text{G})/c^{\ominus}]^g\times[c(\text{D})/c^{\ominus}]^d\}/\{[c(\text{A})/c^{\ominus}]^a\times[c(\text{B})/c^{\ominus}]^b\} \tag{3-12}$$

由于 $c^{\ominus}=1\ \text{mol}\cdot\text{L}^{-1}$，为简便起见上式中 $c^{\ominus}$ 在计算 $K^{\ominus}$ 时常予以省略。

由上两式可见标准平衡常数 $K^{\ominus}$ 是量纲为 1 的量。$K^{\ominus}$ 值越大，反应进行得越彻底，产率越高。$K^{\ominus}$ 不随分压而变，但是与温度有关。

如合成氨反应：

$$N_2\text{(g)}+3H_2\text{(g)} \rightleftharpoons 2NH_3\text{(g)}$$

$$K^{\ominus}=[p(NH_3)/p^{\ominus}]^2/\{[p(N_2)/p^{\ominus}]\times[p(H_2)/p^{\ominus}]^3\}$$

又如：

$$\text{C(石墨)}+CO_2\text{(g)} \rightleftharpoons 2CO\text{(g)}$$

$$K^{\ominus}=[p(CO)/p^{\ominus}]^2/[p(CO_2)/p^{\ominus}]=K^{\ominus}=[p^2(CO)/p^{\ominus}]/p(CO_2)$$

此时 $p^{\ominus}$ 无单位，即只有数据，量纲为 1。如 p 的单位为 Pa，取值 100000；如 p 的单位为 kPa，取值 100。

书写标准平衡常数时应注意以下几点。

① 标准平衡常数中，生成物相对浓度（或相对分压）相应方次的乘积作分子，反应物相对浓度（或相对分压）相应方次的乘积作分母，每一反应物（或生成物）的相应方次为反应方程式中各物质的计量系数。

② 标准平衡常数中，气态物质的量以相对分压表示，溶液中的物质（溶质）的量用相对浓度表示，纯液体和纯固体不出现在 $K^{\ominus}$ 表达式中（视为 1）。

③ 平衡常数表达式必须与化学方程式对应，同一化学反应，方程式的写法不同时，其平衡常数的数值也不相同。

④ 对于多相反应的标准平衡常数表达式，反应组分中的气体用相对分压（$p_{\text{B}}/p^{\ominus}$）表示；溶液中溶质的浓度用相对浓度（$c_{\text{B}}/c^{\ominus}$）表示。

例如实验室制取氯气的反应：

$$MnO_2\text{(s)}+2Cl^-\text{(aq)}+4H^+\text{(aq)} \rightleftharpoons Mn^{2+}\text{(aq)}+Cl_2\text{(g)}+2H_2O\text{(l)}$$

$$K^{\ominus}=[c(Mn^{2+})/c^{\ominus}]\cdot[p(Cl_2)/p^{\ominus}]/\{[c(H^+)/c^{\ominus}]^4\cdot[c(Cl^-)/c^{\ominus}]^2\}$$

通常无特别说明，平衡常数一般均指标准平衡常数。

(4) 多重平衡规则

一个给定化学反应计量方程式的平衡常数，与该反应所经历的途径无关。无论反应是一步完成还是分若干步完成，其平衡常数表达式完全相同，这就是多重平衡规则。即当某总反应为若干个分步反应之和（或之差）时，总反应的平衡常数为这若干个分步反应平衡常数的乘积（或商）。

【例 3-5】 已知下列反应在 298.15K 时的标准平衡常数

(1) $SnO_2(s)+2H_2(g) \rightleftharpoons 2H_2O(g)+Sn(s)$ $K_1^{\ominus}=21$

(2) $H_2O(g)+CO(g) \rightleftharpoons H_2(g)+CO_2(g)$ $K_2^{\ominus}=0.034$

计算反应(3) $2CO(g)+SnO_2(s) \rightleftharpoons Sn(s)+2CO_2(g)$ 在 298.15K 时的标准平衡常数。

解 反应(3) 等于反应(2) 乘以 2，再加上反应(1)。所以，

$$K_3^{\ominus}=K_2^{\ominus 2}K_1^{\ominus}=0.034^2\times21=0.024$$

多重平衡规则说明 $K^{\ominus}$ 值与系统达到平衡的途径无关，仅取决于系统的状态——反应物（始态）和生成物（终态）。

(5) 化学反应进行的限度

当一个化学反应达到平衡时，系统中物质 B 的浓度不再随时间而改变，此时反应物已最大限度地转变为生成物了，达到了该反应条件下的反应限度。平衡常数具体反映出反应在达到平衡时各物种相对浓度、相对分压之间的关系，因此，通过平衡常数可以计算化学反应进行的最大程度，即平衡状态的组成。在化工生产中衡量化学反应进行的程度常用转化率（α），某反应物的转化率是指该反应物已转化为生成物的百分数。即：

$$\alpha=\frac{\text{某反应物已转化的量}}{\text{某反应物的总量}}\times100\% \tag{3-13}$$

化学反应平衡时的转化率称为平衡转化率（balance percent conversion）。显然，平衡转化率是理论上该反应的最大转化率。因为反应达到平衡需要时间，流动的生产过程往往在系统还没有达到平衡时反应物就离开了反应容器，所以实际的转化率（actual percent conversion）要低于平衡转化率。实际转化率与反应进行的时间有关。工业生产中所说的转化率一般指实际转化率，而教材中所说的转化率一般是指平衡转化率。

有关化学反应转化率的计算是高中化学的重点和难点，希望通过化学反应原理的学习，大家能加深理解。

【例 3-6】 一氧化碳的转化反应 $CO(g)+H_2O(g)=CO_2(g)+H_2(g)$ 在 797K 时的平衡常数 $K^{\ominus}=0.5$。若在该温度下使 2.0mol CO(g) 和 3.0mol $H_2O(g)$ 在密闭容器中反应，试计算 CO 在此条件下的最大转化率。

解 设反应达到平衡状态时 CO 转化了 $x$mol，则有

	$CO(g)$ +	$H_2O(g)$ =	$CO_2(g)$ +	$H_2(g)$
c_0 (mol)	2.0	3.0	0	0
c_{eq} (mol)	$2.0-x$	$3.0-x$	x	x

$$K^{\ominus}=xx/(2.0-x)(3.0-x)$$
$$=x^2/6-5.0x+x^2=0.5$$

解得 $x=1$mol，所以 CO 的转化率 $\alpha=1/2\times100\%=50\%$

答：在 797 K 时 CO 的转化率为 50%。

此解中 C_0 代表初始浓度；C_{eq} 代表平衡浓度。

3.2.3 吉布斯自由能变与标准平衡常数

(1) 标准摩尔反应吉布斯自由能变与标准平衡常数

化学反应过程是一个动态过程，平衡态只是其中的一个特殊状态。这样，就需要知道在化学反应过程中任意状态下，系统中以化学反应方程式中化学计量数（ν_B）为幂指数的各物种的

浓度（或分压）的乘积（与 $K^\ominus$ 表达式完全一致，但是一个通式，表明的是系统的任意状态，包括平衡态）。在化学中，这个乘积用反应商（reaction quotient，Q_r或 Q）这个符号表示。

热力学研究证明，在恒温恒压、任意状态下化学反应的 $\Delta_r G_m$与其标准态 $\Delta_r G_m^\ominus$有如下关系：

任意状态时 $$\Delta_r G_m = \Delta_r G_m^\ominus + RT\ln Q \tag{3-14}$$

根据化学反应方向判据，当反应达到平衡时，反应的 $\Delta_r G_m = 0$，此时反应方程式中物质 B 的浓度或分压均为平衡态的浓度或分压。所以，此时的反应商 Q 即为 $K^\ominus$，$Q=K^\ominus$，则有：

$$0 = \Delta_r G_m^\ominus + RT\ln Q = \Delta_r G_m^\ominus + RT\ln K^\ominus$$

$$\Delta_r G_m^\ominus = -RT\ln K^\ominus \tag{3-15}$$

式(3-15) 即为化学反应的标准平衡常数与其标准摩尔反应吉布斯函数变之间的关系。这样，只要知道温度 T 时的 $\Delta_r G_m^\ominus$，就可求得该反应在温度 T 时的标准平衡常数。

从式(3-15) 可以看出，在一定温度下，化学反应的 $\Delta_r G_m^\ominus$越小，则 $K^\ominus$ 值越大反应进行得越完全；反之，$\Delta_r G_m^\ominus$值越大，则 $K^\ominus$ 值越小，反应进行的程度亦越小。可见，$\Delta_r G_m^\ominus$能反映标准状态时化学反应进行的完全程度。

(2) 化学反应等温式

将式(3-15) 代入式(3-14)，可得：

$$\Delta_r G_m = -RT\ln K^\ominus + RT\ln Q \tag{3-16}$$

式(3-16) 称为范特荷夫（Van't Hoff）化学反应等温式，简称反应等温式（reaction isotherm）。它表明恒温恒压下，化学反应的摩尔反应吉布斯自由能变 $\Delta_r G_m$与反应的平衡常数 $K^\ominus$及化学反应商 Q 之间的关系。根据式(3-16) 可得

$$\Delta_r G_m = -RT\ln(K^\ominus/Q)$$

将 $K^\ominus$与 Q 进行比较，可以得出利用它们判断化学反应进行方向的判据：

$Q<K^\ominus$　　$\Delta_r G_m<0$　　反应正向进行

$Q=K^\ominus$　　$\Delta_r G_m=0$　　反应处平衡状态

$Q>K^\ominus$　　$\Delta_r G_m>0$　　反应逆向进行

上述判据称为化学反应进行方向的**反应商判据**。

【例 3-7】 求反应 $2SO_2(g)+O_2(g) \longrightarrow 2SO_3(g)$　在 298K 时的标准平衡常数。

解　利用附录 $\Delta_f G_m^\ominus$先算出上述反应的 $\Delta_r G_m^\ominus$，再利用公式：

$\Delta_r G_m^\ominus = -RT\ln K^\ominus = -2.303RT\lg K^\ominus$，算出 $K^\ominus$。

【例 3-8】 前面例题中已经得出，根据吉布斯自由能变判据，消除汽车尾气中主要有毒物质 CO 的污染，下列两个方案是可行性的：

$$CO(g)+NO(g) = CO_2(g)+1/2N_2(g) \tag{a}$$

$$CO(g)+H_2O(g) = CO_2(g)+H_2(g) \tag{b}$$

并认为式(a) 比式(b) 更佳，因为

$$\Delta_r G_m^\ominus(2) = -343.741\text{kJ}\cdot\text{mol}^{-1}$$

$$\Delta_r G_m^\ominus(3) = -28.616\text{kJ}\cdot\text{mol}^{-1}$$

此题在此作进一步拓展：计算上述两化学反应在 298.15 K 时的平衡常数 $K^\ominus$。

解　据 $\Delta_r G_m^\ominus = -RT\ln K^\ominus = -2.303RT\lg K^\ominus$，得

$\lg K^\ominus(a) = -\Delta_r G_m^\ominus(a)/(2.303RT)$

$= -(-343.741\times10^3\text{ J}\cdot\text{mol}^{-1})/(2.303\times8.314\text{J}\cdot\text{mol}^{-1}\cdot\text{K}^{-1}\times298.15\text{K})$

$= 343741/5708.7 = 60.2$

则 $K^{\ominus}(a)=10^{60.2}=1.58\times10^{60}$

$\lg K^{\ominus}(b)=-\Delta_r G_m^{\ominus}(b)/(2.303RT)$

$=-(-28.616\times10^3\ J\cdot mol^{-1})/(2.303\times8.314J\cdot mol^{-1}\cdot K^{-1}\times298.15K)$

$=28616/5708.7=5.01$

则 $K^{\ominus}(b)=10^{5.01}=1.02\times10^5$

答：计算上述两化学反应在 298.15K 时的平衡常数分别为 $K^{\ominus}(a)=1.58\times10^{60}$

$K^{\ominus}(b)=10^{5.01}=1.02\times10^5$。反应(a) 进行的程度比反应(b) 显然大得多，即 CO 的转化率高得多。

3.2.4 化学平衡的移动

化学平衡如同其他平衡一样，都是相对的和暂时的，它只能在一定的条件下才能保持。当外界条件变化时，化学反应从原来的平衡状态转变到新的平衡状态的过程叫化学平衡的移动。这里主要讨论浓度、压力、温度对化学平衡移动的影响。

(1) 浓度对化学平衡的影响

在恒温下增加反应物的浓度或减小生成物的浓度（此时 $Q<K^{\ominus}$），平衡向正反应方向移动；相反，减小反应物浓度或增大生成物浓度（此时 $Q>K^{\ominus}$），平衡向逆反应方向移动。

(2) 压力对化学平衡的影响

压力的变化对没有气体参加的化学反应影响不大。对于有气体参加且反应前后气体的物质的量有变化的反应，压力变化时将对化学平衡产生影响。

压力变化只是对那些反应前后气体分子数目有变化的反应有影响：在恒温下，增大压力，平衡向气体分子数目较小的方向移动，减小压力，平衡向气体分子数目较多的方向移动。

对已达平衡的体系引入不参加反应的气体，如惰性气体，对平衡的影响可分两种情况考虑。

① 恒温恒压下引入，$p_{总}=\sum p_{反应物}+p_{惰性气体}$，$pV=nRT$，所以 V 增大，即相当 $p_{反应物}$ 减小，平衡向气体分子数目较多的方向移动。

② 恒温恒容下，惰性气体的引入不改变 $p_{反应物}$，故对平衡无影响。

(3) 温度对化学平衡的影响

浓度、总压对平衡的影响是改变了平衡时各物质的浓度，不改变平衡常数 $K^{\ominus}$ 值。温度对平衡移动的影响和浓度及压力有着本质的区别，它改变 $K^{\ominus}$。

由于平衡常数 $K^{\ominus}$ 是温度的函数，故温度变化时，$K^{\ominus}$ 值就随之发生变化。温度正是通过改变 $K^{\ominus}$ 值来影响平衡的，因此要定量地研究温度对平衡移动的影响，实质上就是要定量地研究温度对平衡常数的影响。

$$\lg K=(-\Delta H/2.303RT)/(\Delta S/2.303R) \tag{3-17}$$

$$\lg(K=K_2/K_1)=\Delta H/2.303R\cdot(1/T_1-1/T_2) \tag{3-18}$$

对于任一指定的平衡体系，可认为 ΔH 和 ΔS 均不受温度影响，则得以下结论：

对于吸热反应，$\Delta H>0$，当 $T_2>T_1$ 时，$K_2>K_1$，即升高温度平衡常数增大，平衡向正反应方向移动。反之，当 $T_2<T_1$ 时，$K_2<K_1$，即降低温度平衡向逆反应方向移动。

对于放热反应，$\Delta H<0$，当 $T_2>T_1$ 时，$K_2<K_1$，即温度升高，平衡常数减小，平衡向逆反应方向移动。反之当 $T_2<T_1$ 时，$K_2>K_1$，即降低温度平衡向正反应方向移动。总之，当温度升高时平衡向吸热方向移动；降低温度时平衡向放热方向移动。

各种外界条件变化对化学平衡的影响，均符合吕·查德里（Le Chatelier，又称勒夏特列）概括的一条普遍规律：如果对平衡体系施加外力，平衡将沿着减少此外力影响的方向移动。这就是吕·查德里原理。

3.3 化学反应的速率

3.3.1 化学反应速率及表示方法

化学反应速率（rate of reaction）是指在一定条件下，反应物转变为生成物的快慢，即化学反应方程式中物质B的数量（通常用物质的量的变化表示）随时间的变化率。

$$\text{对于任一化学反应} \quad 0 = \sum_{B} \nu_B B$$

根据国家标准（GB 3102.8—93）反应速率定义及式(2-10)，反应速率$\dot{\xi}$为

$$\dot{\xi}=\frac{d\xi}{dt}=\frac{1}{\nu_B}\times\frac{dn_B}{dt} \tag{3-19}$$

即反应速率为反应进度随时间的变化率。由反应进度定义的化学反应速率称为转化率，该反应速率不必指明具体物质B，但必须注明相应的化学反应计量方程式。

对恒容反应，例如密闭容器中的气相反应，或液相反应，体积不变，所以反应速率（基于浓度的速率）的定义为：

$$v=\frac{\dot{\xi}}{V}=\frac{1}{\nu_B}\times\frac{dn_B}{dt} \tag{3-20}$$

式中，V为反应系统体积。因此反应速率是单位体积内反应进度随时间的变化率。

若反应过程体积不变，则有

$$v=\frac{1}{\nu_B}\times\frac{dc_B}{dt} \tag{3-21}$$

式中，dc_B/dt对某一指定的反应物来说，它是该反应物的消耗速率，对某一指定的生成物来说，它是该生成物的生成速率。

式(3-20)和式(3-21)表示的是瞬时速率，本教材后面讨论的瞬时速率，一般均指这两式中的等容反应速率。

实验测定的反应速率往往是用化学或物理的方法测定在不同时间的反应物（或生成物）浓度（或分压）的变化。由此求得的速率为某个时间段内的平均速率。平均速率经常用单位时间内反应物浓度的减少或生成物浓度的增加（$\Delta c_B/\Delta t$）来表示，即用$\Delta c_B/\Delta t$来代替dc_B/dt。

不管是平均速率还是瞬时速率，浓度单位一般都用$mol \cdot m^{-3}$或$mol \cdot L^{-1}$，时间用s，min或h来表示，因此，反应速率v的SI单位为$mol \cdot m^{-3} \cdot s^{-1}$或$mol \cdot L^{-1} \cdot s^{-1}$。

实验证明，几乎所有化学反应的速率都随反应时间的变化而不断变化。一般来说，反应刚开始时速率较快，随着反应的进行，反应物浓度逐渐减少，反应速率不断减慢。因此有必要应用瞬时速率的概念精确表示化学反应在某一指定时刻的速率。由于瞬时速率真正反映了某时刻化学反应进行的快慢，所以比平均速率更重要，有着更广泛的应用。故以后提到反应速率，一般指瞬时速率。用作图的方法可以在c-t曲线上求得t时的曲线斜率即为该时刻反应的瞬时速率。

另外还有一种反应速率的表示方法就是半衰期（$t_{1/2}$），即反应物消耗一半所需的时间。

*半衰期（$t_{1/2}$）原本用于表示放射性同位素的衰变特征，环境化学中常用来表示有机物、农药等在自然界的降解速率，医学中常用于表示药物在体内的分解速率。

【例3-9】 已知40℃，N_2O_5在CCl_4溶液中的分解反应如下。

$$2N_2O_5(CCl_4) \longrightarrow 2N_2O_4(CCl_4)+O_2$$

产物 O_2 不溶于 CCl_4，可以收集并准确测定其体积，有关实验数据如下。

40℃时在 CCl_4 溶液中不同时间测定的 N_2O_5 的浓度

t/s	0	300	600	900	1200	1800	2400	3000	4200	5400	6600	7800	∞
$c(N_2O_5)/\times10^2 mol\cdot L^{-1}$	20	18	16.1	14.4	13	10.4	8.4	6.8	4.4	2.8	1.8	1.2	0.00

计算：(1) 反应从 300～900s 的平均反应速率

(2) 反应在 700s 时的瞬时速率

解 (1) 由公式 $v=\frac{1}{\nu_B}\times\frac{dc_B}{dt}$ 得：

$$v=\frac{1}{\nu_B}\times\frac{\Delta c_B}{\Delta t}=\frac{1}{-2}\times\frac{c_2-c_1}{t_2-t_1}=\frac{1}{-2}\times\frac{0.144-0.180}{900-300}mol\cdot L^{-1}\cdot s^{-1}$$

(2) 以 c 为纵坐标、t 为横坐标，作出 c-t 曲线。曲线上任意一点的切线的斜率的绝对值即为该点对应于横坐标上 t 时的瞬时速率。

A 点切线的斜率：

$$k=\frac{(0.144-0)mol\cdot L^{-1}}{(0-55.8\times10^2)s}=-2.58\times10^{-5}mol\cdot L^{-1}\cdot s^{-1}$$

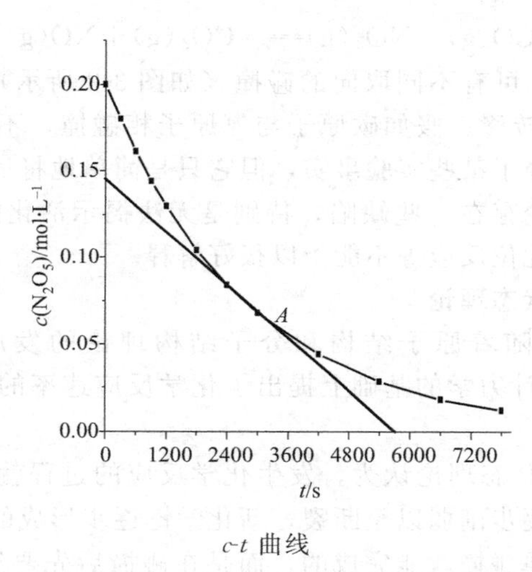

c-t 曲线

3.3.2 反应速率理论简介

(1) 化学反应的碰撞理论

早在 1918 年，路易斯（Lewis）运用气体分子运动的理论成果，对气相双分子反应提出了反应速率的碰撞理论（collision theory）。其理论要点如下。

① 发生化学反应的先决条件是反应物分子间必须相互碰撞。众多的碰撞中，大多数碰撞并不引起反应，只有极少数碰撞是有效的。

② 气体分子运动论认为，在一定温度下，每一个分子运动的速度是不相同的，其分子具有的能量也不同。图 3-1 是气体分子的能量分布示意图。普通分子具有平均能量（average energy，E_e），活化分子（activated molecular，即能量超出活化分子最低能量 E_c 的分子）具较高能量。碰撞理论认为，只有活化分子间的碰撞才可能发生化学反应。碰撞中发生化学反应的分子首先必须具备足够的能量，才有可能使旧的化学键断裂，形成新的化学键，即发生化学反应。把具有普通能量的分子变成活化分子所需的最低能量 E_a 称为活化能（activation energy）。

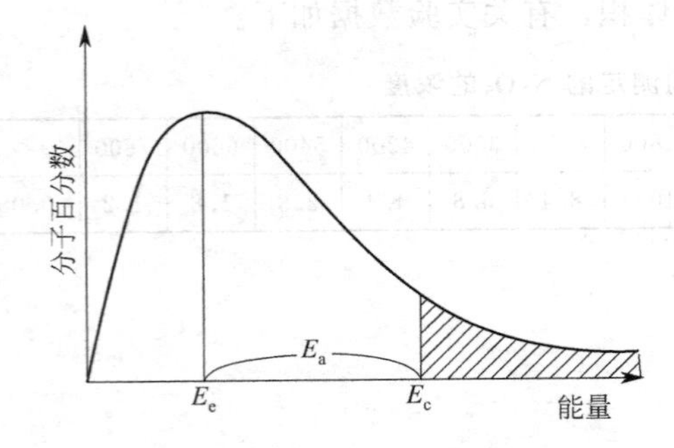

图 3-1 气体分子的能量分布图

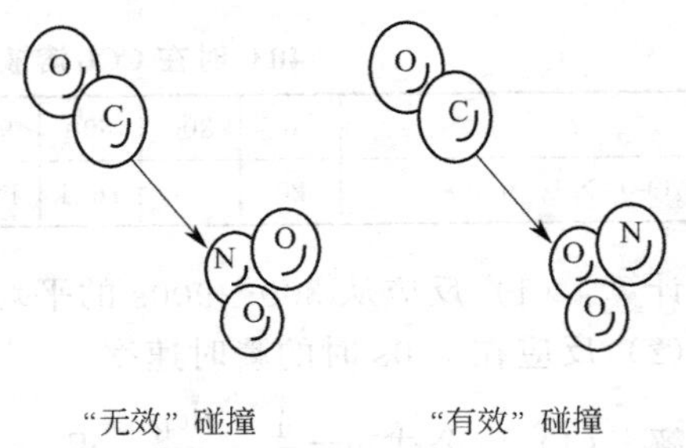

图 3-2 分子间不同取向的碰撞

图 3-1 是等温下气体分子的能量分布曲线。从图中可以看出：在一定温度下，具有能量极低或极高的分子都比较少，接近平均能量 E_e 的分子则很多，能量高于 E_c 的分子很少。但是，只有这些能量很高的分子才能发生有效碰撞，因此我们需要把这些分子**活化**。

③ 只有当活化分子采取合适的取向进行碰撞时，才有可能发生反应。这种活化分子间能引起化学反应的碰撞称为有效碰撞。

对于双分子反应过程，如：

$$CO(g) + NO_2(g) = CO_2(g) + NO(g)$$

CO 分子和 NO_2 分子，可有不同取向的碰撞（如图 3-2 所示），只有碳原子与氧原子相碰，才有可能发生氧原子转移。假如碳原子与氮原子相碰撞，不可能发生氧原子的转移。

碰撞理论较成功地解释了某些实验事实，但它只是简单地将反应物分子看成没有内部结构的刚性球体，所以该理论存在一些缺陷，特别是无法揭示活化能 E_a 的真正本质。对于涉及结构复杂分子的反应如配位反应等不能予以很好解释。

(2) 化学反应的过渡状态理论

在碰撞理论基础上，随着原子结构和分子结构理论的发展，20 世纪 30 年代艾林（Eyring）在量子力学和统计力学的基础上提出了化学反应速率的过渡状态理论（transition state theory）。

① **活化配合物** 过渡状态理论认为，发生化学反应的过程就是具有足够能量的反应物分子逐渐接近，旧化学键逐步削弱以至断裂，新化学键逐步形成的过程。因此化学反应不只是通过反应物分子之间简单碰撞就能完成的，而是在碰撞后先要经过一个中间的过渡状态，即首先形成一种活性基团，这种过渡状态的物质称为**活化配合物**。

活化配合物处于高能状态，极不稳定，很快就会分解成产物分子，也可能分解成反应物分子。

例如，在>500K 时，CO 和 NO_2 的反应

$$NO_2 + CO = NO + CO_2$$

当具有较高能量的 CO 和 NO_2 分子彼此以适当的取向相互靠近时，就形成了一种活化配合物［ONOCO］，如下所示：

$$\overset{O}{\diagdown}N{-}O + C{-}O \longrightarrow \overset{O}{\diagdown}N\cdots O\cdots C{-}O$$

过渡态

活化配合物中的价键结构处于原有化学键被削弱、新化学键正在形成的一种过渡状态，其势能较高［由（NO_2＋CO）活化分子对相对运动的平动能转化而来］，极不稳定，因此活化配合物一经形成就极易分解。它既可分解为产物 NO 和 CO_2，也可分解为

原反应物。当活化配合物［CONOCO］中靠近 C 原子的那一个 N—O 键完全断开，新形成的 O—C 键进一步强化时，即形成了产物 NO 和 CO_2，此时整个体系的势能降低，反应即告完成。

该反应的速率与下列三个因素有关：活化配合物的浓度，活化配合物分解的概率，活化配合物的分解速率。

② **反应历程——势能图** 应用过渡状态理论讨论化学反应时，可将反应过程中体系势能变化情况表示在反应历程-势能图上。还是以 $NO_2 + CO \Longrightarrow NO + CO_2$ 为例用图 3-3 来说明。

纵坐标为系统能量，A 表示反应物的平均能量；B 表示活化络合物的能量；C 表示产物的平均能量。横坐标表示反应历程。

反应进程可概括为：

反应物体系能量升高，吸收 E_a；

反应物分子接近，形成活化络合物；

活化络合物分解成产物，释放能量 E'_a。

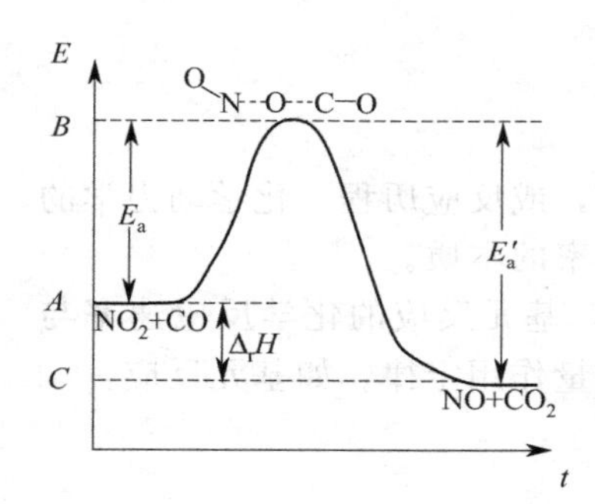

图 3-3 放热反应历程与能量变化

图 3-4(a) 吸热反应

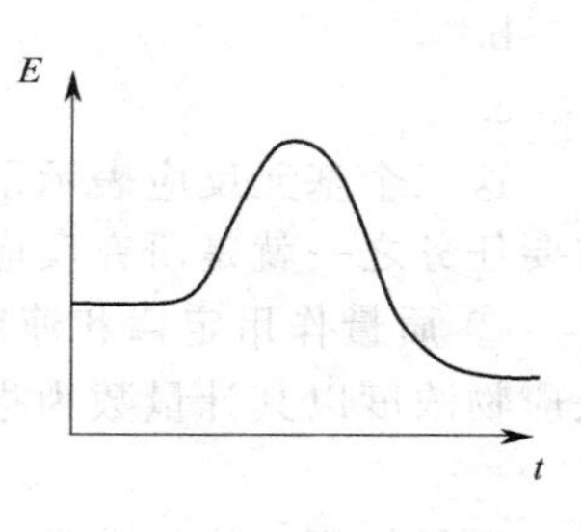

图3-4(b) 放热反应

(1) $NO_2 + CO \longrightarrow$ O–N---O---C—O $\quad \Delta_r H_2 = E_a$

(2) O–N---O---C—O $\longrightarrow NO + CO_2 \quad \Delta_r H_2 = -E'_a$

E_a 是吸热反应（正反应）的活化能，等于 $\Delta_r H_1$；E'_a 为分解反应（放热反应，逆反应）的活化能，等于 $\Delta_r H_2$。

由盖斯定律，$NO_2 + CO \longrightarrow NO + CO_2$

等于 (1)+(2) 所以

$$\Delta_r H = \Delta_r H_1 + \Delta_r H_2 = E_a - E'_a$$

若 $E_a > E'_a$，$\Delta_r H > 0$，吸热反应

若 $E_a < E'_a$，$\Delta_r H < 0$，放热反应

$\Delta_r H$ 是热力学数据，说明反应的可能性；但 E_a 是决定反应速率的活化能，是现实性问题。在过渡态理论中，E_a 和温度 T 的关系较为明显，T 升高，反应物平均能量升高，B 与 A 差值 E_a 要变小些，能达到能量的反应物分子比例就越大，反应速率就越快；反之，如果温度 T 较低，则反应物平均能量较低，B 与 A 差值 E_a 要变大些，能达到能量的反应物分子比例就越小，反应速率就越慢。

如果正反应是经过一步即可完成的反应，则其逆反应也可以经过一步完成，而且正逆反应经过同一个活化配合物中间体。这就是微观可逆性原理。

3.3.3 影响化学反应速率的因素

(1) 浓度对化学反应速率的影响

大量的实验表明，在一定的温度下，增加反应物的浓度可以增大反应速率。这个现象可用碰撞理论进行解释。因为在恒定的温度下，对某一化学反应来说，反应物中活化分子的百分比是一定的。增加反应物浓度时，单位体积内活化分子数目增多，从而增加了单位时间单位体积内反应分子有效碰撞的频率，反应速率加大。

① **反应机理** 实验证明，有些反应从反应物转化为生成物，是一步完成的，这样的反应称为**基元反应**。例如：

$$NO_2 + CO \longrightarrow NO + CO_2$$

$$2NO_2 \longrightarrow 2NO + O_2$$

这些反应都是基元反应，又称简单反应。

大多数反应是多步完成的，这些反应称为**非基元反应**，或**复杂反应**。例如，

反应 $2N_2O_5 = 4NO_2 + O_2$ 是由以下三个步骤组成的：

a. $$N_2O_5 \longrightarrow N_2O_3 + O_2 (慢)$$

b. $$N_2O_3 \longrightarrow NO_2 + NO (快)$$

c. $$N_2O_5 + NO \longrightarrow 3NO_2 (快)$$

这三个基元反应表示了总反应所经历的途径称为反应机理，或反应历程。化学动力学的重要任务之一就是研究反应机理，确定反应历程，揭示反应速率的本质。

② **质量作用定律和速率方程** 实验证明，在一定温度下，基元反应的化学反应速率与反应物浓度以其计量数为指数的幂的连乘积成正比。这就是质量作用定律。如基元反应：

$$aA + bB \longrightarrow gG + dD$$

质量作用定律的数学表达式为：

$$\nu = kc^a(A)c^b(B) \qquad (3\text{-}22)$$

也是**基元反应的速率方程**。式中 k 为速率常数，是由反应物的本性决定的，与反应物浓度无关，其单位为 $mol^{1-(a+b)} \cdot L^{(a+b)-1} \cdot s^{-1}$。

大多数化学反应是由两个或多个基元反应构成的复杂反应，其反应速率是由最慢的一个基元反应所决定的，如，$A_2 + B \rightarrow A_2B$ 的反应，是由两个基元反应构成的：

第一步 $A_2 \longrightarrow 2A$ （慢反应）

第二步 $2A + B \longrightarrow A_2B$ （快反应）

该反应的速率方程为：$v = kc(A_2)$

对于这种复杂反应，其反应的速率方程只有通过实验来确定。

③ **反应级数** 反应的分子数是指基元反应或复杂反应的基元步骤中发生反应所需要的微粒（分子、原子、离子或自由基）的数目。

反应分子数只能对基元反应或复杂反应的基元步骤而言，非基元反应不能谈反应分子数，不能认为反应方程式中反应物的计量数之和就是反应的分子数。

根据参加反应的分子数可将反应划分为有单分子反应，双分子反应和三分子反应，四分子反应或更多分子反应尚未被发现。

所谓反应级数是反应的速率方程中各反应物浓度的指数之和。

反应级数是通过实验测定的。一般而言，基元反应中反应物的级数等于反应式中的反应物计量系数之和。而复杂反应中这两者往往不同，且反应级数可能因实验条件改变而发生变化。反应级数可以是整数，也可以是分数或零。

应该注意的是，即使由实验测得的反应级数与反应式中反应物计量数之和相等，该反应

也不一定是基元反应。

例如反应：$H_2(g)+I_2(g) \longrightarrow 2HI(g)$

实验测得速率方程为 $v=kc(H_2)\,c(I_2)$

它却是个复杂反应，反应由两个基元反应完成：

① $I_2 \longrightarrow I+I$ （快）

② $H_2+2I \longrightarrow 2HI$ （慢）

反应速率是由反应②决定的，其速率方程为

$$v=k_2c(H_2)c^2(I)$$

由于①是快反应，总是处于平衡状态，故有

$$k_1=c^2(I)/c(I_2)$$

所以 $c^2(I)=k_1c(I_2)$代入上式得 $v=k_1\,k_2c(H_2)c(I_2)$

令 $k=k_1\,k_2$可得总反应的速率方程 $v=kc(H_2)c(I_2)$

(2) 温度对化学反应速率的影响

温度对化学反应速率的影响特别显著，一般情况下升高温度可使大多数反应的速率加快。

可以认为，温度升高时分子运动速率增大，分子间碰撞频率增加，反应速率加快。另外一个重要的原因是温度升高，活化分子的百分比增大，有效碰撞的百分比增加，使反应速率大大加快。无论是吸热反应还是放热反应，温度升高时反应速率都是增加的。

范特荷夫（Van′t Hoff）依据大量实验提出经验规则：温度每升高 10K，反应速率就增大到原来的 2～4 倍。

1889 年阿仑尼乌斯（Arrhenius）总结了大量实验事实，指出反应速率常数和温度间的定量关系为 $k=Ae^{-E_a/RT}$；$\ln k=-E_a/RT+\ln A$

$$\lg k=-E_a/R\cdot 1/T+\lg A \tag{3-23}$$

三个式子均称为阿仑尼乌斯公式。式中，k 为反应速率常数；E_a为反应活化能；R 为气体常数；T 为绝对温度；A 为一常数，称为“指前因子”或“频率因子”。在浓度相同的情况下，可以用速率常数来衡量反应速率。

对于同一反应，在温度 T_1和 T_2时，反应速率常数分别为 k_1和 k_2。则：

$$\lg(k_2/k_1)=E_a/2.303R(1/T_1-1/T_2) \tag{3-24}$$

阿仑尼乌斯公式不仅说明了反应速率与温度的关系，而且还可以说明活化能对反应速率的影响。

【例 3-10】 反应 $C_2H_4(g)+H_2(g) \Longrightarrow C_2H_6(g)$ 在 700K 时速率常数 $k_1=1.3\times10^{-8}$ $L\cdot mol^{-1}\cdot s^{-1}$，求 730K 时的速率常数 k_2。已知该反应的活化能 $E_a=180kJ\cdot mol^{-1}$。

解 利用式(3-24) 可直接求出。

【例 3-11】 反应 $N_2O_5(g) \longrightarrow N_2O_4(g)+1/2O_2(g)$ 在 298K 时速率常数 $k_1=3.4\times10^{-5}s^{-1}$，在 328K 时速率常数 $k_2=1.5\times10^{-3}s^{-1}$，求反应的活化能和指前因子 A。

解 利用式(3-24) 先求出 E_a，再利用一个温度的 k 通过式(3-23) 算出 A。

(3) 催化剂对化学反应速率的影响

能加快反应速率的催化剂叫正催化剂，凡能减慢反应速率的催化剂叫负催化剂。一般提到催化剂，均指有加快反应速率作用的正催化剂。

催化剂不仅加快正反应的速率，同时也加快逆反应的速率。

催化剂能加快反应速率的原因是因为催化剂参与了化学反应，改变了反应历程，降低了活化能。增加了活化分子百分率，加快了反应速率。

催化剂不改变反应物和生成物的相对能量，不改变反应始态和终态，只改变反应途径，即不改变原反应的 $\Delta_r H_m$ 和 $\Delta_r G_m$，这说明催化剂只能加速热力学上认为可能进行的反应。

[阅读材料] 光化学反应与光催化剂*

在光的作用下进行的化学反应称为光化学反应（photochemical reaction）。植物的光合作用、胶片的感光、染料的褪色等都是光化学反应的例子。光化学反应可以根据反应类型划分为合成反应、分解反应、聚合反应和氧化还原反应等。下面主要介绍光合成反应和光分解反应。

（1）**光合成反应** 光合成反应可分为两种类型，一种是反应物直接吸收光子进行合成反应，如农药 666 的合成：

$$C_6H_6 + 3Cl_2 \longrightarrow C_6H_6Cl_6$$

另一种是反应物通过其他物质吸收光子进行合成反应，又称感光反应。如光合作用就是通过叶绿素吸收阳光进行反应合成碳水化合物的：

$$6nCO_2 + 6nH_2O \longrightarrow (C_6H_{12}O_6)_n + 6nO_2$$

叶绿素在光子的激发下在此反应中起催化作用，这种物质称为光催化剂（photo-catalyst）。

最近，英国期刊《科学报道》登载的一份报告说，法国研究人员发现蚜虫或许也能从光线中获取能量，这是首次有证据显示昆虫体内可能也存在光合作用。

此前有研究发现，蚜虫是已知唯一能自己合成类胡萝卜素的动物。植物的类胡萝卜素会像叶绿素那样进行光合作用，在动物体内则有帮助调节免疫系统等功能，但蚜虫以外的其他动物需从食物中获取类胡萝卜素。

研究人员提纯了蚜虫体内的类胡萝卜素，确认它具有吸收光能量的功能。综合这些线索，研究人员认为蚜虫或许也能进行光合作用，直接从光线中获取能量。

但研究人员也承认，目前的新发现只是提出了一种可能，需要更多的研究来确认蚜虫究竟是否能进行光合作用，如能确认将是对光合作用所适用范围的重要突破。

*本篇文章来源于科技网 | www.stdaily.com。

原文链接：http://www.stdaily.com/stdaily/content/2012-08/22/content_509772.htm

（2）**光分解反应** 例如，胶片上的 AgBr 直接吸收可见光中的短波辐射（绿、紫）发生分解：

$$AgBr \longrightarrow Ag + Br$$

这就是照相底片的感光作用。若在底片上加入一种染料，则能量较低的长波光也能使 AgBr 分解。

利用太阳光可降解一些环境污染物，如染料类、有机酚类等，但反应较慢，许多研究表明，利用光催化剂可以大大提高效率。

利用太阳光分解水可以制得氢和氧，这个反应的真正实现是在 1972 年，由日本东京大学 Fujishima A 和 Honda K 两位教授首次报告，他们利用了光催化剂 TiO_2：

$$H_2O(l) \longrightarrow H_2(g) + 1/2O_2(g)$$

一些可变氧化值的无机盐和有机染料也可作为光催化剂。目前，这种方法制氢反应效率还不高，所以光催化剂的研究正如火如荼。

思考题与习题

基本概念复习与相关思考

3-1 说明下列术语的含义：

自发过程及其特点；自然界有关自发过程的两条基本定律；混乱度与熵的概念；焓变判据和熵变判据；吉布斯自由能；吉布斯自由能变；吉布斯自由能判据；化学平衡；实验平衡常数；标准平衡常数；反应商；标准摩尔反应吉布斯自由能变与标准平衡常数的关系；化学反应等温式；影响化学平衡的因素。

3-2 思考下列问题

（1）水分解反应的吉布斯自由能变 $\Delta_r G_m^{\ominus} > 0$；为什么分解反应在电解或光解过程中能够发生？

（2）计算反应的标准摩尔熵变的公式及单位是？

（3）吉布斯-亥姆霍兹方程是？它在什么条件下成立？

（4）对于处于标准态下的任一反应的 $\Delta_r G_m^{\ominus}$ 可用下列哪两种方法计算？

（5）对于处于非标准态下的任一反应的 $\Delta_r G_m$ 怎样计算？

习　题

3-3　填空题

（1）已知 823K 时反应

① $CoO(s)+H_2(g) \rightleftharpoons Co(s)+H_2O(g)$　　$K_1=67$

② $CoO(s)+CO(g) \rightleftharpoons Co(s)+CO_2(g)$　　$K_2=490$

则反应③ $CO_2(g)+H_2(g) \rightleftharpoons CO(g)+H_2O(g)$　$K_3=$______。

（2）已知石灰吸收烧煤烟道废气的反应为：

$CaO(s)+SO_3(g) = CaSO_4(s)$，$\Delta H=-403.5kJ/mol$，反应的最佳条件为______。

（3）在 298.15K 的条件下，稳定单质的标准生成焓和标准生成 Gibbs 自由能变均为______。

（4）在 298.15K 的条件下，稳定单质的标准熵值都______。

3-4　选择题

（1）已知在 298K 和标准状态下

① $Fe_2O_3(s)+3CO(g) = 2Fe(s)+3CO_2(g)$　　K_1

② $3Fe_2O_3(s)+CO(g) = 2Fe_3O_4(s)+CO_2(g)$　　K_2

③ $Fe_3O_4(s)+CO(g) = 3FeO(s)+CO_2(g)$　　K_3

④ $Fe(s)+CO_2(g) = FeO(s)+CO(g)$ 的 K_4^6 为（　　）。

A. $(K_2 \times K_3^2)/K_1^3$　　B. $-(K_1^3-K_2-K_3^2)$

C. $K_1^3-K_2-K_3^2$　　D. $-[K_1^3/(K_2 \times K_3^2)]$

（2）下列说法正确的是（　　）。

A. 标准平衡常数就是实际平衡常数

B. 反应商与标准平衡常数是同一概念

C. 平衡常数越大，正向反应进行越完全

D. $\Delta_r G_m$ 越大，正向反应进行越完全

3-5　判断题（正确的打“√”，错误的打“×”；或按题目要求给出答案）

（1）如果反应 $\Delta H>0$，$\Delta S<0$，表明这个反应在任何温度下均不可自发进行。（　　）

（2）已知下列反应在 298.15 K 时的标准平衡常数：

① $CuO(s)+H_2(g) \longrightarrow Cu(s)+H_2O(g)$　　$K_1^{\ominus}=2\times10^{-15}$

② $O_2+2H_2(g) \longrightarrow 2H_2O(g)$　　$K_2^{\ominus}=2.5\times10^{-45}$

则反应 $CuO(s) \longrightarrow Cu(s)+1/2O_2(g)$　　$K^{\ominus}=8\times10^{-31}$　（　　）

（3）不用热力学数据定性判断下列反应的 $\Delta_r S_m^{\ominus}$ 是大于零还是小于零。

① $Zn(s)+2HCl(aq) \longrightarrow ZnCl_2(aq)+H_2(g)$　（　　）

② $CaCO_3(s) \longrightarrow CaO(s)+CO_2(g)$　（　　）

③ $NH_3(g)+HCl(g) \longrightarrow NH_4Cl(s)$　（　　）

④ $CuO(s)+H_2(g) \longrightarrow Cu(s)+H_2O(l)$　（　　）

3-6　简答题

（1）下列热力学函数中，有哪些为零？哪些不为零？为什么？

① $\Delta H_f^{\ominus}(O_3, g, 298K)$

② $\Delta G_f^{\ominus}(I_2, s, 298K)$

③ $\Delta H_f^{\ominus}(Cl_2, g, 298K)$

④ $S^{\ominus}(O_2, g, 298K)$

⑤ $\Delta G_f^{\ominus}(N_2, l, 298K)$

（2）298.15K、常压条件下，某反应的 $\Delta_r H_m^{\ominus}=178kJ/mol$，$\Delta_r S_m^{\ominus}=160J/mol$，请问：

① 上述反应能否自发进行？

② 该反应升温有利还是降温有利？

③ 计算该反应自发进行的温度。

(3) 书写标准平衡常数时应注意哪几点？根据这几点写出下列各化学反应的标准平衡常数表达式。

① $CaCO_3(s) \rightleftharpoons CaO(s) + CO_2(g)$

② $C(s) + H_2O(g) \rightleftharpoons CO(g) + H_2(g)$

③ $2SO_2(g) + O_2(g) \rightleftharpoons 2SO_3(g)$

④ $AgCl(s) \rightleftharpoons Ag^+(aq) + Cl^-(aq)$

⑤ $HOAc(aq) \rightleftharpoons H^+(aq) + OAc^-(aq)$

⑥ $Zn(s) + 2HCl(aq) \rightleftharpoons ZnCl_2(aq) + H_2(g)$

⑦ $NH_3(g) + HCl(g) \rightleftharpoons NH_4Cl(s)$

⑧ $CuO(s) + H_2(g) \rightleftharpoons Cu(s) + H_2O(l)$

3-7 计算题

(1) 密闭容器中的反应 $CO(g) + H_2O(g) \longrightarrow CO_2(g) + H_2(g)$ 在 750K 时其 $K^\ominus = 2.6$，求：

① 当原料气中 CO(g) 和 $H_2O(g)$ 的物质的量之比为 1∶1 时，CO(g) 的转化率为多少？

② 当原料气中 $H_2O(g)$∶CO(g)＝4∶1 时，CO(g) 的转化率为多少？

③ 对比两种不同条件，说明了什么问题？

(2) 利用附录数据，计算常温下下列反应的 $\Delta_r G_m^\ominus$、$\Delta_r S_m^\ominus$；当温度升到 473.15 K 时，$\Delta_r G_m^\ominus$ 如何变化。

① $Fe_3O_4(s) + 4H_2(g) \longrightarrow 3Fe(s) + 4H_2O(g)$

② $AgCl(s) + Br^-(aq) \longrightarrow AgBr(s) + Cl^-(aq)$

③ $Cu^{2+}(aq) + Zn(s) \longrightarrow Cu(s) + Zn^{2+}(aq)$

④ $4NH_3(g) + 5O_2(g) \longrightarrow 4NO(g) + 6H_2O(l)$

(3) Calculate $\Delta_r G_m^\ominus$ at 298.15 K for the reaction $2NO_2(g) \longrightarrow N_2O_4(g)$. Is this reaction spontaneous?

(4) The following gas phase reaction follows first-order kinetics:

$$FClO_2 \longrightarrow FClO + O$$

The activation energy of this reaction is measured to be 186 kJ · mol^{-1}. The value of $K^\ominus$ at 322℃ is determined to be 6.76×10^{-4} s^{-1}

① What would be the value of $K^\ominus$ at 25℃

② At what temperature would this reaction have a $K^\ominus$ value of 6.00×10^{-2} s^{-1}?

3-8 简答题

(1) 如果反应 $\Delta H < 0$，$\Delta S < 0$，表明这个反应在低温下有可能自发进行？

(2) 已知反应 $2CuO(s) \rightleftharpoons Cu_2O(s) + 1/2O_2(g)$ 在 300K 时的 $\Delta G = 112.7$kJ · mol^{-1}；在 400K 时的 $\Delta G = 102.6$kJ · mol^{-1}。

① 计算 $\Delta H^\ominus$ 与 $\Delta S^\ominus$ （不查表）。

② 当 $p(O_2) = 101.326$kPa 时，该反应能自发进行的最低温度是多少？

其他习题请参阅《无机及分析化学学习要点与习题解》

第 4 章　定量分析基础

Chapter 4　The Basic of Quantitative Analysis

4.1　分析化学的定义、历史、任务和作用

分析化学是化学的重要分支。分析化学是发展和应用各种理论、方法、仪器和策略，确定各组成的含量、表征物质的化学结构及形态的一门科学。

分析化学科学经历了三次重大变革。

① 经典分析化学的建立　19 世纪末～20 世纪 30 年代，溶液中四大平衡理论，使分析化学从一门技术转变成一门独立的科学。

② 仪器分析的建立　20 世纪 40 年代，开创了仪器分析的新时代——物理方法大发展，改变了经典分析化学以化学分析为主的局面。

③ 分析化学向信息科学转化　20 世纪 70 年代以来，以计算机应用为主要标志的信息时代的到来，多学科发展的需要，促使了分析化学进入第三次变革时期。

分析化学根据其承担的任务可分为定性分析、定量分析和结构分析等。定性分析的任务是鉴定物质的化学组成；定量分析的任务是测定物质各组分的含量；结构分析的任务是研究物质的分子结构或晶体结构。现代研究表明元素的形态影响其生物活性，进而影响环境与人类健康，因此元素的形态分析，特别是过渡金属及准金属元素的形态分析越来越受到研究工作者的重视。

分析化学在现代工业、农业、国防、环境保护和科学研究中的应用十分广泛。在工业领域，从原料的选择、中间产品、成品的检验、新产品的开发，到生产过程中的三废（废水、废气、废渣）的处理和综合利用都需要分析化学。在农业生产领域，从土壤成分、肥料、农药的分析至农作物生长过程的研究也都离不开分析化学。在国防和公安领域，从武器装备的生产和研制，到刑事案件的侦破等也都需要分析化学的密切配合。

分析化学是一门实验性很强的学科，在学习中应注意理论联系实际，重视基本实验技能的训练，掌握分析化学的基本原理和测定方法，确定准确的量的概念，培养严谨的科学态度，提高分析问题和解决问题的能力。

4.2　定量分析方法的分类与选择

在对物质进行分析时，通常先进行定性分析确定其组成，然后再进行定量分析。定量分析方法可以用不同的方法来进行，按照分析原理的不同，可将这些方法分为两大类，即化学分析方法（chemical analysis）和仪器分析方法（instrumental analysis）。

4.2.1　化学分析方法

以物质的化学反应为基础的分析方法称为化学分析法。化学分析法是最早采用的分析方法，是分析方法的基础又称经典分析法，主要有重量分析法和滴定分析法，滴定分析法又叫容

量分析法。

(1)重量分析法

通过适当的方法如沉淀、挥发、电解等使待测组分转化为另一种纯的、化学组成固定的物质而与样品中其他组分分离,然后称其质量,根据称得的质量计算出待测组分含量的分析方法称为重量分析法。重量分析法适用于待测组分含量大于1%的常量分析,其特点是准确度高,因此常被用于仲裁分析,但操作麻烦、耗时。

(2)滴定分析法

将已知准确浓度的标准溶液滴加到被测物质的溶液中直至所加溶液物质的量按化学计量关系恰好反应完全,然后根据所加标准溶液的浓度和所消耗的体积,计算出被测物质含量的分析方法。由于这种测定方法是以测量溶液体积为基础,故又称为容量分析。滴定分析法包括酸碱滴定法、络合滴定法、沉淀滴定法、氧化还原滴定法。该方法用于常量分析具有准确度高、操作简便、快速的特点,因此应用广泛。

4.2.2 仪器分析方法

以物质的物理和物理化学性质为基础的分析方法,这类方法通常需要较特殊的仪器,通常称为仪器分析法。最主要的仪器分析方法有以下几种。

(1)光学分析法

根据物质的光学性质所建立的分析方法。主要包括:分子光谱法,如紫外-可见光度法、红外光谱法、发光分析法、分子荧光及磷光分析法;原子光谱法,如原子吸收光谱法、原子发射光谱法。

(2)电化学分析法

根据物质的电化学性质所建立的分析方法。主要包括电位分析法、极谱和伏安分析法、电重量和库仑分析法、电导分析法。

(3)色谱分析法

根据物质在两相(固定相和流动相)中吸附能力、分配系数或其他亲和作用的差异而建立的一种分离、测定方法。这种分析法最大的特点是集分离和测定于一体,是多组分物质高效、快速、灵敏的分析方法,主要有气相色谱法、液相色谱法及色谱联用技术。

(4)热分析法

热分析是根据测量体系的温度和物质性质(如质量、反应热或体积)间的动力学关系所建立的分析方法,主要包括热重法、差示热分析法和差示扫描量热法。

随着科学技术的发展,许多新的仪器分析方法也得到不断的发展。如质谱、核磁共振、X射线、电子显微镜分析、毛细管电泳等大型仪器分析方法;作为高效试样引入及处理手段的流动注射分析法,以及适应分析仪器微型化、自动化、便携化而最新涌现出的微流控芯片分析毛细管分析法等现代分析方法,受到人们的极大关注。

仪器分析具有操纵简便、快速、高灵敏度等优点,适用于微量或痕量分析。但由于仪器价格较贵,因此有时难以普及。化学分析法和仪器分析法有各自的优缺点和局限性,两者相辅相成。

另外,按照分析时所取的试样量或被测组分在试样中含量的不同,分析化学可分为常量分析、微量分析和痕量分析等,详细分类见表4-1和表4-2。其他特殊命名的分析方法有仲裁分析、例行分析、微区分析、表面分析、在线分析等。

表4-1 各种分析方法的试样用量

项　目	常量分析	半微量分析	微量分析	超微量分析
固体试样	＞0.1g	0.01～0.1g	0.1～10mg	＜0.1mg
液体试样	＞10mL	1～10mL	0.01～1mL	＜0.01mL

表 4-2 各种分析方法的被测组分含量 单位：%

项 目	常量组分分析	微量组分分析	痕量组分分析
被测组分的质量分数	≥1	0.01～1	≤0.01

分析方法的选择应考虑以下几方面：①测定的具体要求，待测组分的性质及其含量范围；②获取共存组分的信息并考虑共存组分对测定的影响，拟定合适的分离富集方法，以提高分析方法的选择性；③对测定准确度、灵敏度的要求与对策；④实验室现有条件、测定成本以及完成测定的时间要求等。

4.3 定量分析的过程及分析结果的表示

4.3.1 分析化学过程

定量分析的任务是确定样品中有关组分的含量。定量分析的一般过程大体分为四个步骤。

(1) 取样 所谓试样是指在分析工作中被用来进行分析的物质系统，它可以是固体、液体或气体。根据不同的分析对象，采用不同的取样方法。在取样过程中，关键是要使分析试样具有代表性，否则分析测定结果将毫无意义。合理的取样是分析结果准确可靠的前提。

(2) 试样的预处理 试样在测定前，首先要在分析天平上称取一定量的试样，放入适当的容器内进行前处理，以便使待测成分转变成可测定的状态。

根据试样的溶解性质，可用湿法或干法处理。湿法即用水、某种试剂溶液浸提试样中的被测组分，或用酸、混合酸（如王水、硫酸与硝酸、高氯酸与氢氟酸等）消解处理。干法则在坩埚内与熔剂（Na_2CO_3，K_2CO_3，$KHSO_4$，$K_2S_2O_7$等）进行熔融，然后再用湿法处理。

实际试样中往往有多种组分共存，当测定其中某一种组分时，其他组分可能对测定结果产生干扰，因此，必须采用适当的方法消除干扰。加掩蔽剂是常用的消除干扰方法，但并非对任何干扰都能消除。在许多情况下，需要选用适当的分离方法使待测组分与其他干扰组分分离。通常复杂样品的分离方法有沉淀分离、萃取分离、离子交换、层析分离。分离要求是使被测组分不能损失、干扰组分减少到不干扰。

有时试样中待测组分含量太低，需用适当的方法将待测组分富集后再进行测定。

(3) 测定 根据试样的性质和分析要求选择合适的方法进行测定。化学分析方法准确度高，适合常量组分的测定；仪器分析方法灵敏度高，适合微量组分的测定。对于标准物和成品的分析，准确度要求高，应选用标准分析方法如国家标准；对生产过程的中间控制分析则要求快速简便，宜选用在线分析。

(4) 计算与评价 根据测定的有关数据计算出待测组分的含量，并对分析结果的可靠性进行分析，最后得出结论。

4.3.2 定量分析结果的表示

(1) 待测组分的化学表示形式

① 以待测组分实际存在形式表示为分子或离子。

如含氮量测定，以实际存在形式表示为NH_3、NO_3^-、NO_2^-、N_2O_5或N_2O_3等形式的含量表示分析结果。

② 以氧化物（矿石分析中常用）或者元素形式表示（金属材料、有机分析）。

如铁矿分析中以Fe_2O_3的含量表示分析结果。有机物分析中以C、H、O、P、N的含量表示分析结果。

(2) 待测组分含量的表示方法 固体试样的分析结果，通常以被测物质 B 在试样中的质量分数；液体试样：物质的量浓度 $mol \cdot L^{-1}$、质量浓度 $mg \cdot L^{-1}$ 等；气体试样：体积分数。

(3) 表 4-3 为分析全过程示例

表 4-3 土壤油污染分析

步骤	作用者	内容
提出问题	客户	地表下土壤层原油渗透
确定分析的任务	客户与分析者	原油渗透污染的面积有多大
确定分析程序	分析者	油的萃取、分离和定量测定
取样	分析者与客户	取 100g 具有代表性的固体样品
样品制备	分析者	混匀，二次取样、用 CCl_4 萃取
测量	分析者	GC 分析法分析萃取液
数据评价	分析者	对 GC 流出曲线的时间及峰高进行定性、定量
结论	分析者	与样品量相关的 GC 值是否在允许限之下

4.4 定量分析中的误差

化学实验中经常需要对实验数据作精确测定，然后进行计算处理，得到分析结果。测定与计算的结果是否可靠，直接影响到结论的正确性。但是，在实验过程中，即使是分析系统非常完善、操作技术非常熟练，也难以得到与真实值完全一致的结果。在同一条件下，用同一方法对同一实验进行多次测定，也不会得到完全相同的结果。这就是说，实验过程中的误差是客观存在的、不可避免的，其结果必然有不确定性。我们应该根据实际情况，正确测定、记录和处理实验数据，减少误差，使实验结果具有一定的可靠性。为此，了解分析过程中这种差别的原因及其出现的规律，以便采取相应的措施减小差别，以提高分析结果的准确度。

4.4.1 准确度和精密度

(1) 准确度

准确度是指测量值与真实值之间的符合程度。准确度的高低常以误差的大小来衡量。即误差（error）越小，准确度越高；误差越大，准确度越低。

$$绝对误差(E)=x-x_T \tag{4-1}$$

$$相对误差(E_r)=\frac{E}{x_T}\times 100\% \tag{4-2}$$

【例 4-1】 分析天平称量两物体的质量分别为 2.1750g 和 0.2175g，假设两物体的真实值各为 2.1751g 和 0.2176g，则两者的绝对误差分别为：

$$E_1=2.1750-2.1751=-0.0001(g)$$

$$E_2=0.2175-0.2176=-0.0001(g)$$

虽然绝对误差均为 0.0001，但其真值相差十倍，显然准确度不同。

两者的相对误差分别为：

$$E_{r_1}=\frac{-0.0001}{2.1751}\times 100\%=-0.005\%$$

$$E_{r_2}=\frac{-0.0001}{0.2176}\times 100\%=-0.05\%$$

两者相差 10 倍。由此可见：绝对误差相同时，被测定量结果较大的数据相对误差较小，测定结果的准确度较高。

(2) 精密度

要确定一个测定值的准确度，先要知道其误差或相对误差。要求出误差必须知道真实值，但是真实值通常是不知道的。在实际工作中人们常用标准方法通过多次重复测定，所求出的算术平均值（$\bar{x}$）作为真实值。

精密度是指在相同条件下 n 次重复测定结果彼此相符合的程度。精密度的大小用偏差（deviation）表示，偏差越小说明精密度越高。偏差有绝对偏差和相对偏差：

$$\text{绝对偏差}(d)=x-\bar{x} \tag{4-3}$$

$$\text{相对偏差}(d_r)=\frac{d}{\bar{x}}\times 100\% \tag{4-4}$$

从上式可知，绝对偏差是指单项测定与平均值的差值。相对偏差是指绝对偏差在平均值中所占的百分率。由此可知绝对偏差和相对偏差只能用来衡量单次测定结果对平均值的偏离程度。为了更好地说明精密度，在一般分析工作中常用平均偏差（$\bar{d}$）表示。

$$\text{平均偏差}(\bar{d})=\frac{|d_1|+|d_2|+\cdots+|d_n|}{n}=\frac{\sum|d_i|}{n} \tag{4-5}$$

$$\text{相对平均偏差}(\bar{d}_r)=\frac{\bar{d}}{\bar{x}}\times 100\% \tag{4-6}$$

平均偏差是代表一组测量值中任意数值的偏差。所以平均偏差不计正负。平均偏差小，表明这一组分析结果的精密度好。

在统计方法处理数据时，常用标准偏差 s 来衡量一组测定值的精密度。与平均偏差相似，标准偏差代表一组测定值中任何一个数据的偏差。

$$\text{标准偏差}(s)=\sqrt{\frac{\sum_{i=1}^{n}(x_i-\bar{x})^2}{n-1}}=\sqrt{\frac{\sum_{i=1}^{n}d_i^2}{n-1}} \tag{4-7}$$

式中的 $n-1$ 称为自由度，表明 n 次测量中只有 $n-1$ 个独立变化的偏差。这是因为 n 个偏差之和等于零，所以只要知道 $n-1$ 个偏差就可以确定第 n 个偏差了。

相对标准偏差（relative standard deviation，RSD）也称变异系数（CV），指标准偏差与测量结果算术平均值的比值，即：

$$\text{变异系数(CV)}=\frac{s}{\bar{x}}\times 100\% \tag{4-8}$$

【例 4-2】 分析某矿样中铁含量（质量分数），其结果为：35.18%，34.92%，35.36%，35.11%，35.19%。计算结果的平均值、平均偏差、标准偏差及变异系数。

$$\bar{x}=\frac{(35.18+34.92+35.36+35.11+35.19)\%}{5}=35.15\%$$

单次测量的绝对偏差分别为：

$$d_1=0.03\%；d_2=-0.23\%；d_3=0.21\%；d_4=-0.04\%；d_5=0.04\%$$

$$\bar{d}=\frac{1}{n}\sum_{i=1}^{n}|d_i|=\frac{(0.03+0.23+0.21+0.04+0.04)\%}{5}=0.11\%$$

$$s=\sqrt{\frac{\sum_{i=1}^{n}d_i^2}{n-1}}=\sqrt{\frac{(0.03\%)^2+(0.23\%)^2+(0.21\%)^2+(0.04\%)^2+(0.04\%)^2}{5-1}}=0.16\%$$

$$\text{CV}=\frac{s}{\bar{x}}\times 100\%=\frac{0.16}{35.15}\times 100\%=0.46\%$$

利用标准偏差可以很好地反映测量结果的精密度。

绝对误差和相对误差都有正负值。正值表示分析结果偏高，负值表示分析结果偏低。

在了解了准确度与精密度的定义及确定方法之后，我们应该知道，准确度和精密度是两个不同的概念，但它们之间有一定的关系。应当指出的是，测定的精密度高，测定结果也越接近真实值。但不能绝对认为精密度高，准确度也高，因为系统误差的存在并不影响测定的精密度；相反，如果没有较好的精密度，就很少可能获得较高的准确度。可以说精密度是保证准确度的先决条件。

如有两组测量数据：①25.98；26.02；25.98；26.02；②26.02；26.01；25.96；26.01。它们的平均值、平均偏差$\bar{d}$和标准偏差 s 分别为 26.00、0.02、0.023 和 26.00、0.02、0.027。$\bar{x}$，$\bar{d}$ 相同，第二组的标准偏差更大，这主要是第二组数据最小值为 25.96，比第一组数据的最小值偏差大。

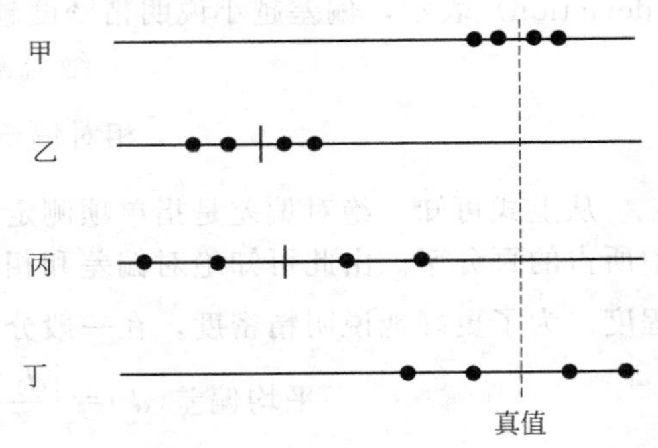

图 4-1 准确度和精密度关系示意图

● 表示个别测定，| 表示平均值

图 4-1 显示了甲乙丙丁四人测定同一试样中某组分含量时所得的结果。甲所得到的结果准确度高，精密度一定高。即每个数值都与真实值接近。乙的分析结果精密度虽然很高，但准确度较低。通常是由系统误差引起的。消除系统误差后，可提高准确度。丙和丁的精密度差的数据不可靠，失去了衡量准确度的前提，丁的平均值虽接近真实值，但如果用三个数来平均则误差就会很大。因此，精密度高是保证准确度的前提。

4.4.2 定量分析误差产生的原因

测定结果与真值之间的差值就是通常所称的误差。由各种原因造成的误差，按其性质可以分为系统误差（systematic error）和随机误差（random error）两大类。

(1) 系统误差

系统误差是指分析过程中由于某些固定原因所造成的误差。系统误差的特点是具有单向性和重复性，即它对分析结果的影响比较固定，使测定结果系统地偏高或系统地偏低。当重复测定时，它会重复出现。只影响分析结果的准确度，不影响其精密程度。可采取一定的方法减小或消除。系统误差产生的原因是固定的，它的大小、正负可测。理论上讲，只要找到原因，就可以消除系统误差对测定结果的影响。因此，系统误差又称可测误差。系统误差的来源有以下几个方面。

① **仪器误差** 这是由于仪器本身的缺陷或没有按规定条件使用仪器而造成的。如仪器的零点不准，天平砝码、容量器皿刻度不准确，外界环境（光线、温度、湿度、电磁场等）对测量仪器的影响等所产生的误差。

② **方法误差**（理论误差） 这是由于测量所依据的理论公式本身的近似性，或实验条件不能达到理论公式所规定的要求，或者是实验方法本身不完善所带来的误差。如热学实验中没有考虑散热所导致的热量损失，伏安法测电阻时没有考虑电表内阻对实验结果的影响，滴定分析中指示剂的变色点与化学计量点不一致等。

③ **个人误差** 是由于操作人员的习惯和偏向所引起的。如滴定终点颜色的观察，有人偏深，有人偏浅。滴定管读数时，有人偏高，有人偏低等。

④ **试剂误差** 由于试剂不纯或蒸馏水不纯造成的误差。如试剂或蒸馏水中含有被测组

分或干扰离子。

（2）随机误差

随机误差，又称偶然误差，其产生因素十分复杂，如电磁场的微变，零件的摩擦、间隙，热起伏，空气扰动，气压及湿度的变化，测量人员的感觉器官的生理变化等，以及它们的综合影响都可以成为产生随机误差的因素。它的特点是大小和方向都不固定，也无法测量或校正。随着测定次数的增加，正负误差可以相互抵偿，误差的平均值将逐渐趋向于零。只要测试系统的灵敏度足够高，在相同的测量条件下，对同一量值进行多次等精度测量时，仍会有各种偶然的、无法预测的不确定因素干扰而产生测量误差，其绝对值和符号均不可预知。

虽然单次测量的随机误差没有规律，但多次测量的总体却服从统计规律，通过对测量数据的统计处理，能在理论上估计对测量结果的影响。

① 绝对值相等的正误差和负误差出现的概率是相等的，因而大量等精度测量中各个误差的代数和有趋于零的趋势。

② 绝对值大误差出现的概率小；绝对值小误差出现的概率大，非常大的误差出现的概率近于零，符合正态分布。

因此，操作越仔细，测定次数越多，则测定结果的算术平均值越接近于真实值。所以采用多次测定取平均值的方法可减小偶然误差。

除了系统误差和随即误差，在分析过程中还可能会出现由于过失或差错而造成的误差，如溶液的溅失、看错砝码、读错数、加错试剂等。过失误差对测定结果影响很大，必须避免。

4.4.3 提高分析结果准确度的方法

在定量分析过程中，误差是不可避免的，为了获得准确的分析结果，在分析过程中，必须十分重视系统误差的检验和消除，以及随机误差的减小，以提高分析结果的准确度。造成系统误差的原因是多方面的，根据具体情况可采用不同的方法加以校正。一般系统误差可用下面的方法进行检验和消除。

① **对照试验** 在相同的条件下，用标准试样（已知含量的准确值）与被测试样同时进行测定，通过对标准试样的分析结果与其标准值的比较，可以判断测定是否存在系统误差。也可以对同一试样用其他可靠的分析方法与所采用的分析方法进行对照，以检验是否存在系统误差。

② **空白试验** 由试剂或蒸馏水和器皿带进杂质所造成的系统误差通常可用空白试验来校正。空白试验就是不加试样，按照与试样分析相同的操作步骤和条件进行实验，测定结果称为空白值。然后从试样测定结果中扣除空白值，即可得到较可靠的测定结果。

③ **校准仪器** 仪器不准确引起的系统误差，可以通过仪器校准来减小。例如，在滴定分析过程中，要对滴定管、移液管、容量瓶、砝码等进行校准。

④ **校正方法** 某些由于分析方法引起的系统误差可用其他方法直接校正。例如重量分析法测定水泥熟料中 SiO_2 的含量时，滤液中的硅可用分光光度法测定，然后加到重量法的结果中，这样就可消除由于沉淀的溶解损失而造成的系统误差。

随机误差是由偶然性的不固定的原因造成的。在分析过程中始终存在，是不可消除的，但可通过增加平行测定次数减小随机误差。在消除系统误差的前提下，平行测定次数越多，平均值越接近真实值。在化学分析中，对同一试样，通常要求平行测定 3～4 次，以获得较准确的分析结果。

4.5 有效数字的运算规则

为了得到准确的分析结果，不仅要准确地记录和计算。因为分析化学中记录的数据不仅表示了数值的大小，同时也反映了仪器的准确程度。例如，实验时量取一定体积的溶液，记录为25.00mL和25.0mL，虽然数值大小相同，但精确度却相差10倍，前者说明用移液管准确移取或滴定管中放出的，而后者是由量筒量取的。用一台秤称得的物质的量为0.10g，而在分析天平上称得为0.1000g。因此，应该按照实际的测量精度记录实验数据，并且按照有效数字的运算规则进行测量结果的计算，报出合理的测量结果。

4.5.1 有效数字

有效数字（significant figure）是指实际能测得的数字。在有效数据中，最后一位是可疑数字或称估读数字。如：21.42mL表明以mL为单位，小数点后一位4是准确的，小数点后第二位2是估读数字。又例如用分析天平称取试样的质量时应记录为0.2100g，它表示0.210是确定的，最后一位是不确定数，可能有正负一个单位的误差，即其实际质量是(0.2100±0.0001)g范围内的某一值。其绝对误差为±0.0001，相对误差为：

$$\frac{\pm 0.0001}{0.2100}\times 100\% = \pm 0.05\%$$

数据中的“0”是否为有效数字，要看它在数据中的作用，如果作为普通数字使用，它就是有效数字；作为定位作用则不是有效数字。例如滴定管读数22.00mL，其中的两个“0”都是测量数字，为四位有效数字。如果改为升为单位，写成0.02200L，这时前面的两个“0”仅作为定位作用，不是有效数字，而后面的两个“0”仍是有效数字，此数仍为四位有效数字。数字后的“0”不可随意舍掉，不能随意增减有效数字的位数。例如：0.5180不能写成0.518，前者的绝对误差为±0.0001，而后者的绝对误差为±0.001。分析化学实验中对有效数字的要求如下。

① 电子天平称重时，取小数点后四位。移液管、滴定管读体积时以mL为单位，取小数点后两位。

② 浓度取四位有效数字，分子量取四位有效数字。如：$c(HCl)=0.1000mol\cdot L^{-1}$，$M(HCl)=36.45$，$M(Na_2CO_3)=106.0$。

③ 误差和偏差一般取一位有效数字，最多取二位。如：±0.1%，±0.12%。

④ 对pH、pM、lg$K$等对数值，其小数部分为有效数字，整数部分只起定位作用。如：pH=4.56为二位有效数字。

⑤ 与测量无关的纯数如化学计量关系式中的化学计量数、摩尔比、分数、倍数等，可视为无限多位数，不影响其他有效数字的运算。例如10000，1/2，π等。

4.5.2 有效数字的运算规则

对实验数据进行计算时，涉及的各测量值的有效位数可能不同，因此需要按照一定的规则进行运算。运算过程中应按有效数字修约的规则进行修约后再计算结果。对数字的修约规则，依照国家标准采取“四舍六入五留双”办法，即当尾数为4时舍弃，尾数为6时则进入，尾数为5时，若后面的数字为“0”，则按5前面为偶数者舍弃、为奇数者进入；若5后面的数字是不为“0”则进入。例如，按照这一规则将下列测量值修约为四位有效数字，其结果为：

0.52564	0.5256	150.650	150.6
0.46266	0.4627	27.0852	27.09
20.2350	20.24		

有效数字的运算规则如下。

(1) 加减法 在计算的过程中间可多保留一位有效数字，以免多次取舍引起较大误差。

几个数据加减运算时，结果所保留的位数，取决于绝对误差最大的数，(即小数点后位数最少者)。应“先取齐后加减”。

【例 4-3】 0.1325＋5.103＋60.08＋139.8→0.1＋5.1＋60.1＋139.8＝205.1

(2) 乘除法 在乘除法运算中，结果所保留的位数取决于相对误差最大的数（即有效数字位数最少者)。应“先乘除，后取舍”。

【例 4-4】 0.1325×28.6×0.15→0.13×29×0.15＝0.57

在运算过程中，有效数字的位数可暂时多保留一位，得到最后的结果时，再根据“四舍六入五成双”的规则弃去多余的数字。若某数字的首位数字等于大于 8 时，其有效数字位数可多算一位。如 8.58 可看作四位有效数字。

4.6 有限实验数据的统计处理

(1) 平均值的置信度和置信区间

在实际工作中，通常总是把测定数据的平均值作为分析结果报出，但测得的少量数据得到的平均值总是带有一定的不确定性，它不能明确地说明测定的可靠性。在准确度要求较高的分析工作中，作分析报告时，应同时指出结果真实值所在的范围，这一范围就称为置信区间（confidence interval)；以及真实值落在这一范围的概率，称为置信区度或置信水准(confidence level)，用符号 P 表示。

对于有限次数的测定，真实值 μ 与平均值 $\bar{x}$ 之间有如下关系：

$$\mu=\bar{x}\pm\frac{ts}{\sqrt{n}} \tag{4-9}$$

式中，s 为标准偏差；n 为测定次数；t 为选定的某一置信度下的概率系数，可根据测定次数从表中查得。

式(4-9) 表示在一定置信度下，以测定结果的平均值 $\bar{x}$ 为中心，包括总体平均值 μ 的范围，该范围称为平均值的置信区间。

平均值的置信区间的大小取决于测定的精密度（s)、测定次数（n）和置信水平（t)。

① 测定结果所包含的最大偶然误差为 $\pm\frac{ts}{\sqrt{n}}$。

② 选择的置信度越高，置信区间越宽。

③ 测定次数越多，t 值越小。置信区间越窄，$\bar{x}$ 与 μ 越接近（表 4-4)。

表 4-4 不同测定次数及不同置信度下的 t 值

测定次数 n	置信度				
	50%	90%	95%	99%	99.5%
2	1.000	6.314	12.706	63.657	127.32
3	0.816	2.920	4.303	9.925	14.089
4	0.765	2.353	3.182	5.841	7.453
5	0.741	2.132	2.776	4.604	5.598
6	0.727	2.015	2.571	4.032	4.773
7	0.718	1.943	2.447	3.707	4.317

续表

测定次数 n	置信度				
	50%	90%	95%	99%	99.5%
8	0.711	1.895	2.365	3.500	4.029
9	0.706	1.860	2.306	3.355	3.832
10	0.703	1.833	2.262	3.250	3.690
11	0.700	1.812	2.228	3.169	3.581
21	0.687	1.725	2.086	2.845	3.153
∞	0.674	1.645	1.960	2.576	2.807

【例 4-5】 分析某合金中铜的含量，结果的平均值$\bar{x}=35.21\%$，$s=0.06\%$。计算：

(1) 若测定次数 $n=4$，置信度分别为 95%和 99%时，平均值的置信区间；

(2) 若测定次数 $n=6$，置信度为 95%时，平均值的置信区间。

解：(1) $n=4$ 时，置信度为 95%时，$t_{95\%}=3.18$

$$\mu=\bar{x}\pm\frac{ts}{\sqrt{n}}=35.21\%\pm\frac{3.18\times0.06}{\sqrt{4}}\%=35.21\%\pm0.10\%$$

置信度为 99%时，$t_{99\%}=5.84$

$$\mu=\bar{x}\pm\frac{ts}{\sqrt{n}}=35.21\%\pm\frac{5.84\times0.06}{\sqrt{4}}\%=35.21\%\pm0.18\%$$

(2) $n=64$ 时，置信度为 95%时，$t_{95\%}=2.57$

$$\mu=\bar{x}\pm\frac{ts}{\sqrt{n}}=35.21\%\pm\frac{2.57\times0.06}{\sqrt{6}}\%=35.21\%\pm0.06\%$$

由上面的计算可知，在相同测定次数下，随着置信度由 95%提高到 99%，平均值的置信区间将从 35.21%±0.10%扩大到 35.21%±0.18%；另外，在一定置信度下，增加平行测定次数可使置信区间缩小，说明测量的平均值越接近总体平均值。

从 t 值表中还可以看出，当测定次数 n 增大时，t 值减小；当测定次数为 20 次以上到测定次数为∞时，t 值相近，这表明当 $n>20$ 时，再增加测定次数对提高测定结果的准确度已经没有什么意义。因此只有在一定的测定次数范围内，分析数据的可靠性才随平行测定次数的增多而增加。

(2) 可疑数据的取舍——Q 检验法

在进行一系列平行测定时，往往会出现偏差较大的值。称为离群值（divergent value）。异常值的引入会影响测定结果的平均值。因此在计算前应进行异常值的合理取舍。如异常值是由明显过失引起的，则应舍弃。如不是由明显过失引起的，则不能随便取舍，而必须用统计方法来判断是否要取舍。取舍的方法很多，常用的有四倍法、格鲁布斯法和 Q 检验法等，其中 Q 检验法比较严格而且又比较方便，故在此只介绍 Q 检验法。

在一定置信度下，Q 检验法可按下列步骤，判断可疑数据是否应舍去。

① 先将数据从小到大排列为：x_1，x_2，…，x_{n-1}，x_n。

② 计算出统计量 Q

$$Q=\frac{|\text{可疑值}-\text{邻近值}|}{\text{最大值}-\text{最小值}} \tag{4-10}$$

也就是说，若 x_1 为可疑值，则统计量 Q 为：

$$Q=\frac{x_2-x_1}{x_n-x_1} \tag{4-11}$$

若 x_n 为可疑值，则统计量 Q 为：

$$Q=\frac{x_n-x_{n-1}}{x_n-x_1} \tag{4-12}$$

式中，分子为可疑值与相邻值的差值；分母为整组数据的最大值与最小值的差值，也称为极值。Q 越大，说明离群越远，Q 大至一定值时就应舍去。

③ 根据测定次数和要求的置信度由表 4-5 查得 Q（表值）。

④ 将 Q 与 Q（表值）进行比较，判断可疑数据的取舍。若 Q 大于 Q（表值），则可疑值应该舍去，否则应该保留。

【例 4-6】 一组测定值：22.38　22.39　22.36　22.04　22.44

检验步骤：① 将测定值按递增顺序排列：x_1，x_2，…，x_n

22.36　22.38　22.39　22.40　22.44

② 计算极差 $R = x_{\max} - x_{\min}$ 和可疑值与相邻值之差 $x_2 - x_1$ 或 $x_n - x_{n-1}$

③ 根据 $Q_{计} = \dfrac{x_2 - x_1}{R}$ 或 $\dfrac{x_n - x_{n-1}}{R}$ 求出 $Q_{计} = \dfrac{22.44 - 22.40}{0.08} = 0.5$

④ 根据测定次数和置信度从表 4-5 中查出 $Q_{表}$ 值

判定：$Q_{计} \geqslant Q_{表}$ 时，离群值应舍弃，反之则保留。置信度在 90%，$n=5$ 次时，查得 $Q_{表} = 0.64$ $Q_{计} < Q_{表}$，所以 22.44 应保留。

表 4-5　不同置信度下舍去可疑数据的 Q 值

置信度	测定次数							
	3	4	5	6	7	8	9	10
90%	0.94	0.76	0.64	0.56	0.51	0.47	0.44	0.41
95%	0.98	0.85	0.73	0.64	0.59	0.54	0.51	0.48
99%	0.99	0.93	0.82	0.74	0.68	0.63	0.60	0.57

由于置信度升高会使置信区间加宽，所以在置信度为 90% 时应保留的数字在 95% 时也一定应保留。在 90% 该舍弃的数值，在 95% 时则不一定要舍弃，应重新做 Q 检验。反之在 95% 该舍弃的数值，在 90% 时一定舍弃。而在 95% 该保留的数值在 90% 时不一定保留。

在 Q 检验中，置信度选择要合适，置信度太小置信区间过窄，会使该保留的数值舍掉。反之，置信度太高，会使置信区间加宽，使该舍弃的数值被保留。

在测定次数 $n \leqslant 3$ 时，做 Q 检验，会将错误数字保留。因此应增加测定次数；减小离群值在平均值中的影响。

4.7　滴定分析法概述

4.7.1　滴定分析法的特点

滴定分析化学是定量化学分析中最重要的分析方法，它主要包括酸碱滴定法、络合滴定法、氧化还原滴定法和沉淀滴定法等。这种方法是将已知准确浓度的标准溶液滴加到被测物质的溶液中直至所加溶液物质的量按化学计量关系恰好反应完全，然后根据所加标准溶液的浓度和所消耗的体积，计算出被测物质含量的分析方法。由于这种测定方法是以测量溶液体积为基础，故又称为容量分析。

在进行滴定分析过程中，已知准确浓度的试剂溶液称为标准滴定溶液。滴定时，将标准滴定溶液装在滴定管中（因而又常称为滴定剂），通过滴定管逐滴加入到盛有一定量被测物溶液的锥形瓶（或烧杯）中进行测定，这一操作过程称为“滴定”。当加入的标准滴定溶液的量与被测物的量恰好符合化学反应式所表示的化学计量关系量时，称反应到达“化学计量点”（stoichiometric point，以 sp 表示）。滴定时，指示剂改变颜色的那一点称为“滴定终点”（end point，以 ep 表示）。滴定终点与化学计量点不一定完全符合，由此产生的误差称为"终点误差"。

滴定分析法的特点是，简便快速，可以测定很多物质；加入标准溶液物质的量与被测物质的量恰好是化学计量关系；此法适于组分含量在1%以上各种物质的测定，测定结果的相对误差可达到0.2%，准确度较高；有时也用于微量组分测定，所以在工农业生产和科学实验中具有重要的使用价值。

4.7.2 滴定分析对化学反应的要求和滴定方式

(1) 滴定分析法对滴定反应的要求

① 反应要按一定的化学反应式进行，即有确定的化学计量关系，不发生反应。

② 反应必须定量进行，通常要求反应完全程度≥99.9%。

③ 反应速度要快。对于速度较慢的反应，可以通过加热、增加反应物浓度、加入催化剂等措施来加快。

④ 有适当的方法确定滴定的终点。

(2) 滴定方式

① **直接滴定法** 凡能满足滴定分析要求的反应都可用标准滴定溶液直接滴定被测物质。如用HCl滴定Na_2CO_3，用$K_2Cr_2O_7$滴定Fe^{2+}等。

$$2H^+ + Na_2CO_3 \longrightarrow H_2O + CO_2 + 2Na^+ ; \quad Cr_2O_7^{2-} + 6Fe^{2+} + 14H^+ \longrightarrow 2Cr^{3+} + 6Fe^{3+} + 7H_2O$$

② **返滴定法** 返滴定法（又称回滴法）是在待测试液中准确加入适当过量的标准溶液，待反应完全后，再用另一种标准溶液返滴剩余的第一种标准溶液，从而测定待测组分的含量。这种滴定方式主要用于滴定反应速度较慢或反应物是固体、气体或者缺乏合适的指示剂。例如：氨水浓度的测定，先加入过量的硫酸，待NH_3与硫酸反应完后，剩余的硫酸用标准NaOH溶液返滴定剩余的H_2SO_4。对于上述Al^{3+}的滴定，先加入已知过量的EDTA标准溶液，待Al^{3+}与EDTA反应完成后，剩余的EDTA则利用标准Zn^{2+}、Pb^{2+}或Cu^{2+}溶液返滴定；对于固体$CaCO_3$的滴定，先加入已知过量的HCl标准溶液，待反应完成后，可用标准NaOH溶液返滴定剩余的HCl。

$$2NH_3 + H_2SO_4(\text{过量}) \longrightarrow 2NH_4^+ + SO_4^{2-} ; \quad H_2SO_4 + 2NaOH \longrightarrow Na_2SO_4 + 2H_2O$$

$$Al^{3+} + H_2Y^{2-}(\text{过量}) \longrightarrow AlY^- + 2H^+(\text{反应慢}); \quad H_2Y^{2-} + Cu^{2+} \longrightarrow CuY + 2H^+$$

$$CaCO_3 + 2HCl(\text{过量}) \longrightarrow CaCl_2 + CO_2 + H_2O; \quad HCl + NaOH \longrightarrow NaCl + H_2O$$

③ **置换滴定法** 置换滴定法是先加入适当的试剂与待测组分定量反应，生成另一种可滴定的物质，再利用标准溶液滴定反应产物，然后由滴定剂的消耗量，反应生成的物质与待测组分等物质的量的关系计算出待测组分的含量。这种滴定方式主要用于因滴定反应没有定量关系或伴有副反应而无法直接滴定的测定。如用$K_2Cr_2O_7$标定$Na_2S_2O_3$溶液的浓度时，就是以一定量的$K_2Cr_2O_7$在酸性溶液中与过量的KI作用，析出相当量的I_2，以淀粉为指示剂，用$Na_2S_2O_3$溶液滴定析出的I_2，进而求得$Na_2S_2O_3$溶液的浓度。

$$Cr_2O_7^{2-} + 6I^- + 14H^+ \longrightarrow 2Cr^{3+} + 3I_2 + 7H_2O \qquad I_2 + 2S_2O_3^{2-} \longrightarrow 2I^- + S_4O_6^{2-}$$

④ **间接滴定法** 某些待测组分不能直接与滴定剂反应，但可通过其他的化学反应，间接测定其含量。例如，溶液中Ca^{2+}几乎不发生氧化还原的反应，但利用它与$C_2O_4^{2-}$作用形成CaC_2O_4沉淀，过滤洗净后，加入H_2SO_4使其溶解，用$KMnO_4$标准滴定溶液滴定$C_2O_4^{2-}$，就可间接测定Ca^{2+}含量。

$$Ca^{2+} + MnO_4^- \text{不反应} \qquad Ca^{2+} + C_2O_4^{2-} \longrightarrow CaC_2O_4$$

$$5C_2O_4^{2-} + 2MnO_4^- + 16H^+ \longrightarrow 2Mn^{2+} + 10CO_2 + 8H_2O$$

4.7.3 基准物质和标准溶液

(1) 基准物质

可用于直接配制标准溶液或标定溶液浓度的物质称为基准物质。作为基准物质必须具备以下条件。

① 组成恒定并与化学式相符，若含结晶水，其含量也应与化学式相符。

② 纯度足够高（达99.9%以上），杂质含量应低于分析方法允许的误差限。

③ 性质稳定，在保存和称量过程中，不易吸收空气中的水分和CO_2，不分解，不易被空气所氧化。

④ 有较大的摩尔质量，以减少称量时相对误差。例如$Na_2B_4O_7 \cdot 10H_2O$和Na_2CO_3作为标定盐酸标准溶液的基准物质，但由于前者摩尔质量大于后者，因此更适合作为标定盐酸溶液的基准物质。

常用的基准物质有$Na_2B_4O_7 \cdot 10H_2O$，Na_2CO_3，邻苯二甲酸氢钾，$H_2C_2O_4 \cdot 2H_2O$，$K_2Cr_2O_7$，$CaCO_3$，$Na_2C_2O_4$，KIO_3，ZnO，NaCl，纯金属如Cu、Ag等。

(2) 标准溶液

在滴定分析中，标准溶液的浓度常用物质的量浓度和滴定度表示。

物质的量浓度 这是最常用的表示方法，标准物质B的物质量的浓度为

$$c_B=\frac{n_B}{V} \tag{4-13}$$

式中，n_B为物质B的物质的量；V为标准溶液的体积。

滴定度是溶液浓度另一种表示方法。滴定度（$T_{B/A}$）指每1mL A滴定液（标准溶液）所相当的被测物质B的质量，单位：g/mL、mg/mL。用硝酸银测定氯化钠时，用滴定度表示硝酸银的浓度$T_{NaCl/AgNO_3}=1.84mg/mL$，表示1mL溶液相当于1.84mg的氯化钠，这样知道了滴定度乘以滴定中耗去的标准溶液的体积数，即可求出被测组分的含量，计算起来相当方便。

(3) 标准滴定溶液的配制

① **直接法** 准确称取一定量的基准物质，经溶解后，定量转移于一定体积容量瓶中，用去离子水稀释至刻度。根据溶质的质量和容量瓶的体积，即可计算出该标准溶液的准确浓度。

② **标定法** 用来配制标准滴定溶液的物质大多数是不能满足基准物质条件的，需要采用标定法（又称间接法）。这种方法是：先大致配成所需浓度的溶液（所配溶液的浓度值应在所需浓度值的±5%范围以内），然后用基准物质或另一种标准溶液来确定它的准确浓度。在定量分析中，很多标准溶液只能用标定法配制，如HCl、NaOH等，标定一般至少要做2～3次平行测定，相对偏差在0.1%～0.2%。

4.7.4 滴定分析的计算

滴定分析的计算包括配制溶液、确定浓度和计算分析结果等方面。计算的主要依据是“等物质的量规则”，即在计量点时，所消耗的标准溶液和被测物质的物质量相等。应注意，在使用这个规则时，一定要按照反应的化学计量关系，正确的选择基本单元。

【例4-7】 用$0.1058mol \cdot L^{-1}$ HCl溶液滴定0.2035 g不纯的K_2CO_3，完全中和时，消耗HCl26.84mL，求样品中K_2CO_3的质量分数。

解 $$2HCl+K_2CO_3 \xlongequal{} 2KCl+CO_2+H_2O$$

根据等物质的量规则：$n(HCl)=n(1/2K_2CO_3)$

$$\omega(K_2CO_3)=\frac{n(1/2K_2CO_3)\cdot M(1/2K_2CO_3)}{W(\text{样})}\times100\%$$

$$=\frac{c(HCl)\cdot V(HCl)\cdot M(1/2K_2CO_3)}{W(\text{样})}\times100\%$$

$$=\frac{0.1058\times\frac{26.84}{1000}\times\frac{138.21}{2}}{0.2035}\times100\%$$

$$=96.43\%$$

[阅读材料] 以数理统计法对化学分析中实验数据差异性的研究*

在用分析仪器测定物质组分的实验中，需考察某种实验方法可靠性或实验仪器设备性能稳定性、差异性。采用一种新的实验方法或使用一种新的仪器设备，必须与标准方法进行重复性的对照实验，把所测得的实验数据与标准方法实验数据用数理统计的方法计算、并进行分析比较，得出结论，从而判定方法的可靠性和仪器设备性能的稳定性。

(1) **实验方案** 样品来源于天津某化工厂生产线，按照国家标准采样，分别用 A、B、C 方法测定样品中醋酸（HAc）的百分含量，计算离差平方和、均方离差。通过数理统计理论判断三种分析方法测的数据的一致性（或差异性）。进而研究整体的可靠性。

(2) **三种方法对样品的重复实验** 选用样品，分别用 A、B、C 平行测定 6 次，将所得数据、计算得到的均值和标准偏差分别填入表 1。

(3) **三种方法整体方差分析的实验** 选用 15 种试样，分别用 A、B、C 测定 3 次，取平均值填入表 2。

表 1 样品中 HAc 百分含量重复实验数据表

方法	1	2	3	4	5	6	均值	标准偏差
A	21.49	21.77	21.77	21.49	21.21	20.92	21.44	0.3305
B	22.39	22.36	22.30	21.81	21.76	21.80	22.07	0.3085
C	22.12	21.92	20.64	20.87	21.23	22.08	21.48	0.6486

表 2 样品中 HAc 百分含量重复实验数据计算

样品	A	B	C
1	21.29	21.81	20.87
2	61.36	63.58	62.63
3	34.50	35.93	32.33
4	22.55	23.42	21.31
5	24.77	19.22	22.41
6	21.49	22.39	23.12
7	21.21	21.76	21.23
8	21.49	21.81	20.87
9	21.77	22.30	20.64
10	21.77	22.30	20.64
11	20.92	21.80	22.08
12	21.68	22.35	21.39
13	21.21	21.79	21.39
14	21.49	21.76	21.23
15	21.21	21.81	21.89
T_i	378.71	384.09	375.81
T_i^2	143421.26	147525.13	141233.16

(4) **数理统计分析**

① 三种方法对样品重复测定的一致性检验

A 与 B 重复测定的一致性：对给定显著性水平 $\alpha=0.05$ 查表得显著性水平为 0.05，自由度为 10 的 $t_{0.05(10)}=2.2281$，通过计算可得到统计量 $|t|=3.413>2.2281=t_{0.05(10)}$，即认为两种方法测定结果有显著性差异。

B与C重复测定的一致性：对给定显著性水平 $\alpha=0.05$ 查表得显著性水平为0.05，自由度为10的 $t_{0.05(10)}=2.2281$，通过计算可得到统计量 $|t|=2.012<2.2281=t_{0.05(10)}$，即认为两种方法测定结果没有显著性差异。

C与A重复测定的一致性：对给定显著性水平 $\alpha=0.05$ 查表得显著性水平为0.05，自由度为10的 $t_{0.05(10)}=2.2281$，通过计算可得到统计量 $|t|=0.6930<2.2281=t_{0.05(10)}$，即认为两种方法测定结果没有显著性差异。

② 三种方法所测数据的一致性检验　以表2中给出的数据，按照一个因素方差分析，在给定显著水平 α 下，检验假设：将相关因素列入表3中，并完成有关分析及计算。

表3　一个因素方差分析

方差来源	离差平方和 S	自由度 f	均方离差 S	F 值	显著性
因素影响	$S_A=\sum_{i=1}^{r}\frac{1}{n_i}T_i^2-\frac{T^2}{n}$	$r-1$	$\frac{S_A}{r-1}$		
误差	$S_e=S_T-S_A$	$n-r$	$\frac{S_e}{n-r}$	$F=\frac{S_A}{S_e}$	显著变化
总和	$S_T=\sum_{n-1}^{r}\sum_{j=1}^{n}\xi_{ij}^2-\frac{T^2}{n}$	$n-r$			

对给定显著性水平 $\alpha=0.05$ 查 F 分布表得：

$$F_{1-\alpha(r-1,n-r)}=F_{1-0.10(2,42)}=2.44。而 F=0.0100<2.44=F_{1-0.10(2,42)}$$

故仪器测定方法不同不引起样品中HAc百分含量测定结果的显著变化。因此，接受原假设，即说明三种方法的测定结果之间没有显著性差异。

＊详见：王炳强．以数理统计法对化学分析中实验数据差异性的研究[J]．天津化工，2004，18(5)：15-17.

思考题与习题

基本概念复习及相关思考

4-1　说明下列术语的含义：

化学分析；仪器分析；准确度；精密度；绝对偏差；相对偏差；相对平均偏差；标准偏差；变异系数；置信度；置信区间；有效数字；滴定分析法；滴定；化学计量点；滴定终点；滴定误差

4-2　思考题

① 在定量分析中，误差产生的原因有哪些？如何减小或消除？

② 如何判断一组测量数据中有无可疑值，检验步骤有哪些？

4-3　选择题

(1) 定量分析工作中要求测定结果的误差（　　）。

A. 越小越好　　B. 等于零　　C. 没有要求　　D. 在允许误差范围之内

(2) 在滴定分析法测定中出现的下列情况，哪种导致系统误差（　　）。

A. 试样未经充分混匀　　B. 滴定管的读数读错

C. 所用试剂中含有干扰离子　　D. 滴定时有液滴溅出

(3) 分析测定中出现的下列情况，何种属于偶然误差？（　　）

A. 滴定所加试剂中含有微量的被测物质

B. 滴定时发现有少量溶液溅出

C. 某分析人员读取滴定管读数时总是偏高或偏低

D. 甲乙两人用同样的方法测定，但结果总不能一致

(4) 可用下列方法中哪种方法减小分析测定中的偶然误差（　　）。

A. 进行对照实验　　B. 进行空白实验

C. 进行仪器校准　　D. 增加平行实验的次数

(5) 分析测定中的偶然误差，就统计规律来讲，其（　　）。

A. 数值固定不变　　B. 数值随机可变

C. 数值相等的正负误差出现的几率相等

D. 正误差出现的几率大于负误差

(6) 用25mL移液管移出的溶液体积应记录为（　　）。

A. 25mL　　B. 25.0 mL　　C. 25.00 mL　　D. 25.000 mL

(7) 滴定管能读准至±0.01mL，若要求滴定分析结果的相对误差一般要求为0.1%以下，滴定时耗用标准溶液的体积应控制在（　　）。

A. 10mL以下　　B. 10～15mL

C. 20～30mL　　D. 15～20mL　　E. 50mL以上

(8) 滴定分析法要求相对误差为±0.1%，若称取试样的绝对误差为0.0002g，则一般至少称取试样（　　）。

A. 0.1g　　B. 0.2g　　C. 0.3g　　D. 0.4g　　E. 0.5g

(9) 可以用直接法配制标准溶液的是（　　）。

A. 重铬酸钾　　B. 优级纯浓 H_2SO_4

C. 分析纯的 NaOH　　D. 分析纯 $Na_2S_2O_3$

(10) 下列数据中，有效数字是4位的是（　　）。

A. 0.132　　B. 1.0×10^3　　C. 6.023×10^{23}　　D. 0.0150

4-4 判断题

(1) 偶然误差是由某些难以控制的偶然因素所造成的，因此无规律可循。

(2) 精密度高的一组数据，其准确度一定高。

(3) 绝对误差等于某次测定值与多次测定结果平均值之差。

(4) pH=11.21的有效数字为四位。

(5) 偏差与误差一样有正负之分，但平均偏差恒为正值。

(6) 因使用未经校正仪器而引起的误差属于偶然误差。

计算题

4-5 用邻苯二甲酸氢钾作基准物质对氢氧化钠溶液进行标定，共做了6次试验，测得氢氧化钠溶液的浓度（$mol\cdot L^{-1}$）分别为：0.5050，0.5042，0.5086，0.5063，0.5051，0.5064，上述6个数据，哪一次测得结果是可疑值？该值是否应舍弃？（置信度为90%）

4-6 分析不纯 $CaCO_3$（其中不含干扰物）。称取试样 0.3000 g，加入浓度为 $0.2500mol\cdot L^{-1}$ HCl 溶液 25.00mL，以酚酞为指示剂，用浓度为 $0.2012mol\cdot L^{-1}$ NaOH 溶液返滴定过量的酸，消耗 5.84mL。试计算试样中 $CaCO_3$ 的质量分数。

4-7 要使在置信度为95%时平均值的置信区间不超过±S，问至少要平行测定几次？

4-8 某学生测定矿石中的铜含量时，得到结果（%）2.50、2.53、2.55，问再测定一次而不应该舍弃的分析结果的界限是多少？

4-9 按有效数字规则，计算下列各题。

① 4.1374+2.81+0.0603　　② 14.37×6.44

③ 0.0613×0.4044　　④ $4.1374\times0.841/297.2$

⑤ (4.178+0.037)/60.4　　⑥ $(4.178\times0.037)/60.4$

4-10 称取纯 $CaCO_3$ 0.5000g、溶于 50.00mL 的 HCl 溶液中，多余的酸用 NaOH 溶液回滴，消耗 6.20mL。1mLNaOH 溶液相当于 1.010mL HCl 溶液。求两种溶液的浓度，并求 NaOH 溶液对 HCl 的滴定度。

4-11 水中化学耗氧量（COD）是环保中检测水质污染程度的一个重要指标，是指特定条件下用一种强氧化剂（如 $KMnO_4$，$K_2Cr_2O_7$）定量地氧化水中的还原性物质时所消耗的氧化剂用量（折算为每升多少克氧，用 $\rho(O_2)$ 表示，单位为 $mg\cdot L^{-1}$）。今取废水样 100.0mL，用硫酸酸化后，加入 25.00mL0.01667 $mol\cdot L^{-1}$ 的 $K_2Cr_2O_7$ 标准溶液，用 Ag_2SO_4 作催化剂煮沸一定时间，使水样中的还原性物质完全氧化后，以邻二氮菲-亚铁为指示剂，用 $0.1000mol\cdot L^{-1}$ 的 $FeSO_4$ 标准溶液返滴定，滴定至终点用去 15.00mL。计算废水样中的化学耗氧量。（提示：$O_2+4H^++4e^-$ ══ $2H_2O$，在用

O_2和$K_2Cr_2O_7$氧化同一还原性物质时，3mol O_2相当于2mol $K_2Cr_2O_7$）

4-12 称取软锰矿0.1000g，用Na_2O_2熔融后，得到MnO_4^{2-}，煮沸除去过氧化物，酸化后，MnO_4^{2-}歧化为MnO_4^-和MnO_2。滤去MnO_2，滤液用21.50mL 0.1000mol·L^{-1}的$FeSO_4$标准溶液滴定。计算试样中的质量分数。

4-13 The following results were obtained in the replicate analysis of a blood sample for its lead content: 0.752, 0.756, 0.752, 0.751, and 0.763 ppm Pb. Calculated the mean and the standard deviation of the set of data

4-14 For the set of the replicate measurements, 0.0902, 0.0884, 0.0886, 0.1000, the accepted value is 0.0930. For the mean of the set of data, calculate the (a) absolute error; and (b) the relative error in parts per thousand.

4-15 简答题

(1) 在你做的化学分析实验中，一个试样做了几个平行数据？对数据进行处理一般分几步？

(2) 滴定管的读数误差约为±0.02mL，如果要求分析结果达到2‰的准确度，滴定时所用溶液的体积至少要多少毫升？电光分析天平的分度值是0.1mg，如果要求分析结果达到2.0‰准确度，问称取试样的质量至少应是多少克？

4-16 判断题

(1) 系统误差是由固定因素引起的，而随机误差是由不定因素引起的。因此，随机误差不可减免。（ ）

(2) 精密度好的一组数据，准确度一定高。（ ）

(3) 偏差的大小可表示分析结果的精密度。（ ）

(4) 在滴定分析中，滴定终点即为化学计量点。（ ）

(5) 下列一组数据0.0328，7.980，pH=11.32，pK=3.241，有效数字的位数为四位的只有7.980（ ）

4-17 填空题

(1) 基准物应具备的条件为______、______、______、______。

(2) 当测定的次数趋向无限多次时，偶然误差的分布趋向______，正负误差出现的概率______。

(3) 化学反应必须符合______，______，______，______才可用于直接滴定法进行滴定分析。

第 5 章　酸碱平衡与酸碱滴定法

Chapter 5　Acid-base Equilibrium and Acid-base Titration

5.1　经典酸碱理论

经典酸碱理论认为：在水中解离出正离子全是 H^+ 的物质称为酸；解离出的负离子全是 OH^- 的物质称为碱。但该理论只适用于定义水溶液体系中的酸和碱，在无水和非水溶剂中没有解离出 H^+ 和 OH^- 时则无法定义酸碱；还有的物质如 NH_4Cl，其水溶液呈酸性，另外还例如 Na_2CO_3，其水溶液呈碱性，但两者解离时不产生 H^+ 或 OH^-，为此，化学家们又先后提出了质子理论、路易斯电子理论和软硬酸碱理论。本书重点介绍酸碱质子理论。

5.2　酸碱质子理论

质子理论认为：任何能给出质子的物质都是酸，任何能接受质子的物质都是碱。例如，HAc、HCl、HSO_4^-、H_2S 和 $NH_4{}^+$ 等都是酸，它们都能给出质子：

$$HAc \rightleftharpoons H^+ + Ac^-$$

$$HCl \rightleftharpoons H^+ + Cl^-$$

$$HSO_4^- \rightleftharpoons H^+ + SO_4^{2-}$$

$$H_2S \rightleftharpoons H^+ + HS^-$$

$$NH_4^+ \rightleftharpoons H^+ + NH_3$$

NH_3、HCO_3^- 和 S^{2-} 等都是碱，它们都能接受质子：

$$NH_3 + H^+ \rightleftharpoons NH_4^+$$

$$HCO_3^- + H^+ \rightleftharpoons H_2CO_3$$

$$S^{2-} + H^+ \rightleftharpoons HS^-$$

酸碱质子理论中，酸碱可以是阳离子、阴离子，也可以是中性分子。还有些物质既能给出质子又能接受质子，这类被称为两性物质，如 H_2O、HCO_3^- 等。

质子理论认为，任何一个酸碱反应都是质子的传递反应，其中存在争夺质子的过程。争夺质子的结果，总是强碱取得质子，所以其结果必然是强碱夺取强酸放出的质子而转化为它的共轭酸——弱酸，强酸放出质子后转变为它的共轭碱——弱碱。总之，酸碱反应总是由较强的酸与较强的碱作用，并向着生成较弱的酸和较弱的碱的方向进行；相互作用的酸碱越强，反应进行得越完全。

5.2.1　共轭酸碱

根据酸碱质子理论，酸给出质子后余下的那部分就是碱；反之，碱接受质子后生成的那部分就是酸：

$$酸 \rightleftharpoons 碱 + H^+ \quad (5\text{-}1)$$

这种关系称为共轭关系。仅相差一个质子的酸、碱被称为共轭酸碱。例如，HAc 的共轭碱是 Ac^-，Ac^- 的共轭酸是 HAc。根据酸碱的共轭关系，酸越易放出质子，则其共轭碱就越难结合质子，即酸越强，其共轭碱就越弱；反之，酸越弱，其共轭碱就越强。

5.2.2 酸碱反应

酸碱质子理论认为，酸碱反应的实质是质子的转移。为了实现酸碱反应，例如为使 HAc 转化为 Ac^-，它给出的质子必须转移到另一种能接受质子的物质上才行。

$$\overset{H^+}{\overbrace{酸_1 + 碱_2}} \rightleftharpoons 酸_2 + 碱_1$$

HAc 在水中的解离就是由 HAc—Ac^- 共轭酸碱对与溶剂 H_2O—H_3O^+ 共轭酸碱对共同作用的结果：

$$HAc + H_2O \rightleftharpoons H_3O^+ + Ac^-$$

在这里，如果没有作为碱的水存在，HAc 就无法实现其在水中的解离。

质子理论认为盐的水解反应实际上也是酸碱质子转移反应，例如 $CO_3{}^{2-}$ 的水解反应：

$$CO_3^{2-} + H_2O \rightleftharpoons HCO_3^- + OH^-$$

在这个反应里水起了酸的作用，于 HAc 在水中解离的结果相比较可知，水是一种两性溶剂。

由于其两性作用，H_2O 分子之间也可以发生质子转移反应：

$$H_2O + H_2O \rightleftharpoons H_3O^+ + OH^-$$

水合质子 H_3O^+ 常简写为 H^+，故：

$$H_2O \rightleftharpoons H^+ + OH^-$$

上述反应称为水的质子自递反应，该反应的平衡常数称为水的质子自递常数，又称水的离子积。即：

$$K_w^\ominus = [H^+][OH^-] \quad (5\text{-}2)$$

$$25℃时，K_w^\ominus = 10^{-14}，于是\ pK_w^\ominus = 14 \quad (5\text{-}3)$$

5.3 弱酸、弱碱解离平衡

5.3.1 一元弱酸、弱碱的解离平衡

一元弱酸 HA 在水溶液中的解离平衡：

$$HA + H_2O \rightleftharpoons H_3O^+ + A^-$$

通常可简写为：

$$HA \rightleftharpoons H^+ + A^-$$

反应的标准解离常数为：

$$K_{a(HA)}^\ominus = \frac{[H^+][A^-]}{[HA]} \quad (5\text{-}4)$$

一般以 $K_a^\ominus$ 表示弱酸的标准解离常数，以 $K_b^\ominus$ 表示弱碱的标准解离常数。其值可通过实验测得。附录四列出了一些酸碱的标准解离常数。

查表得 25℃时，

$$HAc \rightleftharpoons H^+ + Ac^- \qquad K_a^\ominus = 1.75 \times 10^{-5}$$

$$HCN \rightleftharpoons H^+ + CN^- \qquad K_a^{\ominus} = 6.2 \times 10^{-10}$$

$$NH_3 + H_2O \rightleftharpoons NH_4^+ + OH^- \qquad K_b^{\ominus} = 1.8 \times 10^{-5}$$

在水溶液中，HAc 的 $K_a^{\ominus}$ 大于 HCN 的 $K_a^{\ominus}$，表明相对于水溶剂来说，HAc 给出质子的能力要比 HCN 强，HAc 的酸性比 HCN 强。

对于物质碱性的强弱，同样可根据它们的 $K_b^{\ominus}$ 大小来比较。$K_b^{\ominus}$ 越大，说明该物质接受质子的能力越强，它的碱性也就越强。

对于一定的酸、碱来说，$K_a^{\ominus}$ 与 $K_b^{\ominus}$ 的大小与浓度无关，只与温度、溶剂以及是否有其他强电解质的存在有关。通常 $K_a^{\ominus}$（或 $K_b^{\ominus}$）的数量级 $>10^{-2}$ 的电解质可以认为是强酸（或强碱），$K_a^{\ominus}$（或 $K_b^{\ominus}$）的数量级在 $10^{-3} \sim 10^{-2}$ 之间为中强酸（或中强碱），$K_a^{\ominus}$（或 $K_b^{\ominus}$）的数量级 $<10^{-4}$ 可以认为是弱酸（或弱碱）。

5.3.2 多元弱酸、弱碱的解离平衡

多元弱酸（如 H_2CO_3、H_2S 等）和多元弱碱（如 CO_3^{2-}、S^{2-} 等）在水溶液中的解离是分步进行的，例如 H_2S 在水溶液中的解离是分两步进行的：

$$H_2S \rightleftharpoons H^+ + HS^- \qquad K_{a_1}^{\ominus} = \frac{[H^+][HS^-]}{[H_2S]} = 1.3 \times 10^{-7}$$

$$HS^- \rightleftharpoons H^+ + S^{2-} \qquad K_{a_2}^{\ominus} = \frac{[H^+][S^{2-}]}{[HS^-]} = 7.1 \times 10^{-15}$$

两步的解离常数相差很大，即 $K_{a_1}^{\ominus} \gg K_{a_2}^{\ominus}$，说明第二步解离比第一步解离困难得多。这是由于第一步解离产生的 H^+ 抑制了第二步解离。多元弱酸（多元弱碱）的解离一般是 $K_{a_1}^{\ominus} \gg K_{a_2}^{\ominus} \gg K_{a_3}^{\ominus}$（$K_{b_1}^{\ominus} \gg K_{b_2}^{\ominus} \gg K_{b_3}^{\ominus}$），所以多元弱酸（多元弱碱）水溶液中 H^+（OH^-）的浓度主要决定于第一步解离反应，可近似按一元弱酸（碱）处理。

5.3.3 同离子效应和盐效应

弱电解质的解离平衡和其他化学平衡一样，当维持平衡的外界条件改变时，会引起解离平衡的移动，在新的条件下，达到新的平衡状态。

在 HAc 溶液中加入含有相同离子（Ac^-）的 NaAc，由于 NaAc 完全解离为 Na^+ 和 Ac^-，使溶液中的 $C_{(Ac^-)}$ 增大，引起 HAc 解离平衡向左移动。

$$HAc \rightleftharpoons H^+ + Ac^-$$

$$NaAc \rightleftharpoons Na^+ + Ac^-$$

这种由于在弱电解质溶液中加入一种含有相同离子（阴离子或阳离子）的强电解质，使弱电解质解离度降低的现象称为同离子效应。

如果在弱电解质溶液中，加入大量不含相同离子的强电解质（如在 HAc 溶液中加入 NaCl）时，该弱电解质的电离度将略有增大，这种效应称为盐效应。其原因是由于强电解质的加入，离子浓度增大了，“离子氛”使异号电荷离子间相互牵制作用增强，使弱电解质组分中的阴、阳离子结合成分子的速度降低，其结果是弱电解质的解离度增大。

同离子效应和盐效应对于弱电解质的解离所起的作用是相反的，但是发生同离子效应的同时，必然伴随着盐效应。由于同离子效应对弱电解质的解离所起的作用比盐效应大得多，因此在溶液浓度不大的情况下，可以只考虑同离子效应而忽略盐效应的影响。

5.3.4 共轭酸碱对的 K_a 与 K_b 的关系

（1）**一元弱酸（碱）** 根据酸碱质子理论可知，HAc 的共轭碱为 Ac^-，Ac^- 在水中有以下平衡：

$$Ac^- + H_2O \rightleftharpoons HAc + OH^-$$

$$K_b^\ominus = \frac{[HAc][OH^-]}{[Ac^-]}$$

将 HAc 的 $K_a^\ominus$ 和其共轭碱 Ac^- 的 $K_b^\ominus$ 相乘可得：

$$K_a^\ominus \times K_b^\ominus = \frac{[H^+][Ac^-]}{[HAc]} \times \frac{[HAc][OH^-]}{[Ac^-]} = K_w^\ominus \tag{5-5}$$

根据这一关系，Ac^- 的 $K_b^\ominus(Ac^-)=5.7\times10^{-10}$，而 CN^- 的 $K_b^\ominus(CN^-)=2.0\times10^{-5}$，很显然，HAc 的酸性比 HCN 的酸性强，而 Ac^- 的碱性比 CN^- 的碱性弱。如果知道某酸的标准解离常数 $K_a^\ominus$ 就可以算得其共轭碱的解离常数 $K_b^\ominus$，如果知道某碱的解离常数 $K_b^\ominus$ 也可以算得其共轭酸的解离常数 $K_a^\ominus$。共轭酸碱对 $K_a^\ominus$ 与 $K_b^\ominus$ 的反比关系也印证了前面所述的酸越强其共轭碱越弱、碱越强其共轭酸越弱的关系。

（2）**多元弱酸（碱）** 对于多元酸（碱）来说，由于它们在水溶液中是分级解离的，因此存在多个共轭酸碱对，这些共轭酸碱对的 $K_a^\ominus$ 与 $K_b^\ominus$ 之间也存在一定的依存关系。

多元酸在水溶液中的解离是逐级进行的。例如 H_2CO_3：

$$H_2CO_3 \rightleftharpoons HCO_3^- + H^+ \qquad K_{a_1}^\ominus = 4.47\times10^{-7}$$

$$HCO_3^- \rightleftharpoons CO_3^{2-} + H^+ \qquad K_{a_2}^\ominus = 4.68\times10^{-11}$$

多元酸的共轭碱在水溶液中结合质子的过程也是逐级进行的。例如 CO_3^{2-}：

$$CO_3^{2-} + H_2O \rightleftharpoons HCO_3^- + OH^- \qquad K_{b_1}^\ominus$$

$$HCO_3^- + H_2O \rightleftharpoons H_2CO_3 + OH^- \qquad K_{b_2}^\ominus$$

显然，对于二元酸及其共轭碱，它们的解离常数之间有以下关系存在：

$$K_{a_1}^\ominus K_{b_2}^\ominus = K_{a_2}^\ominus K_{b_1}^\ominus = [H^+][OH^-] = K_w^\ominus$$

例如，三元酸 H_3PO_4 在水溶液中存在三级解离：

$$H_3PO_4 \rightleftharpoons H_2PO_4^- + H^+ \qquad K_{a_1}^\ominus = 7.5\times10^{-3}$$

$$H_2PO_4^- \rightleftharpoons HPO_4^{2-} + H^+ \qquad K_{a_2}^\ominus = 6.2\times10^{-8}$$

$$HPO_4^{2-} \rightleftharpoons PO_4^{3-} + H^+ \qquad K_{a_3}^\ominus = 4.8\times10^{-13}$$

因此，H_3PO_4 在水溶液中有 4 种形式：H_3PO_4、$H_2PO_4^-$、HPO_4^{2-}、PO_4^{3-}。其中 H_3PO_4、$H_2PO_4^-$、HPO_4^{2-} 是酸，3 种酸的强弱顺序为：$H_3PO_4 > H_2PO_4^- > HPO_4^{2-}$。$H_2PO_4^-$、$HPO_4^{2-}$ 是酸碱两性物质。这 4 种形式中有 3 组共轭酸碱对：H_3PO_4—$H_2PO_4^-$、$H_2PO_4^-$—HPO_4^{2-}、HPO_4^{2-}—PO_4^{3-}。

三元碱 PO_4^{3-} 在水溶液中也是分级解离的：

$$PO_4^{3-} + H_2O \rightleftharpoons OH^- + HPO_4^{2-} \qquad K_{b_1}^\ominus$$

$$HPO_4^{2-} + H_2O \rightleftharpoons OH^- + H_2PO_4^- \qquad K_{b_2}^\ominus$$

$$H_2PO_4^- + H_2O \rightleftharpoons OH^- + H_3PO_4 \qquad K_{b_3}^\ominus$$

3 种碱 PO_4^{3-}、HPO_4^{2-}、$H_2PO_4^-$ 的强弱顺序为：$PO_4^{3-} > HPO_4^{2-} > H_2PO_4^-$。3 组共轭酸碱对 $K_a^\ominus$ 与 $K_b^\ominus$ 的对应关系为：

$$K_{a_1}^\ominus K_{b_3}^\ominus = K_{a_2}^\ominus K_{b_2}^\ominus = K_{a_3}^\ominus K_{b_1}^\ominus = K_w^\ominus$$

5.4 酸碱平衡体系中有关组分浓度的计算

在酸碱平衡体系中往往有多种组分形式同时存在。例如，在 HAc 水溶液平衡体系中，HAc、Ac^- 等离子同时存在，在 H_3PO_4 水溶液平衡体系中有 4 种形式，H_3PO_4、$H_2PO_4^-$、

HPO_4^{2-} 、PO_4^{3-} 同时存在，只是在一定酸度条件下各种存在形式的浓度大小不同而已。

酸的浓度和酸度在概念上是不同的。酸度是指溶液中 H^+ 的浓度，严格来说，是指 H^+ 的活度，常用 pH 表示，$pH=-\lg[H^+]$。酸的浓度是指在一定体积溶液中含有某种酸溶质的量，常用物质的量浓度表示。同样，碱的浓度和碱度在概念上也是不同的，碱度常用 pOH 表示，$pOH=-\lg[OH^-]$。

5.4.1 分布系数与分布曲线

分布系数是指溶液中某种组分存在形式的平衡浓度占其总浓度的分数，一般以 δ 表示。当溶液酸度改变时，组分的分布系数会发生相应的变化，组分的分布系数与溶液酸度的关系曲线就称为分布曲线。

对于一元弱酸，例如 HAc，设它的总浓度为 c。它在溶液中以 HAc 和 Ac^- 两种形式存在，它们的平衡浓度分别为 [HAc] 和 $[Ac^-]$，又设 HAc 的分布系数为 δ_{HAc}，Ac^- 的分布系数为 δ_{Ac^-}，则：

$$\delta_{HAc}=\frac{[HAc]}{c}=\frac{[HAc]}{[HAc]+[Ac^-]}=\frac{1}{1+\frac{[Ac^-]}{[HAc]}}=\frac{1}{1+\frac{K_a^{\ominus}}{[H^+]}}=\frac{[H^+]}{[H^+]+K_a^{\ominus}} \tag{5-6}$$

同样可求得：

$$\delta_{Ac^-}=\frac{[Ac^-]}{c}=\frac{[K_a^{\ominus}]}{[H^+]+K_a^{\ominus}} \tag{5-7}$$

显然，各种组分分布系数之和等于 1，即 $\delta_{HAc}+\delta_{Ac^-}=1$。

如果以 pH 为横坐标，各存在形式的分布系数为纵坐标，可得如图 5-1 所示的分布曲线。从图中可以看出，δ_{HAc} 随 pH 增大而减小，δ_{Ac^-} 随 pH 增大而增大。

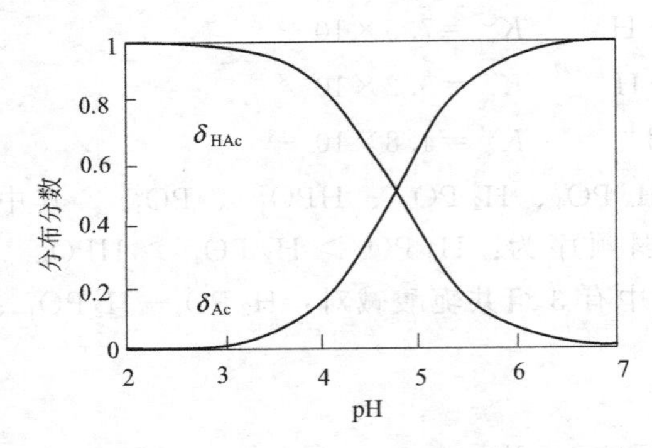

图 5-1 HAc、Ac^- 分布系数与溶液 pH 的关系曲线

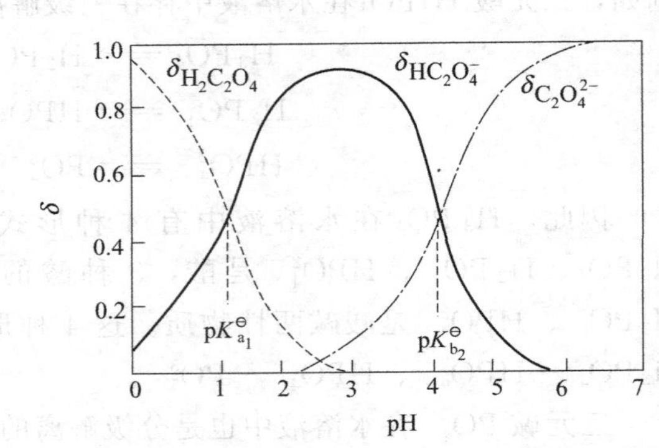

图 5-2 草酸溶液中各种存在形式的分布系数与 pH 的关系曲线

当 $pH=pK_a^{\ominus}$ 时，$\delta_{HAc}=\delta_{Ac^-}=0.5$，即$[HAc]=[Ac^-]$；当 $pH<pK_a^{\ominus}$ 时，溶液中主要存在形式为 HAc；当 $pH>pK_a^{\ominus}$ 时，溶液中主要存在形式为 Ac^-。

对于二元酸，例如草酸在水溶液中以 $H_2C_2O_4$、$HC_2O_4^-$、$C_2O_4^{2-}$ 三种形式存在，设总浓度为 c，则 $c=[H_2C_2O_4]+[HC_2O_4^-]+[C_2O_4^{2-}]$。

以 $\delta_{H_2C_2O_4}$，$\delta_{HC_2O_4^-}$，$\delta_{C_2O_4^{2-}}$ 分别表示 $H_2C_2O_4$、$HC_2O_4^-$、$C_2O_4^{2-}$ 的分布系数，可以推出：

$$\delta_{H_2C_2O_4}=\frac{[H^+]^2}{[H^+]^2+K_{a_1}^{\ominus}[H^+]+K_{a_1}^{\ominus}K_{a_2}^{\ominus}}$$

$$\delta_{HC_2O_4^-}=\frac{K_{a_1}^{\ominus}[H^+]}{[H^+]^2+K_{a_1}^{\ominus}[H^+]+K_{a_1}^{\ominus}K_{a_2}^{\ominus}}$$

$$\delta_{C_2O_4^{2-}}=\frac{K_{a_1}^{\ominus}K_{a_2}^{\ominus}}{[H^+]^2+K_{a_1}^{\ominus}[H^+]+K_{a_1}^{\ominus}K_{a_2}^{\ominus}}$$

$$\delta_{H_2C_2O_4}+\delta_{HC_2O_4^-}+\delta_{C_2O_4^{2-}}=1$$

作图可得到草酸溶液各种存在形式的分布曲线，如图 5-2 所示。

由上图可知：当 $pH \ll pK_{a_1}^{\ominus}$ 时，$\delta_{H_2C_2O_4} \gg \delta_{HC_2O_4^-}$，溶液中 $H_2C_2O_4$ 为主要存在形式；当 $pK_{a_1}^{\ominus}<pH<pK_{a_2}^{\ominus}$ 时，溶液中 $HC_2O_4^-$ 为主要存在形式；当 $pH \gg pK_{a_2}^{\ominus}$ 时，这时溶液中主要存在形式为 $C_2O_4^{2-}$。

同理可导出三元弱酸的分布系数：

$$\delta_{H_3A}=\frac{[H_3A]}{c}=\frac{[H^+]^3}{[H^+]^3+K_{a_1}^{\ominus}[H^+]^2+K_{a_1}^{\ominus}K_{a_2}^{\ominus}[H^+]+K_{a_1}^{\ominus}K_{a_2}^{\ominus}K_{a_3}^{\ominus}}$$

$$\delta_{H_2A^-}=\frac{[H_2A^-]}{c}=\frac{K_{a_1}^{\ominus}[H^+]^2}{[H^+]^3+K_{a_1}^{\ominus}[H^+]^2+K_{a_1}^{\ominus}K_{a_2}^{\ominus}[H^+]+K_{a_1}^{\ominus}K_{a_2}^{\ominus}K_{a_3}^{\ominus}}$$

$$\delta_{HA^{2-}}=\frac{[HA^{2-}]}{c}=\frac{K_{a_1}^{\ominus}K_{a_2}^{\ominus}[H^+]}{[H^+]^3+K_{a_1}^{\ominus}[H^+]^2+K_{a_1}^{\ominus}K_{a_2}^{\ominus}[H^+]+K_{a_1}^{\ominus}K_{a_2}^{\ominus}K_{a_3}^{\ominus}}$$

$$\delta_{A^{3-}}=\frac{[A^{3-}]}{c}=\frac{K_{a_1}^{\ominus}K_{a_2}^{\ominus}K_{a_3}^{\ominus}}{[H^+]^3+K_{a_1}^{\ominus}[H^+]^2+K_{a_1}^{\ominus}K_{a_2}^{\ominus}[H^+]+K_{a_1}^{\ominus}K_{a_2}^{\ominus}K_{a_3}^{\ominus}}$$

图 5-3 为 H_3PO_4 的 δ-pH 分布曲线。H_3PO_4 的 $pK_{a_1}^{\ominus}$ (2.12) 与 $pK_{a_2}^{\ominus}$ (7.21) 相差较大，$H_2PO_4^-$ 占优势的区域宽，当它达最大时，其他均很小，可以略去。同样，$pK_{a_3}^{\ominus}$ (12.32) 与 $pK_{a_2}^{\ominus}$ 相差也较大，HPO_4^{2-} 占优势的区域也宽。这将有利于 H_3PO_4 分步滴定到 $H_2PO_4^-$ 和 HPO_4^{2-}。

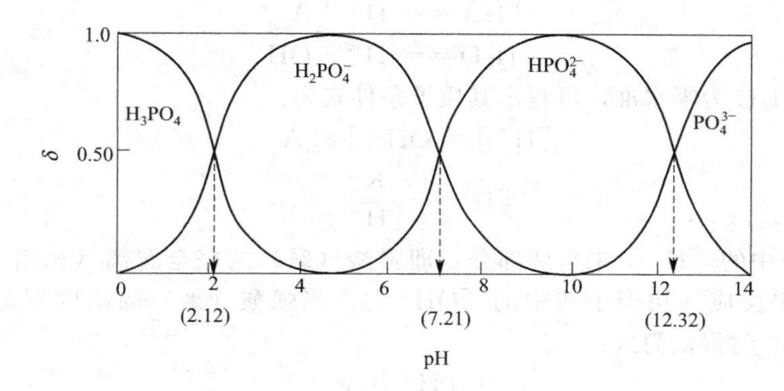

图 5-3 磷酸的 δ-pH 分布曲线

5.4.2 溶液酸度的计算

(1) 质子条件

酸碱反应的本质是质子的传递，当反应达到平衡时，酸失去的质子和碱得到的质子的物质的量必然相等。所谓质子条件，是指酸碱反应中质子转移的等衡关系，其数学表达式称为质子平衡式或质子条件式。

质子条件式的确定主要有两种方法，即零水准法以及由物料平衡和电荷平衡求得。以浓度为 C 的 Na_2CO_3 溶液为例，主要用零水准法确定质子条件式。

零水准法首先要选取零水准（质子参考水准），其次再将体系中其他存在形式与零水准相比，看哪些组分得质子，哪些组分失质子，得失质子数是多少，最后根据得失质子的物质的量应相等的原则写出等式。

作为零水准的物质一般是参与质子转移的大量物质，对于 Na_2CO_3 溶液来说，大量存在并参与质子转移的物质是 CO_3^{2-} 和 H_2O，选择两者作为零水准，它们参与以下平衡：

$$CO_3^{2-}+H_2O \rightleftharpoons HCO_3^{+}+OH^-$$

$$HCO_3^-+H_2O \rightleftharpoons H_2CO_3+OH^-$$

很明显，除 CO_3^{2-} 和 H_2O 外，其他存在形式有 H_3O^+、OH^-、HCO_3^-、H_2CO_3。将 OH^-、H_3O^+ 与 H_2O 相比、H_3O^+ 是得质子的产物，OH^- 是失质子的产物；将 HCO_3^-、H_2CO_3 与 CO_3^{2-} 相比，HCO_3^- 是得一个质子的产物，而 H_2CO_3 是得两个质子的产物。根据得失质子的物质的量应该相等的原则，可得：

$$[H^+]=[OH^-]-[HCO_3^-]-2[H_2CO_3]$$

上式就是 Na_2CO_3 溶液的质子条件式。

除了零水准法外，根据物料平衡和电荷平衡也能求得质子条件式。

所谓电荷平衡，是指平衡时，溶液中正电荷的总浓度应等于负电荷的总浓度，它的数学表达式称为电荷等衡式。例如浓度为 $c\text{mol}\cdot L^{-1}$ 的 Na_2CO_3 溶液，电荷等衡式为：

$$[Na^+]+[H^+]=[OH^-]+[HCO_3{}^-]+2[CO_3^{2-}]$$

即 $$2C+[H^+]=[OH^-]+[HCO_3^-]+2[CO_3^{2-}]$$

再根据物料等衡式 $$C=[H_2CO_3]+[HCO_3^-]+[CO_3^{2-}]$$

将电荷等衡式和物料等衡式合并，同样可以求得质子条件式

(2) 各种溶液酸度的计算

① **强酸（碱）溶液** 一元强酸溶液中存在下列两个质子转移反应：

$$HA = H^+ + A$$

$$H_2O \rightleftharpoons H^+ + OH^-$$

以 HA 和 H_2O 为零水准，可写出其质子条件式为：

$$[H^+]=[OH^-]+[A^-]$$

$$[H^+]=\frac{K_w^{\ominus}}{[H^+]}+c$$

它表明溶液中的 $[H^+]$ 来自两部分，即强酸（碱）的完全解离（相当于式中的 c 项）和水的质子自递反应（相当于式中的 $[OH^-]$）。当强酸（碱）的浓度不是太稀（即 $c>10^{-6}\text{mol}\cdot L^{-1}$）时得最简式：

$$[H^+]=c$$

当 $c \leqslant 10^{-8}\ \text{mol}\cdot L^{-1}$ 时，溶液 pH 主要由水的解离决定：

$$[H^+]=\sqrt{K_w^{\ominus}}$$

当强酸（碱）的浓度较稀，为 $10^{-8}\sim10^{-6}\text{mol}\cdot L^{-1}$ 时，得近似式：

$$[H^+]=\frac{1}{2}\left(c+\sqrt{c^2+4K_w^{\ominus}}\right)$$

② **一元弱酸（碱）溶液** 对于一元弱酸 HA，溶液中存在以下质子转移反应：

$$HA \rightleftharpoons H^+ + A$$

$$H_2O \rightleftharpoons H^+ + OH^-$$

可以选择 H_2O、HA 为零水准，因此质子条件式为：

$$[H^+]=[OH^-]+[A^-]$$

上式说明，一元弱酸中的 $[H^+]$ 来自两个方面，一方面是弱酸本身的解离，即：

$$[A^-]=\frac{K_a^{\ominus}[HA]}{[H^+]}$$

另一方面是水的解离，即：

$$[OH^-]=\frac{K_w^{\ominus}}{[H^+]}$$

将以上两个平衡关系式代入质子条件式，整理可得：

$$[H^+]=\sqrt{K_a^{\ominus}[HA]+K_w^{\ominus}}$$

这是计算一元弱酸溶液酸度的精确式。

式中：$[HA]=\delta_{HA}c$，而 $\delta_{HA}=\frac{[H^+]}{[H^+]+K_a^{\ominus}}$

显然，精确式的求解较为麻烦，可根据实际情况作近似处理，有以下三种情况。

a. 如果 $cK_a^{\ominus}\geqslant 20K_w^{\ominus}$，忽略 $K_w^{\ominus}$，且 $[HA]=C-[H^+]$，可得到计算一元弱酸溶液 $[H^+]$ 的近似式，即：

$$[H^+]=\sqrt{K_a^{\ominus}(c-[H^+])}$$

有 $$[H^+]=\frac{-K_a^{\ominus}+\sqrt{(K_a^{\ominus})^2+4K_a^{\ominus}c}}{2}$$

b. 如果再满足 $c/K_a^{\ominus}\geqslant 400$，则 $[HA]\approx c$，可得到计算一元弱酸溶液 $[H^+]$ 的最简式，即：

$$[H^+]=\sqrt{K_a^{\ominus}c}$$

c. 如果只满足 $c/K_a^{\ominus}\geqslant 400$，但不满足 $cK_a^{\ominus}\geqslant 20K_w^{\ominus}$，此时有：

$$[H^+]=\sqrt{K_a^{\ominus}c+K_w^{\ominus}}$$

这也属于计算的近似式。

对于一元弱碱，处理方法以及计算公式、使用条件也相似，只需要把相应公式及判断条件中的 $K_a^{\ominus}$ 换成 $K_b^{\ominus}$，将 $[H^+]$ 换成 $[OH^-]$ 即可。

【例 5-1】 计算 $0.10mol\cdot L^{-1}$ HAc 溶液的 pH 值。

解 已知 $c=0.10mol\cdot L^{-1}$，$K_a^{\ominus}=1.8\times 10^{-5}$，

则 $cK_a^{\ominus}\geqslant 20K_w^{\ominus}$，且 $c/K_a^{\ominus}\geqslant 400$

可用最简式计算，代入数据得

$$[H^+]=\sqrt{K_a^{\ominus}c}=1.34\times 10^{-3}$$

$$pH=2.87$$

③ **两性物质溶液酸度计算** 以 NaHA 两性物质为例，计算该溶液的酸度。NaHA 溶液中有以下平衡存在：

$$HA^-\rightleftharpoons H^++A^{2-}$$

$$HA^-+H_2O\rightleftharpoons H_2A+OH^-$$

$$H_2O\rightleftharpoons H^++OH^-$$

可以选择 H_2O、HA^- 零水准，因此这一溶液的质子条件式为：

$$[H^+]=[OH^-]+[A^{2-}]-[H_2A]$$

式中 $[OH^-]=\frac{K_w^{\ominus}}{[H^+]}$ $[A^{2-}]=K_{a_2}^{\ominus}\frac{[HA^-]}{[H^+]}$ $[H_2A]=\frac{[HA^-]+[H^+]}{[K_{a_1}^{\ominus}]}$

将这些平衡关系式代入质子条件式中，并整理得：

$$[H^+]=\sqrt{\frac{K_{a_1}^{\ominus}(K_{a_2}^{\ominus}[HA^-]+K_w^{\ominus})}{K_{a_1}^{\ominus}+[HA^-]}}$$

上式就是计算 NaHA 溶液的精确式。在计算时可以根据具体情况作合理的简化处理。

a. 一般的多元酸 $K_{a_1}^{\ominus}$ 与 $K_{a_2}^{\ominus}$ 都相差较大，HA^- 的二级解离以及 HA^- 接受质子的能力都比较弱，可认为 $[HA^-]\approx c$，所以：

$$[H^+]=\sqrt{\frac{K_{a_1}^{\ominus}(K_{a_2}^{\ominus}c+K_w^{\ominus})}{K_{a_1}^{\ominus}+c}}$$

b. 若 $cK_{a_2}^{\ominus}\geqslant 20K_w^{\ominus}$，可得到计算 NaHA 溶液 $[H^+]$ 的近似式，即：

$$[H^+]=\sqrt{\frac{K_{a_1}^{\ominus}K_{a_2}^{\ominus}c}{K_{a_1}^{\ominus}+c}}$$

c. 如果体系还满足 $c\geqslant 20K_{a_1}^{\ominus}$ 与，可得到计算 NaHA 溶液酸度的最简式，即：

$$[H^+]=\sqrt{K_{a_1}^{\ominus}K_{a_2}^{\ominus}}$$

$$pH=\frac{1}{2}(pK_{a_1}^{\ominus}+pK_{a_2}^{\ominus})$$

d. 同样如果体系只满足 $c\geqslant 20K_{a_1}^{\ominus}$，而不满足 $cK_{a_2}^{\ominus}\geqslant 20K_w^{\ominus}$，那么：

$$[H^+]=\sqrt{\frac{K_{a_1}^{\ominus}(K_{a_2}^{\ominus}c+K_w^{\ominus})}{c}}$$

④ **多元酸碱溶液**　多元酸碱在溶液中存在逐级解离，但因多级解离常数存在显著差别，因此第一级解离平衡是主要的，而且第一级解离出来的 H^+ 又将大大抑制以后各级的解离，故一般把多元酸碱作为一元酸碱来处理。对于二元酸有最简式：

$$[H^+]=\sqrt{K_{a_1}^{\ominus}c}$$

二元碱溶液可以仿照二元酸的处理方法。只需将计算式以及使用条件中的 $[H^+]$ 和 $K_a^{\ominus}$ 相应地换成 $[OH^-]$ 和 $K_b^{\ominus}$ 即可。

5.5　酸碱缓冲溶液

酸碱缓冲溶液是指具有稳定溶液酸度作用的溶液。即向此溶液中加入少量强酸或少量强碱或适当稀释时，溶液的酸度能基本保持不变。实践证明，弱酸及其共轭碱、弱碱及其共轭酸、两性物质溶液都具有缓冲作用。在反应体系中加入这种溶液，就能达到控制酸度的目的。

缓冲溶液具有重要的意义和广泛的应用。例如，人体血液的 pH 需保持在 7.35～7.45，pH 过高或过低都将导致疾病甚至死亡。由于血液中存在许多酸碱物质，如 H_2CO_3、HCO_3^-、HPO_4^{2-}、蛋白质、血红蛋白和含氧血红蛋白等，这些酸碱物质组成的缓冲体系可使血液的 pH 稳定在 7.40 左右。又如植物只有在一定 pH 的土壤中才能正常地生长、发育，大多数植物在 pH＜3.5 和 pH＞9 的土壤中都不能生长，水稻生长适宜的 pH 为 6～7。土壤中的缓冲体系一般由酸碱物质 H_2CO_3、HCO_3^-、腐殖酸及其共轭碱组成，因此，土壤是很好的“缓冲溶液”，具有比较稳定的 pH，有利于微生物的正常活动和农作物的发育、生长。许多化学反应需要在一定 pH 条件下进行，使用缓冲溶液可提供这样的条件。

5.5.1 酸碱缓冲溶液的作用原理

缓冲溶液一般是由浓度较大的弱酸（或多元酸）与其共轭碱或弱碱（或多元碱）与其共轭酸组成的。如 $HAc—Ac^-$、$NH_4^+—NH_3$、$NaHCO_3—Na_2CO_3$ 等，缓冲溶液的 pH 由处于共轭关系的这一对酸碱物质决定。以 HAc—NaAc 缓冲体系为例说明缓冲溶液的作用原理。溶液中存在下列平衡：

$$HAc \rightleftharpoons H^+ + Ac^-$$

在 HAc—NaAc 混合溶液中，NaAc 在溶液中完全解离，因此溶液中 HAc 和 Ac^- 浓度较大。但 H^+ 浓度却很小。

向溶液中加入少量强酸时，加入的 H^+ 可与溶液中 Ac^- 反应生成难解离的共轭酸 HAc，使平衡向左移动，溶液中 $[H^+]$ 基本保持不变；向溶液中加入少量强碱时，加入的 OH^- 与溶液中的 H^+ 结合成难解离的 H_2O，促使 HAc 继续向水转移质子，平衡向右移动，溶液中 $[H^+]$ 也基本保持不变；如果将溶液稍加稀释，HAc 和 Ac^- 浓度都相应降低，使 HAc 的解离度增大，那么溶液中 $[H^+]$ 仍然基本保持不变，从而使溶液酸度稳定。在这种类型的缓冲溶液中，共轭酸具有对抗外加强碱的作用，而共轭碱具有对抗外加强酸的作用。在加水稀释的情况下，共轭酸和共轭碱的浓度比不会改变，因此溶液的 pH 也基本不变，所以由共轭酸碱对组成的缓冲溶液还具有抗稀释的作用。

5.5.2 酸碱缓冲溶液的 pH 计算

对于上述 $HAc—Ac^-$ 缓冲体系，设缓冲组分的浓度分别为 c_{HAc}、c_{Ac^-}，溶液中存在下列平衡：

	$HAc \rightleftharpoons$	H^+	$+$	Ac^-
初始浓度	c_{HAc}	0		c_{Ac^-}
平衡浓度	$c_{HAc}-[H^+]$	$[H^+]$		$c_{Ac^-}+[H^+]$

将各物质的平衡浓度代入平衡常数表达式：

$$K_a^\ominus=\frac{[H^+](c_{Ac^-}+[H^+])}{c_{HAc}-[H^+]}$$

由于 Ac^- 的同离子效应使弱酸 HAc 的电离度更小，则电离出的 $[H^+]$ 很小，$c_{HAc}-[H^+]\approx c_{HAc}$，$c_{Ac^-}+[H^+]\approx c_{Ac^-}$。则：

$$K_a^\ominus=\frac{[H^+]c_{Ac^-}}{c_{HAc}}$$

$$[H^+]=K_a^\ominus\frac{c_{HAc}}{c_{Ac^-}}$$

$$pH=pK_a^\ominus-\lg\frac{c_{HAc}}{c_{Ac^-}}$$

上式说明缓冲溶液的酸度与缓冲组分的性质（$K_a^\ominus$）有关，同时与缓冲组分浓度比有关。可以适当改变浓度比值，就可在一定范围内配制得到不同 pH 的缓冲溶液。

【例 5-2】 计算含有 $0.10mol\cdot L^{-1}$ HAc 和 $0.10mol\cdot L^{-1}$ NaAc 的缓冲溶液的 pH 值。

解

$$pH=pK_a^\ominus+\lg\frac{c_b}{c_a}=4.74+\lg\frac{0.10}{0.10}=4.74$$

需要注意的是，任何酸碱缓冲溶液的缓冲能力都是有限的，若向体系中加入过多的酸或碱，或是过分稀释，都有可能使酸碱缓冲溶液失去缓冲作用。

5.5.3 缓冲容量和缓冲范围

任何一种缓冲溶液，其缓冲能力都有一定的限度。如果加入的强酸（碱）的量太大或稀释的倍数太大时，溶液的 pH 就会发生较大的变化，此时缓冲溶液就会失去缓冲能力。缓冲能力的大小通常用缓冲容量来度量：

$$\beta=\frac{dn_B}{dpH}=-\frac{dn_A}{dpH}$$

β 称为缓冲容量。它表示使 1L 溶液的 pH 增加（或降低）dpH 单位的，所需强碱（酸）的物质的量（dn_B 或 dn_A）。因强酸使 pH 降低，所以要负号才能保持 β 为正值。显然，缓冲溶液的缓冲容量 β 越大，缓冲溶液的缓冲能力越大。

缓冲容量与缓冲组分的总浓度及共轭酸和共轭碱的浓度比值有关。缓冲组分的总浓度越大，缓冲容量越大，缓冲组分的总浓度通常为 $0.01\sim1mol\cdot L^{-1}$，共轭酸和共轭碱的浓度比通常为 $(1:10)\sim(10:1)$。将 c(共轭酸)：c(共轭碱)＝1：10 或 10：1 代入缓冲溶液 pH 计算公式，得到 $pH=pK_a^{\ominus}\pm1$，这就是缓冲溶液的有效缓冲范围。

例如，HAc—NaAc 缓冲溶液，$pK_a^{\ominus}(HAc)=4.75$，其缓冲范围为 $pH=3.75\sim5.75$；$NH_4Cl—NH_3$ 缓冲溶液，$pK_a^{\ominus}(NH_4^+)=9.26$，其缓冲范围为 $pH=8.26\sim10.26$。

$c_a:c_b=1:1$ 时，缓冲容量最大，此时 $pH=pK_a^{\ominus}$。

5.5.4 缓冲溶液的配制

在科研和生产实践中，经常要配制一定 pH 的缓冲溶液。选择缓冲溶液的原则是：缓冲溶液对化学反应没有干扰，使用中所需控制的 pH 应在缓冲溶液的缓冲范围内，缓冲溶液应有足够的缓冲容量，以满足实际工作的需要，缓冲溶液应价廉易得，污染较小。

配制缓冲溶液的基本过程如下。

（1）**选择合适的缓冲对** 缓冲对由共轭酸碱对组成，缓冲对中共轭酸的 $pK_a^{\ominus}$ 应在缓冲溶液 pH±1 范围内。宜选择共轭酸的 $pK_a^{\ominus}$ 最接近缓冲溶液 pH 的缓冲对，以使 c(酸)/c(碱) 比值接近于 1，这样能使缓冲溶液有较大的缓冲容量。例如，配制 pH＝5 的缓冲溶液，选择 HAc—NaAc 缓冲对［$pK_a^{\ominus}(HAc)=4.74$］比较合适；配制 pH＝9 的缓冲溶液，选择 $NH_4Cl—NH_3$ 缓冲对［$pK_a^{\ominus}(NH_4^+)=9.26$］比较合适。

（2）**计算缓冲比 c(共轭酸)/c(共轭碱)** 选择合适的缓冲对后，将缓冲溶液所需的 pH 和 $pK_a^{\ominus}$ 值代入缓冲溶液 pH 计算公式中，即可求出缓冲比。

（3）**确定溶质质量或溶液体积** 根据缓冲比和缓冲溶液的有关具体要求，确定溶质的质量或酸（碱）溶液的体积。

5.6 酸碱滴定法

5.6.1 酸碱指示剂

由于一般酸碱反应本身无外观的变化，因此通常需要加入能在化学计量点附近发生颜色变化的物质来指示化学计量点的到达。这些随溶液 pH 改变而发生颜色变化的物质，称为酸碱指示剂。

（1）**指示剂的变色原理** 酸碱指示剂是一些比较复杂的有机弱酸或有机弱碱，其共轭酸碱对具有不同的颜色，溶液的 pH 改变时，共轭酸失去质子转变为共轭碱，或由共轭碱得到质子转变为共轭酸，由于结构上的变化，从而引起颜色的变化。例如酚酞是一种有机弱酸，

其 $pK_a^{\ominus}=6\times10^{-10}$，它在溶液中的解离平衡可表示如下：

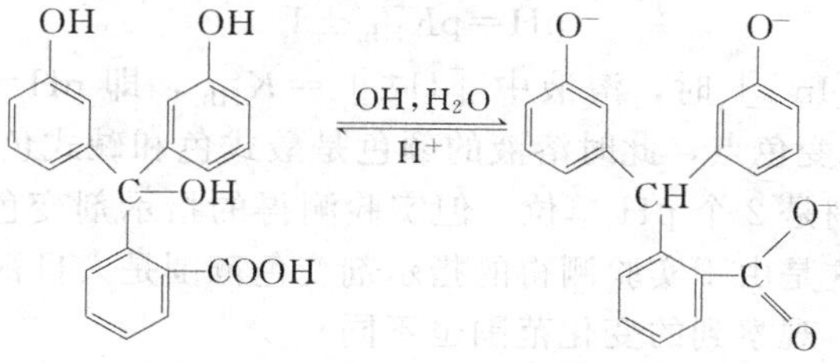

$$\text{酸式(无色)} \underset{H^+}{\overset{OH,H_2O}{\rightleftharpoons}} \text{碱式(红色)}$$

酸式(无色)　　　　　　　　碱式(红色)

从解离平衡式可以看出，当溶液由酸性变化到碱性，平衡向右方移动，酚酞由酸式色变为碱式色，溶液由无色变成红色；反之，由红色变成无色。

又如甲基橙是一种有机弱碱，其变色反应表示如下：

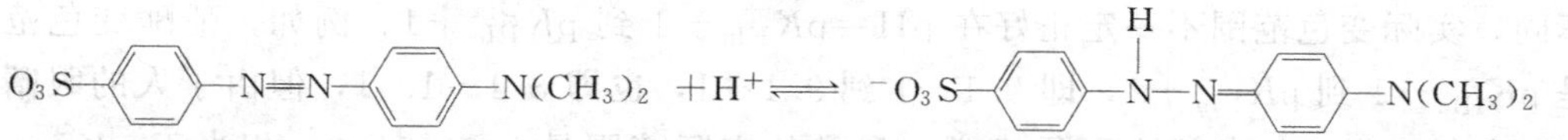

$$^-O_3S-C_6H_4-N{=}N-C_6H_4-N(CH_3)_2 + H^+ \rightleftharpoons {}^-O_3S-C_6H_4-NH-N{=}C_6H_4{=}N^+(CH_3)_2$$

当溶液酸度降低时，平衡向左方移动，甲基橙主要以碱式存在，溶液显黄色；当溶液酸度增大时，平衡向右方移动，甲基橙主要以酸式存在，溶液显红色。

以 HIn 代表弱酸指示剂，其解离平衡表示如下：

$$\underset{\text{酸式色}}{HIn} \rightleftharpoons H^+ + \underset{\text{碱式色}}{In^-}$$

平衡时有：

$$\frac{[H^+][In^-]}{[HIn]}=K_{HIn}^{\ominus}$$

式中，$K_{HIn}^{\ominus}$为指示剂的标准解离平衡常数（或称指示剂常数）。

上式可改写为：

$$\frac{[In^-]}{[HIn]}=\frac{K_{HIn}^{\ominus}}{[H^+]}$$

该式表明在一定酸度范围内，[In⁻] 与 [HIn] 比值决定了溶液的颜色，而溶液的颜色是由指示剂常数 $K_{HIn}^{\ominus}$和溶液的酸度 pH 两个因素决定的。对于指定指示剂，在一定温度下 $K_{HIn}^{\ominus}$是常数，因此溶液的颜色就完全取决于溶液的 pH。溶液的 pH 改变时会发生相应的改变。

不难理解，溶液中指示剂的颜色是两种不同颜色的混合色。当两种颜色的浓度之比为 1∶10 或 10∶1 以上时，只能看到浓度较大的那种颜色。一般认为，能够看到颜色变化的指示剂浓度比 $[In^-]/[HIn]$ 的范围是 (1∶10)～(10∶1)。如果用溶液的 pH 表示，则为：

$$\frac{[In^-]}{[HIn]}=\frac{K_{HIn}^{\ominus}}{[H^+]}=\frac{1}{10} \qquad [H^+]=10K_{HIn}^{\ominus} \qquad pH=pK_{HIn}^{\ominus}-1$$

$$\frac{[In^-]}{[HIn]}=\frac{K_{HIn}^{\ominus}}{[H^+]}=10 \qquad [H^+]=\frac{1}{10}K_{HIn}^{\ominus} \qquad pH=pK_{HIn}^{\ominus}+1$$

由此可见，当 pH 在 $pK_{HIn}^{\ominus}-1$ 以下时，溶液只显指示剂酸式的颜色；pH 在 $pK_{HIn}^{\ominus}+1$ 以上时，只显指示剂碱式的颜色。pH 由 $pK_{HIn}^{\ominus}-1$ 变到 $pK_{HIn}^{\ominus}+1$，才能看到指示剂的颜色变化情况，将酸碱指示剂的变色情况与溶液 pH 的关系图示如下：

$pK_{HIn}^{\ominus}-1$　　　　$pK_{HIn}^{\ominus}$　　　　$pK_{HIn}^{\ominus}+1$

略带碱色　　　　中间色　　　　略带酸色

纯酸式色　[←　过渡色　→]　纯碱式色

[←　变色范围　→]

故指示剂的变色范围为：

$$pH = pK_{HIn}^{\ominus} \pm 1$$

当溶液中 [HIn]=[In^-] 时，溶液中 [H^+] $=K_{HIn}^{\ominus}$，即 $pH=pK_{HIn}^{\ominus}$，这是两者浓度相等时的 pH，即为理论变色点，此时溶液的颜色是酸式色和碱式色的中间色。根据理论上推算，指示剂的变色范围是 2 个 pH 单位。但实验测得的指示剂变色范围并不都是 2 个 pH 单位，而是略有上下。这是由于实验测得的指示剂变色范围是人目视确定的，人的眼睛对不同颜色的敏感程度不同，观察到的变化范围也不同。

综上所述，酸碱指示剂的颜色随 pH 的变化而变化，形成一个变色范围。各种指示剂由于 $pK_{HIn}^{\ominus}$不同，变色范围各不相同。各种指示剂变色范围的幅度也各不相同。大多数指示剂的幅度是 1.6～1.8 个 pH 单价。指示剂的变色范围越窄越好。因为 pH 稍有改变就可观察到溶液颜色的改变，有利于提高测定结果的准确度。由于人的眼睛对不同颜色变化的敏感程度不同，实际变色范围不一定正好在 $pH=pK_{HIn}^{\ominus}-1$ 到 $pK_{HIn}^{\ominus}+1$。例如，酚酞变色范围理应是 $pK_{HIn}^{\ominus}-1$ 到 $pK_{HIn}^{\ominus}+1$，即 9.1－1 到 9.1＋1，也即 8.1～10.1，但由于人的眼睛对无色变红色易察觉，红色褪去不易察觉，酚酞的实际范围是 8.0～10.0，相当于 $pK_{HIn}^{\ominus}-1.1$ 到 $pK_{HIn}^{\ominus}+0.9$。又如甲基橙，实际变色范围是 3.1～4.4，而不是 2.4～4.4，这是由于人对红色较之对黄色更为敏感的缘故。一些常用的酸碱指示剂及变色范围列于表 5-1。

表 5-1 常用的酸碱指示剂

名称(name)	pH 变色范围 (pH transition interval)	酸色 (acid color)	碱色 (base color)	pK_a
甲基紫(第一次变色)	0.13～0.5	黄	绿	0.8
甲酚红(第一次变色)	0.2～1.8	红	黄	—
甲基紫(第二次变色)	1.0～1.5	绿	蓝	—
百里酚蓝(第一次变色)	1.2～2.8	红	黄	1.65
茜素黄 R(第一次变色)	1.9～3.3	红	黄	—
甲基紫(第三次变色)	2.0～3.0	蓝	紫	—
甲基黄	2.9～4.0	红	黄	3.3
溴酚蓝	3.0～4.6	黄	蓝	3.85
甲基橙	3.1～4.4	红	黄	3.4
溴甲酚绿	3.8～5.4	黄	蓝	4.68
甲基红	4.4～6.2	红	黄	4.95
溴百里酚蓝	6.0～7.6	黄	蓝	7.1
中性红	6.8～8.0	红	黄	7.4
酚红	6.8～8.0	黄	红	7.9
甲酚红(第二次变色)	7.2～8.8	黄	红	8.2
百里酚蓝(第二次变色)	8.0～9.6	黄	蓝	8.9
酚酞	8.2～10.0	无色	紫红	9.4
百里酚酞	9.4～10.6	无色	蓝	10
茜素黄 R (第二次变色)	10.1～12.1	黄	紫	11.16
靛胭脂红	11.6～14.0	蓝	黄	12.2

(2) **混合指示剂** 在某些酸碱滴定中，pH 突跃范围很窄，使用一般的指示剂难以判断终点，此时可以采用混合指示剂。混合指示剂具有变色范围窄、变色明显等优点。

混合指示剂一般有两种配制方法。一种是在某种指示剂中加入一种惰性染料，染料颜色不变，只起背景的作用。例如，由甲基橙和靛蓝组成的混合指示剂，靛蓝颜色不随 pH 改变而变化，只作为甲基橙的蓝色背景。在 pH＞4.4 的溶液中，混合指示剂显绿色（黄与蓝配合）；在 pH＜3.1 的溶液中，混合指示剂显紫色（红与蓝配合）；在 pH＝4 的溶液中，混合指示剂显浅灰色（几乎无色），终点颜色变化非常敏锐。另一种是由两种以上的指示剂混合而成的。例如，溴甲酚绿（$pK^{\ominus}_{HIn}=4.9$，黄色变蓝色）和甲基红（$pK^{\ominus}_{HIn}=5.2$，红色变黄色）按 3∶1 混合后，使溶液在酸性条件下呈酒红色（黄＋红），碱性条件下呈绿色（蓝＋黄），而在 pH＝5.1 时两者颜色发生互补，产生灰色，颜色在此时发生突变，十分敏锐，常常用于以 Na_2CO_3 为基准物质标定盐酸标准溶液的浓度。几种常用混合指示剂见表 5-2。

表 5-2　常用混合酸碱指示剂

指示剂名称 (indicator name)	变色点 pH(transition point pH)	酸色 (acid color)	碱色 (base color)	组成 (constitution)	含量 (content)
甲基黄	3.28	蓝紫	绿	1∶01	0.1%乙醇溶液
亚甲基蓝					0.1%乙醇溶液
甲基橙	4.3	紫	绿	1∶01	0.1%水溶液
苯胺蓝					0.1%水溶液
溴甲酚绿	5.1	酒红	绿	3∶01	0.1%乙醇溶液
甲基红					0.2%乙醇溶液
溴甲酚绿钠盐	6.1	黄绿	蓝紫	1∶01	0.1%水溶液
氯酚红钠盐					0.1%水溶液
中性红	7	蓝紫	绿	1∶01	0.1%乙醇溶液
亚甲基蓝					0.1%乙醇溶液
中性红	7.2	玫瑰	绿	1∶01	0.1%乙醇溶液
溴百里酚蓝					0.1%乙醇溶液
甲酚红钠盐	8.3	黄	紫	1∶03	0.1%水溶液
百里酚蓝钠盐					0.1%水溶液
酚酞	8.9	绿	紫	1∶02	0.1%乙醇溶液
甲基绿					0.1%乙醇溶液
酚酞	9.9	无色	紫	1∶01	0.1%乙醇溶液
百里酚酞					0.1%乙醇溶液
百里酚酞	10.2	黄	绿	2∶01	0.1%乙醇溶液
茜素黄					0.1%乙醇溶液

5.6.2　酸碱滴定法的基本原理

在酸碱滴定中，重要的是要估计被测定物质能否准确滴定、滴定过程中溶液 pH 的变化情况以及如何选择合适的指示剂来确定滴定终点。为了表征滴定反应过程的变化规律性，可以通过实验或计算方法，记录滴定过程中 pH 随标准溶液体积或反应完全程度变化作图，即可得到滴定曲线。滴定曲线在滴定分析中不但可从理论上解释滴定过程的变化规律，对指示剂的选择更具有重要的实际意义。下面分别讨论几种类型的酸碱滴定过程中 pH 的变化规律，特别是化学计量点时的 pH 和化学计量点附近相对误差在－0.1%～＋0.1%之间 pH 的变化情况以及指示剂的选择方法。

（1）**强碱（酸）滴定强酸（碱）**

现以 $0.1000mol\cdot L^{-1}$ 的 NaOH 溶液滴定 20.00mL 同浓度的 HCl 溶液为例，讨论强碱滴定强酸的滴定曲线及指示剂的选择。HCl 的浓度 $C_a=0.1000mo\cdot L^{-1}$，体积 $V_a=20.00mL$；NaOH 的浓度 $c_b=0.1000mol\cdot L^{-1}$，滴定时加入的体积为 V_b(mL)，整个滴定过程分为四个阶段讨论。

① **滴定开始前（$V_b=0$）**　溶液的酸度等于盐酸的原初始浓度，则：

$$[H^+]=0.1000mol\cdot L^{-1}\qquad pH=1.00$$

② **滴定开始至化学计量点前（$V_a>V_b$）**　随着 NaOH 的不断加入，溶液中 $[H^+]$ 逐渐减小，其大小取决于剩余 HCl 的量和溶液的体积，即：

$$[H^+]=\frac{V_a-V_b}{V_a+V_b}c_a$$

当滴入 NaOH 19.98mL 时（化学计量点前 0.1%）：

$$[H^+]=\frac{20.00-19.98}{20.00+19.98}\times 0.1000=5.00\times 10^{-5}(\text{mol}\cdot\text{L}^{-1})$$

$$pH=4.30$$

③ **化学计量点时($V_a=V_b$)** 滴入 NaOH 20.00mL 时，NaOH 和 HCl 以等物质的量相互作用，溶液呈中性，即：

$$[H^+]=[OH^-]=10^{-7}\text{mol}\cdot\text{L}^{-1} \qquad pH=7.00$$

④ **化学计量点后($V_a<V_b$)** 溶液的 pH 由过量的 NaOH 的量和溶液的体积来决定，即：

$$[OH^-]=\frac{V_b-V_a}{V_b+V_a}C_b$$

当滴入 NaOH 20.02mL（化学计量点后 0.1%）时：

$$[OH^-]=\frac{20.02-20.00}{20.02+20.00}\times 0.1000=5.00\times 10^{-5}\ (\text{mol}\cdot\text{L}^{-1})$$

$$pOH=4.30$$

$$pH=9.70$$

用类似的方法可以计算出滴定过程中各点的 pH，数据列于表 5-3。

表 5-3 用 0.1000mol·L^{-1} NaOH 溶液滴定 20.00mL 0.1000mol·L^{-1} HCl 溶液

加入 NaOH 溶液		剩余 HCl 溶液的体积/mL	过量 NaOH 溶液的体积/mL	pH
mL	%			
0.00	0	20.00		1.00
18.00	90	2.00		2.28
19.80	99	0.20		3.30
19.98	99.9	0.02		4.31
20.00	100	0.00		7.00
20.02	100.1		0.02	9.70
20.20	101.0		0.20	10.70
22.00	110.0		2.00	11.70
40.00	200.0		20.00	12.50

以 NaOH 加入量为横坐标、以溶液的 pH 为纵坐标作图，所得曲线（图 5-4）就是强碱滴定强酸的滴定曲线。

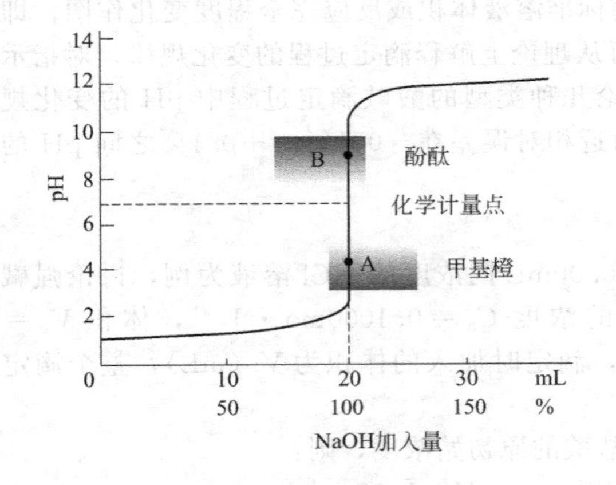

图 5-4 NaOH 溶液滴定 HCl 溶液的滴定曲线

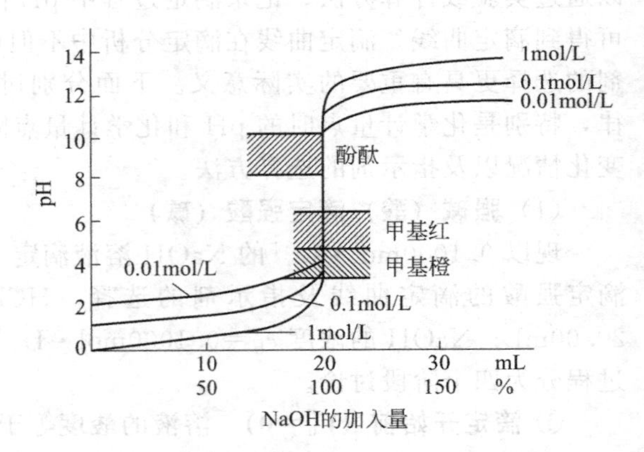

图 5-5 不同浓度的 NaOH 溶液滴定不同浓度的 HCl 溶液的滴定曲线

从表 5-3 和图 5-4 可以看出，从滴定开始到加 NaOH 溶液 19.98mL 时，溶液的 pH 仅改变了 3.30 个 pH 单位，但 19.98～20.02mL，即在化学计量点前后由剩余的 0.1%HCl 未中和到 NaOH 过量 0.1%，相对误差在 -0.1%～+0.1% 之间，溶液的 pH 有一个突变，从 4.30 增加到 9.70，变化了 5.4 个 pH 单位，曲线呈现近似垂直的一段。这一 pH 突变段被称为滴定突跃，突跃所在的 pH 范围称为滴定突跃范围。

滴定突跃有重要的实际意义，它是指示剂的选择依据。凡是变色范围全部或部分落在突跃范围内的指示剂，滴定的相对误差在 -0.1%～+0.1% 之间，都可以被选为该滴定的指示剂。如酚酞、甲基红、甲基橙都能保证终点误差在 ±0.1% 以内。其中甲基橙的变色范围（pH 3.1～4.4）只有 0.1 个 pH 单位被包括在突跃范围（pH 4.30～9.70）内，但只要将滴定终点控制在溶液从橙色变到黄色就符合要求。

酸碱的浓度可以改变滴定突跃范围的大小。从图 5-5 可以看出，若用 $0.01mol \cdot L^{-1}$、$0.1mol \cdot L^{-1}$、$1mol \cdot L^{-1}$ 三种浓度的标准溶液进行滴定，滴定突跃的 pH 范围分别为 5.30～8.70、4.30～9.70、3.30～10.70。溶液浓度越大，突跃范围越大，可供选择的指示剂越多；溶液浓度越小，突跃范围越小，指示剂的选择就受到限制。如用 $0.01mol \cdot L^{-1}$ 强碱溶液滴定 $0.01mol \cdot L^{-1}$ 强酸溶液，由于其突跃范围减小到 pH 5.30～8.70，就不能使用甲基橙指示终点。应该指出的是，分析工作者可根据分析结果准确度的要求（±0.1% 或 ±0.2%）确定滴定突跃范围和选择适宜的指示剂。

（2）**强碱（酸）滴定弱酸（碱）**

现以 $0.1000mol \cdot L^{-1}$ 的 NaOH 溶液滴定 20.00mL 同浓度的 HAc 溶液为例，讨论强碱滴定一元弱酸的滴定曲线及指示剂的选择。整个滴定过程仍分为 4 个阶段。

① **滴定开始前（$V_b=0$）** 溶液的 $[H^+]$ 主要来自 HAc 的解离，由于 $c/K_a^{\ominus}>400$，故应按最简式计算，即：

$$[H^+]=\sqrt{c_a K_a^{\ominus}}=\sqrt{0.1000\times1.76\times10^{-5}}=1.33\times10^{-3}\ (mol \cdot L^{-1})$$

$$pH=2.88$$

② **滴定开始至化学计量点前（$V_a>V_b$）** 当加入 V_bmL NaOH 时，滴定溶液中存在 HAc—NaAc 缓冲体系，且有：

$$[Ac^-]=\frac{c_b V_b}{V_a+V_b} \qquad [HAc]=\frac{c_a V_a-c_b V_b}{V_a+V_b}$$

因为 $c_a=c_b=0.1000mol \cdot L^{-1}$，将上述关系式代入缓冲溶液 pH 值计算公式得：

$$pH=pK_a^{\ominus}+\lg\frac{V_b}{V_a-V_b}$$

当 $V_b=19.98$mL（化学计量点的 0.1%）时：

$$pH=4.75+\lg\frac{19.98}{20.00-19.98}=7.75$$

③ **化学计量点时（$V_a=V_b$）** 化学计量点时，滴定体系为 NaAc 溶液，其酸度由 HAc 的共轭碱 Ac^- 的 $K_b^{\ominus}$ 和 c_b 决定，由于溶液的体积增大 1 倍，故浓度为 $c_b=0.05000mol \cdot L^{-1}$，则：

$$[OH^-]=\sqrt{cK_b^{\ominus}}=\sqrt{c\frac{K_w^{\ominus}}{K_a^{\ominus}}}$$

$$=\sqrt{5.0\times10^{-2}\times\frac{1.0\times10^{-14}}{1.76\times10^{-5}}}$$

$$=5.33\times10^{-6}\ (mol \cdot L^{-1})$$

$$pOH=5.27$$

$$pH=8.73$$

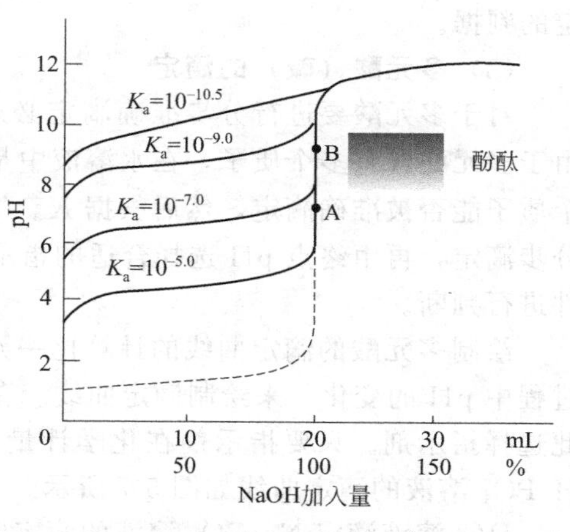

图 5-6 强碱溶液滴定不同强度弱酸溶液的滴定曲线

④ **化学计量点后（$V_a<V_b$）** 与强碱滴定强酸一样，这一阶段，溶液的酸度主要由过量的碱的浓度所决定，共轭碱 Ac^- 所提供的 OH^- 可以忽略。当过量 0.02mL NaOH 时，pH=9.70。

若对整个过程逐一计算（见表 5-4）并作图，就得到这一滴定类型的滴定曲线（见图 5-6）。

表 5-4 用 0.1000mol·L^{-1} NaOH 溶液滴定 20.00mL 0.1000mol·L^{-1} HAc 溶液

加入 NaOH 溶液		剩余 HAc 溶液的体积 /mL	过量 NaOH 溶液的体积 /mL	pH
mL	%			
0.00	0	20.00		2.28
18.00	90	2.00		5.70
19.80	99	0.20		6.75
19.98	99.9	0.02		7.75
20.00	100	0.00		8.72
20.02	100.1		0.02	9.70
20.20	101.0		0.20	10.70
22.00	110.0		2.00	11.68
40.00	200.0		20.00	11.52

从表 5-4 和图 5-6 可以看出，强碱滴定弱酸有如下特点。

① **滴定曲线起点高** 因弱酸电离度小，溶液中的［H^+］低于弱酸原初始浓度。因此用 NaOH 滴定 HAc，不同于滴定 HCl，滴定的曲线开始不在 pH=1 处，而在 pH=2.88 处。

② **滴定曲线的形状不同** 从滴定曲线可知，滴定过程中的 pH 的变化不同于强碱滴定强酸，开始时溶液 pH 变化快，其后变化稍慢，接近于化学计量点时又逐渐加快。

③ **滴定突跃范围小** 从表 5-4 可知，滴定突跃范围 pH 为 7.75～9.70，小于强碱滴定强酸滴定突跃范围的 pH 4.30～9.70。在化学计量点时由于 Ac^- 显碱性，滴定的 pH 不在 7，而在偏碱性区。显然在酸性区内变色的指示剂如甲基橙、甲基红等都不能使用，所以此滴定宜选用酚酞或百里酚酞作指示剂。

突跃范围的大小不仅取决于弱酸的强度 $K_a^\ominus$，还和其浓度（c）有关。一般来说，当 $cK_a^\ominus \geqslant 10^{-8}$ 时，滴定突跃可大于或等于 0.3 个 pH 个位，人眼能够辨别出指示剂颜色的改变，滴定就可以直接进行，这时终点误差也在允许的 ±0.1% 以内。同样，只有满足 $cK_b^\ominus \geqslant 10^{-8}$ 时才能以强酸滴定弱碱。因此，$cK_a^\ominus$（或 $cK_b^\ominus$）$\geqslant 10^{-8}$，是一元弱酸（或一元弱碱）能否被准确滴定的判据。

（3）多元酸（碱）的滴定

对于多元酸要进行分步准确滴定必须满足下列条件：$cK_{a_n}^\ominus \geqslant 10^{-8}$ 且 $K_{a_n}^\ominus / K_{a_{n+1}}^\ominus > 10^4$。由于多元酸含有多个质子，在水溶液中是逐级解离的，因而首先应根据 $cK_{a_n}^\ominus \geqslant 10^{-8}$ 判断各个质子能否被准确滴定，然后根据 $K_{a_n}^\ominus / K_{a_{n+1}}^\ominus > 10^4$（允许误差为 ±0.1%）来判断能否实现分步滴定，再由终点 pH 选择合适的指示剂。对于多元碱、混合酸（碱）也可以用同样的条件进行判断。

绘制多元酸的滴定曲线的计算比一元酸复杂得多，数字处理较麻烦。通常可用测定滴定过程中 pH 的变化，来绘制滴定曲线。在实际工作中通常只计算化学计量点时的 pH，并以此选择指示剂。只要指示剂在化学计量点附近变色，该指示剂就可选用。NaOH 溶液滴定 H_3PO_4 溶液的滴定曲线如图 5-7 所示。

HCl 溶液滴定 Na_2CO_3 溶液的滴定曲线如图 5-8 所示。由曲线可以看出，第一化学计量点突跃不太明显，测定误差大于 1%。这是由于 $K_{b_1}^\ominus / K_{b_2}^\ominus$ 不够大，同时有 $NaHCO_3$ 的缓冲作用等原因所致。为了较准确地判断第一化学计量点，常采用同浓度的 $NaHCO_3$ 溶液作参比溶液，或使用甲酚红与百里酚蓝混合指示剂，其变色范围为 8.2（粉红色）～8.4（紫色），这样可使滴定误差减小至 0.5%。

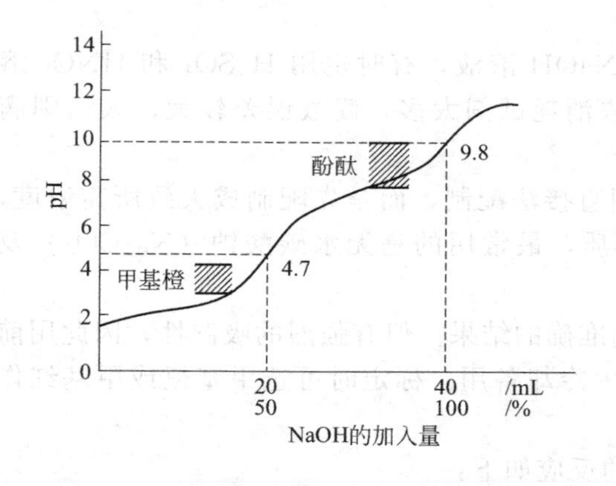

图 5-7 NaOH 溶液滴定 H_3PO_4 溶液的滴定曲线

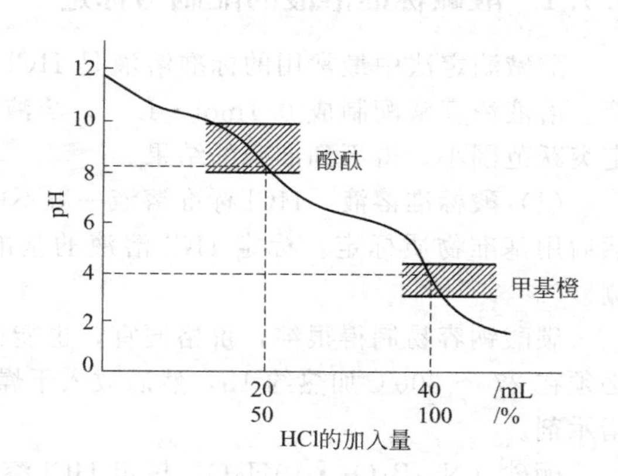

图 5-8 HCl 溶液滴定 Na_2CO_3 溶液的滴定曲线

因为 $K^{\ominus}_{b_2}$ 不够大，第二化学计量点的突跃也不明显。如果 HCO_3^- 浓度稍大一点就易形成 CO_2 的过饱和溶液，使得 H_2CO_3 分解速率很慢，溶液的酸度有所增大，终点提前到达。因此，滴定快到终点时，应剧烈摇动溶液，以加快 H_2CO_3 的分解，或通过加热来减小 CO_2 的浓度，这时颜色又回到黄色，继续滴定至红色。重复操作直到加热后颜色不变为止，一般需要加热 2～3 次。此滴定终点敏锐，准确度高。

还可使用双指示剂法。在溶液中先后加入酚酞和溴甲酚绿，由酚酞变色估计滴定剂大致用量。近终点时加热除去 CO_2，冷却，继续滴定至溶液由紫色变为绿色。终点敏锐，准确度也高。

综上所述，酸碱滴定在化学计量点附近都要形成突跃，但突跃范围的大小和化学计量点的位置都不尽相同。主要因素有以下几点。

① **酸碱溶液的强度（酸碱电离常数 $K^{\ominus}_a$ 和 $K^{\ominus}_b$ 的大小）** 酸和碱的 $K^{\ominus}_a$ 和 $K^{\ominus}_b$ 越大，滴定的突跃范围越大。强酸强碱的互滴突跃范围最大。在同等条件下，酸的 $K^{\ominus}_a$ 越小，突跃开始点的 pH 越大，突跃范围越小，且越偏向于碱性；而碱的 $K^{\ominus}_b$ 越小，突跃开始时的 pH 越小，突跃范围越小，越偏向于酸性。弱酸弱碱互滴的突跃范围最小甚至没有突跃，所以不能直接滴定。这也是通常用强酸或强碱作为滴定剂的原因。

② **酸碱溶液的浓度** 酸和碱的浓度越小，突跃范围也越小，如果 $cK^{\ominus}_a < 10^{-8}$ 或 $cK^{\ominus}_b < 10^{-8}$ 时，无明显突跃，一般不适合于用指示剂指示滴定终点。除强酸和强碱的滴定外，其余酸和碱的滴定，化学计量点的位置都随浓度有所变化。

③ **酸碱溶液的温度** 常温下溶剂水的质子自递常数（即水的离子积） $K^{\ominus}_w = 1.0 \times 10^{-14}$，当温度发生变化时，$K^{\ominus}_w$ 也发生变化，影响酸碱溶液中的 $c(H^+)$，使得突跃起点或终点的 pH 发生改变，缩小突跃范围。$K^{\ominus}_w$ 的变化也影响化学计量点的位置。

多元弱酸（碱）滴定的突跃范围，除上述影响因素外还有相邻两级电离常数比值大小的影响。当 $K^{\ominus}_{a_n}/K^{\ominus}_{a_{n+1}}$ 或 $K^{\ominus}_{b_n}/K^{\ominus}_{b_{n+1}}$ 越大，n 级化学计量点处的突跃范围越大。通常要求比值大于 10^4。

选择指示剂的原则：选择那些变色范围全部或大部分在滴定突跃范围内的指示剂。在实际工作中是依据酸碱反应化学计量点的 pH 选择指示剂的，选用那些变色点在化学计量点附近的指示剂。

5.7 酸碱滴定法的应用

5.7.1 酸碱标准溶液的配制与标定

酸碱滴定法中最常用的标准溶液是 HCl 与 NaOH 溶液，有时也用 H_2SO_4 和 HNO_3 溶液。溶液浓度常配制成 $0.1mol \cdot L^{-1}$，溶液太浓消耗试剂太多，读数误差较大，太稀则滴定突跃范围小，得不到准确的结果。

(1) **酸标准溶液** HCl 标准溶液一般不能用直接法配制，而是先配制成大致所需浓度，然后用基准物质标定。标定 HCl 溶液的基准物质，最常用的是无水碳酸钠（Na_2CO_3）及硼砂。

碳酸钠容易制得很纯，价格便宜，也能得到准确的结果。但有强烈的吸湿性，因此用前必须在 270～300℃加热约 1h，然后放入干燥器中冷却备用。标定时可选甲基橙或甲基红作指示剂。

硼砂（$Na_2B_4O_7 \cdot 10H_2O$）标定 HCl 溶液的反应如下：

$$Na_2B_4O_7 \cdot 10H_2O + 2HCl = 4H_3BO_3 + 2NaCl + 5H_2O$$

它与 HCl 反应的摩尔比是 1∶2，但由于其摩尔质量较大（$381.4g \cdot mol^{-1}$），在直接称取单份基准物质作标定时，称量误差小。硼砂无吸湿性，也容易提纯。其缺点是在空气中易失去部分结晶水，因此常保存在相对湿度为 60%的恒湿器中。滴定时，选甲基红为指示剂。

(2) **碱标准溶液** NaOH 具有很强的吸湿性，也易吸收空气中的 CO_2，因此不能用直接法配制标准溶液而是先配制成大致浓度的溶液，然后进行标定。常用来标定 NaOH 溶液的基准物质有邻苯二甲酸氢钾、草酸等。

邻苯二甲酸氢钾（$KHC_8H_4O_4$）是两性物质（邻苯二甲酸的 $pK_{a_2}^{\ominus}$ 为 5.4），与 NaOH 定量地反应，滴定时选酚酞为指示剂。

邻苯二甲酸氢钾容易提纯；在空气中不吸水，容易保存，与 NaOH 按 1∶1 摩尔比反应；摩尔质量又大（$204.2g \cdot mol^{-1}$），可以直接称取单份作标定。所以它是标定碱的较好的基准物质。

草酸（$H_2C_2O_4 \cdot 2H_2O$）是弱二元酸（$pK_{a_1}^{\ominus}=1.25$，$pK_{a_2}^{\ominus}=4.29$），由于 $K_{a_1}^{\ominus}/K_{a_2}^{\ominus} < 10^4$，只能作二元酸一次滴定到 $C_2O_4^{2-}$，也选酚酞为指示剂。

草酸稳定，也常用作基准物质。由于它与 NaOH 按 1∶2 摩尔比反应，其摩尔质量不大（$126.07g \cdot mol^{-1}$）。若 NaOH 溶液浓度不大，为减小称量误差，应当多称一些草酸，用容量瓶定容，然后移取部分溶液作标定。

5.7.2 应用实例

(1) **氮含量的测定**

生物细胞中主要化学成分是碳水化合物、蛋白质、核酸和脂类，其中蛋白质、核酸和部分脂类都是含氮化合物。因此，氮是生物生命活动过程中不可缺少的元素之一。在生产和科研中常常需要测定水、食品、土壤、动植物等样品中的氮含量。对于这些物质中氮含量的测定，通常是将试样进行适当处理，使各种含氮化合物中的氮都转化为液态氮，再进行测定。常用的有两种方法。

① **蒸馏法** 样品如果是无机盐，如 $(NH_4)_2SO_4$、NH_4Cl 等，则将试样中加入过量的浓碱，然后加热将 NH_3 蒸馏出来，用过量饱和的 H_3BO_3 溶液吸收，生成 $NH_4H_2BO_3$，再用 HCl 标准溶液滴定生成的弱碱 $H_2BO_3^-$。

$$NH_4^+ + OH^- \longrightarrow NH_3 \uparrow + H_2O$$

$$NH_3 + H_3BO_3 \longrightarrow NH_4H_2BO_3$$

$$HCl + NH_4H_2BO_3 \longrightarrow NH_4Cl + H_3BO_3$$

H_3BO_3 是极弱的酸，不影响滴定。当滴定到达化学计量点时，因溶液中含有 H_3BO_3 及 NH_4Cl，此时溶液的 pH 在 5～6 之间，故选用甲基红和溴甲酚绿混合指示剂，终点为粉红色。根据滴定反应及到达终点时 HCl 溶液的用量，氮的含量可按下式计算：

$$\omega_N = \frac{c_{HCl} \times V_{HCl} \times 10^{-3} \times M_N}{m_s}$$

蒸馏出的 NH_3，除用硼酸吸收外，还可用过量的酸标准溶液吸收，然后以甲基红或甲基橙作指示剂，再用碱标准溶液返滴定剩余的酸。

试样如果是含氮的有机物，测其氮含量时，首先用浓 H_2SO_4 消煮，使有机物分解并转化成 NH_3，并与 H_2SO_4 作用生成 NH_4HSO_4。这一反应的速率较慢，因此常加 K_2SO_4 以提高溶液的沸点，并加催化剂如 $CuSO_4$、HgO 等，经这样处理后就可用上述方法测量物质的氮含量了。此法只限于物质中以－3 价状态存在的氮。对于含氮的氧化型的化合物，如有机的硝基或偶氮化合物，在消煮前必须用还原剂［如 Fe(Ⅱ) 或硫代硫酸钠］处理后，再用上法测定。这种测定有机物氮含量的方法常称为凯氏定氮法。

② **甲醛法**　甲醛与铵盐反应，生成酸（质子化的六亚甲基四胺和 H^+）：

$$4NH_4^+ + 6HCHO \longrightarrow (CH_2)_6N_4H^+ + 3H^+ + 6H_2O$$

生成的酸可用 NaOH 直接滴定，选酚酞作指示剂。

$$(CH_2)_6N_4H^+ + 3H^+ + 4OH^- \longrightarrow (CH_2)_6N_4 + 4H_2O$$

氮的含量可按下式计算：

$$\omega_N = \frac{c_{NaOH} \times V_{NaOH} \times 10^{-3} \times M_N}{m_s}$$

试样中如果含有游离酸，事先需中和，以甲基红为指示剂。甲醛中常含有少量甲酸，使用前也需中和，以酚酞为指示剂。

(2) **磷的测定**

磷元素是生物生长不可缺少的元素之一，生物的呼吸作用、光合作用以及生物体内的含氮化合物的代谢等都需要磷。因此，测定样品中的磷含量也是生产及科学研究中不可缺少的一项工作。测定磷的方法很多，这里介绍用酸碱滴定法测定磷的原理和方法。试样经处理后，将磷转化为 H_3PO_4，在硝酸介质中，磷酸与钼酸铵反应，生成黄色磷钼酸铵沉淀，反应如下：

$$H_3PO_4 + 12MoO_4^{2-} + 2NH_4^+ + 22H^+ \longrightarrow (NH_4)_2HPO_4 \cdot 12MoO_3 \cdot H_2O + 11H_2O$$

沉淀经过滤后，用水洗涤至不显酸性为止。然后将沉淀溶解于一定量过量的 NaOH 标准溶液中，溶解反应为：

$$(NH_4)_2HPO_4 \cdot 12MoO_3 \cdot H_2O + 27OH^- \longrightarrow PO_4^{3-} + 12MoO_4^{2-} + 2NH_3 + 16H_2O$$

过量的 NaOH 用 HNO_3 标准溶液返滴定至酚酞红色退色为终点（pH≈8）。此时有下面三个反应发生：

$$OH^-(\text{过量的}) + H^+ \longrightarrow H_2O$$

$$PO_4^{3-} + H^+ \longrightarrow HPO_4^{2-}$$

$$2NH_3 + 2H^+ \longrightarrow 2NH_4^+$$

由上述几步反应可看出，溶解 1mol 沉淀，需消耗 27mol 的 NaOH。用 HNO_3 标准溶液返滴定至 pH≈8 时，沉淀溶解后所产生的 PO_4^{3-} 转变为 HPO_4^{2-}，要消耗 1mol HNO_3，2mol 的 NH_3 生成 NH_4^+，又要消耗 2mol HNO_3，共消耗 3mol 的 HNO_3。所以，这时候

1mol 沉淀实际上只消耗 27－3＝24mol NaOH。即：

1mol P 消耗 24mol NaOH

所以磷的含量可计算如下：

$$\omega_P=\frac{(c_{NaOH}V_{NaOH}-c_{HNO_3}V_{HNO_3})\times10^{-3}\times\frac{1}{24}M_P}{m_s}$$

此法适用于微量磷的测定。

(3) **混合碱的分析**

① **烧碱中 NaOH 和 Na_2CO_3 含量的测定** 烧碱（NaOH）在生产和储存过程中因吸收空气中的 CO_2 而产生部分 Na_2CO_3。因此，在测定烧碱中 NaOH 含量的同时，常需要测定 Na_2CO_3 的含量，称为混合碱的分析。最常用的方法是双指示剂法。

所谓双指示剂法，就是利用两种指示剂进行连续滴定，根据不同化学计量点颜色变化得到两个终点，分别根据各终点处所消耗的酸标准溶液的体积，计算各成分的含量。

测定烧碱中 NaOH 和 Na_2CO_3 含量，可选用酚酞和甲基橙两种指示剂，以酸标准溶液连续滴定。首先以酚酞为指示剂，用 HCl 标准溶液滴定至溶液红色刚消失时，记录所用 HCl 体积为 V_1 (mL)，此时混合碱中 NaOH 全部被中和，而 Na_2CO_3 仅中和到 $NaHCO_3$，此为第一终点。然后再加入甲基橙指示剂，继续用 HCl 标准溶液滴定至溶液由黄色恰变橙色为止，即为第二终点，又消耗的 HCl 用量记录为 V_2 (mL)。整个滴定过程如图 5-9 所示。

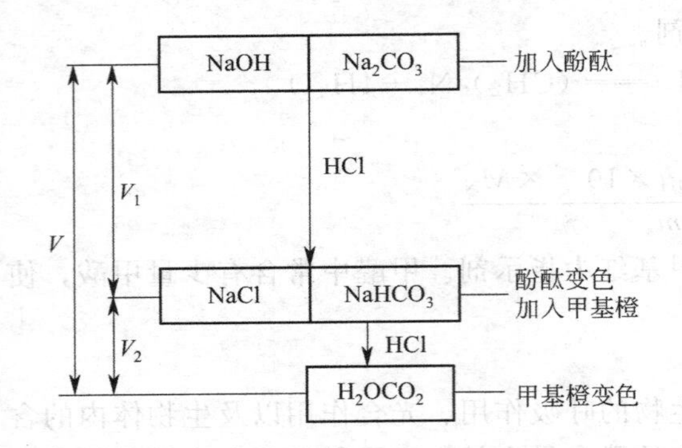

图 5-9 NaOH 与 Na_2CO_3 混合物的测定

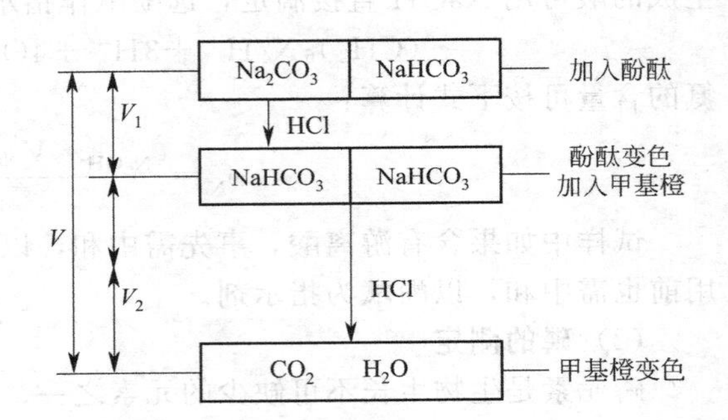

图 5-10 Na_2CO_3 与 $NaHCO_3$ 混合物的测定

双指示剂法操作简便，但滴定至第一化学计量点（$NaHCO_3$）时，终点不明显，误差较大，约为 1%。为使第一化学计量点终点明显，减小误差，现常选用甲酚红和百里酚蓝混合指示剂，终点颜色由紫色变为粉红色，即到达第一终点，且此混合指示剂不影响第二终点颜色。

根据滴定的体积关系，则有下列计算关系：

$$\omega_{NaOH}=\frac{c_{HCl}(V_1-V_2)_{HCl}\times10^{-3}\times M_{NaOH}}{m_s}$$

$$\omega_{Na_2CO_3}=\frac{2c_{HCl}V_2\times10^{-3}\times\frac{1}{2}M_{Na_2CO_3}}{m_s}$$

② **Na_2CO_3 与 $NaHCO_3$ 混合物的测定** Na_2CO_3 与 $NaHCO_3$ 混合碱的测定，与测定烧碱的方法相类似。用双指示剂法，滴定过程如图 5-10 所示：

由图 5-10 可得计算公式如下：

$$\omega_{NaHCO_3}=\frac{c_{HCl}(V_2-V_1)_{HCl}\times10^{-3}\times M_{NaHCO_3}}{m_S}$$

$$\omega_{Na_2CO_3}=\frac{2c_{HCl}V_1\times10^{-3}\times\frac{1}{2}M_{Na_2CO_3}}{m_S}$$

双指示剂法不仅用于混合碱的定量分析，还可用于判断混合碱的组成，见表 5-5。

表 5-5　混合碱的组成

HCl 体积 V_1 或 V_2 的变化	试样的组成	HCl 体积 V_1 或 V_2 的变化	试样的组成
$V_1\neq0, V_2=0$	NaOH	$V_1>V_2>0$	$NaOH+Na_2CO_3$
$V_1=0, V_2\neq0$	$NaHCO_3$	$V_2>V_1>0$	$NaHCO_3+Na_2CO_3$
$V_1=V_2\neq0$	Na_2CO_3		

【例 5-3】 称取混合碱 2.2560g，溶解并稀释至 250mL 容量瓶中，移取此试液 25.00mL 两份，一份以酚酞为指示剂，用 $0.1000mol\cdot L^{-1}$ HCl 滴定耗去 30.00mL，另一份以甲基橙为指示剂消耗 HCl 35.00mL，问混合碱的组成是什么，百分含量各是多少。

解　依据题意可得：$V_1=30.00mL$，$V_2=5.00mL$

则混合碱的组成为 $NaOH+Na_2CO_3$

$$NaOH\ 含量=\frac{0.1\times(30.00-5.00)\times10^{-3}\times40}{2.2560\times\frac{25.00}{250}}\times100\%=44.33\%$$

$$Na_2CO_3\ 含量=\frac{0.1\times5.00\times10^{-3}\times106}{2.2560\times\frac{25.00}{250}}\times100\%=23.50\%$$

(4)　**硼酸的测定（快速滴定）**

硼酸在电镀中常有应用，但它是一种弱酸不能直接用碱滴定，但硼酸与多羟基醇生成配合物可解离出 H^+，故可用氢氧化钠滴定。

取一定体积（V_0）的镀液，加入溴甲酚紫指示剂 3～5 滴，用盐酸标准溶液滴至黄色，再用氢氧化钠标准溶液（$N mol\cdot L^{-1}$）滴至紫蓝色。（不计读数）

加入甘露醇 3～5g，再用氢氧化钠标准溶液滴至紫蓝色为终点，记录氢氧化钠标准溶液消耗的体积（V）。计算公式如下：

$$H_3BO_3(g\cdot L^{-1})=\frac{NVM_{H_3BO_3}}{V_0}$$

［阅读材料］酸碱滴定分析在聚酰胺-胺表征中的应用*

1985 年 Tomalia 博士成功地用发散法合成得到聚酰胺-胺（PAMAM）树形高分子，其独特的多官能团表面以及高度支化的分子内空腔结构有别于传统的高分子，已引起越来越多的研究者关注。PAMAM 表征方法有 HPLC、NMR、PAGE、CE、GPC、MALDI-TOF、ESI 等。酸碱滴定法可以很好地表征 PAMAM 中伯胺和叔胺的平均个数，因为伯胺和叔胺的 pK_a 值差异很大，分别为 4～5 和 9～10，所以可以被分别滴定，并被研究者用来测定 PA-MAM 的表面胺基数量。除了表征合成的 PA-MAM 外，在测定表面胺基的改性程度方面更是优于其他表征方法。Cakara 认为，在 pH＝2 时，核心位的叔胺有一个不能被完全质子化，而 Shi 等人在考虑酰胺键的酸性水解时，选择在 pH＝2.1 的条件下进行滴定，看来这些问题使得研究者难于确定滴定的初始 pH 值。本文主要对表征方法中的酸碱滴定分析法进行改进，解决了前人对滴定 pH 值不确定的疑问。

(1)　**滴定分析原理**　由于整数代 PAMAM 树形分子含有末端伯胺基及内部有叔胺基，因分子中氮原子具有未共用的电子对，能接受一个质子，显出碱性。烷基是供电子的基团，因此增加氮原子的电子出现的几率密度，即可增加对质子的吸引力，但在溶液中也同时受溶剂的影响，其碱性强弱为：$(CH_3)_2NH>CH_3NH_2>(CH_3)_3N$，故可用过量 HCl 溶液将其中和，然后用 NaOH 溶液去返滴，同时用 pH 计来指示溶液 pH 值的变化。当滴入的 NaOH 量与过量的 HCl 刚好中和完全时，pH 值产生第一次突跃。继续滴加 NaOH，由于伯胺的碱性比叔胺强，故叔胺首先释放出游离的胺，当 NaOH 与叔胺结合的氢离子刚好中和完全时，pH 值产生第二次突跃。再继续滴加 NaOH，当 NaOH 与伯胺结合的氢离子刚好中和完全时，pH 值产生第三次突跃。

然而正如 Shi 等考虑的一样，尽管酰胺键由于胺基很强的碱性使其要比所有的其他酰化合物都稳定，但在酸碱的催化下，酰胺化合物仍然会分解。本文假设在酸性条件下，发生 n_1 mol 酰胺键的分解，在碱性条件下发生 n_2 mol 酰胺键的分解，化学方程式如下：

$$\underset{n_1}{R—CONH—R'} + H_2O + H^+ \longrightarrow \underset{n_1}{RCOO^-} + \underset{n_1}{H^+} + \underset{n_1}{R'—NH_3^+} \tag{1}$$

$$R—CONH—R' + \underset{n_2}{OH^-} \longrightarrow \underset{n_2}{RCOO^-} + H^+ + R'—NH_2 \tag{2}$$

$$R'—NH_3^+ + \underset{n_1}{OH^-} \longrightarrow \underset{n_1}{R'—NH_2} + H_2O \tag{3}$$

$$N_{总胺} = \frac{c_{HCl}V_{HCl} - c_{NaOH}V_{1.\,NaOH} - n_1 + n_2}{m/M}$$

$$= \frac{c_{HCl}V_{HCl} - c_{NaOH}V_{1.\,NaOH}}{m/M} \tag{4}$$

$$N_{叔胺} = \frac{c_{NaOH}V_{2.\,NaOH}}{m/M} \tag{5}$$

$$N_{伯胺} = \frac{c_{NaOH}V_{3.\,NaOH} - n_1 + n_2}{m/M} \tag{6}$$

$$N_{伯胺} = N_{总胺} - N_{叔胺} \tag{7}$$

式中，$V_{1.\,NaOH}$为第一次滴定突跃消耗 NaOH 体积；$V_{2.\,NaOH}$为第二次滴定突跃消耗 NaOH 体积；$V_{3.\,NaOH}$为第三次滴定突跃消耗 NaOH 体积。

由式(1) 可以看出，在酸性条件下，每个酰胺键的水解生成了一个伯胺，带来了一个氢离子的额外损失，给总胺所消耗的盐酸的计算带来正误差，使得结果偏大。但是水解的同时也生成了一个羧酸，羧酸是中强酸，可以与盐酸一样在第一次突跃的时候被滴定完全，给伯胺和叔胺所消耗的盐酸的计算带来负误差，使得结果偏小。两种物质是等摩尔生成的，所以带来的误差刚好抵消，如式(4)。这样在第一个突跃点时所算出的总胺基数是符合所测定分子式的。由于第二个突跃点是测定叔胺的，叔胺的测定不受水解的影响。所以叔胺的测定也是符合所测定分子式的，如式(5)。在第三个突跃点时，由于体系处于碱性条件下，同样会发生式(2) 的分解，带来氢氧根的正损失，而且由式(1) 带来的伯胺的数量的增大，也使得第三个突跃消耗的氢氧化钠增加，所以实际伯胺数量的计算如式(6)。因为 n_1 和 n_2 的值是不知道的，所以计算伯胺的数量不能通过式(6)，而只能通过式(7)。尽管已有的文献都没有使用第三个突跃点，但是对于为什么不使用更明显的第三个突跃点，本文是第一次给出了解释。并通过下面的实验给出滴定合理的条件。

(2) **实验部分** 参照文献制备 1.0G PAMAM，其分子式如图 1。

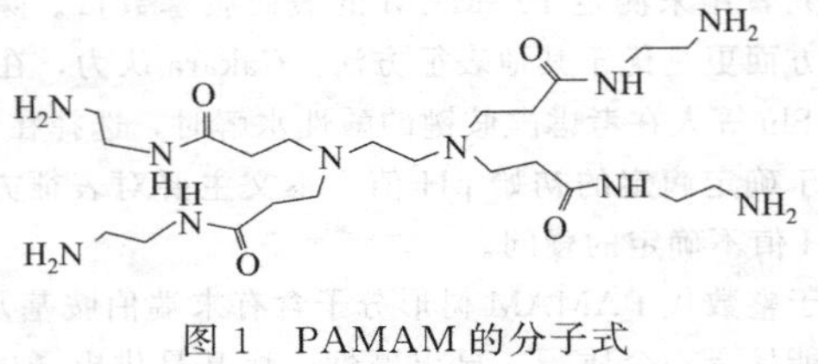

图 1 PAMAM 的分子式

称取 1.7713g 1.0G 的 PAMAM，溶于 100.00mL 容量瓶中，每次取 15.00mL。的样品与 10.00mL 的 KCl（1mol·L^{-1}）于 100mL 烧杯中，烧杯放在磁力搅拌器上，然后将 pH 电极固定于溶液中，边搅拌边从酸式滴定管里放出一定体积的盐酸（0.2310mol/L），直至调到所需的 pH 值。记录盐酸的体积。然后采用自动电位滴定仪用 NaOH(0.4884mol/L）进行滴定，流速（0.03597 ± 0.00003)mL/s，滴定数据由电脑采集，用 ORIGIN 进行数据处理。

（3）**结果与讨论** 根据实验数据绘制初始 pH 分别为 1.58、1.76、1.82、2.02 下 1.0G PAMAM 酸碱滴定曲线及差分曲线。初始 pH 为 1.58 时的酸碱滴定曲线及差分曲线如图 2 所示。

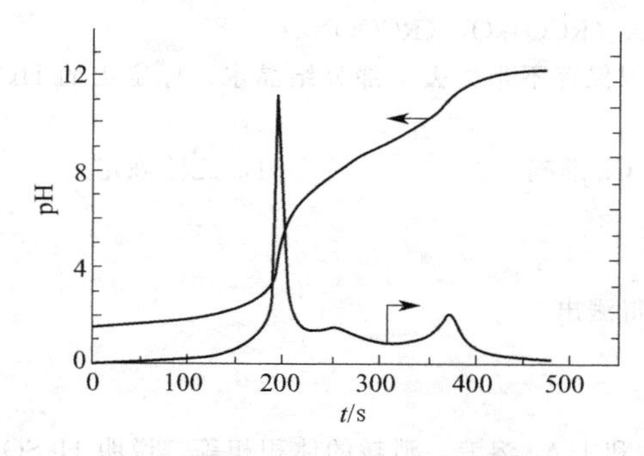

图 2 初始 pH 为 1.58 时的酸碱滴定曲线及差分曲线

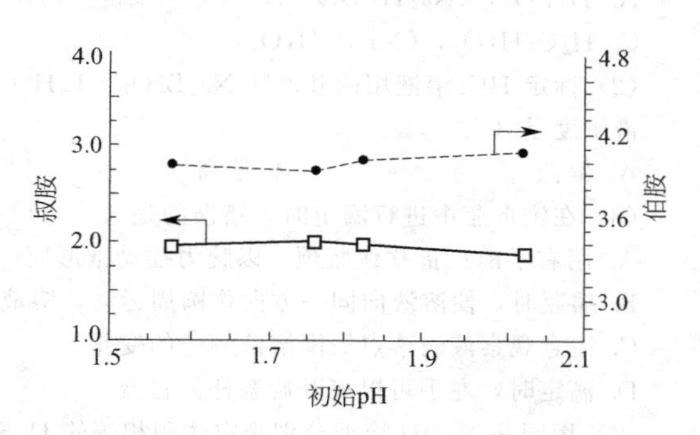

图 3 伯胺、叔胺值计算结果

从差分曲线中可以看到三个突跃峰，依次为强酸强碱滴定峰，叔胺滴定峰，伯胺滴定峰，且伯胺的滴定突跃比叔胺的滴定突跃更明显，但是因为考虑到酰胺键水解造成伯胺数量的增加致使计算结果的不准确，所以计算不采用伯胺的滴定突跃点。各突跃点消耗 NaOH 的体积及突跃点所对应的 pH 值如表所示。表中数据也说明了第三次突跃所消耗碱体积大于第二次突跃消耗碱体积的 2 倍，说明酰胺键在滴定过程发生了分解，导致了伯胺数量的增大。

Initial pH	V_{HCl} /mL	$V_{1.NaOH}$ /mL	pH in the first jump point	$V_{2.NaOH}$ /mL	pH in the second jump point	$V_{3.NaOH}$ /mL	pH in the first jump point
1.58	28.26	7.23	5.06	2.08	7.91	4.24	10.94
1.76	21.90	4.21	4.75	2.09	7.82	4.31	10.98
1.82	19.90	3.24	4.52	2.05	7.80	4.31	10.94
2.02	18.10	2.37	4.84	1.98	7.64	4.57	10.98

采用表中数据经式(4)、式(5)、式(7) 计算伯胺、叔胺值，结果图 3 所示。由图 3 可以看出，在初始 pH 为 2.0 前伯胺和叔胺的测定值在误差范围内波动，初始 pH 大于 2.0 时，叔胺的测定值减小，出现了叔胺的质子化不完全现象，与 Cakara 的结论相一致。由前面所述的原理及公式推导可知，酸度增加导致的酰胺键水解并不影响总胺及叔胺测定值的计算，而且酸度增加更能使叔胺质子化完全。所以 PAMAM 的滴定初始 pH 值应该选择在小于 2.0 的情况下进行滴定，这样可以使叔胺充分质子化，减少叔胺质子化不完全导致的叔胺测定值的减小，也相应地减少伯胺计算值的偏大，这样能保证滴定数据及计算结果更真实地反映所测 PAMAM 的伯胺基和叔胺基的数量。

（4）**结论** 整代聚酰胺一胺可以用酸碱滴定分析来表征其伯胺基和叔胺基数量，理论分析表明，采用第一个突跃点计算可以避免酰胺键的水解对结果的影响，实验表明酸碱滴定分析的条件为滴定初始 pH 值应该选择在小于 2.0 的情况下进行滴定，这样可以使叔胺充分质子化，减少叔胺质子化不完全导致的叔胺测定值的减小。

*详见：黄坚，陈胜福，曾涛，李建文．酸碱滴定分析在聚酰胺一胺表征中的应用［J］．高分子材料科学与工程，2007，23 (4)：185-187，191.

思考题与习题

基本概念复习及相关思考

5-1 说明下列术语的含义

酸、碱（质子理论)；共轭酸碱对；同离子效应；盐效应；分布系数、缓冲容量；缓冲范围；滴定、滴定终点；化学计量点；标准溶液；基准物质；返滴定。

习　题

5-2　单项选择题

(1) 当物质的基本单元为下列化学式时，它们分别与 NaOH 溶液反应的产物如括号内所示。与 NaOH 溶液反应时的物质的量之比为 1∶3 的物质是（　　）。

A. H_3PO_4，(Na_2HPO_4)　　B. $NaHC_2O_4 \cdot H_2C_2O_2$，($Na_2C_2O_4$)

C. $H_2C_8H_4O_4$，($Na_2C_8H_4O_4$)　　D. $(RCO)_2O$，(RCOONa)

(2) 标定 HCl 溶液用的基准物 $Na_2B_4O_7 \cdot 12H_2O$，因保存不当失去了部分结晶水，标定出的 HCl 溶液浓度是（　　）。

A. 偏低　　B. 偏高　　C. 准确　　D. 无法确定

(3) 在锥形瓶中进行滴定时，错误的是（　　）。

A. 用右手前三指拿住瓶颈，以腕力摇动锥形瓶

B. 摇瓶时，使溶液向同一方向作圆周运动，溶液不得溅出

C. 注意观察液滴落点周围溶液颜色的变化

D. 滴定时，左手可以离开旋塞任其自流

(4) 用同一 NaOH 溶液分别滴定体积相等的 H_2SO_4 和 HAc 溶液，消耗的体积相等，说明 H_2SO_4 和 HAc 两溶液中的（　　）。

A. 氢离子浓度（单位：$mol \cdot L^{-1}$，下同）相等　　B. H_2SO_4 和 HAc 的浓度相等

C. H_2SO_4 浓度为 HAc 的浓度的 1/2　　D. H_2SO_4 和 HAc 的电离度相等

(5) 某弱酸 HA 的 $K_a^{\ominus}=2.0\times10^{-5}$，若需配制 pH=5.00 的缓冲溶液，与 100mL 1.00$mol \cdot L^{-1}$ NaA 相混合的 1.00$mol \cdot L^{-1}$ HA 的体积约为（　　）。

A. 200mL　　B. 50mL　　C. 100mL　　D. 150mL

(6) 已知 $K_a^{\ominus}(HA)<10^{-5}$，HA 是很弱的酸，现将 $a$mol·L^{-1} HA 溶液加水稀释，使溶液的体积为原来的 n 倍 [设 $\alpha(HA)\ll1$]，下列叙述正确的是（　　）。

A. $c(H^+)$ 变为原来的 $1/n$　　B. HA 溶液的解离度增大为原来的 n 倍

C. $c(H^+)$ 变为原来的 a/n 倍　　D. $c(H^+)$ 变为原来的 $(1/n)^{1/2}$

(7) 计算 1$mol \cdot L^{-1}$ HOAc 和 1$mol \cdot L^{-1}$ NaOAc 等体积混合溶液的 $[H^+]$ 时，应选用公式为(　　)。

A. $[H^+]=\sqrt{K_a c}$　　B. $[H^+]=\sqrt{\dfrac{K_a K_W}{c}}$

C. $[H^+]=K_{HOAc}\cdot\dfrac{c_{HOAc}}{c_{Ac^-}}$　　D. $[H^+]=\sqrt{\dfrac{cK_W}{K_b}}$

(8) NaOH 溶液保存不当，吸收了空气中 CO_2，用邻苯二甲酸氢钾为基准物标定浓度后，用于测定 HOAc。测定结果（　　）。

A. 偏高　　B. 偏低　　C. 无影响　　D. 不定

(9) 将 0.1$mol \cdot L^{-1}$ HA($K_a=1.0\times10^{-5}$) 与 0.1$mol \cdot L^{-1}$ HB($K_a=1.0\times10^{-9}$) 等体积混合，溶液的 pH 为（　　）。

A. 3.0　　B. 3.3　　C. 4.0　　D. 4.3

(10) NaH_2PO_4 水溶液的质子条件为（　　）。

A. $[H^+]+[H_3PO_4]+[Na^+]=[OH^-]+[HPO_4^{2-}]+[PO_4^{3-}]$

B. $[H^+]+[Na^+]=[H_2PO_4^-]+[OH^-]$

C. $[H^+]+[H_3PO_4]=[HPO_4^{2-}]+2[PO_4^{3-}]+[OH^-]$

D. $[H^+]+[H_2PO_4^-]+[H_3PO_4]=[OH^-]+3[PO_4^{3-}]$

(11) 可以用直接法配制标准溶液的是（　　）。

A. 含量为 99.9%的铜片　　B. 优级纯浓 H_2SO_4

C. 含量为 99.9%的 $KMnO_4$　　D. 分析纯 $Na_2S_2O_3$

(12) 某弱酸 HA 的 $K_a=1\times10^{-5}$，则其 0.1$mol \cdot L^{-1}$ 溶液的 pH 值为（　　）。

A. 1.0　　B. 2.0

C. 3.0　　D. 3.5

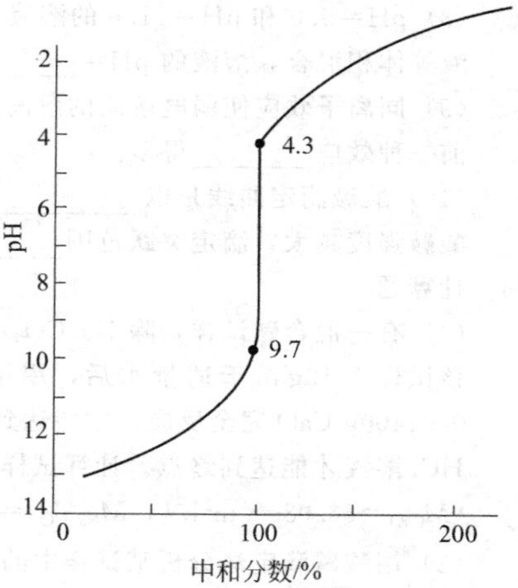

(13) 右图滴定曲线的类型为（　　）。

A. 强酸滴定弱碱　　B. 强酸滴定强碱

C. 强碱滴定弱酸　　D. 强碱滴定强酸

(14) 某水溶液（25℃）其 pH 值为 4.5，则此水溶液中 OH^- 的浓度（单位：$mol \cdot L^{-1}$）为（　　）。

A. $10^{-4.5}$　　B. $10^{4.5}$

C. $10^{-11.5}$　　D. $10^{-9.5}$

(15) 已知 H_3PO_4 的 $K_{a_1}=7.6\times10^{-3}$，$K_{a_2}=6.3\times10^{-8}$，$K_{a_3}=4.4\times10^{-13}$。用 NaOH 溶液滴定 H_3PO_4 至生成 NaH_2PO_4 时，溶液的 pH 值约为（　　）。

A. 2.12　　B. 4.66

C. 7.20　　D. 9.86

(16) 在以邻苯二甲酸氢钾标定 NaOH 溶液浓度时，有如下四种记录，正确的是（　　）。

项　目	A	B	C	D
滴定管终读数/mL	49.10	24.08	39.05	24.10
滴定管初读数/mL	25.00	0.00	15.02	0.05
V_{NaOH}/mL	24.10	24.08	24.03	24.05

(17) 根据酸碱质子理论，下列各离子中，既可做酸，又可做碱的是（　　）。

A. H_3O^+　　B. $[Fe(H_2O)_4(OH)_2]^+$　　C. NH_4^+　　D. CO_3^{2-}

(18) 应用式 $\frac{[H^+]^2[S^{2-}]}{[H_2S]}=K_{a_1}^{\ominus}K_{a_2}^{\ominus}$ 的条件是（　　）。

A. 只适用于饱和 H_2S 溶液　　B. 只适用于不饱和 H_2S 溶液

C. 只适用于有其他酸共存时的 H_2S 溶液　　D. 上述 3 种情况都适用

(19) 向 $0.10mol \cdot dm^{-3}$ HCl 溶液中通 H_2S 气体至饱和（$0.10mol \cdot dm^{-3}$），溶液中 S^{2-} 浓度为（H_2S $K_{a_1}=9.1\times10^{-8}$，$K_{a_2}=1:1\times10^{-12}$）（　　）。

A. $1.0\times10^{-18}mol/L$　　B. $1.1\times10^{-12}mol/L$　　C. $1.0\times10^{-19}mol/L$　　D. $9.5\times10^{-5}mol/L$

(20) 酸碱滴定中指示剂选择的原则是（　　）。

A. 指示剂的变色范围与等当点完全相符

B. 指示剂的变色范围全部和部分落入滴定的 pH 突跃范围之内

C. 指示剂应在 pH=7.0 时变色

D. 指示剂变色范围完全落在滴定的 pH 突跃范围之内

5-3　填空题

(1) $2.0\times10^{-3}mol \cdot L^{-1}$ HNO_3 溶液的 pH=__________。

(2) 盛 $FeCl_3$ 溶液的试剂瓶放久后产生的红棕色污垢，宜用__________做洗涤剂。

(3) 在写 NH_3 水溶液中的质子条件式是，应取 H_2O，__________为零水准，其质子条件式为________________。

(4) 写出下列物质共轭酸的化学式：

$(CH_2)_6N_4$ __________；$H_2AsO_4^-$ __________。

(5) 已知 $K_{a_1}^{\ominus}(H_2S)=1.32\times10^{-7}$，$K_{a_2}^{\ominus}(H_2S)=7.10\times10^{-15}$。则 $0.10mol \cdot L^{-1}$ Na_2S 溶液的 $c(OH^-)$=________ $mol \cdot L^{-1}$，pH=________。

(6) 已知 $K_{HAc}=1.8\times10^{-5}$，pH 为 3.0 的下列溶液，用等体积的水稀释后，它们的 pH 值为：HAc 溶液____________；HCl 溶液____________；HAc-NaAc 溶液____________。

(7) 由醋酸溶液的分布曲线可知，当醋酸溶液中 HOAc 和 OAc^- 的存在量各占 50%时，pH 值即为醋酸的 pK_a 值。当 pH<pK_a 时，溶液中__________为主要存在形式；当 pH>pK_a 时，则__________为主要存在形式。

(8) pH=9.0 和 pH=11.0 的溶液等体积混合，溶液的 pH=________；pH=5.0 和 pH=9.0 的溶液等体积混合，溶液的 pH=________。(上述溶液指强酸、强碱的稀溶液)

(9) 同离子效应使弱电解质的解离度________；盐效应使弱电解质的解离度________；后一种效应较前一种效应________得多。

(10) 酸碱滴定曲线是以________变化为特征。滴定时，酸碱浓度越大，滴定突跃范围________；酸碱强度越大，滴定突跃范围________。

5-4 计算题

(1) 有一混合碱试样，除 Na_2CO_3 外，还可能含有 NaOH 或 $NaHCO_3$ 以及不与酸作用的物质。称取该试样 1.10g 溶于适量水后，用甲基橙为指示剂需加 31.4mL HCl 溶液（每 1.00mL HCl 与可与 0.01400g CaO 完全反应）才能达到终点。用酚酞作为指示剂时，同样质量的试样需 15.0mL 该浓度 HCl 溶液才能达到终点。计算试样中各组分的含量。

($M_{CaO}=56.08g\cdot mol^{-1}$，$M_{Na_2CO_3}=106.0g\cdot mol^{-1}$，$M_{NaHCO_3}=84.01g\cdot mol^{-1}$，$M_{NaOH}=40.00g\cdot mol^{-1}$)

(2) 用酸碱滴定法分析某试样中的氮（$M=14.01g\cdot mol^{-1}$）含量。称取 2.000g 试样，经化学处理使试样中的氮定量转化为 NH_4^+。再加入过量的碱溶液，使 NH_4^+ 转化为 NH_3，加热蒸馏，用 50.00mL $0.2500mol\cdot L^{-1}$ HCl 标准溶液吸收分馏出之 NH_3，过量的 HCl 用 $0.1150mol\cdot L^{-1}$ NaOH 标准溶液回滴，消耗 26.00mL。求试样中氮的含量。

(3) 将 100.0mL $0.200mol\cdot L^{-1}$ HAc 与 300.0mL $0.400mol\cdot L^{-1}$ HCN 混合，计算混合溶液中的各离子浓度。[$K_a^{\ominus}(HAc)=1.75\times10^{-5}$，$K_a^{\ominus}(HCN)=6.2\times10^{-10}$]

(4) 今有 $1.0dm^3$ $0.10mol\cdot dm^{-3}$ 氨水，问：

① 氨水的 [H^+] 是多少？

② 加入 5.35g NH_4Cl 后，溶液的 [H^+] 是多少？

(忽略加入 NH_4Cl 后溶液体积的变化)

③ 加入 NH_4Cl 前后氨水的电离度各为多少？(NH_3 的 $K_b=1.8\times10^{-5}$)

(相对原子质量：Cl 35.5，N 14)

(5) 氢氰酸 HCN 电离常数为 4×10^{-10}，将含有 5.01g HCl 的水溶液和 6.74g NaCN 混合，并加水稀释到 $0.275dm^3$，求 H_3O^+，CN^-，HCN 的浓度是多少？($M_{HCl}=36.46g\cdot mol^{-1}$，$M_{NaCN}=49.01g\cdot mol^{-1}$)

(6) 测得某一弱酸（HA）溶液的 pH=2.52，该一元弱酸的钠盐（NaA）溶液的 pH=9.15，当上述 HA 与 NaA 溶液等体积混匀后测得 pH=4.52，求该一元弱酸的电离常数 K_{HA} 值为多少？

5-5 The purity of a pharmaceutical preparation of sulfanilamide, $C_6H_4N_2O_2S$, can be determined by oxidizing the sulfur to SO_2 and bubbling the SO_2 through H_2O_2 to produce H_2SO_4. The acid is then titrated with a standard solution of NaOH to the bromothymol blue end point, where both of sulfuric acid's acidic protons have been neutralized. Calculate the purity of the preparation, given that a 0.5136 g sample required 48.13 mL of $0.1251mol\cdot L^{-1}$ NaOH.

5-6 The alkalinity of natural waters is usually controlled by OH^-, CO_3^{2-}, and HCO_3^- which may be present singularly or in combination. Titrating a 100.0 mL sample to a pH of 8.3 (to the phenolphthalein end point) requires 18.67 mL of a $0.02812\ mol\cdot L^{-1}$ solution of HCl. A second 100.0 mL aliquot requires 48.12 mL of the same titrant or reach a pH of 4.5 (to the methyl orange end point). Identify the sources of alkalinity and their concentrations in parts per million.

5-7 判断题

(1) 在酸碱质子理论中，有盐的概念。 ( )

(2) pH=5 和 pH=9 的两溶液等体积混合后溶液一定呈中性。 ( )

(3) 两性物质指既能给出质子又能接受质子的物质。 ( )

(4) 缓冲溶液是指具有稳定溶液酸度作用的溶液。缓冲溶液的缓冲范围为 $pH=pK_a\pm1$。 ( )

其他习题请参阅《无机及分析化学学习要点与习题解》

第 6 章　沉淀-溶解平衡与沉淀滴定法

Chapter 6　Precipitation-solubility Equilibrium and Precipitation Titration

6.1　难溶电解质的溶度积和溶度积规则

6.1.1　难溶电解质的溶度积

任何电解质在水中都有一定的溶解度，在水中绝对不溶的物质是不存在的。难溶物质所溶解的部分完全发生离解，这类难溶物质称为难溶强电解质。

在一定温度下，将过量 $BaSO_4$ 固体投入水中，Ba^{2+} 和 SO_4^{2-} 不断离开固体表面进入溶液，形成水合离子，这是 $BaSO_4$ 的溶解过程。同时．已溶解的 Ba^{2+} 和 SO_4^{2-} 又会在运动中相互碰撞而回到固体表面，从溶液中析出，这就是 $BaSO_4$ 的沉淀过程。当沉淀与溶解两过程反应速率相同时就达到了沉淀与溶解平衡状态：

$$BaSO_4(s) \underset{沉淀}{\overset{溶解}{\rightleftharpoons}} Ba^{2+} + SO_4^{2-}$$

根据平衡原理，其平衡常数为：

$$K_{sp}^{\ominus}(BaSO_4) = [Ba^{2+}][SO_4^{2-}]$$

该平衡为沉淀-溶解平衡，是多相离子平衡，其平衡常数称为溶度积常数，简称为溶度积。

对于一般的难溶强电解质 A_mB_n：

$$A_mB_n \underset{沉淀}{\overset{溶解}{\rightleftharpoons}} mA^{n+} + nB^{m-}$$

沉淀-溶解达到平衡时：

$$K_{sp}^{\ominus} = [A^{n+}]^m[B^{m-}]^n \tag{6-1}$$

在一定温度下，$K_{sp}^{\ominus}$的大小反映了难溶电解质溶解能力的大小。$K_{sp}^{\ominus}$越大，表示该难溶电解质的溶解度越大。严格来说，$K_{sp}^{\ominus}$应该用溶解平衡时各离子活度幂的乘积来表示。但当难溶电解质的溶解度很小，溶液的浓度很稀时，此时活度近似等于溶液的浓度。因此，一般计算中，可用浓度代替活度。

与其他平衡常数一样，$K_{sp}^{\ominus}$也是温度的函数，采用常温下测得的溶度积数据，附录 6 列出了一些难溶电解质的溶度积。

6.1.2　溶解度和溶度积的相互换算

根据溶度积常数表达式，可以进行溶度积和溶解度之间的相互换算，在换算时离子浓度和溶解度均应采用物质的量浓度（$mol \cdot L^{-1}$）。

【例 6-1】　已知 AgCl 在 298K 时的溶度积为 1.8×10^{-10}，求 AgCl 的溶解度。

解　设 AgCl 的溶解度为 s $mol \cdot L^{-1}$，AgCl 的沉淀-溶解平衡为：

$$AgCl(s) \rightleftharpoons Ag^+ + Cl^-$$

平衡浓度/mol · L^{-1}　　　　s　　s

$$K_{sp}^{\ominus}(AgCl) = [Ag^+][Cl^-] = S^2$$

故

$$S = \sqrt{K_{sp}^{\ominus}} = \sqrt{1.8 \times 10^{-10}} = 1.34 \times 10^{-5}\ (mol \cdot L^{-1})$$

计算结果表明，AB 型的难溶电解质，其溶解度在数值上等于其溶度积的平方根。即：

$$S = \sqrt{K_{sp}^{\ominus}} \tag{6-2}$$

同理可推导出 AB_2（或 A_2B）型的难溶电解质的溶解度与溶度积的关系为：

$$S = \sqrt[3]{\frac{K_{sp}^{\ominus}}{4}} \tag{6-3}$$

【例 6-2】 在 298K 时，AgBr 和 Ag_2CrO_4 的溶解度分别为 7.1×10^{-7} mol · L^{-1} 和 6.5×10^{-5} mol · L^{-1}，分别计算其溶度积。

解 (1) AgBr 属于 AB 型难溶电解质，溶解度 $s = 7.1 \times 10^{-7}$ mol · L^{-1}

$$AgCl(s) \rightleftharpoons Ag^+ + Cl^-$$

平衡浓度/mol · L^{-1}　　　　S　　S

$$K_{sp}^{\ominus}(AgBr) = [Ag^+][Br^-] = S^2 = (7.1 \times 10^{-7})^2 = 5.0 \times 10^{-13}$$

(2) Ag_2CrO_4 属于 A_2B 型难溶电解质，溶解度 $s = 6.5 \times 10^{-5}$ mol · L^{-1}

$$Ag_2CrO_4(s) \rightleftharpoons 2Ag^+ + CrO_4^{2-}$$

平衡浓度/mol · L^{-1}　　　　$2S$　　S

$$K_{sp}^{\ominus}(Ag_2CrO_4) = [Ag^+]^2[CrO_4^-] = (2S)^2 S = 4 \times (6.5 \times 10^{-5})^3 = 1.1 \times 10^{-12}$$

从上述两例的计算可以看出，AgCl 的溶度积（1.8×10^{-10}）比 AgBr 的溶度积（5.0×10^{-13}）大，所以 AgCl 的溶解度（1.34×10^{-5} mol · L^{-1}）也比 AgBr 的溶解度（7.1×10^{-7} mol · L^{-1}）大，然而，AgCl 的溶度积比 Ag_2CrO_4 的溶度积（1.1×10^{-12}）大，而 AgCl 的溶解度却比 Ag_2CrO_4 的溶解度（6.5×10^{-5} mol · L^{-1}）小，这是由于 AgCl 为 AB 型难溶电解质，而 Ag_2CrO_4 为 A_2B 型难溶电解质，两者的溶度积表达式不同。因此，只有对同一类型的难溶电解质，才能应用溶度积常数值的大小直接比较其溶解度的相对大小。而对于不同类型的难溶电解质，必须通过计算才能比较其溶解度的相对大小（表 6-1）。

表 6-1　同类型化合物溶度积和溶解度的对比

难溶电解质类型	难溶电解质	$K_{sp}^{\ominus}$	S/mol · L^{-1}
AB 型	$BaSO_4$	1.1×10^{-10}	1.0×10^{-5}
	$CaCO_3$	9.1×10^{-6}	3.0×10^{-3}
AB_2 型	$PbCl_2$	1.6×10^{-5}	1.6×10^{-2}
	$Mg(OH)_2$	1.8×10^{-11}	1.7×10^{-4}
A_2B 型	Ag_2SO_4	1.4×10^{-5}	1.5×10^{-2}
	Ag_2CrO_4	1.1×10^{-12}	6.54×10^{-5}

6.1.3　溶度积规则

将化学平衡移动原理应用到难溶电解质的多相离子平衡体系中，可以总结出判断难溶强电解质沉淀生成和溶解的普遍规律。例如，在一定温度下，将过量的 $BaSO_4$ 固体放入水中，溶液达到饱和后，则有 $[Ba^{2+}][SO_4^{2-}] = K_{sp}^{\ominus}$。

如果加入 $BaCl_2$ 增大 Ba^{2+} 浓度，溶液中 $[Ba^{2+}][SO_4^{2-}] > K_{sp}^{\ominus}$，则平衡向左移动，生成 $BaSO_4$ 沉淀：随着 $BaSO_4$ 沉淀的生成，溶液中 SO_4^{2-} 和 Ba^{2+} 浓度逐渐减小，当 Ba^{2+} 浓

度和 SO_4^{2-} 浓度乘积等于 $K_{sp}^{\ominus}(BaSO_4)$ 时，体系达到了一个新的平衡状态。

如果设法降低上述平衡体系中的 Ba^{2+} 或 SO_4^{2-} 浓度，使溶液中 $[Ba^{2+}][SO_4^{2-}]<K_{sp}^{\ominus}$，平衡会向右移动，使 $BaSO_4$ 溶解，直到溶液中 Ba^{2+} 浓度和 SO_4^{2-} 浓度乘积等于 $K_{sp}^{\ominus}(BaSO_4)$ 时，溶解过程才停止。

因此，对于一般难溶电解质的沉淀-溶解平衡：

$$A_mB_n \underset{沉淀}{\overset{溶解}{\rightleftharpoons}} mA^{n+} + nB^{m-}$$

如果引入化学平衡中的浓度商（Q_c），在任意条件下则有：

$$Q_c = [A^{n+}]^m[B^{m-}]^n$$

应用化学平衡移动原理，将 Q_c 和 K 进行比较，可得如下规律。

（1）$Q_c > K_{sp}^{\ominus}$　溶液过饱和，有沉淀生成。

（2）$Q_c = K_{sp}^{\ominus}$　溶液处于饱和，为平衡状态。

（3）$Q_c < K_{sp}^{\ominus}$　不饱和溶液，无沉淀生成，或沉淀溶解。

以上关于沉淀生成和溶解的规律称为溶度积规则，根据溶度积规则可用于判断沉淀的生成与溶解。

6.2　沉淀-溶解平衡的移动

6.2.1　同离子效应和盐效应对沉淀-溶解平衡的影响

如前所述，如果在 $BaSO_4$ 的沉淀-溶解平衡体系中加入 $BaCl_2$（或 Na_2SO_4）就会破坏平衡，结果生成更多的 $BaSO_4$ 沉淀。当新的平衡建立时，$BaSO_4$ 的溶解度减小。在难溶电解质的饱和溶液中，这种因加入含有相同离子的强电解质，使难溶电解质溶解度降低的效应，称为同离子效应。

【例 6-3】 已知 298K 下 $BaSO_4$ 的 $K_{sp}^{\ominus}(BaSO_4)=1.1\times10^{-10}$，比较 $BaSO_4$ 在纯水中的溶解度是在 $0.10mol\cdot L^{-1}$ Na_2SO_4 溶液中溶解度的多少倍？

解　设 $BaSO_4$ 在 $0.10mol\cdot L^{-1}$ Na_2SO_4 溶液中的溶解度为 $x mol\cdot L^{-1}$，则溶解平衡时：

$$BaSO_4(s) = Ba^{2+} \quad + \quad SO_4^{2-}$$

平衡时浓度/($mol\cdot L^{-1}$)　　x　　$0.10+x$

$$K_{sp}^{\ominus}(BaSO_4)=c(Ba^{2+})\cdot c(SO_4^{2-})=x(0.10+x)=1.1\times10^{-10}$$

因为溶解度 x 很小，$0.10+x\approx0.10$，$0.10x=1.1\times10^{-10}$

所以　$x=1.1\times10^{-9}\ (mol\cdot L^{-1})$

设 $BaSO_4$ 在纯水中的溶解度为 S，

$$S=c(Ba^{2+})=c(SO_4^{2-}),$$

所以　$S=\sqrt{K_{sp}^{\ominus}}=1.05\times10^{-5}\ (mol\cdot L^{-1})$

$BaSO_4$ 在纯水中与在 $0.10mol\cdot L^{-1}$ Na_2SO_4 溶液的溶解度相比较，为 $1.05\times10^{-5}/1.1\times10^{-9}$，即约为 10000 倍。

因此，利用同离子效应可以使难溶电解质的溶解度大大降低，使某种离子沉淀得更接近完全。一般来说，溶液中残留的离子浓度，在定性分析中小于 $10^{-5}mol\cdot L^{-1}$，在定量分析中小于 $10^{-6}mol\cdot L^{-1}$，就可以认为沉淀完全。

实验表明，在 KNO_3 等强电解质存在的情况下，难溶电解质的溶解度比在纯水中略有增大。这种由于加入强电解质而使沉淀溶解度增大的现象，称为盐效应。加入强电解质产生盐效应的机理是强电解质离解而生成的大量离子，使溶液中的构晶离子活度降低，因而沉淀溶解平衡向难溶电解质离解的方向移动。在利用同离子效应降低沉淀溶解度时，也应考虑盐效应的影响，因此在沉淀操作中沉淀剂不能过量太多。一般沉淀剂过量30%～50%即可。

6.2.2 沉淀生成

根据溶度积规则，在溶液中要使某种离子生成沉淀，必须满足沉淀生成的条件 $Q_c > K_{sp}^{\ominus}$。由溶度积常数表达式可知，如果沉淀剂适当过量，将有效地降低被沉淀离子的残留浓度。

当被沉淀离子浓度一定时，沉淀的完全程度与沉淀的 $K_{sp}^{\ominus}$、沉淀剂的性质和用量、沉淀时的 pH 等因素有关。因此，为了使被沉淀离子尽可能沉淀完全，首先应选择合适的沉淀剂。

【例 6-4】 将等体积的 4×10^{-3} mol·L^{-1} 的 $AgNO_3$ 和 4×10^{-3} mol·L^{-1} K_2CrO_4 混合，有无 Ag_2CrO_4 沉淀产生？已知 $K_{sp}^{\ominus}(Ag_2CrO_4)=1.12\times10^{-12}$。

解 等体积混合后，浓度为原来的一半。

$$c(Ag^+)=2\times10^{-3}\text{mol}\cdot\text{L}^{-1}；c(CrO_4^{2-})=2\times10^{-3}\text{mol}\cdot\text{L}^{-1}$$

$$\begin{aligned}Q_i&=c^2(Ag^+)\cdot c(CrO_4^{2-})\\&=(2\times10^{-3})^2\times2\times10^{-3}\\&=8\times10^{-9}>K_{sp}^{\ominus}(CrO_4^{2-})\end{aligned}$$

所以有沉淀析出。

6.2.3 沉淀的溶解

根据溶度积规则，沉淀溶解的必要条件是 $Q_c < K_{sp}^{\ominus}$，只要采取一定的措施，降低难溶电解质沉淀-溶解平衡体系中有关离子的浓度，就可以使沉淀溶解。使沉淀溶解的方法通常有生成弱电解质、氧化还原反应、生成配位化合物等。

(1) 通过生成弱电解质使沉淀溶解 利用 H^+ 与难溶电解质组分离子结合生成弱电解质，可以使该难溶电解质溶解度增大。例如，固体 ZnS 可以溶于盐酸中，其反应过程如下：

$$ZnS(s) \rightleftharpoons Zn^{2+}+S^{2-} \qquad K_1^{\ominus}=K_{sp}^{\ominus}(ZnS) \tag{1}$$

$$S^{2-}+H^+ \rightleftharpoons HS^- \qquad K_2^{\ominus}=\frac{1}{K_{a_2}^{\ominus}(H_2S)} \tag{2}$$

$$HS^-+H^+ \rightleftharpoons H_2S \qquad K_3^{\ominus}=\frac{1}{K_{a_1}^{\ominus}(H_2S)} \tag{3}$$

由上述反应可见，H^+ 与 S^{2-} 结合生成弱电解质 H_2S，$[S^{2-}]$ 降低，使 ZnS 的沉淀-溶解平衡向溶解的方向移动，若加入足够量的盐酸，则 ZnS 会全部溶解。

将式 (1)+式(2)+式(3)，得到 ZnS 溶于 HCl 的溶解反应式：

$$ZnS(s)+2H^+ \rightleftharpoons Zn^{2+}+H_2S$$

根据多重平衡规则，ZnS 溶于盐酸反应的平衡常数为：

$$K^{\ominus}=K_1^{\ominus}K_2^{\ominus}K_3^{\ominus}=\frac{[Zn^{2+}][H_2S]}{[H^+]^2}=\frac{[Zn^{2+}][H_2S][S^{2-}]}{[H^+]^2[S^{2-}]}=\frac{K_{sp}^{\ominus}(ZnS)}{K_{a_1}^{\ominus}(H_2S)K_{a_2}^{\ominus}(H_2S)}$$

可见，这类难溶弱酸盐溶于酸的难易程度，与难溶盐的溶度积和生成弱酸的电离常数有关。$K_{sp}^{\ominus}$越大，$K_a^{\ominus}$ 越小，其反应越容易进行。

【例 6-5】 要使 0.1mol FeS 完全溶于 1L 盐酸中，求所需盐酸的最低浓度。已知饱和 H_2S 的浓度为 0.1mol·L^{-1}。

解 当 0.1molFeS 完全溶于 1L 盐酸时，

$$c(Fe^{2+})=0.1\text{mol}\cdot\text{L}^{-1}，c(H_2S)=0.1\text{mol}\cdot\text{L}^{-1}$$

$$K^{\ominus}_{sp}(FeS)=c(Fe^{2+})c(S^{2-})$$

$$c(S^{2-})=\frac{K^{\ominus}sp(FeS)}{c(Fe^{2+})}=\frac{1.59\times10^{-19}}{0.1}=1.59\times10^{-18}(mol\cdot L^{-1})$$

根据
$$K^{\ominus}_{a_1}(H_2S)K^{\ominus}_{a_2}(H_2S)=\frac{c(H^+)^2c(S^{2-})}{c(H_2S)}$$

$$c(H^+)=\sqrt{\frac{K^{\ominus}_{a_1}(H_2S)K^{\ominus}_{a_2}(H_2S)c(H_2S)}{c(S^{2-})}}=\sqrt{\frac{1.4\times10^{-21}}{1.59\times10^{-18}}}=0.030\ (mol\cdot L^{-1})$$

生成 H_2S 时消耗掉 0.2mol 盐酸，故所需的盐酸的最初浓度为 0.03+0.2=0.23（$mol\cdot L^{-1}$）。

氢氧化物一般都能溶于酸，达是因为氢氧化物与酸反应生成极弱电解质水。一些溶解度相对较大的难溶氢氧化物，如 $Mg(OH)_2$、$Pb(OH)_2$、$Mn(OH)_2$ 等能溶于酸，还能溶于铵盐溶液、因为 NH_4^+ 是弱酸。例如固体 $Mg(OH)_2$ 可溶于盐酸中，其反应为：

$$Mg(OH)_2+2H^+\rightleftharpoons Mg^{2+}+2H_2O$$

$Mg(OH)_2$ 还能溶于铵盐，其反应为：

$$Mg(OH)_2+2NH_4^+\rightleftharpoons Mg^{2+}+2H_2O+2NH_3$$

但一些溶解度很小的氢氧化物，如 $Fe(OH)_3$、$Al(OH)_3$ 等，则不能溶于铵盐，因为 NH_4^+ 是弱酸，不能有效地降低溶液中 OH^- 的浓度。

(2) 通过氧化还原反应使沉淀溶解 许多溶度积不是很小的金属硫化物，如 FeS、ZnS、MnS 等可溶于酸并放出 H_2S 气体。不过，有些溶度积特别小的金属硫化物，如 CuS、Ag_2S、PbS 等，在它们的饱和溶液中 S^{2-} 浓度非常小，即使是加入高浓度的强酸也不能有效地降低 S^{2-} 浓度，而达到使 $Q_c<K^{\ominus}_{sp}$ 的目的，因此它们不能溶于强酸。但是，如果加入具有氧化性的硝酸，由于能发生氧化还原反应，致使金属硫化物溶解。例如：

$$3CuS(s)+8HNO_3\rightleftharpoons 3Cu(NO_3)_2+3S\downarrow+2NO\uparrow+4H_2O$$

硝酸将 S^{2-} 氧化成单质硫析出，有效降低了 S^{2-} 浓度，导致 $[CuS^{2+}][S^{2-}]<K^{\ominus}_{sp}(CuS)$，使平衡向 CuS 溶解方向移动。

Ag_2S、Bi_2S_3 等溶度积特别小的金属硫化物都不溶于盐酸，但能溶于硝酸中。

(3) 通过生成配位化合物使沉淀溶解 在难溶电解质的溶液中加入一种配位剂，与难溶电解质的某一离子发生配位反应，生成配位化合物，从而降低难溶电解质的某一离子的浓度，则可增大该难溶电解质的溶解度。例如 AgCl 溶于氨水：

$$AgCl(s)+2NH_3\rightleftharpoons [Ag(NH_3)_2]^++Cl^-$$

由于生成了稳定的 $[Ag(NH_3)_2]^+$ 配离子，降低了 Ag^+ 浓度，导致 $[Ag^+][Cl^-]<K^{\ominus}_{sp}(AgCl)$，使平衡向 AgCl 溶解方向移动。

综上所述，可以看出，溶解沉淀的方法虽然不同，但从中可以归纳出一条共同的规律：凡能有效地降低难溶电解质饱和溶液中的有关离子的浓度，就可以使该难溶电解质溶解。

在实际工作中，可根据难溶电解质的溶度积的大小和离子的性质来选择合适的方法，有时可选其中一种方法，有时须同时选用两种方法。例如，HgS 的溶度积太小，既不溶于非氧化性强酸，也不溶于氧化性 HNO_3，必须用王水（3 份浓盐酸和 1 份浓硝酸混合）才能使之溶解。其反应如下：

$$3HgS+2NO_3^-+12Cl^-+8H^+\rightleftharpoons 3[HgCl_4]^2+3S\downarrow+2NO\uparrow+4H_2O$$

利用 HNO_3 的氧化性可将 S^{2-} 氧化成 S，降低 S^{2-} 浓度，而浓盐酸中高浓度 Cl^- 与 Hg^{2+} 配位生成稳定的 $[HgCl_4]^{2-}$ 配离子而降低了 Hg^{2+} 的浓度，同时降低了 S^{2-} 和 Hg^{2+} 的浓度，使 $[Hg^{2+}][S^{2-}]<K^{\ominus}_{sp}(HgS)$，因此，HgS 便溶解于王水中。

6.2.4 分步沉淀

在实际工作中，常常会遇到体系中同时含有几种离子，当加入某种沉淀剂时，几种离子均可能发生沉淀反应，生成难溶化合物。在这种情况下几个沉淀反应是同时进行还是按一定的先后顺序进行呢？例如，向含有相同浓度的 Cl^- 和 I^- 的溶液中，滴加 $AgNO_3$ 溶液，首先会生成黄色的 AgI 沉淀，然后生成白色的 AgCl 沉淀。这种先后沉淀的现象，称为分步沉淀。

【例 6-6】 在浓度均为 1.0×10^{-2} mol·L^{-1} Cl^- 和 I^- 的混合溶液中，逐滴加入 $AgNO_3$ 溶液，问：(1) 哪种离子先形成沉淀？(2) 当后形成沉淀的离子开始沉淀时，先沉淀离子的浓度已降至多少，两种离子有无可能分离？[已知 $K^{\ominus}_{sp}(AgCl)=1.8\times10^{-10}$，$K^{\ominus}_{sp}(AgI)=8.3\times10^{-17}$]

解 开始生成 AgI 和 AgCl 沉淀时所需要的 Ag^+ 离子浓度分别是：

$$AgI：c(Ag^+)>\frac{K^{\ominus}_{sp}(AgI)}{c(I^-)}=\frac{8.3\times10^{-17}}{0.010}=8.3\times10^{-15}\ (mol\cdot L^{-1})$$

$$AgCl：c(Ag^+)>\frac{K^{\ominus}_{sp}(AgCl)}{c(Cl^-)}=\frac{1.8\times10^{-10}}{0.01}=1.8\times10^{-8}\ (mol\cdot L^{-1})$$

计算结果表明，沉淀 I^- 所需 Ag^+ 浓度比沉淀 Cl^- 所需 Ag^+ 浓度小得多，所以 AgI 先沉淀。当 Ag^+ 浓度刚超过 1.8×10^{-8} mol·L^{-1} 时，AgCl 开始沉淀，此时溶液中存在的 I^- 浓度为：

$$c(I^-)=\frac{K^{\ominus}_{sp}(AgI)}{c(Ag^+)}=\frac{8.3\times10^{-17}}{1.8\times10^{-8}}=4.6\times10^{-9}\ (mol\cdot L^{-1})$$

可以认为，当 AgCl 开始沉淀时，I^- 已经沉淀完全。如果我们能适当地控制反应条件，就可使 Cl^- 和 I^- 分离。

总之，当溶液中同时存在几种离子时，离子积首先超过溶度积的难溶电解质将先析出沉淀。通过控制沉淀剂的浓度，若能使一种离子沉淀完全的时候另一种离子还没有形成沉淀，就可以用分步沉淀的方法分离这两种离子。

6.2.5 沉淀转化

借助于某种试剂，将一种难溶电解质转变为另一种难溶电解质的过程，称为沉淀的转化。例如，借助于 Na_2S 的作用，可将 $PbSO_4$ 转化为 PbS，其反应如下：

$$PbSO_4(s)\rightleftharpoons Pb^{2+}+SO_4^{2-}\qquad K^{\ominus}_1=K^{\ominus}_{sp}(PbSO_4)\qquad (1)$$

$$Pb^{2+}+S^{2-}\rightleftharpoons PbS\qquad K^{\ominus}_2=\frac{1}{K^{\ominus}_{sp}(PbS)}\qquad (2)$$

将式(1)+式(2)，得到 $PbSO_4$ 转化为 PbS 的反应。

计算表明，上述沉淀转化的平衡常数很大。说明 $PbSO_4$ 转化为 PbS 很容易实现。一般来讲，溶解度较大的难溶电解质容易转化为溶解度较小的难溶电解质，两者溶解度差别越大，沉淀转化越容易。

6.3 重量分析法

利用适当的方法使试样中的待测组分与其他组分分离，然后用称重的方法测定该组分的含量，这种分析方法称为重量分析法。用适当的指示剂确定滴定终点，将沉淀反应设计成容量分析，这种分析方法称为沉淀滴定法。这两种分析方法的基础都是沉淀-溶解平衡。

6.3.1 重量分析法简介

重量分析法中，待测组分与试样中其他组分分离的方法，常用的有下面两种。

（1）**沉淀法** 将待测组分生成难溶化合物沉淀下来，使其转化成一定的称量形式称重，从而得出待测组分的含量。沉淀法一般包括沉淀、过滤、洗涤、高温灼烧、称量、计算等过程。例如，测定试液中 SO_4^{2-} 含量时，在试液中加入过量 $BaCl_2$ 使 SO_4^{2-} 完全沉淀生成难溶的 $BaSO_4$，经过滤、洗涤、高温灼烧后称量，从而计算出试液中 SO_4^{2-} 的含量。

（2）**挥发法（失重法）** 通过加热或其他方法使试样中的被测组分挥发逸出，然后根据试样重量的减少，计算试样中该被测组分的含量；或当该组分逸出时，选择一吸收剂将它吸收，然后根据吸收剂重量的增加，计算该被测组分的含量。例如，测定试样中吸湿水或结晶水时，可将试样烘干至恒重，试样减少的重量，即所含水分的重量。也可以将加热后产生的水汽吸收在干燥剂里，干燥剂增加的重量，即所含水分的重量。根据称量结果，可求得试样中吸湿水或结晶水的含量。

重量分析法直接用分析天平称量而获得分析结果，不需要标准溶液或基准物质进行比较。如果分析方法可靠，操作细心，对于常量组分的测定能得到准确的分析结果，相对误差约 0.1%～0.2%。但是，重量分析法操作烦琐，耗时较长，也不适用于微量和痕量组分的测定。

目前，重量分析法主要用于含量不太低的硅、硫、磷、钨、稀土元素组分的分析，本节重点介绍沉淀滴定法。

6.3.2 沉淀的形成

为了获得纯净且易于分离和洗涤的沉淀，必须了解沉淀形成的过程。沉淀的形成一般要经过晶核形成和晶核长大两个过程。可表示为：

构晶离子 —成核作用→ 晶核 —长大过程→ 沉淀颗粒 —聚集→ 无定形沉淀；沉淀颗粒 —定向排列→ 晶形沉淀

将沉淀剂加入试液中，当形成沉淀的离子积超过该条件下沉淀的溶度积时，离子通过相互碰撞聚集成微小的晶核，溶液中的构晶离子向晶核表面扩散，并沉积在晶核上，晶核就逐渐长大成沉淀微粒。这种由离子聚集成晶核，再进一步聚集成沉淀微粒的速度称为聚集速度。在聚集的同时，构晶离子在一定晶格中定向排列的速度称为定向速度。如果聚集速度大，而定向速度小，即离子很快地聚集而生成沉淀微粒，却来不及进行晶格排列，则得到非晶形（无定形）沉淀。反之，如果定向速度大，而聚集速度小，即离子较缓慢地聚集成沉淀，有足够时间进行晶格排列，则得到晶形沉淀。

聚集速度（或称为“形成沉淀的初始速度”）主要由沉淀时的条件所决定，其中最重要的是溶液中生成沉淀物质的过饱和度。聚集速度与溶液的相对过饱和度成正比，这可用如下的经验公式表示：

$$\nu_{聚集}=K\frac{Q-s}{s}$$

式中，$\nu_{聚集}$ 为形成沉淀的初始速度（聚集速度）；Q 为加入沉淀剂瞬间，生成沉淀物质的浓度；s 为沉淀的溶解度；$Q-s$ 为沉淀物质的过饱和度；$(Q-s)/s$ 为相对过饱和度；K 为比例常数，它与沉淀的性质、温度、溶液中存在的其他物质等因素有关。

从上式可知，相对过饱和度越大，则聚集速度越大。

定向速度主要决定于沉淀物质的本性。一般极性强的盐类，如 $MgNH_4PO_4$、$BaSO_4$、CaC_2O_4 等，具有较大的定向速度。

6.3.3 影响沉淀纯度的因素

重量分析中，要求获得纯净的沉淀。但当沉淀从溶液中析出时．会或多或少夹杂溶液中的其他组分使沉淀沾污。因此，必须了解影响沉淀纯度的各种因素，找出减少杂质的方法，以获得合乎重量分析要求的沉淀。

(1) 共沉淀

当一种难溶物质从溶液中沉淀析出时，溶液中的某些可溶性杂质会被沉淀带下而混杂于沉淀中，这种现象称为共沉淀。例如，用沉淀剂 $BaCl_2$ 沉淀 SO^{2-} 时，如果试液中有 Fe^{3+}，则由于共沉淀，在得到 $BaSO_4$ 时常含有 $Fe_2(SO_4)_3$，因而沉淀经过过滤、洗涤、干燥、灼烧后不呈 $BaSO_4$ 的纯白色，而略带灼烧后的 Fe_2O_3 的棕色。因共沉淀而使沉淀沾污，这是重量分析中最重要的误差来源之一。产生共沉淀的原因是表面吸附、吸留和包藏、混晶等，其中主要的是表面吸附。

① **表面吸附** 由于沉淀表面离子电荷的作用力未完全平衡，因而在沉淀表面上产生了一种自由力场，特别是在棱边和顶角，自由力场更显著。于是溶液中带相反电荷的离子被吸引到沉淀表面上形成第一吸附层。

例：加过量 $BaCl_2$ 到 Na_2SO_4 的溶液中，生成 $BaSO_4$ 沉淀后，溶液中有 Ba^{2+}、Na^+、Cl^- 存在，沉淀表面上的 SO_4^{2-} 因电场力将强烈地吸引溶液中的 Ba^{2+}，形成第一吸附层，使晶体沉淀表面带正电荷。然后它又吸引溶液中带负电荷的离子如 Cl^-，构成电中性的双电层（见图 6-1），当电荷达到平衡后，则随 $BaSO_4$ 沉淀一起析出。

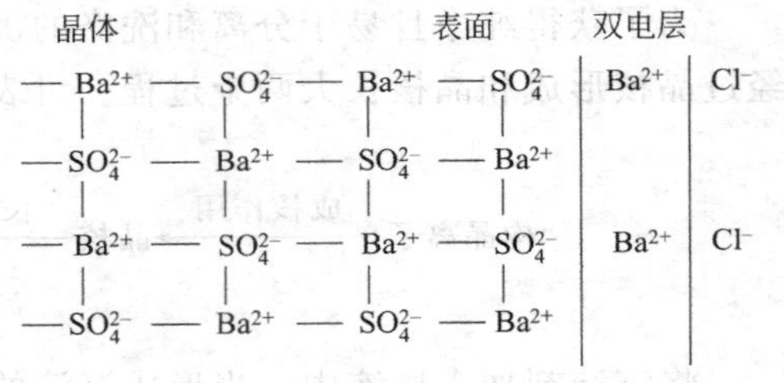

图 6-1 晶体表面吸附示意

如果在上述溶液中，除 Cl^- 外尚有 NO_3^-，则因 $Ba(NO_3)_2$ 溶解度比 $BaCl_2$ 小，第二层优先吸附的将是 NO_3^-，而不是 Cl^-。此外，带电荷多的离子静电引力强也易被吸附。因此对这些离子应设法除去或掩蔽。沉淀的比表面积越大，吸附杂质就越多。

吸附与解吸是可逆过程，吸附是放热过程，所以增高溶液温度，沉淀吸附杂质的量就会减少。

② **混晶** 如果试液中的杂质与沉淀具有相同的晶格，或杂质离子与构成晶体的离子（构晶离子）具有相同的电荷和相近的离子半径，杂质将进入晶格排列中形成混晶（混合晶体）而沾污沉淀。例如 $BaSO_4$ 和 $PbSO_4$。这时用洗涤或陈化的方法净化沉淀，效果不显著。为减少混晶的生成，最好事先将这类杂质分离除去。

③ **吸留和包藏** 吸留就是被吸附的杂质机械地嵌入沉淀之中。包藏常指母液机械地存留在沉淀中。这些现象的发生，是由于沉淀剂加入太快，使沉淀急速生长。沉淀表面吸附的杂质还来不及离开就被随后生成的沉淀所覆盖，使杂质或母液被吸留或包藏在沉淀内部。这类共沉淀不能用洗涤沉淀的方法将杂质除去，可以借助改变沉淀条件、陈化或重结晶的方法来减免。

从带入杂质方面来看，共沉淀现象对重量分析是不利的，但利用这一现象可富集分离溶液中某些微量成分，提高痕量分析的检测限量。

(2) 后沉淀

后沉淀是由于沉淀速度的差异，而在已形成的沉淀上形成第二种不溶物质，这种情况大多发生在该组分形成的稳定的过饱和溶液中。例如，在 Mg^{2+} 存在下沉淀 CaC_2O_4 时，镁由于形成稳定的草酸盐过饱和溶液而不立即析出。如果把草酸钙沉淀立即过滤，则发现沉淀表面上吸附少量的镁。若把含有 Mg^{2+} 的母液与草酸钙沉淀一起放置一段时间，则草酸镁将会增多。后沉淀所引入的杂质量比共沉淀要多，且随着沉淀放置时间的延长而增多。因此为防止后沉淀现象的发生，某些沉淀的陈化时间不宜过久。

6.3.4 沉淀条件的选择及减少沉淀沾污的方法

(1) 沉淀条件的选择

聚集速度和定向速度这两个速度的相对大小直接影响沉淀的类型，对于不同类型的沉淀，应选择不同的沉淀条件，以使获得的沉淀完全、纯净，并易于过滤和洗涤。

① **晶形沉淀的沉淀条件** 欲得到晶形沉淀应满足下列条件。

a. 在适当稀的溶液中进行沉淀，以减小 Q 值，降低相对过饱和度。

b. 在不断搅拌下慢慢地滴加稀的沉淀剂，以免局部相对过饱和度太大。

c. 在热溶液中进行沉淀，使溶解度 s 值略有增加，相对过饱和度降低。同时温度增高，可使吸附的杂质减少。为防止因溶解度增大而造成溶解损失，沉淀须经冷却才可过滤。

d. 陈化。陈化就是在沉淀完全后，把沉淀和母液一起放置一段时间。当溶液中大小晶粒同时存在时，由于小晶粒比大晶粒溶解度大，溶液对大晶粒已经达到饱和，而对小晶粒尚未达到饱和，因而微小晶体逐渐溶解。溶解到一定程度后，溶液对小晶粒为饱和时，对大晶粒则为过饱和。于是溶液中的构晶离子就在大晶粒上沉积。当溶液浓度降低到对大晶粒为饱和溶液时，对小晶粒已为不饱和，小晶粒又要继续溶解。这样继续下去，小晶粒逐渐消失，大晶粒不断长大，最后获得粗大的晶体。

陈化作用还能使沉淀变得更纯净。这是因为大晶体的比表面积较小，吸附杂质量小，同时，由于小晶粒溶解，原来吸附、吸留或包藏的杂质，将重新进入溶液中，因而提高了沉淀的纯度。

加热和搅拌可以加快沉淀的溶解速度和离子在溶液中的扩散速度，因此可以缩短陈化时间。

② **无定形沉淀的沉淀条件** 无定形沉淀一般体积庞大、疏松、含水量多，过滤和洗涤操作较困难，它的巨大比表面积又很容易吸附杂质。因此，对于无定形沉淀来说，它的主要问题是如何创造条件使沉淀获得紧密结构。为了获得较紧密的无定形沉淀，常采用下列条件进行沉淀。

a. 在较浓的溶液中进行沉淀，加入沉淀剂的速度可以快些。为了防止由于在浓溶液中的沉淀，使沉淀吸附较多的杂质，可以在沉淀作用完成以后，加入大量热水，这样可以使一部分被吸附的杂质离子又转入溶液中。

b. 在热溶液中进行，加入适当电解质，可以防止形成胶体溶液。

c. 不陈化沉淀。沉淀凝聚以后，应该立即过滤，不宜放置，否则沉淀因久放失水而体积缩小，把原来吸附在沉淀表面的杂质裹入沉淀内部，不易洗去。

③ **均相沉淀法** 均相沉淀法是沉淀剂不直接加入溶液中去，而是通过溶液中发生的化学反应，缓慢而均匀地在溶液中产生沉淀剂，从而使沉淀在整个溶液中均匀、缓慢地析出。避免在通常的沉淀方法中，出现沉淀剂在溶液中的局部过浓现象。利用均相沉淀法可获得颗粒较粗、结构紧密、纯净而易过滤的沉淀。例如，在含有 Ca^{2+} 的酸性溶液中加入 $C_2O_4^{2-}$，不直接加入氨水，而是加入尿素并加热，这时尿素发生水解，缓慢形成 NH_3，生成的 NH_3 中和溶液中的 H^+，溶液碱性逐渐增大，$[C_2O_4^{2-}]$ 缓慢增大，最后均匀而缓慢地析出 CaC_2O_4 沉淀。在此过程中，溶液的相对过饱和度始终是比较小的，所以可以获得结构紧密、颗粒粗大的 CaC_2O_4 沉淀。

(2) 减少沉淀沾污的方法

① **采用适当的分析程序和沉淀方法** 如果溶液中同时存在含量相差很大的两种离子，需要沉淀分离，为了防止含量少的离子因共沉淀而损失，应该先沉淀含量少的离子。对一些离子采用均相沉淀法或选用适当的有机沉淀剂，可以减少或避免共沉淀。此外，针对不同类型的沉淀，选用适当的沉淀条件，并在沉淀分离后，用适当的洗涤剂洗涤。

② **降低易被吸附离子的浓度** 对于易被吸附的杂质离子，必要时应先分离除去或加以掩蔽。

③ **再沉淀（或称二次沉淀）** 即将沉淀过滤、洗涤、溶解后，再进行一次沉淀。再沉淀时由于杂质浓度大为降低，可以减免共沉淀现象。

6.3.5 沉淀的过滤、洗涤、烘干或灼烧

如何使沉淀完全和纯净、易于分离，固然是重量分析中的首要问题，但沉淀以后的过滤、洗涤、烘干或灼烧操作完成得好坏，同样影响分析结果的准确度。

(1) 沉淀的过滤和洗涤 过滤和洗涤是为了除去沉淀表面吸附的杂质和混杂在沉淀中的母液。洗涤时要尽量减少沉淀的溶解损失和避免形成胶体。

(2) 沉淀的烘干或灼烧 烘干是为了除去沉淀中的水分和可挥发物质，使沉淀形式转化为组成固定的称量形式，灼烧沉淀除有上述作用外，有时还可以使沉淀形式在较高温度下分解成组成固定的称量形式。灼烧温度一般在800℃以上，常用瓷坩埚盛沉淀。

6.3.6 重量分析对沉淀的要求

重量分析中，沉淀是经过烘干或灼烧后再称量的，在烘干或灼烧过程中可能发生化学变化，因而称量的物质可能不是原来的沉淀，而是从沉淀转化而来的另一种物质。也就是说，在重量分析中沉淀形式和称量形式可能是不相同的。例如，在 Ca^{2+} 的测定中沉淀形式是 $CaC_2O_4 \cdot H_2O$，灼烧后所得的称量形式是 CaO，沉淀形式和称量形式两者不同；而用 $BaSO_4$ 重量法测定 Ba^{2+} 或 SO_4^{2-} 时，沉淀形式和称量形式都是 $BaSO_4$。

(1) 对沉淀形式的要求 沉淀的溶度积要小，以保证被测组分沉淀完全。沉淀要易于过滤和洗涤，因此，要尽可能获得粗大的晶形沉淀；如果是无定形沉淀，应注意掌握好沉淀条件，改善沉淀的性质。沉淀要纯净，以免混进杂质。沉淀还要易于转化为称量形式。

(2) 对称量形式的要求

① 组成必须与化学式符合，这是对称量形式最重要的要求，否则无法计算分析结果。

② 称量形式要稳定，不受空气中水分、二氧化碳和氧气的影响。

③ 称量形式的摩尔质量要大，这样，由少量的待测组分可以得到较大量的称量物质，能提高分析灵敏度，减少称量误差。

(3) 沉淀剂 应根据上述对沉淀的要求来考虑沉淀剂的选择。此外，还要求沉淀剂应具有较好的选择性，即要求沉淀剂只能和待测组分生成沉淀，而与试液中的其他组分不起作用。例如，丁二酮肟和 H_2S 都可沉淀 Ni^{2+} 但在测定 Ni^{2+} 时常选用前者。又如，沉淀 Zr^{4+} 时，选用在盐酸溶液中与 Zr^{4+} 有特效反应的苦杏仁酸作沉淀剂，这时即使有钛、铁、钒、铝、铬等多种离子存在，也不发生干扰。

还应尽可能选用易挥发或易灼烧除去的沉淀剂。这样，沉淀中带有的沉淀剂即使未洗净，也可以借助烘干或灼烧而除去。一些铵盐和有机沉淀剂都能满足这项要求。许多有机沉淀剂的选择性较好，而且形成的沉淀组成固定，易于过滤和洗涤，简化了操作，加快了速度，称量形式的摩尔质量也较大，因此在沉淀分离中，有机沉淀剂的应用日益广泛。

为了使某种离子沉淀得更完全，往往利用同离子效应，加入适当过量的沉淀剂。但是沉淀剂也不能过量太多，因为盐效应不仅可使弱电解质的电离度增大，同样可使难溶电解质的溶

解度增大。在通常情况下，加入的沉淀剂一般过量20%～50%即可。由于盐效应比同离子效应小得多，如果加入的沉淀剂和其他电解质浓度不是很大，则可以不考虑盐效应的影响。

6.3.7 重量分析的计算和应用实例

(1) 重量分析结果的计算 重量分析根据称量的结果计算待测组分含量。例如，测定某试样中的硫含量时，使之沉淀为$BaSO_4$，灼烧后称量$BaSO_4$沉淀，其质量为0.5562g，则试样中的硫含量可计算如下。

233.4g $BaSO_4$中含S 32.06g，0.5562g $BaSO_4$中含S X g。

$$233.4 : 32.06 = 0.5562 : X$$

$$X = 0.07640\text{g}$$

在上述计算过程中，采用了待测组分的摩尔质量与称量形式的摩尔质量之比，这个比值为一常数，通常称为“化学因数”或“换算因数”。引入化学因数计算待测组分的质量可写成下列通式：

$$\text{待测组分的质量} = \text{称量形式的质量} \times \text{化学因数}$$

在计算化学因数时，必须在待测组分的摩尔质量和称量形式的摩尔质量上乘以适当系数，使分子、分母中待测元素的原子数目相等。

(2) 应用实例 重量分析是一种准确、精密的分析方法，在此列举两个常用的重量分析实例。

① **硫酸根的测定** 测定硫酸根时一般都用$BaCl_2$将SO_4^{2-}沉淀成$BaSO_4$，再灼烧，称量，但费时较多。由于$BaSO_4$沉淀颗粒较细，在浓溶液中沉淀时可能形成胶体；$BaSO_4$不易被一般溶剂溶解，不能进行二次沉淀，因此沉淀作用是在稀盐酸溶液中进行的，溶液中不允许有酸不溶物和易被吸附的离子（如Fe^{3+}、NO_3^-等）存在。对存在的Fe^{3+}，常采用EDTA配位掩蔽。硫酸钡重量法测定SO_4^{2-}的方法应用很广。磷肥、水泥中的硫酸根和许多其他可溶性硫酸盐都能用此法测定。

② **硅酸盐中二氧化硅的测定** 硅酸盐在自然界分布很广，绝大多数硅酸盐不溶于酸，因此试样一般需用碱性溶剂溶解后，再加酸处理。此时金属元素成为离子溶于酸中，而硅酸根则大部分呈胶状硅酸$SiO_2 \cdot xH_2O$析出，少部分仍分散在溶液中，需经脱水才能沉淀。经典方法是用盐酸反复蒸干脱水，此方法准确度虽高，但过程麻烦、费时。后来多采用动物胶凝聚法，即利用动物胶吸附H^+而带正电荷（蛋白质中氨基酸的氨基吸附H^+），与带负电荷的硅酸胶粒发生胶体凝聚而析出，但必须蒸干，才能完全沉淀。近年来，有用长碳链季铵盐，如十六烷基三甲基溴化铵（简称CTMAB）作沉淀剂，它在溶液中呈带正电荷胶粒，可以不再加盐酸蒸干，而将硅酸定量沉淀，所得沉淀疏松而易洗涤。这种方法比动物胶凝聚法优越，而且可缩短分析时间。不论何种方法得到的硅酸沉淀，都需经过高温灼烧才能完全脱水和除去带入的沉淀剂。但即使经过灼烧，一般还可能带有不挥发的杂质（如铁、铝等的化合物）。在要求较高的分析中，在灼烧、称量后，还需加氢氟酸及H_2SO_4，再加热灼烧，使SiO_2成为SiF_4挥发逸去，最后称量，从两次质量差即可得纯SiO_2质量。土壤、水泥、矿石中的二氧化硅含量常用此法测定。

6.4 沉淀滴定法

沉淀滴定法是以沉淀反应为基础的一种滴定分析方法。虽然能形成沉淀的反应很多，但并不是所有的沉淀反应都能用于滴定分析。用于沉淀滴定法的沉淀反应必须符合下列几个条件。

① 沉淀反应要完全，生成的沉淀溶解度小。

② 沉淀反应要迅速定量进行。

③ 能够用适当的指示剂或其他方法确定滴定的终点。

由于上述条件的限制，能用于沉淀滴定法的反应并不多，目前用得较广的是生成难溶银盐的反应，例如：

$$Ag^{+} + Cl^{-} \rightleftharpoons AgCl\downarrow$$

$$Ag^{+} + SCN^{-} \rightleftharpoons AgSCN\downarrow$$

这种利用生成难溶银盐反应的测定方法称为“银量法”，用银量法可以测定 Cl^{-}、Br^{-}、I^{-}、Ag^{+}、CN^{-}、SCN^{-} 等离子。

在沉淀滴定法中，除了银量法外，还有用其他沉淀反应的方法。例如，$K_4[Fe(CN)_6]$ 与 Zn^{2+}、四苯硼酸钠与 K^{+} 等形成的沉淀反应，都可用于沉淀滴定法。本节仅讨论银量法。

根据滴定终点所用指示剂不同，银量法可分为三种：莫尔法，用铬酸钾作指示剂；佛尔哈德法，用铁铵矾作指示剂；法扬斯法，用吸附指示剂。

6.4.1 莫尔法

用铬酸钾作指示剂的银量法称为莫尔法。在含有 Cl^{-} 的中性溶液中，加入 K_2CrO_4 指示剂，用 $AgNO_3$ 标准溶液滴定，溶液中首先析出 AgCl 白色沉淀。当 AgCl 定量沉淀后，过量一滴的 $AgNO_3$ 溶液与 CrO_4^{2-} 生成砖红色沉淀，指示滴定终点。滴定反应如下：

$$Ag^{+} + Cl^{-} \rightleftharpoons AgCl\downarrow \qquad K_{sp}^{\ominus} = 1.8\times10^{-10}$$

$$2Ag^{+} + CrO_4^{2-} \rightleftharpoons Ag_2CrO_4\downarrow \qquad K_{sp}^{\ominus} = 1.1\times10^{-12}$$

由于 CrO_4^{2-} 本身显黄色，如果浓度太大，其颜色较深会影响终点的观察。CrO_4^{2-} 实际用量一般控制在 $(2\sim4)\times10^{-3}mol\cdot L^{-1}$ 较为适宜，即每 50～100mL 溶液中加入 $50g\cdot L^{-1}$ K_2CrO_4 溶液 1.0mL。

滴定溶液的酸度应保持为中性或微碱性条件（pH=6.5～10.5）。这是因为：

$$2CrO_4^{2-} + 2H^{+} \rightleftharpoons 2HCrO_4^{-} \rightleftharpoons Cr_2O_7^{2-} + H_2O$$

当 pH 太小，平衡右移，$C(CrO_4^{2-})$ 降低太多，为了产生 Ag_2CrO_4 沉淀，就要多消耗 Ag^{+}，必然造成较大的误差。若 pH 太大，又将生成 Ag_2O 沉淀。

当试液中有铵盐存在时，要求溶液的酸度范围更窄，pH 为 6.5～7.2。因为若溶液 pH 较高时，便有相当数量的 NH_3 释放出来，与 Ag^{+} 产生副反应，形成 $[Ag(NH_3)_2]^{+}$ 配离子，从而使 AgCl 和 Ag_2CrO_4 溶解度增大，影响滴定。应用莫尔法应注意以下两点。

① 进行实验操作时，必须剧烈摇动，以降低生成的沉淀对被测离子的吸附。用 $AgNO_3$ 滴定卤素离子时，由于生成的卤化银沉淀吸附溶液中过量的卤素离子，使溶液中卤素离子浓度降低，以致终点提前而引入误差。因此，滴定时必须剧烈摇动。莫尔法可以测定氯化物和溴化物，但不适用于测定碘化物及硫氰酸盐，因为 AgI 和 AgSCN 沉淀更强烈地吸附 I^{-} 和 SCN^{-}，剧烈摇动达不到解除吸附（解吸）的目的。

② 预先分离干扰离子。凡是能与 Ag^{+} 和 CrO_4^{2-} 生成微溶化合物或配合物的阴、阳离子，都干扰测定，应预先分离除去。例如，PO_4^{3-}、AsO_4^{3-}、S^{2-}、CO_3^{2-}、$C_2O_4^{2-}$ 等阴离子能与 Ag^{+} 生成微溶化合物；Ba^{2+}、Pb^{2+}、Hg^{2+} 等阳离子与 CrO_4^{2-} 生成沉淀干扰测定。另外，Fe^{3+}、Al^{3+}、Bi^{3+}、Sn^{4+} 等高价金属离子在中性或弱碱性溶液中发生水解，故也不应存在。

由于上述原因，莫尔法的应用受到一定限制。只适用于用 $AgNO_3$ 直接滴定 Cl^{-} 和 Br^{-}，不能用 NaCl 标准溶液直接测定 Ag^{+}。因为在 Ag^{+} 试液中加入 K_2CrO_4 指示剂，立即生成 Ag_2CrO_4 沉淀，用 NaCl 滴定时，Ag_2CrO_4 沉淀转化为 AgCl 沉淀是很缓慢的，使测定无法进行。

6.4.2 佛尔哈德法

用铁铵矾［$NH_4Fe(SO_4)_2$］作指示剂的银量法称为佛尔哈德法。

在酸性溶液中以铁铵矾作指示剂，用 NH_4SCN 或 KSCN 标准溶液滴定 Ag^+。滴定过程中首先析出白色 AgSCN 沉淀，当滴定达到化学计量点时，稍过量的 NH_4SCN 溶液与 Fe^{3+} 生成红色配合物，指示滴定终点。

用该法可以直接用 NH_4SCN 标准溶液滴定 Ag^+，还可以用返滴定法测定卤化物。返滴定法操作过程是：先向含卤素离子的酸性溶液中定量地加入过量的 $AgNO_3$ 标准溶液，加入适量的铁铵矾指示剂，用 NH_4SCN 标准溶液返滴定过量的 $AgNO_3$ 滴定反应为：

$$Ag^+ + X \rightleftharpoons AgX\downarrow$$

$$Ag^+(\text{过量}) + SCN^- \rightleftharpoons AgSCN\downarrow \ (\text{白色})$$

$$Fe^{3+} + SCN^- \rightleftharpoons [FeSCN]^{2+} \ (\text{红色})$$

滴定时，溶液的酸度一般控制在 0.1～1.0mol·L^{-1}，这时 Fe^{3+} 主要以 $Fe(H_2O)_6^{3+}$ 的形式存在，颜色较浅。如果酸度较低，则 Fe^{3+} 水解形成颜色较深的羟基化合物或多核羟基化合物，如［$Fe(H_2O)_5OH$］$^{2+}$、［$Fe_2(H_2O)_4(OH)_4$］$^{2+}$等，影响终点观察。如果酸度更低，则甚至可能析出水合氧化物沉淀。

在较高的酸度下滴定是此方法的一大优点，许多弱酸根离子如 PO_4^{3-}、AsO_4^{3-}、CO_3^{2-}、$C_rO_4^{2-}$ 等不干扰测定，提高了测定的选择性，比莫尔法扩大了应用范围。

实验指出，为了要产生能觉察到的红色，$[FeSCN]^{2+}$ 的最低浓度为 6.0×10^{-6}mol·L^{-1}。但是，当 Fe^{3+} 的浓度较高时，呈现较深的黄色，影响终点观察。由实验得出，通常 Fe^{3+} 的浓度为 0.015mol·L^{-1}时，滴定误差不会超过 0.1%。

用 NH_4SCN 直接滴定 Ag^+ 时，生成的 AgSCN 沉淀强烈吸附 Ag^+，由于有部分 Ag^+ 被吸附在沉淀表面上，往往使终点提前到达，结果偏低。因此，在操作时必须剧烈摇动溶液，使被吸附的 Ag^+ 解吸出来。用返滴定法测定 Cl^- 时，终点判定会遇到困难。这是因为 AgCl 的溶度积 ［$K_{sp}^{\ominus}(AgCl)=1.8\times10^{-10}$］ 比 AgSCN 的溶度积 ［$K_{sp}^{\ominus}(AgSCN)=1.0\times10^{-12}$］ 大，在返滴定达到终点后，稍过量的 SCN^- 与 AgCl 沉淀发生沉淀转化反应，即：

$$AgCl\downarrow + SCN^- \rightleftharpoons AgSCN\downarrow + Cl^-$$

因此，终点时出现的红色随着不断摇动而消失，得不到稳定的终点，以至于多消耗 NH_4SCN 标准溶液而引起较大误差。要避免这种误差，阻止 AgCl 沉淀转化为 AgSCN 沉淀，通常采用以下两项措施。

① 试液加入过量的 $AgNO_3$ 后，将溶液加热煮沸使 AgCl 沉淀凝聚，以减少 AgCl 沉淀对 Ag^+ 的吸附。滤去沉淀，用稀 HNO_3 洗涤，然后用 NH_4SCN 标准溶液滴定滤液中过量的 $AgNO_3$。

② 在滴入 NH_4SCN 标准溶液前加入硝基苯 1～2mL，用力摇动，使 AgCl 沉淀进入硝基苯层中，避免沉淀与滴定溶液接触，从而阻止了 AgCl 沉淀与 AgSCN 沉淀的转化反应。

用返滴定法测定溴化物和碘化物时，由于 AgBr 和 AgI 的溶解度均比 AgSCN 小，不发生上述沉淀转化反应，所以不必将沉淀过滤或加有机试剂。但在测定碘时，应先加 $AgNO_3$，再加指示剂，以避免 I^- 对 Fe^{3+} 的还原作用。

佛尔哈德法可以测定 $C1^-$、Br^-、I^-、SCN^-、Ag^+ 及有机氯化物等。

6.4.3 法扬斯法

用吸附指示剂指示滴定终点的银量法，称为法扬斯法。

吸附指示剂是一类有色的有机化合物。它被吸附在胶体微粒表面以后，发生分子结构的变化，从而引起颜色变化。在沉淀滴定中，利用指示剂这种性质来确定滴定终点。

例如，荧光黄指示剂，它是一种有机弱酸，用 HFI 表示，在溶液中可离解。

当用 $AgNO_3$ 标准溶液滴定 Cl^- 时，加入荧光黄指示剂，在化学计量点前，溶液中 Cl^- 过量，AgCl 胶体微粒吸附构晶离子 Cl^- 而带负电荷，故 FI^- 不被吸附，此时溶液呈黄绿色。当达到化学计量点后，稍过量的 $AgNO_3$ 使 AgCl 胶粒吸附 Ag^+ 而带正电荷。这时带正电荷的胶体微粒强烈吸附 FI^-，可能在 AgCl 表面上形成了荧光黄银化合物而呈淡红色，使整个溶液由黄绿色变成淡红色，指示终点到达。即：

$$\underset{(\text{黄绿色})}{AgCl \cdot Ag^+} + FI^- \rightleftharpoons \underset{(\text{粉红色})}{AgCl \cdot Ag^+ \cdot FI^-}$$

如果是用 NaCl 标准溶液滴定 Ag^+，则颜色变化恰好相反。

为了使终点颜色变化明显，应用吸附指示剂时要注意以下几点。常用的吸附指示剂见表 6-2 所列。

① 由于吸附指示剂的颜色变化发生在沉淀微粒表面上，因此，应尽可能使卤化银沉淀呈胶体状态，使其具有较大的比表面积。为此，在滴定前应将溶液稀释，并加入糊精、淀粉等高分子化合物保护胶体，防止 AgCl 沉淀凝聚。

表 6-2 常用的吸附指示剂

名 称 (name)	被滴定离子 (titrated ion)	起点颜色 (jumping-off point color)	终点颜色 (end point color)	滴定剂 (titrant)	含 量 (content)
荧光黄	Cl^-,Br^-,SCN^-	黄绿	玫瑰	Ag^+	0.1% 乙醇溶液
	I^-		橙		
二氯(P)荧光黄	Cl^-,Br^-	红紫	蓝紫	Ag^+	0.1% 乙醇(60%～70%)溶液
	SCN^-	玫瑰	红紫		
	I^-	黄绿	橙		
曙 红	Br^-,I^-,SCN^-	橙	深红	Ag^+	0.5%水溶液
	Pb^{2+}	红紫	橙	MoO_4^{2-}	
溴酚蓝	Cl^-,Br^-,SCN^-	黄	蓝	Ag^+	0.1%钠盐水溶液
	I^-	黄绿	蓝绿		
	TeO_3^{2-}	紫红	蓝		
溴甲酚绿	Cl^-	紫	浅蓝绿	Ag^+	0.1% 酸性乙醇溶液
二甲酚橙	Cl^-	玫瑰	灰蓝	Ag^+	0.2%水溶液
	Br^-,I^-		灰绿		
罗丹明 6G	Cl^-,Br^-	红紫	橙	Ag^+	0.1%水溶液
	Ag^+	橙	红紫	Br^-	
品 红	Cl^-	红紫	玫瑰	Ag^+	0.1% 乙醇溶液
	Br^-,I^-	橙			
	SCN^-	浅蓝			
刚果红	Cl^-,Br^-,I^-	红	蓝	Ag^+	0.1%水溶液
茜素红 S	SO_4^{2-}	黄	玫瑰红	Ba^{2+}	0.4%水溶液
	$[Fe(CN)_6]^{4-}$			Pb^{2+}	
偶氮氯膦Ⅲ	SO_4^{2-}	红	蓝绿	Ba^{2+}	—
甲基红	F^-	黄	玫瑰红	Ce^{3+}	—
				$Y(NO_3)_3$	
二苯胺	Zn^{2+}	蓝	黄绿	$[Fe(CN)_6]^{4-}$	1%的硫酸(96%)溶液
邻二甲氧基联苯胺	Zn^{2+},Pb^{2+}	紫	无色	$[Fe(CN)_6]^{4-}$	1%的硫酸溶液
酸性玫瑰红	Ag^+	无色	紫红	MoO_4^{2-}	0.1%水溶液

② 溶液的酸度要适当。常用的指示剂大多为有机弱酸，而指示剂变色是由于指示剂阴离子被吸附而引起的。因此，控制适当酸度有利于指示剂离解。如荧光黄的 $pK_a^\ominus=7$，只能

在中性或弱碱性（pH＝7～10）溶液中使用；若 pH＜7，则指示剂阴离子浓度过低，使滴定终点变化不明显。常用的几种吸附指示剂列于表 6-2 中。

③ 溶液中被滴定的离子的浓度不能太低，因为浓度太低时，沉淀很少，观察终点困难。但滴定 Br^-、I^-、SCN^- 的灵敏度稍高，浓度低至 0.001mol·L^{-1}时，仍可准确滴定。

④ 应避免在强光下进行滴定，因为卤化银沉淀对光敏感，遇光易分解析出金属银，使沉淀很快转变为灰黑色，影响终点观察。

⑤ 胶体微粒对指示剂的吸附能力应略小于对被测离子的吸附能力，否则将在化学计量点前变色。但若吸附能力太差将使终点延迟。卤化银对卤化物和常用的几种吸附指示剂吸附能力大小次序如下。

I^-＞二甲基二碘荧光黄＞Br^-＞曙红＞Cl^-＞荧光黄

因此，滴定 Cl^- 时，不能选曙红，而应选用荧光黄为指示剂。

6.4.4 银量法的应用

银量法可以用来测定无机卤化物，也可以测定有机卤化物，应用广泛。

例如，天然水中氯含量可以用莫尔法测定。若水样中含有磷酸盐、亚硫酸盐等阴离子，则应采用佛尔哈德法。因为在酸性条件下可消除上述离子的干扰。

银合金中银的测定采用佛尔哈德法。将银合金用 HNO_3 溶解，将银转化为 $AgNO_3$，但必须逐出氮的氧化物，否则它与 SCN^- 作用生成红色化合物而影响终点的观察。

碘化物中碘的测定采用佛尔哈德法中的返滴定法。准确称取碘化物试样，溶解后定量加入过量的 $AgNO_3$ 标准溶液，当 AgI 沉淀析出后加入适量铁铵矾作指示剂，用 NH_4SCN 标准溶液返滴定过量的 $AgNO_3$。

[阅读材料] 铁基非晶合金铁硅硼中硅和硼的测定*

铁基非晶合金是由液态金属通过快淬而获得的非晶态材料。原子无规则排列的非晶体结构使其具有高饱和磁化强度、低铁损和高电阻率的特点。与传统的硅钢材料相比。可降低空载损耗 60%～70%，广泛应用于大功率开关电源、配电变压器、电源变压器铁芯等。硅和硼作为重要元素决定了该材质是否能够容易地以非晶形式生产，因此，硅和硼的准确快速测定对于铁基非晶合金生产具有重要的意义。

目前铁硅硼中硅和硼的测定还无相应的国标方法，光电直读光谱法测定铁硅硼无文献报道，国内外找不到同材质的光谱标样。文献报道测定硼的方法有电感耦合等离子体原子发射光谱法（ICP-AES)、中和滴定法等。ICP-AES 法因使用氢氟酸。除需采用耐腐蚀的雾化器外，氟化硼的挥发性、背景干扰等因素还需进一步探讨；中和滴定法作为经典测硼方法。其溶样方法有碱熔法和酸溶法。碱熔法用于硼铁中硼的测定，方法可靠，但熔融温度高，熔剂对铁坩埚的腐蚀容易引入杂质等；酸溶法用于高硼不锈钢中硼的测定，方法简单。但铁硅硼中高含量的硅酸溶解时产生白色絮状物，样品无法溶清。本文在酸溶的基础上。对酸不溶的絮状物并未采用繁琐地过滤后碱熔的常用方法，而是根据材质的理化性质，通过试验改进为将酸不溶物经过滤分离，用强碱溶液溶解的方法，使样品分解过程都在湿溶法体系中完成。同时，使用的强碱溶液在后续处理时用于分离铁等离子，整个分析过程并没有添加试剂。常见的测定硅的方法有高氯酸脱水重量法，氟硅酸钾沉淀滴定法等。高氯酸脱水重量法，步骤繁琐，检测周期较长；氟硅酸钾沉淀滴定法作为一种实用分析方法，常用在硅铁、硅锰合金中硅的检测。采用氟硅酸钾沉淀滴定法测定硼铁中的硅，此法不受硼元素的干扰，故本文提出了氟硅酸钾沉淀滴定法测定铁硅硼中硅。

（1）测定硼的条件

① **溶样方法的选择** 铁硅硼中硼的测定大致有三种溶样方法可供选择。a. 从化学成分上将铁硅硼看成杂质元素较少的低硼高硅的特殊硼铁合金，采用硼铁中测硼的碱熔方法，使用碳酸钾钠和

过氧化钠作为分解试剂，依次熔融，熔融温度最后高达850℃。但熔剂对铁坩埚的腐蚀容易引入杂质，操作步骤也较为繁琐。b. 采用酸溶的方法，但这种方法因硅含量较高，会产生酸不溶的絮状物，样品无法溶解完全. 后续需对酸不溶物分离后进行高温碱熔。c. 根据样品成分特点和酸不溶物性状分析不溶物白色絮状为硅酸，可采用酸溶后。对酸不溶物分离后用碱溶液溶解的方法。实验选用最后一种方法。

② **溶剂的选择** 在酸溶时，采用氢氟酸溶样，溶液中的F与B会生成BF_3造成硼的挥发，从而使结果偏低；采用硝酸溶样时，会引入NO_3^-，造成干扰，使结果偏高，因此须用硫磷混酸冒烟驱尽NO_3^-。采用盐酸进行溶样试验，结果表明，盐酸溶样时容易析出硅酸凝胶，便于后续过滤处理。故选择盐酸溶剂。试验表明酸浓度较大，后续碱用量增大；酸浓度较少，溶解速度较慢。最终确定盐酸(1+1)加入量为30mL。并以少量过氧化氢溶液（几滴）助溶，溶解效果最好。

③ **干扰试验** 铁硅硼生产工艺中存在含量0.1%以下的杂质元素锰、铝。因此以0.1%为上限进行干扰试验。按照实验方法对铁硅硼样品进行处理，并分别移取1～2mL 0.5mg/mL锰、铝标准溶液(1mL相当于0.05%）于试样溶液中进行干扰试验。结果表明，加入锰、铝标准溶液后，测定值和国标法GB/T 3653.1—1988测定值一致，这说明样品中铝、锰含量在0.1%以下时不干扰测定，与文献中干扰元素铝、锰的允许共存量报道相符。进一步试验表明，铁元素经氢氧化钠分离后，不干扰测定。

（2）测定硅的条件

① **氢氟酸用量** 分别采用5.0mL、10.0mL、15.0mL氢氟酸进行溶样试验。结果表明，三种用量均能保证铁硅硼样品溶解完全。但由于随着氢氟酸用量的增加，不利于后续沉淀过滤时游离酸的洗涤，同时会造成酸度过大，从而使氟硅酸钾沉淀溶解度增大而导致结果偏低，因此实验采用氢氟酸用量为5.0mL。

② **硝酸钾加入量** 过量的钾离子会增加同离子效应。促进氟硅酸钾沉淀。本法借鉴文献，采用直接加入硝酸钾固体的方法促使氟硅酸钾沉淀。常温下硝酸钾在水中的溶解度约30g，因此当硝酸钾固体加入量为12g时能使溶解液饱和。故实验选择硝酸钾固体加入量为12g。

*详见：卢和平，郭宜鑫，王菊．铁基非晶合金铁硅硼中硅和硼的测定［J］．冶金分析，2012，32（7）：71-74.

思考题与习题

基本概念复习及相关思考

6-1 说明下列术语的含义

溶度积常数；离子积；溶度积规则；分步沉淀

习 题

6-2 单项选择题

(1) AgCl在1mol·L^{-1}氨水中比在纯水中的溶解度大。其原因是（　　）。

A. 盐效应　　B. 配位效应　　C. 酸效应　　D. 同离子效应

(2) 已知AgCl的pK_{sp}=9.80。若0.010mol·L^{-1} NaCl溶液与0.020mol·L^{-1} $AgNO_3$溶液等体积混合，则混合后溶液中［Ag^+］(单位：mol·L^{-1}）约为（　　）。

A. 0.020　　B. 0.010　　C. 0.030　　D. 0.0050

(3) $Sr_3(PO_4)_2$的$s=1.0\times10^{-8}$mol·L^{-1}，则其K_{sp}值为（　　）。

A. 1.0×10^{-30}　　B. 5.0×10^{-30}　　C. 1.1×10^{-38}　　D. 1.0×10^{-12}

(4) 用莫尔法测定Cl^-对测定没有干扰的情况是（　　）。

A. 在H_3PO_4介质中测定NaCl

B. 在氨缓冲溶液（pH=10）中测定NaCl

C. 在中性溶液中测定$CaCl_2$

D. 在中性溶液中测定$BaCl_2$

(5) 已知 AgBr 的 $pK_{sp}=12.30$，$[Ag(NH_3)_2]^+$ 的 $\lg K_{稳}=7.40$，则 AgBr 在 $1.001mol\cdot L^{-1}$ NH_3 溶液中的溶解度（单位：$mol\cdot L^{-1}$）为（ ）。

A. $10^{-4.90}$　B. $10^{-6.15}$　C. $10^{-9.85}$　D. $10^{-2.45}$

(6) 今有 $0.010mol\cdot L^{-1}$ $MnCl_2$ 溶液，开始形成 $Mn(OH)_2$ 溶液（$pK_{sp}=12.35$）时的 pH 值是（ ）。

A. 1.65　B. 5.18　C. 8.83　D. 10.35

(7) 已知 $BaCO_3$ 和 $BaSO_4$ 的 pK_{sp} 分别为 8.10 和 9.96。如果将 1mol $BaSO_4$ 放入 1L $1.0mol\cdot L^{-1}$ 的 Na_2CO_3 溶液中，则下述结论错误的是（ ）。

A. 有将近 $10^{-1.86}$mol 的 $BaSO_4$ 溶解

B. 有将近 $10^{-4.05}$mol 的 $BaCO_3$ 沉淀析出

C. 该沉淀的转化反应平衡常数约为 $10^{-1.86}$

D. 溶液中 $[SO_4^{2-}]=10^{-1.86}[CO_3^{2-}]$

(8) 晶形沉淀陈化的目的是（ ）。

A. 沉淀完全　B. 去除混晶

C. 小颗粒长大，使沉淀更纯净　D. 形成更细小的晶体

(9) 某溶液中含有 KCl、KBr 和 K_2CrO_4，其浓度均为 $0.010mol\cdot L^{-1}$，向该溶液中逐滴加入 $0.010mol\cdot L^{-1}$ 的 $AgNO_3$ 溶液时，最先和最后沉淀的是（ ）。（已知：$K_{sp\ AgCl}=1.56\times10^{-10}$，$K_{sp\ AgBr}=7.7\times10^{-13}$，$K_{sp Ag_2CrO_4}=9.0\times10^{-12}$）

A. AgBr 和 Ag_2CrO_4　B. Ag_2CrO_4 和 AgCl

C. AgBr 和 AgCl　D. 一齐沉淀

(10) 在 100mL 含有 0.010mol Cu^{2+} 溶液中通 H_2S 气体使 CuS 沉淀，在沉淀过程中，保持 $c_{H}^{+}=1.0mol\cdot L^{-1}$，则沉淀完全后生成 CuS 的量是（ ）。（已知 H_2S 的 $K_1=5.7\times10^{-8}$，$K_2=1.2\times10^{-15}$，$K_{sp\ CuS}=8.5\times10^{-45}$）

A. 0.096g　B. 0.96g　C. 7.0×10^{-22}g　D. 以上数值都不对

(11) $BaSO_4$ 的相对分子质量为 233，$K_{sp}=1.0\times10^{-10}$，把 1.0mmol 的 $BaSO_4$ 配成 10L 溶液，$BaSO_4$ 没有溶解的量是（ ）。

A. 0.0021g　B. 0.021g　C. 0.21g　D. 2.1g

(12) 当 $0.075mol\cdot L^{-1}$ 的 $FeCl_2$ 溶液通 H_2S 气体至饱和（浓度为 $0.10mol\cdot L^{-1}$），若控制 FeS 不沉淀析出，溶液的 pH 值应是（ ）。

($K_{sp\ FeS}=1.1\times10^{-19}$，$H_2S$ 的 $K_{a_1}=9.1\times10^{-8}$，$K_{a_2}=1.1\times10^{-12}$)

A. pH≤0.10　B. pH≥0.10　C. pH≤8.7×10^{-2}　D. pH≤1.06

(13) $La_2(C_2O_4)_3$ 的饱和溶液的浓度为 $1.1\times10^{-6}mol\cdot L^{-1}$，其溶度积为（ ）。

A. 1.2×10^{-12}　B. 1.7×10^{-28}　C. 1.6×10^{-30}　D. 1.7×10^{-14}

(14) 已知在室温下 AgCl 的 $K_{sp}=1.8\times10^{-10}$，Ag_2CrO_4 的 $K_{sp}=1.1\times10^{-12}$，$Mg(OH)_2$ 的 $K_{sp}=7.04\times10^{-11}$，$Al(OH)_3$ 的 $K_{sp}=2\times10^{-32}$，那么溶解度最大的是（不考虑水解）（ ）。

A. AgCl　B. Ag_2CrO_4　C. $Mg(OH)_2$　D. $Al(OH)_3$

(15) 若将 $AgNO_2$ 放入 1.0L pH=3.00 的缓冲溶液中，$AgNO_2$ 溶解的物质的量是（ ）。（已知 $AgNO_2$ $K_{sp}=6.0\times10^{-4}$，HNO_2 $K_a=4.6\times10^{-4}$）

A. 1.3×10^{-3}mol　B. 3.6×10^{-2}mol　C. 1.0×10^{-3}mol　D. 不是以上数值

6-3 填空题

(1) 沉淀重量法，在进行沉淀反应时，某些可溶性杂质同时沉淀下来的现象叫________现象，其产生原因有表面吸附、吸留和________。

(2) 常用 ZnO 悬浮液控制沉淀的 pH 值。当 $[Zn^{2+}]=0.1mol\cdot L^{-1}$ 时，它可控制的 pH 是________左右。[$Zn(OH)_2$ 的 $pK_{sp}=16.92$]。

(3) 已知 $Fe(OH)_3$ 的 $pK_{sp}=37.5$。若从 $0.010mol\cdot L^{-1}$ Fe^{3+} 溶液中沉淀出 $Fe(OH)_3$，则沉淀的酸度条件 pH 始-pH 终为________。

(4) 在与固体 AgBr($K_{sp}=4\times10^{-13}$) 和 AgCNS($K_{sp}=7\times10^{-18}$) 处于平衡的溶液中，$[Br^-]$ 对 $[SCN^-]$ 的比值为________。

(5) 已知难溶盐 $BaSO_4$ 的 $K_{sp}=1.1\times10^{-10}$，H_2SO_4 的 $K_{a_2}=1.02\times10^{-2}$，则 $BaSO_4$ 在纯水中的溶解度是________ $mol\cdot L^{-1}$，在 $0.10mol\cdot L^{-1}$ $BaCl_2$ 溶液中的溶解度是________ $mol\cdot L^{-1}$（不考虑盐效应）。

(6) CaF_2($pK_{sp}=10.5$) 与浓度为1L $0.10mol\cdot L^{-1}$ HCl溶液达到平衡时有 $s$mol 的 CaF_2 溶解了，则溶液中 $[Ca^{2+}]=$________；$[F^-]=$________。

(7) ① Ag^+，Pb^{2+}，Ba^{2+} 混合溶液中，各离子浓度均为 $0.10mol\cdot L^{-1}$，往溶液中滴加 K_2CrO_4 试剂，各离子开始沉淀的顺序为________。

② 有 Ni^{2+}，Cd^{2+} 浓度相同的两溶液，分别通入 H_2S 至饱和，________开始沉淀所需酸度大，而________开始沉淀所需酸度小。($PbCrO_4$ $K_{sp}=1.77\times10^{-14}$；$BaCrO_4$ $K_{sp}=1.17\times10^{-10}$；$Ag_2CrO_4$ $K_{sp}=9.0\times10^{-12}$；NiS $K_{sp}=3\times10^{-21}$；CdS $K_{sp}=3.6\times10^{-29}$）

(8) 25℃时，$Mg(OH)_2$ 的 $K_{sp}=1.8\times10^{-11}$，其饱和溶液的 pH=________。

(9) 同离子效应使难溶电解质的溶解度________；盐效应使难溶电解质的溶解度________。

(10) 难溶电解质 $MgNH_4PO_4$ 的溶度积表达式是________。

6-4 计算题

(1) 用 $AgNO_3$ 标准溶液滴定 Cl^-，采用此沉淀滴定法测定岩盐中 KCl($M=74.55g\cdot mol^{-1}$) 含量。如果每次称样 0.5000g，欲使滴定用去的 $AgNO_3$ 体积（以毫升表示）即为试样中 KCl 的含量（以百分数表示），问 c_{AgNO_3} 和 $T_{KCl/AgNO_3}$ 为多少？

(2) 如果已知 K_3PO_4 中所含的 P_2O_5 的质量和 0.5000g $Ca_3(PO_4)_2$ 中所含 P_2O_5 的质量相等，问多少克 KNO_3 其中 K 的质量相当于 K_3PO_4 中 K 的质量。

（已知 $M_{KNO_3}=101.1g\cdot mol^{-1}$，$M_{Ca_3(PO_4)_2}=310.18g\cdot mol^{-1}$）

(3) SO_4^{2-} 沉淀 Ba^{2+} 时，$[SO_4^{2-}]$ 最终浓度为 $=0.01mol\cdot L^{-1}$。计算 $BaSO_4$ 的溶解度。若溶液总体积为 200mL，$BaSO_4$ 沉淀损失为多少毫克？

（已知 $BaSO_4$ 的 $K_{sp}=1.1\times10^{-10}$，$M_{BaSO_4}=233.4g\cdot mol^{-1}$）

(4) $0.05mol\cdot L^{-1}$ Sr^{2+} 和 $0.10mol\cdot L^{-1}$ Ca^{2+} 的混合溶液用固体 Na_2CO_3 处理，$SrCO_3$ 首先沉淀。当 $CaCO_3$ 开始沉淀时，Sr 沉淀的百分数为多少？

（已知 $K_{sp,CaCO_3}=2.8\times10^{-9}$，$K_{sp,SrCO_3}=1.1\times10^{-10}$）

(5) 称取纯 Ag，Pb 合金试样 0.2000g 溶于稀 HNO_3 溶液中，然后用冷 HCl 溶液沉淀，得到混合氯化物沉淀 0.2466g。将此混合氯化物沉淀用热水充分处理，使 $PbCl_2$ 全部溶解，剩余的 AgCl 沉淀 0.2067g。计算合金中 Ag 的含量及加入冷 HCl 后，未被沉淀的 Pb 的质量。

（已知 $M_{Ag}=107.9g\cdot mol^{-1}$，$M_{Pb}=207.2g\cdot mol^{-1}$，$M_{AgCl}=143.3g\cdot mol^{-1}$，$M_{PbCl_2}=278.1g\cdot mol^{-1}$）

(6) 某溶液含 Mg^{2+} 和 Ca^{2+}，浓度分别为 $0.50mol\cdot L^{-1}$，计算说明滴加 $(NH_4)_2C_2O_4$ 溶液时，哪种离子先沉淀？当 Ca^{2+} 沉淀完全时（$\leq1.0\times10^{-5}$），Mg^{2+} 沉淀了百分之几？（CaC_2O_4：$K_{sp}=2.6\times10^{-9}$，MgC_2O_4：$K_{sp}=8.5\times10^{-5}$）

6-5 A mixture containing only KCl and NaBr is analyzed by the Mohr method. A 0.3172 g sample is dissolved in 50 mL of water and titrated to the Ag_2CrO_4 end point, requiring 36.85 mL of $0.1120\ mol\cdot L^{-1}$ $AgNO_3$. A blank titration requires 0.71 mL of titrant to reach the same end point. Report the %w/w KCl and NaBr in the sample.

6-6 The %w/w I^- in a 0.6712 g sample was determined by a Volhard titration. After adding 50.00 mL of $0.05619\ mol\cdot L^{-1}$ $AgNO_3$ and allowing the precipitate to form, the remaining silver was back titrated with $0.05322\ mol\cdot L^{-1}$ KSCN, requiring 35.14 mL to reach the end point. Report the %w/w I^- in the sample.

其他习题请参阅《无机及分析化学学习要点与习题解》

第 7 章　氧化还原反应与氧化还原滴定法

Chapter 7　Redox Equilibrium and Redox Titration

氧化还原反应是自然界普遍存在的一类化学反应，它不仅在工农业生产和日常生活中具有重要意义，而且对生命过程具有重要的作用。生物体内的许多反应都直接或间接地与氧化还原反应相关。在药品生产、药品分析及检测等方面经常进行的工作，如维生素 C 含量的测定、利用过氧化氢消毒杀菌、饮用水残留氯的监测等都离不开氧化还原反应。

在反应过程中，氧化数发生变化的化学反应称为氧化还原反应。元素氧化数升高的变化称为氧化，氧化数降低的变化称为还原。而在氧化还原反应中氧化与还原是同时发生的，且元素氧化数升高的总数必定等于氧化数降低的总数。

7.1　氧化还原反应方程式的配平

配平氧化还原反应方程式的方法很多，本节主要介绍氧化数法和离子-电子法。

7.1.1　氧化数法

(1) 氧化数（又称氧化值）

无机化学中引用氧化数的概念来说明各元素在化合物中所处的电荷状态。确定元素原子氧化数的一般规则如下。

① 单质中，元素原子的氧化数为零。

② 二元离子化合物中，元素的氧化数等于其离子的正、负电荷数。在共价化合物中，元素原子的氧化数等于原子偏离的电子数，电负性较大的元素的氧化数为负，电负性较小的元素的氧化数为正。

③ 氢在化合物中的氧化数一般为＋1，在活泼金属的氢化物（如 NaH、CaH_2 等）中的氧化数为－1。

④ 氧在化合物中的氧化数一般为－2。但在过氧化物（如 H_2O_2、BaO_2 等）中的氧化数为－1，在超氧化物（如 KO_2）中的氧化数为－1/2，在 OF_2 中的氧化数为＋2。

⑤ 在中性分子中，所有各元素原子的正、负氧化数的代数和为零；在复杂离子中，所有元素原子氧化数的代数和等于该离子的电荷数。

需要强调的是，氧化数和化合价是不完全相同的。氧化数和化合价都有正负之分，但氧化数既可以是整数也可以是分数，而化合价只能是整数。

另外还要注意氧化数与化学键数是不同的。如在 CH_4、CH_3Cl、C_2H_2 和 CCl_4 中 C 的氧化数分别为－4、－2、－1 和＋4，而在这四种物质中 C 原子的**共价数**均为 4。

(2) 氧化数配平法

氧化数法配平氧化还原反应方程式的原则是：①氧化剂氧化数降低的总数等于还原剂氧化数升高的总数；②满足质量守恒定律。用氧化数法配平氧化还原反应方程式的具体步骤如下。

① 找出方程式中氧化数有变化的元素，根据氧化数的改变，确定氧化剂和还原剂，并

指出氧化剂和还原剂的氧化数的变化。

② 按照最小公倍数的原则对各氧化数的变化值乘以相应的系数，使氧化数降低值和升高值相等。$KMnO_4$ 和 $MnSO_4$ 前面的系数为 2，H_2S 和 S 前面的系数为 5。

$$2KMnO_4 + 5H_2S + H_2SO_4 \longrightarrow 2MnSO_4 + 5S + K_2SO_4 + H_2O$$

③ 平衡方程式两边氧化数没有变化的除氧、氢之外的其他元素的原子数目。如方程式中的 SO_4^{2-}，产物中有 3 个 SO_4^{2-}，则反应物中必须有 3 个 H_2SO_4。

$$2KMnO_4 + 5H_2S + 3H_2SO_4 \longrightarrow 2MnSO_4 + 5S + K_2SO_4 + H_2O$$

④ 检查方程式两边的氢（或氧）原子数目，平衡氢（或氧）。并将方程式中的"→"变为等号"＝"。

$$2KMnO_4 + 5H_2S + 3H_2SO_4 = 2MnSO_4 + 5S + K_2SO_4 + 8H_2O$$

氧化数法配平氧化还原反应方程式的优点是简单、快速。既适用于水溶液体系的氧化还原反应，也适用于非水溶液体系的氧化还原反应。

7.1.2 离子-电子法

离子-电子法配平氧化还原反应方程式的原则是：①氧化剂获得的电子总数与还原剂失去的电子总数必须相等；②满足质量守恒定律，即方程式两边各种元素的原子总数相等，方程式两边的离子电荷总数也相等。离子-电子法配平氧化还原反应方程式通常包括四个步骤。

① 写出没有配平的离子方程式，例如：

$$MnO_4^- + SO_4^{2-} + H^+ \longrightarrow Mn^{2+} + SO_4^{2-} + H_2O$$

② 将上面未配平的离子方程式分成两个半反应，一个表示氧化剂被还原，另一个表示还原剂被氧化：

$$MnO_4^- \longrightarrow Mn^{2+} \quad \text{还原反应}$$

$$SO_3^{2-} \longrightarrow SO_4^{2-} \quad \text{氧化反应}$$

③ 分别配平两个半反应式，使两边各种元素原子总数和电荷总数均相等。MnO_4^- 被还原为 Mn^{2+} 时，要减少 4 个 O 原子，在酸性介质中可加入 8 个 H^+，使之结合生成 4 个 H_2O：

$$MnO_4^- + 8H^+ \longrightarrow Mn^{2+} + 4H_2O$$

然后配平电荷数。左边净剩正电荷数为 +7，右边为 +2，则需在左边加上 5 个电子，达到两边电荷平衡，即：

$$MnO_4^- + 8H^+ + 5e^- = Mn^{2+} + 4H_2O \qquad ①$$

SO_3^{2-} 被氧化为 SO_4^{2-} 时，需增加一个 O 原子，酸性介质中可由 H_2O 提供，同时可生成两个 H^+：

$$SO_3^{2-} + H_2O \longrightarrow SO_4^{2-} + 2H^+ \qquad ②$$

然后配平电荷数，左边负电荷总数为 −2，右边正、负电荷抵消为 0，因此要在左边减去 2 个电子，即：

$$SO_3^{2-} + H_2O - 2e^- \longrightarrow SO_4^{2-} + 2H^+$$

④ 将两个半反应式各乘以适当的系数，使得失电子总数相等，然后将两个反应式合并，得到一个配平的氧化还原反应方程式。式①、式②半反应的电子得失的最小公倍数为 2×5＝10，将式①×2＋②×5 可得下式：

$$MnO_4^- + 5SO_3^{2-} + 6H^+ = 2Mn^{2+} + 5SO_4^{2-} + 3H_2O \qquad ③$$

检查方程式③，两边各元素的原子数应相等，即式③为配平的离子方程式。离子-电子法配平氧化还原反应方程式的关键是根据溶液的酸碱性，增补 H_2O、H^+ 或 OH^-，配平氧原子数。

离子-电子法只适用于水溶液体系，对于气相或固相中进行的氧化还原反应方程式的配平离子-电子法则无能为力。

7.2 电极电势

7.2.1 原电池

(1) 原电池的组成 在一盛有硫酸铜溶液的烧杯中放入一锌片，人们能观察到锌片会慢慢溶解，红色的铜会不断地沉积在锌片上，铜离子和锌之间发生下列氧化还原反应：

$$Zn + Cu^{2+} \longrightarrow Zn^{2+} + Cu$$

该反应中，锌和硫酸铜溶液直接接触，电子从锌直接转移给铜离子，随着反应的进行，溶液中有热量放出，说明反应过程中电子的无序运动将化学能转变为热能。

如果采用如图 7-1 所示的装置。在一烧杯中放入 $ZnSO_4$ 溶液并插入锌片，在另一烧杯中放入 $CuSO_4$ 溶液并插入铜片，将两烧杯中的溶液用盐桥连接起来，并将锌片和铜片用导线连接，导线中间连接一只电流计，可以看到电流计的指针发生偏转。说明反应中有电子的转移，而且电子是沿着一定的方向（即从负极向正极）有规则流动。同时在铜片上有金属铜沉积，而锌片则被溶解。

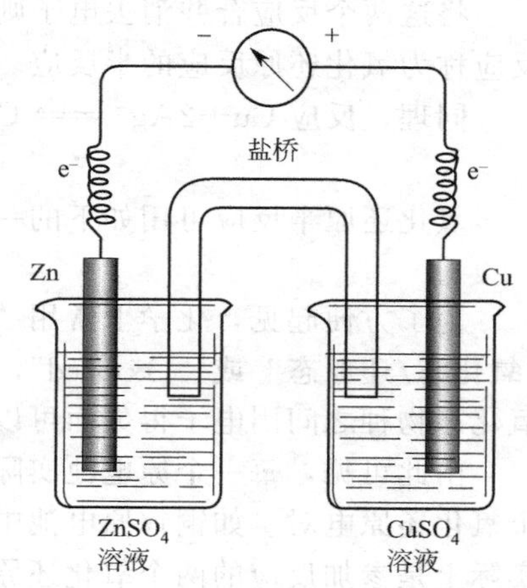

图 7-1 铜锌原电池

上述装置的 Zn 片和 Cu 片上，分别发生了以下反应：

Zn 片（Zn 电极） $Zn - 2e^- \longrightarrow Zn^{2+}$

发生氧化反应，Zn 片所释放出的电子经导线流向 Cu 片。

Cu 片（Cu 电极） $Cu^{2+} + 2e^- \longrightarrow Cu$

发生还原反应，$CuSO_4$ 溶液中的 Cu^{2+} 从 Cu 片上获得电子变成 Cu 而沉积在 Cu 片（Cu 电极）上。

这种将化学能转化为电能的装置称为原电池。

盐桥通常是一倒置的 U 形管，其中装入含有琼脂胶的饱和氯化钾溶液，盐桥在电池中起着构成回路和维持溶液电荷平衡的作用。

在原电池中，给出电子的电极称为负极，接受电子的电极称为正极。在负极发生氧化反应；在正极发生还原反应。在铜锌原电池中：

负极（Zn） $Zn - 2e^- \longrightarrow Zn^{2+}$ （氧化反应）

正极（Cu） $Cu^{2+} + 2e^- \longrightarrow Cu$ （还原反应）

原电池的总反应等于两个电极半反应之和：

$$Zn + Cu^{2+} \longrightarrow Zn^{2+} + Cu$$

(2) 原电池的表达式 原电池的装置可用电池符号来表示。例如，铜锌原电池可用下式来表示

$$(-)Zn|ZnSO_4(c_1) \| CuSO_4(c_2)|Cu(+)$$

用电池符号表示原电池时通常规定。

① 以双垂线“‖”表示盐桥，两边各为原电池的一个电极。

② 负极写在左边，正极写在右边。

③ 写出电极的化学组成、溶液（离子）浓度。

④ 以单垂线“｜”表示两个相之间的界面，以“,”分隔同一相中的两个物质。

⑤ 气体必须以惰性金属导体作为载体，例如Pt、石墨。

例如，由 H^+/H_2 电对和 Fe^{3+}/Fe^{2+} 电对组成的原电池，电池符号为：

$$(-)Pt|H_2|H^+(c_1)\|Fe^{3+}(c_2),\ Fe^{2+}(c_3)|Pt(+)$$

同一个电极在不同的电池反应中起的作用不同，在铜锌原电池中Cu作为正极，这时表示为 $CuSO_4(c_2)|Cu(+)$，但是在银铜原电池中Cu作为负极，这时表示为 $(-)Cu|CuSO_4(c_2)$。

原电池由两个半电池组成。半电池所发生的反应称为半电池反应或电极反应。

(3) 氧化还原半反应及氧化还原电对 氧化还原反应可由一个氧化反应和一个还原反应组成。例如反应：

$$Zn+Cu^{2+} \rightleftharpoons Zn^{2+}+Cu$$

氧化反应 $Zn-2e^- \rightleftharpoons Zn^{2+}$

还原反应 $Cu^{2+}+2e^- \rightleftharpoons Cu$

将这两个反应合并消去电子则可成为总的氧化还原反应。这里把上述的氧化反应或还原反应称为氧化还原反应的半反应。

同理，反应 $Cu+2Ag^+ \rightleftharpoons Cu^{2+}+2Ag$ 可由如下两个半反应组成：

$$Ag^++e^- \longrightarrow Ag$$

氧化还原半反应可用如下的一般形式表示：

$$氧化态+ne^- \rightleftharpoons 还原态$$

为了方便起见，化学上常用“氧化态/还原态”或“Ox/Red”来代表上述的半反应，把“氧化态/还原态”或“Ox/Red”，称为氧化还原电对。它表示了参加反应的同一元素的不同氧化态物种之间因电子得失而可以相互转换的关系。

由此可见，每一个原电池实际上由两个不同的氧化还原电对所组成。每个半电池对应一个氧化还原电对。如铜锌原电池中电对分别为 Zn^{2+}/Zn 和 Cu^{2+}/Cu。显然，氧化还原反应实际上是参加反应的两个氧化还原电对之间的反应。

7.2.2 电极电势

(1) 电极电势的产生

铜锌原电池的两个电极有电流产生的事实表明，在两个电极之间存在一定的电势差。为什么这两个电极的电势不等，电极电势又是怎样产生的呢？现以金属及其盐溶液组成的电极为例进行讨论。

金属晶体由金属原子、金属离子和自由电子组成。当把金属放入其盐溶液中时，在金属与其盐溶液的接触相上就会发生两个相反的过程：①金属表面的离子由于自身的热运动及溶剂的吸引，会脱离金属表面，以水合离子的形式进入溶液，电子留在金属表面上；②溶液中的金属水合离子受金属表面自由电子的吸引，重新得到电子，沉积在金属表面上，即金属与其盐之间存在如下动态平衡：

$$M(s) \underset{沉积}{\overset{溶解}{\rightleftharpoons}} M^{n+}(aq)+ne^-$$

如果金属溶解的趋势大于离子沉积的趋势，则达到平衡时，金属和其盐溶液的界面上形成了金属带负电荷、溶液带正电荷的双电层结构。相反，如果离子沉积的趋势大于金属溶解的趋势，达到平衡时，金属和溶液的界面上形成了金属带正电、溶液带负电的双电层结构。由于双电层的存在，使金属与溶液之间产生了电势差，实际上就是金属与其盐溶液中相应金属离子所组成的氧化还原电对的平衡电势，这个电势差称为金属的平衡电势。可以预料，金属平衡电势的大小主要取决于电极材料的本性，同时还与溶液浓度、温度、介质等因素有关。因此，将两种不同平衡电势的氧化还原电对以原电池的方式连接起来，则在两极之间就有一定的电势差，因而产生电流。

(2) 电极电势的测定

金属的平衡电势，反映了该金属在其盐溶液中得失电子趋势的大小。因此，如能定量测出氧化还原电对的平衡电势的绝对值，会有助于判断氧化剂或还原剂得失电子能力的相对强弱。但是，迄今为止，金属平衡电势的绝对值还无法测量。然而可用比较的方法确定它的相对值，就如同以海平面为基准来测定山丘的高度一样，通常采用标准氢电极作为比较的标准。金属的电极电势如图 7-2 所示。

① **标准氢电极** 标准氢电极如图 7-3 所示。它是将镀有一层疏松铂黑的铂片插入 H^+ 浓度（严格来说是活度）等于 $1mol \cdot L^{-1}$ 的硫酸溶液中，并不断通入压力为 100kPa 的纯氢气流而形成的电极。

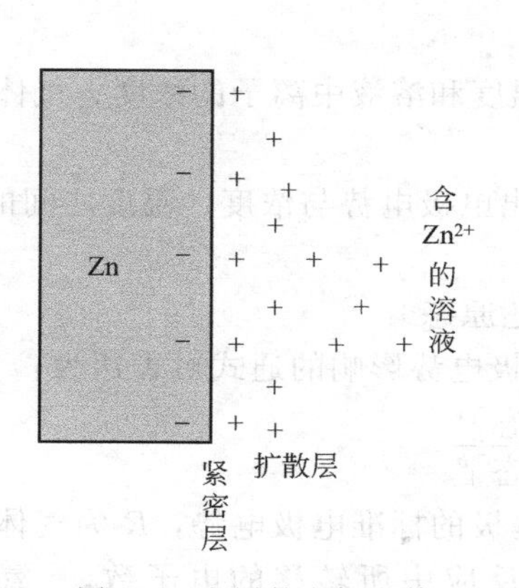

图 7-2 金属的电极电势

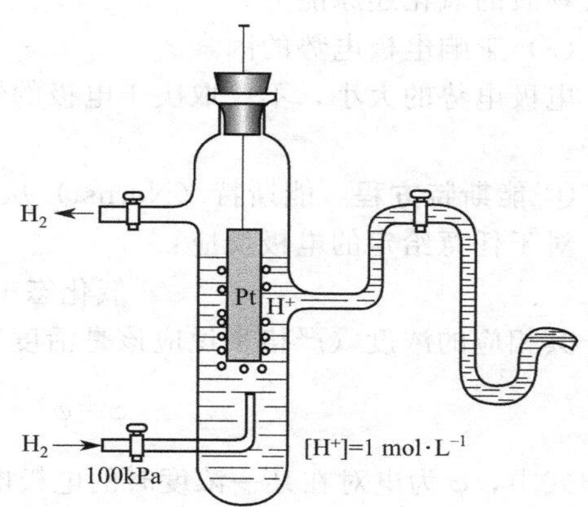

图 7-3 标准氢电极

这时溶液中的氢离子与被铂黑所吸附的氢气建立起下列动态平衡：

$$2H^+(aq)+2e^- \rightleftharpoons H_2(g)$$

通常简写为：

$$2H^+ + 2e^- \rightleftharpoons H_2$$

此时，在铂片上的氢气与溶液中的氢离子之间产生的平衡电极电势，称为标准氢电极的电极电势，记作 $\varphi^\ominus_{H^+/H_2}$，并规定在 298.15K 时，标准氢电极的电极电势为零，即 $\varphi^\ominus_{H^+/H_2} = 0.00V$，以此作为测量电极电势的相对标准。

欲测定某电极（电对）的平衡电势，可以把该电极和标准氢电极组成一原电池，测定此原电池的电动势，$E_池 = \varphi_{(+)} - \varphi_{(-)}$，即可求出该电极的平衡电势。在电化学上称此平衡电势为该电极的电极电势。

② **标准电极电势** 电极电势的大小，主要取决于物质的本性，但同时又与体系的温度、浓度等外界条件有关。如果电对处于标准状态［所谓标准状态是指温度为 298.15K，物质皆为纯净物，组成电极的有关物质的浓度（活度）均为 $1mol \cdot L^{-1}$，气体的压力为 100kPa］时，所测得的电对的电极电势，称为该电对的标准电极电势（以符号 $\varphi^\ominus$ 表示）。

从测定的数据来看，Cu^{2+}/Cu 电对的电极电势带正号，Zn^{2+}/Zn 电对的电极电势带负号。带正号表明 Cu 电极与标准氢电极组成原电池时，Cu 电极为正极；Zn 电极与标准氢电极组成原电池时，Zn 电极为负极。

用相类似的方法可测得一系列电极的标准电极电势，见附录七。该表称为标准电极电势表。由表中数据可以看出，$\varphi^\ominus$ 代数值越小，表示该电对所对应的还原型物质的还原能力越强，氧化型物质的氧化能力越弱。$\varphi^{\ominus}$代数值越大，表示该电对所对应的还原型物质的还原能力越弱，氧化型物质的氧化能力越强。因此，电极电势是表示氧化还原电对所对应的氧化态物质或还原态物质得失电子能力（即氧化还原能力）相对大小的物理量。

使用标准电极电势时应注意如下问题。

① 本书采用的是电极反应的还原电势。即指定$\varphi^{\ominus}_{Zn^{2+}/Zn}=-0.763V$。

② 标准电极电势是强度性质，无加合性。不论在电极反应两边同乘以任何实数，$\varphi^{\ominus}$仍然不改变。

$$2H^{+}+2e^{-} \rightleftharpoons H_2$$

$$H^{+}+e^{-} \rightleftharpoons 1/2H_2$$

③ 标准电极电势数值与电极反应方向无关。

④ $\varphi^{\ominus}$是水溶液体系的标准电极电势，对于非标准状态、非水溶液体系不能用它来直接比较物质的氧化还原能力。

(3) 影响电极电势的因素

电极电势的大小，不仅取决于电极的性质，还与温度和溶液中离子的浓度、气体的分压有关。

① **能斯特方程** 能斯特（Nernst）从理论上推导出电极电势与浓度、温度之间的关系。

对于任意给定的电极反应：

$$a\,\text{氧化态}+ne^{-} \rightleftharpoons b\,\text{还原态}$$

其相应的浓度（严格来说应该是活度）、温度对电极电势影响的通式可表达为：

$$\varphi=\varphi^{\ominus}+\frac{RT}{nF}\ln\frac{[\text{氧化态}]^{a}}{[\text{还原态}]^{b}}$$

式中，φ为电对在某一浓度时的电极电势，$\varphi^{\ominus}$为电极的标准电极电势，R为气体热力学常数，T为热力学温度，F为法拉第常数，n为电极反应中所转移的电子数，[氧化态]、[还原态] 分别为氧化态、还原态的浓度。当$T=298.15K$时，将自然对数换算成常用对数，并把各常数项代入上式得：

$$\varphi=\varphi^{\ominus}+\frac{0.0592}{n}\lg\frac{[\text{氧化态}]^{a}}{[\text{还原态}]^{b}}$$

② **使用能斯特方程应注意的事项**

a. 如果组成电对的物质是固体、纯液体和溶剂水时，则它们的浓度不列入方程式中。如果是气体，其浓度用相对分压表示。

b. 电极反应中，除氧化态、还原态物质外，还有其他参加反应的物质如H^{+}、OH^{-}等存在，则应把这些物质的浓度也表示在能斯特方程式中。

$$MnO_4^{-}+8H^{+}+5e^{-} \rightleftharpoons Mn^{2+}+4H_2O$$

$$\varphi_{MnO_4^{-}/Mn^{2+}}=\varphi^{\ominus}_{MnO_4^{-}/Mn^{2+}}+\frac{0.0592}{5}\lg\frac{[MnO_4^{-}][H^{+}]^{8}}{[Mn^{2+}]}$$

【例 7-1】 求在$c(MnO_4^{-})=c(Mn^{2+})=1.0mol\cdot L^{-1}$时，pH=5 的溶液中$\varphi_{MnO_4^{-}/Mn^{2+}}$的数值。

解 $$\varphi_{MnO_4^{-}/Mn^{2+}}=\varphi^{\ominus}_{MnO_4^{-}/Mn^{2+}}+\frac{0.059}{5}\lg\frac{([MnO_4^{-}]/c^{\ominus})([H^{+}]/c^{\ominus})^{8}}{[Mn^{2+}]/c^{\ominus}}$$

$$=1.49+\frac{0.059}{5}\lg(10^{-5})^{8}=1.49-0.47=1.02V$$

上例说明了溶液中离子浓度的变化对电极电势的影响，特别是有H^{+}参加的反应，由于浓度的指数往往比较大，故对电极电势的影响也比较大，这也是某些氧化剂如氧化物、含氧酸、含氧酸盐的氧化性需要在强酸性溶液中才能充分体现的原因。

此外，有些金属离子由于在反应中生成难溶的化合物或很稳定的配离子，极大地降低了溶液中金属离子的浓度，并显著地改变了原来电对的电极电势。

【例 7-2】 当 $[I^-]=1mol \cdot L^{-1}$时，求 $AgI(s)+e \longrightarrow Ag(s)+I^-$ 电极反应的 $\varphi^{\ominus}_{AgI/Ag}$。

解 衍生电位 $\varphi^{\ominus}_{AgI/Ag}$ 是 $\varphi^{\ominus}_{Ag^+/Ag}$ 衍生的

$$AgI = Ag^+ + I^-$$

此时：

$$[Ag^+]=K^{\ominus}_{sp}/[I^-]$$

$$\begin{aligned}\varphi^{\ominus}_{AgI/Ag} &= \varphi^{\ominus}_{Ag^+/Ag} + 0.059\lg[Ag^+] \\ &= 0.799 + 0.059\lg K^{\ominus}_{sp} \\ &= 0.799 + 0.059\lg(8.5\times10^{-17}) = -0.15\ (V)\end{aligned}$$

可置换 H^+ 生成 H_2。

从上例可以看出，由于 X^- 加入，使氧化型 Ag^+ 的浓度大大降低，从而使电极电势 φ 值降低很多。由此可见，当加入的沉淀剂与氧化型物质反应时，生成沉淀的 $K^{\ominus}_{sp}$ 值越小，电极电势 φ 值降低得越多。如果加入的沉淀剂与还原型物质发生反应时，生成沉淀的 $K^{\ominus}_{sp}$ 值越小，则还原型物质的浓度降低得越多，电极电势 φ 值升高得越多。

7.3 电极电势的应用

7.3.1 判断原电池的正、负极及计算原电池的电动势

从原电池一节的介绍中已经知道，φ 代数值较小的电极为负极，φ 代数值较大的电极为正极。

7.3.2 判断氧化还原反应自发进行的方向

氧化还原反应自发进行的方向，总是由较强氧化剂与较强还原剂相互作用，向着生成较弱还原剂和较弱氧化剂的方向进行：

$$\text{强氧化剂 1} + \text{强还原剂 2} \longrightarrow \text{弱还原剂 1} + \text{弱氧化剂 2}$$

用电极电势来判断，就是电极电势值大的电对中的氧化态物质和电极电势值小的电对中的还原态物质之间的反应是自发进行的。

例如，判断

$2Fe^{3+}+2I^- \rightleftharpoons 2Fe^{2+}+I_2$ 反应进行的方向。首先查表得有关电对的标准电极电势为：

$$Fe^{3+}+e^- \rightleftharpoons Fe^{2+} \qquad \varphi^{\ominus}=0.771V$$

$$I_2+2e^- \rightleftharpoons 2I^- \qquad \varphi^{\ominus}=0.535V$$

显然 $\varphi^{\ominus}_{Fe^{3+}/Fe^{2+}} > \varphi^{\ominus}_{I_2/I^-}$，说明 Fe^{3+} 是比 I_2 强的氧化剂，I^- 是比 Fe^{2+} 强的还原剂，故 Fe^{3+} 能与 I^- 作用，该反应自发由左向右进行。

事实上，氧化还原反应总是电极电势值大的电对中的氧化态物质氧化电极电势值小的电对中的还原态物质，或者说氧化剂所对应的电对的电极电势值应大于还原剂所对应的电对的电极电势值，即两者之差 $E>0$。若 $E<0$，则反应逆向进行。

【例 7-3】 $C(Pb^{2+})=0.1mol \cdot L^{-1}$，$C(Sn^{2+})=1.0mol \cdot L^{-1}$ 问下述反应进行的方向：

$$Pb^{2+}+Sn \rightleftharpoons Sn^{2+}+Pb$$

解 按能斯特方程式，有：

$$\varphi_{Pb^{3+}/Pb}=\varphi^{\ominus}_{Pb^{3+}/Pb}+\frac{0.059}{2}\lg(0.1)=-0.1262-0.0295=-0.1557\ (V)$$

而 $\varphi_{Sn^{2+}/Sn}=\varphi^{\ominus}_{Sn^{2+}/Sn}=-0.1375V$

根据题意：Sn^{2+}/Sn 为负极，Pb^{2+}/Pb 为正极

电动势 $E=\varphi_{Pb^{2+}/Pb}-\varphi_{Sn^{2+}/Sn}=-0.0183V<0$

反应逆向，自发由右向左进行。

7.3.3 判断氧化还原反应进行的次序

当一种氧化剂（或还原剂）和几种还原剂（或氧化剂）共存时，存在反应的次序问题，电极电势差值最大的优先反应，电极电势差值最小的最后反应。

7.3.4 判断氧化还原反应进行的完全程度

从电极电势的观点来看，只要两个氧化还原电对之间存在电势差，就会因电子的转移而发生氧化还原反应。例如下列反应：

$$Zn+Cu^{2+}=\!=\!=Zn^{2+}+Cu$$

随着反应的进行，Cu^{2+} 浓度不断减小，Zn^{2+} 浓度不断增大。因而 $\varphi_{Cu^{2+}/Cu}$ 的代数值不断减小，$\varphi_{Zn^{2+}/Zn}$ 的代数值不断增大。当两个电对的电极电势相等时，反应进行到了极限，建立起动态平衡。

根据能斯特方程：

$$\varphi_{Cu^{2+}/Cu}=\varphi^{\ominus}_{Cu^{2+}/Cu}+\frac{0.059}{2}\lg(Cu^{2+})$$

$$\varphi_{Zn^{2+}/Zn}=\varphi^{\ominus}_{Zn^{2+}/Zn}+\frac{0.059}{2}\lg(Zn^{2+})$$

平衡时有：

$$\varphi_{Cu^{2+}/Cu}=\varphi_{Zn^{2+}/Zn}$$

即

$$\varphi^{\ominus}_{Cu^{2+}/Cu}+\frac{0.059}{2}\lg(Cu^{2+})=\varphi^{\ominus}_{Zn^{2+}/Zn}+\frac{0.059}{2}\lg(Zn^{2+})$$

$$\varphi^{\ominus}_{Cu^{2+}/Cu}-\varphi^{\ominus}_{Zn^{2+}/Zn}=\frac{0.059}{2}\lg\left(\frac{Zn^{2+}}{Cu^{2+}}\right)$$

$$\lg\left(\frac{Zn^{2+}}{Cu^{2+}}\right)=\frac{2}{0.059}(\varphi^{\ominus}_{Cu^{2+}/Cu}-\varphi^{\ominus}_{Zn^{2+}/Zn})$$

平衡时：

$$\left(\frac{Zn^{2+}}{Cu^{2+}}\right)=K^{\ominus}$$

所以

$$\lg K^{\ominus}=\frac{2}{0.059}(\varphi^{\ominus}_{Cu^{2+}/Cu}-\varphi^{\ominus}_{Zn^{2+}/Zn})$$

$$=\frac{2}{0.059}[0.3402-(-0.7628)]=37.4$$

$$K^{\ominus}=2.00\times10^{37}$$

平衡常数很大，说明反应进行得非常完全。

对于一般的氧化还原反应：

$$a\mathrm{Ox_1}+b\mathrm{Red_2}\rightleftharpoons c\mathrm{Red_1}+d\mathrm{Ox_2}$$

平衡时有

$$\frac{[\mathrm{Red_1}]^c[\mathrm{Ox_2}]^d}{[\mathrm{Ox_1}]^a[\mathrm{Red_2}]^b}=K^{\ominus}$$

$K^{\ominus}$ 为氧化还原反应的标准平衡常数，其大小反映了该反应进行的完全程度。

由上例可以推导出氧化还原反应标准平衡 $K^{\ominus}$ 与参加氧化还原反应的两个电对的电极电势值及转移的电子数的关系为：

$$\lg K^{\ominus}=\frac{n[\varphi^{\ominus}_{(氧)}-\varphi^{\ominus}_{(还)}]}{0.0592}$$

式中，n 为反应中得失电子总数；$\varphi^{\ominus}_{(氧)}$为反应中作为氧化剂的电对的标准电极电势；$\varphi^{\ominus}_{还}$为反应中作为还原剂的电对的标准电极电势。$\varphi^{\ominus}_{氧}$和 $\varphi^{\ominus}_{还}$的差值越大，$K^{\ominus}$值也越大，反应进行得也越完全。

【例 7-4】 判断下述反应进行的程度：

$$2Fe^{2+}+2H^{+} \rightleftharpoons 2Fe^{3+}+H_2$$

已知：$c(H^{+})=0.2mol\cdot L^{-1}$，$c(Fe^{2+})=0.1mol\cdot L^{-1}$，$c(Fe^{3+})=0.3mol\cdot L^{-1}$

解 $\varphi^{\ominus}_{H^{+}/H_2}=0V$，$\varphi^{\ominus}_{Fe^{3+}/Fe^{2+}}=0.771V$

电动势 $$E^{\ominus}=-0.771V$$

$$\lg K^{\ominus}=\frac{2\times(-0.771)}{0.059}=-26.14 \qquad K^{\ominus}=7.24\times10^{-27}$$

反应进行的程度极小。

一般情况下，在氧化还原反应中，若 $n_1=n_2=1$，则当参加反应的两个电对的电极电势差值必须大于 0.40V 时，可认为能反应完全。

若 $n_1n_2>1$ 时，则要求参加反应的两个电对的电极电势差值可以小于 0.40V。如 $n_1n_2=2$ 的，则要求 $\Delta\varphi>0.2V$；若 $n_1n_2=4$，则要求 $\Delta\varphi>0.1V$。且 n_1n_2 值越大，则要求参加反应的两电对的电极电势差值越小。

7.4 元素标准电极电势图及其应用

元素标准电极电势图可以表示同一元素不同氧化数物质氧化还原能力的相对强弱。

7.4.1 元素标准电极电势图

许多元素具有多种氧化数。同一元素的不同氧化数物质的氧化或还原能力是不同的。将同一元素不同氧化数物质按氧化数从高到低的顺序排列，在两种氧化数物质之间标上对应电对的标准电极电势。这种表示元素各种氧化数物质之间标准电极电势变化的关系图，称为元素标准电极电势图（简称元素电势图）。它清楚地表明了同种元素的不同氧化数物质氧化还原能力的相对大小。

例如：

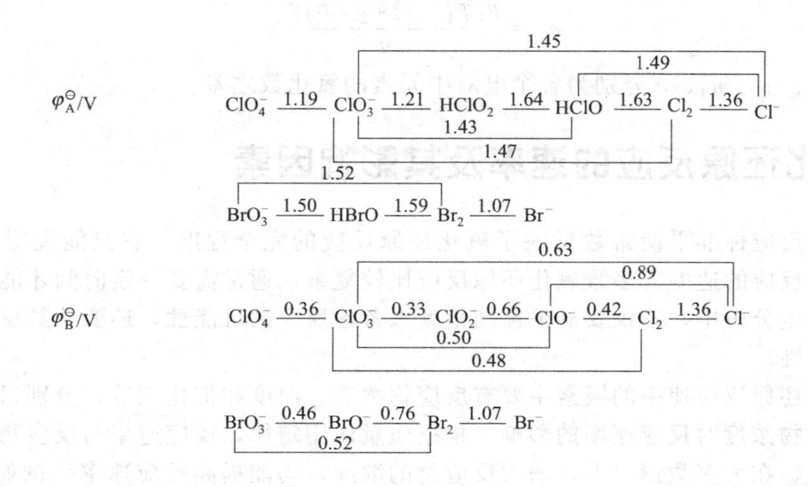

7.4.2 元素标准电极电势图的应用

(1) 判断歧化反应 歧化反应是自身氧化还原反应的一种。当一种元素处于中间氧化态时，它有一部分向高氧化态变化（被氧化），另一部分向低氧化态变化（被还原），这一类自身氧化还原反应称为歧化反应。

歧化反应发生的规律是：在元素电势图中（$M^{2+}\underline{\varphi^{\ominus}_{左}}M^{+}\underline{\varphi^{\ominus}_{右}}M$），如果 $\varphi^{\ominus}_{左}<\varphi^{\ominus}_{右}$，$M^{+}$ 容易发生歧化反应，即 $2M^{+}=\!=\!=M^{2+}+M$；如果 $\varphi^{\ominus}_{左}>\varphi^{\ominus}_{右}$，$M^{+}$ 不发生歧化反应，而发生歧化反应的逆反应。即 $M^{2+}+M=\!=\!=2M^{+}$。

例如，酸化介质中 Cu 的元素电势图为：

$$\varphi^{\ominus}_{A}/V \qquad Cu^{2+}\frac{0.158}{\quad}Cu^{+}\frac{0.522}{\quad}Cu$$

因为 $\varphi^{\ominus}_{Fe^{3+}/Fe}$ 为负值，而 $\varphi^{\ominus}_{Fe^{3+}/Fe^{2+}}$ 为正值，故在稀盐酸或稀硫酸等非氧化性稀酸中 Fe 主要被氧化为 Fe^{2+} 而非 Fe^{3+}：

$$Fe+2H^{+}\rightleftharpoons Fe^{2+}+H_2$$

但是在酸性介质中 Fe^{2+} 是不稳定的，易被空气中的氧气氧化，因为

$$Fe^{3+}+e^{-}\rightleftharpoons Fe^{2+} \qquad \varphi^{\ominus}=0.771V$$

$$O_2+4H^{+}+4e^{-}\rightleftharpoons 2H_2O \qquad \varphi^{\ominus}=1.229V$$

$$4Fe^{2+}+O_2+4H^{+}\rightleftharpoons 4Fe^{3+}+2H_2O$$

由于 $\varphi^{\ominus}_{Fe^{2+}/Fe}<\varphi^{\ominus}_{Fe^{3+}/Fe^{2+}}$，故 Fe^{2+} 不会发生歧化反应，却可发生歧化反应的逆反应：

$$2Fe^{3+}+Fe\rightleftharpoons 3Fe^{2+}$$

因此，在 Fe^{2+} 盐溶液中，加入少量金属铁，能避免 Fe^{2+} 被空气中氧气氧化为 Fe^{3+}。故酸性介质中 Fe^{2+} 是不稳定的，稳定存在的是 Fe^{3+}。

(2) 根据元素电位图求算电对的标准电极电势 例如，有下列元素电势图：

$$A\frac{\varphi^{\ominus}_1}{(n_1)}B\frac{\varphi^{\ominus}_2}{(n_2)}C\frac{\varphi^{\ominus}_3}{(n_3)}D \quad (A\xrightarrow[(n)]{\varphi^{\ominus}}D)$$

从理论上可导出下列公式：

$$n\varphi^{\ominus}=n_1\varphi^{\ominus}_1+n_2\varphi^{\ominus}_2+n_3\varphi^{\ominus}_3$$

$$\varphi^{\ominus}=\frac{n_1\varphi^{\ominus}_1+n_2\varphi^{\ominus}_2+n_3\varphi^{\ominus}_3}{n}$$

式中，n_1、n_2、n_3、n 分别为各个电对中元素的氧化数之差。

7.5 氧化还原反应的速率及其影响因素

氧化还原反应标准平衡常数反映了氧化还原反应的完全程度。它只能说明反应的可能性，不能说明反应的速率。多数氧化还原反应比较复杂，通常需要一定时间才能完成。所以在氧化还原滴定分析中，不仅要从平衡的角度来考虑反应的可能性，还要从其反应速率来考虑反应的现实性。

影响氧化还原反应速率的因素主要有反应物浓度、温度和催化剂等，分别讨论如下。

(1) **反应物浓度对反应速率的影响** 根据质量作用定律，反应速率与反应物的浓度成正比。一般来说，在大多数情况下，增大反应物的浓度，均能提高反应速率。例如 $Cr_2O_7^{2-}$ 和

I^-的反应：

$$Cr_2O_7^{2-}+6I^-+14H^+ = 2Cr^{3+}+3I_2+7H_2O$$

在一般情况下该反应速率较慢，增大I^-的浓度，提高溶液的酸度，均可提高反应速率。

(2) **温度对反应速率的影响**　实验证明，一般温度每升高10℃，反应速率增加2～4倍。例如，重铬酸钾法测量铁，用$SnCl_2$还原Fe^{3+}时，必须将被测溶液加热至沸腾后，立即趁热滴加$SnCl_2$，这样可使还原反应速率加快：

$$2Fe^{3+}+Sn^{2+} \rightleftharpoons Sn^{4+}+2Fe^{2+}$$

但当上述反应结束后，就应以流水冷却被测溶液，以免Fe^{2+}被空气氧化。又如用草酸钠标定高锰酸钾溶液的反应：

$$2MnO_4+5C_2O_4^{2-}+16H^+ = 2Mn^{2+}+10CO_2\uparrow+8H_2O$$

为了提高反应速率，除了提高酸度外，还可将反应溶液加热至75～85℃。当然温度也不能提得太高，否则草酸会分解。

(3) **催化剂对反应速率的影响**　催化剂对反应速率有很大的影响，例如，高锰酸钾与草酸的反应，即使在强酸性溶液中，将温度提高至75～85℃，滴定最初几滴，高锰酸钾的退色仍很慢，但加入少量Mn^{2+}时，反应能很快进行。这里的Mn^{2+}就起了加快反应速率的作用，Mn^{2+}为催化剂。

在上述反应中，如不加催化剂，而利用反应生成的微量Mn^{2+}作催化剂，反应也可以较快地进行。这种生成物本身就起催化剂作用的反应称为自动催化反应。其速率变化特点是先慢后快再慢，所以滴定时应注意滴定速度与反应速率相适应。

(4) **诱导反应**　在氧化还原反应中，不仅催化剂能改变反应速率，有时一种氧化还原反应的发生能加快另一种氧化还原反应进行，这种现象称为诱导作用，所发生的氧化还原反应称为诱导反应。

例如，在强酸性介质中用高锰酸钾法测量铁时，若用盐酸控制酸度，则滴定时会消耗较多的高锰酸钾，使结果偏高，主要是由于高锰酸钾与铁的反应对高锰酸钾与氯离子的反应有诱导作用。

$$MnO_4^-+5Fe^{2+}+8H^+ = Mn^{2+}+5Fe^{3+}+4H_2O$$

$$2MnO_4^-+10Cl^-+8H^+ = 2Mn^{2+}+5Cl_2+4H_2O$$

如果溶液中没有铁，在测定的酸度条件下，高锰酸钾与氯离子的反应极慢，可以忽略不计。但当有Fe^{2+}存在时，前一个反应对后一个反应起了诱导作用。这里Fe^{2+}称为诱导体，Cl^-称为受诱体，MnO_4^-称为作用体，前一个反应称为诱导反应，后一个反应称为受诱反应。

需要强调的是，催化作用与诱导作用均能改变反应速率，催化剂和诱导体均参加氧化还原反应，但催化剂参加反应后还是原来的物质，而诱导体参加反应后成为新物质。

7.6 氧化还原滴定法

7.6.1 方法概述

氧化还原滴定法是以氧化还原反应为基础的滴定分析法。根据所用标准溶液的不同主要分为：高锰酸钾法、重铬酸钾法和碘量法。另外，还有铈量法、溴酸盐法、钒酸盐法。

氧化还原滴定法应用十分广泛，不仅可以直接测定氧化还原性物质，还可间接测定不具有氧化还原性物质。但氧化还原反应的过程复杂，副反应多，反应速率慢，条件不易控制。

7.6.2 条件电极电势

能斯特方程反映了电极电势与离子浓度之间的关系，它是以标准电极电势为基础进行计算的。标准电极电势的测定是有条件的，当溶液中离子强度较大时，用浓度来替代活度进行计算就会引起较大偏差，特别是当氧化态或还原态因水解或配位等有副反应发生时，可在更大程度上影响电极电势。因此使用标准电极电势 $\varphi^{\ominus}$ 有其局限性。在实际工作中，常采用条件电极电势 $\varphi^{\ominus'}$ 代替标准电极电势 $\varphi^{\ominus}$。

条件电极电势是指在特定条件下，氧化态和还原态总浓度均为 $1mol \cdot L^{-1}$，校正了各种外界因素后的实际电势。

引入了条件电极电势后，能斯特方程的表达式为：

$$\varphi_{Ox/Red}=\varphi^{\ominus'}_{Ox/Red}+\frac{0.0592}{n}\lg\frac{[氧化态]^a}{[还原态]^b}$$

条件电极电势更能切合实际地反映氧化剂或还原剂的能力大小。所以在有关氧化还原反应的计算中，使用条件电极电势更为合理。但目前缺乏多种条件下的条件电极电势数据，故实际应用有限。

7.6.3 氧化还原滴定曲线

在氧化还原滴定中，随着标准溶液的不断加入，氧化剂或还原剂的浓度发生改变，相应电对的电极电势也随之不断改变，可用氧化还原滴定曲线来描述这种变化，借以研究化学计量点前后溶液的电极电势改变情况，对正确选取氧化还原指示剂或采取仪器指示化学计量点具有重要的作用。滴定曲线可通过实验的方法测量电极电势绘出，也可采用能斯特方程进行近似的计算，求出相应的电极电势。

以 $0.1000mol \cdot L^{-1}$ Ce^{4+} 标准溶液滴定 20.00mL $0.1000mol \cdot L^{-1}$ $FeSO_4$ 溶液（溶液的酸度为 $1mol \cdot L^{-1}$ H_2SO_4）为例，说明滴定过程中电极电势的计算方法，滴定反应为：

$$Ce^{4+}+Fe^{2+}=\!=\!=Ce^{3+}+Fe^{3+}$$

下面将滴定过程分为四个主要阶段，讨论溶液的电极电势变化情况。

（1）**滴定前** 没有滴加 $Ce(SO_4)_2$ 时，对于 $0.1000mol \cdot L^{-1}$ $FeSO_4$ 溶液来说，由于空气中氧的氧化作用，其中必有极少量的 Fe^{3+} 存在并组成 Fe^{3+}/Fe^{2+} 电对，所以溶液的电极电势可用 Fe^{3+}/Fe^{2+} 电对表示，假设有 0.1% 的 Fe^{2+} 被氧化为 Fe^{3+}，则：

$$\frac{c_{Fe^{3+}}}{c_{Fe^{2+}}}=\frac{0.1\%}{99.9\%}\approx\frac{1}{1000}$$

$$\varphi_{Fe^{3+}/Fe^{2+}}=\varphi^{\ominus'}_{Fe^{3+}/Fe^{2+}}+\frac{0.0592}{n}\lg\frac{c_{Fe^{3+}}}{c_{Fe^{2+}}}$$

$$=0.68+\frac{0.0592}{1}\lg\frac{1}{1000}=0.50\ (V)$$

（2）**滴定开始至化学计量点前** 溶液中存在 Fe^{3+}/Fe^{2+} 和 Ce^{4+}/Ce^{3+} 两个电对，每加入一定量的 $Ce(SO_4)_2$ 标准溶液，两个电对反应后就会建立平衡，并使两个电对的电势相等，即：

$$\varphi=\varphi^{\ominus'}_{Fe^{3+}/Fe^{2+}}+\frac{0.0592}{n}+\lg\frac{c_{Fe^{3+}}}{c_{Fe^{2+}}}$$

$$=\varphi^{\ominus'}_{Ce^{4+}/Ce^{3+}}+\frac{0.0592}{n}\lg\frac{c_{Ce^{4+}}}{c_{Ce^{3+}}}$$

在化学计量点前，由于 $FeSO_4$ 是过量的，溶液中 Ce^{4+} 的浓度很小，计算起来比较麻烦，因此，可用 Fe^{3+}/Fe^{2+} 电对来计算 φ 值，同时为了计算简便，可用 Fe^{3+} 和 Fe^{2+} 的物质的量比来替代 $\frac{c_{Fe^{3+}}}{c_{Fe^{2+}}}$ 进行计算。设滴入 $Ce(SO_4)_2$ 标准溶液 VmL（V<20.00mL）时：

$$n(Fe^{3+})=0.1000\times V\ (\text{mmol})$$

$$n(Fe^{2+})=0.1000\times(20.00-V)\ (\text{mmol})$$

$$\varphi=0.68+\frac{0.0592}{1}\lg\frac{0.1000\times V}{0.1000\times(20.00-V)}$$

$$=0.68+0.0592\lg\frac{V}{20.00-V}$$

将 $V=19.80\text{mL}$ 和 19.98mL 代入计算可得相应的电极电势值为 0.80V 和 0.86V

(3) **化学计量点时** 设化学计量点时的电极电势为 φ_{ep}，可分别表示为：

$$\varphi_{ep}=\varphi^{\ominus\prime}_{Fe^{3+}/Fe^{2+}}+\frac{0.0592}{n}\lg\frac{c_{Fe^{3+}}}{c_{Fe^{2+}}}$$

$$\varphi_{ep}=\varphi^{\ominus\prime}_{Ce^{4+}/Ce^{3+}}+\frac{0.0592}{n}\lg\frac{c_{Ce^{4+}}}{c_{Ce^{3+}}}$$

将两式相加得：

$$2\varphi_{ep}=\varphi^{\ominus\prime}_{Fe^{3+}/Fe^{2+}}+\varphi^{\ominus\prime}_{Ce^{4+}/Ce^{3+}}+\frac{0.0592}{n}\lg\frac{c_{Ce^{4+}}c_{Fe^{3+}}}{c_{Ce^{3+}}c_{Fe^{2+}}}$$

化学计量点时，加入的 $Ce(SO_4)_2$ 标准溶液正好和溶液中的 $FeSO_4$ 标准溶液完全反应，达到平衡状态，满足 $c_{Ce^{4+}}=c_{Fe^{2+}}$，$c_{Ce^{3+}}=c_{Fe^{3+}}$，此时：

$$\lg\frac{c_{Ce^{4+}}c_{Fe^{3+}}}{c_{Ce^{3+}}c_{Fe^{2+}}}=0$$

$$\varphi_{ep}=\frac{\varphi^{\ominus\prime}_{Fe^{3+}/Fe^{2+}}+\varphi^{\ominus\prime}_{Ce^{4+}/Ce^{3+}}}{2}=\frac{0.68+1.44}{2}=1.06\ (\text{V})$$

对于一般的氧化还原反应：

$$n_2Ox_1+n_1Red_2\rightleftharpoons n_2Red_1+n_1Ox_2$$

同理可以得到化学计量点时的电极电势 φ_{ep} 为

$$\varphi_{ep}=\frac{n_1\varphi^{\ominus\prime}_{Ox_1/Red_1}+n_2\varphi^{\ominus\prime}_{Ox_2/Red_2}}{n_1+n_2}$$

(4) **化学计量点后** 加入过量的 $Ce(SO_4)_2$ 标准溶液，可用 Ce^{4+}/Ce^{3+} 电对的电极电势表示溶液的电极电势，加入 20.02mL $Ce(SO_4)_2$ 标准溶液时：

$$\varphi=\varphi^{\ominus\prime}_{Ce^{4+}/Ce^{3+}}+0.0592\lg\frac{c_{Ce^{4+}}}{c_{Ce^{3+}}}$$

$$=1.44+0.0592\lg\frac{20.02-20.00}{20.00}=1.26\ (\text{V})$$

以 φ 对 V 作图，即可得到用 $0.1000\text{mol}\cdot\text{L}^{-1}$ Ce^{4+} 标准溶液滴定 20.00mL $0.1000\text{mol}\cdot\text{L}^{-1}$ $FeSO_4$ 溶液滴定曲线，如图 7-4 所示。

通过滴定曲线可以看出，在化学计量点前后 0.1%误差范围内溶液的电极电势由 0.86V 变化到 1.26V，有明显的突跃，这个突跃范围的大小对选择氧化还原滴定指示剂很有帮助。事实上，在化学计量点前后 0.1%相对误差范围内，溶液中 Fe^{2+} 的浓度由 $5.0\times10^{-5}\text{mol}\cdot\text{L}^{-1}$ 降低到 $5.0\times10^{-12}\text{mol}\cdot\text{L}^{-1}$，说明反应很完全。

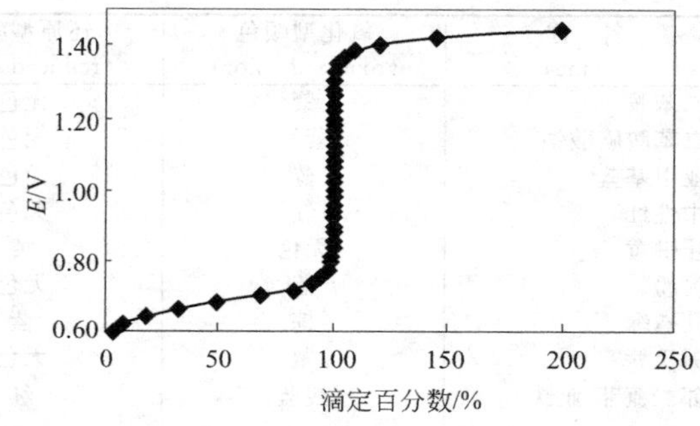

图 7-4 Ce^{4+} 标准溶液滴定 $FeSO_4$ 溶液滴定曲线

从计算可知，滴定突跃范围的大小与电对的 $\varphi^{\ominus\prime}$ 有关，$\Delta\varphi^{\ominus\prime}$ 越大，则突跃范围越大；反之则小。在 $\Delta\varphi^{\ominus\prime}\geqslant0.20\text{V}$ 时，突跃才明显，且

在 0.20～0.40V 可用仪器法确定终点；只有在 $\Delta\varphi^{\ominus\prime}\geqslant 0.40V$ 时才可用氧化还原指示剂指示终点。

在氧化还原反应的两个半反应中若转移的电子数相等，即 $n_1=n_2$，则化学计量点正好在滴定突跃的中间；$n_1\neq n_2$ 的反应，则化学计量点偏向于电子转移数较大的一方。

7.6.4 氧化还原指示剂

氧化还原滴定法是滴定分析方法的一种，其关键仍然是化学计量点的确定。在氧化还原滴定中，除了用电势法确定终点外，还可以根据所使用的标准溶液不同选择不同的指示剂来确定终点。

(1) **氧化还原指示剂** 氧化还原指示剂是具有氧化性或还原性的有机化合物，且它们的氧化态或还原态的颜色不同，在氧化还原滴定中也参与氧化还原反应而发生颜色变化。

假设用 In(O) 和 In(R) 表示指示剂的氧化态和还原态，则指示剂在滴定过程中所发生的氧化还原反应可用下式表示：

$$\mathrm{In(O)} + n\mathrm{e}^- \rightleftharpoons \mathrm{In(R)}$$

根据能斯特方程，氧化还原指示剂的电极电势与其浓度之间有如下关系：

$$\varphi_{\mathrm{In}}=\varphi_{\mathrm{In}}^{\ominus}+\frac{0.0592}{n}\lg\frac{[\mathrm{In(O)}]}{[\mathrm{In(R)}]}$$

当$\frac{[\mathrm{In(O)}]}{[\mathrm{In(R)}]}\geqslant 10$ 时，可清楚地看到 In(O) 的颜色，此时：

$$\varphi_{\mathrm{In}}\geqslant\varphi_{\mathrm{In}}^{\ominus}+\frac{0.0592}{n}$$

当$\frac{[\mathrm{In(O)}]}{[\mathrm{In(R)}]}\leqslant 1/10$ 时，可清楚地看到 In(R) 的颜色，此时：

$$\varphi_{\mathrm{In}}\leqslant\varphi_{\mathrm{In}}^{\ominus}-\frac{0.0592}{n}$$

所以指示剂的变色范围为：

$$\varphi_{\mathrm{In}}=\varphi_{\mathrm{In}}^{\ominus}\pm\frac{0.0592}{n}$$

在此范围内，便可看到指示剂的变色情况，当 $\varphi_{\mathrm{In}}=\varphi_{\mathrm{In}}^{\ominus}$ 时为理论变色点。

实际滴定中，最好能选择在滴定的突跃范围内变色的指示剂。例如，重铬酸钾法测定铁时，常用二苯胺磺酸钠为指示剂，它的氧化态呈紫红色，还原态呈无色，当滴定到达化学计量点时，稍过量的重铬酸钾就可以使二苯胺磺酸钠由还原态变为氧化态，从而指示滴定终点的到达。表 7-1 列出了常见氧化还原指示剂的 $\varphi_{\mathrm{In}}^{\ominus}$ 及颜色变化。

表 7-1 常见氧化还原指示剂的 $\varphi_{\mathrm{In}}^{\ominus}$ 及颜色变化

名 称 (name)	氧化型颜色 (oxidized color)	还原型颜色 (reduced color)	$\varphi_{\mathrm{In}}^{\ominus}$/V	浓度 (concentration)
二苯胺	紫	无色	0.76	1%浓硫酸溶液
二苯胺磺酸钠	紫红	无色	0.84	0.2%水溶液
亚甲基蓝	蓝	无色	0.532	0.1%水溶液
中性红	红	无色	0.24	0.1%乙醇溶液
喹啉黄	无色	黄	—	0.1%水溶液
淀粉	蓝	无色	0.53	0.1%水溶液
孔雀绿	棕	蓝	—	0.05%水溶液
劳氏紫	紫	无色	0.06	0.1%水溶液
邻二氮菲-亚铁	浅蓝	红	1.06	(1.485g 邻二氮菲+0.695g 硫酸亚铁)溶于 100mL 水
酸性绿	橘红	黄绿	0.96	0.1%水溶液
专利蓝Ⅴ	红	黄	0.95	0.1%水溶液

（2）**自身指示剂** 在氧化还原滴定中，利用标准溶液或被滴定物质本身的颜色来确定终点，称为自身指示剂。例如，在高锰酸钾法中就是利用 $KMnO_4$ 作自身指示剂。$KMnO_4$ 溶液呈紫红色，当用 $KMnO_4$ 作为标准溶液来测定无色或浅色物质时，在化学计量点前，由于高锰酸钾是不足量的，故溶液不显 $KMnO_4$ 的颜色，当滴定到达化学计量点时，稍过量的 $KMnO_4$ 就使溶液呈现粉红色，从而指示终点。

（3）**专属指示剂** 有些物质本身不具有氧化还原性质，但它能与氧化剂或还原剂或其产物作用产生特殊颜色以确定反应的终点，这种指示剂称为专属指示剂。例如，可溶性淀粉能与碘在一定条件下生成蓝色配合物。因此在碘量法中可以采用淀粉作指示剂，根据溶液中蓝色的出现或消失就可以判断滴定的终点。

7.6.5 氧化还原预处理

预处理的目的是为了使被测物质处于一定的氧化态。如测定铁矿石中的铁含量，必须使铁还原成 Fe^{2+}。预处理所用的氧化剂或还原剂应满足下列条件：将预测组分定量氧化或还原；预氧化或预还原反应速率要快，具有一定的选择性；过量的预氧化剂或预还原剂易除去。

7.7 常用氧化还原滴定法

7.7.1 高锰酸钾法

（1）概述

高锰酸钾法是以 $KMnO_4$ 作为标准溶液进行滴定的氧化还原滴定法。$KMnO_4$ 是氧化剂，其氧化能力和溶液的酸度有关。在强酸性溶液中具有强氧化性，与还原性物质作用被还原为 Mn^{2+}：

$$MnO_4^- + 8H^+ + 5e^- \rightleftharpoons Mn^{2+} + 4H_2O \qquad \varphi^{\ominus} = 1.51V$$

在微酸性、中性或弱碱性溶液中，被还原为 MnO_2

$$MnO_4^- + 2H_2O + 3e^- \rightleftharpoons MnO_2\downarrow + 4OH^- \qquad \varphi^{\ominus} = 0.588V$$

在强碱性溶液中，被还原为绿色的 MnO_4^{2-}：

$$MnO_4^- + e^- \rightleftharpoons MnO_4^{2-} \qquad \varphi^{\ominus} = 0.57V$$

高锰酸钾法可在酸性、中性或碱性条件下测定。由于在微酸性或中性溶液中均有二氧化锰棕色沉淀生成，影响终点观察，故一般只在强酸性溶液中滴定。常用硫酸控制酸度，不使用盐酸和硝酸。在特殊情况下用其在碱性溶液中的氧化性测定有机物含量，还原产物为绿色的锰酸钾；

利用 $KMnO_4$ 作氧化剂可直接滴定许多还原性物质，如 Fe^{2+}、$C_2O_4^{2-}$、H_2O_2、As(Ⅲ)、NO_2^- 等；一些氧化性物质可用返滴定法测定，如 MnO_2、$K_2Cr_2O_7$、PbO_2 等，还有一些物质本身不具有氧化还原性，但可以用间接法测定，如 Ca^{2+}、Ag^+、Ba^{2+}、Sr^{2+}、Zn^{2+}、Pb^{2+} 等。

高锰酸钾法的优点是 $KMnO_4$ 氧化能力强，应用广泛，一般不需另加指示剂。缺点是试剂中常含有少量杂质，溶液不够稳定，且能与许多还原件物质发生反应，选择件低，干扰现象严重。

（2）高锰酸钾标准溶液的配制及标定

① **配制** 市售的 $KMnO_4$ 中含有少量的二氧化锰、硫酸盐、氧化物和其他还原性杂质，

配制溶液时，这些杂质以及蒸馏水中带入的杂质均可以将高锰酸钾还原为二氧化锰，高锰酸钾在水溶液中还能发生自动分解反应：

$$4MnO_4^- + 2H_2O \rightleftharpoons 4MnO_2^- \downarrow + 3O_2 + 4OH^-$$

另外，$KMnO_4$ 见光受热易发生分解反应。故配制 $KMnO_4$ 标准溶液时只能采用间接法。配制时应采取如下措施：a. 称取稍多于理论计算量的高锰酸钾；b. 将配制好的高锰酸钾溶液煮沸，保持微沸 1h，然后放置 2～3 天，使各种还原性物质全部与 $KMnO_4$ 反应完全；c. 用微孔玻璃漏斗将溶液中的沉淀过滤除去；④配制好的高锰酸钾溶液应于棕色试剂瓶中在暗处保存，待标定。

② **标定** 标定高锰酸钾标准溶液的基准物质有许多，如 $Na_2C_2O_4$、As_2O_3、$H_2C_2O_4 \cdot 2H_2O$ 和纯铁丝等。其中 $Na_2C_2O_4$ 最为常用。在 $1mol \cdot L^{-1}$ H_2SO_4 溶液中，MnO_4^- 与 $C_2O_4^{2-}$ 的反应为：

$$2MnO_4^- + 5C_2O_4^{2-} + 16H^+ = 2Mn^{2+} + 10CO_2 \uparrow + 8H_2O$$

为了使反应能够较快地定量进行，应该注意以下反应条件。

a. 温度 此反应在室温下进行得较慢，应将溶液加热，但温度高于 90℃时，$H_2C_2O_4$ 会发生分解反应生成 CO_2，故最适宜的温度范围应该是 75～85℃。

b. 酸度 为了使反应能够正常地进行，溶液应保持足够的酸度，一般开始滴定时，溶液的酸度应控制在 $0.5 \sim 1.0mol \cdot L^{-1}$ H_2SO_4 为宜。

c. 滴定速度 由于 MnO_4^- 与 $C_2O_4^{2-}$ 的反应是自动催化反应，即使在 75～85℃的强酸溶液中，MnO_4^- 与 $C_2O_4^{2-}$ 的反应也是比较慢的。因此，在滴定开始时其速度不宜太快，一定要等到加入的第一滴 $KMnO_4$ 溶液退色之后，才可加入第二滴 $KMnO_4$ 溶液，之后由于反应生成了有催化剂作用的 Mn^{2+}，反应速率逐渐加快，滴定速度也可适当加快，但也不能太快，否则加入的 $KMnO_4$ 就来不及和 $C_2O_4^{2-}$ 反应。接近终点时，由于反应物的浓度降低，滴定速度要逐渐减慢。

d. 滴定终点 滴定以稍过量的 $KMnO_4$ 在溶液中呈现粉红色并稳定 30s 不褪色即为终。若时间过长，空气中的还原性物质能使 $KMnO_4$ 缓慢分解，而使粉红色消失。依据化学反应计量关系可确定高锰酸钾溶液的准确浓度。

(3) 应用实例

① **过氧化氢的测定** 在酸性溶液中，H_2O_2 能定量地被 $KMnO_4$ 氧化，其反应为：

$$2MnO_4^- + 5H_2O_2 + 6H^+ = 2Mn^{2+} + 5O_2 \uparrow + 8H_2O$$

在 H_2SO_4 介质中，此反应室温下可顺利进行。H_2O_2 不稳定，在其工业品中含有某些有机物作为稳定剂，这些有机物大多能与 $KMnO_4$ 作用而发生干扰，此时也可采用其他氧化还原滴定法进行测定，如碘量法或铈量法等。

② **绿矾的测定** 在酸性溶液中，$FeSO_4 \cdot 7H_2O$ 能定量地被 $KMnO_4$ 氧化，其反应为：

$$MnO_4^- + 5Fe^{2+} + 8H^+ = Mn^{2+} + 5Fe^{3+} + 4H_2O$$

测定过程中只能用硫酸控制酸度，不能用盐酸，防止发生诱导反应，同时为了消除产物 Fe^{3+} 的颜色对终点的干扰，可加入适量的磷酸，与 Fe^{3+} 生成无色配离子 $Fe(PO_4)_2^{3-}$，便于终点的观察。

③ **软锰矿中二氧化锰的测定** 测定时，在 MnO_2 中先加入一定量的过量的强还原剂 $Na_2C_2O_4$，并加入一定量的 H_2SO_4，待反应完全后，再用 $KMnO_4$ 标准溶液来返滴定剩余的 $Na_2C_2O_4$，根据所加的 $Na_2C_2O_4$ 和 $KMnO_4$ 的量可计算样品中 MnO_2 的含量。

$$MnO_2 + C_2O_4^{2-} + 4H^+ = Mn^{2+} + 2CO_2 \uparrow + 2H_2O$$

$$2MnO_4^- + 5C_2O_4^{2-} + 16H^+ = 2Mn^{2+} + 10CO_2 \uparrow + 8H_2O$$

该法也可用于PbO_2、钢样中铬的测定。

④ **钙的测定** 测定时，先用$C_2O_4^{2-}$将Ca^{2+}沉淀为CaC_2O_4，沉淀经过过滤、洗涤后，用热的稀H_2SO_4将其溶解，再用$KMnO_4$标准溶液滴定溶液中的$C_2O_4^{2-}$，从而间接求得Ca^{2+}的含量。凡能与$C_2O_4^{2-}$生成沉淀的离子如Ag^+、Ba^{2+}、Sr^{2+}、Zn^{2+}、Pb^{2+}等均能用此方法测定。

7.7.2 重铬酸钾法

(1) 概述 重铬酸钾法是以$K_2Cr_2O_7$为标准溶液利用它在强酸性溶液中的强氧化性的氧化还原滴定法。

在酸性溶液中：

$$Cr_2O_7^{2-}+6e^-+14H^+ \rightleftharpoons 2Cr^{3+}+7H_2O \qquad \varphi^{\ominus}=1.33V$$

从半反应式中可以看出，溶液的酸度越高，$K_2Cr_2O_7$的氧化能力越强，故重铬酸钾法必须在强酸性溶液中进行测定。酸度控制可用硫酸或盐酸，不能用硝酸。利用重铬酸钾法可以测定许多无机物和有机物。

与高锰酸钾法相比，重铬酸钾法有如下优点：①$K_2Cr_2O_7$易提纯，是基准物质，可用直接法配制标准溶液；②$K_2Cr_2O_7$溶液非常稳定，可长期保存；③$K_2Cr_2O_7$对应电对的标准电极电势比高锰酸钾的电极电势低，可在盐酸溶液中测定铁；④应用广泛，可直接、间接测定许多物质。

重铬酸钾法的缺点是反应速率很慢，条件难以控制，必须外加指示剂。另外，$K_2Cr_2O_7$毒性强，使用时应注意废液的处理，以免污染环境。

(2) 应用实例 例如，铁矿石中铁含量的测定。

铁矿石的主要成分是$Fe_3O_4 \cdot nH_2O$，测定时首先用浓盐酸将铁矿石溶解，然后通过氧化还原预处理将铁矿石中的铁全部转化为Fe^{2+}，然后在$1mol \cdot L^{-1}$ H_2SO_4-H_3PO_4混合介质中以二苯胺磺酸钠作为指示剂，用$K_2Cr_2O_7$标准溶液进行滴定，滴定反应为：

$$Cr_2O_7^{2-}+6Fe^{2+}+14H^+ = 2Cr^{3+}+6Fe^{3+}+7H_2O$$

重铬酸钾法测定铁是测定矿石中铁含量的标准方法。另外，可用$Cr_2O_7^{2-}$利Fe^{2+}的反应间接测定NO_3^-、ClO_3^-和Ti^{3+}等多种物质。

7.7.3 碘量法

(1) 概述

碘量法是利用I_2的氧化性和I^-的还原性进行测定的氧化还原滴定法。这是一种应用比较广泛的分析方法，既可以测定还原性物质，也可以测定氧化性物质，还可以测定一些非氧化还原性物质。

由于固体碘在水中的溶解度很小且易挥发，常将I_2溶解在KI溶液中，此时它以I_3^-配离子形式存在于溶液中，用I_3^-滴定时的半反应为：

$$I_3^-+2e^- \rightleftharpoons 3I^- \qquad \varphi^{\ominus}=0.535V$$

为方便起见，I_3^-一般简写为I_2。从其电对的标准电极电势值可以看出，I_2是较弱的氧化剂，I^-是中等强度的还原剂。

碘量法根据所用的标准溶液的不同，可分为直接碘量法和间接碘量法。

① **直接碘量法** 又称碘滴定法。它是以I_2溶液为标准溶液，可以测定电极电势较小的还原性物质。如S^{2-}、Sn^{2+}、$S_2O_3^{2-}$、AsO_3^{3-}等。

② **间接碘量法** 是以NaS_2O_3为标准溶液，间接测定电极电势比0.535V高的氧化性物

质。如 $Cr_2O_7^{2-}$ 、IO_3^- 、MnO_4^- 、AsO_4^{3-} 、NO_2^- 以及 Pb^{2+} 、Ba^{2+} 等。测定时，氧化性物质先在一定条件下与过量的 KI 反应，生成定量的 I_2，然后用 $Na_2S_2O_3$ 标准溶液滴定生成的 I_2。

由于碘量法中均涉及 I_2，可利用碘遇淀粉显蓝色的性质，以淀粉作为指示剂。根据蓝色的出现或褪去判断终点。

(2) 间接碘量法的反应条件

I_2 和 $S_2O_3^{2-}$ 的反应是间接碘量法中最重要的反应之一，为了获得准确的结果，必须严格控制反应条件。

① 控制溶液的酸度 I_2 和 $S_2O_3^{2-}$ 的反应很迅速、完全，但必须在中性或弱酸性溶液中进行。在酸性溶液中（pH＜2），硫代硫酸钠会分解，且 I^- 也会被空气中的氧气氧化；在碱性溶液中，硫代硫酸钠会被氧化为硫酸根，使反应不定量，且单质碘也会被氧化为次碘酸根或碘酸根。具体反应为：

$$S_2O_3^{2-}+2H^+ = S+SO_2+H_2O$$

$$4I^-+O_2+4H^+ = 2I_2+2H_2O$$

$$S_2O_3^{2-}+4I_2+10OH^- = 2SO_4^{2-}+8I^-+5H_2O$$

$$3I_2+6OH^- = IO_3^-+5I^-+3H_2O$$

② 防止 I_2 的挥发和空气中的 O_2 氧化 I^- 碘量法的误差主要来自两个方面：一是 I_2 的挥发；二是在酸性溶液中空气中的 O_2 氧化 I^-。可采取如下措施以减少误差的产生。

防止 I_2 挥发的方法有：在室温下进行，加入过量的 KI，滴定时不能剧烈摇动溶液，使用碘量瓶。

防止空气中的 O_2 氧化 I^- 的方法有：设法消除日光、杂质 Cu^{2+} 及 NO_2^- 对 I^- 被 O_2 氧化的催化作用，立即滴定生成的 I_2，且速度可适当加快。

(3) 碘量法标准溶液的制备

① 硫代硫酸钠标准溶液的配制 市售的 $Na_2S_2O_3 \cdot 5H_2O$ 中含有少量的 S、Na_2SO_3、Na_2SO_4 和其他杂质，同时溶解在溶液中的 CO_2、微生物、空气中的 O_2、光照等均会使 Na_2SO_3 分解，所以只能采用间接法配制其标准溶液。

在配制时除称取稍多于理论计算量的硫代硫酸钠外，还应采取如下措施：用新煮沸的冷却的蒸馏水溶解 $Na_2SO_3 \cdot 5H_2O$，目的是除去水中溶解的 CO_2 和 O_2，并杀死细菌；加入少量的碳酸钠（0.02%），使溶液呈弱碱性以抑制细菌的生长；溶液应储存于棕色的试剂瓶中，暗处放置，防止光照分解。

需要注意的是，Na_2SO_3 溶液不适宜长期保存，在使用过程中应定期标定，若发现有浑浊，则应将沉淀过滤以后再标定，或者弃去重新配制。

标定 Na_2SO_3 溶液的基准物质很多，如 I_2、$K_2Cr_2O_7$、KIO_3、$KBrO_3$：纯 Cu 等，除 I_2 外，均是采用间接碘量法。标定时这些物质在酸性条件下与过量的 KI 作用，生成定量的 I_2。

$$IO_3^-+5I^-+6H^+ = 3I_2+3H_2O$$

$$Cr_2O_7^{2-}+6I^-+14H^+ = 2Cr^{3+}+3I_2+7H_2O$$

$$2Cu^{2+}+4I^- = 2CuI\downarrow+I_2$$

析出的 I_2 以淀粉为指示剂，用待标定的 Na_2SO_3 溶液滴定，反应为：

$$2S_2O_3^{2-}+I_2 = S_4O_6^{2-}+2I^-$$

根据一定质量的基准物质消耗 Na_2SO_3 的体积可计算出 Na_2SO_3 溶液的准确浓度。现以 $K_2Cr_2O_7$ 标定 Na_2SO_3 溶液为例说明标定时应注意的问题。

由于 $K_2Cr_2O_7$ 和 KI 的反应速率较慢，为了加速反应，须加入过量的 KI 并提高溶液的酸度，但酸度过高会加快空气中的 O_2 氧化 I^- 的速率，故酸度一般控制在 0.2～0.4mol·L^{-1}，并将碘量瓶置于暗处放置一段时间，使反应完全。

另外所用的 KI 溶液中不得含有 I_2 或 KIO_3，如发现 KI 溶液呈黄色或将溶液酸化后加淀粉指示剂显蓝色，则事先可用 Na_2SO_3 溶液滴定至无色后再使用。

当 $K_2Cr_2O_7$ 和 KI 完全反应后，先用蒸馏水将溶液稀释，再用 Na_2SO_3 标准溶液进行滴定。稀释的目的是为了降低酸度并减少空气中的 O_2 对 I^- 的氧化，防止 Na_2SO_3 的分解，并能使 Cr^{3+} 的颜色变淡便于终点的观察。

淀粉指示剂应在接近终点时加入，当滴定至溶液蓝色退去呈亮绿色时，即为终点。

需要注意的是，若蓝色刚退去溶液又迅速变蓝，说明 KI 与 $K_2Cr_2O_7$ 的反应不完全，此时实验应重做；若蓝色褪去 5min 后溶液又变蓝，这是溶液中的 I^- 被氧化的结果，对分析结果无影响。

② **I_2 标准溶液的制备** 用升华法制得的纯碘可用直接法配制标准溶液，在一般情况下用间接法。

配制时通常把 I_2 溶解于浓的 KI 溶液中，然后将溶液稀释，倾入棕色瓶中置于暗处保存，并避免与橡胶等有机物接触，同时防止 I_2 见光或受热而使其浓度发生变化。

标定 I_2 标准溶液用 As_2O_3 基准物质法。

As_2O_3 难溶于水，易溶于碱性溶液中生成 AsO_3^{3-}：

$$As_2O_3+6OH^- \longrightarrow 2AsO_3^{3-}+3H_2O$$

将溶液酸化并用 $NaHCO_3$ 调节溶液 pH=8，则 AsO_3^{3-} 与 I_2 可定量而快速地发生反应：

$$AsO_3^{3-}+I_2+2HCO_3^- \longrightarrow AsO_4^{3-}+2I^-+2CO_2\uparrow+H_2O$$

根据 As_2O_3 的用量及 I_2 标准溶液的体积可计算 I_2 标准溶液的浓度。

(4) 应用实例

① 直接碘量法测定维生素 C 维生素 C(V_c) 又称抗坏血酸，其分子（$C_6H_8O_6$）中的烯二醇基具有还原性，能被定量地氧化为二酮基：

$$C_6H_8O_6+I_2 \longrightarrow C_6H_6O_6+2HI$$

$C_6H_8O_6$ 的还原能力很强，在空气中极易氧化，特别是在碱性条件下更易氧化。滴定时，应加入一定量的醋酸使溶液呈弱酸性。

$$w(V_c)=\frac{c_{I_2}V_{I_2}\times\frac{M_{C_6H_8O_6}}{1000}}{w_{样}}\times 100\%$$

② 间接碘量法测定胆矾中的铜 碘量法测定铜是基于间接碘量法原理，反应为：

$$2S_2O_3^{2-}+I_2 \longrightarrow S_4O_6^{2-}+2I^-$$

由于 CuI 沉淀表面会吸附一些 I_2，导致结果偏低，为此常加入 KSCN，使 CuI 沉淀转化为溶解度更小的 CuSCN：

$$CuI+SCN^- \longrightarrow CuSCN+I^-$$

CuSCN 沉淀吸附 I_2 的倾向较小，因而提高了测定的准确度。KSCN 应当在接近终点时加入，否则 SCN^- 会还原 I_2，使测定结果偏低。

另外，铜盐很容易水解，Cu^{2+} 和 I^- 的反应必须在酸性溶液中进行，一般用 HAc-NaAc 缓冲溶液将溶液的 pH 控制在 3.2～4.0。酸度过低，反应速率太慢，终点延长；酸度过高，则空气中的 O_2 氧化 I^- 的速率加快，使结果偏高。

此法也适用于矿石、合金、炉渣中钢的测定。

③ 间接碘量法测定葡萄糖 葡萄糖分子中所含醛基能在碱性条件下用过量的 I_2 氧化成羧基，其反应过程如下：

$$I_2+2OH^- = IO^- + I^- + H_2O$$

$$CH_2OH(CHOH)_4CHO + IO^- + OH^- = CH_2OH(CHOH)_4COO^- + I^- + H_2O$$

剩余的 IO^- 在碱性溶液中歧化成 IO_3^- 和 I^-：

$$3IO^- = IO_3^- + 2I^-$$

溶液经酸化后又析出 I_2：

$$IO_3^- + 5I^- + 6H^+ = 3I_2 + 3H_2O$$

最后以 $Na_2S_2O_3$ 标准溶液滴定析出的 I_2。

还有许多具有氧化还原性质的物质以及其他物质均可以用碘量法进行测定，如硫化物、过氧化物、臭氧、漂白粉中的有效氯、钡盐等。

[阅读材料] 氧化还原法处理冶金综合电镀废水*

目前电镀行业废水的处理方法，主要采用 7 种不同的方法：化学沉淀法；氧化还原法；溶剂萃取分离法；吸附法；膜分离技术；离子交换法；生物处理技术。而采用氧化还原法处理含氰、含铬电镀废水通常是分开进行的。因为含氰废水的 pH=8～11，用氧化剂氧化氰根时必须控制 pH≥8，以防在 pH<7 时氰化物分解出剧毒氢氰酸。含铬废水 pH=3～6，传统的氧化还原法是在 pH=2～3 条件下进行的，因此两种电镀废水不能混合处理。最近的研究成果和实践证明，适当的还原剂和助剂可以使六价铬在碱性条件下迅速还原为三价铬，因此两种废水在碱性介质中混合，分步进行氧化还原处理是完全可能的。

(1) 基本原理

① 碱性氯化法处理含氰废水　在碱性条件下，用液氯、次氯酸钠等作氧化剂，使氰根氧化分解成氢气、氮气和碳酸盐，反应分两步进行。第一步：

$$NaCN + NaClO + H_2O \longrightarrow CNCl + 2NaOH \tag{1}$$

$$CNCl + 2NaOH \longrightarrow NaCNO + H_2O + NaCl \tag{2}$$

反应式(1) 瞬间即可完成，生成的氯化氰 CNCl 为剧毒物，在有碱存在下又可转化为毒性很小（仅为氰化物 1/1000）的氰酸盐 NaCNO，这一反应在 pH≥8.5 时反应很快，30min 即可完成，当 pH≥12 时瞬间即可完成。第二步：

$$2NaCNO + 2NaClO + 2NaOH \longrightarrow 2Na_2CO_3 + H_2 + N_2 + 2NaCl \tag{3}$$

$$2NaCN + 4NaClO + 2NaOH \longrightarrow 2Na_2CO_3 + H_2 + N_2 + 4NaCl \tag{4}$$

反应(3) 在 pH=6.5～8.5 时最快。在试验和生产应用中，为了避免 CNCl 的形成，使两步反应在一个设备内完成，并满足还原 Cr^{6+} 所需要的 pH 值，控制 pH=9.5～12 为好。由总反应式(4) 可知，每份氰化物需要有效氯 2.73 份，实际投入为废水中氰含量的 5～8 倍。为废水中 Ni^{2+}、Cu^{2+} 等离子也消耗少量有效氯而自身被氧化成高价物。

$$2Ni^{2+} + ClO^- + 4OH^- + H_2O \longrightarrow 2Ni(OH)_3\downarrow + Cl^- \tag{5}$$

$$2Cu^+ + ClO^- + 2OH^- + H_2O \longrightarrow 2Cu(OH)_2\downarrow + Cl^- \tag{6}$$

反应(5) 是在 CN^- 被完全氧化后出现的，因此黑色沉淀物 $Ni(OH)_3$ 的出现证明已有过量氯。按反应式(5)、反应式(6) 计算每份镍、铜离子需消耗氯分别为 0.3 份、0.28 份。温度对反应影响很大，当废水温度低于 15℃时，反应进行得很慢，温度高于 18℃时，反应 30min 即可进行到底，因此冬季废水保持一定的温度是必不可少的条件。

② 氧化还原法处理含铬废水　在碱性条件下处理含铬电镀废水的原理如下：

$$3FeSO_4 + Na_2CrO_4 + 2Ca(OH)_2 + 4H_2O \longrightarrow 3Fe(OH)_3\downarrow + 2Ca_2SO_4\downarrow + Cr(OH)_3\downarrow + Na_2SO_4 \tag{7}$$

$$3FeSO_4 + Na_2CrO_4 + 4NaOH + 4H_2O \longrightarrow 3Fe(OH)_3\downarrow + 3Na_2SO_4 + Cr(OH)_3\downarrow \tag{8}$$

$$Me^{n+} + n(OH^-) \longrightarrow Me(OH)_n\downarrow \tag{9}$$

反应(7)、(8) 速度极快，瞬间即可进行到底，因为是一个消耗 OH^- 的过程，故反应后废水 pH 值下降。

③ 两种废水混合后的处理　两种废水在碱性介质中混合后，控制 pH＝8.5～12，投入适量次氯酸钠溶液，使氰化物完全分解成无毒物，过量氧化剂将继续氧化铜、镍离子为高价物，并出现黑褐色沉淀。少量三价铬（约为六价铬总量的1%）被氧化成六价铬。通过检测过量有效氯或观察黑褐色沉淀物出现可以确认氰化物已被完全氧化分解，此时使废水与足量硫酸亚铁接触反应，六价铬迅速还原为三价铬并与其他重金属离子一起在 pH≥7 条件下沉淀下来，澄清水各项指标均可达到排放标准。

（2）**试验目的**　两种废水在碱性介质中混合处理如果可行，那么混合处理与单独处理比较将有如下优点：工艺流程短，操作方便，设备简化，构筑物相对减少，从而达到节约投资的目的。

（3）**试验步骤**　用氰化镀铜母液、酸性镀镍母液、镀铬母液在碱性介质中配成不同浓度的混合废水；根据氰化物浓度投入适量次氯酸钠溶液，在室温下不时搅拌反应 30～60min；检测余氯并观察出现黑色物沉淀，确认氰化物已被完全氧化分解，投入足量10%硫酸亚铁水溶液，使六价铬还原为三价铬，在 pH≥7 有草绿色 $Fe(OH)_2$ 出现，六价铬已不复存在；前三项完成后即开始絮凝沉淀，上清液即处理后的废水，供检测各项指标，沉淀物进一步固液分离、干化；用氰化镀铜母液和镀铬母液分别配成一定浓度的废水进行单独处理，以便与混合处理进行对比。

（4）**试验结果**

① 两种废水混合处理与单独处理，氰根含量与有效氯投入量之比为1∶5时，处理后废水含氰量均可降到排放标准以下。混合处理当投入比为1∶4时，处理后废水含氰量降低到接近排放标准。

② 混合处理时硫酸亚铁投入量为六价铬理论需要量的1.75～2倍，单独处理为理论量的1.25～1.5倍。硫酸亚铁还原六价铬的传统方法即 pH＝2～3 时，亚铁投入量为理论量的2～2.5倍。

③ 混合处理比单独处理硫酸亚铁消耗略高，其原因是第一步处理氰化物时，过量的有效氯首先氧化 Fe^{2+} 为 Fe^{3+}，当有效氯消耗完后才进行六价铬的还原反应。

④ 混合废水处理时控制 pH＝10～12，氰化物的完全氧化，六价铬的还原都会顺利进行到底，处理后废水 pH≥7 时，重金属离子可以沉淀完全。

（5）**结语**

① 氧化还原法处理含氰含铬电镀废水，在理论和实践应用上是完全可行的，氧化剂可选用次氯酸钠、漂白粉、液氯、二氧化氯。

② 混合废水处理时氧化还原剂的消耗与单独处理相比，氰化物消耗与氧化剂相同，硫酸亚铁消耗比传统酸法低。

③ 氧化还原反应必须在碱性介质中进行，且须控制适当的 pH 值。

④ 氰化物的氧化需保持一定的温度，以加快反应速度。

*详见：茹振修，柴路修，刘艳宾．氧化还原法处理冶金综合电镀废水［J］．中国有色冶金，2011，6：60-62，79.

思考题与习题

基本概念复习及相关思考

7-1　说明下列术语的含义

原电池；电极；电极电势；双电层理论；能斯特方程式

习　题

7-2　选择题

（1）下列两个原电池在标准状态时均能放电：①$(-)Pt|Sn^{2+}, Sn^{4+} \| Fe^{3+}, Fe^{2+}|Pt(+)$；②$(-)Pt|Fe^{2+}, Fe^{3+} \| MnO_4^-, H^+, Mn^{2+}|Pt(+)$，下列叙述中错误的是（　　）。

A. $E^\ominus(MnO_4^-/Mn^{2+}) > E^\ominus(Fe^{3+}/Fe^{2+}) > E^\ominus(Sn^{4+}/Sn^{2+})$

B. $E^\ominus(MnO_4^-/Mn^{2+}) > E^\ominus(Sn^{4+}/Sn^{2+}) > E^\ominus(Fe^{3+}/Fe^{2+})$

C. 原电池②的电动势与介质酸碱性有关

D. 由原电池①、②中选择两个不同电对组成的第三个原电池电动势为最大

（2）已知 $E^\ominus(Pb^{2+}/Pb) = -0.126V$，$K_{sp}^\ominus(PbI_2) = 7.1\times10^{-9}$，则由反应

$Pb(s)+2HI(1.0mol\cdot L^{-1}) \rightleftharpoons PbI_2(s)+H_2(p^{\ominus})$ 构成的原电池的标准电动势 $E^{\ominus}=($)。

A. $-0.37V$ B. $-0.61V$ C. $+0.37V$ D. $+0.61V$

(3) 用重铬酸钾法测定铁。将 0.3000g 铁矿样溶解于酸中并还原为 Fe^{2+} 后，用浓度 $c_{\frac{1}{6}K_2Cr_2O_7}$ 为 $0.05000mol\cdot L^{-1}$ 的溶液滴定，耗去 40.00mL，则该铁矿中 Fe_3O_4（$M_{Fe_3O_4}=231.5g\cdot mol^{-1}$）的含量计算式为（ ）。

A. $\frac{0.05000\times4000\times2315}{0.3000}\times100\%$ B. $\frac{0.05000\times4000\times2315}{0.3000\times1000}\times100\%$

C. $\frac{0.05000\times4000\times2315}{0.3000\times3000}\times100\%$ D. $\frac{0.05000\times4000\times2315}{0.3000\times2000}\times100\%$

(4) 已知：$E^{\ominus}_{Ag^+/Ag}=+0.799V$，而 $E^{\ominus}_{Fe^{3+}/Fe}=0.77V$，说明金属银不能还原三价铁，但实际上反应在 $1mol\cdot L^{-1}$ HCl 溶液中，金属银能够还原三价铁，其原因是（ ）。

A. 增加了溶液的酸度 B. HCl 起了催化作用

C. 生成了 AgCl 沉淀 D. HCl 诱导了该反应发生

(5) 为了使 $Na_2S_2O_3$ 标准溶液稳定，正确配制的方法是（ ）。

A. 将 $Na_2S_2O_3$ 溶液煮沸 1h，放置 7 天，过滤后再标定

B. 用煮沸冷却后的纯水配制 $Na_2S_2O_3$ 溶液后，即可标定

C. 用煮沸冷却后的纯水配制，放置 7 天后再标定

D. 用煮沸冷却后的纯水配制，且加入少量 Na_2CO_3，放置 7 天后再标定

(6) 用间接碘法测定锌含量的反应式为

$3Zn^{2+}+2I^-+2[Fe(CN)_6]^{3-}+2K^+ \longrightarrow K_2Zn_3[Fe(CN)_6]_2\downarrow+I_2$ 析出的 I_2 用 $Na_2S_2O_3$ 标准溶液滴定，Zn 与 $Na_2S_2O_3$ 的化学计量关系 $n_{Zn}:n_{Na_2S_2O_3}$ 是（ ）。

A. 1∶3 B. 3∶1 C. 2∶3 D. 3∶2

(7) 在 $K_2Cr_2O_7$ 测定铁矿石中全铁含量时，把铁还原为 Fe^{2+}，应选用的还原剂是（ ）。

A. Na_2WO_3 B. $SnCl_2$ C. KI D. Na_2S

(8) 已知在 $1moL\cdot L^{-1}$ H_2SO_4 溶液中，$E^{\ominus\prime}_{MnO_4^-/Mn^{2+}}=1.45V$，$E^{\ominus\prime}_{Fe^{3+}/Fe^{2+}}=0.68V$。在此条件下 $KMnO_4$ 标准溶液滴定 Fe^{2+}，其化学计量点的电位为（ ）。

A. 0.38V B. 0.73V C. 0.89V D. 1.32V

(9) 用盐桥连接两只盛有等量 $CuSO_4$ 溶液的烧杯。两只烧杯中 $CuSO_4$ 溶液浓度分别为 $1.00mol\cdot L^{-1}$ 和 $0.0100mol\cdot L^{-1}$，插入两支电极，则在 25℃时两电极间的电压为（ ）。

A. 0.118V B. 0.059V C. $-0.188V$ D. $-0.059V$

(10) 以 $0.015mol\cdot L^{-1}Fe^{2+}$ 溶液滴定 $0.015mol\cdot L^{-1}$ Br_2 溶液（$2Fe^{2+}+Br_2 = 2Fe^{3+}+2Br^-$），当滴定到化学计量点时，溶液中 Br^- 的浓度（单位：$mol\cdot L^{-1}$）为（ ）。

A. 0.015 B. 0.015/2 C. 0.015/3 D. 0.015×2/3

(11) 已知 $E^{\ominus}_{I_2/2I^-}=0.54V$，$E^{\ominus}_{Cu^{2+}/Cu^+}=0.16V$。从两电对的电位来看，下列反应：$2Cu^{2+}+4I^- \rightleftharpoons 2CuI+I_2$ 应该向左进行，而实际是向右进行，其主要原因是（ ）。

A. 由于生成 CuI 是稳定的配合物，使 Cu^{2+}/Cu^+ 电对的电位升高

B. 由于生成 CuI 是难溶化合物，使 Cu^{2+}/Cu^+ 电对的电位升高

C. 由于 I_2 难溶于水，促使反应向右

D. 由于 I_2 有挥发性，促使反应向右

(12) 在用 $K_2Cr_2O_7$ 测定铁的过程中，采用二苯胺磺酸钠做指示剂（$E^{\ominus}_{In}=0.86V$），如果用 $K_2Cr_2O_7$ 标准溶液滴定前，没有加入 H_3PO_4，则测定结果（ ）。

A. 偏高 B. 偏低 C. 时高时低 D. 正确

(13) $KBrO_3$ 是强氧化剂，$Na_2S_2O_3$ 是强还原剂，但在用 $KBrO_3$ 标定 $Na_2S_2O_3$ 时，不能采用它们之间的直接反应其原因是（ ）。

A. 两电对的条件电极电位相差太小 B. 可逆反应

C. 反应不能定量进行 D. 反应速率太慢

(14) $0.05moL\cdot L^{-1}$ $SnCl_2$ 溶液 10mL 与 $0.10moL\cdot L^{-1}$ $FeCl_3$ 溶液 20mL 混合，平衡体系的电势是

(　　)。(已知 $E^{\ominus\prime}_{Fe^{3+}/Fe^{2+}}=0.68V$，$E^{\ominus\prime}_{Sn^{4+}/Sn^{2+}}=0.14V$)

A. 0.68V　　B. 0.14V　　C. 0.50V　　D. 0.32V

(15) 对于反应 $n_2Ox_1+n_1Red_2 \rightleftharpoons n_1Ox_2+n_2Red_1$，若 $n_1=n_2=2$，要使化学计量点时反应完全程度达到99.9%以上，两个电对（Ox_1/Red_1 和 Ox_2/Red_2）的条件电位之差（$E^{\ominus\prime}_1-E^{\ominus\prime}_2$）至少应为(　　)。

A. 0.354V　　B. 0.0885V　　C. 0.100V　　D. 0.177V

7-3　填空题

(1) 任何电极电势绝对值都不能直接测定，在理论上，某电对的标准电极电势 $E^{\ominus}$ 是将其与________电极组成原电池测定该电池的电动势而得到的电极电势的相对值。在实际测定中常以________电极为基准，与待测电极组成原电池测定之。

(2) 已知 $E^{\ominus}(Cl_2/Cl^-)=1.36V$ 和酸性溶液中钛的元素电势图为：$Ti^{3+}\xrightarrow{1.25V}Ti^{+}\xrightarrow{-0.34V}Ti$，则水溶液中 Ti^+ ______发生歧化反应。当金属钛与 $H^+(aq)$ 发生反应时，得到______离子，其反应方程式为________；在溶液中 Cl_2 与 Ti 反应的产物是________。

(3) 已知：$E^{\ominus}(Hg_2^{2+}/Hg)=0.793V$，$E^{\ominus}(Cu^{2+}/Cu)=0.337V$，将铜片插入 $Hg_2(NO_3)_2$ 溶液中，将会有________析出，其反应方程式为________，若将上述两电对组成原电池，当增大 $c(Cu^{2+})$ 时，其 E 变________，平衡将向________移动。

(4) 已知：$O_2+2H_2O+4e^- \rightleftharpoons 4OH^-$，$E^{\ominus}_1=0.401V$　$O_2+4H^++4e^- \rightleftharpoons 2H_2O$，$E^{\ominus}_2=1.23V$
当 $p(O_2)=1.00\times10^5Pa$，$E_1=E_2$ 时，pH=______，此时 $E_1=E_2=$________V。

(5) 氧化还原滴定曲线描述了滴定过程中电对电位的变化规律性，滴定突跃的大小与氧化剂和还原剂两电对的________有关，它们相差越大，电位突跃范围越________。

(6) 间接碘法的基本反应是____________，所用的标准溶液是________，选用的指示剂是________。

(7) 用 $KMnO_4$ 法测定 Ca^{2+}，经过如下几步：

$Ca^{2+}\xrightarrow{C_2O_4^{2-}}CaC_2O_4\downarrow\xrightarrow{H^+}HC_2O_4^-\xrightarrow{MnO_4^-}2CO_2$，$Ca^{2+}$ 与 $KMnO_4$ 的物质的量的关系为__________。

(8) 在操作无误的情况下，碘量法主要误差来源是________和________。

(9) 用间接碘法测定 Cu^{2+} 时，加入 KI，它起________、________和________的作用。

(10) 反应：$H_3AsO_4+2I^-+2H^+ \rightleftharpoons H_3AsO_3+I_2+H_2O$，已知 $E^{\ominus}_{AsO_4^{3-}/AsO_3^{3-}}=0.56V$，$E^{\ominus}_{I_2/2I^-}=0.535V$，当溶液酸度 pH=8 时，反应向________方向进行。

7-4　配平反应方程式（用离子—电子法配平并写出配平过程）

(1) $PbO_2+MnBr_2+HNO_3 \longrightarrow Pb(NO_3)_2+Br_2+HMnO_4$

(2) $FeS_2+HNO_3 \longrightarrow Fe_2(SO_4)_3+NO_2+H_2SO_4+H_2O$

7-5　计算题

(1) 计算下列电池的电动势

SCE ‖ $Na_2C_2O_4(5.0\times10^{-4}mol\cdot L^{-1})$，$Ag_2C_2O_4$(饱和)|Ag

(已知 $K_{sp,Ag_2C_2O_4}=1.1\times10^{-11}$，$E_{SCE}=0.242V$，$E^{\ominus}_{Ag^+/Ag}=0.799V$)

(2) 已知298K时 $E^{\ominus}(Ni^{2+}/Ni)=-0.25V$，$E^{\ominus}(V^{3+}/V)=-0.89V$。

某原电池：(−)V(s)|$V^{3+}(0.0011mol\cdot L^{-1})$ ‖ $Ni^{2+}(0.24mol\cdot L^{-1})$|Ni(s)(+)

① 写出电池反应的离子方程式，并计算其标准平衡常数 $K^{\ominus}$；

② 计算电池电动势 E，并判断反应方向；

③ 电池反应达到平衡时，V^{3+}，Ni^{2+} 的浓度各是多少？电动势为多少？$E(Ni^{2+}/Ni)$ 是多少？

(3) 已知下列电极反应的电势：$Cu^{2+}+e^- = Cu^+$ $E^{\ominus}=0.15V$ $Cu^{2+}+I^-+e^- = CuI$ $E=0.86V$，计算 CuI 的溶度积。

(4) 按国家标准规定，$FeSO_4\cdot7H_2O$ 的含量：99.50%～100.5%为一级；99.00%～100.5%为二级；98.00%～10.1.0%为三级。现用 $KMnO_4$ 法测定，称取试样1.012g，酸性介质中用浓度为 $0.02034mol\cdot L^{-1}$ 的 $KMnO_4$ 溶液滴定，消耗35.70mL至终点。求此产品中 $FeSO_4\cdot7H_2O$ 的含

量，并说明符合哪级产品标准。（已知 $M_{FeSO_4 \cdot 7H_2O}=278.04g \cdot mol^{-1}$）

（5）1.000g $K_3[Fe(CN)_6]$ 基准物用过量KI，HCl溶液作用1min后，加入足量硫酸锌，析出的碘用 $Na_2S_2O_3$ 溶液滴定至终点，用去29.30mL。求 $Na_2S_2O_3$ 的浓度。主要反应 $2Fe(CN)_6^{3-}+2I^- = 2Fe(CN)_6^{4-}+I_2$；$2Zn^{2+}+Fe(CN)_6^{4-} = Zn[Fe(CN)_6]\downarrow$　$I_2+2S_2O_3^{2-} = 2I^-+S_4O_6^{2-}$　（已知 $M_{[K_3Fe(CN)_6]}=329.25g \cdot mol^{-1}$）

7-6 The amount of Fe in a 0.4891 g sample of an ore was determined by a redox tritration with $K_2Cr_2O_7$. The sample was dissolved in HCl and the iron brought into the +2 oxidation state using a Jones redactor. Titration to the diphenylamine sulfonic acid end point required 36.92 mL of 0.02153 mol · L^{-1} $K_2Cr_2O_7$. Report the iron content of the ore as %w/w Fe_2O_3.

7-7 The amount of ascorbic acid, $C_6H_8O_6$, in orange juice was determined by oxidizing the ascorbic acid to dehydroascorbic acid, $C_6H_6O_6$, with a known excess of I_3^-, and back titrating the excess I_3^- with $Na_2S_2O_3$. A 5.00mL sample of filtered orange juice was treated with 50.00mL of excess 0.01023 mol · L^{-1} I_3^-. After the oxidation was complete, 13.82 mL of 0.07203 mol · L^{-1} $Na_2S_2O_3$ was needed to reach the starch indicator end point. Report the concentration of ascorbic acid in milligrams per 100 mL.

7-8 填空题

（1）碘量法测定溶解氧时，在水样中加入______和氢氧化钠，溶解氧与其生成______沉淀，棕色沉淀越多，溶解氧数值______。

（2）将下列氧化还原反应 $5Fe^{2+}+8H^++MnO_4^- = Mn^{2+}+5Fe^{3+}+4H_2O$ 在标准态下设计成原电池，其电池符号为______________，正极的电极反应为______________；负极的电极反应为______________。

（3）对一个氧化还原电对来说，电极电势越大，则其______态的______能力越强。

7-9 判断题

（1）Fe^{2+} 既可以是氧化态，也可以是还原态。　（　）

（2）氧化数有正负之分，既可以是整数，也可以是分数。　（　）

（3）Cl_2/Cl^- 电对对应的电极电势受酸度影响。　（　）

其他习题请参阅《无机及分析化学学习要点与习题解》

第 8 章 原子结构和元素周期表

Chapter 8 Atomic Structure and Element Periodic Table

物质种类繁多，性质各有差异，这种差异因物质的组成和结构不同所致。大多数物质由分子组成，而分子则由原子组成。科学技术的发展，使人们对原子核和电子等微观粒子的研究不断深入，从 1897 年 Thomson 发现了电子，打破原子不可再分的旧观念，1905 年 Einstein 提出的光子学说，1911 年 Rutherford 的粒子散射实验，1913 年 Bohr 的原子模型的提出，1926 年 Schrodinger 的量子力学方程等，使人类对原子结构的认识有了突破性的进展。原子中的电子质量小，运动速率快，属于微观粒子范畴，它的运动不遵守经典物理学规律，不能用研究宏观物体的方法来研究。微观粒子有着诸如波粒二象性、不确定原理等不同于宏观物体的运动属性。在学习原子结构的过程中，应认识宏观物体和微观粒子的差异。

本章主要讨论原子核外电子的运动状态、核外电子排布、元素的基本性质，化学键和分子间力的形成和性质，以及晶体结构的基本知识。

8.1 原子核外电子的运动状态

8.1.1 氢原子光谱和玻尔理论

1803 年，Dalton 提出了他的原子论，认为原子是组成物质的最小微粒，不能再分割。经历了近 100 年，到 19 世纪末，由于科学上的许多重大发现（1895 年 X 射线的发现、1896 年放射的发现、1897 年电子的发现等），有力地证明了原子是可以分割的，它由更小的并具有一定结构的微粒组成。1911 年，Rutherford 用 α 粒子轰击多种金属箔，证明原子内大部分是空的，中央有一个极小的核，它集中了原子的全部正电荷及原子的几乎全部质量，电子只占原子质量很小一部分，并绕原子核运动，这就是 Rutherford 的核模型，它证明了原子不是不可分割的最小微粒。后来，相继发现了作为原子核组成部分的质子和中子，并确定了原子核的质量数等于质子数和中子数之和。其中质子数等于核外电子数，整个原子显电中性。

(1) 氢原子光谱

氢原子光谱的研究对于探索核外电子的状态起过不小作用，也可以说是近代原子结构理论建立的开始。一只充有低压氢气的放电管，通过高压电流，氢原子受激发后发出的光经过三棱镜分光，就得到氢原子光谱。氢光谱是由一系列不连续的谱线所组成，在可见光区（波长 $\lambda=400\sim760$nm）可得到四条比较明显的谱线：H_α、H_β、H_γ、H_δ（图 8-1）。氢原子光谱与太阳光谱之间有明显的区别。太阳光谱是连续光谱，而氢原子光谱是由若干条谱线组成的线状光谱。

1885 年瑞士物理学家巴尔末（Balmer J R）发现氢原子光谱可见光区的四条谱线的频率遵循下面的数学关系（巴尔末公式）：

$$\nu=3.289\times10^{15}\left(\frac{1}{2^2}-\frac{1}{n^2}\right)\text{s}^{-1} \tag{8-1}$$

当 $n=3$，4，5，6 时，可以算出 ν 分别等于氢原子光谱中上述四条谱线的频率。随后，

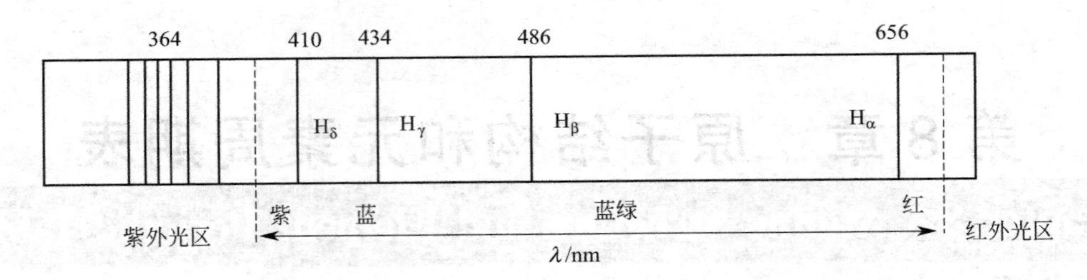

图 8-1　氢原子光谱的一部分

在紫外区和红外区又发现氢原子光谱的若干组谱线。1913 年，瑞典物理学家 J. R. Rydberg 提出了适合所有氢原子光谱的通式：

$$\nu=R_{\mathrm{H}}\left(\frac{1}{n_1^2}-\frac{1}{n_2^2}\right) \tag{8-2}$$

式中，n_1 和 n_2 为正整数，且 $n_2>n_1$，里德堡常数 $R_{\mathrm{H}}=3.289\times10^{15}\ \mathrm{s}^{-1}$，并指出 Balmer 公式只是其中 $n_1=2$ 的一个特例。

(2) Bohr 理论

人们基于 Rutherford 的核式模型，运用经典的电磁学理论解释原子光谱，发现与原子光谱的实验结果不符。根据经典电磁理论，电子绕核高速运转，由于有很大的向心速度，将不断向原子核靠近，最终将落入原子核内；与此同时，原子将连续不断地以电磁波形式辐射出能量，且辐射电磁波的频率也应是连续不断地改变，由此得到的原子光谱应该是连续的而不是线状的。但实际情况表明，除放射元素外，原子是稳定的，且各种原子所发射的光谱都是不连续的线状光谱。

1913 年，Rutherford 的学生，年仅 28 岁的丹麦原子物理学家玻尔（N. Bohr）接受了普朗克（Planck）量子论和爱因斯坦（Einstein）光子的概念，发表了原子结构理论的三点假设。

① 定态假设 电子只能在一些符合量子条件的圆形轨道上绕核旋转。

$$E_n=-2.179\times10^{-18}\frac{1}{n^2}\mathrm{J} \tag{8-3}$$

式中，负号表示核对电子的吸引，n 为大于 0 的正整数 1，2，3，…

② 能级假设 电子在上述轨道上旋转时，不释放能量，此时原子具有一定的能量称为定态。原子可以有许多能级，能量最低的能级称为基态，其余的称为激发态。

③ 跃迁假设 电子从外界吸收辐射能时可以从低能级跃迁到高能级上去，变成不稳定的激发态，并极易自动跃迁到低能级上去，这时以光的形式释放的能量为：

$$\Delta E=E_2-E_1=h\nu \tag{8-4}$$

其中 E_1、E_2 是两个能级的能量，ν 是辐射频率。

根据上述假设，玻尔导出了氢原子的各种定态轨道半径（r）和能量（E_n）的计算公式：

当 $n=1$ 时，$r=52.9\mathrm{pm}$，这就是氢原子处于基态时电子绕核运动的圆形轨道的半径，此轨道是离核最近的定态轨道，用 r_0 表示，称为玻尔半径（Bohr radius）。

当 $n=1$ 时，$E=-2.179\times10^{-18}\mathrm{J}$，这就是氢原子中电子处于基态时的能量。如果 n 增加，则 r_n 增加，所对应的定态轨道离核就愈远，E_n 增大，电子在该定态轨道中的能量就愈高。

当 $n\rightarrow\infty$ 时，则电子在离核无穷远处的定态轨道中时能量等于零，完全不受到核的吸引，即电子摆脱了原子核的束缚离核而去，这种过程叫做电离。

根据玻尔理论，当原子在定态轨道上运动时不放出能量，因此电子不会沿螺旋形轨道靠近原子核而发生湮灭。通常氢原子的核外电子处于基态，当受到激发时电子可吸收能量从基态跃迁到能量较高的激发态，处于激发态的电子不稳定，当它跳回能量较低的轨道时，会以光子的形式放出能量，产生一条分立的谱线，形成了氢原子光谱，如图 8-2 所示。由于轨道能量是量子化的，所以光子的频率也是不连续的，产生的光谱是不连续的，线状的。

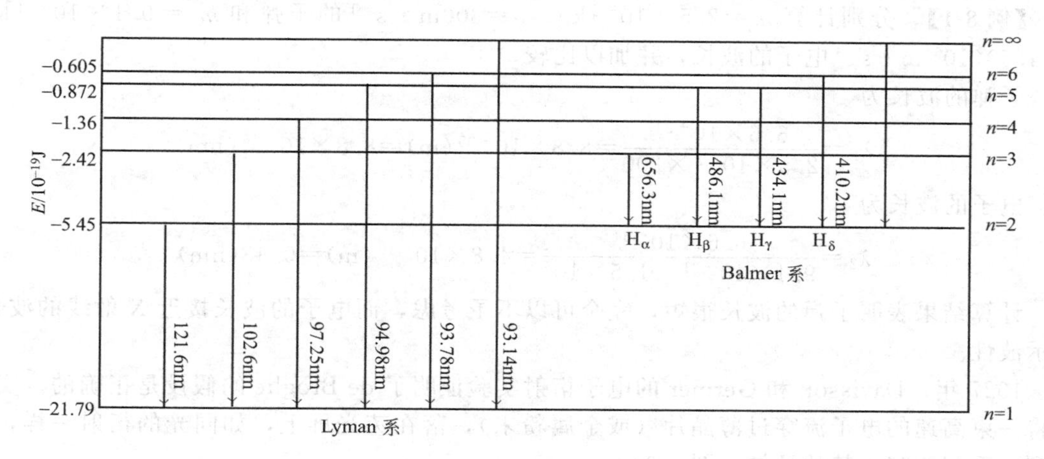

图 8-2　氢原子光谱与能级关系

玻尔理论提出能级的概念，由于能级是不连续的，即量子化的，造成氢原子光谱是不连续的线状光谱，成功地解释了经典物理学无法解释的氢原子光谱，把宏观的光谱现象和微观的原子内部电子分层结构联系起来，但不能说明氢光谱的精细结构。其原因是该理论的基础仍是经典力学，只是在经典力学上人为地加了一些量子化条件。然而，微观粒子运动具有波粒二象性，不服从经典力学，因而玻尔理论必然被适用于微观粒子运动的量子力学理论代替。

8.1.2　微观粒子的波粒二象性和测不准原理

(1) 波粒二象性

微观粒子的波粒二象性是指微观粒子既具有微粒性（简称粒性）同时又具有波动性（简称波性）。波粒二象性是微观粒子运动的基本特性。对于电子这样的实物粒子，其粒子性早在发现电子之时就已得到人们的公认，但电子具有波动性就不容易认识。在 1924 年，法国年轻物理学家 L. de Broglie 在光具有波粒二象性的启发下，大胆地预言电子、中子、原子、分子等实物微粒也具有波粒二象性，并指出光的波粒二象性的两个重要公式也适合电子等实物粒子，即

$$E=h\nu \tag{8-5}$$

$$P=\frac{h}{\lambda} \tag{8-6}$$

式(8-5)、式(8-6) 等号左边的能量 E、动量 P 是表示电子等实物微粒具有微粒性的物理量；等号右边的频率 ν 和波长 λ 是表示电子等实物微粒具有波动性的物理量，实物微粒的波粒二象性通过普朗克常量联系起来。

对于一个质量为 m、运动速度为 v 的实物微粒，其动量 $P=mv$，代入式(8-6)，得到

$$\lambda=\frac{h}{mv} \tag{8-7}$$

式(8-7) 称为 de Broglie 关系式。该式预示着实物微粒波（实物波）的波长可以用微粒的质

量和运动速度来描述，如果实物微粒的 mv 值远大于 h 值时（如宏观物体），则实物波的波长很短，通常可以忽略，因而不显示波性能；如果实物微粒的 mv 值等于或小于 h 值，其波长不能忽略，即显示出波性。

二象性是个普遍现象，不仅电子、质子、分子等微观粒子有二象性，宏观物体也有二象性，不过不够显著而已。

【例 8-1】 分别计算 $m=2.5\times10^{-2}$kg，$v=300\text{m}\cdot\text{s}^{-1}$ 的子弹和 $m_0=9.1\times10^{-31}$kg，$v=1.5\times10^{6}\ \text{m}\cdot\text{s}^{-1}$ 电子的波长，并加以比较。

子弹的波长为

$$\lambda_1=\frac{6.6\times10^{-34}}{2.5\times10^{-2}\times300}=8.8\times10^{-35}(\text{m})=8.8\times10^{-26}(\text{nm})$$

电子的波长为

$$\lambda_2=\frac{6.6\times10^{-34}}{9.1\times10^{-31}\times1.5\times10^{6}}=4.8\times10^{-10}(\text{m})=0.48(\text{nm})$$

计算结果表明子弹的波长很短，完全可以不予考虑，而电子的波长接近 X 射线的波长，显示波性。

1927 年，Davisson 和 Germer 的电子衍射实验证明了 de Broglie 的假设是正确的。实验是将一束高速的电子流穿过薄晶片（或金属粉末），落在荧光屏上，如同光的衍射一样，可得到一系列明暗交替的环纹（图 8-3）。

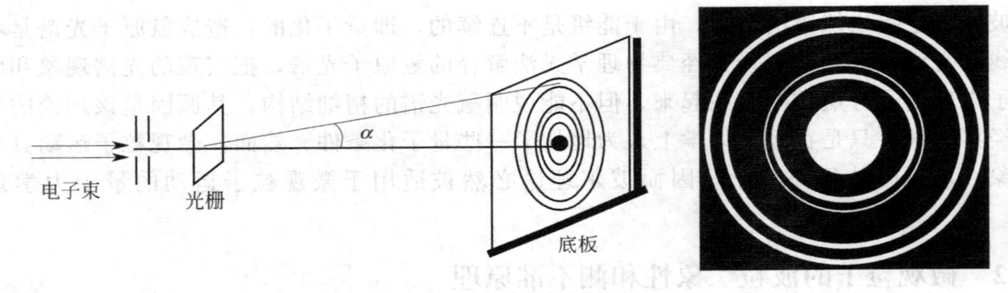

图 8-3　电子衍射示意图

电子衍射实验表明电子运动确实具有波动性，并有一定的波长和频率。其他微观粒子运动也都具有这一特征。正是由于微观粒子与宏观粒子不同，不遵循经典力学规律，而要用量子力学来描述它的运动状态。

(2) 测不准原理

对电子等微观粒子因具有波粒二象性，不能应用经典力学运动规律来确定其运动状态，1927 年，德国物理学家 W. Heisenberg 认为微观粒子的位置与动量之间的关系如下：

$$\Delta x\Delta p\approx h \tag{8-8}$$

式(8-8) 就是测不准关系式，其中 x 为微观粒子在空间某一方向的位置坐标，Δx 为确定粒子位置时的不准确量，Δp 为确定粒子运动量时的不准确量，h 为普朗克常量。式(8-8) 表明：不可能同时完全准确地测定位置和动量（速度），即如果粒子位置测定得越准确，则相应的动量（速度）测定得越不准确，反之亦然，这就是测不准原理。

对于测不准原理，实际上反映微观粒子有波动性，它不服从由宏观物体运动规律所总结出来的经典力学，但不等于没有规律；相反，它说明微观粒子的运动是遵循更深刻的一种规律——量子力学。

微观粒子的运动规律可以用量子力学中的统计方法来描述。如以原子核为坐标原点，电子在核外定态轨道上运动，虽然我们无法知道电子在某一时刻会在哪里出现，但是电子在核外某处出现的概率大小却不随时间改变而改变，电子云就是形象地用来描述概率的一种图示方法。

图 8-4 为氢原子处于能量最低的状态时的电子云，图中黑点的疏密程度表示概率密度的相对大小。由图可知：离核越近，概率密度越大；反之，离核越远，概率密度越小。在离核距离（r）相等的球面上概率密度相等，与电子所处的地方无关，因此基态氢原子的电子云是球形对称的。

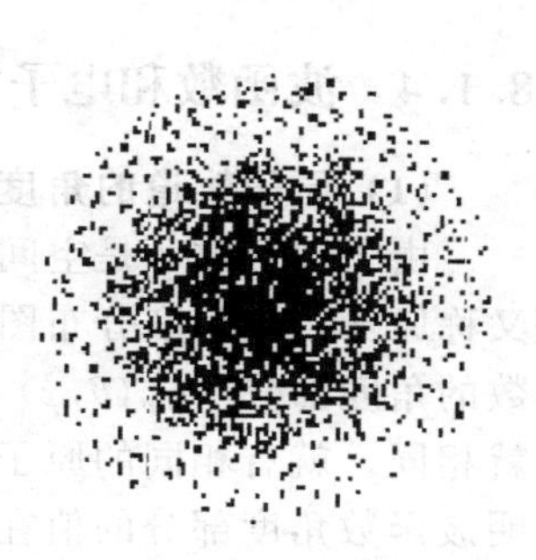

图 8-4 基态氢原子电子云

8.1.3 波函数和原子轨道

对于微观粒子的运动，1926 年奥地利物理学家 E. Schrodinger 根据 de Broglie 的观点，对经典光波方程进行改造后提出来的，从而建立了描述核外电子运动的波动方程，即 Schrodinger 方程。它是一个二阶偏微分方程式：

$$\frac{\partial^2 \psi}{\partial x^2}+\frac{\partial^2 \psi}{\partial y^2}+\frac{\partial^2 \psi}{\partial z^2}=-\frac{8\pi^2 m}{h^2}(E-V)\psi \tag{8-9}$$

像牛顿力学方程是描述宏观物体运动状态、变化规律的基本方程一样，Schrodinger 方程是描述微观粒子运动状态、变化规律的基本方程，较为全面地反映了电子的波粒二象性。其中描述电子粒子性的物理量是电子的空间位置坐标（x,y,z）以及电子的质量（m），总能量（E）和势能（V），表征电子波动性的波函数（ψ），h 是普朗克常量。

在描述氢原子的时候，方程中的 E 相当于氢原子的总能量，即电子的能级，V 是原子核对电子的吸引能，m 是电子的质量。ψ 为电子空间坐标的某种函数，是电子的波动性在方程中的体现，其物理意义在后面还要讨论。所谓解薛定谔方程就是要解出其中的 E 和 ψ，解出的波函数 ψ 不是一个简单的数值，是描述核外电子运动状态的数学函数式。它是包括空间坐标 x、y、z 的一个数学函数表达式，常记为 $\psi(x, y, z)$。

建立了薛定谔方程，原则上任何体系的电子运动状态都可求解了。但遗憾的是至今只能精确求解单电子体系（如 H、He^+、Li^{2+} 等）的薛定谔方程，而且需要较深的数学知识，这不是本课程讨论的范围。因此这里仅定性地介绍解薛定谔方程所得到的重要结论。

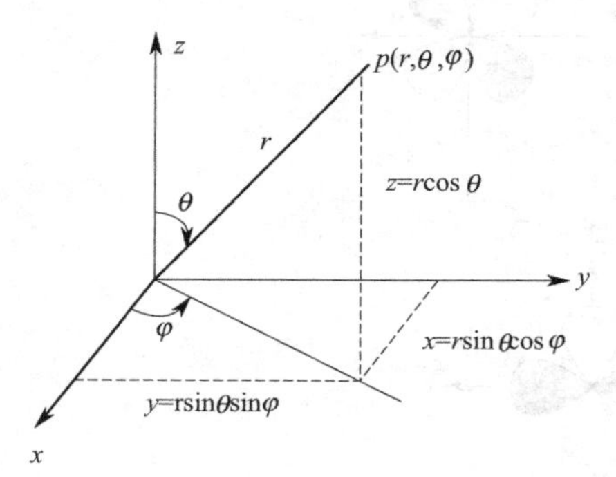

图 8-5 球坐标与直角坐标关系

数学上为便于求解薛定谔方程，需将直角坐标（x,y,z）变换成球坐标（r，θ，φ），如图 8-5 所示。

波函数 ψ 随 r（电子离核的距离）的变化和随角度 θ，φ 的变化两个方面来进行，即可以将 $\psi(r,\theta,\varphi)$ 表示为两个函数的乘积：

$$\psi_{n,l,m}(r,\theta,\varphi)=R_{n,l}(r)Y_{l,m}(\theta,\varphi) \tag{8-10}$$

式中，$R(r)$ 叫做波函数的径向部分，它表明 θ，φ 一定时波函数 ψ 随 r 的变化关系；$Y(\theta,\varphi)$ 叫做波函数的角度部分，它表明 r 一定时波函数 ψ 随 θ，φ 的变化关系。

在一定状态下（如基态）原子中的每个电子都有自己的波函数 ψ 和相应的能量 E（就是微粒在该稳定状态时的能量），即一个波函数 ψ 代表电子的一种运动状态。波函数 ψ 又称为原子轨道，两者是同义词。需要注意的是，原子轨道只是一种形象的比喻，它和经典力学中的轨道或轨迹有本质的区别。经典力学中的轨道是指具有某种速度，可以确定运动物体任意时刻所处位置的轨道；量子力学中的原子轨道不是某种确定的轨道，而是原子中一个电子可能的空间运动状态，包含电子所具有的能量、离核的平均距离、概率密度分布等。

8.1.4 波函数和电子云的空间图形

(1) 原子轨道的角度分布图

由于波函数 ψ 是空间坐标的函数，可以给出 ψ 在三维空间的图形。波函数的角度分布图又称原子轨道角度分布图。它就是表现 Y 值随 θ，φ 变化的图像，如图 8-6 所示。由于波函数的角度部分 $Y_{l,m}(\theta,\varphi)$ 只与 l 和 m 有关，因此，只要 l 和 m 相同，其 $Y_{l,m}(\theta,\varphi)$ 函数式就相同，就有相同的原子轨道角度分布图。原子轨道角度部分图形中的“+”、“−”号，表明波函数角度部分的值在该区域为“+”值或“−”值。这种“+”、“−”号的存在，科学地解释了由原子轨道重叠形成共价键而且有方向性的原因。

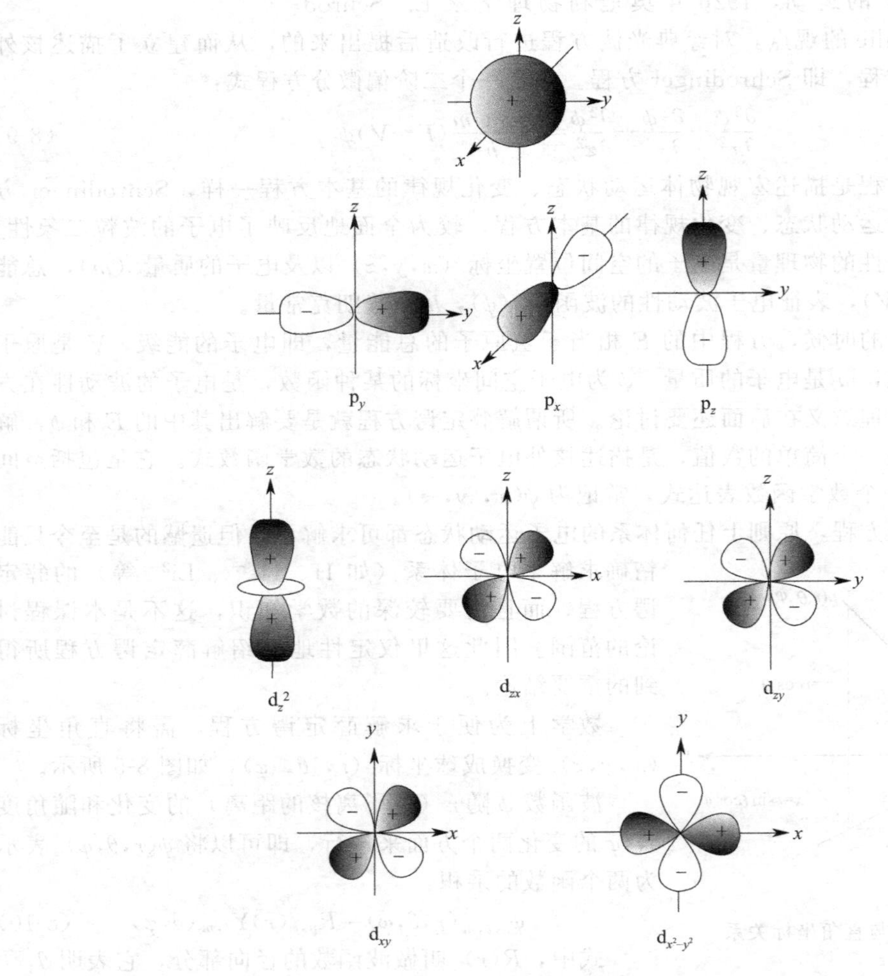

图 8-6 原子轨道角度分布图

需要强调，原子轨道的角度分布图并不是电子运动的具体轨道，它只反映出波函数在空间不同方向上的变化情况。

(2) 电子云的角度分布图

电子在核外空间某处单位微小体积内出现的概率，称为概率密度，用波函数绝对值的平方 $|\psi|^2$ 表示。空间各点 $|\psi|^2$ 值的大小，反映了电子在各点附近单位微体积元中出现概率的大小，这是 $|\psi|^2$ 的物理意义。$|\psi|^2$ 值大，表明单位体积内电荷密度大；反之亦然。

常常形象地将电子的概率密度（$|\psi|^2$）称作“电子云”（图 8-7）。需指出的是，电子云

概念并不是说电子真的像云那样地分散而不是一个粒子了，而只是电子行为具有统计性的一种形象说法。若用小黑点的疏密形象地表示概率密度的大小，则小黑点密的地方，表示 $|\psi|^2$ 数值大，小黑点稀的地方，表示 $|\psi|^2$ 数值小，这样就得到电子云在空间的示意图像。

除了用小黑点表示电子云外，也常用电子云的界面图来表示，如图 8-8 所示。电子云的界面是一等密度面，电子在此界面内的概率占 95%以上。

电子云的角度分布图表现 Y^2 值随 θ，φ 变化的图像。图 8-9 表示 s、p、d 电子云的角度分布图。

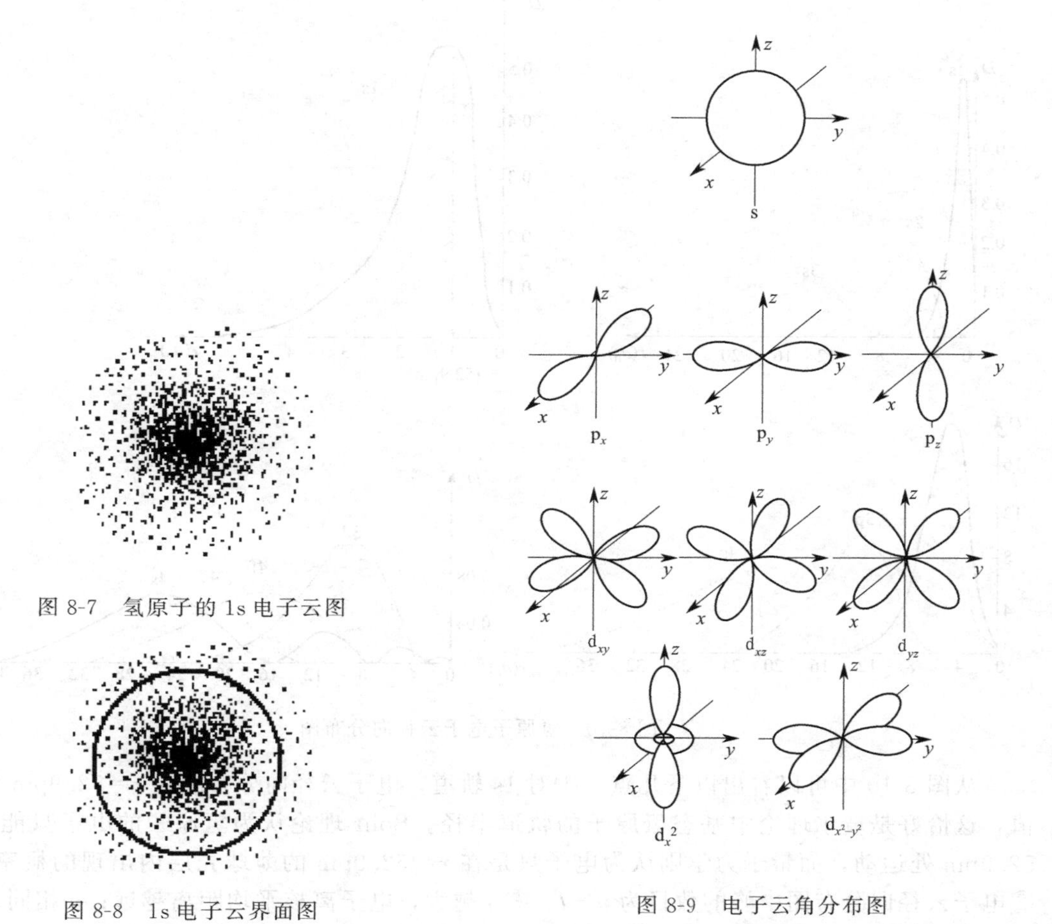

图 8-7 氢原子的 1s 电子云图

图 8-8 1s 电子云界面图

图 8-9 电子云角分布图

比较电子云的角度分布图与原子轨道的角度分布图发现，两种图形基本相似，但有两点不同：电子云的角度分布图比相应原子轨道的角度分布图要“瘦”一些；原子轨道有正、负号之分，电子云没有正负号，这是因为 $|\psi|^2$ 的结果。

(3) 电子云的径向分布图

波函数径向部分 $R(r)$ 本身没有明确的物理意义，但 r^2R^2 有明确的物理意义。它表示电子在离核半径为 r 单位厚度的薄球壳层内出现的概率。若令 $D(r)=r^2R^2$，以 $D(r)$ 对 r 作图即为电子云径向分布图。图 8-10 为氢原子一些轨道的电子云径向分布图。

现以最简单的 s 轨道为例来进行说明。在原子核中，离核半径为 r、厚度为 $\mathrm{d}r$ 的薄球壳内电子出现的概率 P 应为

$$P=|\psi|^2\mathrm{d}\tau \tag{8-11}$$

式中，$d\tau$ 为薄球壳的体积，其值为 $4\pi r^2 dr$，又 $\psi^2 = R^2 Y^2$，且 s 轨道的 $Y = \sqrt{\frac{1}{4\pi}}$，将其带入式(8-11)，得

$$P = R^2 \frac{1}{4\pi} 4\pi\pi^2 dr = R^2 r^2 dr \tag{8-12}$$

可见，$r^2 R^2$ 的确具有半径为 r 单位厚度的薄球壳层内电子出现概率的含义。

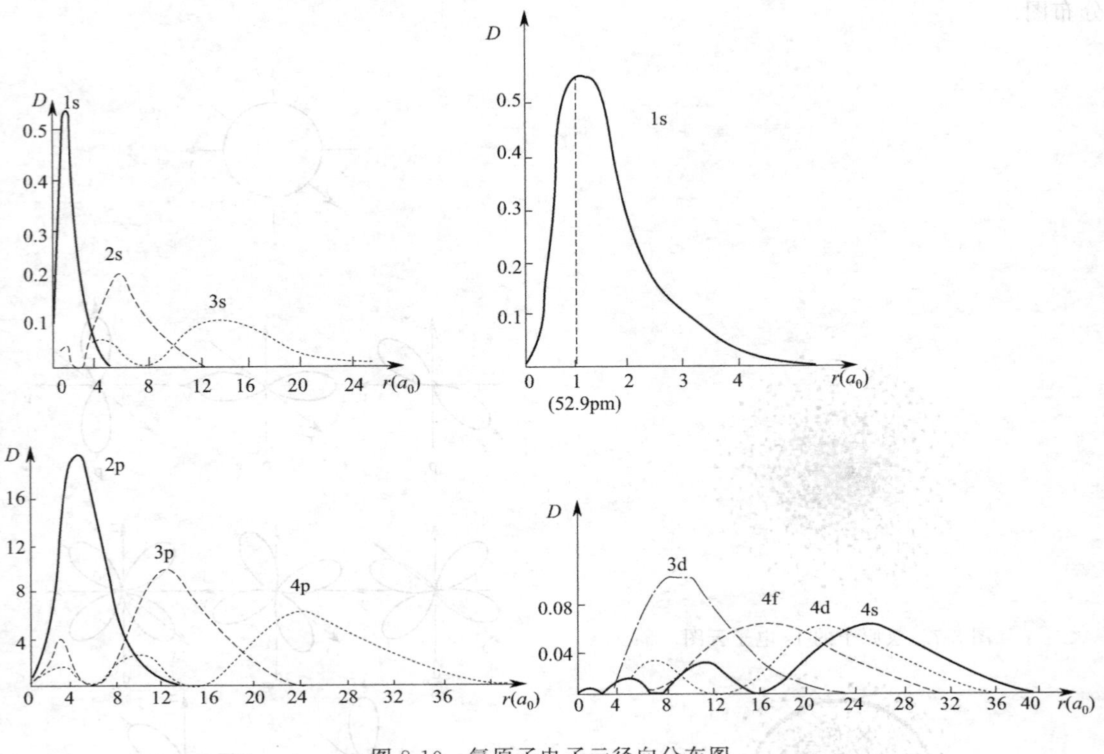

图 8-10　氢原子电子云径向分布图

从图 8-10 中可以看出以下几点。①对 1s 轨道，电子云径向分布图在 $r=52.9$pm 处有峰值，这恰好是玻尔理论中基态氢原子的轨道半径。Bohr 理论认为氢原子的电子只能在 $r=52.9$pm 处运动，而量子力学则认为电子只是在 $r=52.9$pm 的薄球壳层内出现的概率最大。②电子云径向分布图中峰的数目为 $n-l$。③n 越大，电子离核平均距离越远；n 相同，电子离核平均距离相近。因此从径向分布来看，核外电子是按 n 值大小分层分布的。

8.1.5　四个量子数及其对原子核外电子运动状态的描述

原子中各电子在核外的运动状态，是指电子所在的电子层和原子轨道的能级、形状、伸展方向等，可用解 Schrodinger 方程引入的三个参数即主量子数、角量子数和磁量子数加以描述。如果要完整确定一个电子的运动状态，还有一个描述电子自旋运动特征的自旋量子数。

(1) 主量子数 (n)

① 电子运动的能量主要由主量子数 n (principal quantum number) 决定。它只能取 1，2，3 等正整数。氢原子为单电子原子，其能量只由主量子数决定，n 值越大，电子所具能量越高。对多电子原子来说，主量子数是决定每个电子能量的主要因素，一般情况，n 值大，电子能量高。

② 主量子数 n 表示电子出现概率最大的区域离核的远近或电子层数。n 越大，离核越远。主量子数 n 相同的电子，几乎在离核相同距离的空间范围内运动，因此可将主量子数相同的电子归并在一起称为一个电子层或能层（又称壳层），$n=1$ 表示能量最低、离核最近的第一电子层，$n=2$ 表示能量次低、离核次近的第二电子层，其余类推。在光谱学上常用一套拉丁字母表示电子层，常用 K、L、M、N、O、P、Q 等符号分别表示 $n=1$、2、3、4、5、6、7 电子层。

(2) 角量子数 (l)

角量子数 l（angular-momentum quantum number）决定了电子角动量的大小，也决定了原子轨道或电子云的空间形状，并在多电子原子中和 n 一起决定电子的能量。其取值为 $l=0$，1，2，3，…，$(n-1)$，l 受 n 限制，最大不能超过 n。在光谱学上分别用符号 s，p，d，f 等来表示。角量子数 l 的物理意义如下。

① 表示电子的亚层或能级。由角量子数的取值可见，对应于一个 n 值，可能有几个 l 值，这表示同一电子层中包含有几个不同的亚层，不同亚层能量有所差异，故亚层又称为能级。例如，1s 态电子处于 1s 能级；2p 态电子处于 2p 能级；3d 态电子处于 3d 能级。

② 表示原子轨道（或电子云）的形状。$l=0$ 时，相应电子状态称 s 态，其原子轨道（或电子云）的形状为球形；$l=1$ 时，相应电子状态称为 p 态，其原子轨道形状为哑铃形；$l=2$ 时，相应电子状态称为 d 态，其原子轨道形状为花瓣形。

③ 多电子原子中 l 与 n 一起决定电子的能量。在多电子原子中，电子的能量不仅取决于主量子数 n，还与角量子数 l 有关。当 n 相同时，一般情况是 l 值越大能量越高，因此在描述多电子原子体系电子的能量状态时，需要 n 和 l 两个量子数。

(3) 磁量子数 (m)

在有磁场存在的情况下，线状光谱发生分裂，谱线分裂的数目取决于磁量子数 m。量子力学已经证明，原子中电子绕核运动的轨道角动量在外磁场方向上的分量是量子化的并由量子数 m 决定，因此称 m 为磁量子数。磁量子数的取值为 0，±1，±2，…，$\pm l$，m 值受 l 值的限制，m 可有 $(2l+1)$ 种状态。

磁量子数决定原子轨道或电子云在空间的伸展方向。M 的每一个数值表示具有某种空间方向的一个原子轨道。一个亚层中，m 有几个可能的取值，这亚层就只能有几个不同伸展方向的同类原子轨道。例如，$l=0$ 时，m 为 0，表示 s 亚层只有一个轨道，即 s 轨道；$l=1$ 时，m 有 −1，0，+1 三个取值，表示 p 亚层有三个分别以 x，y，z 轴为对称的 p_x，p_y，p_z 原子轨道，这三个轨道的伸展方向相互垂直的；$l=2$ 时，m 有 −2，−1，0，+1，+2 五个取值，表示 d 亚层有五个不同伸展方向的 d_{xy}，d_{yz}，d_{xz}，d_{z^2}，$d_{x^2-y^2}$。

$l=0$ 的轨道都称为 s 轨道，其中按 $n=1$，2，3，4，…依次称为 1s，2s，3s，4s，…轨道。s 轨道内的电子称为 s 电子。

$l=1$，2，3 的轨道依次分别称为 p、d、f 轨道，其中按 n 值分别称为 np、nd、nf 轨道。p、d、f 轨道内的电子依次称为 p、d、f 电子。

在没有外加磁场情况下，l 相同、m 不同的原子轨道，即形状相同、空间取向不同的原子轨道，其能量是相同的。不同原子轨道具有相同能量的现象称为能量简并，能量相同的各原子轨道称为简并轨道或等价轨道。简并轨道的数目称简并度。如：$l=1$ 的 p 态能级有 3 个简并轨道 p_x、p_y、p_z，简并度为 3；$l=2$ 的 d 态能级有 5 个简并轨道，简并度为 5；$l=3$ 的 f 态能级有 7 个简并轨道，简并度为 7。

(4) 自旋量子数 (m_s)

n、l、m 三个量子数是在解波动方程的过程中所出现的量子化条件，这些条件已被证明与实验的结果相符合。但人们在原子光谱实验中又发现，在无外磁场的情况下，原先的一条谱线是分裂为两条靠得很近的谱线的。为了解释此现象，人们引入了另一个量子数即自旋角动量量子数 m_s（spin angular-momentum quantum number）。

自旋量子数是描述核外电子的自旋状态的量子数。所谓自旋，即绕电子自身旋转。它的取值只有两个（+1/2 和 −1/2），分别代表电子的两种自旋方向，可示意为顺时针方向和逆时针方向，用符号↑和↓表示。自旋只有两个方向，因此决定了每一轨道最多只能容纳两个电子，且自旋方向相反。

综上所述，从量子力学理论出发，描述某个原子轨道要用 n、l、m 三个量子数来确定。一套 n、l、m 确定一个原子轨道，该原子轨道的能级高低、形状和伸展方向也就随之确定。主量子数 n 决定了电子的能量和电子离核的远近（电子所处的电子层）；角量子数 l 决定了原子轨道的形状（电子处在这一电子层的哪一个亚层上），在多电子原子中，l 也影响电子的能量；磁量子数 m_s决定了原子轨道在空间伸展的方向（电子处在哪一个轨道上）。三个量子数互相联系、互相制约。

若要描写一个电子的总的运动状态，除了要知道 n、l、m 外，还应该知道电子的自旋角动量量子数 m_s。根据四个量子数数值之间的关系，可以推算出各个电子层所能容纳电子数的最大容量为 $2n^2$（表 8-1）。

量子力学原子模型克服了玻尔原子模型的缺陷，能够解释多电子光谱，因而较好地反映了核外电子层的结构、电子运动状态和规律，还能解释化学键的形成，是迄今为世人公认的成功理论。

表 8-1　核外电子的可能状态

主量子数 n	1	2		3			4			
电子层符号	K	L		M			N			
轨道角动量量子数 l	0	0	1	0	1	2	0	1	2	3
电子亚层符号	1s	2s	2p	3s	3p	3d	4s	4p	4d	4f
磁量子数 m	0	0	0 ±1	0	0 ±1	0 ±1 ±2	0	0 ±1	0 ±1 ±2	0 ±1 ±2 ±3
亚层轨道数($2l+1$)	1	1	3	1	3	5	1	3	5	7
电子层轨道数	1	4		9			16			
自旋角动量量子数 m_s	$\pm\frac{1}{2}$									
各层可容纳的电子数	2	8		18			32			

8.2　多电子原子结构

8.2.1　近似能级图

Pauling 根据光谱实验和理论结果，总结出多电子原子中原子轨道的近似能级图（图 8-11），它反映了各能级相对能量高低的顺序。

图 8-11 中用小圆圈代表原子轨道，能量相近的划为一组，依 1，2，3，…能级组的顺序，能量依次增高。由图 8-11 可见，角量子数 l 相同的能级的能量高低由主量子数 n 决定，例如，$E_{1s}<E_{2s}<E_{3s}<E_{4s}<\cdots$ 主量子数 n 相同，角量子数 l 不同的能级，能量随 l 的增大而升高，如 $E_{ns}<E_{np}<E_{nd}<E_{nf}$，这现象称为能级分裂。当主量子数 n 和角量子数 l 均不同

时，出现能级交错现象，如 $E_{4s}<E_{3d}<E_{4p}\cdots$

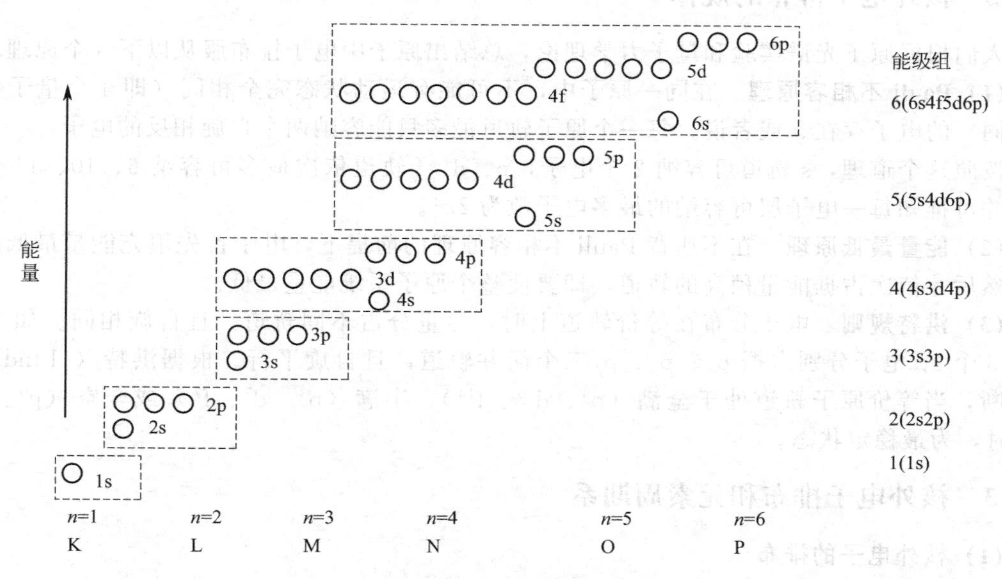

图 8-11 多电子原子的近似能级图

表 8-2 电子能级分组表

能级顺序	$n+0.7l$	能级组	组内轨道数
1s	1.0	Ⅰ	1
2s 2p	2.0 2.7	Ⅱ	4
3s 3p	3.0 3.7	Ⅲ	4
4s 3d 4p	4.0 4.4 4.7	Ⅳ	9
5s 4d 5p	5.0 5.4 5.7	Ⅴ	9
6s 4f 5d 6p	6.0 6.1 6.4 6.7	Ⅵ	16
7s 5f 6d 7p	7.0 7.1 7.4 7.7	Ⅶ	未完

我国化学家徐光宪教授由光谱实验数据归纳出判断能级高低的近似规则——$(n+0.7l)$ 规则（表 8-2），所得结果与 Pauling 的近似能级图一致。

必须指出，Pauling 近似能级图仅反映了多电子原子中原子轨道能量的近似高低，不能认为所有元素原子的能级高低都是一成不变的。光谱实验和量子力学理论证明，随着元素原子序数的递增（核电荷增加），原子核对核外电子的吸引作用增强，轨道的能量有所下降。由于不同的轨道下降的程度不同，所以能级的相对次序有所改变。

8.2.2 核外电子排布的规律

人们根据原子光谱实验和量子力学理论，总结出原子中电子排布服从以下 3 个原理。

(1) Pauli 不相容原理 在同一原子中，不可能有运动状态完全相同（即 4 个量子数完全相同）的电子存在。或者说，每一个原子轨道最多只能容纳两个自旋相反的电子。

按照这个道理，s 轨道可容纳 2 个电子，p、d、f 轨道依次最多可容纳 6、10、14 个电子，并可推知每一电子层可容纳的最多电子数为 $2n^2$。

(2) 能量最低原理 在不违背 Pauli 不相容原理的前提下，电子首先填充能量最低的轨道，然后才依次占据能量稍高的轨道，即要使整个原子系统能量最低。

(3) 洪特规则 电子分布在等价轨道上时，尽量分占不同轨道，且自旋相同。如 N 原子的 3 个 2p 电子分别占据 p_x、p_y、p_z 三个简并轨道，且自旋平行。根据洪特（Hund）规则推断，当等价原子轨道处于全满（p^6、d^{10}、f^{14}），半满（p^3、d^5、f^7）或全空（p^0、d^0、f^0）时，为最稳定状态。

8.2.3 核外电子排布和元素周期系

(1) 核外电子的排布

根据电子排布遵循的三个规则，可以将周期表中每个元素基态原子的核外电子按主量子数由小到大的顺序排布出来，所得电子排布方式称该元素基态原子的电子层结构，又称电子层构型。表 8-3 为 1 号元素到 36 号元素的电子排布。如 Sc(z=21) 的电子层构型为：$1s^2 2s^2 2p^6 3s^2 3p^6 3d^1 4s^2$。

第四周期中，Cr 和 Cu 的价电子构型与排布规律不同，Cr 的排布方式是 $4s^1 3d^5$，而不是 $4s^2 3d^4$；Cu 的排布方式是 $4s^1 3d^{10}$，而不是 $4s^2 3d^9$，这可由洪特规则来解释。根据洪特规则，等价轨道在全满（p^6、d^{10}、f^{14}），半满（p^3、d^5、f^7）或全空（p^0、d^0、f^0）情况下的原子结构比较稳定，所以 Cr 采取 d^5 半充满方式，Cu 采取 d^{10} 全充满方式。还有一些副族元素原子的电子层构型出现“反常”。有的符合洪特规则，有的至今尚不能很好地解释。

一般在写电子构型时，先按电子从低能级到高能级的次序填写，但为了清楚地看出每层电子的填入情况，可将已填满的属于同一层的能级归在一起，这样更便于看出电子层结构。例如，Zn(30)：$1s^2 2s^2 2p^6 3s^2 3p^6 3d^{10} 4s^2$，如将同一层的能级归在一起则得到 Zn(30)：$\underline{1s^2}$，$\underline{2s^2 2p^6}$，$\underline{3s^2 3p^6 3d^{10}}$，$\underline{4s^2}$。

有时为书写方便，常将内层用相应的稀有气体的电子层构型代替，这样 Zn(30) 可表示为：[Ar] $3d^{10} 4s^2$。[Ar] 部分称原子实，其余部分称外电子层构型或价电子构型。

(2) 电子层结构与周期表

由表 8-3 清楚地看到原子的价电子构型随着原子序数的增加而呈现周期性变化，原子的价电子构型的周期性变化又引起元素性质的周期性变化。元素性质周期性变化的规律称为元素周期律，反映元素周期律的元素排布称为元素周期表，也称元素周期系。

在近似能级图中，每个能级组对应于周期表中一个周期（表 8-4）。因此，能级组的划分是化学元素划分为周期的根本原因，由于每个能级组中所包含的能级数目不同，可以填充的电子数目也不同，所以周期表划分为特短周期（第 1 周期）、短周期（第 2、3 周期）、长周期（第 4、5 周期）、特长周期（第 6 周期）和未完全周期（第 7 周期），各周期所含元素的数目相当于对应能级组中所能容纳的电子数。周期表中共有 7 个横行，每一横行称为一个周期。每一周期的元素，其价电子构型由 ns^1 开始，到 np^6 结束（第 1 周期由 $1s^1 \rightarrow 1s^2$），即由碱金属开始到稀有气体结束。

表 8-3　前 36 号元素的原子的电子层结构

周期	原子序数	元素符号	元素名称	电子层									
				K	L		M			N			
				1s	2s	2p	3s	3p	3d	4s	4p	4d	4f
1	1	H	氢	1									
	2	He	氦	2									
2	3	Li	锂	2	1								
	4	Be	铍	2	2								
	5	B	硼	2	2	1							
	6	C	碳	2	2	2							
	7	N	氮	2	2	3							
	8	O	氧	2	2	4							
	9	F	氟	2	2	5							
	10	Ne	氖	2	2	6							
3	11	Na	钠	2	2	6	1						
	12	Mg	镁	2	2	6	2						
	13	Al	铝	2	2	6	2	1					
	14	Si	硅	2	2	6	2	2					
	15	P	磷	2	2	6	2	3					
	16	S	硫	2	2	6	2	4					
	17	Cl	氯	2	2	6	2	5					
	18	Ar	氩	2	2	6	2	6					
4	19	K	钾	2	2	6	2	6		1			
	20	Ca	钙	2	2	6	2	6		2			
	21	Sc	钪	2	2	6	2	6	1	2			
	22	Ti	钛	2	2	6	2	6	2	2			
	23	V	钒	2	2	6	2	6	3	2			
	24	Cr	铬	2	2	6	2	6	5	1			
	25	Mn	锰	2	2	6	2	6	5	2			
	26	Fe	铁	2	2	6	2	6	6	2			
	27	Co	钴	2	2	6	2	6	7	2			
	28	Ni	镍	2	2	6	2	6	8	2			
	29	Cu	铜	2	2	6	2	6	10	1			
	30	Zn	锌	2	2	6	2	6	10	2			
	31	Ga	镓	2	2	6	2	6	10	2	1		
	32	Ge	锗	2	2	6	2	6	10	2	2		
	33	As	砷	2	2	6	2	6	10	2	3		
	34	Se	硒	2	2	6	2	6	10	2	4		
	35	Br	溴	2	2	6	2	6	10	2	5		
	36	Kr	氪	2	2	6	2	6	10	2	6		

表 8-4 各周期的元素数目

周期	元素数目	能级组	能级组所含能级	电子最大容量
1	2	1	1s	2
2	8	2	2s 2p	8
3	8	3	3s 3p	8
4	18	4	4s 3d 4p	18
5	18	5	5s 4d 5p	18
6	32	6	6s 4f 5d 6p	32
7	28(未完)	7	7s 5f 6d 7p(未完)	32(未满)

周期表中每个周期都重复着相似的电子结构，随着原子序数的增加，电子构型呈规律性地变化，这是元素性质呈现周期性变化的内在依据，在电子构型中最外层电子（ns、np）和外围电子［$(n-1)$dns，$(n-2)$f$(n-1)$dns］对元素的化学性质有重要影响。

元素周期表中共有 18 个纵行，分为 8 个主族、7 个副族和 1 个Ⅷ族，主族和副族分别用ⅠA～ⅧA（ⅧA 也称作第零族）和ⅠB～ⅦB 表示。按电子填充顺序，最后电子若填入到最外层的 ns、np 轨道的称主族元素，电子最后填入到次外层（$n-1$)d 或倒数第三层 $(n-2)$f 的称副族元素。第Ⅷ族（也有称作第ⅧB 族的）元素的外层电子构型是（$n-1$）$d^{6\to10}ns^{0\to2}$，包括 3 个纵行，共 9 种元素。

外层电子在化学反应中最活泼的因素，通常称这些电子为价电子。主族元素的价电子是 ns 或是 nsnp 能级中的电子；副族元素，除了外层的 ns 电子可参加化学反应外，$(n-1)$d 电子也可部分或全部参与化学反应，因此副族元素的价电子包括（$n-1$)d、ns 能级。为了区别于主族的价电子构型，常称副族元素的价电子构型为外围电子构型。ⅡB 族元素（$n-1$)d 能级已填满 10 个电子，是稳定的全充满状态，$(n-1)d^{10}$ 中的电子虽不参与化学反应，但为了区别于ⅡA 的价电子构型，仍用（$n-1$)$d^{10}ns^2$ 表示ⅡB 外围电子构型。

根据元素的价电子构型，可以把周期表中的元素分成 5 个区。

① **s 区** 价电子构型为 $ns^{1\sim2}$，包括ⅠA 和ⅡA。它们在化学反应中易失去电子形成+1 或+2 价离子，为活泼金属。

② **p 区** 价电子构型为 $ns^2np^{1\sim6}$，包括ⅢA～ⅧA。s 区和 p 区元素的共同特点是最后一个电子都填入最外电子层，最外电子总数等于族数。

③ **d 区** 价电子构型为（$n-1$)$d^{1\sim8}ns^2$（少数例外，如 Cr：$3d^5 4s^1$，Pd：$4d^{10}5s^0$），包括ⅢB～ⅦB 和Ⅷ族。当价电子总数为 3～7 时，与相应的副族数对应；价电子总数为 8～10 时，为Ⅷ族。

④ **ds 区** 价电子构型为（$n-1$)$d^{10}ns^{1\sim2}$，包括ⅠB 和ⅡB。ds 区元素的族数等于最外层 ns 轨道上的电子数。

⑤ **f 区** 价电子构型为（$n-2$)$f^{1\sim14}(n-1)d^{0\sim2}ns^2$（有例外），包括镧系和锕系元素，位于周期表下方，f 区元素最后一个电子填充在 f 亚层。

8.3 元素基本性质的周期性

周期表中原子的电子结构呈现周期性的变化，因此元素的基本性质如原子半径、电离势、电子亲和势和电负性等，也必然呈现周期性的变化。

8.3.1 原子半径

电子在原子内的运动呈概率分布，电子的运动无明确的边界，因此所谓的原子半径是根据相邻原子的核间距测出的。由于相邻原子间成键的情况不同，可以给出不同的半径。两种或同种元素的两个原子以共价单键结合时，其核间距的一半称为共价半径。金属晶格中，金属原子核间距的一半称为金属半径。

表 8-5　主族元素的原子半径　　单位：pm

ⅠA	ⅡA	ⅢA	ⅣA	ⅤA	ⅥA	ⅦA	ⅧA
H — 28							He — 54
Li 152.0 133.6	Be 111.3 90	B 98 79.5	C 91.4 77.2	N 92 54.9	O — 60.4	F — 70.9	Ne — 71
Na 185.8 153.9	Mg 159.9 136	Al 143.2 118	Si 117.6 112.6	P 110.5 94.7	S 103 94.4	Cl — 99.4	Ar — 98
K 227.2 196.2	Ca 197.4 174	Ga 122.1 126	Ge 122.5 122	As 124.8 120	Se 116.1 107.6	Br — 114.2	Kr — 112
Rb 247.5 216	Sr 215.2 191	In 162.6 144	Sn 140.5 141	Sb 145 140	Te 143.2 129.5	I — 133.3	Xe — 131
Cs 265.5 235	Ba 217.4 198	Tl 170.4 148	Pb 175.0 147	Bi 154.8 146	Po 167.3 146	At — 145	Rn

注：第一行数据为金属半径；第二行数据为共价半径。

在单质中，两个相邻原子在没有键合的情况下，仅借范德华（van der Waals）引力联系在一起，核间距离的一半，称范德华半径。主族元素的原子半径列于表 8-5 中。

表 8-5 中数据显示着原子半径的变化规律如下。

同一周期，从左到右原子半径逐渐减小。这是因为，同一周期元素原子的电子层相同，有效核电荷逐渐增加，核对外层电子的引力依次加强，原子半径从左到右逐渐减小。主族元素有效核电荷增加比过渡元素显著，同一周期主族元素的原子半径减小的幅度较大。

同一主族，从上到下元素原子的电子层数渐增，电子间的斥力增大，因而半径逐渐增大。副族元素从上到下原子半径变化不明显，特别是第五、六周期的原子半径非常接近（表 8-6），这是受了镧系收缩的影响。

表 8-6　副族元素的原子半径　　单位：pm

第四周期元素	Sc	Ti	V	Cr
r/pm	161	145	132	125
第五周期元素	Y	Zr	Nb	Mo
r/pm	181	160	143	136
第六周期元素	Lu	Hf	Ta	W
r/pm	173	159	143	137

镧系元素从左到右，原子半径大体上也是逐渐缩小的，只是幅度更小。镧系元素整个系列的原子半径缩小不明显的现象，称为镧系收缩。其结果使第五、六周期同族的原子半径非常接近，它们的性质也因此而非常相似，在自然界中常共生在一起，并且难以分离，如 Zr 和 Hf、Nb 和 Ta、Mo 和 W 等。

8.3.2　电离势

使基态气体中性原子失去一个电子形成带一个正电荷的气态正离子所需要的能量叫做元素的第一电离势，用 I_1 表示，单位为 $kJ \cdot mol^{-1}$。从 +1 价气态正离子再失去一个电子形成

+2 价气态正离子时，所需能量叫做元素的第二电离势，用 I_2 表示。依此类推。失去第二个电子时要克服离子的过剩电荷的作用，所以 $I_1 < I_2 < I_3 < \cdots$ 元素之间一般用第一电离势进行比较。主族元素的第一电离势列于表 8-7 中。

表 8-7　主族元素原子的第一电离势　　单位：$kJ \cdot mol^{-1}$

H 1312.0							He 2372.3
Li 520.3	Be 899.5	B 800.6	C 1086.4	N 1402.3	O 1314.0	F 1681.0	Ne 2080.7
Na 495.8	Mg 737.7	Al 577.6	Si 786.5	P 1011.8	S 999.6	Cl 1251.1	Ar 1520.5
K 418.9	Ca 589.8	Ga 578.8	Ge 762.2	As 944	Se 940.9	Br 1139.9	Kr 1350.7
Rb 403.0	Sr 549.5	In 558.3	Sn 708.6	Sb 831.6	Te 869.3	I 1008.4	Xe 1170.4
Cs 375.5	Ba 502.9	Tl 589.3	Pb 715.5	Bi 703.3	Po 812	At 916.7	Rn 1037.0

电离势的大小反映了原子失去电子的难易。电离势越小，原子越易失去电子，金属性就越强；反之，电离势越大，原子越难失去电子，金属性就越弱。从表 8-7 可以看出，元素的电离势随着原子序数的增加呈现周期性变化。

同一周期元素原子的第一电离势从左至右总的趋势是逐渐增大，某些元素具有全充满或半充满的电子层结构，稳定性高，其第一电离势比左右相邻元素都高。如第二周期中的 Be、N。对于主族元素，第一个电离势增加的幅度大，副族元素从左至右，第一电离势稍有变化，个别处出现不规则变化，这是由于副族元素所增加的电子填入 $(n-1)$d 轨道，ns 和 $(n-1)$d 轨道间能量比较接近的缘故。

同一族中，元素原子的第一电离势从上至下总的趋势是减小，主族元素原子的第一电离势从上至下随原子半径的增大而明显减小，副族元素原子的第一电离势从上至下变化幅度小，第六周期的第一电离势比第五周期的略有增加。

8.3.3　电子亲和势

元素的气态原子在基态时获得一个电子成为气态的一价负离子所放出的能量称为电子亲和势。用 A 表示，例如

$$F(g)+e^- \longrightarrow F^-(g) \qquad A=-328kJ \cdot mol^{-1}$$

电子亲和势也有第一、第二电子亲和势之分，如果不加注明，都是指第一电子亲和势。当负一价离子获得电子时，要克服负电荷之间的排斥力，因此要吸收能量。一些元素的电子亲和势列于表 8-8 中。

电子亲和势的大小反映了原子得电子的难易。非金属原子的第一电子亲和势是负值，而金属原子的电子亲和势一般为较小负值或正值。在周期中，电子亲和势的变化规律与电离势变化规律基本上相同，即同一周期从左到右元素的电子亲和势的负值总趋势是逐渐增加的。卤素的电子亲和势呈现最大负值；碱土金属因为半径大，且具有 ns^2 电子层结构难以结合电子，电子亲和势为正值；稀有气体具有 8 电子稳定电子层结构，更难以结合电子，因此电子亲和势为最大正值。同一主族中，从上到下，大部分呈现负值变小（代数值变大）的趋势，小部分呈现相反的趋势。比较特殊的是 N 原子的电子亲和势为正值，是由于它具有半满 p 亚层稳定电子层结构，加之原子半径小，电子间排斥力大，得电子困难。

表 8-8 主族元素的电子亲和势 A　　单位：kJ · mol^{-1}

H −72.7							He +48.2
Li −59.6	Be +48.2	B −26.7	C −121.9	N +6.75	O −141.0(844.2)	F −328.0	Ne +115.8
Na −52.9	Mg +38.6	Al −42.5	Si −133.6	P −72.1	S −200.4(531.6)	Cl −349.0	Ar +96.5
K −48.4	Ca +28.9	Ga −28.9	Ge −115.8	As −78.2	Se −195.0	Br −324.7	Kr +96.5
Rb −46.9	Sr +28.9	In −28.9	Sn −115.8	Sb −103.2	Te −190.2	I −295.1	Xe 77.2

注：括号内的数值为第二电子亲和势。

8.3.4 电负性

电离势和电子亲和势都各自从某一方面反映了原子争夺电子的能力。在全面衡量原子争夺电子的能力时，只看一方面都是片面的，因此提出了电负性的概念。元素的电负性系指元素原子在分子中吸引了电子的能力。电负性大，表示原子吸引成键电子而形成负离子的倾向大；电负性小，表示原子吸引成键电子的能力弱，不易形成负离子；相反，成键电子易被其他原子夺去而形成正离子。总之，电负性综合反映原子得失电子的倾向，是元素金属性和非金属性的综合量度标准。一般地说，电负性 $X<2.0$ 的元素为金属元素，$X>2.0$ 的元素为非金属元素和惰性金属元素，大多数活泼金属元素的 $X<1.5$，活泼非金属元素的 $X>2.5$。电负性 2.0 可作为划分金属与非金属的分界，但不能作为划分的绝对界限。部分主族元素的电负性列于表 8-9 中。

表 8-9 部分主族元素的电负性

ⅠA	ⅡA	ⅢA	ⅣA	ⅤA	ⅥA	ⅦA
Li 1.0	Be 1.5	B 2.0	C 2.5	N 3.0	O 3.5	F 4.0
Na 0.9	Mg 1.2	Al 1.5	Si 1.8	P 2.1	S 2.5	Cl 3.0
K 0.8	Ca 1.0	Ga 1.6	Ge 1.8	As 2.0	Se 2.4	Br 2.8
Rb 0.8	Sr 1.0	In 1.7	Sn 1.8	Sb 1.9	Te 2.1	I 2.5
Cs 0.7	Ba 0.9	Tl 1.8	Pb 1.9	Bi 1.9	Po 2.0	At 2.2

随着原子序数的递增，电负性明显地呈周期性变化。同一周期自左至右，电负性增加（副族元素有些例外）；同一族自上至下，电负性依次减小，但副族元素后半部，自上至下电负性略有增加。氟的电负性最大，因而非金属性最强，铯的电负性最小，因而金属性最强。

总之，元素的金属性和非金属性与元素的电离势、电子亲和势、电负性有密切关系，元素的电负性、电离势、电子亲和势一般随元素的金属性的增加而减小，非金属性的增强而增大。

[阅读材料] 原子态与金属态贵金属化学稳定性的差异*

金属元素的化学性质，如与氧、硫、卤族元素、酸和碱的化学反应，一般是按金属态来描述的。尽管人们知道块状、粉状、超细粉末状的同一种金属的物理化学性质会有差异，但未引起足够的重视。随着纳米材料的问世，纳米金属粉末异乎寻常的物理化学性质和催化性质，如金的熔点为1063℃，纳米金的熔化温度却降至300多摄氏度，银的熔点为960.8℃，纳米银降到100多摄氏度，纳米铂黑催化剂可使乙烯催化反应的温度从600℃降至室温，汽车尾气净化催化器上的铂、钯、铑分散到2～4nm的粒度，才会有最好的催化活性等提示我们元素的物理化学性质与存在状态有着极其密切的联系。

从原子态到块状或晶态是金属元素不同凝聚态的两个极端。超细粉、纳米粉、海绵态、胶体态都属于中间的不同凝聚态。用实验方法直接研究单个金属原子的物理化学性质，存在许多困难，但已知的许多化学反应和物理化学常数却是属于单个原子所具有的。根据这一现象，作者从8个贵金属元素最特有的化学稳定性进行讨论。

(1) **贵金属氯络铵盐的煅烧分解** 除Ag和Au外，Ru，Rh，Pd，Os，Ir和Pt等铂族金属都可制得氯络酸的铵盐，这些化合物中$(NH_4)_3$-$RhCl_6$的水溶性大，但可在无水乙醇中沉淀。这些铵盐干燥后在空气中煅烧至600～750℃时，都分解为金属或再被氧化为氧化物。草酸银和硝酸银都可被煅烧为金属银，硫化金以及金的所有有机金属化合物都可被煅烧为金属金。

在热分解及再被氧化的反应过程中，应该经历过一个原子态的短暂瞬间，其产物的氧化程度可以反映原子的稳定性。

在贵金属盐类煅烧产物中，元素的氧化价态是Ru(Ⅳ)，Rh(Ⅲ)，Pd(Ⅱ)，Ag(0)，以及Os(Ⅷ)，Ir(Ⅳ)，Pt(0)，Au(0)。从失去电子的难易反映出原子的化学稳定性从左到右增大。

(2) **金属态贵金属的化学稳定性顺序** 贵金属的丝材、片材、板材，在常温下除与气体接触能缓慢生成黑色 表面层外，对其他气体，甚至对腐蚀性极强的卤素，都相当稳定。这里主要讨论对各种酸碱的抗腐蚀性。

除Ag外，块状金属态的其他贵金属不溶于HCl，H_2SO_4和HF；除Os外，Ru，Rh，Ir不溶于王水，但Pd，Pt，Ag，Au可溶于王水；在后4个元素中Pd和Ag可溶于硝酸，但Pt和Au则不溶于硝酸。Os抗酸腐蚀性能差是由于可形成挥发性的OsO_4，促进了氧化酸溶的速度。Ru在沸腾王水中有微量腐蚀，也缘于会生成挥发性的RuO_4。但因第一步生成稳定的RuO_2，有一定的保护作用，被腐蚀的程度小于Os。

因此，金属态贵金属对各种酸的抗腐性顺序为Ru＜Rh＞Pd＞Ag和Os＜Ir＞Pt＞Au，纵向比较时，除Ru和Os外，抗腐蚀性是Ir＞Rh，Pt＞Pd，Au＞Ag。

(3) **贵金属冶金中精炼物料及合金材料的溶解** 贵金属精炼是指贵金属相互分离提纯的过程。国际上，进入精炼工段的物料，其贵金属品位已达45%～60%。各个贵金属元素已不像提取富集过程中那样以原子状态镶嵌在大量贱金属铜、镍、锍的晶格中，而是呈金属态存在。1970年以前，贵金属精炼的处理流程都是用稀王水溶解富集物，使金、铂、钯转入溶液，铑、铱、锇、钌则残留于王水不溶渣中。不溶渣加铅熔炼，再用硝酸分铅使不溶渣转化为细粉，接着用$NaHSO_4$熔融后浸溶出$Rh_2(SO_4)_3$，铱、钌、锇浸出渣干燥后加Na_2O_2熔融，从水浸液中蒸馏分离锇、钌，最后的碱不溶物用王水溶解后提纯铱。

此外，在分离提纯工艺中，对于王水很难溶解的铂铱合金或铂铑合金，如Pt-25Ir，Pt-30Rh，人们是加入大量铂进行熔炼稀释，然后才进入王水溶解。有时还会残留一些不溶的铑粉或铱粉。进一步反复用王水处理时，还会发现细粒铑粉可溶而铱粉则不溶。

对于整块的铑，可用加大量铝在感应炉中1000℃左右熔炼，然后用盐酸除铝，得到相当细的铝粉可溶于盐酸，冶金中称为铝碎化。铱可用锡、铅、锌等碎化，获得的铱粉还需碱熔处理后才能用王水溶解。

上述冶金方法中，贵金属也表现了与单金属抗酸腐蚀结果相同的稳定性顺序。

*详见：陈景．原子态与金属态贵金属化学稳定性的差异［J］．中国有色金属学报，2001，11(2)：288-293.

思考题与习题

基本概念复习及相关思考

8-1 说明下列术语的含义：

线状光谱；基态；激发态；电子云；原子轨道；有效核电荷；量子化；能级交错；波粒二象性；洪特规则；简并轨道；屏蔽效应；镧系收缩；电离能；电子亲和能；电负性

8-2 思考题

(1) 波尔理论有哪些假设？根据这些假设可以得到什么结果？解决了什么问题？它的局限性在哪儿？

(2) 怎样理解不确定关系式（测不准原理）？

(3) 什么叫屏蔽效应？试用屏蔽效应说明各电子层能级的分裂情况。

(4) 什么叫钻穿效应？试用钻穿效应说明能级交错现象。

(5) 核外电子排布遵循哪些基本原理？

8-3 判断下列各叙述中，哪些是对的，哪些是错的？

(1) 原子所占的体积基本上是电子所占的体积。

(2) 当电子在两能级之间发生跃迁时，两能级间的能量差越大，所发出的光的波长越长。

(3) 万有引力对于原子中电子所受的力可以忽略不计。

8-4 选择题

(1) 能够充满 $l=2$ 电子亚层的电子数是（　　）。

A. 2　　B. 6　　C. 10　　D. 14

(2) 下列哪一个代表 3d 电子量子数的合理状态（　　）。

A. 3、2、+1、+1/2　　B. 3、2、0、−1/2

C. A、B 都不是　　D. A、B 都是

(3) 用来表示核外某一电子运动状态的下列各组量子数（n，l，m，m_s）中，哪一组是合理的（　　）。

A. (2、1、−1、−1/2)　　B. (0、0、0、1/2)

C. (3、1、2、+1/2)　　D. (1、2、0、+1/2)

(4) 下列元素中，各基态原子的第一电离能最大的是（　　）。

A. Be　　B. B　　C. O　　D. N

(5) 选出下列各组中第一电离能最大的一组元素（　　）。

A. Na、Mg、Al　　B. Na、K、Rb

C. Si、P、S　　D. Li、Be、B

(6) 下列元素中，哪一组电负性依次减小（　　）。

A. K、Na、Li　　B. O、Cl、H

C. As、P、H　　D. Zn、Cr、Ni

8-5 电子显微镜中一个电子在 1.00×10^5 V 电压下加速，求运动电子的德布罗意波长？（已知电子质量＝9.1×10^{-28}g）

8-6 下列各组量子数，哪些是不合理的？为什么？

(1) $n=2$　$l=1$　$m=0$　　(2) $n=2$　$l=2$　$m=-1$

(3) $n=3$　$l=0$　$m=+1$　　(4) $n=2$　$l=3$　$m=+2$

8-7 用原子轨道符号表示下列各套量子数；并按其轨道能量高低次序排列。

编号	n	l	m	n
①	5	2	−1	−½
②	4	0	0	+½
③	3	1	0	−½
④	3	2	+1	+½
⑤	3	2	−2	−½
⑥	3	0	0	−½

8-8 写出下列原子和离子的电子排布式。

(1) ^{29}Cu 和 Cu^{2+}　　(2) ^{26}Fe 和 Fe^{2+}

(3) ^{47}Ag 和 Ag^{+}　　(4) ^{53}I 和 I^{-}

8-9 比较下列各组元素的半径大小，并解释之。

(1) Mg^{2+}和Al^{3+}　　(2) Br^-和I^-

(3) Cl^-和K^+　　(4) Cu^+和Cu^{2+}

8-10　如①所示，填充下列各题的空白。

① K（$Z=19$）　$1s^2 2s^2 2p^6 3s^2 3p^6 4s^1$

② ________　$1s^2 2s^2 2p^6 3s^2 3p^5$

③ Zn（$Z=30$）　$1s^2 2s^2 2p^6 3s^2 3p^6 3d^{(\ )} 4s^{(\ )}$

④ ________　[Ar] $3d^{(\ )} 4s^2 4p^1$

⑤ ________　[Kr] $4d^{(\ )} 5s^{(\ )} 5p^5$

⑥ Pb（$Z=82$）　[Xe] $4f^{(\ )} 5d^{(\ )} 6s^{(\ )} 6p^{(\ )}$

8-11　下列几个原子最外能级组上的电子结构分别为$6d^6 7s^2$，$6d^{10} 7s^2$，$5s^2 5p^5$，$3s^2 3p^6$，$3d^6 4s^2$，$3d^{10} 4s^1$，$5d^4 6s^2$，$4f^1 5d^1 6s^2$，写出它们的元素名称，原子序数，周期数，族数。

8-12　试填出下列空白。

原子序数	电子排布式	电子层数	周期	族	区	元素名称
16						
						钾
			5	ⅥB		
	$1s^2 2s^2 2p^6 3s^2 3p^6 3d^{10} 4s^2 4p^6 4d^{10} 5s^2$					

8-13　If there were three possible values $\left(-\frac{1}{2},\ 0,\ +\frac{1}{2}\right)$ for the spin magnetic quantum number m_s, how many elements would there be in the second period of the periodic table? (Quantum numbers, n, l, and m_l are defined as usual.) Construct a periodic table showing the first 54 elements in such a hyopthetical situation.

8-14　Select from each of the following groups the one which has the largest radius:

(1) Co, Co^{2+}, Co^{3+}　(2) S^{2-}, Ar, K^+　(3) Li, Na, Rb　(4) C, N, O

(5) Ne, Na, Mg　(6) La, Lu　(7) Cu, Ag, Au　(8) Ba, Hf

8-15　简答题

(1) ① $n=3$的原子轨道可有哪些角量子数和磁量子数？该电子层有多少原子轨道？

② Na原子的最外层电子处于3s亚层，试用n、l、m、m_s量子数来描述它的运动状态。

(2) 用四个量子数描述$n=4$，$l=3$所有电子的运动状态。

第 9 章 化学键与分子结构

Chapter 9 Chemical Bond and Molecular Structure

各种物质通常以分子或晶体的形式存在。分子是保持物质基本化学性质的最小微粒，同时也是参与化学反应的基本单元。两个 H 原子之所以能够组成稳定的 H_2分子，是因为原子之间存在着强作用力。这种分子内部直接相邻原子间的强相互作用力称作化学键。按照化学键形成方式与性质不同，化学键可分为离子键、共价键和金属键三种类型。原子通过化学键结合在一起形成分子，原子的空间排布决定了分子的几何形状。分子的几何形状不同，分子的某些性质就不同。物质的性质也和分子与分子间的吸引力有关，故本章也将讨论分子间力、氢键和离子的极化等问题。

9.1 离子键

9.1.1 离子键的形成与特点

(1) 离子键的形成

由活泼金属元素和活泼非金属元素组成的化合物。在熔融状态或在水溶液中能够导电，表明这类化合物是由带相反电荷的正、负离子所组成。1916 年，德国化学家 W. Kossel 根据大量化合物的组成元素具有惰性气体原子稳定结构的事实，提出了离子键模型。W. Kossel 认为，当电负性差值较大的两种不同原子相互靠近时，可以通过电子转移形成具有惰性气体原子稳定结构的正、负离子，这些带相反电荷的离子通过静电作用而形成的化学键称作离子键。

以 Na 和 Cl_2生成 NaCl 为例，我们可以设想有下列过程发生：当电负性大的氯原子（电子亲和能较大）与电负性小的钠原子（电离能较小）相互作用时，因为它们的电负性相差较大，原子间发生了电子转移。钠原子失去最外层的 1 个电子，成为带一个正电荷的钠离子，形成稳定的氖原子电子层结构。氯原子得到 1 个电子，成为带一个负荷的氯原子，形成稳定的氩原子电子层结构。正离子 Na^+ 和负离子 Cl^- 之间存在静电作用力，从而形成稳定的离子键。可简单表示如下：

$$\begin{array}{lll} Na(g): & 1s^2 2s^2 2p^6 3s^1 \longrightarrow Na^+(g): 1s^2 2s^2 2p^6 & \\ & \qquad\qquad + & \\ Cl(g): & 1s^2 2s^2 2p^6 3s^2 3p^5 \longrightarrow Cl^-(g): 1s^2 2s^2 2p^6 3s^2 3p^6 & \\ & \qquad\qquad \downarrow & \\ & \qquad\qquad NaCl(s) & \end{array}$$

活泼金属原子和活泼非金属原子之间通过转移电子形成离子键时，伴随着系统能量降低。在离子键模型中，正、负离子之间的吸引势能 V_A 为：

$$V_A = -\frac{q^+ q^-}{4\pi\varepsilon_0 r} \tag{9-1}$$

式中 q^+ 和 q^- 分别是正、负离子的电量，ε_0 是相对介电常数，r 是正、负离子之间的距离。

当正、负离子相互靠近时，除了静电吸引外，还存在外层电子之间以及原子核之间的排斥作用。系统的排斥势能 V_R 为：

$$V_R = Ae^{-\frac{r}{\rho}} \tag{9-2}$$

式中，A 和 ρ 均为常数。正负离子之间总的势能 V 与距离 r 的关系是：

$$V = V_A + V_R = -\frac{q^+ q^-}{4\pi\varepsilon_0 r} + Ae^{-\frac{r}{\rho}} \tag{9-3}$$

NaCl 的势能曲线如图 9-1 所示。当钠离子和氯离子接近平衡距离 r_0 时，系统的吸引作用和排斥作用处于动态平衡，系统的能量最低，正、负离子之间形成稳定离子键。

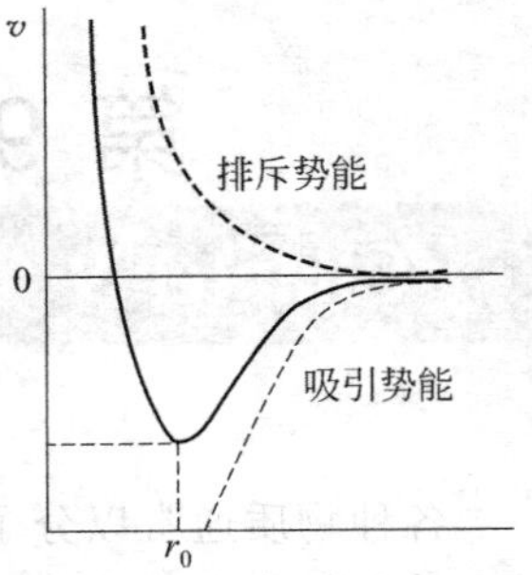

图 9-1 氯化钠的势能曲线

(2) 离子键的本质及特点

离子键的本质是正、负离子间的静电作用力，由库仑定律可知作用力的大小决定于离子所带的电荷与离子间的距离。离子键的主要特点是没有方向性和没有饱和性。离子的电荷分布是球形对称的，可以在空间各个方向上等同地与带有相反电荷的离子互相吸引。只要离子周围的空间允许，一个离子可以同时吸引尽可能多的带相反电荷的离子。实验结果表明，在 NaCl 晶体中，每个 Na^+ 周围等距离地排列着 6 个 Cl^-，同样每个 Cl^- 周围等距离地排列着 6 个 Na^+。为什么只能等距离地排列 6 个带相反电荷的离子呢？这是由正、负离子半径的相对大小所决定的，与所带的电荷多少没有直接关系。实际上 Na^+ 的电场并没有达到饱和，对距离稍远的 Cl^- 也存在弱的静电引力。

9.1.2 晶格能

在离子晶体中，异种电荷之间存在库仑吸引力，同种电荷之间存在库仑排斥力，离子键的强度是吸引力和排斥力平衡结果。通常用晶格能来衡量离子键的强度，它是在标准状态下（298K）将 1 mol 离子晶体转化为气态离子所吸收的能量，以符号 U 表示。例如：

$$NaCl(s) = Na^+(g) + Cl^-(g) \qquad U = 788 kJ \cdot mol^{-1}$$

晶格能不能用实验的方法直接测得。1919 年，M. Born 和 F. Haber 建立了 Born-Haber 循环，利用有关热力学数据通过热化学计算求得晶格能：

$$M(s) + \frac{1}{2}X_2(g) \xrightarrow{\Delta_f H_m^{\ominus}} MX(s)$$

$$\left(S + \frac{1}{2}D\right)\downarrow \qquad\qquad U\uparrow$$

$$M(g) + X(g) \xrightarrow{I + (-A)} M^+(g) + X^-(g)$$

其中 S 为固态金属 M(s) 的升华热，D 为气体 $X_2(g)$ 的解离能，I 为气态金属 M(g) 的电离能，A 为气态原子 X(g) 的电子亲和能，$\Delta_f H_m^{\ominus}$ 为由固态金属 M(s) 和气体 $X_2(g)$ 生成固态 MX(s) 的标准摩尔生成焓。根据能量守恒定律，$\Delta_f H_m^{\ominus}$ 应等于各个步骤的能量变化的总和。即：

$$\Delta_f H_m^{\ominus} = S + \frac{1}{2}D + I + (-A) + (-U) \tag{9-4}$$

$$U = -\Delta_f H_m^{\ominus} + S + \frac{1}{2}D + I - A \tag{9-5}$$

式中 $\Delta_f H_m^{\ominus}$ 可通过热化学实验加以测定，而 S、D、I 和 A 可从化学数据手册上查到，因此可以由热化学实验间接测定离子型晶体的晶格能。玻恩-哈伯循环能够计算某些不易从实验测得的数据。例如，测定原子的电子亲和能的实验很难做，所以许多原子的电子亲和能值就是如此得来的。

离子晶体的熔点（表 9-1）、硬度等物理性质主要由晶格能决定，晶格能越大熔点越高、晶体硬度越大。晶格能和正、负离子电荷成正比，电荷越高晶格能越大；与正负离子的距离成反比，离子半径越大，晶格能越小。

表 9-1　一些离子晶体的熔点　　单位：K

化合物	NaI	NaBr	NaCl	NaF	MgO	CaO	SrO	BaO
熔点	933	1013	1074	1261	3916	3476	3205	2196

9.1.3　离子的电荷、电子构型和半径

影响晶格能的主要因素是离子的电荷、半径和电子构型，这 3 个因素决定了离子化合物的性质。

(1) 离子的电荷

从离子键的形成过程可知，正离子的电荷数就是相应原子（或原子团）失去的电子数，负离子的电荷数就是相应原子（或原子团）获得的电子数。得失电子数等于原子在化合物中的氧化数。离子的电荷不仅影响离子化合物的熔点和解离度等物理性质，而且影响离子化合物的化学性质。在常见离子中，电荷数最高的是＋4，如 Th^{4+}、Ce^{4+}、Sn^{4+}；电荷数最低的是－3，如 N^{3-}、PO_4^{3-}、AsO_4^{3-}。

(2) 离子的电子构型

为什么不同元素的原子得失电子数不同呢？原子得失电子形成正、负离子时，得失的电子数和原子的电子层结构有关。原子得失电子后形成离子，达到较稳定的电子构型。同原子一样，离子的内层电子也是充满的，所以要了解离子的电子构型，主要了解其外层电子层结构。按照离子外层电子层结构的特点，可将离子的电子构型分成以下 5 种类型。

① 2 电子构型　离子最外层电子是 ns^2，与稳定的氦型电子结构相同，如 Li^+、Be^{2+}、H^-。

② 8 电子构型　离子最外层电子是 ns^2np^6，具有惰性气体的稳定结构，它们是由ⅠA、ⅡA、ⅢA 族的某些元素失去价层电子或ⅦA、ⅥA 族的一些元素接受 1 个和 2 个电子而形成的，如 Na^+、K^+、Ca^{2+}、Ba^{2+}、Al^{3+}、F^-、Br^-、O^{2-}、S^{2-}。

③ 18 电子构型　离子最外层电子是 $ns^2np^6nd^{10}$，也是较稳定的。它们由ⅠB、ⅡB 族和ⅢA、ⅣA 族的一些元素失去最外层所有的电子形成的，如 Cu^+、Ag^+、Cd^{2+}、Zn^{2+}、Sn^{2+}等。

④ 18＋2 电子构型　离子次外层电子是 $(n-1)s^2(n-1)p^6(n-1)d^{10}ns^2$，它们是由ⅢA 到ⅣA 族的某些元素失去最外层的 p 电子而形成的，如 Tl^+、Sn^{2+}、Pb^{2+}、Bi^{3+}、Sb^{3+}、Te^{4+}等。

⑤ 不规则构型（9～17 电子构型）　离子最外层电子是 $ns^2np^6nd^{1-9}$，如 Fe^{2+}（$3s^23p^63d^6$）、Fe^{3+}（$3s^23p^63d^5$）、Cr^{3+}（$3s^23p^63d^3$）等。

离子的外层电子构型影响离子之间的互相作用，从而使离子键的性质有所改变，进而影响晶体的物理性质（如熔点、溶解度等）。

(3) 离子半径

和原子的情况一样，孤立离子的电子云分布范围也是无限的；也就是说，离子并没有确定的半径。因为离子化合物在常温下都是晶体，所以“离子半径”的意义是这样规定的：在

离子晶体中，相互接触的正、负离子中心之间的距离（称为核间距）为两种离子的半径之和。正、负离子的核间距可以通过X射线衍射实验测得，但两个离子间的分界线很难判断。通常是确定某些离子的半径，作为基准，然后计算出其他离子的半径；或依据正、负离子的半径比与半径和求算离子半径。各套数据是依据不同的实验、理论和假设条件，因此其数值不完全相同，但是它们相对大小的变化趋势是相同的。此外，离子半径的大小与周围环境有关，也即与离子的配位数有关。表9-2列出了一些离子的半径，其配位数为6，O^{2-}半径为140pm。

表9-2　离子半径 *r*　　单位：pm

Li^{+} 76	Be^{2+} 45	O^{2+} 140	F^{-} 133	
Na^{+} 102	Mg^{2+} 72	Al^{3+} 54	S^{2-} 184	Cl^{-} 181
K^{+} 138	Ca^{2+} 100	Ga^{3+} 62	Se^{2-} 198	Br^{-} 196
Rb^{+} 152	Sr^{2+} 118	Ln^{3+} 80	Sn^{4+} 69	I^{-} 220
Cs^{+} 167	Ba^{2+} 135	Te^{3+} 89	Pb^{4+} 78	

从离子半径的数值可归纳出一些变化趋势。

① 周期表中同一周期正离子的半径随电荷数的增加而减小，例如，$Na^{+} > Mg^{2+} > Al^{3+}$；负离子的半径随电荷数的减小而减小。

② 同一主族元素离子半径自上而下随核电荷数的增加而递增，例如，$Li^{+} < Na^{+} < K^{+} < Rb^{+} < Cs^{+}$和$F^{-} < Cl^{-} < Br^{-} < I^{-}$。

③ 相邻两主族左上方和右下方两元素的正离子半径相近。例如，Li^{+}和Mg^{2+}，Na^{+}和Ca^{2+}。

④ 同一元素正离子的电荷数增加则半径减小，例如，$Fe^{2+} > Fe^{3+}$。

⑤ 正离子的半径较小，约在10～170pm之间；负离子的半径较大，约在130～260pm之间。

⑥ 镧系和锕系收缩：像原子半径一样，相同正价的镧系和锕系正离子的半径随原子序数的增加而减少。

对同一副族内的元素来说，离子半径没有简单的变化规律。

9.1.4　离子的极化

形成离子键的重要条件是两成键原子的电负性差值较大。在周期表中，大多数活泼金属（ⅠA、ⅡA族及低价过渡金属）电负性较小，活泼非金属（卤素、氧等）电负性较大，它们之间化合形成的卤化物、氧化物、氢氧化物及含氧酸盐中均存在离子键。元素的电负性差值越大，它们之间形成的化学键的离子性越大。但是近代实验证明，即使电负性最小的Cs与电负性最大的F形成的最典型的离子型化合物CsF中，键的离子性也只有92%。也就是说，Cs^{+}和F^{-}之间并非纯粹的静电作用，而是有部分原子轨道的重叠，即正、负离子之间有8%的共价性。

为什么离子化合物具有一定的共价性？当带相反电荷的离子相互靠近时，都会使对方的电子云分布发生变形，偏离原来的球形分布，这种现象称作离子极化。正、负离子都存在两方面的性质：一方面，作为外电场使其它离子的电子云变形，即极化能力；另一方面，在带异号电荷离子的极化作用下，自己的电子云分布发生变化，称作离子的变形性。所有离子都具有极化能力和变形性。影响因素主要包括离子的半径、电荷和电子构型。正离子半径较小，周围电场强度大，主要体现极化能力；而负离子半径一般较大，外层有较多的电子，电子云易变形，主要体现变形性，而极化能力不显著。正、负离子相互极化后，部分电子云分布在两者之间，使离子键产生了共价性。随着两者极化程度的增大，离子键也逐渐向共价键过渡，因此可以把离子极化看作是对离子键模型的重要补充。

9.2 共价键

电负性相差较大的两元素的原子通过转移电子而成键。那么，电负性相差较小或相同的两原子如何成键呢？比如，像 O_2、F_2、H_2O 这样的分子是如何形成的呢？

1916 年，美国化学家 G. N. Lewis 依据惰性气体原子 8 电子稳定结构（He 为 2 电子）的事实，提出了共价键概念。他认为同种元素的原子以及电负性相近的原子间形成分子可以通过共用电子（而不是转移电子）来满足 8 电子稳定结构。原子间通过共用电子对形成的化学键称作共价键，两原子共用一对电子形成一个单键，共用两对和三对电子形成双键和三键。

经典路易斯学说没有从本质上说明共价键的成因：为什么带负电荷的两个电子不相斥，反而相互配对？此外，该学说也不能解释分子的某些性质，如 O_2 分子的顺磁性。随着量子力学的建立，形成了两种共价键理论，即现代价键理论（valence bond theory，VBT）和分子轨道理论（molecular orbital theory，MOT）。

9.2.1 现代价键理论

1927 年，化学家 W. Heitler 和 F. London 用量子力学处理氢分子的形成过程。氢分子是由两个氢原子构成的。每个氢原子在基态时各有一个 1s 电子，根据 Pauli 不相容原理，一个 1s 轨道最多可以容纳两个自旋相反的电子，那么每个氢原子的 1s 轨道上都还可以接受一个自旋与之相反的电子。若两个氢原子的电子自旋相反，两个氢原子靠近时两核间的电子云密度大，系统的能量 E 逐渐降低，并低于两个孤立氢原子的能量之和，称为吸引态。当两个氢原子的核间距 $R=74\text{pm}$ 时，其能量达到最低点，$E=-436\text{kJ}\cdot\text{mol}^{-1}$。两个氢原子之间形成了稳定的共价键，氢分子便形成了（图 9-2）。若两个氢原子的核外电子自旋平行，两原子靠近时两核间电子云密度小，系统能量 E 始终高于两个孤立氢原子的能量之和，称为排斥态，显然此状态不能形成 H_2 分子。

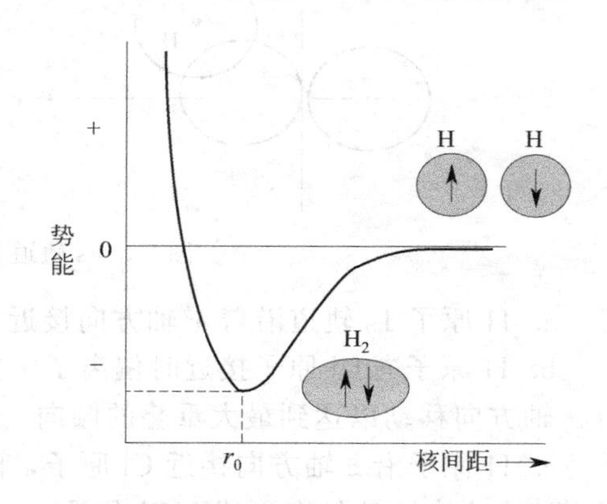

图 9-2　氢分子形成过程能量随核间距的变化

1930 年，F. Pauling 等发展了量子力学对氢分子成键的处理结果，建立了现代价键理论（VBT），价键理论也称为电子配对理论。

（1）价键理论的要点

① 两原子接近时，自旋相反的未成对电子可以配对形成稳定的共价键。

② 原子轨道叠加时，轨道重叠程度越大，电子在两核间出现的概率密度越大，形成的共价键也越稳定。因此，共价键应尽可能沿着原子轨道最大重叠的方向形成，这就是原子轨道的最大重叠原理。

（2）共价键的特征　从价键理论的两个基本要点可得出共价键的两个特征——饱和性和方向性。

① 饱和性　共价键的饱和性是指每个原子的成键总数或以单键相连的原子数目是一定的。因为每个原子的未成对电子数目是一定的，所以形成共用电子对的数目也就一定。例如 2 个氢原子未成对电子配对形成 H_2 分子后，如有第 3 个 H 原子接近 H_2 分子，则不能形成

H_3分子。又如 N 原子有 3 个未成对电子，可与 3 个 H 原子结合，生成 3 个共价键，形成 NH_3分子。

② **方向性** 根据原子轨道最大重叠原理，在形成共价键时，原子间总是尽可能的沿着轨道最大重叠的方向成键。成键电子的原子轨道重叠程度越高，电子在两核间出现的概率密度也越大，形成的共价键就越牢固。除了 s 轨道呈球形对称外，其它原子轨道（p，d，f）在空间都有一定的伸展方向。因此，在形成共价键的时候，除了 s 轨道和 s 轨道之间在任何方向上都能达到最大程度的重叠外，p，d，f 原子轨道只有沿着一定方向才能发生最大程度的重叠。这就是共价键的方向性，此特征也决定了分子的几何构型。

图 9-3 表示的是 H 原子的 1s 轨道与 Cl 原子的 $3p_x$轨道的三种重叠形式。

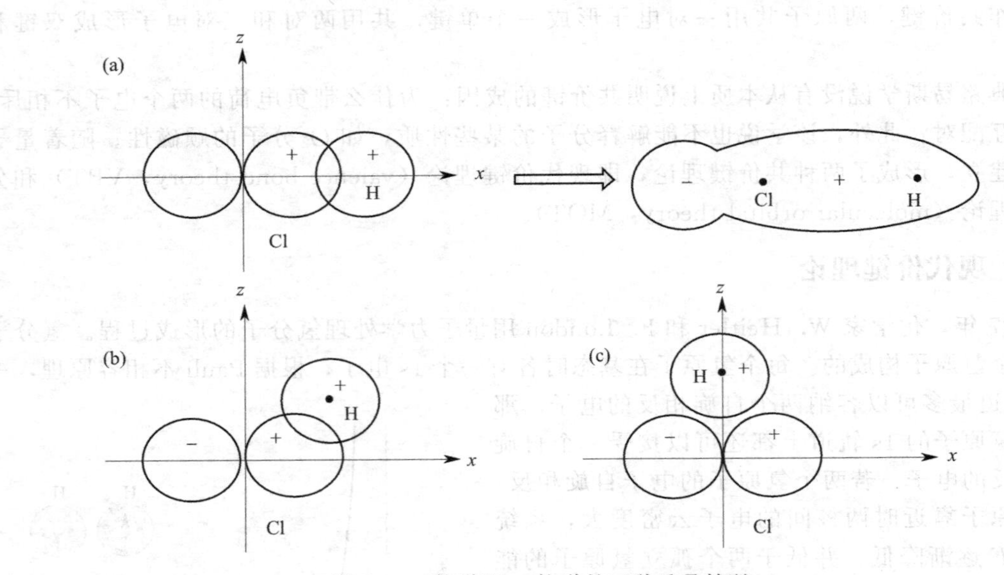

图 9-3 s 轨道和 p_x轨道的三种重叠情况

a. H 原子 1s 轨道沿着 x 轴方向接近 Cl 原子 $3p_x$，达到最大重叠，形成稳定的共价键。

b. H 原子向 Cl 原子接近时偏离了 x 方向，轨道间的重叠较小，结合不稳定，H 原子有向 x 轴方向移动以达到最大重叠的倾向。

c. H 原子沿 z 轴方向接近 Cl 原子，两个原子轨道间不发生有效重叠，因而 H 与 Cl 原子在这个方向不能结合形成 HCl 分子。

(3) 共价键的类型 根据分子轨道对称性的不同，一般共价键可分为 σ 键和 π 键。

① **σ 键** 如果原子轨道沿着核间连线方向进行重叠形成共价键，具有以核间连线（键轴）为对称轴的对称性，则称为 σ 键。它的特征是："头碰头"方式达到原子轨道的最大重叠。重叠部分集中在两核间，对键轴呈圆柱形对称。

② **π 键** 如果两个原子轨道"肩并肩"地达到最大重叠，重叠部分集中在键轴的上方和下方，对通过键轴的平面呈镜面反对称（轨道改变正、负号），在此平面上的电子的概率密度为零（称为节面）。

两个原子间形成的若是单键，则成键时通常轨道是沿核间连线方向达到最大重叠，所以一般形成的都是 σ 键；若形成双键，两键中有一个是 σ 键，另外一个必定是 π 键；若是三键，则其中一个是 σ 键，其余两个都是 π 键。例如：N_2分子（图 9-4）。

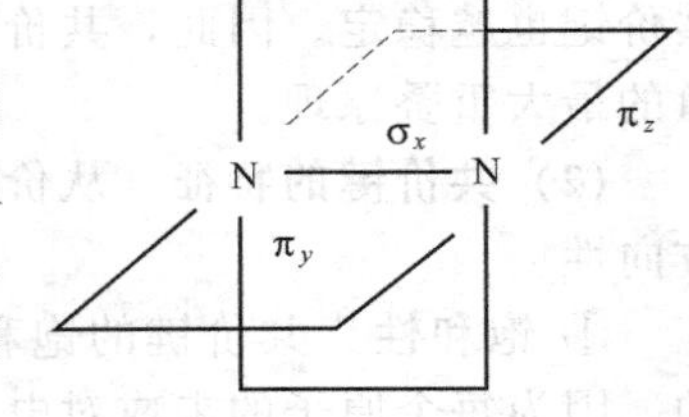

图 9-4 N_2分子中化学键示意

(4) 共价键的参数 共价键的性质可以用一些物理量来描

述，如键级，键能，键长，键角等，这些物理量统称为键参数。

① **键级** 键级是描述键的稳定性的物理量。

在价键理论中，用成键原子间共价单键的数目（即共用电子对的数目）表示键级。

分子的键级越大，表明共价键越牢固，分子也越稳定。稀有气体双原子分子的键级为0，说明不能稳定存在，所以稀有气体分子是单原子分子。

② **键能** 键能是从能量因素衡量化学键强弱的物理量。其定义为：在标准状态下，将气态分子 AB(g) 解离为气态原子 A(g)、B(g) 所需要的能量，用符号 E 表示，单位为 $kJ \cdot mol^{-1}$。键能的数值通常用一定温度下该反应的标准摩尔反应焓表示，如不指明温度，应为 298.15K。

③ **键长** 分子中成键原子间的平衡距离叫键长，用符号 l 表示，单位为 m 或者 pm。键长数据可由实验（主要分子光谱或热化学）测定。由实验结果得知，相同原子在不同分子中形成相同类型的化学键时，键长相近，即共价键的键长有一定的守恒性。通过实验测定各种共价化合物中同类型共价键键长，求出它们的平均值，即为共价键键长数据。键长数据越大，表明两原子间的平衡距离越远，原子间相互结合的能力越弱。

(5) 杂化原子轨道 基态 C 原子的电子排布是 $1s^2 2s^2 2p_x^1 2p_y^1$，其中 $1s^2$ 电子在原子的内层不参与成键作用，外层只有两个未成对的 2p 电子，似乎只能形成两个共价键，而且键角应当为 90°。但实验事实指出：CH_4分子为正四面体，键角均为 109.5°。又如，H_2O 分子的空间构型，根据价键理论，两个 H—O 键的夹角应该是 90°，但实测结果是 104.5°。为了说明上述事实，1931 年 L. Pauling 提出了杂化原子轨道（hybrid atomic orbital）的概念，作为价键理论的补充和发展，这种价键理论也常被称作“杂化轨道理论”。

① **杂化轨道的理论要点** 杂化轨道理论认为在原子间相互作用形成分子的过程中，同一个原子中能量相近的不同类型的原子轨道可以相互叠加，重新组成轨道数目不变，能量完全相同，而成键能力更强的新的原子轨道，这些新的原子轨道称为杂化轨道。杂化轨道的形成过程称为杂化。各个杂化轨道在空间呈最大夹角分布，更有利于其他原子轨道发生最大重叠。

② **杂化轨道的类型** sp 杂化轨道 1 个 s 轨道和 1 个 p 轨道杂化，得到 2 个等同的 sp 杂化轨道，它们在空间的伸展方向呈直线形，夹角为 180°（图 9-5）。

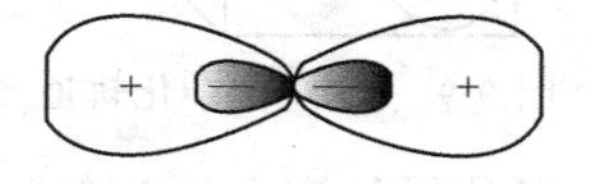

图 9-5　2 个 sp 杂化轨道

基态 Be，Zn，Cd，Hg 等原子最外层结构都是 ns^2，当 1 个电子激发到 np 轨道，则形成 ns^1np^1 的结构，2s 轨道和 1 个 2p 轨道杂化形成 2 个 sp 杂化轨道（图 9-6）。在形成 BeH_2 分子时，Be 的两个 sp 杂化轨道分别与 H 原子的 1s 原子轨道重叠，形成 2 个 σ 键，即生成了 BeH_2分子。因为杂化轨道键的夹角为 180°，所以 BeH_2分子的几何形状是直线形。

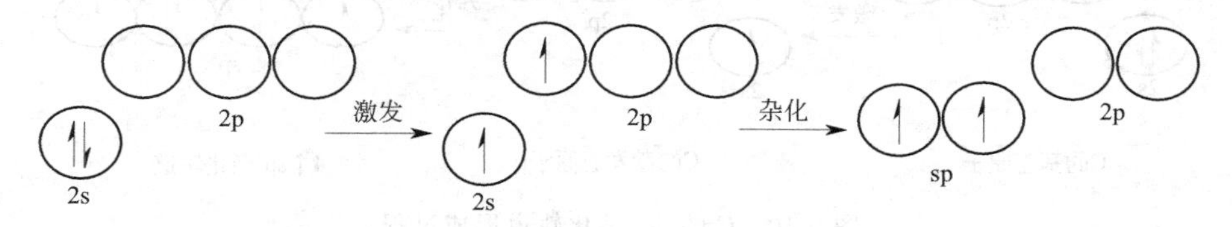

图 9-6　Be 的 sp 杂化轨道形成过程

sp^2杂化轨道 由 1 个 s 轨道和 2 个 p 轨道杂化得到 3 个等同的 sp^2 杂化轨道，3 个杂化轨道在空间上呈平面三角形分布，夹角为 120°（图 9-7）。

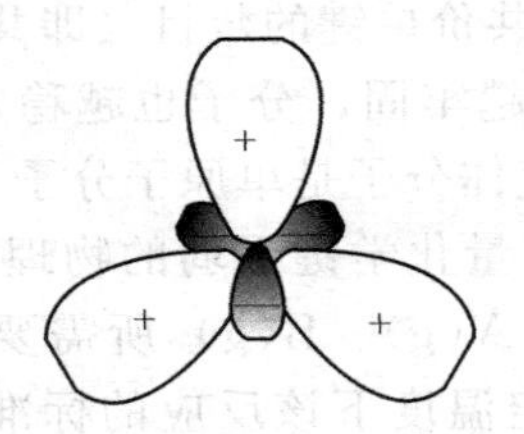

图 9-7　3 个 sp^2 杂化轨道

在 BF_3 分子形成过程中，B 原子的 1 个 2s 电子可以激发到 2p 空轨道上，使 B 原子取得 $1s^2 2s^1 2p_x{}^1 2p_y{}^1$ 的结构，B 的 2s 轨道和两个 2p 轨道杂化形成 3 个 sp^2 杂化轨道（图 9-8）。3 个 sp^2 杂化轨道分别与 3 个 F 原子的 2p 轨道重叠，生成 3 个 σ 键，也就形成了 BF_3 分子。从杂化轨道的空间分布可知 BF_3 分子为平面三角形。

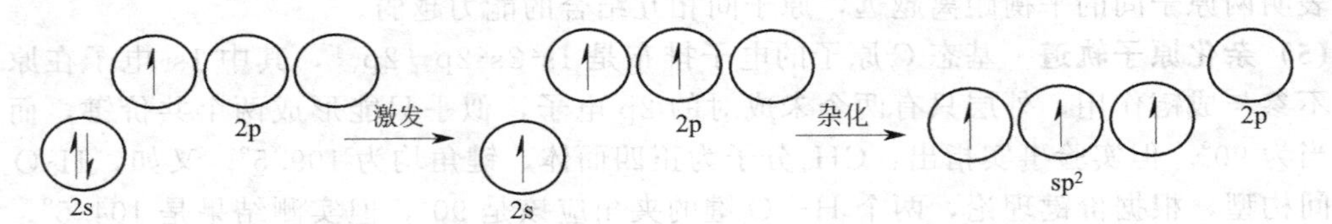

图 9-8　B 的 sp^2 杂化轨道形成过程

sp^3 杂化轨道 由 1 个 s 轨道和 3 个 p 轨道杂化得到 4 个等同的 sp^3 杂化轨道，4 个杂化轨道在空间上分别指向正四面体的 4 个顶角，夹角为 109.5°（图 9-9）。

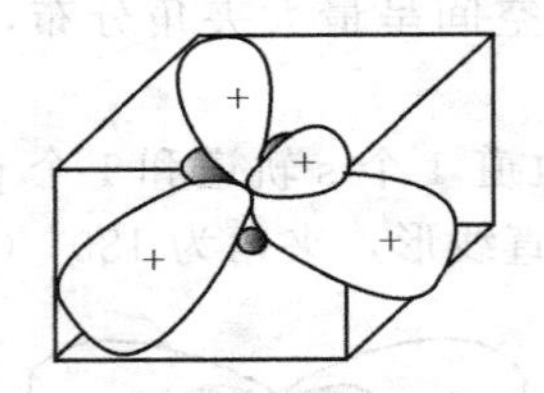

图 9-9　4 个 sp^3 杂化轨道

在 CH_4 分子形成过程中，基态 C 原子轨道上的 1 个 2s 电子激发到 2p 轨道上，激发态 C 原子的 1 个 2s 轨道和 3 个 2p 轨道杂化，形成 4 个 sp^3 杂化轨道（图 9-10）。每个轨道与 H 原子的 1s 轨道重叠生成 4 个 σ 键，也就形成了 CH_4 分子。因 H 原子是沿着杂化轨道伸展方向重叠，甲烷分子的几何构型为正四面体。

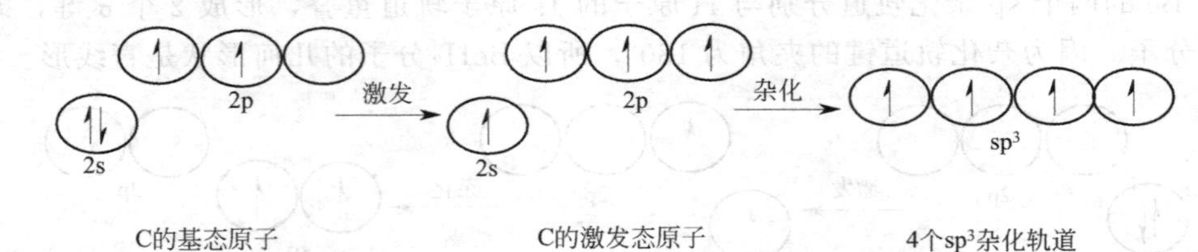

图 9-10　C 的 sp^3 杂化轨道形成过程

杂化轨道除了 sp 型外，还有 dsp 型［利用（$n-1$）d、ns、np 轨道］和 spd 型（利用 ns、np、nd 轨道）（表 9-3）。

不等性杂化　上述 sp，sp^2，sp^3 杂化中每个杂化轨道的 s，p 成分均相同，这样的杂化称为等性杂化。当参与杂化的原子轨道含有孤电子对时，形成的杂化轨道间所含的 s，p 成分就会不同，这样的杂化为不等性杂化。

如 N、O 等原子，在形成分子时通常以不等性杂化轨道参与成键。氮原子的价电子构型为 $2s^22p^3$，在形成 NH_3 分子时，氮的 2s 和 2p 轨道首先进行 sp^3 杂化。有一个杂化轨道容纳 1 对孤对电子；另外 3 个杂化轨道各容纳 1 个电子，与 3 个 H 原子的 1s 电子自旋配对形成 σ 键。因为 2s 轨道上有一孤对电子对，因此，有一个 sp^3 杂化轨道包含了较多的 s 成分，与另外 3 个含 s 成分较少的杂化轨道不同。由于含孤对电子对的杂化轨道对成键轨道的斥力较大，使成键轨道受到挤压，成键后键角小于 109.5°，分子呈现三角锥性（图 9-11）。

H_2O 分子的形成类似于上述过程。O 原子也是进行 sp^3 杂化，只是 4 个杂化轨道中，有 2 个用于容纳孤对电子，另外两个轨道中的单电子分别与两个 H 原子的 1s 电子形成 σ 键。因共用电子对与孤对电子之间的斥力较强，使 2 个 O—H 键之间的键角为 104.5°，水分子的空间构型为 V 形（图 9-12）。

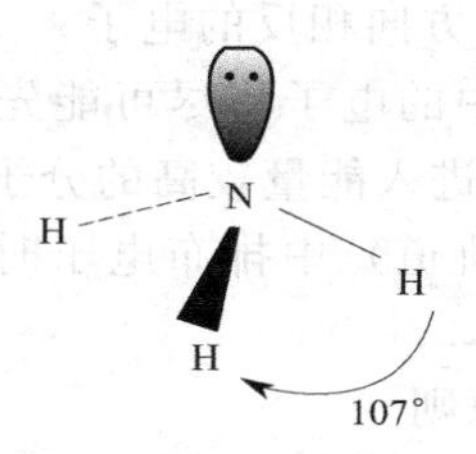

图 9-11　NH_3 的分子构型示意

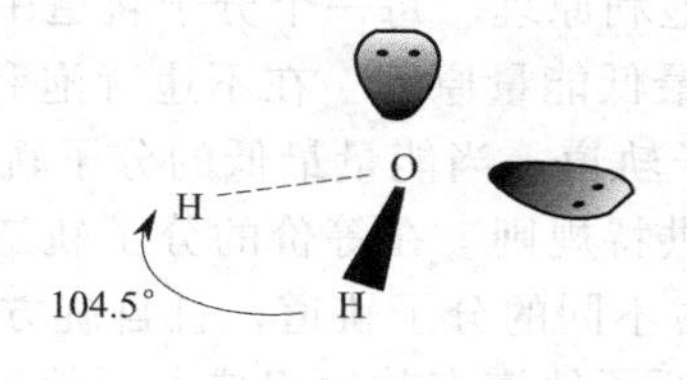

图 9-12　H_2O 的分子构型示意

杂化轨道理论很好地说明了共价分子中形成的化学键以及共价分子的空间构型（见表 9-3）。但是，对于一个新的或人们不熟悉的简单分子，其中心原子的原子轨道的杂化形式往往是未知的，因而就无法判断其分子空间构型。这时人们必须借助价层电子对互斥理论预测其分子空间构型，而后通过价电子对的空间排布确定中心原子杂化类型，再确定其成键状况。

表 9-3　共价分子的杂化类型与空间构型

杂化轨道	分子几何构型	实例	杂化轨道	分子几何构型	实例
sp	直线形	$BeCl_2$，CO_2，$HgCl_2$	dsp^2	正方形	$[Ni(CN)_4]^{2-}$
sp^2	平面三角形或 V 形	BF_3，BCl_3，SO_2	sp^3d	三角双锥形	PCl_5
sp^3	四面体或 V 形或三角锥形	CH_4，NH_4^+，H_2O，NH_3，PCl_3	sp^3d^2	正八面体形	SF_6

9.2.2　分子轨道理论

价键理论强调了电子配对的作用，有明确的“键”的概念，能较好地解释一些分子的结构和性质。但它们也有局限性，例如，价键理论把成键电子只局限在相邻两原子之间的小区域内运动，未考虑分子的整体性，对于有些实验事实，如氢分子离子中的单电子键、氧分子中的三电子键和某些分子的磁性（分子中含有未成对的电子则分子具有磁性）等则无法解释。这些用分子轨道理论可以得到很好的解释。分子轨道理论着重于分子的整体性，就是说把分子作为一个整体来处理，比较全面地反映了分子内部电子的各种运动状态。由于分子轨道理论成功地解释了很多关于结构和分子反应性能的问题，近些年来发展较快，在共价键理论中占有非常重要的地位。

(1) 分子轨道理论的基本要点

① 分子中的每一个电子都是处在所有原子核和其余电子所组成的平均势场中运动。它

的运动状态可用一个波函数 ψ 来表示，这个波函数就称为分子轨道波函数或分子轨道，正如在原子中电子的运动状态可用原子轨道波函数或原子轨道表示一样，分子轨道 ψ 的平方表示该电子在分子中空间某处出现的概率密度或电子云。在原子形成分子后，电子不再属于原子轨道，而是在一定的分子轨道中围绕着整个分子运动。

② 分子轨道是由形成分子的各原子的原子轨道线性组合而成，一般地说，n 个原子轨道组合后仍然得到 n 个分子轨道。和原子轨道相似，每个分子轨道都具有一相应的能量，在 n 个分子轨道中，有一半轨道的能量比原来原子轨道的能量低，这类分子轨道称为成键分子轨道；另一半轨道的能量比原来原子轨道的能量高，这类分子轨道称为反键分子轨道。如图 9-13 中 E_a，E_b 为原子轨道的能量，$E_Ⅰ$，$E_Ⅱ$ 分别为成键轨道和反键轨道的能量。

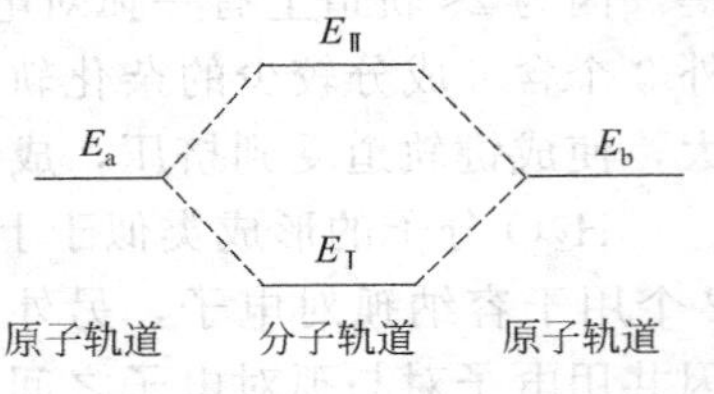

图 9-13　分子轨道的形成

③ 电子填入分子轨道时，仍然遵循电子填入原子轨道的 3 个原则。

a. 泡利原理　每一个分子轨道中最多只能容纳两个自旋方向相反的电子。

b. 最低能量原理　在不违背泡利原理的前提下，分子中的电子将尽可能先占据能量最低的分子轨道。当能量最低的分子轨道占满后，电子才依次进入能量较高的分子轨道。

c. 洪特规则　在等价的分子轨道（即能量相同的分子轨道）中排布电子时，将尽可能单独分占不同的分子轨道，且自旋方向相同。

④ 原子轨道有效地组成分子轨道，必须满足以下 3 个原则。

a. 对称性原则　原子轨道有正、负号，根据计算的结果，两个原子轨道的同号部分相重叠（即正号与正号部分重叠，负号与负号部分重叠），则是对称性相符合，才能组成成键的分子轨道，从而有效地形成共价键，两个原子轨道的正号部分和负号部分相重叠，则对称性不相符，则组成反键分子轨道，这就是原子轨道的对称性原则。原子轨道的重叠情况见图 9-14。两个原子轨道由于对称性不同组合成两个不同的分子轨道的原因，可以根据电子波的干涉效应来理解。原子轨道的正、负号部分类似于机械波中的正、负号部分（即包含有波峰和波谷的部分），两波的同号部分相重叠，则得到的波加强了；两波的异号部分相重叠，则得到的波减弱了。

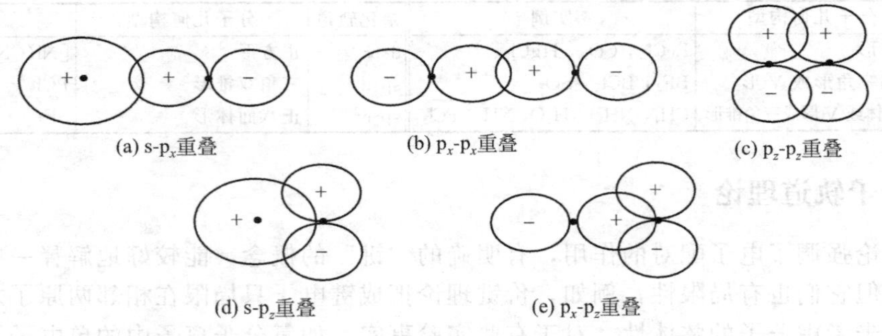

图 9-14　轨道对称性匹配示例

其中，(a)、(b)、(c) 为对称性匹配；(d)、(e) 为不匹配

b. 能量近似原则　能量相近的原子轨道才能有效地组合成分子轨道，而且能量越相近越好。这就叫做能量近似原则。这个原则对于确定两种不同类型的原子轨道之间能否组成分子轨道是很重要的。例如，在 HF 分子中，H 的 1s 轨道和 F 的外层 2p 轨道的能量相近，故两者可以组成分子轨道。

c. 轨道最大重叠原则　组成分子轨道的两个原子轨道的重叠程度，在可能范围内应越大越好。两个原子轨道重叠得越多，成键分子轨道的能量越低，形成的化学键越牢固，这就叫轨道最大重叠原则。

(2) 同核双原子分子轨道的形成和能级

分子轨道是由原子轨道线性组合成的。当两个原子轨道相组合形成分子轨道时，有以下两种方式，一种方式是两个原子轨道波函数相加，即是两个原子轨道的同号部分相重叠。这时所形成的分子轨道的波函数值在两核间明显增大（图 9-15 中的 σ_{np}），相应的在两核间电子出现的概率密度也明显增大，使分子轨道能量低于原子轨道，因此形成成键分子轨道。另一种方式是两个原子轨道波函数相减，这相当于正波函数加一个负的波函数，即是两个原子轨道的异号部分相重叠。这时所形成的分子轨道波函数值在两核间明显减小（图 9-15 中的 σ_{ns}^*），相应的在两核间电子出现的概率密度明显减小，使分子轨道的能量高于相应的原子轨道，因此形成反键分子轨道。每形成一个成键分子轨道，就要形成一个反键分子轨道。以下介绍两种类型的原子轨道组合成的分子轨道。

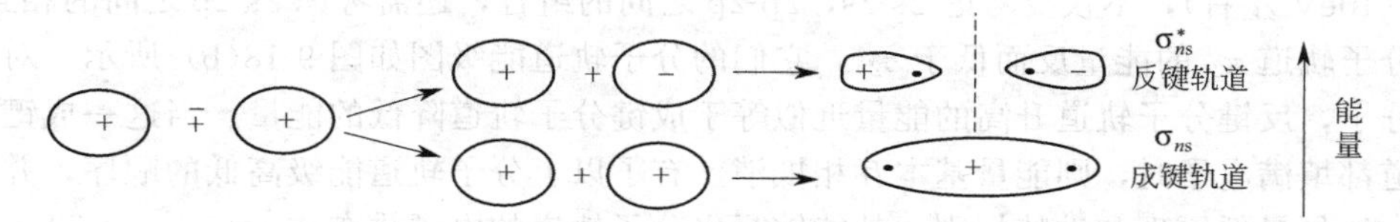

图 9-15 s-s 原子轨道组合成分子轨道示意

① **s-s 原子轨道的组合** 两个原子的 ns 原子轨道相组合，可形成两个分子轨道。当两个 ns 轨道以同号部分相叠时，形成成键分子轨道；以异号部分相重叠时，形成反键分子轨道，如图 9-15 所示。这两种分子轨道都是沿键轴呈圆柱形的对称分布，称为 σ 分子轨道，其中成键分子轨道用符号 σ_{ns} 表示，反键分子轨道用符号 σ_{ns}^* 表示。处在 σ 轨道上的电子称为 σ 电子。

② **p-p 原子轨道的组合** 两个原子的 p 原子轨道组合成分子轨道，可以有“头碰头”和“肩并肩”两种组合方式。当两个原子的 p_x 轨道沿 x 轴（即键轴）以“头碰头”方式发生重叠时，形成圆柱形对称的两个分子轨道，一个是成键分子轨道 σ_{np}，另一个是反键轨分子轨道 σ_{np}^*，如图 9-16 所示。

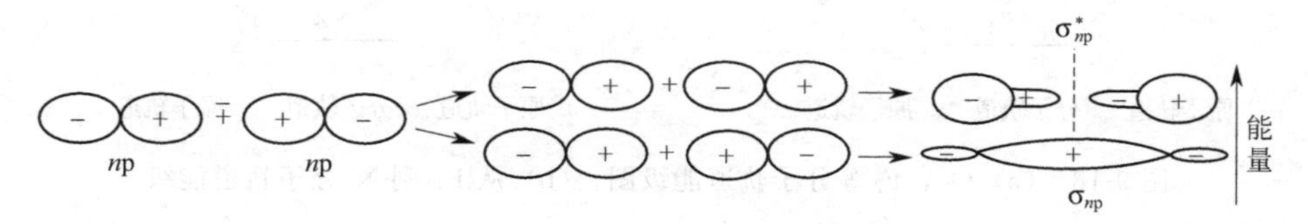

图 9-16 p-p 原子轨道组合成分子轨道示意

当两个原子的 np_z 原子轨道垂直于 x 轴，以“肩并肩”的方式发生重叠时，所形成的两个分子轨道不是沿键轴对称分布，但有一对称节面，通过键轴并垂直于纸面。这种具有一个通过键轴的对称节面的分子轨道叫做 π 轨道，其中成键分子轨道用符号 π_{np_z} 表示，反键分子轨道用 $\pi_{np_z}^*$ 表示，如图 9-17 所示。处在 π 轨道上的电子称为 π 电子。

同理，两个原子的 np_y 原子轨道垂直于 x 轴，也可以“肩并肩”的方式，形成 π_{np_y} 和 $\pi_{np_y}^*$ 两个分子轨道。π_{np_y} 轨道和 π_{np_z} 轨道，$\pi_{np_y}^*$ 与 $\pi_{np_z}^*$ 轨道，其形状相同、能量相等，并互成 90°角。

每种分子的每个分子轨道都有确定的能量，不同种分子的分子轨道能量是不同的，分子轨道的能级顺序目前主要是从光谱实验数据来确定的。把分子中各分子轨道按能级高低排列

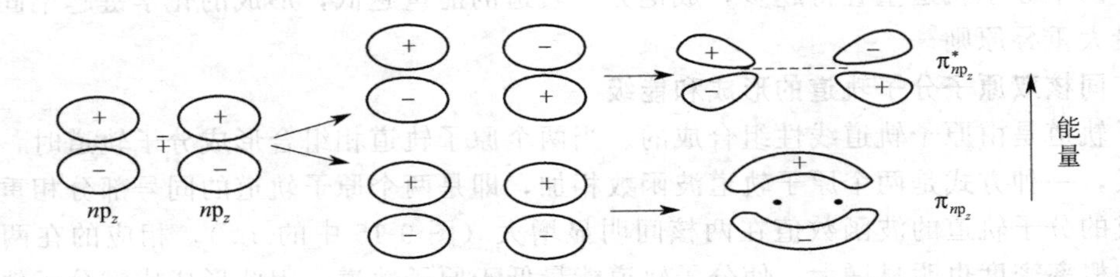

图 9-17 p_z-p_z原子轨道组合成分子轨道示意

起来，便得到分子轨道能级图。对于第二周期元素所形成的同核双原子分子，有两套分子轨道能级图。对于O_2和F_2分子，2s 和 2p 原子轨道的能级相差较大（大于 15eV），只需考虑 2s-2s，2p-2p 之间的组合，可不必考虑 2s 和 2p 轨道之间的组合，其分子轨道π_{2p}的能量高于σ_{2p}，它们的分子轨道能级图如图 9-18(a) 所示。对于N_2，C_2，B_2等分子，2s 和 2p 原子轨道的能级相差较小（10eV 左右），不仅要考虑 2s-2s，2p-2p 之间的组合，还需考虑 2s-2p 之间的相互作用，结果使分子轨道π_{2p}的能量反而低于σ_{2p}，它们的分子轨道能级图如图 9-18(b) 所示。对于同核双原子分子，反键分子轨道升高的能量近似等于成键分子轨道降低的能量。当这一成键和反键分子轨道都填满电子时，则能量基本互相抵消。有了以上分子轨道能级高低的顺序，并遵守泡利原理、能量最低原理和洪特规则，就能够写出分子轨道的电子排布式。

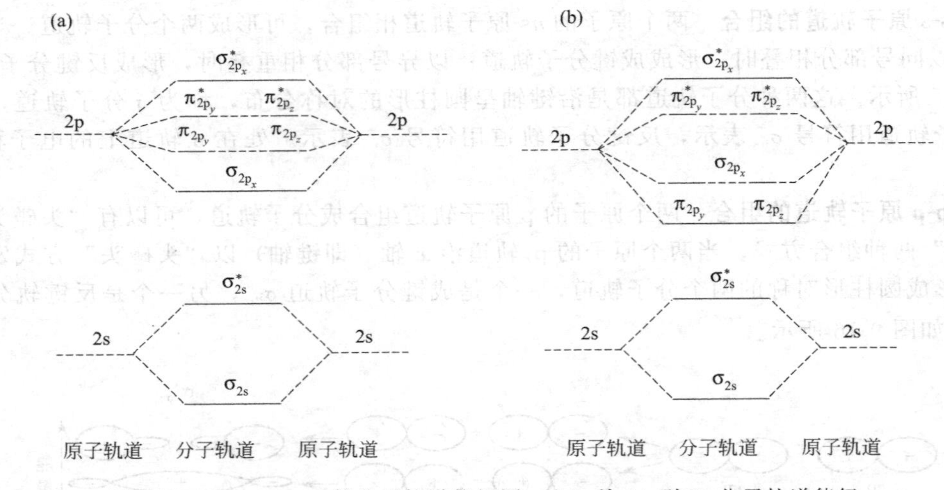

图 9-18 (a) O_2，F_2等分子轨道能级图；(b) 从Li_2到N_2分子轨道能级

(3) 双原子分子的分子轨道举例

① **H_2分子能够形成** 氢分子H_2是由两个氢原子组成的。每一个氢原子在 1s 原子轨道上有一个电子。当两个氢原子的原子轨道相组合时，两个电子力图占据能量最低的分子轨道，即成键分子轨道σ_{1s}（图 9-19）。分子轨道σ_{1s}的能量比原子轨道 1s 的低，故两个氢原子

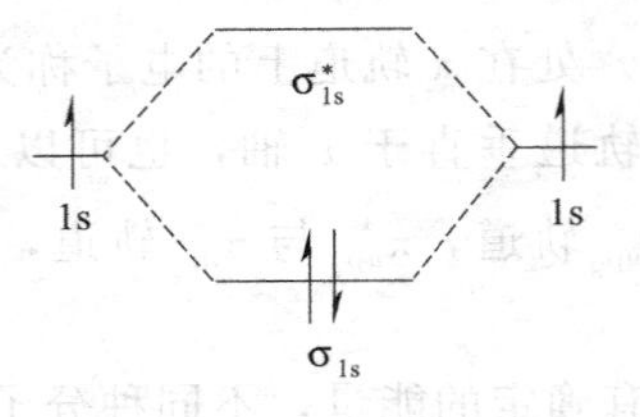

图 9-19 H_2 分子轨道能级

很容易形成 H_2分子。凡在 σ 轨道上填充电子而形成的共价键称为 σ 键，故 H_2分子中有一个 σ 键，这和价键理论的结论一致。

② **N_2分子的形成** 氮分子由 2 个 N 原子组成，N 原子的电子层结构为 $1s^22s^22p^3$。每个 N 原子核外有 7 个电子，N_2分子中共有 14 个电子，其分子轨道能级图如图 9-20 所示（内层的 σ_{1s}和 σ_{1s}^*未画出）。

③ **O_2分子的形成** 氧分子由 2 个氧原子组成，氧原子的外层电子结构为 $2s^22p^4$，有 6 个价电子，故需填入 12 个价电子到 O_2的分子轨道中，其分子轨道能级图如图 9-21 所示，它的最后两个电子不是一起填入 $\pi_{2p_y}^*$（或 $\pi_{2p_z}^*$），而是分别填入 $\pi_{2p_y}^*$ 和 $\pi_{2p_z}^*$ 中，这是由 Hund 规则决定的。所以 O_2分子中有两个自旋平行的未成对的电子，这一事实成功地解释了 O_2分子的磁性，如果按照价键理论，电子都已配对成键，没有自旋平行的电子，这无法解释 O_2的磁性。

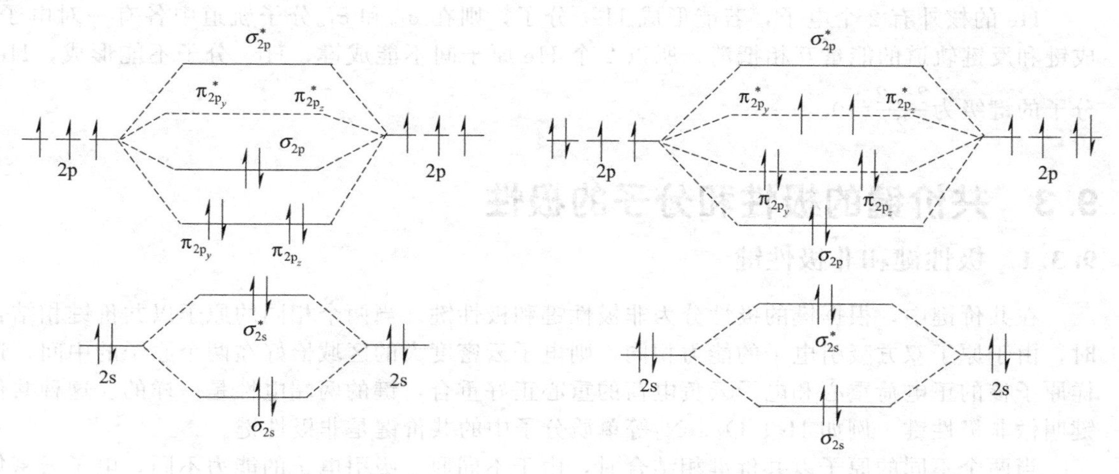

图 9-20 N_2分子轨道能级　　　　图 9-21 O_2分子轨道能级

(4) 分子轨道电子排布式

分子中电子的排布可以用分子轨道电子排布式(或称电子构型）表示。比如 N_2分子轨道电子排布式为：

$$N_2[(\sigma_{1s})^2(\sigma_{1s}^*)^2(\sigma_{2s})^2(\sigma_{2s}^*)^2(\pi_{2p_z})^2(\pi_{2p_y})^2(\pi_{2p_x})^2]$$

在 N_2分子中，由于 $n=1$ 时，成键分子轨道和反键分子轨道上的电子都已排满，对分子的成键没有实质上的贡献，可以用组成分子的原子相应电子层符号表示。如 N_2分子的分子轨道排布式可表示为：

$$N_2[KK(\sigma_{2s})^2(\sigma_{2s}^*)^2(\pi_{2p_z})^2(\pi_{2p_y})^2(\pi_{2p_x})^2]$$

【例 9-1】 写出 O_2，O_2^-，O_2^{2-} 的分子轨道电子排布式，说明它们能否稳定存在，并指出它们的磁性。

$$O_2[KK(\sigma_{2s})^2(\sigma_{2s}^*)^2(\sigma_{2p_x})^2(\pi_{2p_z})^2(\pi_{2p_y})^2(\pi_{2p_z}^*)^1(\pi_{2p_y}^*)^1]$$

从 O_2 分子的分子轨道电子排布式可知，O_2分子有一个 σ 键，两个三电子的 π 键，所以该分子能够稳定存在。它有两个未成对的电子，具有顺磁性。

$$O_2^-[KK(\sigma_{2s})^2(\sigma_{2s}^*)^2(\sigma_{2p_x})^2(\pi_{2p_z})^2(\pi_{2p_y})^2(\pi_{2p_z}^*)^2(\pi_{2p_y}^*)^1]$$

O_2^- 比 O_2 分子多一个电子，这个电子应排在 $\pi_{2p_y}^*$（或简并的 $\pi_{2p_z}^*$）分子轨道上，该分子离子还有一个 σ 键，一个三电子 π 键，所以能稳定存在。由于仍有一个未成对电子，有顺磁性。

$$O_2^{2-}[KK(\sigma_{2s})^2(\sigma_{2s}^*)^2(\sigma_{2p_x})^2(\pi_{2p_z})^2(\pi_{2p_y})^2(\pi_{2p_z}^*)^2(\pi_{2p_y}^*)^2]$$

O_2^{2-} 比 O_2 分子多两个电子，使其 π_{2p}^* 轨道上的电子也都配对，它们与 π_{2p} 轨道上的电子对成键的贡献基本相抵，该离子有一个 σ 键，无未成对电子，为反磁性。

(5) 键级

在分子轨道理论中，常用键级来表示两个相邻原子间成键的强度。

$$键级=\frac{成键轨道上的电子数-反键轨道上的电子数}{2} \tag{9-6}$$

在同一周期和同一区内（s 区或 p 区）元素组成的双原子分子中，键级越大，则键能越大，键越稳定，亦即分子越稳定。键级为零，即是没有成键，分子不可能存在，H_2 分子的键级为 $\frac{2-0}{2}=1$，故 2 个 H 原子能形成 H_2 分子。

He 的核外有 2 个电子，若能形成 He_2 分子，则在 σ_{1s} 和 σ_{1s}^* 分子轨道中各有一对电子，成键和反键轨道的能量互相抵消，所以 2 个 He 原子间不能成键，He_2 分子不能形成，He_2 分子的键级为 $\frac{2-2}{2}=0$。

9.3 共价键的极性和分子的极性

9.3.1 极性键和非极性键

在共价键中，根据键的极性分为非极性键和极性键。当两个相同的原子以共价键相结合时，由于原子双方吸引电子的能力相同，则电子云密度大的区域恰好在两个原子的中间。这样原子核的正电荷重心和电子云负电荷的重心正好重合，键的两端电性是一样的。这种共价键叫做非极性键。例如 H_2、O_2、N_2 等单质分子中的共价键是非极性键。

当两个不同的原子以共价键相结合时，由于不同原子吸引电子的能力不同，电子云密集的区域偏向电负性较大的原子一方，这样键的一端带有部分负电荷，另一端带有部分正电荷，即在键的两端出现了电的正极和负极。这种共价键叫做极性键。

可以根据成键两原子电负性的差值估计键的极性的大小。一般电负性的差值越大，键的极性也越大。例如，在卤化氢分子中，氢与卤素原子电负性的差值按 HI(0.4)，HBr(0.7)，HCl(0.9)，HF(1.9) 的顺序依次增强，其键的极性也按此顺序依次增大。但在周期表左边的碱金属元素电负性很低，右边的卤素电负性很高。当成键的两个原子的电负性差值很大时，例如，Na 原子与 Cl 原子的电负性差值为 2.1，氯化氢是离子型化合物。

9.3.2 极性分子和非极性分子

由于共价键分为极性键和非极性键，给共价型分子带来了性质上的差别。当分子中正、负电荷重心重合时，这种分子叫做非极性分子。正、负电荷重心不重合的分子叫做极性分子或偶极分子。分子的极性是与键的极性有关的。由非极性键组成的分子一定是非极性分子；由极性键组成的双原子分子也一定是极性分子。但是由极性键组成的多原子分子，可能是极性分子，也可能是非极性分子，因为分子的极性是决定于整个分子中正负电荷重心是否重合，多原子分子是否有极性，不仅要看键是否有极性，还要看分子的组成和分子的空间结构。例如，在 CO_2 分子中 C═O 键是极性键，但由于 CO_2 分子的空间构型是直线型对称的，两个 C═O 键的极性相抵消，整个分子中正、负电荷重心重合，因此 CO_2 分子是一个非极性分子。在 H_2O 分子中 O—H 键也是极性键，但分子结构为不对称的 V 形结构，其正、负电荷重心不重合，因此水分子是极性分子。

分子极性的大小常用偶极矩来衡量。分子中正（或负）电荷重心上的电荷量（q）与正、负电荷重心间的距离（d）的乘积叫做偶极矩 μ（见图 9-22）。即

$$\mu=qd \tag{9-7}$$

式(9-7) 中，d 又称为偶极长度。分子偶极矩的数值可由实验测得。偶极矩的 SI 单位是库仑·米（C·m）。偶极矩是一个矢量，方向从正极到负极。数量级为 10^{-30} C·m。

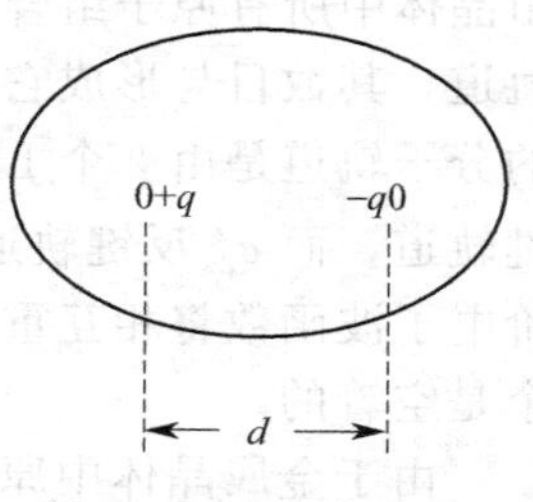

图 9-22　分子偶极矩

若分子的偶极矩为零，其偶极长度 d 必为零，因此该分子是非极性分子；若分子的偶极矩大于零，则分子为极性分子。分子的偶极矩值越大，它的极性越强。表 9-4 列出了一些分子的偶极矩实验数据。

偶极矩还可被用来判断分子的空间构型。例如 NH_3 和 BCl_3 都是由四个原子组成的分子，可能的空间构型有三角锥形性和平面三角形。实验测得它们的偶极矩 μ 分别是 5.00×10^{-30} 和 0。所以 NH_3 前者是三角锥形，而 BCl_3 应为平面三角形。

表 9-4　一些物质分子的偶极矩和分子的几何构型

分子	$\mu/10^{-30}$ C·m	几何构型	分子	$\mu/10^{-30}$ C·m	几何构型
H_2	0	直线形	CO	0.37	直线形
N_2	0	直线形	NO	0.50	直线形
CO_2	0	直线形	H_2O	6.1	角形
CH_4	0	正四面体	SO_2	5.4	角形
CS_2	0	直线形	HF	6.4	直线形

9.4　金属键理论

周期表中有 4/5 的元素是金属元素。除金属汞在室温是液体外，所有的金属在室温都是晶体，其共同特征是：具有金属光泽、能导电传热、富有延展性。金属的特征是由金属内部特有的化学键的性质所决定的。

金属原子的半径都比较大，价电子数目较少，因此与非金属原子相比，原子核对其本身电子或其他原子电子的吸引力都较弱，电子容易脱离金属原子成为自由电子或离域电子。这些电子不再属于某一金属原子，而可以在整个金属晶体中自由流动，为整个金属所共有，留下的正离子就浸泡在这些自由电子的“海洋”中。金属中这种自由电子与正离子间的作用力将金属原子胶合在一起而成为金属晶体，这种作用力称为金属键。

金属的特性和其中存在着自由电子有关。自由电子并不受某种具有特征能量和方向的键的束缚，所以它们能够吸收并重新发射很宽波长范围的光线，使金属不透明而具有金属光泽。自由电子在外加电场的影响下可以定向流动而形成电流，使金属具有良好的导电性。由于自由电子在运动中不断和金属正离子碰撞而交换能量，当金属一端受热，加强了这一端离子的振动，自由电子就能把热能迅速传递到另一端，使金属整体的温度很快升高，所以金属具有好的传热性。又由于自由电子的胶合作用，当晶体受到外力作用时，金属正离子之间容易滑动而不断裂，所以金属经机械加工可压成薄片和拉成细丝，变现出良好的延展性和可塑性。对比离子晶体就不具有这些性质了，当外力作用时离子层发生移动，使得相同电荷的离子靠近，由于斥力增加，导致离子晶体碎裂。

经典的自由电子“海洋”概念虽然能解释金属的某种特性，但关于金属键本质的更加确切的阐述则需要借助近代物理的能带理论。能带理论把金属晶体看成一个大分子，这个分子

由晶体中所有原子组合而成。由于各原子原子轨道之间的相互作用便组成一系列相应的分子轨道，其数目与形成它的分子轨道数目相同。根据分子轨道理论，一个气态双原子分子 Li_2 的分子轨道是由 2 个 Li 原子的原子轨道（$1s^2 2s^1$）组合而成。成键价电子对占据 σ_{2s} 分子成键轨道，而 σ_{2s}^* 反键轨道没有电子填入。现在若有 n 个 Li 原子聚积成金属晶体大分子，则各价电子波函数将相互重叠而组成 n 个分子轨道，其中 $n/2$ 个分子轨道有电子占据，而另 $n/2$ 个是空着的。

由于金属晶体中原子数目 n 极大，所以这些分子轨道之间的能级间隔极小，形成所谓能带（energy band）。由于已充满电子的原子轨道所形成的低能量能带，称为满带；由未充满电子的能级所组成的高能量能带，称为导带；满带和导带之间的能量间隔较大，电子不易逾越，故又称为禁带或禁区。

价电子半充满的导带相当于生成了较稳定的金属键，价电子在这一系列离域分子轨道中无规则的运动贯穿于整个晶体从而将无数金属正离子联系在一起，金属成为导体也是由于价电子能带尚未充满，其中有很多能量相近的空轨道，故在外电场作用下，电子被激发到未充满的轨道中向一个方向运动形成电流。温度增加，使金属晶格中的正离子热振动加剧，电子与它们碰撞的频率增加，从而导电能力降低。

金属键强弱与各金属原子的大小、电子层结构等许多因素密切相关，这是一个比较复杂的问题，金属键强弱可以用金属原子化热来衡量。金属原子化热是指 1mol 金属变成气态原子所需要吸收的能量（如 298K 时的汽化热）。一般说来金属原子化热的数值较小时，这种金属的质地较软，熔点较低；而金属原子化热数值较大时，这种金属质地较硬而且熔点较高。

9.5 分子间力和氢键

9.5.1 分子间力

除了分子中相邻原子间强烈的相互作用力，在分子与分子之间还存在着一种比化学键弱得多的相互作用力，为分子间力（或称范德华力）。分子间力是决定物质（由分子所组成）的沸点、熔点和溶解度等物理性质的重要因素。研究分子间力，需要了解分子的极化。

(1) 分子的极化

设想把分子放在电场中，在外电场的作用下，分子内部的电荷分布将发生相应的变化。非极性分子中带正电荷的核被引向负电极，而电子云被引向正电极，使电子云与核发生了相对位移，分子的外形发生了变化，原来重合的正、负电子重心彼此分离，从而分子出现偶极，这时非极性分子就变成极性分子［图 9-23(a)］。这种偶极是在外电场的诱导下产生的，称为诱导偶极。产生诱导偶极的过程叫做分子的变形极化。这种分子中的电子云与核发生的相对位移而使分子外形发生变化的性质，叫做分子的变形性。当电场取消时，诱导偶极自行消失，分子重新变成非极性分子。对于极性分子，本身就存在着偶极，这种偶极叫做固有偶极或永久偶极。极性分子在电场中，分子的正极一端将转向负电极，其负极一端则转向正电极，即顺着电场的方向整齐地排列。这一过程叫做分子的定向极化（或称取向）。同时在电场的影响下，极化分子中的正、负电荷重心之间的距离增大，产生诱导偶极。这样固有偶极加上诱导偶极，分子的极性就更加增强［图 9-23(b)］。

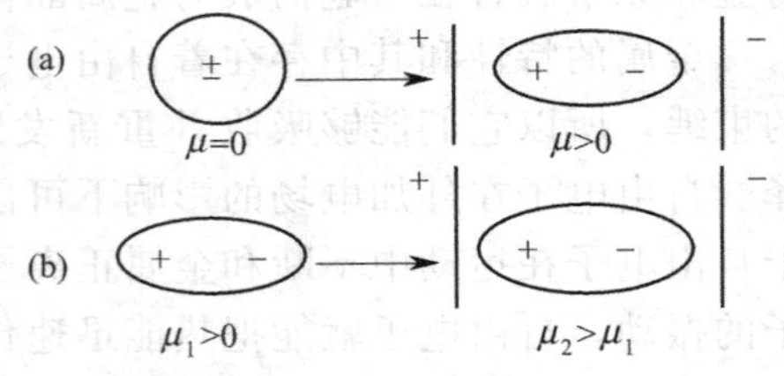

图 9-23　分子在外电场中的变形

因此极性分子在电场中的极化是分子的定向极化和变形极化的总结果。

(2) 分子间力

分子的极化不仅在外电场中发生，在相邻分子之间相互作用时也可以发生。分子的极性和变形性，是产生分子间力的根本原因。分子间力一般包括 3 种力：色散力、诱导力和取向力。

① **色散力**　当两个非极性分子相互接近时［图 9-24(a)］，由于每个分子中的电子不断运动和原子核的不断振动，使电子云和原子核之间经常发生瞬时的不重合，从而产生瞬时偶极，这种瞬时偶极也会诱导邻近的分子产生瞬时偶极，两个瞬时偶极处在异极相邻的状态［图 9-24(b)］，从而产生吸引力。虽然瞬时偶极存在的时间极短，但它们是不断地重复出现的［图 9-24(c)］。这种分子之间由于瞬时偶极而产生的作用力称为色散力。这种力的理论公式与光的色散公式相似，故称它为色散力。在两个极性分子之间、在极性分子和非极性分子之间都存在着色散力。色散力的大小主要取决于分子的变形性，它与分子的变形性成正比。一般对于具有类似结构的同系列物质（如 F_2、Cl_2、Br_2、I_2），分子量越大时，分子所含的电子数就越多，分子的变形就越大，从而分子间的色散力越强。

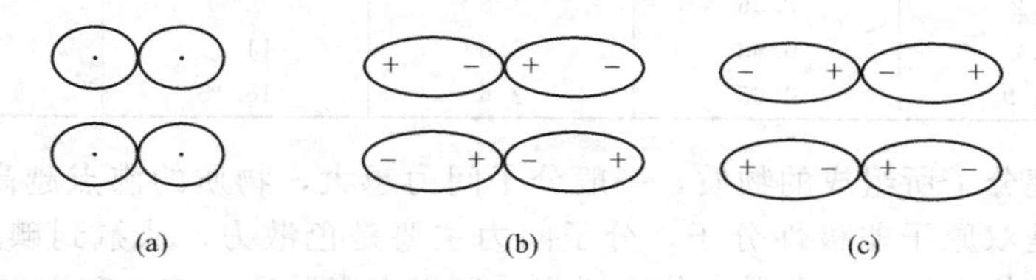

图 9-24　非极性分子相互作用示意

② **取向力**　当两个极性分子［图 9-25(a)］相互接近时，会发生定向极化，一个分子带负电的一端和另一个分子的带正电的一端接近，使极性分子有按一定的方向排列的趋势［图 9-25(b)］，因而产生分子间引力。这种由于固有偶极之间的取向而引起的分子间力叫做取向力。由于取向力的存在，使极性分子更加靠近［图 9-25(c)］，取向力的大小主要取决于分子偶极矩的大小，它与偶极矩的平方成正比，它还与绝对温度成正比。

③ **诱导力**　当极性分子与非极性分子相互接近时［图 9-26(a)］，极性分子的偶极使非极性分子发生变形极化，产生诱导偶极。诱导偶极与极性分子的固有偶极产生相互吸引［图 9-26(b)］，这种诱导偶极与固有偶极间的作用力称为诱导力。同样，极性分子与极性分子相互接近时，除上述取向力外，在彼此偶极的相互影响下，每个分子也会发生变形，产生诱导偶极。因此诱导力也存在于两个极性分子之间。诱导力与诱导分子的变形性成正比，与极性分子偶极矩的平方成正比。

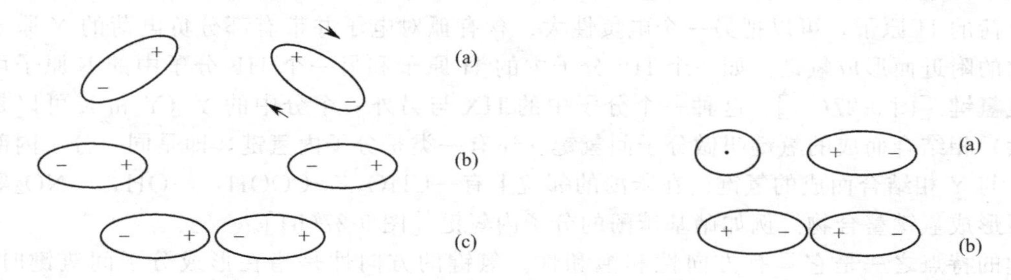

图 9-25　两个极性分子相互作用示意

图 9-26　极性分子与非极性分子相互作用示意

以上取向力、诱导力和色散力的总和叫做分子间力。分子间力具有以下特征。

① 它是存在于分子间的一种电性作用力。

② 作用能的大小只有几个千卡/摩尔，比化学键能（约为 30～150kcal·mol^{-1}）小一两个数量级。

③ 作用力的范围很小，约为 3～5Å。3 种分子间力都与分子间距离的七次方成反比，即当分子稍为远离时，分子间力迅速减弱。

④ 一般没有方向性和饱和性。

⑤ 在 3 种作用力中，色散力是主要的，诱导力通常最小，只有少数极性较大（如水、氨）的分子之间，取向力才占一定的比例或占优势，见表 9-5。

表 9-5　分子间力的组成（$T=298K$，$d=500pm$）

分子式	取向力/$\times10^{-22}$J	诱导力/$\times10^{-22}$J	色散力/$\times10^{-22}$J	总作用力/$\times10^{-22}$J	色散力占总作用力百分比/%
He	0.00	0.00	0.05	0.05	100
Ar	0.00	0.00	2.9	2.9	100
Xe	0.00	0.00	18	18	100
CCl_4	0.00	0.00	116	116	100
HI	0.021	0.10	33	33.12	99.6
HBr	0.39	0.28	15	15.67	95.7
HCl	1.2	0.36	7.8	9.36	83.3
NH_3	5.2	0.63	5.6	11.43	49.0
H_2O	11.9	0.65	2.6	15.15	17.2

对于由共价键分子所组成的物质，一般分子间力越大，物质的沸点越高，熔点也越高。例如，卤素单质是双原子非极性分子，分子间力主要是色散力，从氟到碘随着分子量的增大，分子的变形性依次增大，色散力依次增强，所以卤素单质的熔点和沸点从氟到碘依次增高。在常温下氟和氯是气体，溴是液体，而碘是固体。

对于生物大分子，蛋白质的二级、三级和四级结构的形成，要靠分子间作用力。如在蛋白质的三级结构中，极性基团—CH_2OH 和—CH_3之间的作用，非极性基团—C_6H_5和—C_6H_5之间的作用力都属于分子间力。

9.5.2　氢键

(1) 氢键的形成和特点

氢原子与电负性大的 X 原子以共价键结合以后，它可以和另外一个电负性大的 Y 原子产生吸引力，这种吸引力叫做氢键。通常用下式表示：X—H…Y，式中的虚线表示氢键，X，Y 代表电负性大、半径小的原子，如 F，O，N 等。因为当 H 原子和 X 原子以共价键结合成 X—H 时，共用电子对强烈地偏向 X 原子，使 H 原子带了部分的正电荷，同时 H 原子用自己唯一的电子形成共价键后，使它几乎成为赤裸的质子，这个半径特别小（0.3Å）、带部分正电荷的 H 原子，可以把另一个电负性大、含有孤对电子并带有部分负电荷的 Y 原子吸引到它的附近而形成氢键。如一个 HF 分子中的 H 原子和另一个 HF 分子中的 F 原子可以结合成氢键［图 9-27(a)］。这种一个分子中的 HX 与另外一个分中的 Y（Y 和 X 可以是相同元素）相结合而成的氢键叫做分子间氢键。还有一类是分子内氢键，即是同一分子内部的 X—H 与 Y 相结合而成的氢键。在苯酚的邻位上有—CHO，—COOH，—OH，—NO_2等基团时可形成氢键螯合物。例如硝基苯酚的分子内氢键［图 9-27(b)］。

氢键的特点之一是它具有方向性和饱和性。氢键的方向性是指在形成分子间氢键时，X—H 与 Y 在同一直线上，即 X—H…Y。

因为这样成键可使 X 与 Y 的距离最远，两原子电子云之间的斥力最小，所形成的氢键最强，体系更稳定。氢键的饱和性是指每一个 X—H 只能与一个 Y 原子形成氢键。因为氢原子的半径比 X 和 Y 的原子半径小很多，当 X—H 与一个 Y 原子形成氢键 X—H…Y 后，

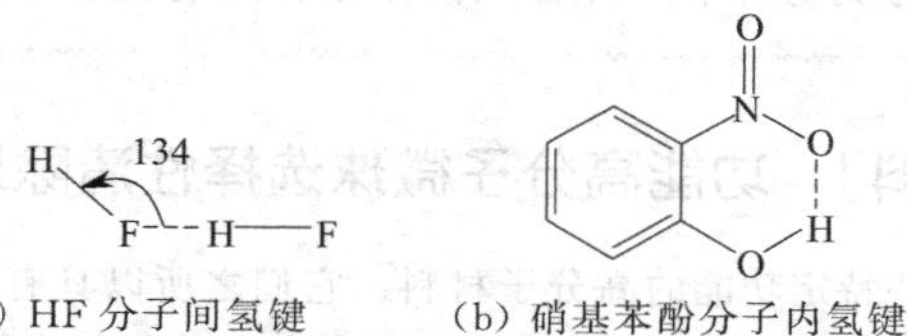

(a) HF 分子间氢键　　(b) 硝基苯酚分子内氢键

图 9-27　HF 分子间氢键和硝基苯酚分子内氢键

如果再有一个极性分子的 Y 原子靠近它们，则这个原子的电子云受 X—H…Y 上的 X，Y 原子电子云的排斥，比受带正电性的 H 原子的吸引力大，使 X—H…Y 上的这个 H 原子不可能与第二个 Y 原子相结合。

氢键的另一个特点是氢键的强弱与 X 和 Y 的电负性有关，它们的电负性越大，则氢键越强；还与 X 和 Y 的原子半径大小有关。例如，F 原子的电负性最大，半径又小，形成的氢键最强。Cl 原子的电负性虽大，和 N 原子相同，但半径比 N 大得多，因而形成的氢键很弱。Br 和 I 一般不形成氢键。根据元素电负性的大小，形成氢键的强弱次序如下：

$$F—H\cdots F > O—H\cdots O > O—H\cdots N > N—H\cdots N > O—H\cdots Cl$$

应该注意，X 原子的电负性在很大程度上要受到邻近原子的影响。例如，C—H 一般不形成氢键，但在 N≡C—H 中，由于 N 的影响，使 C 的电负性增大，这时能形成 C—H…N 氢键。

(2) 氢键对化合物性质的影响

能够形成氢键的物质是很广泛的，如水、醇、酚、羧酸、无机酸、氨、胺、水合物、氨合物和某些有机化合物等。在生物过程中具有意义的蛋白质、脂肪、糖等基本物质都含有氢键。

氢键的形成对物质的沸点、熔点等性质有一定的影响。分子间氢键的形成可使物质的熔点和沸点显著升高。因为这些物质在熔化或汽化时，除了克服一般的分子间力外，还要破坏氢键，这就要消耗更多的能量。HF、H_2O、NH_3 等的沸点和熔点在同族氢化物中出现反常现象，就是这个原因。例如，HF、HCl、HBr、HI 的沸点分别为 －19.9℃、－85.0℃、－66.7℃、－35.4℃，此中 HCl、HBr 和 HI 的沸点是随分子量的增加而增加的，但是 HF 的分子量比 HCl 的小，其沸点反而特别的高。

氢键的形成对物质的溶解度有一定的影响。在极性溶剂中，如果溶质分子和溶剂分子之间可以形成氢键，则溶质的溶解度增大。例如，氨、乙醛、丙酮和乙酸等溶质分子中有电负性较大的原子 N 或 O 等，可以和水中的 O—H 形成氢键，这些物质都易溶于水，如 1 体积的水在 20℃时能溶解 700 体积的氨。如果溶质分子能够形成分子内氢键，则在极性溶剂中的溶解度减小，而在非极性溶剂中的溶解度增大。例如，邻位硝基苯酚能够形成分子内氢键，对位硝基苯酚则不能，故前者在水中的溶解度比后者小，而前者在苯中的溶解度则比后者大。

此外，氢键在生物大分子如蛋白质、DNA、RNA 及糖类等中有重要作用。蛋白质分子的 α-螺旋结构就是靠羰基（C═O）上的 O 原子和氨基（—NH）上的 H 原子以氢键（C═O…H—N）结合而成。DNA 的双螺旋结构也是靠碱基之间的氢键连接在一起的。

总之，氢键相当普遍地存在于许多化合物与溶液之中。虽然氢键键能不大，但在许多物质如水、醇、酚、酸、氨、胺、氨基酸、蛋白质、碳水化合物、氢氧化物、酸式盐、碱式盐（含 OH 基）、结晶水合物等的结构与性能关系的研究过程中，氢键的作用是绝不可忽视的。由于氢键的特殊性，近年来关于氢键本质以及氢键性质的研究进展很快。人们对于氢键在生物分子、酶催化反应、分子组装以及材料性质等领域中的潜在应用寄予了极大地热情，也越来越关注这些曾经被忽略的弱分子间（内）作用力所具有的巨大潜力。

[阅读材料] 功能高分子微球选择性清除环境毒素*

功能高分子是指具有某些特定功能的高分子材料。它们之所以具有特定的功能，是由于在其大分子链中结合了特定的功能基团，或大分子与具有特定功能的其他材料进行了复合，或者二者兼而有之。功能高分子微球或粒子已广泛应用于医学和生物化学领域，如吸附剂、亲和生物分离，药物或酶的载体。功能高分子微球作为吸附剂使用，在环境荷尔蒙毒素的清除领域有着广阔的应用前景。因为随着工农业的发展，人们已经面临非常严重的环境毒素问题。

环境毒素，或环境激素，又称为环境荷尔蒙，是指存在于环境之中，以某种方式干扰正常内分泌功能的天然或合成的化合物。自从1996年美国《波士顿环境》报记者安·达玛诺斯基所著的《被夺去的未来》书中首先提出“环境激素”一词以来，人们对环境激素的危害开始重视起来。环境激素主要通过消化道、皮肤黏膜进入体内，干扰正常的生理代谢、内分泌生殖功能，导致生长发育异常、生殖功能障碍、机体免疫力下降、诱发恶性肿瘤，对人类健康构成了巨大威胁。环境激素已成为继臭氧层、地球气候变暖之后的第三大环境问题。

（1）**多孔性聚砜微球**　多孔性聚砜微球采用液-液相分离的方法制备。微球表面是一皮层结构，之后是指状孔结构。微球内部有很多大的孔。这些均为相转化法制备的膜或微球粒子的典型结构。微球的皮层是吸附过程的控制层，皮层表面有纳米级的小孔。皮层和小孔是在液-液相分离的过程中由于溶剂和非溶剂小分子的相互交换而形成的。它只允许小分子自由通过，而截留大分子。微球的孔隙率可以通过聚砜的密度和干燥前后的重量计算，且孔隙率随高分子溶液浓度的增大而减小。微球的比表面积可以通过压汞仪或氮气吸附法测定，其吸附的比表面积可以达到$50m^2 \cdot g^{-1}$，且随高分子溶液的浓度增大而迅速增大。随高分子溶液的浓度增大，微球的孔隙率减小，而比表面积却增大，这是由于随溶液浓度增大，微球内部小孔数目增多，大孔数目减少，孔隙率自然降低；然而小孔对比表面积的贡献远大于大孔，因此比表面积增大。

（2）DNA-改性聚砜微球　多孔性聚砜微球能够清除具有大的辛醇一水分配系数的环境毒素。为更有效清除环境荷尔蒙毒素，作者研究了DNA-改性聚砜和聚醚砜微球。众所周知，DNA是重要的生命遗传物质，从另一个角度看，DNA是一种天然存在的生物大分子。DNA具有特殊的双螺旋结构，在其双螺旋结构之间的空隙、以及螺旋之间的主沟和副沟内均可以选择性吸附某些物质。但是DNA是水溶性的，从而大大限制了其应用。DNA通过紫外线照射，可以制备成不溶于水的薄膜，该薄膜可以选择性吸附环境激素以及重金属离子。然而DNA毕竟价格高，因此DNA与合成高分子杂化制备成微球，既可以降低成本，同时又具有更好的功能性，是一种较好的选择。

（3）**模板印迹微球**　对于辛醇。水分配系数不高，且不具有平面结构的环境荷尔蒙毒素，用上述两种类型的微球清除效果就不太好。因此我们采用模板分子印迹制备的微球。和常用的分子印迹制备方法不同，不是采用功能单体、模板分子等通过合成方法制备，而是采用一种可以认为是大分子自组装的方法制备。将模板分子、高聚物配制成溶液，当溶液注入到非溶剂中时，由于发生相分离，而固化成球。根据Muthukumar和Lehn等对自组装的描述，由溶液状态通过相分离制备成微球，该方法可以认为是大分子自组装。采用该法时，选择的高聚物与模板分子应具有一定的相互作用，如氢键、电子转移作用等。这样当模板分子去除后，留下的作用位点，可以作为进行识别的位点。

（4）**存在问题及展望**　目前采用液-液相分离方法制备的聚砜或聚醚砜微球的尺寸较大，直径一般在1.5mm左右，对环境毒素的吸附还远没有达到最好效果，尤其是吸附速度还有待提高。因此采用一定压力将液滴在较小时吹入非溶剂中成球，得到尺寸较小的微球，直径在0.5mm左右甚至以下，则可以得到更好的吸附效果。模板分子印迹微球在今后将具有更广阔的应用前景。不仅具有更好清除效果，而且相对于改性微球成本低，适用的环境也更广泛。采用特种工程塑料制备成微球后，不仅保留了其良好的物理力学性能，而且耐酸、碱和耐溶剂等性能也非常优异，应用前景较好。

*详见：赵长生，刘宗彬，杨开广，张小华，常津．功能高分子微球选择性清除环境毒素［J］．高分子通报，2006，4：65-69.

思考题与习题

基本概念复习及相关思考

9-1 说明下列术语的含义：

晶格能；离子极化；σ键；π键；等性杂化轨道；不等性杂化轨道；成键轨道；反键轨道；键级；键能；键长；键角；极性分子；非极性分子；偶极矩；取向力；诱导力；色散力；氢键

9-2 思考题

（1）离子键和共价键的特征与区别？

（2）杂化轨道理论的要点，杂化轨道有哪些类型？举例说明。

（3）分子轨道理论的基本要点，组成有效分子轨道的原则是什么？

9-3 选择题

（1）下列分子属于非极性分子的是（　　）。

A. HCl　　B. NH_3　　C. SO_2　　D. CO_2

（2）下列分子中偶极矩最大的是（　　）。

A. HCl　　B. H_2　　C. CH_4　　D. CO_2

（3）H_2O的沸点为100℃，而H_2Se的沸点是−42℃，这可用下列哪一种理论来解释（　　）。

A. 范德华力　　B. 共价键　　C. 离子键　　D. 氢键

（4）下列哪种物质只需克服色散力（　　）。

A. O_2　　B. HF　　C. Fe　　D. NH_3

（5）下列哪种化合物不含有双键和叁键（　　）。

A. HCN　　B. H_2O　　C. CO　　D. N_2　　E. C_2H_4

（6）下列化合物中，哪一个氢键表现得最强（　　）。

A. NH_3　　B. H_2O　　C. H_2S　　D. HCl

（7）下列分子中键级最大的是（　　）。

A. O_2　　B. H_2　　C. N_2　　D. F_2

（8）下列物质中哪一个进行的杂化不是sp^3杂化（　　）。

A. NH_3　　B. 金刚石　　C. CCl_4　　D. BF_3

9-4 填空题

（1）在$Ca(OH)_2$、CaF_2、NH_4F、HF等化合物中，仅有离子键的是____________，仅有共价键的是____________，既有共价键又有离子键的是____________，既有离子键又有共价键和配位键的是____________。

（2）按照价键理论，两成键原子必须有自旋方向______的______电子相互配对，并且成键电子的原子轨道尽可能达到______的重叠才能稳定结合，这样就解释了共价键的____________特征。

（3）磷（PH_3）分子中P原子采用的杂化方式是______杂化，其键角比109°28′______；PH_4^+中P原子采用的杂化方式是______杂化，其键角为______。

（4）写出满足下述条件的化学式（各写一个化学式）。

① 氧原子采用sp^3杂化轨道形成两个σ键，____________；

② 碳原子采用sp杂化轨道形成两个σ键，____________；

③ 氮原子采用sp^3杂化轨道形成四个σ键，____________；

④ 硼原子采用sp^3杂化轨道形成四个σ键，____________。

（5）O_2^+的分子轨道排布式为____________________，N_2^+的分子轨道排布式为____________________。它们的键级为：O_2^+等于____________________，N_2^+等于________。

（6）在B_2、N_2^+、N_2、O_2^+、O_2、O_2^{2-}中，具有顺磁性____________________其磁矩从大到小的顺序为（用“>”或“=”号表示）____________________。

（7）H_2O、NH_3、HF中各自分子间氢键键能由大到小的顺序为________________，这是因为____________________。

9-5 指出下列分子中有几个σ键和Π键。

N_2、CO_2、BBr_3、C_2H_2、SiH_4

9-6 根据杂化轨道理论，预测下列分子的空间构型，并判断分子的极性。

$HgCl_2$ BF_3 $CHCl_3$ PH_3 H_2S

9-7 用杂化轨道理论分别说明 H_2O、$HgCl_2$分子的形成过程（杂化类型）以及分子在空间的几何构型。

9-8 下列分子间存在什么形式的分子间作用力（取向力、诱导力、色散力、氢键）?

(1) CH_4 (2) He 和 H_2O (3) HCl 气体 (4) H_2S (5) 甲醇和水

9-9 判断下列化合物中有无氢键存在，如果存在氢键，是分子间氢键还是分子内氢键?

(1) C_6H_6 (2) C_2H_6 (3) NH_3 (4) H_3BO_3 (5) 邻硝基苯酚

9-10 比较下列各组物质的熔点高低，并说明理由。

(1) KI、SiC、HF、H_2 (2) MgO、KCl、$FeCl_2$、CCl_4

9-11 由下列焓变数据计算 RbF 的晶格能。

(1) $Rb(s) \longrightarrow Rb(g)$ $\Delta_r H_m^{\ominus}(1)=78kJ \cdot mol^{-1}$

(2) $Rb(g) \longrightarrow Rb^+(g) + e^-$ $\Delta_r H_m^{\ominus}(2)=402kJ \cdot mol^{-1}$

(3) $F_2(g) \longrightarrow 2F(g)$ $\Delta_r H_m^{\ominus}(3)=160kJ \cdot mol^{-1}$

(4) $F(g)+e^- \longrightarrow F^-(g)$ $\Delta_r H_m^{\ominus}(4)=-350kJ \cdot mol^{-1}$

(5) $F_2(g)+2Rb(g) \longrightarrow 2RbF(s)$ $\Delta_r H_m^{\ominus}(5)=-1104kJ \cdot mol^{-1}$

9-12 试解释:

(1) NH_3易溶于水，N_2和H_2均难溶于水； (2) HBr 的沸点比 HCl 高，但又比 HF 低；

(3) 常温常压下，Cl_2为气体，Br_2为液体，I_2为固体。

9-13 Ne 不能形成稳定的双原子分子，试以价键理论和分子轨道理论作简要解释。Ne_2^+ 能形成吗? 亦请作简要说明。

9-14 N_2 和 N_2^+ 相比，O_2 和 O_2^+ 相比以及 N_2 和 O_2 相比，其中哪一个离解能较大? 试用分子轨道理论解释之（需分别写出有关分子和离子的分子轨道排布式）。

9-15 Explain the observations the bond length in N_2^+ is 0.02Å greater than in N_2, while the bond length in NO^+ is 0.09Å less than in NO (1Å=0.1nm).

9-16 Two structures can be drawn for cyanuric acid:

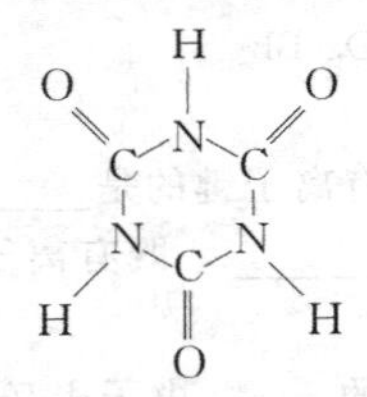

Are these two resonance structures of the same molecule?

Give the hybridization of the carbon and nitrogen atoms in each structure.

Use bond energies to predict which form is more stable, that is, which contains the strongest bonds?

9-17 选择题

(1) 能很好地说明共价分子空间构型的理论为（ ）。

A. 分子轨道理论 B. 玻尔理论 C. 杂化轨道理论 D. 价键理论

(2) 下列分子间，有取向力的是（ ）。

A. H_2O 和 H_2S B. Cl_2 和 CS_2 C. HCl 和 H_2 D. CH_4 和 SO_2

(3) 共价键最可能存在于（ ）。

A. 金属原子之间 B. 非金属原子之间 C. 金属原子和非金属原子之间 D. 电负性相差很大的元素的原子之间

9-18 判断题

(1) 用价键理论推测，H_2O 的键角为 90°，而用杂化轨道理论推断它具有 V 形结构。（ ）

(2) 离子键的特点是有饱和性和方向性。（ ）

(3) s 电子轨道是绕核旋转的一个圆圈，而 p 电子轨道是走 8 字形。（ ）

第 10 章　配位平衡与配位滴定法

Chapter 10　Coordination Equilibrium and Complexometry

配位化合物简称配合物. 自 1798 年合成第一个配合物 $[Co(NH_3)_6]Cl_2$ 以来，已经合成了成千上万种配合物。配合物的存在和应用非常广泛，生物体内的金属元素多以配合物的形式存在。例如：叶绿素是镁的配合物、承担着植物的光合作用；动物血液中的血红蛋白是铁的配合物，起着输送氧气的作用。配合物在金属的分离提取、化学分析、电镀工艺、控制腐蚀、医药、印染、食品等工业中都有着重要的应用。

10.1　配合物的基本知识

10.1.1　配合物的基本概念及组成

(1) 配位化合物的概念

配合物是一类复杂的化合物，如 $[Cu(NH_3)_4]SO_4$、$[Cu(H_2O)_4]SO_4$、$[Ag(NH_3)_2]Cl$ 等，它们的共同特征是都含有复杂的组成单元（用方括号标出）。经过研究发现，这些复杂的组成单元内部都存在配位键，如 $[Cu(NH_3)_4]^{2+}$ 是由一个 Cu^{2+} 和 4 个 NH_3 以四个配位键结合而成的，$[Ag(NH_3)_2]^+$ 是由一个 Ag^+ 和 2 个 NH_3 以两个配位键结合而成的。这些由一个简单阳离子或原子和一定数目的中性分子或阴离子以配位键相结合，形成具有一定特性的配位个体称为配离子（或配合物分子）。它们可以像一个简单离子一样参加反应。配离子又可分为配阳离子，如 $[Cu(H_2O)_4]^{2+}$、$[Ag(NH_3)_2]^+$ 等，配阴离子，如：$[PtCl_6]^{2-}$、$[Fe(CN)_6]^{4-}$ 等，配合物分子是一些不带电荷的电中性化合物，如 $[CoCl_3(NH_3)_3]$、$[Fe(CO)_5]$ 等。

(2) 配位化合物的组成

配位化合物通常由内界和外界两大部分组成，如图 10-1 所示。

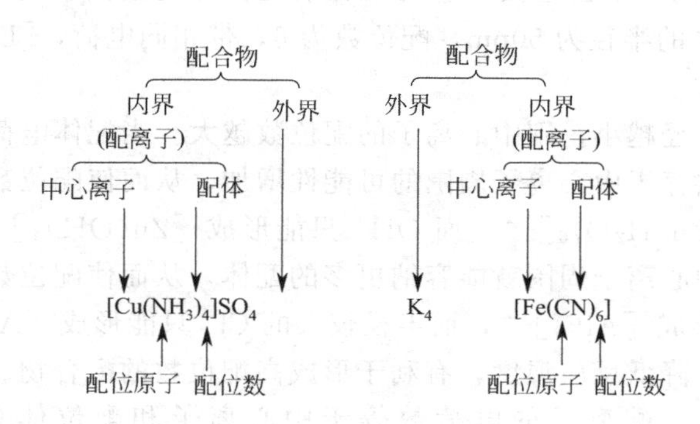

图 10-1　配合物的组成示意

内界为配合物的特征部分，由中心离子和配体组成，一般用方括号括起来。不在内界的其他离子构成外界。内外界之间以离子键结合，在水溶液中可离解成配离子和其他离子。

① **中心离子（原子）** 中心离子（或中心原子）又称配合物的形成体，位于配合物的中心。中心离子一般为能够提供空轨道的带正电荷的阳离子。常见的中心离子（或中心原子）为过渡金属元素的阳离子，如 Cu^{2+}、Fe^{3+}、Ag^{+} 等；少数配合物形成体是中性原子，如 $[Ni(CO)_4]$ 中的 Ni；极少数配合物的中心离子是非金属元素阳离子，如 $[SiF_6]^{2-}$ 中的 Si^{4+}，$[BF_4]^{-}$ 中的 B^{3+}。

② **配体和配位原子** 在配合物中能提供孤对电子并与中心离子（或原子）以配位键结合的中性分子或阴离子称为配位体，简称配体，如 NH_3、H_2O、CO、OH^-、CN^-、X^-（卤素阴离子）等。提供配体的物质称为配位剂，如 NaOH、KCN 等。有时配位剂本身就是配体，如 NH_3、H_2O、CO 等。

配体中与中心离子直接以配位键结合的原子称为配位原子。配位原子通常是电负性较大的非金属元素的原子，如 F、Cl、Br、I、O、S、N、P、C 等。

根据一个配体中所含配位原子的数目不同，可以将配体分为单齿配体和多齿配体。只含有一个配位原子的配体称为单齿配体，如 X^-、NH_3、H_2O、CN^- 等。含有两个或两个以上配位原子的配体，称为多齿配体，如乙二胺 $H_2NCH_2CH_2NH_2$（简写作 en）及草酸根等，其配位情况示意如下（箭头是配位键的指向）：

$H_2C—CH_2$，$H_2N:$ $:NH_2$ → M；　O=C—C=O，$^-O:$ $:O^-$ → M

③ **配位数** 与中心离子直接以配位键相结合的配位原子的总数称为该中心离子的配位数。它等于中心离子与配位体之间形成的配位键的总数。

若配体是单齿配体，则中心离子的配位数等于配体的数目。如果配体是多齿配体，配体的数目就不等于中心离子的配位数。

中心离子的配位数最常见的是 2、4 和 6。中心离子配位数的大小，主要取决于中心离子的性质（例如中心离子价电子层空轨道数）和配位体的性质，也与形成配合物时的条件有关。

中心离子电荷越多，半径越大，则配位数越大。因为中心离子电荷越多，吸引配体的能力越强，配位数就越大。例如，$[PtCl_4]^{2-}$ 中 Pt^{2+} 的配位数为 4，而 $[PtCl_6]^{2-}$ 中 Pt^{4+} 的配位数为 6。另外，中心离子半径越大，它周围容纳配位体的空间就越多，配位数也就越大。如 $[AlF_6]^{3-}$ 中的 Al^{3+} 的半径为 50pm，配位数为 6，带相同电荷，$[BF_4]^{-}$ 中的 B^{3+} 的半径为 20pm，配位数为 4。

配体电荷越少，半径越小，则中心离子的配位数越大。当配体电荷减少时，配体之间的排斥力也减小，它们共存于中心离子周围的可能性增加，从而使配位数增加。例如，中性水分子可与 Zn^{2+} 形成 $[Zn(H_2O)_6]^{2+}$，而 OH^- 只能形成 $[Zn(OH)_4]^{2-}$。配体的半径越小，在半径相同或相近的中心离子周围就能容纳更多的配体，从而使配位数增加。例如，半径较小的 F^-，可与 Al^{3+} 形成 $[AlF_6]^{3-}$，而半径较大的 Cl^- 只能形成 $[AlCl_4]^{-}$。

增大配位体浓度，降低反应温度，有利于形成高配位数的配合物。

④ **配离子的电荷** 配离子的电荷数等于中心离子和配位体总电荷的代数和。如 $[Fe(CN)_6]^{4-}$ 配离子的电荷为 $(+2)+(-1)\times6=-4$。

10.1.2 配合物的命名

配合物的命名服从一般无机化合物的命名原则，对于含配阳离子的配合物，外界的酸根为简单离子时，命名为某化某；外界的酸根为复杂离子时，命名为某酸某。对于含配阴离子的配合物，命名为某酸某。

配位化合物命名的难点在于配合物的内界。

配合物内界命名顺序；配位体数（用倍数词头一、二、三等汉字表示)-配体名称-缀字“合”-中心离子名称（用加括号的罗马数字表示中心离子的氧化数，没有外界的配合物，中心离子的氧化数可不必标明)。

配位体排列顺序：如果在同一配合物中的配位体不止一种时，排列次序一般为先阴离子后中性分子；阴离子中先简单离子后复杂离子、有机酸根离子；中性分子中先氨后水再有机分子。不同的配位体之间要加“·”分开。下面列举一些配合物命名实例。

配阴离子配合物：称“某酸某”。

$Cu_2[SiF_6]$	六氟合硅（Ⅳ）酸亚铜
$H_2[SiF_6]$	六氟合硅（Ⅳ）酸

配阳离子配合物：称“某化某”或“某酸某”。

$[Ag(NH_3)_2](OH)$	氢氧化二氨合银（Ⅰ）
$[CrCl_2(H_2O)_4]Cl$	一氯化二氯·四水合铬（Ⅲ）
$[Cu(NH_3)_4]SO_4$	硫酸四氨合铜（Ⅱ）

中性配合物：

$[PtCl_2(NH_3)_2]$	二氯·二氨合铂（Ⅱ）
$[Ni(CO)_4]$	四羰基合镍

除系统命名法外，有些配合物至今还沿用习惯命名。如 $K_4[Fe(CN)_6]$ 称为黄血盐或亚铁氰化钾，$K_3[Fe(CN)_6]$ 称为赤血盐或铁氰化钾，$[Ag(NH_3)_2]^+$ 称为银氨配离子。

10.1.3 配合物的类型

（1）**简单配位化合物** 简单配位化合物是指单齿配体与中心离子（或中心原子）配位而形成的配合物，如 $[Cu(NH_3)_4]SO_4$、$[Co(NH_3)_6]Cl_3$、$[CrCl_2(H_2O)_4]Cl$ 等。

（2）**螯合物** 螯合物是一类由多齿配体通过两个或两个以上的配位原子与同一中心离子（或中心原子）形成的具有环状结构的配合物。形成螯合物的多齿配体称为螯合剂，如乙二胺能与 Cu^{2+} 形成两个五元环的螯合物，其结构如图 10-2 所示。

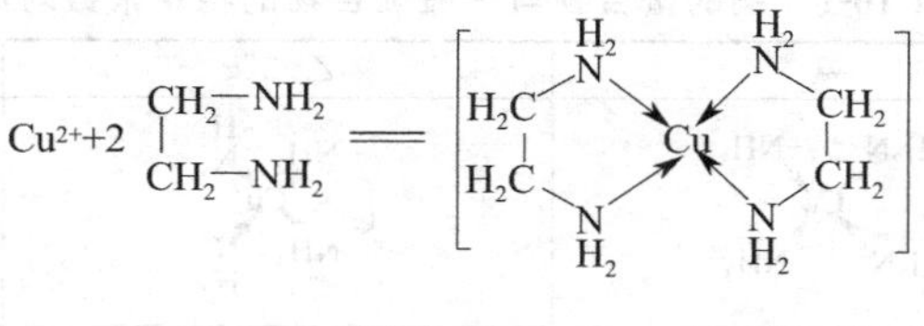

图 10-2 乙二胺与 Cu^{2+} 的螯合物示意

常见的螯合剂是含有 N、O、S、P 等配位原子的有机化合物。氨羧配位剂是最常见的一类螯合剂。它们是以氨基二乙酸为基体的有机配位剂，其分子结构中含有氨氮和羧氧两种配位能力很强的配位原子，氨氮能与 Co、Ni、Zn、Cu、Hg 等配位，而羧氧几乎能与一切高价金属离子配位。氨羧配位剂同时兼有氨氮和羧氧的配位能力，所以几乎能与所有金属离子配位，形成多个多元环状结构的配合物或螯合物。在氨羧配位剂中又以乙二胺四乙酸（简称 EDTA）的应用最为广泛。EDTA 的结构如图 10-3 所示。

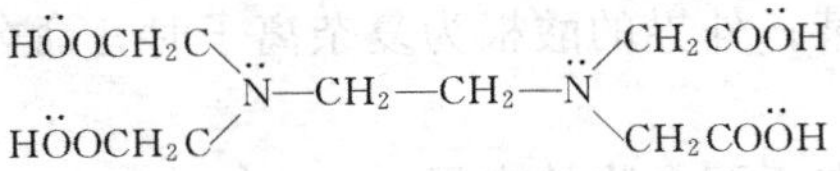

$$\begin{array}{c} HOOCH_2C \\ HOOCH_2C \end{array} \!\!>\! N-CH_2-CH_2-N \!<\! \begin{array}{c} CH_2COOH \\ CH_2COOH \end{array}$$

图 10-3 EDTA 的结构示意

EDTA 是一种白色无水结晶粉末，无毒无臭，具有酸味，熔点为 241.5℃，常温 100g 水中可溶解 0.2g EDTA，难溶于酸和一般有机溶剂，但易溶于氨水和氢氧化钠溶液中。从结构上看 EDTA 是四元酸，常用 H_4Y 式表示。在水溶液中易形成双极分子，在电场中不移动。其分子中含有的两个氨基和四个羧基，它可作为四齿配体，也可作为六齿配体。所以 EDTA 是一种配位能力很强的螯合剂，在一定条件下，EDTA 能够与周期表中绝大多数金属离子形成多个五元环状的螯合物，配位比为 1∶1，结构相当稳定，且易溶于水，便于在水溶液中进行分析。正是因为这个原因，分析中以配位滴定法测定金属离子含量时，常用 EDTA 作为配位剂（EDTA 法）。

例如，Ca^{2+} 是一个弱的配合物的形成体，但它也可以与 EDTA 形成十分稳定的螯合物，其结构如图 10-4 所示。

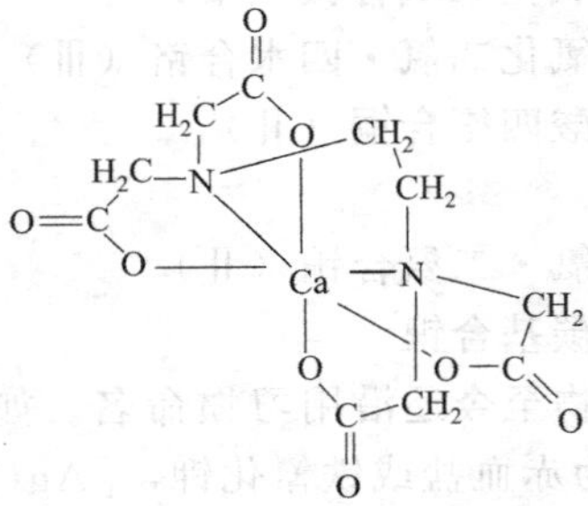

图 10-4 EDTA 与 Ca^{2+} 的螯合物示意

与简单配合物相比，在中心离子、配位原子相同的情况下，螯合物具有更强的稳定性，在水溶液中的离解能力也更小。螯合物中所含的环的数目越多，其稳定性也越强。此外螯合环的大小也会影响螯合物的稳定性。一般具有五原子环或六原子环的螯合物最稳定。

许多螯合物都具有特殊的颜色。在定性分析中，常用形成有特征颜色的螯合物来鉴定金属离子的存在与否。例如，在氨性条件下，丁二酮肟与 Ni^{2+} 形成鲜红色螯合物沉淀可用于 Ni^{2+} 的定性鉴定。表 10-1 给出了一些铜的螯合物与铜的一般配合物的稳定常数对比。

表 10-1 铜的螯合物与一般配合物的稳定常数对比

配位体	氨	乙二胺	三亚乙基四胺
配合物	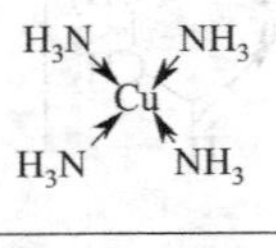 $[Cu(NH_3)_4]$	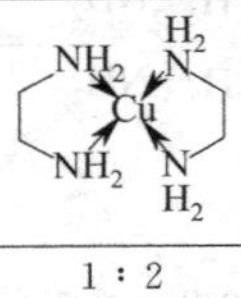 $[Cu(en)_2]$	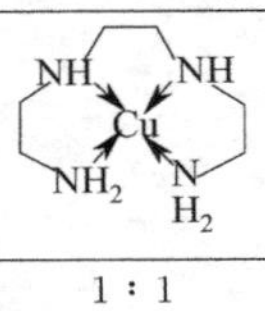 $[Cu(trien)]$
配位比	1∶4	1∶2	1∶1
螯环数	0	2	3
稳定常数	$\lg K^{\ominus}_{稳}=12.6$	$\lg K^{\ominus}_{稳}=19.6$	$\lg K^{\ominus}_{稳}=20.6$

（3）**其他配合物**

① 多核配合物　是指由多个中心离子（原子）形成的配合物。如同多酸、杂多酸、多卤、多碱等都是多核配合物。

② 羰基配合物　羰基作配体形成的配合物，如 $[Fe(CO)_5]$、$[Ni(CO)_4]$ 等。

③ 不饱和烃配合物　由不饱和烃作配体形成的配合物、如 $[Fe(C_5H_5)_2]$、$[PdCl_3(C_2H_4)]$ 等。

④ 其他　还有如金属簇状配合物、夹心配合物、大环配体配合物等。

10.2　配合物的价键理论

10.2.1　配合物中的化学键

1931 年鲍林首先将分子结构的价键理论应用于配合物，后经逐步完善形成了近代配合物价键理论。价键理论认为，配合物的中心体（M）和配体（L）之间是通过配位键结合的；成键的中心离子空的原子轨道必须杂化然后再与配位体成键；杂化轨道的类型决定配离子的空间构型。通常可用 L→M 来表示配位键。

10.2.2　配合物的空间构型

参加成键的中心离子的杂化轨道的类型决定配合物的几何构型，而中心离子杂化轨道的类型主要取决于它的价层电子结构和配位数，同时也与配位体有一定的关系。

（1）**配位数为 2 的配合物**　氧化数为 +1 的离子常形成配位数为 2 的配合物，如 $[Ag(NH_3)_2]^+$、$[AgCl_2]^-$ 和 $[AgI_2]^-$ 等。中心离子 Ag^+ 的价电子层的 5s 和 5p 轨道是空的，它们以 sp 方式杂化，形成两个 sp 杂化轨道，可以接受两个配位体中的孤对电子成键。由于两个 sp 杂化轨道的夹角为 180°，所以它们的空间构型是直线形结构。

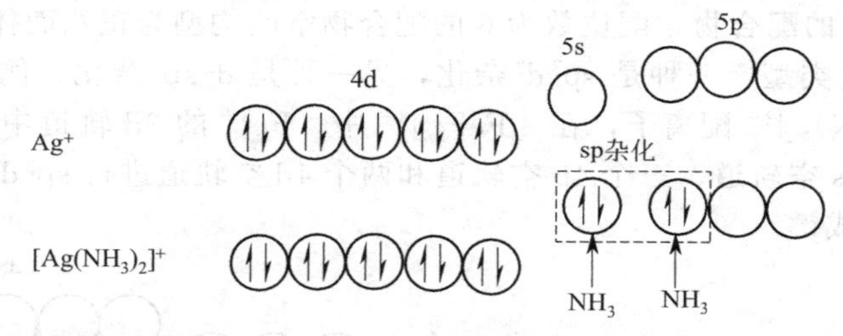

（2）**配位数为 3 的配合物**　中心离子以 sp^2 杂化轨道接受三个配位体中的孤对电子成键。sp^2 杂化轨道夹角为 120°，所以它们的空间构型是平面正三角形结构。采用这种构型的中心离子一般为 Cu(Ⅰ)、Hg(Ⅰ)、Ag(Ⅰ) 等，如 $[HgI_3]^-$、$[AgCl_3]^{2-}$。

（3）**配位数为 4 的配合物**　配位数为 4 的配合物有两种空间构型。中心离子以 sp^3 杂化，则形成的配合物空间构型为正四面体；如果中心离子以 dsp^2 杂化，则配合物为平面正方形结构。中心离子的杂化方式取决于中心离子的价层电子结构和配体的性质。例如，Zn^{2+} 的外电子层结构为 $3d^{10}$，其最外层能级相近的 4s 和 4p 轨道皆空着，当 Zn^{2+} 与 4 个氨分子结合为 $[Zn(NH_3)_4]^+$ 时，Zn^{2+} 的 1 个 4s 空轨道和 3 个 4p 空轨道进行杂化，组成 4 个 sp^3 杂化轨道，容纳四个氨分子中的氮原子提供的 4 对孤电子对而形成 4 个配位键。

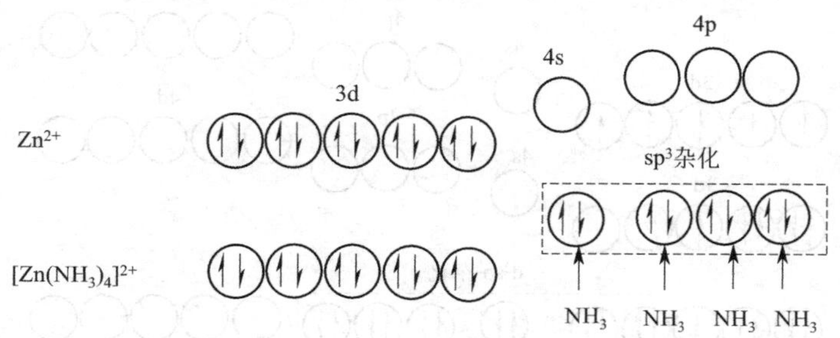

所以 $[Zn(NH_3)_4]^{2+}$ 的几何构型为正四面体，Zn^{2+} 位于正四面体的中心，4 个配位原子 N 在正四面体的 4 个顶角上。

当 Ni^{2+} 与 4 个 CN^- 结合为 $[Ni(CN)_4]^{2-}$ 时，Ni^{2+} 在配体的影响下，3d 电子发生重排，原有自旋平行的电子数减少，空出的一个 3d 空轨道与一个 4s 空轨道、两个 4p 空轨道进行杂化，组成 4 个 dsp^2 杂化轨道，容纳 4 个 CN^- 中的 4 个碳原子所提供的 4 对孤电子对而形成 4 个配位键。

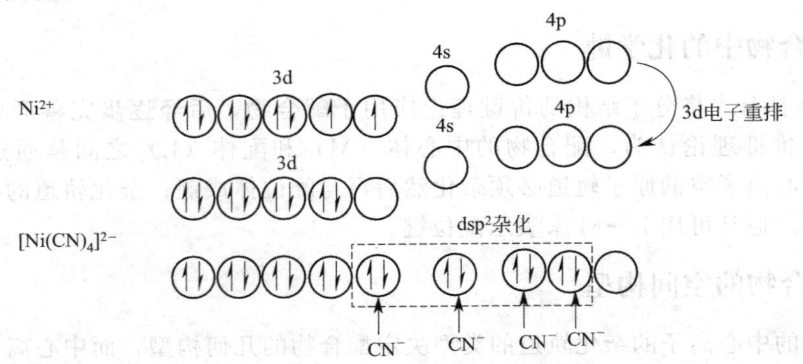

dsp^2 杂化轨道的夹角为 90°在一个平面上，各杂化轨道的方向是从平面正方形中心指向 4 个顶角，所以 $[Ni(CN)_4]^{2-}$ 的几何构型为平面正方形。Ni^{2+} 处在正方形的中心，4 个配位原子 C 在 4 个顶角上。

(4) **配位数为 5 的配合物** 中心离子以 dsp^3 杂化轨道接受五个配位体中的孤对电子成键。空间构型是三角双锥结构。如 $[Fe(CO)_5]$、$[CdCl_5]^{3-}$、$[SnCl_5]^-$ 等。

(5) **配位数为 6 的配合物** 配位数为 6 的配合物空间构型为正八面体，但是中心离子采用的杂化轨道有两种类型：一种是 sp^3d^2 杂化，另一种是 d^2sp^3 杂化。例如，Fe^{3+} 可以形成 $[FeF_6]^{3-}$ 和 $[Fe(CN)_6]^{3-}$ 配离子，在 $[FeF_6]^{3-}$ 中，Fe^{3+} 的 3d 轨道中的电子排布保持原态，以外层的一个 4s 空轨道、三个 4p 空轨道和两个 4d 空轨道进行 sp^3d^2 杂化，并分别接受 6 个 F^- 的孤对电子成键。

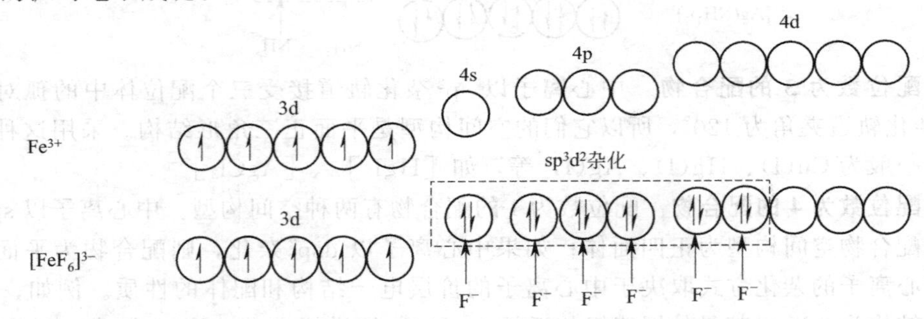

在 $[Fe(CN)_6]^{3-}$ 中，Fe^{3+} 的 3d 电子发生重排，空出的两个 3d 空轨道与一个 4s 空轨道、三个 4p 空轨道进行 d^2sp^3 杂化，并分别接受 6 个 CN^- 的孤对电子成键，形成八面体构型。

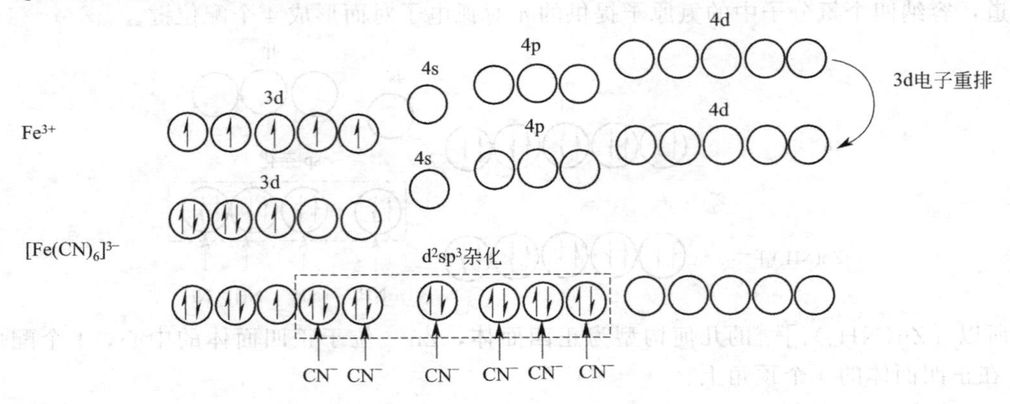

由此可见，配合物的空间构型取决于中心离子杂化方式。

10.2.3 外轨型配合物与内轨型配合物

中心离子以最外层的 ns、np、nd 轨道组成杂化轨道与配位原子形成的配位键，称为外轨型配键。其对应的配合物称为外轨型配合物，如 $[NiCl_4]^{2-}$、$[FeF_6]^{3-}$等。

在形成外轨型配合物时，中心离子的电子排布不受配体的影响，仍保持自由离子的电子层构型，所以配合物中心离子的未成对电子数和自由离子中未成对的电子数相同，此时具有较多的未成对电子数。

中心离子以部分次外层 $(n-1)$d 轨道和外层 ns、np 轨道组成杂化轨道与配位原子形成的配位键，称为内轨型配位键。其对应的配合物称为内轨型配合物，如 $[Ni(CN)_4]^{2-}$、$[Fe(CN)_6]^{3-}$等。

在形成内轨型配合物时，中心离子的电子分布在配体的影响下发生变化，进行电子重排，配合物中心离子的未成对电子数比自由离子的未成对电子数少，此时具有较少的未成对电子数。

配合物是内轨型还是外轨型，主要取决于中心离子的电子构型、离子所带电荷和配位体的性质。

具有 d^{10}构型的离子，只能用外层轨道形成外轨型配合物，如 Ag^+、Cu^{2+}、Zn^{2+}等；具有 d^8构型的离子，大多数情况下形成内轨型配合物，如 Ni^{2+}、Pt^{2+}等；具有其他构型的离子，既可形成内轨型也可形成外轨型配合物。另外，中心离子电荷的增多有利于形成内轨型配合物。

通常电负性大的原子如 F、O 等易形成外轨型配合物。C 原子作配位原子时，常形成内轨型配合物。N 原子作配位原子时，既有外轨型也有内轨型配合物。

对于相同的中心离子，当形成相同配位数的配离子时，一般内轨型比外轨型稳定。内轨型配离子在水中较难离解，而外轨型配离子在水中则容易离解。另外，由于形成了内轨型配合物，中心体的成单电子数明显减少，所以外轨型配合物一般为顺磁性物质，而内轨型配合物的磁性则明显降低，有些甚至是反磁性物质。

物质磁性可用磁矩（μ）的大小来衡量。顺磁性物质，$\mu>0$；反磁性物质，$\mu=0$；磁矩 μ 的数值随未成对电子数（n）的增多而增大。

10.3 配位平衡

10.3.1 配合物的离解平衡

配合物的内界配离子和外界离子之间以离子键相结合，这种结合与强电解质类似，在水中几乎完全离解为配离子和外界离子。

例如，$[Cu(NH_3)_4]SO_4$ 在水溶液中可以完全离解成 $[Cu(NH_3)_4]^{2+}$ 和 SO_4^{2-}：

$$[Cu(NH_3)_4]SO_4 = [Cu(NH_3)_4]^{2+} + SO_4^{2-}$$

因此，向上述溶液中加入 $BaCl_2$ 时，会产生大量白色 $BaSO_4$ 沉淀。加入稀 NaOH 溶液时，得不到 $Cu(OH)_2$ 沉淀，说明溶液中 Cu^{2+} 含量极少；但如果加入 Na_2S 溶液时，则可得到黑色 CuS 沉淀。这说明 $[Cu(NH_3)_4]^{2+}$ 在水溶液中能部分离解出少量的 Cu^{2+} 和 NH_3，即：

$$[Cu(NH_3)_4]^{2+} \rightleftharpoons Cu^{2+} + 4NH_3$$

对应上述平衡，即有平衡常数为：

$$K^{\ominus}=\frac{[Cu^{2+}][NH_3]^4}{[Cu(NH_3)_4^{2+}]}$$

该常数为 $[Cu(NH_3)_4]^{2+}$ 的离解平衡常数。$K^{\ominus}$ 值越大，表示该配离子越易离解，即配离子在溶液中越不稳定。所以这个常数又称配离子的不稳定常数，用 $K^{\ominus}_{不稳}$ 表示。

配离子的 $K^{\ominus}_{不稳}$ 是配离子的特征常数，可以利用 $K^{\ominus}_{不稳}$ 来比较相同类型配离子在水溶液中的稳定性。

配离子在溶液中是否容易离解，除了用 $K^{\ominus}_{不稳}$ 作为衡量标准外，还可以用配离子的稳定常数 $K^{\ominus}_{稳}$ 来表示。

上述配离子的离解过程是可逆的，它的逆反应实际上是配合物的生成反应，即：

$$Cu^{2+}+4NH_3 \rightleftharpoons [Cu(NH_3)_4]^{2+}$$

在一定条件下，配合物的离解过程和生成过程能达到平衡状态，称为配离子的离解平衡，也称配位平衡。

10.3.2 配离子的稳定常数

配离子的稳定常数是该配离子生成反应达平衡时的平衡常数。例如反应：

$$Cu^{2+}+4NH_3 \rightleftharpoons [Cu(NH_3)_4]^{2+}$$

平衡时有：

$$K^{\ominus}_{稳}=\frac{[Cu(NH_3)_4^{2+}]}{[Cu^{2+}][NH_3]^4}$$

$K^{\ominus}_{稳}$ 为配离子的稳定常数，显然，稳定常数越大，表示配离子稳定性越强。如 $[Ni(CN)_4]^{2-}$ 和 $[Zn(CN)_4]^{2-}$ 的 $\lg K^{\ominus}_{稳}$ 分别为 31.3 和 16.7，说明 $[Ni(CN)_4]^{2-}$ 比 $[Zn(CN)_4]^{2-}$ 要稳定的多。

显然配离子的稳定常数在数值上等于不稳定常数的倒数，即：

$$K^{\ominus}_{稳}=\frac{1}{K^{\ominus}_{不稳}}$$

实际上，配离子的生成或离解都是分步进行的，如 $[Cu(NH_3)_4]^{2+}$

$$Cu^{2+}+NH_3 \longrightarrow [Cu(NH_3)]^{2+} \quad ① \quad \beta_1=1.41\times10^4$$

$$[Cu(NH_3)]^{2+}+NH_3 \longrightarrow [Cu(NH_3)_2]^{2+} \quad ② \quad \beta_2=3.17\times10^3$$

$$[Cu(NH_3)_2]^{2+}+NH_3 \longrightarrow [Cu(NH_3)_3]^{2+} \quad ③ \quad \beta_3=7.76\times10^2$$

$$[Cu(NH_3)_3]^{2+}+NH_3 \longrightarrow [Cu(NH_3)_4]^{2+} \quad ④ \quad \beta_4=1.39\times10^2$$

根据多重平衡规则，由方程式①＋②＋③＋④可得：

$$Cu^{2+}+4NH_3 \longrightarrow [Cu(NH_3)_4]^{2+}$$

$$\beta=\beta_1\times\beta_2\times\beta_3\times\beta_4=4.82\times10^{12}$$

其中，β 称为**累积稳定常数**，β_1、β_2、β_3、β_4 称为**逐级稳定常数**。

一些常见配离子的稳定常数（298.2K）见表 10-2。

表 10-2 一些常见配离子的稳定常数

配离子	K_a	$\lg K_a$	配离子	K_a	$\lg K_a$
$[Ag(NH_3)_2]^{2+}$	1.1×10^7	7.05	$[FeF_6]^{3-}$	2.0×10^{14}	14.31
$[Ag(CN)_2]^-$	1.3×10^{21}	21.10	$[Fe(CN)_6]^{3-}$	1×10^{42}	42.0
$[Ag(S_2O_3)_2]^{3-}$	2.9×10^{13}	13.46	$[HgI_4]^{2-}$	6.8×10^{29}	29.83
$[Co(NH_3)_6]^{3+}$	1.6×10^{35}	35.20	$[Zn(CN)_4]^{2-}$	5×10^{16}	16.7
$[Cu(NH_3)_4]^{2+}$	2.1×10^{13}	13.32	$[Zn(NH_3)_4]^{2+}$	2.9×10^9	9.46

【例 10-1】 计算在含有 $0.10mol\cdot L^{-1}$ $[Ag(NH_3)_2]^+$ 和 $0.2mol\cdot L^{-1}$ NH_3 溶液中的

Ag^+的浓度

解 设在$0.2\text{mol}\cdot L^{-1}$ NH_3存在下，Ag^+的浓度为y $\text{mol}\cdot L^{-1}$，则：

$$Ag^+ + 2NH_3 \rightleftharpoons [Ag(NH_3)_2]^+$$

起始浓度/mol·L⁻¹　　0　　0.2　　0.1

平衡浓度/mol·L⁻¹　　y　　$0.2+2y$　　$0.1-y$

由于$c(Ag^+)$较小，所以$(0.1-y)\text{mol}\cdot L^{-1}\approx 0.1\text{mol}\cdot L^{-1}$，$0.2+2y\approx 0.2\text{mol}\cdot L^{-1}$，将平衡浓度代入稳定常数表达式：

$$K_f^{\ominus}=\frac{c[Ag(NH_3)_2^+]}{c(Ag^+)c^2(NH_3)}=\frac{0.1}{y\times 0.2^2}=1.12\times 10^7$$

$$y=2.23\times 10^{-7}$$

10.3.3 配位平衡的移动

配位平衡是一个动态平衡，当平衡体系中某一组分的浓度或存在形式发生改变时平衡就会发生移动，在新的条件下达成新的平衡。配位平衡与溶液的酸度、沉淀反应、还原反应等有着密切的关系，下面将分别加以讨论。

(1) **配离子和酸碱之间转换**　在配离子中，若配位体为弱酸根（如F^-、SCN^-、Y^{4-}等），当溶液的酸度增大时，它们会结合溶液中的H^+使其自身溶液浓度降低，使配离子的离解度增大。例如$[FeF_6]^{3-}$在溶液中存在如下平衡：

$$\begin{array}{c} Fe^{3+} + 6F^- \rightleftharpoons [FeF_6]^{3-} \\ + \\ 6H^+ \rightleftharpoons 6HF \end{array}$$

当溶液的酸度增大时，F^-会与H^+结合生成HF，降低了F^-的浓度，促使配离子离解，当$c(H^+)>0.5\text{mol}\cdot L^{-1}$时，$[FeF_6]^{3-}$则有可能完全离解。

另外，形成配离子的中心离子是容易水解的金属离子时，若降低溶液酸度，则它们会与OH^-结合，生成氢氧化物或羟基配合物，而使溶液中金属离子的浓度降低，使配离子的稳定性减小。例如在$[FeF_6]^{3-}$的平衡中，pH较大时，Fe^{3+}会发生如下水解反应：

$$Fe^{3+} + OH^- \rightleftharpoons [Fe(OH)]^{2+}$$

$$[Fe(OH)]^{2+} + OH^- \rightleftharpoons [Fe(OH)_2]^+$$

$$[Fe(OH)_2]^+ + OH^- \rightleftharpoons Fe(OH)_3$$

随着水解反应的进行，溶液中的Fe^{3+}浓度降低，$[FeF_6]^{3-}$必然遭到破坏。

酸度对配位平衡的影响是多方面的，但常以酸效应为主。至于在某一酸度下，以哪个变化为主，要由配位体的性质、金属氢氧化物的溶度积和配离子的稳定性来决定。

(2) **配离子和沉淀之间的相互转换**　当配位平衡体系中有能够与中心离子生成沉淀的物质存在时，也会影响配位平衡。沉淀平衡和配位平衡的关系，可看成是沉淀剂与配位剂共同争夺金属离子的过程。

例如AgCl沉淀能溶于$NH_3\cdot H_2O$生成$[Ag(NH_3)_2]^+$，就是由于配位剂NH_3夺取了与Cl^-结合的Ag^+，反应如下：

$$AgCl(s) + 2NH_3 \rightleftharpoons [Ag(NH_3)_2]^+ + Cl^- \qquad K_1^{\ominus}$$

在上述溶液中加入KI，I^-能夺取与NH_3配位的Ag^+，生成AgI沉淀，从而使配离子离解：

$$[Ag(NH_3)_2]^+ + I^- \rightleftharpoons AgI\downarrow + 2NH_3 \qquad K_2^{\ominus}$$

转化作用向何方向进行以及进行的程度，可以根据多重平衡规则，通过求算转化作用的平衡常数来判断。例如，计算上述第一个转化反应的平衡常数为：

$$K_1^{\ominus}=K_{稳}^{\ominus}([Ag(NH_3)_2]^+)K_{sp}^{\ominus}(AgCl)=1.7\times 10^7\times 1.8\times 10^{-10}=3.1\times 10^{-3}$$

$K_1^{\ominus}$不是很小，只要 NH_3的浓度足够大就可以使 AgCl 溶解。这与实验结果完全吻合。

同理可计算出第二个反应的平衡常数为：

$$K_2^{\ominus}=\frac{1}{K_{稳}^{\ominus}([Ag(NH_3)_2]^+)K_{sp}^{\ominus}(AgI)}=\frac{1}{1.7\times10^7\times8.3\times10^{-17}}=7.1\times10^8$$

$K_2^{\ominus}$相当大，说明转化作用很容易进行。

【例 10-2】 0.2mol·L^{-1} $AgNO_3$溶液 1mL 中，加入 0.2mol·L^{-1}的 KCl 溶液 1mL，产生 AgCl 沉淀。加入足够的氨水可使沉淀溶解，问氨水的最初浓度应该是多少？

解 假定 AgCl 溶解全部转化为 $[Ag(NH_3)_2]^+$，若忽略 $[Ag(NH_3)_2]^+$的离解，则平衡时 $[Ag(NH_3)_2]^+$的浓度为 0.1mol·L^{-1}，Cl^-的浓度为 0.1mol·L^{-1}。

反应为：

$$AgCl+2NH_3 \rightleftharpoons [Ag(NH_3)_2]^+ + Cl^-$$

$$K^{\ominus}=\frac{c([Ag(NH_3)_2]^+)c(Cl^-)}{c^2(NH_3)}=\frac{c([Ag(NH_3)_2]^+)c(Cl^-)}{c^2(NH_3)}\times\frac{c(Ag^+)}{c(Ag^+)}$$

$$=K_f^{\ominus}\{[Ag(NH_3)_2]^+\}K_{sp}^{\ominus}(AgCl)=1.12\times10^7\times1.8\times10^{-10}$$

$$=2.02\times10^{-3}$$

$$c(NH_3)=\sqrt{\frac{c([Ag(NH_3)_2]^+)c(Cl^{-1})}{2.02\times10^{-3}}}=\sqrt{\frac{0.1\times0.1}{2.02\times10^{-3}}}=2.22\ (mol\cdot L^{-1})$$

在溶解的过程中要消耗氨水的浓度为 2×0.1＝0.2（mol·L^{-1}），所以氨水的最初浓度为 2.22＋0.2＝2.42（mol·L^{-1}）。

沉淀和配合物之间的相互转化过程，其实质是沉淀剂和配位剂争夺金属离子。沉淀的生成和溶解，配合物的生成和破坏，主要取决于沉淀的溶度积 $K_{sp}^{\ominus}$和配合物稳定常数 $K_{稳}^{\ominus}$的大小，也与沉淀剂和配位剂浓度的大小有关。

（3）**配离子之间的转化** 与沉淀之间的转化类似，配离子之间的转化反应容易向生成更稳定配离子的方向进行。两种配离子的稳定常数相差越大，转化就越完全。例如，在含有 $[Fe(SCN)_6]^{3-}$的溶液中加入过量的 NaF 时，由于 F^-能夺取 $[Fe(SCN)_6]^{3-}$中的 Fe^{3+}形成更稳定的 $[FeF_6]^{3-}$，则溶液由血红色转变为无色，转化反应为：

$$[Fe(SCN)_6]^{3-}+6F^- \rightleftharpoons [FeF_6]+6SCN^-$$

$$K^{\ominus}=\frac{[FeF_6^{3-}][SCN^-]^6}{[Fe(SCN)_6^{3-}][F^-]^6}=\frac{K_{稳}^{\ominus}(FeF_6^{3-})}{K_{稳}^{\ominus}[Fe(SCN)_6^{3-}]}=\frac{2.0\times10^{15}}{1.3\times10^9}=1.5\times10^6$$

$K^{\ominus}$值很大，说明转化作用进行得很完全。

（4）**计算配离子的电极电势** 由于配离子的形成，使溶液中金属离子的浓度降低，金属离子相应电对的电极电势值就会发生相应的改变，对应物质的氧化还原性能也会发生改变。

【例 10-3】 计算 $[Ag(NH_3)_2]^+ + e^- \rightleftharpoons Ag+2NH_3$的标准电极电势。

解 查表得 $K_{稳}^{\ominus}\{[Ag(NH_3)_2]^+\}=1.12\times10^7$，$\varphi_{Ag^+/Ag}^{\ominus}=0.799V$

（1）求配位平衡时 $c(Ag^+)$

$$Ag^+ + 2NH_3 \rightleftharpoons [Ag(NH_3)_2]^+$$

$$K_f^{\ominus}=\frac{c([Ag(NH_3)_2]^+)}{c^2(NH_3)c(Ag^+)}$$

$$c(Ag^+)=\frac{c([Ag(HN_3)_2]^+)}{K_f\{Ag(NH_3)_2^+\}\cdot c^2(NH_3)}$$

此时 $c([Ag(NH_3)_2]^+)=c(NH_3)=1mol\cdot L^{-1}$，所以

$$c(Ag^+)=\frac{1}{K_f\{Ag(NH_3)_2^+\}}=\frac{1}{1.12\times10^7}=8.92\times10^{-8}$$

（2）求 $\varphi_{[Ag(NH_3)_2]^+/Ag}^{\ominus}$

$$\varphi_{Ag^+/Ag} = \varphi^{\ominus}_{Ag^+/Ag} + 0.059/n \times \lg c(Ag^+)$$
$$= 0.799 + 0.059\lg(8.92 \times 10^{-8})$$
$$= 0.383\ (V)$$

根据标准电极电势的定义，$c([Ag(NH_3)_2]^+) = c(NH_3) = 1mol \cdot L^{-1}$时，$\varphi_{Ag^+/Ag}$就是电极反应$[Ag(NH_3)_2]^+ + e^- \rightleftharpoons Ag + 2NH_3$的标准电极电势。

即
$$\varphi^{\ominus}_{[Ag(NH_3)_2]^+/Ag} = 0.382V$$

电极电势的改变值与生成的配合物的稳定常数有关，生成的配合物越稳定，金属离子浓度下降得越大，电极电势的改变越大。

在一定条件下不能溶解的金属，可用通过形成配合物的方法促使它们溶解。如单质$Au(\varphi^{\ominus}_{Au^+/Au} = 1.68V)$很难被氧化，但当Au和$CN^-$形成配离子后，单质$Au[\varphi^{\ominus}_{Au(CN)_2^-/Au} = -0.56V]$的还原能力显著增强，在有配体$CN^-$存在时，易被氧化为$[Au(CN)_2]^-$而溶解。

10.4 配位化合物的应用

10.4.1 在分析化学中的用途

(1) 离子的鉴定 在定性分析中，广泛应用形成配合物以达到离子的分离、鉴定的目的。某种配位剂若能和金属离子形成有特征颜色的配合物或沉淀，便可用于对该离子的特效鉴定。

① 形成有色配合物的反应 例如，水溶液中Cu^{2+}的一个极灵敏的鉴定反应是它能与氨形成深蓝色的$[Cu(NH_3)_4]^{2+}$，$[Cu(NH_3)_4]^{2+}$的颜色比$[Cu(H_2O)_4]^{2+}$的浅蓝色深得多，即使在Cu^{2+}浓度为$10^{-4}mol \cdot L^{-1}$时还能被检出。此外，还可以根据$[Cu(NH_3)_4]^{2+}$形成的颜色深浅来确定溶液中Cu^{2+}含量。又如水溶液中Fe^{3+}与KSCN溶液易形成血红色的$[Fe(SCN)_n]^{3-n}$：

$$Fe^{3+} + nSCN^- \rightleftharpoons [Fe(SCN)_n]^{3-n} \quad (n=1\sim6)$$

利用此反应来鉴定Fe^{3+}，同时也可根据红色的深浅，确定溶液中Fe^{3+}的含量。

② 形成难溶有色配合物的反应 例如，利用丁二酮肟与Ni^{2+}在弱碱性介质中形成鲜红色难溶螯合物的反应来鉴定Ni^{2+}。

$$Ni^{2+} + 2\ \begin{matrix} H_3C-C=NOH \\ | \\ H_3C-C=NOH \end{matrix} \rightleftharpoons \begin{matrix} & O^- \cdots HO & \\ H_3C-C=N & & N=C-CH_3 \\ | & Ni^{2+} & | \\ H_3C-C=N & & N=C-CH_3 \\ & OH \cdots {}^-O & \end{matrix} + 2H^+$$

又如利用$K_4[Fe(CN)_6]$可与Fe^{3+}和Cu^{2+}分别形成$Fe_4[Fe(CN)_6]_3$蓝色沉淀和$Cu_2[Fe(CN)_6]$红棕色沉淀的反应，鉴定Fe^{3+}和Cu^{2+}。

(2) 离子的分离 在两种离子的混合溶液中，若加入某种配位剂只可以和其中一种离子形成配合物，这种配位剂即可用于使这两种离子彼此分离。这种分离方法，常常是将配位剂加到难溶固体混合物中，其中一种离子与配位剂生成可溶性的配合物而进入溶液，其余的保持不溶状态。

例如，在含有Zn^{2+}和Al^{3+}的混合溶液中，加入氨水，此时Zn^{2+}与Al^{3+}皆与氨水形成氢氧化物沉淀：

$$Zn^{2+} + 2NH_3 + 2H_2O \rightleftharpoons Zn(OH)_2 + 2NH_4^+$$

$$Al^{3+}+3NH_3+3H_2O \rightleftharpoons Al(OH)_3+3NH_4^+$$

但当加入更多的氨水时，$Zn(OH)_2$可与NH_3形成$[Zn(NH_3)_4]^{2+}$进入溶液，$Al(OH)_3$则不能与NH_3形成配合物，从而达到Zn^{2+}与Al^{3+}分离的目的。

$$Zn(OH)_2+4NH_3 \rightleftharpoons [Zn(NH_3)_4]^{2+}+2OH^-$$

除了利用形成易溶解的配合物使沉淀溶解，从而达到离子分离外，还可用于其他目的。例如，EDTA 可与$CaCO_3$、$MgCO_3$以及在碱性介质中的$CaSO_4$等难溶沉淀形成$[CaY]^{2-}$、$[MgY]^{2-}$的易溶螯合物。反应如下：

$$CaCO_3+H_2Y^{2-} \rightleftharpoons [CaY]^{2-}+2H^++CO_3^{2-}$$

$$CaSO_4+H_2Y^{2-} \rightleftharpoons [CaY]^{2-}+2H^++SO_4^{2-}$$

因此可利用 EDTA 来清除锅垢。

(3) 掩蔽某种离子对其他离子的干扰作用　在含有多种金属离子的溶液中，要测定其中某种离子，其他离子往往会发生类似的反应而干扰测定。例如，在含有Co^{2+}和Fe^{3+}的混合溶液中，加入配位剂 KSCN 检出Co^{2+}时，Co^{2+}与配位剂将发生下列反应：

$$\underset{\text{(粉红色)}}{[Co(H_2O)_6]^{2+}}+4SCN^- \rightleftharpoons \underset{\text{(宝石蓝)}}{[Co(SCN)_4]^{2-}}+6H_2O$$

但Fe^{3+}也可与 KSCN 反应形成血红色的$[Fe(SCN)]^{2+}$，妨碍了对Co^{2+}的鉴定。如果事先在溶液中加入足够量的 NaF（或NH_4F），使Fe^{3+}生成稳定的无色$[FeF_6]^{3-}$，这样就可以排除Fe^{3+}对Co^{2+}鉴定的干扰。这种防止干扰的作用称为掩蔽效应，所用的配位剂（如 NaF）称为掩蔽剂。

掩蔽效应不仅用于元素分析、分离过程，在其他方面也有广泛的应用。主要用来控制游离金属离子不超过允许的限量，以免产生沉淀、氧化、显色或其他不利变化。

10.4.2　在冶金工业中的应用

配合物主要用于湿法冶金。湿法冶金就是用水溶液直接从矿石中将金属以化合物的形式浸取出来，然后再进一步还原为金属的过程。湿法冶金比火法冶金既经济又简单，广泛用于从矿石中提取稀有金属和有色金属。在湿法冶金中金属配合物的形成在其中起着重要作用。

(1) 提炼金属　例如，金的提取主要利用两个反应，首先是矿石中的金在 NaCN 存在时可被空气中的氧气氧化为$[Au(CN)_2]^-$：

$$4Au+8CN^-+2H_2O+O_2 = 4[Au(CN)_2]^-+4OH^-$$

如果没有配位剂 NaCN 存在，金不能被氧化，因为$\varphi^{\ominus}_{Au^+/Au}$（1.68V）远比$\varphi^{\ominus}_{O_2/OH^-}$（0.401V）数值大。但当有 NaCN 存在时，由于形成$[Au(CN)_2]^-$，其$\varphi^{\ominus}_{Au(CN)_2^-/Au}$（$-0.56$V）比$\varphi^{\ominus}_{O_2/OH^-}$数值小得多，因而氧气可以氧化矿石中的金。然后将含有金的溶液用锌还原，即可得到单质金。

$$2[Au(CN)_2]^-+Zn = 2Au+[Zn(CN)_4]^{2-}$$

(2) 分离金属　例如，由天然铝矾土（主要成分是水合氧化铝）制取Al_2O_3。首先要使铝与杂质铁分离，分离的基础是Al^{3+}可与过量的 NaOH 溶液形成可溶性的$[Al(OH)_4]^-$并进入溶液：

$$Al_2O_3+2OH^-+3H_2O = 2[Al(OH)_4]^-$$

而Fe^{3+}与 NaOH 反应形成$Fe(OH)_3$沉淀。通过澄清过滤，即可除去杂质铁。

10.4.3　在医学方面的应用

螯合物在医学方面的应用十分广泛，人体的一些生理、病理现象以及某些药物的作用机理等，都与螯合物有关。

例如，我国在宋代就已经使用 As_2O_3（俗称砒霜、白砒、信石等）作为拌种药剂以防治地下害虫，但是 As_2O_3 对人有剧毒（经口致死量 0.1～1.3mg/kg 体重），使中毒事件时有发生。As_2O_3（或其他砷试剂）使人中毒的原因是砷能与细胞酶系统的巯基螯合，抑制酶的活性。最常用的特效解毒剂是一种称为二巯丙醇（BAL，俗称巴尔）的螯合剂，BAL 与砷化合物的反应如下：

$$\mathrm{NaOAs{=}O} + \begin{matrix}\mathrm{HS}\\ \mathrm{HS}\end{matrix}\rangle \rightleftharpoons \mathrm{NaOAs}\begin{matrix}\mathrm{HS}\\ \mathrm{HS}\end{matrix}\rangle\text{酶} + \mathrm{H_2O}$$

$$\mathrm{NaOAs}\begin{matrix}\mathrm{S}\\ \mathrm{S}\end{matrix}\rangle\text{酶} + \begin{matrix}\mathrm{HS{-}CH_2}\\ |\\ \mathrm{HS{-}CH}\\ |\\ \mathrm{HS{-}CH_2}\end{matrix}\ \mathrm{(BAL)} \rightleftharpoons \mathrm{NaOAs}\begin{matrix}\mathrm{S{-}CH_2}\\ |\\ \mathrm{S{-}CH}\\ |\\ \mathrm{HO{-}CH_2}\end{matrix} + \begin{matrix}\mathrm{HS}\\ \mathrm{HS}\end{matrix}\rangle\text{酶}$$

二巯基丙醇的两个巯基可与砷形成稳定的五元环，所形成的螯合物无毒性，离解小，可溶于水，并能经尿迅速排出。另外，BAL 与砷形成的螯合物比体内巯基酶与砷形成的螯合物稳定。因此 BAL 不仅能防止砷与巯基相结合，使酶免遭毒害，还能夺取已经与酶结合的砷，使酶恢复活性。BAL 也可用于 Hg、Au 的中毒，但是不像对砷中毒那样有特效（见表 10-3）：

表 10-3　用于治疗金属中毒的螯合剂

金属	螯　合　剂	金属	螯　合　剂
铅	$Na_2CaEDTA$，二巯基丙醇，青霉胺	镉	$Na_2CaEDTA$
汞	二巯基丙醇，青霉胺	锌	二巯基丙醇
砷	二巯基丙醇	铊	二巯基丙醇
铁	去铁敏(desferrioxamine)	镍	二巯基丙醇，或二硫代氨基甲酸钠(dithiocarb)
铜	青霉胺，$Na_2CaEDTA$	锰	$Na_2CaEDTA$

又如，注射 $Na_2[CaY]$ 溶液能治疗铅中毒，因为 Pb^{2+} 可生成比 $[CaY]^{2-}$ 更稳定的 $[PbY]^{2-}$ 螯合离子（EDTA 掩蔽了 Pb^{2+}）：

$$[CaY]^{2-} + Pb^{2+} = [PbY]^{2-} + Ca^{2+}$$

$[PbY]^{2-}$ 无毒、可溶，能经肾脏排出体外。

10.5　配位滴定法

10.5.1　配位滴定法概述

利用生成配合物的反应为基础的滴定分析方法称为配位滴定法。能形成配合物的反应很多，但可用于配位滴定的并不多，主要原因是不能满足滴定分析对反应的定量要求。

大多数无机配合物存在稳定性不高、分步配位、终点判断困难等缺点，限制了它们在滴定分析中的应用，作为滴定剂的只有以 CN^- 为配位剂的氰量法和以 Hg^{2+} 为中心离子的汞量法。

氰量法主要用于测定 Ag^+、Ni^{2+}、CN^- 等离子，可用 KCN 溶液作为滴定剂，也可用 $AgNO_3$ 溶液作为滴定剂。例如，用 $AgNO_3$ 标准溶液测定 CN^- 时，滴定反应和终点反应分别为：

$$Ag^+ + 2CN^- \rightleftharpoons [Ag(CN)_2]^-$$

$$[Ag(CN)_2]^- + Ag^+ \rightleftharpoons Ag[Ag(CN)_2]\downarrow(\text{白色})$$

汞量法主要用于测定 Cl^-、SCN^- 或 Hg^{2+} 等离子，可用 $Hg(NO_3)_2$ 或 $Hg(ClO_4)_2$ 溶液作为滴定剂，也可用 KSCN 溶液作为滴定剂。例如，用 KSCN 标准溶液测定 Hg^{2+}，以 Fe^{3+} 作为指示剂，滴定反应和终点反应分别为：

$$Hg^{2+} + 2SCN^- \rightleftharpoons [Hg(SCN)_2]$$

$$Fe^{3+} + SCN^- \rightleftharpoons [Fe(SCN)]^{2+} \text{（血红色）}$$

随着生产的不断发展和科技水平的提高，有机配位剂在分析化学中得到了广泛的应用，从而推动了配位滴定的发展。目前应用最为广泛的配位滴定法是以乙二胺四乙酸（简称 EDTA）为标准溶液的滴定分析法，简称 EDTA 法。

10.5.2 EDTA 与金属离子配合物的稳定性

（1）EDTA 的离解平衡

乙二胺四乙酸简称 EDTA，是一种四元酸，习惯上用 H_4Y 表示。由于 EDTA 在水中的溶解度很小（室温下，每 100ml 水中能溶解 0.02g），故常用它的二钠盐（$Na_2H_2Y \cdot 2H_2O$，相对分子质量 372.26），也简称 EDTA。后者溶解度较大（室温下，每 100ml 水中能溶解 11.2g），饱和水溶液的浓度约为 $0.3mol \cdot L^{-1}$，pH 约为 4.7。在不同 pH 溶液中，EDTA 的主要存在形式不同，见图 10-5。

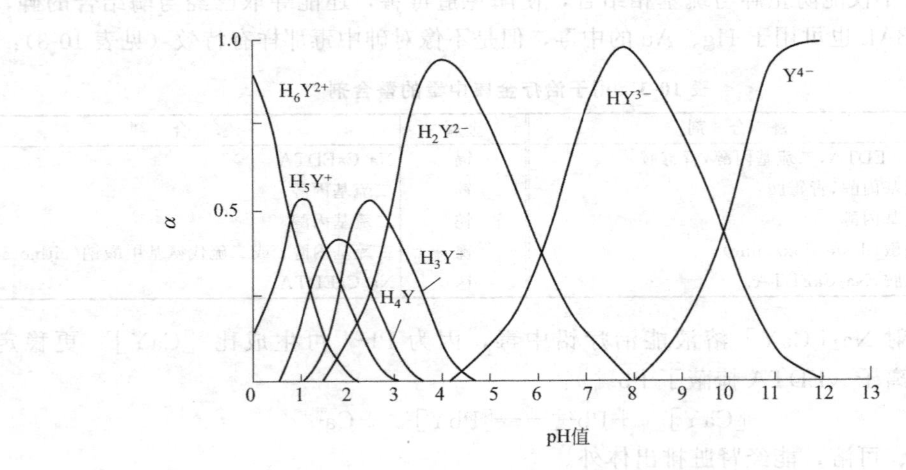

图 10-5 EDTA 的主要存在形式与溶液 pH 的关系

EDTA 的配位能力很强，它能通过 2 个 N 原子、4 个 O 原子共 6 个配位原子和金属离子结合，形成很稳定的具有多个五原子环的螯合物，甚至能和很难形成配合物的、半径大的碱土金属离子（如 Ca^{2+}、Mg^{2+}）形成稳定的螯合物，所有的配位反应都进行得非常完全。

一般情况下，EDTA 与一至四价金属离子都形成 1∶1 的易溶于水的配合物。因此，EDTA 用于配位滴定反应，其分析结果的计算十分方便。

无色金属离子与 EDTA 形成的螯合物仍为无色，这有利于指示剂确定终点，以上特点说明 EDTA 和金属离子的配位反应能符合滴定分析要求。

（2）EDTA 与金属离子的配位平衡

金属离子能与 EDTA 形成 1∶1 的多元环状螯合物，其配位平衡为（为方便讨论，略去 EDTA 和金属离子的电荷，分别简写为 Y 和 M）：

$$M + Y \rightleftharpoons MY$$

$$K_{MY}^{\ominus} = \frac{[MY]}{[M][Y]}$$

$K_{MY}^{\ominus}$ 为 EDTA 与金属离子配合物的稳定常数。它的数值反映了 M-EDTA 配合物的稳定性的大小。EDTA 与常见金属离子形成的螯合物的稳定常数见表 10-4。

表 10-4 EDTA 与常见金属离子形成的螯合物的稳定常数

金属离子	配位体数目 n	$\lg\beta_n$	金属离子	配位体数目 n	$\lg\beta_n$
Ag^{+}	1	7.32	Mg^{2+}	1	8.64
Al^{3+}	1	16.11	Mn^{2+}	1	13.8
Ba^{2+}	1	7.78	Mo(V)	1	6.36
Be^{2+}	1	9.3	Na^{+}	1	1.66
Bi^{3+}	1	22.8	Ni^{2+}	1	18.56
Ca^{2+}	1	11.0	Pb^{2+}	1	18.3
Cd^{2+}	1	16.4	Pd^{2+}	1	18.5
Co^{2+}	1	16.31	Sc^{2+}	1	23.1
Co^{3+}	1	36.0	Sn^{2+}	1	22.1
Cr^{3+}	1	23.0	Sr^{2+}	1	8.80
Cu^{2+}	1	18.7	Th^{4+}	1	23.2
Fe^{2+}	1	14.83	TiO^{2+}	1	17.3
Fe^{3+}	1	24.23	Tl^{3+}	1	22.5
Ga^{3+}	1	20.25	U^{4+}	1	17.50
Hg^{2+}	1	21.80	VO^{2+}	1	18.0
In^{3+}	1	24.95	Y^{3+}	1	18.32
Li^{+}	1	2.79	Zn^{2+}	1	16.4

表 10-4 所列数据是指配位反应达平衡时 EDTA 全部成为 Y^{4-} 的情况下的稳定常数，而未考虑 EDTA 可能还有其他形式存在。由表 10-4 可知，只有在强碱性溶液（pH＞12）中，$[Y_{总}]$ 才等于 $[Y^{4-}]$。

由表 10-4 可以看出，金属离子与 EDTA 形成螯合物的稳定性，随金属离子的不同差别较大。碱金属离子的螯合物最不稳定；碱土金属离子的螯合物，$\lg K_{MY}^{\ominus}$ 约为 8～11；过渡元素、稀土元素、Al^{3+} 的螯合物，$\lg K_{MY}^{\ominus}$ 约为 15～19；三价、四价金属离子和 Hg^{2+} 的螯合物，$\lg K_{MY}^{\ominus}>20$；这些螯合物稳定性的差别，主要取决于金属离子本身的离子电荷、离子半径和电子层结构。

此外，溶液的酸度、温度和其他配位剂的存在等外界条件的改变也能影响螯合物的稳定性。EDTA 在溶液中的状况取决于溶液的酸度，因此，在不同酸度下，EDTA 与同一金属离子形成的螯合物的稳定性不同。另外，溶液中其他螯合剂的存在和溶液的不同酸度也影响金属离子存在的情况，因此也影响金属离子与 EDTA 形成螯合物的稳定性。在这些外界条件中，酸度对 EDTA 的影响最为重要。

(3) **副反应和条件稳定常数**

配合物的稳定性主要取决于金属离子的性质和配位体的性质。表 10-5 所列数据是指配位反应达平衡时，EDTA 全部成为 Y^{4-} 的情况下的稳定常数。它没有考虑其他因素对配合物的影响，只有在特定条件下才适用。在实际测定过程中，被测金属离子 M 与 EDTA 配位，生成配合物 MY，这是主反应。与此同时，反应物 M、Y 及反应产物 MY 也可能与溶液中其他组分发生副反应，从而使 MY 配合物的稳定性受到影响，常存在如下副反应：

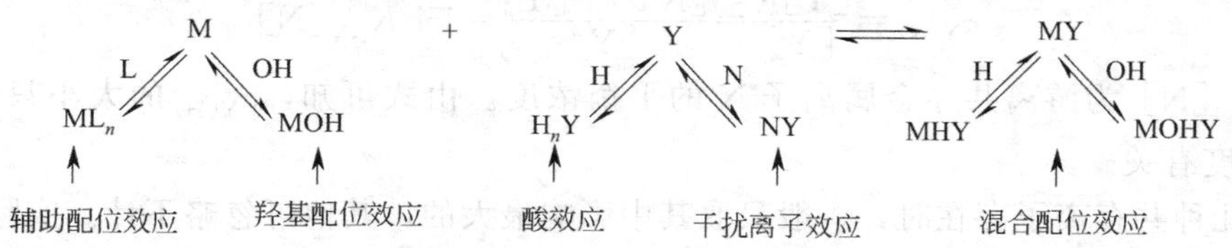

显然，反应物（M、Y）发生副反应不利于主反应的进行，而生成物（MY）的各种副反应则有利于主反应的进行，但所生成的这些混合配合物大多数不稳定，可以忽略不计。以下主要讨论反应物发生的副反应。

① **配位剂 Y 的副反应及副反应系数 α_Y** 配位反应涉及的平衡比较复杂，为了定量处理各种因素对配位平衡的影响，引入副反应系数的概念。副反应系数是描述副反应对主反应影响程度大小的量度，以 α 表示。

a. 酸效应和酸效应系数 $\alpha_{Y(H)}$ 由于氢离子与 Y 之间发生副反应，就使 EDTA 参加主反应的能力下降，这种现象称为酸效应。酸效应的大小可用酸效应系数 $\alpha_{Y(H)}$ 来衡量。$\alpha_{Y(H)}$ 等于在一定 pH 下配位体的总浓度与游离配位体的平衡浓度的比值，如 EDTA 的酸效应系数 $\alpha_{Y(H)}$ 为：

$$\begin{aligned}\alpha_{Y(H)}&=\frac{c(Y')}{c(Y^{4-})}\\&=\frac{c(Y^{4-})+c(HY^{3-})+c(H_2Y^{2-})+\cdots+c(H_6Y^{2+})}{c(Y^{4-})}\\&=1+\frac{c(HY^{3-})}{c(Y^{4-})}+\frac{c(H_2Y^{2-})}{c(Y^{4-})}+\cdots+\frac{c(H_6Y^{2+})}{c(Y^{4-})}\\&=1+c(H^+)\beta_1+c^2(H^+)\beta_2+\cdots+c^6(H^+)\beta_6\end{aligned}$$

由上式可加，$\alpha_{Y(H)}$ 随 pH 的增大而减小。$\alpha_{Y(H)}$ 越小，则 $[Y^{4-}]$ 越大，即 EDTA 有效浓度 $[Y^{4-}]$ 越大，因而酸度对配合物的影响越小。

根据上式可计算在不同 pH 条件下的 $\alpha_{Y(H)}$，常用其对数值 $\lg\alpha_{Y(H)}$ 表示，见表 10-5。

表 10-5　EDTA 在不同 pH 时的 $\lg\alpha_{Y(H)}$

pH	$\lg\alpha_{Y(H)}$	pH	$\lg\alpha_{Y(H)}$	pH	$\lg\alpha_{Y(H)}$	pH	$\lg\alpha_{Y(H)}$
0.0	23.64	3.8	8.85	7.4	2.88	11.0	0.07
0.4	21.32	4.0	8.44	7.8	2.47	11.5	0.02
0.8	19.08	4.4	7.64	8.0	2.27	11.6	0.02
1.0	18.01	4.8	6.84	8.4	1.87	11.7	0.02
1.4	16.02	5.0	6.45	8.8	1.48	11.8	0.01
1.8	14.27	5.4	5.69	9.0	1.28	11.9	0.01
2.0	13.51	5.8	4.98	9.4	0.92	12.0	0.01
2.4	12.19	6.0	4.65	9.8	0.59	12.1	0.01
2.8	11.09	6.4	4.06	10.0	0.45	12.2	0.005
3.0	10.60	6.8	3.55	10.4	0.24	13.0	0.0008
3.4	9.70	7.0	3.32	10.8	0.11	13.9	0.0001

酸效应系数随溶液酸度增加而增大。$\alpha_{Y(H)}$ 的数值越大，表示酸效应引起的副反应越严重，只有当 pH>12 时，$\alpha_{Y(H)}=1$，表示总浓度 $[Y]_{总}=[Y^{4-}]$，此时 EDTA 的配位能力最强。而前面讨论的稳定常数是 $[Y]_{总}=[Y^{4-}]$ 时的稳定常数，不能在 pH<12 时应用。

b. 干扰离子效应系数 $\alpha_{Y(N)}$ 如果溶液中除了被滴定的金属离子 M 之外，还有其他金属离子 N（干扰离子）存在，且 N 也能与 Y 形成稳定的配合物，当溶液中共存金属离子 N 的浓度较大，Y 与 N 的副反应就会影响 Y 与 M 的配位能力，此时共存离子的影响不能忽略。这种由于共存离子 N 与 EDTA 反应，因而降低了 Y 的平衡浓度的副反应称为干扰离子效应。副反应进行的程度用副反应系数 $\alpha_{Y(H)}$ 表示，称为干扰离子效应系数，其数值等于：

$$\alpha_{Y(N)}=\frac{[Y]_{总}}{[Y]}=\frac{[NY]+[Y]}{[Y]}=1+K^{\ominus}_{NY}[N]$$

式中，[N] 为游离共存金属离子 N 的平衡浓度。由式可知，$\alpha_{Y(H)}$ 的大小只与 $K^{\ominus}_{NY_i}$ 以及 N 的浓度有关。

若有几种共存离子存在时，一般只取其中影响最大的，其他可忽略不计。实际上，Y 的副反应系数 α_Y 应同时包括干扰离子效应和酸效应两部分，因此：

$$\alpha_Y=\frac{[Y]_{总}}{[Y]}=\frac{[Y]+[HY^{3-}]+[H_2Y^{2-}]+[H_3Y^-]+[H_4Y]+[H_5Y^+]+[H_6Y^{2+}]+[NY]+[Y]-[Y]}{[Y]}$$

$$=\alpha_{Y(H)}+\alpha_{Y(N)}-1\approx\alpha_{Y(H)}+\alpha_{Y(N)}$$

实际工作中，当 $\alpha_{Y(H)}\gg\alpha_{Y(N)}$ 时，酸效应是主要的；当 $\alpha_{Y(N)}\gg\alpha_{Y(H)}$ 时，干扰离子效应是主要的。一般情况下，在滴定剂 Y 的副反应中，酸效应的影响大，因此 $\alpha_{Y(H)}$ 是重要的副反应系数。

② **金属离子M的副反应及副反应系数α_M** 在EDTA滴定中，由于其他配位剂的存在，使金属离子参加主反应的能力降低的现象称为配位效应。金属离子发生配位反应的副反应系数用α_M表示，α_M又称配位效应系数，它表示未与EDTA配位的金属离子的各种存在形式的总浓度$[M]_{总}$与游离金属离子浓度$[M]$之比：

$$\alpha_M=\frac{[M]_{总}}{[M]}$$

由辅助配位剂L与金属离子M所引起的副反应，其副反应系数用$\alpha_{M(L)}$表示：

$$\begin{aligned}\alpha_{M(L)}&=\frac{c(M')}{c(M)}\\&=\frac{c(M)+c(ML_1)+c(ML_2)+\cdots+c(ML_n)}{c(M)}\\&=1+\frac{c(ML_1)}{c(M)}+\frac{c(ML_2)}{c(M)}+\cdots+\frac{c(ML_n)}{c(M)}\\&=1+c(L)\beta_1+c^2(L)\beta_2+\cdots+c^n(L)\beta_n\end{aligned}$$

由OH^-与金属离子M形成羟基配合物所引起的副反应，其副反应系数用$\alpha_{M(OH)}$表示：

$$\begin{aligned}\alpha_{M(OH)}&=\frac{c(M')}{c(M)}\\&=\frac{c(M)+c\{M(OH)_1\}+c\{M(OH)_2\}+\cdots+c\{M(OH)_n\}}{c(M)}\\&=1+c(OH)\beta_1+c^2(OH)\beta_2+\cdots+c^n(OH)\beta_n\end{aligned}$$

金属离子的总副反应系数为：

$$\begin{aligned}\alpha_M&=\frac{[M]_{总}}{[M]}=\frac{[M]+[ML_1]+\cdots+[ML_n]+[M(OH)]+\cdots+[M(OH)_n]}{[M]}\\&=\alpha_{ML}+\alpha_{M(OH)}-1\approx\alpha_{ML}+\alpha_{M(OH)}\end{aligned}$$

③ **配合物MY的副反应** 这种副反应在酸度较高或较低的情况下发生。酸度高时，生成酸式配合物（MHY），其副反应系数用$\alpha_{MY(H)}$表示；酸度低时，生成碱式配合物（MOHY），其副反应系数用$\alpha_{MY(OH)}$表示。酸式配合物和碱式配合物一般不太稳定，一般计算中可忽略不计。

④ **条件稳定常数** 通过上述副反应对主反应影响的讨论，用稳定常数$K_{MY}^{\ominus}$描述配合物的稳定性显然是不符合实际情况的，应将副反应的影响一起考虑。

为了了解不同副反应条件下配合物的稳定性，就必须从$[Y]_{总}$与$[Y^{4-}]$、$[M]_{总}$和$[M]$的关系来考虑（多数情况下溶液的酸碱性不是太强时，产物不形成酸式配合物或碱式配合物，故$\lg\alpha_{MY}$忽略不计）。

由α_Y定义式可得 $$[Y^{4-}]=\frac{[Y]_{总}}{\alpha_Y}$$

由α_M定义式可得 $$[M]=\frac{[M]_{总}}{\alpha_M}$$

将上式代入式 $$K_{MY}^{\ominus}=\frac{[MY]}{[M][Y^{4-}]}=\frac{[MY]\alpha_Y\alpha_M}{[M]_{总}[Y]_{总}}$$

所以有 $$\frac{[MY]}{[M]_{总}[Y]_{总}}=\frac{K_{MY}^{\ominus}}{\alpha_Y\alpha_M}=K_{MY}^{\ominus'}$$

两边取对数得 $$\lg K_{MY}^{\ominus'}=\lg K_{MY}^{\ominus}-\lg\alpha_Y-\lg\alpha_M$$

式中，$\lg K_{MY}^{\ominus'}$是考虑了各种副反应的EDTA和金属离子配合物的稳定常数，称为条件稳定常数。条件稳定常数是利用副反应系数进行校正后的实际稳定常数。条件稳定常数$K_{MY}^{\ominus'}$的大小说明在某些外因（H^+和L）影响下金属离子配合物的实际稳定程度。因此，只要有副反应存在，$\lg K_{MY}^{\ominus'}$总是小于$\lg K_{MY}^{\ominus}$，说明副反应的存在降低了配合物的稳定性和主反应进行的完全程度，应用$\lg K_{MY}^{\ominus'}$更能正确地判断金属离子和EDTA的配位情况。

如果只有酸效应，上式又简化成：

$$\lg K_{MY}^{\ominus'}=\lg K_{MY}^{\ominus}-\lg\alpha_{Y(H)}$$

上式表示在一定酸度条件下，用EDTA溶液总浓度$[Y]_{总}$表示的稳定常数。它的大小说明在溶液酸度影响下配合物MY的实际稳定程度。条件稳定常数随溶液的pH不同而发生变化。应用条件稳定常数比用稳定常数更能正确地判断金属离子和EDTA的配位情况，因此$K_{MY}^{\ominus'}$在选择配位滴定的pH条件时有着重要意义。

【例10-4】 计算在pH=2和pH=5时，ZnY的条件稳定常数

解 已知$\lg K_{稳}^{\ominus}(ZnY)=16.5$

查表可知pH=2.0时，$\lg\alpha_{Y(H)}=13.8$，$\lg\alpha_{Zn(OH)}=0$

所以$\lg K_{稳}^{\ominus'}(ZnY)=\lg K_{稳}^{\ominus}(ZnY)-\lg\alpha_{Y(H)}-\lg\alpha_{Zn(OH)}$

$=16.5-13.8-0$

$=2.7$

$$K_{稳}^{\ominus'}(ZnY)=10^{2.7}$$

pH=5.0时，$\lg\alpha_{Y(H)}=6.6$，$\lg\alpha_{Zn(OH)}=0$

所以$\lg K_{稳}^{\ominus'}(ZnY)=\lg K_{稳}^{\ominus}(ZnY)-\lg\alpha_{Y(H)}-\lg\alpha_{Zn(OH)}$

$=16.5-6.6-0$

$=9.9$

$$K_{稳}^{\ominus'}(ZnY)=10^{9.9}$$

由计算结果可知，若在pH=2.0时滴定Zn^{2+}，由于副反应严重，$\lg K_{ZnY}^{\ominus'}=2.7$，ZnY配合物很不稳定，配位反应进行得不完全；而在pH=5.0时滴定Zn^{2+}，$\lg K_{ZnY}^{\ominus'}=9.9$，ZnY配合物很稳定，配位反应进行得很完全。

pH越大，$\lg\alpha_{Y(H)}$越小，条件稳定常数越大，配位反应越完全，对滴定越有利。但pH太大，金属离子会水解生成氢氧化物沉淀，此时就难以用EDTA直接滴定该种金属离子。另外，pH降低，条件稳定常数就减小。对稳定性高的配合物，溶液的pH即使稍低一些，仍可进行滴定；而对稳定性差的配合物，若溶液的pH低，就不能滴定。

10.5.3 金属指示剂

配位滴定指示终点的方法中最重要的是使用金属离子指示剂（简称金属指示剂）指示终点。酸碱指示剂是以指示溶液中H^+浓度的变化确定终点，而金属指示剂则是以指示溶液中金属离子浓度的变化确定终点。

（1）金属指示剂的作用原理

金属指示剂是一种有机配位剂，它能与金属离子形成与其本身颜色显著不同的配合物。例如，在滴定前加入金属指示剂（用In表示金属指示剂的配位基团），则In与待测金属离子M有如下反应（省略电荷）：

$$\underset{(甲色)}{M+In} \rightleftharpoons \underset{(乙色)}{MIn}$$

这时溶液呈金属指示剂配合物MIn（乙色）的颜色。当滴入EDTA溶液后，Y先与游离的M结合。随着EDTA的滴入，游离金属离子逐步被配位形成MY配合物。等到游离金属离子几乎完全配位后，继续滴加EDTA时，EDTA夺取指示剂配合物MIn中的金属离子M，使指示剂In游离出来，溶液由乙色变为甲色，指示滴定终点的到达：

$$MIn + Y \rightleftharpoons MY + In$$

（乙色）　　　　　（甲色）

由于测定不同的金属离子要求的酸度不同，而且指示剂本身也大多是多元的有机弱酸（碱）、只有在一定条件下才能正确指示终点，所以要求指示剂与金属离子形成配合物的条件与 EDTA 测定金属离子的酸度条件相符合。

（2）金属指示剂的选择

金属指示剂的选择和酸碱滴定中指示剂的选择原则一样，即要求所选用的指示剂能在滴定“突跃”的 ΔpM 范围内发生颜色变化，并且指示剂变色点的 pM 值应尽量与滴定计量点时的 pM 值相等或接近，以免发生较大的滴定误差。

（3）金属指示剂应具备的条件

要准确地指示配位滴定的终点，金属指示剂应具备下列条件。

① 在滴定的 pH 范围内，游离指示剂与其金属配合物之间应有明显的颜色差别。

② 指示剂与金属离子生成的配合物应有适当的稳定性。金属指示剂配合物 MIn 的稳定性应比金属-EDTA 配合物 MY 的稳定性低。如果稳定性过低，将导致滴定终点提前，且变化范围变宽，颜色变化不敏锐；如果稳定性过高，将导致终点拖后，甚至使过量 EDTA 无法夺取 MIn 中的 M，使得滴定到达化学计量点时也不发生颜色突变，无法确定终点。实践证明，两者的稳定常数之差在 100 倍左右为宜，即 $\lg K^{\ominus\prime}_{MY} - \lg K^{\ominus\prime}_{MIn} \geqslant 2$。

③ 指示剂与金属离子的反应迅速，变色灵敏，可逆性强，生成配合物易溶于水，稳定性好，便于储存和使用。

（4）指示剂在使用过程中常出现的问题

① **指示剂的封闭现象**　由于指示剂与金属离子生成了稳定的配合物（$\lg K^{\ominus\prime}_{MY} \leqslant \lg K^{\ominus\prime}_{MIn}$），以至于到化学计量点时，滴入过量的 EDTA 也不能把指示剂从其金属离子的配合物中置换出来，看不到颜色变化，这种现象称为指示剂的封闭。

例如，测定 Ca^{2+}、Mg^{2+} 时，Al^{3+}、Fe^{3+}、Cu^{2+}、Ni^{2+}、Co^{2+} 等离子对铬黑 T 指示剂和钙指示剂有封闭作用，可用 KCN 掩蔽 Cu^{2+}、Ni^{2+}、Co^{2+} 以及用三乙醇胺掩蔽 Al^{3+}、Fe^{3+}。如发生封闭作用的离子是被测离子，一般利用返滴定法来消除干扰。如 Al^{3+} 对二甲酚橙有封闭作用，测定 Al^{3+} 时可先加入过量的 EDTA 标准溶液，使 Al^{3+} 与 EDTA 完全配位后，再调节溶液 pH＝5～6，用 Zn^{2+} 标准溶液返滴定，即可克服 Al^{3+} 对二甲酚橙的封闭作用。

有时，指示剂的封闭现象是由于有色配合物的颜色变化为不可逆反应所引起，这时虽然 $\lg K^{\ominus\prime}_{MIn} \leqslant \lg K^{\ominus\prime}_{MY}$，但由于颜色变化为不可逆，有色化合物不能很快被置换出来，可采用返滴定法。

② **指示剂的僵化现象**　由于指示剂与金属离子生成的配合物的溶解度很小，使 EDTA 与指示剂金属离子配合物之间的置换反应缓慢，终点延长，这种现象称为指示剂的僵化。例如，PAN 指示剂在温度较低时易发生僵化，可通过加入有机溶剂或加热的方法避免。

③ **指示剂的氧化变质现象**　指示剂在使用或储存过程中，由于受空气中的氧气或其他物质（氧化剂）的作用发生变质而失去指示终点作用的现象，可通过配成固体或配成有机溶剂的溶液的方法来消除；配成水溶液时可加入一定量的还原剂如盐酸羟胺等。

（5）常用金属指示剂

① **铬黑 T**

铬黑 T，其化学结构式如下：

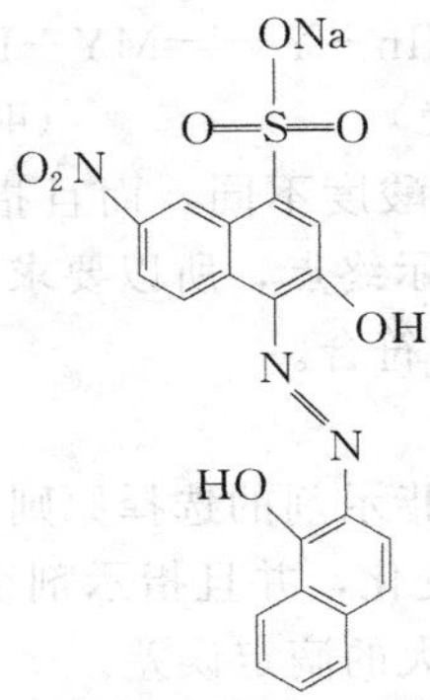

铬黑 T 简称 EBT 或 BT，是一种黑褐色粉末，常有金属光泽，溶于水后结合在磺酸根上的 Na^{+} 全部电离，以阴离子形式存在于溶液中。

铬黑 T 能在一定条件下与许多金属离子（如 Ca^{2+}、Mg^{2+}、Zn^{2+} 等）形成酒红色配合物，显然，铬黑 T 在 pH<6 或 pH>12 时，游离指示剂的颜色与形成的金属离子配合物的颜色没有显著的差别。只有在 pH 为 8～11 时进行滴定，终点由金属离子配合物的酒红色变成游离指示剂的蓝色，颜色变化才显著，因此，铬黑 T 最适宜使用的酸度范围是 pH=8～11。在滴定 Ca^{2+}、Mg^{2+}、Zn^{2+} 等离子时，Al^{3+}、Fe^{3+}、Cu^{2+}、Ni^{2+} 等对 EBT 有封闭作用，应预先分离或加入三乙醇胺及 KCN 掩蔽。单独滴定 Ca^{2+} 时，变色不敏锐，常用于滴定钙离子、镁离子的总含量。滴定终点的颜色为酒红色变成纯蓝色。

铬黑 T 在水溶液中容易发生聚合反应，在碱性溶液中很容易被空气中的氧气及其他氧化性离子氧化而退色，可加入三乙醇胺和抗坏血酸防止聚合反应和氧化反应的进行。

在实际使用过程中，常将铬黑 T 与 NaCl（或 KNO_3）按一定比例（1∶100）研细、混匀配成固体使用，也可用 EBT 和乳化剂 OP（聚乙二醇辛基苯基醚）配成水溶液，其中 OP 为 1%，EBT 为 0.001%，该溶液可以保存两个月左右。

② **钙指示剂** 钙指示剂简称 NN，又称钙红，是一种黑色固体，最适宜使用的酸度范围是 pH=12～13，是测钙的专用指示剂。

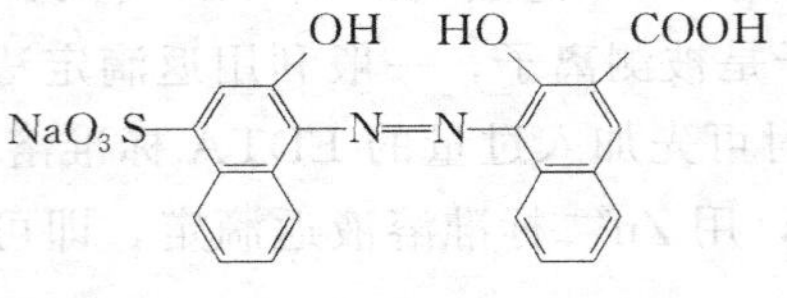

Al^{3+}、Fe^{3+}、Ti^{4+}、Cu^{2+}、Ni^{2+}、Co^{2+}、Mn^{2+} 等离子对指示剂有封闭作用，应预先分离或加入三乙醇胺及 KCN 掩蔽。在测定条件下，与钙离子形成酒红色配合物，滴定终点颜色为酒红色变成纯蓝色；由于钙指示剂的水溶液或乙醇溶液均不稳定，故也常配成固体使用，配制方法同 EBT。

③ **PAN 指示剂** PAN 为橘红色结晶，难溶于水，可溶于碱、氨溶液及甲醇等溶剂，通常配成 0.1% 乙醇溶液。适宜使用的酸度范围是 pH=2～12，自身显黄色。在测定条件下，与 Th^{4+}、Bi^{3+}、Ni^{2+}、Pb^{2+}、Cd^{2+}、Zn^{2+}、Mn^{2+} 等离子形成紫红色配合物。滴定终点颜色为紫红色变成亮黄色。PAN 和金属离子的配合物在水中溶解度小，为防止 PAN 僵化，滴定时必须加热。

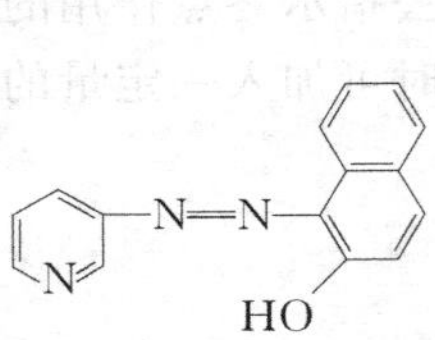

④ **二甲酚橙**（XO） 二甲酚橙简称 XO，属于三苯甲烷类显色剂，一般所用的是二甲酚橙的四钠盐，为紫色结晶，易溶于水，通常配成 0.5%水溶液，可保存 2～3 周。XO 能与金属离子形成紫红色配合物。最适宜使用的酸度范围是 pH<6.3，滴定终点颜色为紫红色变成亮黄色。

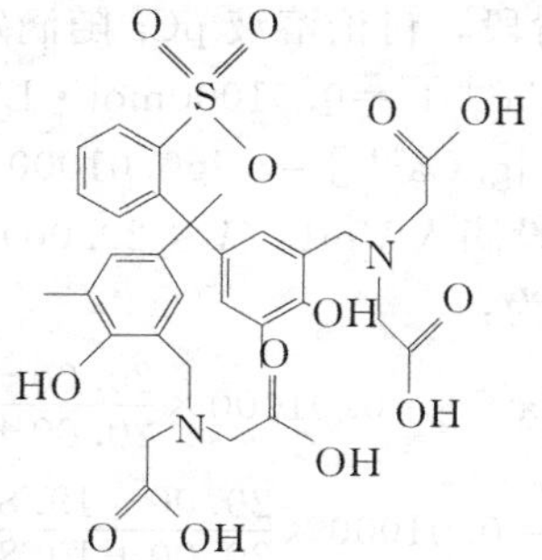

部分常用的金属指示剂列于表 10-6 中。

表 10-6 常用的金属指示剂

名称	浓度	In 本色	Min 颜色	pH 范围	被滴定离子	干扰离子
铬黑 T	与固体 NaCl 混合物(1：100)	蓝	葡萄红	6.0～11.0	Ca^{2+},Cd^{2+},Hg^{2+},Mg^{2+},Mn^{2+},Pb^{2+},Zn^{2+}	Al^{3+},Co^{2+},Cu^{2+},Fe^{3+},Ga^{3+},In^{3+},Ni^{2+},Ti^{4+}
二甲酚橙	0.5%乙醇溶液	柠檬黄	红	5.0～6.0	Cd^{2+},Hg^{2+},La^{3+},Pb^{2+},Zn^{2+}	
				2.5	Bi^{3+},Th^{4+}	
茜素	—	红	黄	2.8	Th^{4+}	—
钙试剂	与固体 NaCl 混合物(1：100)	亮蓝	深红	>12.0	Ca^{2+}	—
酸性铬紫 B	—	橙	红	4	Fe^{3+}	—
甲基百里酚蓝	1%与固体 KNO_3 混合物	灰	蓝	10.5	Ba^{2+},Ca^{2+},Mg^{2+},Mn^{2+},Sr^{2+}	Bi^{3+},Cd^{2+},Co^{2+},Hg^{2+},Pb^{2+},Sc^{3+},Th^{4+},Zn^{2+}
溴酚红	—	红	橙黄	2.0～3.0	Bi^{3+}	—
		蓝紫	红	7.0～8.0	Cd^{2+},Co^{2+},Mg^{2+},Mn^{2+},Ni^{3+}	—
		蓝	红	4	Pb^{2+}	—
		浅蓝	红	4.0～6.0	Re^{3+}	—
铝试剂	—	酒红	黄	8.5～10.0	Ca^{2+},Mg^{2+}	—
		红	蓝紫	4.4	Al^{3+}	—
		紫	淡黄	1.0～2.0	Fe^{3+}	—
偶氮胂Ⅲ	—	蓝	红	10	Ca^{2+},Mg^{2+}	—

10.5.4 配位滴定原理

在酸碱滴定中，随着滴定剂的加入，溶液中 H^+ 的浓度发生改变，当达到计量点时，溶液的 pH 发生突变。配位滴定与此相似，通常是用 EDTA 标准溶液滴定金属离子 M，随着 EDTA 标准溶液的不断加入，溶液中金属离子浓度不断减小。和利用 pH 表示［H^+］一样，当金属离子浓度［M^{n+}］很小时，用 pM（即 $-\lg[M^{n+}]$）表示比较方便。当滴定达到计量点时，pM 将发生突变，可利用金属指示剂来指示计量点。

以被测金属离子浓度的负对数 pM 对滴定剂 EDTA 加入的体积作图，可得配位滴定曲线。为了正确理解和掌握配位滴定的条件与影响因素，有必要详细讨论配位滴定的滴定曲线。

（1）**配位滴定曲线**

现以 pH = 10.0 时，用 $0.01000mol \cdot L^{-1}$ EDTA 标准溶液滴定 20.00mL $0.01000mol \cdot L^{-1}Ca^{2+}$ 溶液为例，计算滴定过程中金属离子浓度 pCa 的变化。

滴定反应为　　　　$Ca^{2+}+Y \rightleftharpoons CaY$　　　$\lg K^{\ominus}_{CaY}=10.69$

查表得 pH＝10.0 时，$\lg\alpha_{Y(H)}=0.45$，则

$$\lg K^{\ominus\prime}_{CaY}=\lg K^{\ominus}_{CaY}-\lg\alpha_{Y(H)}=10.69-0.45=10.24$$

说明配合物很稳定，可以进行测定。

现将滴定过程分为四个主要阶段，讨论溶液 pCa 随滴定剂的加入呈现的变化

① **滴定前**　此时，溶液中 $[Ca^{2+}]=0.01000mol\cdot L^{-1}$，

$$pCa=-\lg[Ca^{2+}]=-\lg0.01000=2.00。$$

② **滴定至化学计量点前**　假设滴入 VmL（$V<20.00$）EDTA 标准溶液，由于发生了配位反应，溶液中剩余的 Ca^{2+} 浓度为：

$$[Ca^{2+}]=0.01000\times\frac{20.00-V}{20.00+V}$$

当 $V=19.80$mL 时 $[Ca^{2+}]=0.01000\times\frac{20.00-19.80}{20.00+19.80}=5.0\times10^{-5}\ (mol\cdot L^{-1})$

$$pCa=4.3$$

当 $V=19.98$mL 时 $[Ca^{2+}]=0.01000\times\frac{20.00-19.98}{20.00+19.98}=5.0\times10^{-6}\ (mol\cdot L^{-1})$

$$pCa=5.3$$

③ **化学计量点**　化学计量点时，$V=20.00$mL，Ca^{2+} 几乎全部与 EDTA 配位形成 CaY。同时，溶液中存在以下平衡：

$$CaY \rightleftharpoons Y+Ca^{2+}$$

由于溶液的体积增大 1 倍，则溶液中 $[CaY]=0.005000mol\cdot L^{-1}$，并且有 $[Ca^{2+}]=[Y]$，根据配位平衡有；

$$K^{\ominus\prime}_{CaY}=\frac{c(CaY')}{c(Ca)\cdot c(Y')}=\frac{c(CaY')}{c^2(Ca)}$$

$$c(Ca)=\sqrt{\frac{c(CaY')}{K^{\ominus\prime}_{CaY}}}=\sqrt{\frac{0.005000}{1.8\times10^{10}}}=5.3\times10^{-7}$$

所以　　　　　　　　$pCa=6.27$

④ **化学计量点后**　化学计量点后，溶液中 EDTA 过量，过量的 EDTA 会抑制配合物 CaY 的离解。当加入 20.02mL 的 EDTA 时，溶液中过量的 Y 浓度为：

$$[Y]=0.01000\times\frac{20.02-20.00}{20.00+20.02}=5.0\times10^{-6}(mol\cdot L^{-1})$$

由于化学计量点附近 CaY 的离解度极小，所以有 $[CaY]=0.005000mol\cdot L^{-1}$，代入条件稳定常数表达式得：

$$c(Ca^{2+})=\frac{c(CaY)}{K^{\ominus}_{f}(CaY)c(Y')}=\frac{5.0\times10^{-3}}{1.8\times10^{10}\times5.0\times10^{-6}}=5.6\times10^{-8}$$

$$pCa=7.24$$

同理可求得任意时刻的 pCa，所得数据以 pCa 对 V_{EDTA} 作图即可得滴定曲线，如图 10-6 所示。

从图 10-6 可见，在 pH＝10.00 时，用 $0.01000mol\cdot L^{-1}$ EDTA 滴定 20.00mL $0.01000mol\cdot L^{-1}$ Ca^{2+}，化学计量点的 pCa＝6.27，滴定突跃的 pCa 值为 5.3～7.24，滴定突跃较大。比于 CaY 中 Ca 和 Y 的摩尔比为 1∶1，所以化学计量点前后各 0.1％时的 pCa 值对称于化学计量点。

(2) **影响滴定突跃范围的因素**

与酸碱滴定相类似，被滴定的金属离子浓度和滴定产物的稳定性都会影响滴定反应的完

全程度，因而也会影响滴定突跃的大小。

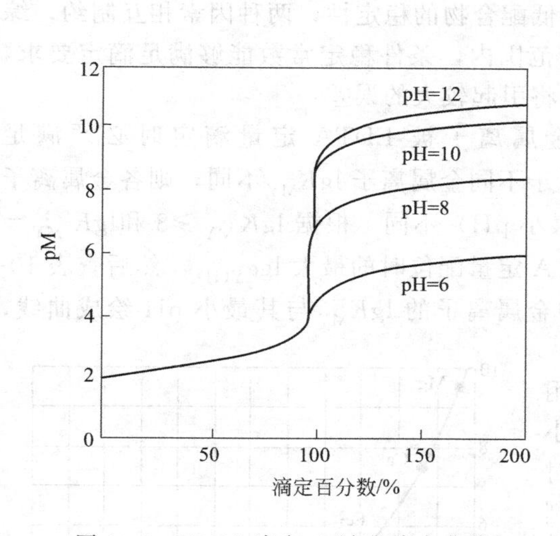

图 10-6　EDTA 滴定 Ca^{2+} 的滴定曲线

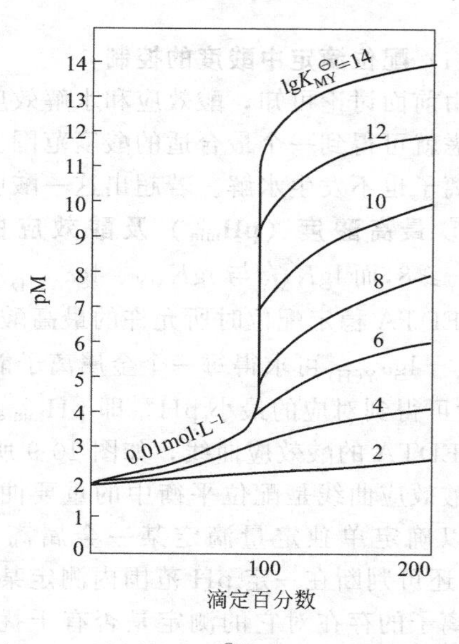

图 10-7　不同的 $\lg K_{MY}^{\ominus\prime}$ 对滴定曲线的影响

① **配合物的条件稳定常数对滴定突跃的影响**　假定被测定的金属离子的初始浓度为 $0.01000 mol \cdot L^{-1}$，$\lg K_{MY}^{\ominus\prime}$ 分别为 4、6、8、10、12、14 时，用相同浓度的EDTA滴定，按上述方法计算滴定过程的 pM′值，并依计算值绘出相应的滴定曲线（见图 10-7）。从图 10-7 可知，配合物的条件稳定常数越大，滴定突跃也越大。

② **酸度对滴定突跃的影响**　影响配合物的条件稳定常数的因素首先是配合物的稳定常数，而溶液的酸度、辅助配位剂等因素对其也有影响。

a. 酸度　酸度高时，$\lg \alpha_{Y(H)}$ 大，$\lg K_{MY}^{\ominus\prime}$ 变小因此滴定突跃就减小。不同 pH 对滴定突跃的影响如图 10-6 所示。

b. 其他配位剂的配位作用　滴定过程中加入掩蔽剂、缓冲溶液等辅助配位剂的作用会增大 $\lg \alpha_{M(L)}$ 值，使 $\lg K_{MY}^{\ominus\prime}$ 变小，因而滴定突跃就减小。

③ **金属离子浓度对滴定突跃的影响**　当测定条件一定时，金属离子浓度越大，滴定曲线的起点越低，滴定突跃就越大，如图 10-8 所示。

综上所述，滴定突跃的大小取决于 $C_M K_{MY}^{\ominus\prime}$ 或 $\lg C_M K_{MY}^{\ominus\prime}$ 值，$\lg C_M K_{MY}^{\ominus\prime}$ 值越大，滴定反应进行得越完全，滴定突跃越大，否则相反。

（3）**金属离子能被定量测定的条件**

金属离子能否被定量滴定，使滴定误差控制在允许范围（≤0.1%）内，这是决定一种分析方法是否适用的首要条件。实践和理论证明，在配位滴定中，若某金属离子 M 浓度为 C_M，能被 EDTA 定量滴定，必须满足：

$$\lg C_{M(计)} K_{MY}^{\ominus\prime} \geqslant 6$$

若测定时金属离子的浓度控制为 $0.01000 mol \cdot L^{-1}$，则有：

$$\lg K_{MY}^{\ominus\prime} \geqslant 8$$

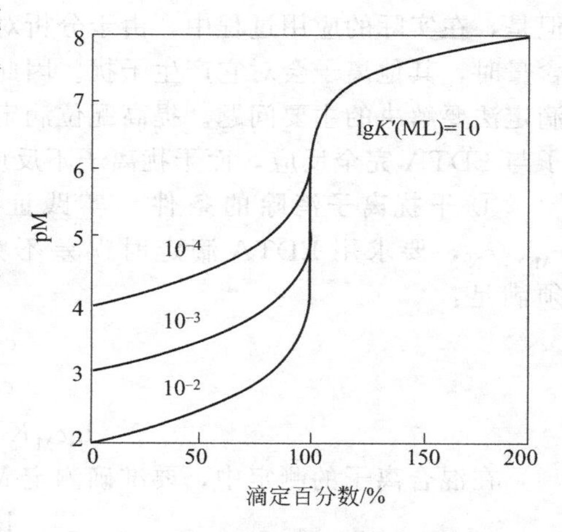

图 10-8　金属离子浓度对滴定曲线的影响

上两式为金属离子 M 能被 EDTA 定量滴定的条件，同时考虑必须有确定滴定终点的方法。

(4) **配位滴定中酸度的控制**

由前面讨论可知，酸效应和水解效应均能降低配合物的稳定性，两种因素相互制约，综合考虑就可得到一个最合适的酸度范围。在这个范围内，条件稳定常数能够满足滴定要求，金属离子也不发生水解。若超出这一酸度范围，将引起较大的误差：

① **最高酸度（pH_{min}）及酸效应曲线**　金属离子被 EDTA 定量滴定时必须满足 $\lg K_{MY}^{\ominus\prime} \geqslant 8$，而 $\lg K_{MY}^{\ominus\prime}$ 与 $\lg K_{MY}^{\ominus}$、$\lg\alpha_{Y(H)}$ 有关，由于不同金属离子 $\lg K_{MY}^{\ominus}$ 不同，则各金属离子能被 EDTA 稳定配位时所允许的最高酸度（即最小 pH）不同。根据 $\lg K_{MY}^{\ominus\prime} \geqslant 8$ 和 $\lg K_{MY}^{\ominus\prime} = \lg K_{MY}^{\ominus} - \lg\alpha_{Y(H)}$ 可求得每一个金属离子能被 EDTA 定量配位时的最大 $\lg\alpha_{Y(H)}$，然后查表 10-6，就可得到对应的最小 pH，即 pH_{min}。将各种金属离子的 $\lg K_{MY}^{\ominus}$ 与其最小 pH 绘成曲线，称为 EDTA 的酸效应曲线，如图 10-9 所示。

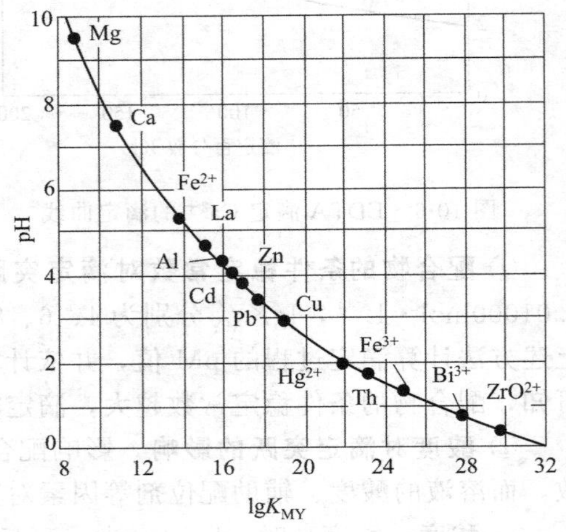

图 10-9　EDTA 的酸效应曲线

酸效应曲线是配位平衡中的重要曲线，利用它可以确定单独定量滴定某一金属离子的最小 pH，还可判断在一定 pH 范围内测定某一离子时其他离子的存在对它的测定是否有干扰，可以判断分别滴定和连续滴定两种或两种以上离子的可能性。

② **最低酸度（pH_{max}）**　酸效应曲线只能说明测定某一离子的最高酸度，即测定某一金属离子的 pH 下限（pH_{min}），上限（pH_{max}）可由金属离子的水解情况求得。例如：

$$M^{n+} + nOH^- \rightleftharpoons M(OH)_n$$

若使 M^{n+} 不能生成沉淀则：

$$[M^{n+}][OH^-]^n \leqslant K_{sp}^{\ominus}$$

$$[OH^-] \leqslant \sqrt[n]{\frac{K_{sp}^{\ominus}}{[M^{n+}]}}$$

(5) **提高配位滴定选择性的方法**

EDTA 能与绝大多数的金属离子形成稳定的配合物，这是 EDTA 得以广泛应用的原因。但是，在实际的应用过程中，由于分析对象往往是多种元素同时存在，在测定某一种离子的含量时，其他离子会对它产生干扰。因此，怎样消除干扰以提高配位滴定的选择性，是配位滴定法要解决的主要问题。提高配位滴定选择性的主要途径是，设法使在测定条件下被测离子与 EDTA 完全反应，而干扰离子不反应或反应能力很低。

① **干扰离子消除的条件**　实践证明，设有 M、N 两种离子，其原始浓度分别为 c_M、c_N，要求用 EDTA 滴定时误差不大于 0.1%～1%，要使 N 不干扰 M 的测定，必须满足：

$$\frac{c_M K_{MY}^{\ominus\prime}}{c_N K_{NY}^{\ominus\prime}} \geqslant 10^5$$

$$\lg c_M K_{MY}^{\ominus\prime} - \lg c_N K_{NY}^{\ominus\prime} \geqslant 5$$

在混合离子的测定中，要准确测定 M，又要求 N 不干扰，必须同时满足下列条件：

$$\lg c_M K_{MY}^{\ominus\prime} \geqslant 6$$

$$\lg c_N K_{NY}^{\ominus\prime} \leqslant 1$$

② **消除干扰的方法**

a. 控制溶液的酸度　由于不同的金属离子与 EDTA 配合物的稳定常数不同，各离子在被滴定时所允许的最小 pH 也不同，溶液中同时有两种或两种以上的离子时，若控制溶液的酸度致使只有一种离子形成稳定配合物，而其他离子不被配位或形成的配合物很不稳定，这样就避免了干扰。例如，铅、铋（设它们的浓度均为 $0.01000mol \cdot L^{-1}$）混合溶液中铋的测定，就可采用控制酸度的方法测定铋而铅不干扰。

由酸效应曲线可得，测定铋的最小 pH 为 0.7，即为控制酸度范围的 pH 下限。要使铅不干扰，即必须满足 $\lg c_N K_{NY}^{\ominus\prime} \leqslant 1$，或 $\lg K_{NY}^{\ominus\prime} \leqslant 3$，再由 $\lg K_{NY}^{\ominus\prime} = \lg K_{NY}^{\ominus} - \lg \alpha_{Y(H)}$ 可求得相应的酸效应系数值为 $\lg \alpha_{Y(H)} \geqslant 15.04$，查表 12-6 得 pH≤1.6，故在铅存在下测定铋而铅不干扰的最适宜酸度为 0.7～1.6，实际测定中一般选 pH＝1。

利用控制溶液的酸度，是消除干扰比较方便的方法，只有当两种离子与 EDTA 形成配合物的条件稳定常数相差较大（$c_M = c_N$时，$\Delta \lg K^{\ominus} \geqslant 5$）时，方可使用，否则只能用其他方法。

b. 利用掩蔽和解蔽方法　掩蔽是指利用掩蔽剂通过化学反应使干扰离子浓度降低，而达到不干扰测定的方法。掩蔽的方法依所发生的化学反应的不同，可分为配位掩蔽法、氧化还原掩蔽法和沉淀掩蔽法，其中用得最多的是配位掩蔽法。

ⓐ 配位掩蔽法　利用配位反应降低干扰离子的浓度，从而消除干扰的方法称为配位掩蔽法。

例如，测定水的硬度时，Al^{3+}、Fe^{3+} 对 Ca^{2+}，Mg^{2+} 的测定有干扰，可加入三乙醇胺为掩蔽剂，它能与 Al^{3+}、Fe^{3+} 反应生成比 EDTA 更稳定的配位化合物而不干扰测定。

为了得到较好的效果，配位滴定中的掩蔽剂应具备下列条件：干扰离子与掩蔽剂形成的配合物应远比与 EDTA 形成的配合物稳定，且掩蔽剂与干扰离子形成的配合物必须为无色或浅色；掩蔽剂不与被测离子配位，或者即使形成配合物，其稳定性远小于被测离子与 EDTA 形成的配合物的稳定性；掩蔽剂与干扰离子形成配合物所需要的 pH 范围应符合滴定所要求的 pH 范围。

常用的配位掩蔽剂有 NH_4F、NaF、KCN、三乙醇胺和酒石酸等。

ⓑ 氧化还原掩蔽法　利用氧化还原反应来改变干扰离子的价态以消除干扰的方法称为氧化还原掩蔽法。例如，Fe^{3+} 对 Bi^{3+} 的测定有干扰，而 Fe^{2+} 不干扰，因此，可利用抗坏血酸将 Fe^{3+} 还原为 Fe^{2+} 以达到消除干扰的目的（$\lg K_{FeY^-}^{\ominus} = 25.10$，$\lg K_{FeY^{2-}}^{\ominus} = 14.33$）。配位滴定中常用的还原剂有抗坏血酸、盐酸羟胺、硫代硫酸钠等。

有些离子干扰某些组分的测定，可用氧化剂将其氧化为高价态以消除干扰，如 $Cr^{3+} \rightarrow Cr_2O_7^{2-}$，$VO_2^+ \rightarrow VO_3^-$，$Mn^{2+} \rightarrow MnO_4^-$。常用的氧化剂有 H_2O_2、$(NH_4)_2S_2O_8$等。

ⓒ 沉淀掩蔽法　利用沉淀反应消除干扰的方法称为沉淀掩蔽法。例如，用 EDTA 法测定水中 Ca^{2+} 时，溶液中的 Mg^{2+} 有干扰，可加入 NaOH 使 Mg^{2+} 形成 $Mg(OH)_2$ 沉淀来消除。

沉淀掩蔽法有一定的局限性。如有些沉淀反应不完全，掩蔽效率不高；沉淀反应发生时，通常伴随"共沉淀现象"，影响滴定的准确度，"共沉淀现象"有时还会对指示剂产生吸附作用，从而影响滴定终点的观察；有些沉淀颜色很深或体积庞大，也影响滴定终点的观察。因此，应用沉淀掩蔽法时应充分注意这些不利影响。

ⓓ 解蔽方法　将干扰离子掩蔽，在测定被测离子后，在金属离子配合物的溶液中，再加入一种试剂（解蔽剂）将已被 EDTA 或掩蔽剂配位的金属离子释放出来的过程称为解蔽。利用掩蔽和解蔽方法可以在同一溶液中连续测定两种或两种以上的离子。

例如，测定溶液中的 Pb^{2+} 时，常用 KCN 掩蔽 Zn^{2+}、Cu^{2+}，测定完 Pb^{2+}后，可用甲

醛解蔽 Zn（CN）$_4{}^{2-}$中的 Zn^{2+}，可用 EDTA 继续滴定 Zn^{2+}，解蔽的反应为：

$$Zn(CN)_4^{2-}+4HCHO+4H_2O \longrightarrow Zn^{2+}+4HOCH_2CN+4OH^-$$

Cu（CN）$_4{}^{2-}$较稳定，用甲醛或三氯乙醛难以解蔽。

c. 化学分离法　当用上述两种方法消除干扰均有困难时，应当采用化学分离法先把被测离子或干扰离子分离出来，然后再进行测定。尽管分离手段很麻烦，但化学分离法在某些情况下是不可缺少的消除干扰的手段。

d. 选用其他配位滴定剂　EDTA 是最常应用的配位剂，当一般方法消除干扰有困难时，可选用其他有机配位剂，如 EGTA（乙二醇二乙醚二胺四乙酸）、EDTP（乙二胺四丙酸）等。如 EDTA 与 Ca^{2+}、Mg^{2+}的配合物的 $\Delta \lg K^{\ominus}$较小（$\Delta \lg K^{\ominus}=\lg K^{\ominus}_{CaY}-\lg K^{\ominus}_{MgY}=10.69-8.69=2.0$），而 EGTA 与 Ca^{2+}、Mg^{2+}的配合物的 $\Delta \lg K^{\ominus}$较大（$\Delta \lg K^{\ominus}=\lg K^{\ominus}_{Ca-EGTA}-\lg K^{\ominus}_{Mg-EGTA}=10.97-5.21=5.76>5$），故可用 EGTA 在 Ca^{2+}、Mg^{2+}共存时直接滴定 Ca^{2+}，而 Mg^{2+}不干扰。

10.5.5　配位滴定的方式及其应用

在配位滴定中，根据实际需要可采用不同的滴定方式，这样不仅可以增大配位滴定的范围，而且可以提高配位滴定的选择性。常用的方式有以下 4 种。

（1）**直接滴定法**

直接滴定法是配位滴定中最基本的方法。这种方法是将被测物质处理成溶液后，调节酸度（缓冲溶液），加入必要的试剂（掩蔽剂）和指示剂，直接用 EDTA 标准溶液滴定，然后根据消耗的 EDTA 标准溶液的体积，计算试样中被测组分的含量。

采用直接滴定法，必须符合下列几个条件：①被测定的金属离子与 EDTA 形成的配合物要稳定，即要满足 $\lg C_M K^{\ominus\prime}_{MY}\geqslant 6$ 的要求；②配位反应速率应很快；③在所选用的滴定条件下，被测的金属离子不发生水解反应，必要时可加入适当的辅助配位剂；④有敏锐的指示剂指示终点，且无封闭现象。

例如，水的硬度的测定。水的硬度是指水中除碱金属以外的全部金属离子的浓度。由于水中 Ca^{2+}、Mg^{2+}含量高于其他金属离子，故通常以水中 Ca^{2+}、Mg^{2+}总量表示水的硬度。根据所消耗 EDTA 标准溶液的体积，计算水的总硬度。水的硬度有两种表示方法：用 $CaCO_3$（$mg \cdot L^{-1}$）表示；用度表示（$1°=10mg \cdot L^{-1}$ CaO）。

① **总硬度的测定**　用 NH_3-NH_4Cl 碱性缓冲溶液调节水样的 pH＝10，EBT 为指示剂，用 EDTA 标准溶液滴定，终点时溶液由红色变为蓝色，消耗 EDTA 标准溶液的体积为 V_1。

$$总硬度(mg \cdot L^{-1})=\frac{c(EDTA)V_1M(CaCO_3)}{V}\times 1000$$

$$总硬度(°)=\frac{c(EDTA)V_1M(CaO)}{V\times 10}\times 1000$$

② **钙硬度的测定**　用 NaOH 调节水样的 pH＝12.5，使 Mg^{2+}形成 Mg（OH）$_2$沉淀，选钙指示剂指示终点，用 EDTA 标准溶液滴定，终点时溶液由红色变为蓝色，消耗 EDTA 标准溶液的体积为 V_2。

$$Ca^{2+}硬度(mg \cdot L^{-1})=\frac{c(EDTA)V_2M(CaCO_3)}{V}\times 1000$$

$$Mg^{2+}硬度(mg \cdot L^{-1})=总硬度-钙硬度$$

（2）**返滴定法**

返滴定法是在被测离子的溶液中加入已知量的 EDTA 标准溶液，当被测定的离子反应完全后，再用另一种金属离子的标准溶液滴定剩余的 EDTA，根据两种标准溶液的量可求得被测组分的含量。返滴定法也称剩余滴定法，适用于下列情况：①采用直接滴定法时缺乏符合要求的指示剂或者被测离子对指示剂有封闭作用；②被测离子与 EDTA 的配位速率很慢；③被测离子发生水解等副反应影响滴定。

例如，铝盐混凝剂中 Al^{3+} 含量测定。用 EDTA 法测定 Al^{3+} 时，由于 Al^{3+} 与 EDTA 的反应速率较慢，酸度较低时，Al^{3+} 存在水解作用，另外，Al^{3+} 对二甲酚橙（XO）指示剂还有封闭作用，因此，不能用 EDTA 直接滴定 Al^{3+}。可先在待测的 Al^{3+} 溶液中，加入一定适量的 EDTA 标准溶液，在 pH＝3.5 条件下，煮沸溶液，待 Al^{3+} 与 EDTA 的反应完全后，调节溶液的 pH＝5.0～6.0，加入二甲酚橙，再使用 Zn^{2+} 标准溶液进行返滴定。

注意：返滴定法中的返滴定剂与 EDTA 的配合物要足够稳定，但不宜超过被测离子与 EDTA 所形成的配合物的稳定性，否则，返滴定剂会置换出被测离子，产生负误差。

【例 10-5】 用络合滴定法测定铝合金中的铝，称取试样 0.2500g，溶解后，加入 $0.05000mol \cdot L^{-1}$ EDTA25.00mL，在适当条件下使 Al^{3+} 络合完全，调节 pH 为 5～6，加入二甲酚橙指示剂，用 $0.02000mol \cdot L^{-1}$ $Zn(Ac)_2$ 溶液 21.50mL 滴定至终点，计算试样中 Al%（$M_{Al}=26.98$）。

解 总 EDTA$=0.05000 \times 25.00 \times 10^{-3}=1.25 \times 10^{-3}$

过量 EDTA$=0.02000 \times 21.50 \times 10^{-3}=0.43 \times 10^{-3}$

铝含量$=(1.25 \times 10^{-3}-0.43 \times 10^{-3}) \times 26.98/0.2500=8.85\%$

（3）**置换滴定法**

利用置换反应从配合物中置换出等量的另一种金属离子或 EDTA，然后进行滴定的方式称为置换滴定法。置换滴定法的方式灵活多样，不仅能扩大配位滴定的范围，同时还可以提高配位滴定的选择性。

① **置换出金属离子** 当 M 不能用 EDTA 直接滴定时，可用 M 与 NL 反应，使 M 置换出 N，再用 EDTA 滴定 N，可求出 M 的含量。

$$NL + M \longrightarrow ML + N$$

$$N + Y \longrightarrow NY$$

例如，Ag^+ 与 EDTA 的配合物不稳定，不能用 EDTA 直接滴定，可将含 Ag^+ 的试液加入 $[Ni(CN)_4]^{2-}$ 溶液中，则可置换出定量的 Ni^{2+}，然后在 pH＝10.0 的碱性缓冲溶液中，以紫脲酸铵为指示剂，用 EDTA 滴定置换出来的 Ni^{2+}，根据 EDTA 的用量可计算 Ag^+ 的含量。置换反应为：

$$[Ni(CN)_4]^{2-} + 2Ag^+ \rightleftharpoons 2[Ag(CN)_2]^- + Ni^{2+}$$

② **置换出 EDTA** 测定几种金属离子混合溶液中的 M 时，可先加 EDTA 与它们同时配位，再加入一种具有选择性的配位剂 L，夺取 MY 中的 M，使与 M 作用的 EDTA 置换出，用另一种金属离子标准溶液滴定置换出的 EDTA，从而可求得 M 的含量。

$$MY + L \longrightarrow ML + Y$$

$$N + Y \longrightarrow NY$$

例如，用返滴定法测定 Al^{3+} 含量，当有其他离子干扰时，可用置换滴定法进行测定。先在待测溶液中加入过量的 EDTA 标准溶液，加热使金属离子全部与 EDTA 反应，然后用 Zn^{2+} 或 Cu^{2+} 标准溶液除去过量的 EDTA。再加入 NH_4F，选择性地将 AlY^- 中的 EDTA 释放出来，然后再用 Zn^{2+} 或 Cu^{2+} 标准溶液滴定释放出的 EDTA，可求出 Al^{3+} 的含量。置换反应为：

$$AlY^- + 6F^- \longrightarrow AlF_6^{3-} + Y^{4-}$$

（4）**间接滴定法**

有些金属离子（如 Li^+、K^+、Na^+）和非金属离子（如 $SO_4{}^{2-}$、$PO_4{}^{3-}$）不与 EDTA

配位或生成的配合物不稳定时，可采用间接滴定法。即在被测物的溶液中加入一种既能与被测物反应又能与 EDTA 反应的试剂，使被测物间接转化为能与 EDTA 发生反应的物质，然后再测定的方式。例如，样品中 P 的测定。在一定条件下，将试样中的磷沉淀为 $MgNH_4PO_4$，然后过滤、洗净并将它溶解，调节溶液的 pH＝10.0，用 EBT 为指示剂，以 EDTA 标准溶液滴定，从而求得试样中磷的含量。

[阅读材料] 浅谈 EDTA 在水泥化学分析中的应用*

(1) EDTA 配位滴定在水泥化学分析中的应用　在配位滴定中。采用不同的滴定方式不仅可以扩大滴定的应用范围。而且还可以提高配位滴定的选择性。由于在水泥生产的各种试样中，主要测定成分或干扰成分含量不同，影响测定的因素也不相同，为了准确测定主要成分的含量。需要分别采取不同的方法和控制测定的条件。下面针对水泥化学分析的具体测定项目进行讨论。

(2) Fe_2O_3的测定　采用直接滴定法的方式进行，可测定生料、熟料、铁矿样中的 Fe_2O_3 含量。

① 严格控制测定的 pH 范围为 1.8～2.2。如果 pH 值过高，将有部分铝参与 EDTA 的反应，使Fe_2O_3的测定结果偏高；如果 pH 值过低，Fe^{3+} 不能完全与 EDTA 发生配位反应，使 Fe_2O_3 的测定结果偏低。

② 严格控制测定时的温度为 60～70℃。温度低，反应速度慢，终点拖长，Fe_2O_3 的测定结果偏高；温度过高，试样中的部分铝离子将提前参与 EDTA 的配位反应，也使 Fe_2O_3 的测定结果偏高。

③ 临近终点时，由于 Fe^{3+} 在试样中的含量一般不太高，与 EDTA 的反应速度又慢，故在操作上应快搅慢滴，否则 EDTA 易滴定过量，使 Fe_2O_3 的测定结果偏高。

④ 最好控制测定溶液的体积为 100mL 左右。体积过大，由于终点颜色浅，视觉上有误差，易造成滴定过量，结果偏高；体积过小，溶液中的干扰离子浓度大，干扰严重，结果不准确；另外，体积过小，溶液温度下降太快，不利于滴定。

(3) Al_2O_3 的测定　由于 Al^{3+} 与 EDTA 的配位反应速度很慢，故采用返滴定的方式进行测定。

① 滴定完 Fe^{3+} 的溶液中加入过量的 EDTA 后，应调 pH 值为 3.5～4.0。调 pH 值后缓冲溶液应在热溶液中加入。这样缓冲溶液的作用才能充分发挥。

② EDTA 的加入量应根据试样中 Al^{3+} 含量而定。Al^{3+} 含量高的试样可以适当多加一些 EDTA 标准溶液。但 EDTA 太多或太少都将使 Al_2O_3 的测定结果不准确。

③ 加入 EDTA 后应加热煮沸。因为 Al^{3+} 与 EDTA 的配位反应速度很慢，虽然已加入了过量的 EDTA，为了使反应充分，还应煮沸 3min 以上。

④ 如用 PAN 为指示剂时，还应在热溶液中完成滴定。PAN 指示剂的最大缺点就是容易造成僵化现象，因此在加热取下后就应马上进行滴定，PAN 的最佳使用温度为 85～95℃。

⑤ 高锰试样，可选择其它测定方法。由于试样中锰含量过高，在滴定 Al^{3+} 的条件下。部分锰离子还是会被滴定，造成 Al^{3+} 测定结果偏高。遇此情况时，可选择其他测定方法或选择其他配位剂。

⑥ AN 的用量要合适。PAN 用量少，终点偏蓝色；PAN 用量多，终点色偏红，都会造成终点颜色误差。

(4) CaO 的测定　水泥生产的试样中，如欲用 EDTA 配位法测定 Ca^{2+}、Mg^{2+} 含量，一般都采用差减法进行。即先控制 pH 值约为 10 左右，测定钙镁合量，然后再调 pH≥12.5，加入掩蔽剂使镁形成沉淀后测定钙含量，最后用差减法求得镁含量。

① 溶液的质量浓度为 $20g \cdot L^{-1}$的 KF 加入量应合适，且应在酸性溶液中加入。在实际工作中，可能会遇到一些含硅量高的黏土，掩蔽硅所用溶液的质量浓度为 $20g \cdot L^{-1}$ 的 KF 应多加些，但也不能加得太多，否则会形成 CaF_2 沉淀；如 KF 加入量不足，硅掩蔽不完全，两者都将造成测定结果偏低。另外，KF 的加入还应在酸性溶液中，这样才能达到掩蔽硅的目的。

② 如用 CMP 为指示剂时，加入的量一定要合适，否则终点颜色太浅或太深，都将造成视觉上的误差，使得测定结果不准确。

③ 加入 KOH 调 pH 后不宜时间过长，否则试样中的硅酸在强碱性环境中会和 Ca^{2+} 形成 $CaSiO_3$，

使 Ca^{2+} 结果偏低。

④ 一般的试样中，加入三乙醇胺的量为5mL，但如是含铁、含锰高的试样时，则应适当多些，可加到10mL。

（5）MgO的测定

① 测定高硅试样时，酸性溶液中KF应多加（浓度为 $20g \cdot L^{-1}$ 的KF可加至15mL），这样才能达到完全掩蔽硅的目的。

② K-B指示剂的配比要合适。在实际工作中由于酸性铬蓝K和萘酚绿B出厂的批号和产地不同，两者的配比并不是每批都一样，如换了批号和产地时，应重新采用不同的比例做试验，得到新的配比，否则会造成终点的提前或推后，得到不准确的测定结果。

③ 临近终点时，应充分搅拌并缓慢滴定，否则易造成滴定过量，测定结果偏高。

④ 在高锰试样中，为防止锰干扰测定，加入缓冲溶液后，还可加入1g的盐酸羟胺，充分搅拌使之溶解后立即用EDTA标准溶液滴定，然后扣除MnO的含量。

⑤ 当试样中含铁、铝、锰高时，三乙醇胺的量应增加到10mL，并充分搅拌，这样才能使铁、铝、锰掩蔽完全，使其不干扰测定。

（6）结语　实验操作的证明，在进行水泥化学分析时，如严格按上述分析条件进行试样的测定，都能得到较为满意的测定结果（和标样对照后）。

* 详见：徐佳怡．浅谈EDTA在水泥化学分析中的应用[J]．水泥工程，2007，4：65-66，68.

思考题与习题

基本概念复习及相关思考

10-1　说明下列术语的含义

内界；外界；配位体；中心体；配位数；配位原子；外轨型配合物；内轨型配合物；稳定平衡常数；不稳定平衡常数；条件稳定常数；酸效应；螯合物；金属指示剂；最高酸度；最低酸度

习　题

10-2　选择题

（1）欲用EDTA测定试液中的阴离子，宜采用（　　）。

A. 直接滴定法　　B. 返滴定法　　C. 置换滴定法　　D. 间接滴定法

（2）已知 $\lg K_{CuY}=18.8$，$\lg K_{ZnY}=16.5$，$\lg K_{AlY}=16.1$，用EDTA测定 Cu^{2+}，Zn^{2+}，Al^{3+} 中的 Al^{3+}，最合适的滴定方式是（　　）。

A. 直接滴定　B. 间接滴定　C. 返滴定　D. 置换滴定

（3）EDTA滴定 Al^{3+} 的pH一般控制在4.0～7.0范围内。下列说法正确的是（　　）。

A. pH<4.0时，Al^{3+} 水解影响反应进行程度

B. pH>7.0时，EDTA的酸效应降低反应进行的程度

C. pH<4.0时，EDTA的酸效应降低反应进行的程度

D. pH>7.0时，Al^{3+} 的 NH_3 配位效应降低了反应进行的程度

（4）在 Fe^{3+}，Al^{3+}，Ca^{2+}，Mg^{2+} 的混合液中，用EDTA法测定 Fe^{3+}，Al^{3+}，要消除 Ca^{2+}，Mg^{2+} 的干扰，最简便的方法是采用（　　）。

A. 沉淀分离法　B. 控制酸度法　C. 溶液萃取法　D. 离子交换法

（5）用指示剂（In），以EDTA（Y）滴定金属离子M时常加入掩蔽剂（X）消除某干扰离子（N）的影响。不符合掩蔽剂加入条件的是（　　）。

A. $K_{NX}<K_{NY}$　　B. $K_{NX}>>K_{NY}$

C. $K_{MX}<<K_{MY}$　　D. $K_{MIn}>K_{MX}$

（6）已知 $\lg K_{BiY}=27.9$；$\lg K_{NiY}=18.7$。今有浓度均为 $0.01mol \cdot L^{-1}$ 的 Bi^{3+}，Ni^{2+} 混合试液。欲测定其中 Bi^{3+} 的含量，允许误差<0.1%，应选择pH值为（　　）。

pH	0	1	2	3	4	5
$\lg\alpha_{Y(H)}$	24	18	14	11	8.6	6.6

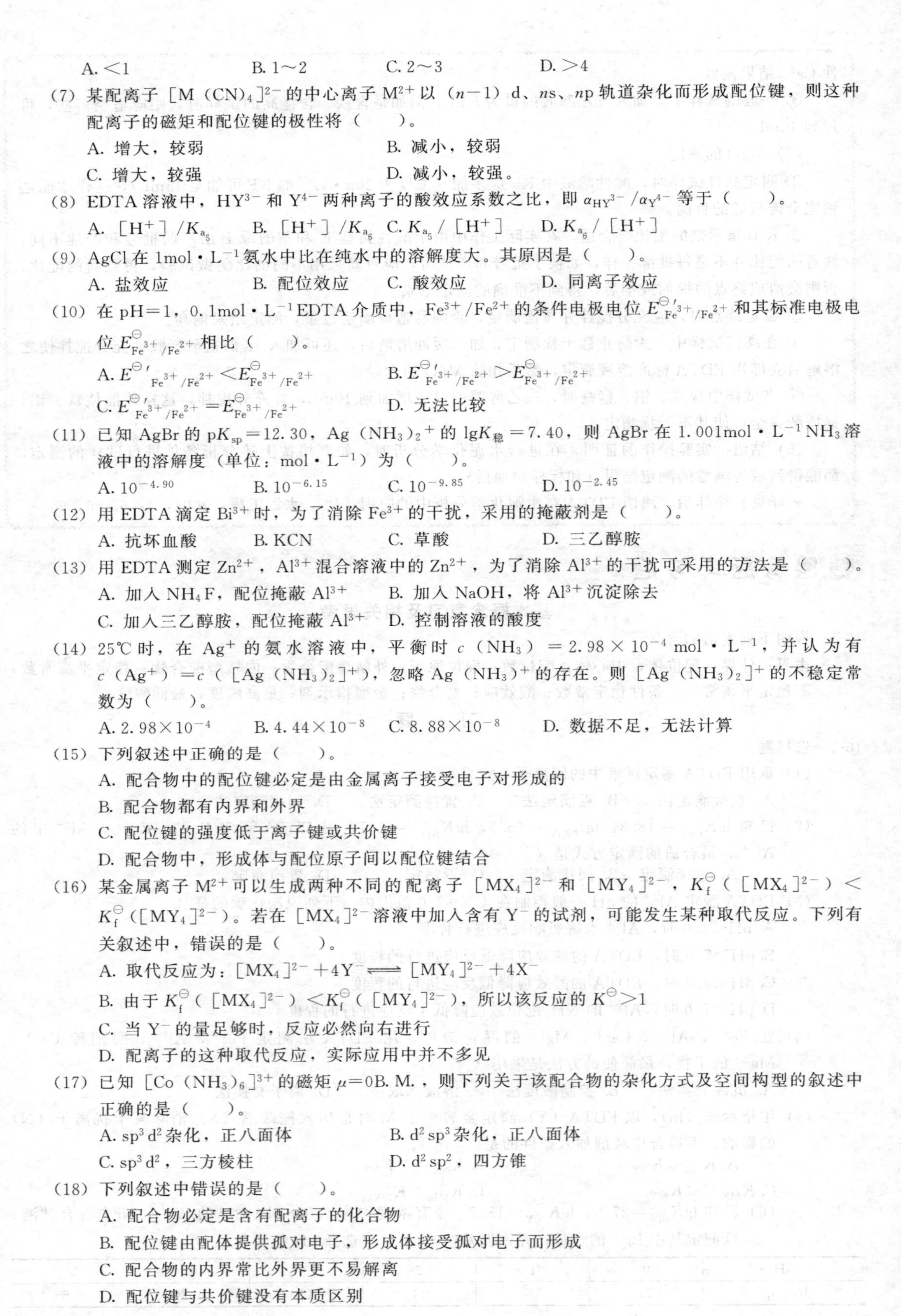

A. ＜1　　B. 1～2　　C. 2～3　　D. ＞4

(7) 某配离子 $[M(CN)_4]^{2-}$ 的中心离子 M^{2+} 以 $(n-1)$ d、ns、np 轨道杂化而形成配位键，则这种配离子的磁矩和配位键的极性将（　　）。

A. 增大，较弱　　B. 减小，较弱

C. 增大，较强　　D. 减小，较强。

(8) EDTA 溶液中，HY^{3-} 和 Y^{4-} 两种离子的酸效应系数之比，即 $\alpha_{HY^{3-}}/\alpha_{Y^{4-}}$ 等于（　　）。

A. $[H^+]/K_{a_5}$　　B. $[H^+]/K_{a_6}$　　C. $K_{a_5}/[H^+]$　　D. $K_{a_6}/[H^+]$

(9) AgCl 在 $1mol \cdot L^{-1}$ 氨水中比在纯水中的溶解度大。其原因是（　　）。

A. 盐效应　　B. 配位效应　　C. 酸效应　　D. 同离子效应

(10) 在 pH＝1，$0.1mol \cdot L^{-1}$ EDTA 介质中，Fe^{3+}/Fe^{2+} 的条件电极电位 $E^{\ominus\prime}_{Fe^{3+}/Fe^{2+}}$ 和其标准电极电位 $E^{\ominus}_{Fe^{3+}/Fe^{2+}}$ 相比（　　）。

A. $E^{\ominus\prime}_{Fe^{3+}/Fe^{2+}} < E^{\ominus}_{Fe^{3+}/Fe^{2+}}$　　B. $E^{\ominus\prime}_{Fe^{3+}/Fe^{2+}} > E^{\ominus}_{Fe^{3+}/Fe^{2+}}$

C. $E^{\ominus\prime}_{Fe^{3+}/Fe^{2+}} = E^{\ominus}_{Fe^{3+}/Fe^{2+}}$　　D. 无法比较

(11) 已知 AgBr 的 $pK_{sp}=12.30$，$Ag(NH_3)_2^+$ 的 $\lg K_{稳}=7.40$，则 AgBr 在 $1.001mol \cdot L^{-1}$ NH_3 溶液中的溶解度（单位：$mol \cdot L^{-1}$）为（　　）。

A. $10^{-4.90}$　　B. $10^{-6.15}$　　C. $10^{-9.85}$　　D. $10^{-2.45}$

(12) 用 EDTA 滴定 Bi^{3+} 时，为了消除 Fe^{3+} 的干扰，采用的掩蔽剂是（　　）。

A. 抗坏血酸　　B. KCN　　C. 草酸　　D. 三乙醇胺

(13) 用 EDTA 测定 Zn^{2+}，Al^{3+} 混合溶液中的 Zn^{2+}，为了消除 Al^{3+} 的干扰可采用的方法是（　　）。

A. 加入 NH_4F，配位掩蔽 Al^{3+}　　B. 加入 NaOH，将 Al^{3+} 沉淀除去

C. 加入三乙醇胺，配位掩蔽 Al^{3+}　　D. 控制溶液的酸度

(14) 25℃时，在 Ag^+ 的氨水溶液中，平衡时 $c(NH_3)=2.98\times10^{-4}\ mol \cdot L^{-1}$，并认为有 $c(Ag^+)=c([Ag(NH_3)_2]^+)$，忽略 $Ag(NH_3)^+$ 的存在。则 $[Ag(NH_3)_2]^+$ 的不稳定常数为（　　）。

A. 2.98×10^{-4}　　B. 4.44×10^{-8}　　C. 8.88×10^{-8}　　D. 数据不足，无法计算

(15) 下列叙述中正确的是（　　）。

A. 配合物中的配位键必定是由金属离子接受电子对形成的

B. 配合物都有内界和外界

C. 配位键的强度低于离子键或共价键

D. 配合物中，形成体与配位原子间以配位键结合

(16) 某金属离子 M^{2+} 可以生成两种不同的配离子 $[MX_4]^{2-}$ 和 $[MY_4]^{2-}$，$K_f^{\ominus}([MX_4]^{2-}) < K_f^{\ominus}([MY_4]^{2-})$。若在 $[MX_4]^{2-}$ 溶液中加入含有 Y^- 的试剂，可能发生某种取代反应。下列有关叙述中，错误的是（　　）。

A. 取代反应为：$[MX_4]^{2-}+4Y^- \rightleftharpoons [MY_4]^{2-}+4X^-$

B. 由于 $K_f^{\ominus}([MX_4]^{2-}) < K_f^{\ominus}([MY_4]^{2-})$，所以该反应的 $K^{\ominus}>1$

C. 当 Y^- 的量足够时，反应必然向右进行

D. 配离子的这种取代反应，实际应用中并不多见

(17) 已知 $[Co(NH_3)_6]^{3+}$ 的磁矩 $\mu=0$B. M.，则下列关于该配合物的杂化方式及空间构型的叙述中正确的是（　　）。

A. sp^3d^2 杂化，正八面体　　B. d^2sp^3 杂化，正八面体

C. sp^3d^2，三方棱柱　　D. d^2sp^2，四方锥

(18) 下列叙述中错误的是（　　）。

A. 配合物必定是含有配离子的化合物

B. 配位键由配体提供孤对电子，形成体接受孤对电子而形成

C. 配合物的内界常比外界更不易解离

D. 配位键与共价键没有本质区别

(19) 25℃时，在Cu^{2+}的氨水溶液中，平衡时$c(NH_3)=6.7\times10^{-4}mol\cdot L^{-1}$，并认为有50%的$Cu^{2+}$形成了配离子$[Cu(NH_3)_4]^{2+}$，余者以$Cu^{2+}$形式存在。则$[Cu(NH_3)_4]^{2+}$的不稳定常数为（　）。

A. 4.5×10^{-7}　　B. 2.0×10^{-13}　　C. 6.7×10^{-4}　　D. 数据不足，无法确定

10-3 是非题

(1) 五氯·一氨合铂（Ⅳ）酸钾的化学式为$K_3[PtCl_5(NH_3)]$。（　）

(2) 已知$[HgCl_4]^{2-}$的$K_d^{\ominus}=1.0\times10^{16}$，当溶液中$c(Cl^-)=0.10mol\cdot L^{-1}$时，$c(Hg^{2+})/c([HgCl_4]^{2-})$的比值为$1.0\times10^{-12}$。（　）

(3) 在多数配位化合物中，内界的中心原子与配体之间的结合力总是比内界与外界之间的结合力强。因此配合物溶于水时较容易解离为内界和外界，而较难解离为中心离子（或原子）和配体。（　）

(4) 磁矩大的配合物，其稳定性强。（　）

(5) 金属离子A^{3+}、B^{2+}可分别形成$[A(NH_3)_6]^{3+}$和$[B(NH_3)_6]^{2+}$，它们的稳定常数依次为4×10^5和2×10^{10}，则相同浓度的$[A(NH_3)_6]^{3+}$和$[B(NH_3)_6]^{2+}$溶液中，A^{3+}和B^{2+}的浓度关系是$c(A^{3+})>c(B^{2+})$。（　）

(6) 能形成共价分子的主族元素，其原子的内层d轨道均被电子占满，所以不可能用内层d参与形成杂化轨道。（　）

(7) $[AlF_6]^{3-}$的空间构型为八面体，Al原子采用sp^3d^2杂化。（　）

(8) 已知$K_6[Ni(CN)_4]$与$Ni(CO)_4$均呈反磁性，所以这两种配合物的空间构型均为平面正方形。（　）

10-4 计算题

(1) 在$c_{Al^{3+}}=0.010mol\cdot L^{-1}$的溶液中，加入NaF固体，使溶液中游离的$F^-$浓度为$0.10mol\cdot L^{-1}$。计算溶液中$[Al^{3+}]$，$[AlF_4]^-$，$[AlF_5]^{2-}$和$[AlF_6]^{3-}$。

（已知$[AlF_6]^{3-}$的$\lg\beta_1\sim\lg\beta_6$为6.1，11.15，15.0，17.7，19.4，19.7）

(2) 查得汞（Ⅱ）氰配位物的$\lg\beta_1\sim\lg\beta_4$分别为18.0，34.7，38.5，41.5。计算（1）pH=10.0含有游离CN^-为$0.1mol\cdot L^{-1}$的溶液中的$\lg\alpha_{Hg(CN)}$值；（2）如溶液中同时存在EDTA，Hg^{2+}与EDTA是否会形成Hg（Ⅱ）-EDTA配合物？

（已知$\lg K_{HgY}=21.8$；pH=10时，$\lg\alpha_{Y(H)}=0.45$，$\lg\alpha_{Hg(OH)}=13.9$）

(3) 已知$\lg K_{MgY}=8.69$，$K_{sp,Zn(OH)_2}=5.0\times10^{-16}$。用$2.0\times10^{-2}mol\cdot L^{-1}$ EDTA滴定浓度均为$2.0\times10^{-2}mol\cdot L^{-1}$ Zn^{2+}，Mg^{2+}混合溶液中的Zn^{2+}，适宜酸度范围是多少？

pH	4.0	4.4	4.8	5.1	5.4	5.8	6.0
$\lg\alpha_{Y(H)}$	8.44	7.64	6.84	6.45	5.69	4.98	4.65

(4) 将金属锌棒插入含有$0.01mol\cdot L^{-1}$ $[Zn(NH_3)_4]^{2+}$和$1mol\cdot L^{-1}NH_3$的溶液中，计算电对的电极电位。（已知$E^{\ominus}_{Zn^{2+}/Zn}=-0.763V$；$Zn^{2+}$与$NH_3$配合物的累积稳定常数$\lg\beta_1=2.37$，$\lg\beta_2=4.81$，$\lg\beta_3=7.31$，$\lg\beta_4=9.46$）

(5) 根据下列数据计算

① 若M，N，Q，R，S五种金属离子的浓度均为$0.01mol\cdot L^{-1}$，判断哪些可以用配位剂L准确滴定，滴定所允许的最低pH值是多少？

② 在pH=5.0时，用L配位剂滴定1mmol的M离子，计算在化学计量点溶液为100mL的pM值（忽略体积变化）。

配合物	ML	NL	QL	RL	SL
$\lg K_{稳}$	18.0	13.0	9.0	7.0	3.0
pH	3.0	5.0	7.0	9.0	10.0

10-5 The concentration of a solution of EDTA was determined by standardizing against a solution of Ca^{2+} prepared from the primary standard $CaCO_3$. A 0.4071g sample of $CaCO_3$ was transferrsd to a 500mL volumetric flask, dissolved using minimum of $6mol\cdot L^{-1}$ HCl, and diluted to volume. A 50.00mL portion of this solution was transferred into a 250mL Erlenmeyer flask and the pH adjusted by adding 5 mL of a pH NH_3-NH_4Cl buffer containing a small amount of Mg^{2+}-EDTA. After adding calmagite as a visual indicator, the solution was titrated with the EDTA, requiring 42.63 mL to reach the end point. Report the molar concentration of the titrant.

10-6 The concentration of Cl^- in a 100.0mL sample of water drawn from a fresh water acquifer suffering from encroachment of sea water, was determined by titrating with 0.0516 $mol \cdot L^{-1}$ $Hg(NO_3)_2$. The sample was acidified and titrated to the diphenylcarbazone end point, requiring 6.18 mL of the titrant. Report the concentration of Cl^- in parts per million.

10-7 选择题

(1) 金属离子与乙二胺四乙酸的络合比为（　　）。

A. 1∶2　　B. 2∶1　　C. 1∶1　　D. 2∶2

(2) 某溶液主要含 Ca^{2+}、Mg^{2+} 及少量 Fe^{3+}、Al^{3+}。在 pH＝10 时，加入三乙醇胺后以 EDTA 滴定，用铬黑 T 为指示剂，则测出的是（　　）。

A. Mg^{2+}　　B. Ca^{2+}　　C. Ca^{2+}、Mg^{2+}　　D. Fe^{3+}、Al^{3+}

10-8 填空题

(1) 配合物 $[Co(NH_3)_3(H_2O)Cl_2]Cl$ 的中心离子是______，配位体是______，中心离子的配位数是____，配合物的名称是__________。

(2) EDTA 中含有____个配位原子，用 EDTA 滴定法测定水中钙量时，用______作指示剂，溶液的 pH______，终点是颜色为______。

10-9 命名下列配合物，并指出其中的中心离子、配体、配位原子、配位数

配合物	名称	中心离子	配体	配位原子	配位数
$Cu[SiF_6]$					
$[PtCl_2(Ph_3P)_2]$					
$K_3[Cr(CN)_6]$					
$K[PtCl_3NH_3]$					
$[Zn(OH)(H_2O)_3]NO_3$					
$[Pt(NH_2)(NO_2)(NH_3)_2]$					
$[CoCl_2(NH_3)_3(H_2O)]Cl$					
$[Cu(NH_3)_4]SO_4$					
$[Cu(NH_3)_4][PtCl_4]$					

其他习题请参阅《无机及分析化学学习要点与题解》

第 11 章　元素选述

Chapter 11　Descriptions of the Selected Elements

元素化学是无机化学的重要组成部分，其内容是介绍元素周期表中的元素及其主要化合物的性质和变化规律，制备，用途等。元素周期表常分成 s 区、p 区、d 区及 ds 区和 f 区，一般在普通无机化学学习中不介绍 f 区——稀土元素。每区又按不同族分别介绍，内容较多。由于学时的限制，非化学工科类专业的学生不可能全部学完这些内容，只能有选择地了解一些元素。本书只重点介绍与环境和材料最相关一些元素，最主要的环境污染元素：铅(lead)、汞 (mercury)、砷 (arsenic)、镉 (cadmium)、铬 (chromium)；最重要的材料元素：铁 (iron)、碳 (carbon)、硅 (silicon)。共 8 个元素。

11.1　环境污染和常见有毒无机物

环境污染 (environment pollution) 是指人类直接或间接地向环境排放超过其自净能力的物质或能量，从而使环境的质量降低，对人类的生存与发展、生态系统和财产造成不利影响的现象。随着科学技术水平的发展和人民生活水平的提高，环境污染也在增加，特别是在发展中国家。环境污染问题已成为世界各国的共同课题之一。

环境污染的分类如下。

按环境要素分：大气污染、土壤污染、水体污染。

按人类活动分：工业环境污染、城市环境污染、农业环境污染。

按照污染物的性质、来源分：化学污染、生物污染、物理污染（噪声污染、放射性、电磁波)、固体废物污染、能源污染。其中化学污染 (chemical pollution) 是由于化学物质(化学品) 进入环境后造成的环境污染，即因化学污染物引起的环境污染，这些化学物质包括有机物和无机物。对环境造成污染的无机物称为无机污染物，它们有的是随着地壳变迁、火山爆发、岩石风化等天然过程进入大气、水体、土壤等生态系统的，有的是随着人类的生产和消费活动而产生的。如各种有毒金属及其氧化物、酸、碱、盐类、硫化物和卤化物的生产和使用，采矿、冶炼、机械制造、建筑材料、化工等工业生产排出的污染物。其中 S、N、C 的氧化物和金属粉尘是主要的大气无机污染物；各种酸、碱和盐类的排放，会引起水体污染，特别是其中所含的重金属如 Pb、Cd、Hg、Cu 会在沉积物或土壤中积累，通过食物链危害人体与生物。无机元素不同价态或以不同化合物的形式存在时其环境化学行为和生物效应大不相同。对环境类专业来说，有毒元素 (toxic elemet) 如：Cd、Pb、Hg、Al、Be、Ga、In、Tl、As、Sb、Bi、Te 等都是特别需要了解的环境污染物，在此仅介绍其中最常见、对人体毒害最大的 5 种：Pb、Cd、Hg、As、Cr (Ⅵ)。这些有毒元素能与机体组织发生作用，破坏正常的生理机能，导致机体暂时或长期的病理改变，甚至危及生命。本节介绍这 5 个最常见有毒元素及其无机污染物的性质、用途、来源、检测及处理。

11.1.1　砷及其无机化合物

(1) 砷元素的电子构型和理化性质　砷 (As，arsenic) 是 33 号元素，价电子构型为

$4s^24p^3$，位于周期表第四周期第Ⅴ主族，由于其最外层的4p轨道有3个电子，为半满状态，既可失去电子，又可得到电子，且半径在本族五个元素中居中，因此砷为半金属。当As与电负性很小的元素（如Li、K、Mg等）化合时都显负价，但最常见的是与电负性相当的H的化合物砷化氢（AsH_3）；与电负性较大的非金属元素化合时显正价，如砷的氧化物；所以As的主要价态为－3、＋3和＋5。

砷有六种同素异形体。常见的有三种：黄砷（分子结构，非金属）、黑砷、灰砷（类金属，层状晶体）。黄色As_4与白磷P_4的结构相似，α-型黄砷能溶于CS_2，它不稳定，室温下转变为灰色的变体。黑砷的结构与红磷相近，灰砷的结构与黑磷（β-金属性磷）相似，并有类似石墨的分层的晶体结构。灰砷有金属外形，性脆，熔点为1090K(3.8×10^3kPa)，沸点为886K(升华)，密度1.97～5.73$g\cdot cm^{-3}$。

单质砷源于雄黄（As_4S_4）和雌黄（As_2S_3）两种天然的含砷矿物。先形成氧化物，再转变为单质。如雌黄（As_2S_3）可与氧气发生下列反应：

$$2As_2S_3+9O_2\xrightarrow{点燃}2As_2O_3+6SO_2 \tag{11-1}$$

水雄黄（As_4S_4）与氧气发生氧化反应：

$$As_4S_4+7O_2\xrightarrow{点燃}2As_2O_3+4SO_2 \tag{11-2}$$

As_2O_3用Zn，C等还原剂在加热条件下还原，可得到砷单质：

$$As_2O_3+3C\xrightarrow{\Delta}2As+3CO \tag{11-3}$$

单质砷无毒，可和许多金属形成化合物（如GaAs，InAs，均为半导体材料）或合金（如As-Cu-Pb，中国古代白铜钱币）。常温下，As不和空气、水和稀酸作用。但能和浓硫酸、硝酸、王水和熔融烧碱反应，如：

$$2As+3H_2SO_4(浓、热)\rightarrow As_2O_3+3SO_2+3H_2O \tag{11-4}$$

$$2As+6NaOH(熔融)\rightarrow 2Na_3AsO_3+3H_2\uparrow \tag{11-5}$$

高温下，砷可以被O_2、F_2等氧化。

$$4As+3O_2\xrightarrow{点燃}2As_2O_3 \tag{11-6}$$

$$2As+5F_2\xrightarrow{点燃}2AsF_5 \tag{11-7}$$

砷作为非金属，也可与金属发生反应

$$3Mg+2As\xrightarrow{点燃}Mg_3As_2 \tag{11-8}$$

Mg_3As_2可以发生水解反应

$$Mg_3As_2+6H_2O=\!=\!=3Mg(OH)_2+2AsH_3\uparrow \tag{11-9}$$

(2) 砷的重要无机化合物　砷的化合物都有毒，毒性As（Ⅲ）＞As（Ⅴ）。

① 砷的氢化物　砷的氢化物有AsH_3，又称砷化三氢、砷烷、胂。常温常压下是无色剧毒（强烈的溶血性毒物）可燃气体，密度高于空气，可溶于水（200$mL\cdot L^{-1}$）及多种有机溶剂的。它本身无臭，但空气中有大约0.5×10^{-6}的胂存在时，它便可被空气氧化产生轻微类似大蒜的气味。常温下胂比较稳定，分解的速度非常慢，但温度高于230℃时，在缺氧条件下它便迅速分解：

$$2AsH_3\xrightarrow{>230℃}2As\downarrow+3H_2\uparrow \tag{11-10}$$

砷化氢是强还原剂，很容易被氧化，如与氧气反应（自燃）

$$2AsH_3+3O_2\xrightarrow{自燃}As_2O_3+3H_2O \tag{11-11}$$

砷化氢与氨气不同，一般不显碱性。砷化氢是制备纯净或接近纯净的砷的金属复合物的原料，如AsH_3可以用于半导体材料砷化镓的制备，在700～900℃，用化学气相沉积可得到 GaAs：

$$AsH_3 + Ga(CH_3)_3 \xrightarrow{700 \sim 900℃} GaAs + 3CH_4 \tag{11-12}$$

② **砷的氧化物** 砷的氧化物有 As_2O_3（俗称砒霜或信石，两性偏酸，微溶于水）和 As_2O_5（中强酸，水溶性 150g/100mL），毒性 $As_2O_3 > As_2O_5$。As_2O_3 是剧毒的白色粉状固体，俗称“三步倒”，可用于制造杀虫剂、除草剂以及含砷药物，催化剂、颜料、涂料和染料。

As_2O_3 是两性氧化物

$$As_2O_3 + 6NaOH = 2Na_3AsO_3 + 3H_2O \tag{11-13}$$

$$As_2O_3 + 6HCl = 2AsCl_3 + 3H_2O \tag{11-14}$$

As_2O_3 具还原性，可被一些强氧化剂氧化成 5 价砷，如被臭氧氧化和氟气氧

$$3As_2O_3 + 2O_3 = 3As_2O_5 \tag{11-15}$$

$$2As_2O_3 + 10F_2 = 3O_2 + 4AsF_5 \tag{11-16}$$

此反应用于制取高纯度的 AsF_5。AsF_5 是无色气体，易发生水解反应，生成能腐蚀玻璃的氟化氢。

As_2O_3 可被 H_2O_2 氧化成砷酸。

As_2O_3、As_2O_5 是酸性氧化物，溶于水分别生成亚砷酸（H_3AsO_3）和砷酸（H_3AsO_4）。

③ **砷的含氧酸及其盐** H_3AsO_3 是以酸性为主的两性化合物，它在**碱性**介质中是强还原剂，可还原 I_2 这类弱氧化剂：

$$AsO_3^{3-} + I_2 + 2OH^- = AsO_4^- + 2I^- + H_2O \tag{11-17}$$

H_3AsO_4 与磷酸性质相似，其钾、钠、铵盐溶于水，其他盐一般不溶于水。砷酸盐只有在**酸性**介质中才表现出氧化性，能使 I^- 氧化为 I_2：

$$AsO_4^{3-} + 2I^- + 2H^+ = AsO_3^{3-} + I_2 + H_2O \tag{11-18}$$

(3) 砷化合物的毒性和化学分析 各种砷污染可不同程度地引起急性、亚急性和慢性砷中毒，造成公众健康危害。急性中毒多为误服或使用含砷农药或含砷废水所致，在我国环境砷污染引起的主要是慢性中毒。砷污染物有多种形式，单质砷因不溶于水，进入人体后易排出体外，基本无毒；有机砷化合物一般毒性也较弱；砷化合物毒性最强的是 As_2O_3（0.1～1.3mg/kg 体重即可使人畜中毒或致死，即砷的成人中毒平均剂量为 10～50mg，致死量为 60mg，不到 0.1g），其次是 $AsCl_3$、H_3AsO_3、AsH_3。砷急性中毒主要表现为胃肠炎症状，患者出现腹痛、腹泻、恶心、呕吐，继而尿量减少、尿闭、循环衰竭，严重者出现神经系统麻痹，昏迷死亡。蓄积性慢性中毒，表现为神经衰竭、多发性神经炎、肝痛、肝大、皮肤色素沉着和皮肤的角质化以及周围血管疾病。现代流行病学研究还证实，砷中毒与皮肤病、肝癌、肺癌、肾癌等有密切关系。此外砷化合物对胚胎发育也有一定的影响，可致畸胎。

砷化合物使人中毒的原因是因为它们能与细胞酶系统的巯基螯合，抑制酶的活性。因此，最常用的特效解毒剂为二巯基丙醇（BAL，俗称巴尔）或二巯基丁酸（DMSA，dimercaptosuccinic acid），如砷的有机化合物与 BAL 的反应，得到的生成物无毒，离解小，溶于水，能从尿中迅速排出。

反应式见第 10 章中配合物在医学中的应用。

医疗单位在救治 As_2O_3 中毒患者时，会让其服用新配制的 $Fe(OH)_2$（12% $FeSO_4$ 溶液与 20% MgO 混悬液，在用前等量混合配制，摇匀）混悬液来解毒 As_2O_3。解毒机理是利用了 As_2O_3 的酸性，化学反应（该反应在人体条件下是否迅速，目前未见详细资料）是：

$$As_2O_3 + 2Fe(OH)_2 \longrightarrow Fe_2As_2O_5 \downarrow (\text{焦亚砷酸铁}) + 2H_2O \tag{11-19}$$

同时其中的硫酸镁导泻。

As_2O_3的检出，可用马氏试砷法：在密闭的装置中，将 Zn、HCl 与试样混合，可发生下列反应：

$$As_2O_3+Zn+9H^+ \longrightarrow AsH_3\uparrow+3H_2O+Zn^{2+} \quad (11\text{-}20)$$

把生成的砷化氢或称胂（AsH_3）导入加热的试管，AsH_3分解产生单质 As，可得到黑色砷镜［见反应方程式（11-10）这是马氏试砷法的基础］。

现代砷的化学分析法有：

GB/T 15555.3—1995；固体废物砷的测定　二乙基二硫代氨基甲酸银分光光度法。

GB/T 17135—1997；土壤质量总砷的测定　硼氢化钾-硝酸银分光光度法。

GB/T 17134—1997；土壤质量总砷的测定　二乙基二硫代氨基甲酸银分光光度法。

(4) 砷及其化合物处理　自然界中存在着含砷的矿石，地下水。砷在多种工业生产中既用作原料又作为废物产生。排放的废水中出现砷和砷化物的工业部门有：采矿、冶金、木材保存（用砷化铜处理木材）、玻璃工业中的脱色剂（As_2O_5）、陶瓷、制革、化学制药、农药（各种杀虫剂、除草剂、防真菌剂、棉花干燥剂、杀鼠剂，常用 As_2O_5）、炼油及稀土工业、电子产业、金属合金企业。主要用在半导体（砷和砷化镓）、玻璃、感光材料、磁性过滤器、铜箔和电池上。

砷在废物中存在形式有氧化物和砷酸盐，液体中的主要存在形式为 AsO_4^{3-} 和 AsO_3^{3-}，当水中有溶解氧存在时，只有前者。

在一般情况下，土壤、水、空气、植物和人体都含有微量的砷，对人体不会构成危害。地面水中含砷量因水源和地理条件不同而有很大差异，淡水为 $0.2\sim230\mu m\cdot L^{-1}$（即 $0.015\sim17mg\cdot L^{-1}$），平均为 $0.5\mu m\cdot L^{-1}$（$0.0375mg\cdot L^{-1}$），一般用水国家标准砷的含量小于 $0.05mg\cdot L^{-1}$，WHO 规定饮用水含砷标准是小于 10ppb。如果生活饮用水中砷的含量大于 0.1mg/L，就可能引发砷中毒。

含砷废水的主要处理方法：

① 硫化物沉淀法。

$$3H_2S+As_2O_3 \longrightarrow As_2S_3\downarrow+3H_2O \quad (11\text{-}21)$$

$$5H_2S+As_2O_5 \longrightarrow As_2S_5\downarrow+5H_2O \quad (11\text{-}22)$$

② 石灰-铁盐法。废水中的砷通常以三价砷的形态存在，当它与石灰作用时，生成难溶的偏亚砷酸钙［$Ca(AsO_2)_2$］或偏亚砷酸钙的碱式盐［$Ca(OH)AsO_2$］。当石灰过量时，则生成焦亚砷酸钙（$Ca_2As_2O_5$）。

$$2Ca(OH)_2+As_2O_3 \rightarrow Ca_2As_2O_5\downarrow+2H_2O \quad (11\text{-}23)$$

三价砷或五价砷与石灰反应生成的难溶盐类的溶解度仍较大，且形成盐类的反应速度很慢，因此，单纯依靠石灰法使高砷、氟废水达标排放是较困难的。

石灰-铁盐法是利用废水中的铁盐或外加铁盐，与砷絮凝并进一步反应，生成更难溶的焦亚砷酸铁等盐类，从而达到从废水中去除砷的目的。其反应机理如下：

$$Ca(OH)_2+Fe^{2+} \longrightarrow Fe(OH)_2\downarrow+Ca^{2+} \quad (11\text{-}24)$$

$$3Ca(OH)_2+2Fe^{3+} \longrightarrow 2Fe(OH)_3\downarrow+3Ca^{2+} \quad (11\text{-}25)$$

$$As_2O_3+2Fe(OH)_2 \longrightarrow Fe_2As_2O_5\downarrow+2H_2O \quad (11\text{-}19)$$

$$H_3AsO_4+Fe(OH)_3 \longrightarrow FeAsO_4\downarrow+3H_2O \quad (11\text{-}26)$$

$$H_3AsO_3+Fe(OH)_3 \longrightarrow FeAsO_3\downarrow+3H_2O \quad (11\text{-}27)$$

③ 弱（强）碱性阴离子树脂交换法。

11.1.2　铬及其无机化合物

(1) 铬元素的电子构型和理化性质

铬（Cr，读作 gè，Chromium，在金属材料、金属材料加工、金属材料热处理等行业均读作：luò，属于学术领域和行业术语读音）为24号元素，价电子构型为$3d^5 4s^1$，位于周期表第四周期第（Ⅵ）副族，d、s两个亚层电子数均为半满的稳定结构，所以Cr是不活泼金属，铬单质在空气和水中都相当稳定。铬元素最多可失去6个电子，故它的最高氧化值为+6，此外还有+3、+2，最重要的是+3和+6的化合物，其他不稳定。

铬是金属中最硬的，它具银白色金属光泽，耐腐蚀、抗磨损。密度$7.20g/cm^3$。熔点(1857±20)℃，沸点2672℃。作为现代科技中最重要的金属之一，80%以上的铬以不同百分比熔合制造特种合金钢——铬镍钢，其种类繁多。含铬的合金钢主要以用于生产不锈钢（含铬在12%～14%以上的铬钢称为不锈钢，也有的是含13%的铬和8%的镍，图11-1），这种钢质地坚硬，耐磨，耐腐蚀，不生锈，用于制造汽车零件，工具，磁带和录像带等。

铬镀在金属上可以防锈，也叫克罗米（Chromium音译），一些眼镜的金属架子、表带、汽车车灯、自行车车把与钢圈、铁栏杆、照相机架子等，也常镀一层铬，不仅美观，而且防锈。这是由于铬的纯化性，表面有一层保护性的氧化膜——Cr_2O_3，这层氧化膜对空气和湿气十分稳定，常温下甚至不溶于硝酸和王水，因此有很强的抗腐蚀性，且坚固美观。红、绿宝石的色彩也来自于铬，在红宝石中大约1%的Cr^{3+}存在于Al_2O_3晶体的晶格中，置换了Al^{3+}。

图11-1　铬镍钢

单质铬源于自然界中的铬铁矿（$FeCr_2O_4$，亚铬酸亚铁，这种存在形式表明氧化态为+3是铬的最稳定形式），碳可还原铬铁矿制备铬铁：

$$FeCr_2O_4(s)+4C(s) \longrightarrow (Fe+2Cr)(s)+4CO(g) \quad (11\text{-}28)$$

在高温下铬被水蒸气所氧化，在1000℃下被一氧化碳所氧化。在高温下，铬与氮起反应并为熔融的碱金属所侵蚀。可溶于强碱溶液。铬在空气中，即便是在赤热的状态下，氧化也很慢。不溶于水。

铬能慢慢地溶于稀盐酸、稀硫酸，生成蓝色溶液，但与空气接触后很快变成绿色，这是因为被空气中的氧所氧化的缘故：

$$Cr+2HCl = CrCl_2+H_2\uparrow \quad (11\text{-}29)$$

$$4CrCl_2+4HCl+O_2 = 4CrCl_3+2H_2O \xrightarrow{\text{水解}} Cr_2O_3 \quad (11\text{-}30)$$

铬与稀硫酸反应

$$Cr+H_2SO_4 = CrSO_4+H_2\uparrow \quad (11\text{-}31)$$

铬与浓硫酸反应，则生成二氧化硫和硫酸铬（Ⅲ）。

$$2Cr+6H_2SO_4 = Cr_2(SO_4)_3+3SO_2\uparrow+6H_2O \quad (11\text{-}32)$$

但铬不溶于浓硝酸，因为表面生成紧密的氧化物薄膜而呈钝态。在高温下，铬能与卤素、硅、硼、硫、氮、碳等直接化合。

(2) 铬的重要无机化合物

① **Cr(Ⅲ) 化合物**　三价铬是对人体有益的元素，在肌体的糖代谢和脂代谢中发挥特殊作用。人体对无机铬的吸收利用率极低，不到1%；对有机铬的利用率则可达10%～25%。铬在天然食品中的含量较低、均以三价的形式存在。常见的Cr(Ⅲ)化合物有氧化物、氢氧化物及三价的盐。

a. Cr(Ⅲ)的氧化物Cr_2O_3　绿色，是常见的绿色颜料“铬绿”，未灼烧微溶于水，溶于酸；灼烧后不溶于水，不溶于酸。它能与焦硫酸钾共熔生成硫酸铬：

$$Cr_2O_3(s)+3K_2S_2O_7 = Cr_2(SO_4)_3+3K_2SO_4 \quad (11\text{-}33)$$

b. Cr(Ⅲ) 的氢氧化物 $Cr(OH)_3$　由三价铬盐（CrF_3除外，它不溶于水，溶于盐酸）与碱反应可得灰蓝色产物：

$$Cr^{3+}(aq)+3OH^{-}(aq) = Cr(OH)_3(s) \quad (11\text{-}34)$$

$Cr(OH)_3$具两性：

$$Cr(OH)_3(s)+3HCl(aq) = CrCl_3(s,\text{紫色})+3H_2O \quad (11\text{-}35)$$

$$Cr(OH)_3(s)+OH^{-}(aq) = Cr(OH)_4^{-}(aq,\text{绿色}) \longrightarrow (CrO_2^{-}+2H_2O) \quad (11\text{-}36)$$

c. Cr(Ⅲ) 的配合物　Cr(Ⅲ) 具有较强配位能力，容易与 H_2O、NH_3、Cl^-、CN^-、$C_2O_4^{2-}$等形成配位数为 6 的 d^2sp^3 型的内轨型配离子。这是因为 Cr^{3+} 的价层电子构型为 $3d^34s^04p^0$，它具有 1 个 s 空轨道、3 个 p 空轨道和 2 个 d 空轨道（d 电子重排后），d^3 的不饱和电子层结构对原子核的屏蔽作用较 8 电子层结构小，使 Cr^{3+} 有较高的有效正电荷，同时 Cr^{3+} 的离子半径也较小（0.63Å），Cr^{3+} 离子结构的这些特殊性决定了它的强配位性质。

常见的 Cr^{3+} 配离子有：

$[Cr(H_2O)_6]^{3+}$　（紫色）　　$[Cr(NH_3)_2(H_2O)_4]^{3+}$　（紫红）

$[Cr(NH_3)_3(H_2O)_3]^{3+}$　（浅红）　　$[Cr(NH_3)_4(H_2O)_2]^{3+}$　（橙红）

$[Cr(NH_3)_5H_2O]^{3+}$　（橙黄）　　$[Cr(NH_3)_6]^{3+}$　（黄色）

d. Cr(Ⅲ) 盐　常见的 Cr(Ⅲ) 盐有铬钾矾 $KCr(SO_4)_2 \cdot H_2O$，蓝紫色晶体，用于纺织和鞣革工业。

铬盐还有无水 $CrCl_3$ 和 $CrCl_3 \cdot 6H_2O$，无水物为强烈发光的紫色结晶，几乎不溶于水。$CrCl_3 \cdot 6H_2O$ 有三种水合异构体：$[Cr(H_2O)_6]Cl_3$，$[Cr(H_2O)_5Cl]Cl_2 \cdot H_2O$，$[Cr(H_2O)_4Cl_2]Cl \cdot 2H_2O$，分别为紫色、浅绿色和暗绿色的固体。一般商品是暗绿色的异构体。$CrCl_3$ 是有机金属化学中的重要原料，以它为原料可以制取有机铬化合物。$CrCl_3 \cdot 6H_2O$在化学工业用于制造氟化铬及其他铬盐；有机合成用于制造含铬催化剂及烯烃聚合的催化剂；颜料工业用于制造各种含铬的颜料；印染工业用作织物印染媒染剂及鞣革中间体；陶瓷工业用于陶瓷和釉彩；电镀工业用作铬镀液。

$Cr_2(SO_4)_3$，绿色粉末；$Cr_2(SO_4)_3 \cdot 18H_2O$，蓝紫色晶体；$Cr_2(SO_4)_3 \cdot 6H_2O$，墨绿色鳞片。可作分析试剂。染料工业用作生产活性红棕 K-B3R、中性紫 BL、中性橙 RL 和中性桃红 BL 等产品时用作铬络合剂，用于印染、陶瓷、制革中。也可用作制造铬系催化剂，以及绿色涂料、油墨等。

e. Cr(Ⅲ) 的化学性质　Cr(Ⅲ) 在碱性介质中具较强还原性，能与一般氧化剂如 H_2O_2、Na_2O_2和 Cl_2等发生氧化还原反应，生成铬酸根（CrO_4^{2-}）。

在酸性条件下，还原性很弱，需用强氧化剂，并在加热条件下才能与之反应：

$$10Cr^{3+}(aq)+6MnO_4^{-}(aq)+11H_2O \xrightarrow{\text{加热}} 5Cr_2O_7^{2-}+6Mn^{2+}+22H^{+} \quad (11\text{-}37)$$

$$2Cr^{3+}(aq)+3S_2O_8^{2-}(aq)+7H_2O \xrightarrow{\text{加热}} Cr_2O_7^{2-}+6SO_4^{2-}+14H^{+} \quad (11\text{-}38)$$

② Cr(Ⅵ) **化合物**　Cr(Ⅵ) 化合物是环境污染物。如误食饮用，可致腹部不适及腹泻等中毒症状，引起过敏性皮炎或湿疹，呼吸进入，对呼吸道有刺激和腐蚀作用，引起咽炎、支气管炎等。水污染严重地区居民，经常接触或过量摄入者，易得鼻炎、结核病、腹泻、支气管炎、皮炎等。Cr(Ⅵ) 还有致癌作用，能引起肺癌。

常见的 Cr(Ⅵ) 化合物包括氧化物 CrO_3，铬酸盐和重铬酸盐。最重要的铬酸盐和重铬酸盐有钠盐和钾盐，如：$K_2Cr_2O_7$（用于颜料、写真、电镀、电池），$Na_2Cr_2O_7$（可用于颜料、写真、防腐）；Na_2CrO_4，还有难溶盐 $PbCrO_4$，Ag_2CrO_4，$BaCrO_4$，铬酸钙（$CaCrO_4$）和铬酸钾（K_2CrO_4），可作用颜料和墨水。

a. CrO_3三氧化铬　又称铬酸酐，室温下为橘红色固体。由重铬酸钾与浓硫酸混合加热，或由铬矿与纯碱和石灰石共热，再用浓硫酸处理而制得，如：

$$K_2Cr_2O_7(s)+H_2SO_4(浓)=2CrO_3\downarrow+K_2SO_4+H_2O \quad (11\text{-}39)$$

CrO_3是强氧化剂，遇到有机物如酒精时，会发生猛烈反应以至着火。CrO_3溶于水生成H_2CrO_4，是一种强酸，其酸性接近硫酸。

CrO_3主要用于电镀工业、医药工业、印刷工业、鞣革和织物媒染，颜料、催化剂。

三氧化铬还用于交警的酒精测试仪，检查呼出气体中酒精的含量。把呈红色的酸化的三氧化铬（CrO_3）载带在硅胶上，若有酒精，两者发生以下反应：

$$2CrO_3+3C_2H_5OH+3H_2SO_4=Cr_2(SO_4)_3+3CH_3CHO+6H_2O \quad (11\text{-}40)$$

生成物硫酸铬是蓝绿色的。这一颜色变化明显，可据此检测酒精蒸气。

b. Na_2CrO_4(disodium chromate)　黄色单斜晶体，易潮解。溶于水和甲醇，微溶于乙醇。可由铬铁矿粉、纯碱和石灰石粉混合高温下制得。用于制染料、颜料等。

c. $BaCrO_4$(barium chromate)　黄色斜方晶体，可用下列反应得到

$$BaCl_2+Na_2CrO_4=BaCrO_4\downarrow+2NaCl \quad (11\text{-}41)$$

用途：测定硫酸盐或硒酸盐。黄色颜料，陶瓷、玻璃着色。

d. $PbCrO_4$ (lead chromate)　黄色或橙黄色粉末，常见的黄色颜料“铬黄”（图 11-2）。溶于酸和碱，不溶于水，加热至沸点分解。由硝酸铅溶液与重铬酸钠溶液反应制得。

铬黄用于印刷油墨、水彩和油彩的颜料，色纸、橡胶和塑料制品的着色剂，涂料和墨水。

图 11-2　铬黄

CrO_4^{2-}和$Cr_2O_7^{2-}$之间存在下列平衡：

$$2CrO_4^{2-}+2H^+ \rightleftharpoons Cr_2O_7^{2-}+H_2O \quad (11\text{-}42)$$

黄色　　　　　　　橙红

$pH>8$　　$2<pH<8$　　$pH<2$

氧化性弱　　　　　氧化性强

$$K=[Cr_2O_7^{2-}]/[CrO_4^{2-}]^2[H^+]^2=10^{14}$$

在上述溶液中加入 Ba^{2+}、Pb^{2+}、Ag^+，可分别得 $BaCrO_4$(柠檬黄)，$PbCrO_4$(铬黄)，Ag_2CrO_4(砖红色) 沉淀。

$Cr_2O_7^{2-}$具强氧化性，可使 $H_2SO_3\rightarrow SO_4^{2-}$，$H_2S\rightarrow S$，$S_2O_3^{2-}\rightarrow S_4O_6^{2-}$，$Fe^{2+}\rightarrow Fe^{3+}$ $I^-\rightarrow I_2$等，自身被还原为Cr^{3+}。

(3) 铬化合物的毒性和化学分析

① 铬化合物的毒性　铬的毒性与其存在的价态有关，三价的铬是人体必需元素，六价铬是有毒元素，其毒性比三价铬毒性高 100 倍，且易被人体吸收并在体内蓄积。三价铬和六价铬在一定的条件下可以相互转化。一般天然水不含铬；海水中铬的平均浓度为 0.05μg/L；饮用水中更低。含铬化学物可作塑料（含橡胶）材料中的稳定剂、颜料、染料；颜料、涂料、墨水、电池、催化剂、包装材料和包装零件、电镀防锈处理剂。因此，铬的污染源有含铬矿石的加工、金属表面处理、皮革鞣制、印染等排放的污水，还有劣质化妆品原料（铬为皮肤变态反应原，可引起过敏性皮炎或湿疹，病程长，久而不愈。钕对眼睛和黏膜有很强的刺激性，对皮肤有中度刺激性，吸入还可导致肺栓塞和肝损害。我国和欧盟等有关国家的相关规定中均把这两种元素列为化妆品禁用物质）、工业颜料、橡胶和陶瓷原料等。发达国家要求全面禁止使用六价铬化合物。

② 环境监测中总铬与六价铬的监测　现场应急监测：便携式比色计（六价铬）（意大利哈纳公司产品）

化学分析法见：

GB 7467—1987 水质 六价铬的测定 二苯碳酰二肼分光光度法；

GB 7466—1987 水质 总铬的测定；

GB/T 15555.8—1995 固体废物浸出液 总铬的测定 硫酸亚铁铵滴定法；

GB/T 15555.7—1995 固体废物 六价铬的测定 硫酸亚铁铵滴定法；

GB/T 15555.5—1995 固体废物 总铬的测定 二苯碳酰二肼分光光度法；

GB/T 15555.4—1995 固体废物浸出液 六价铬的测定 二苯碳酰二肼分光光度法铬的分析测定。

各类水质标准：

中国（GB 5749—85）生活饮用水水质标准 0.05mg · L^{-1}（六价铬）

中国（GB 5048—92）农田灌溉水质标准 0.1mg · L^{-1}（水作、旱作、蔬菜）（六价铬）

中国（GB/T 14848—93）地下水质量标准（mg · L^{-1}）（六价铬）

Ⅰ类	Ⅱ类	Ⅲ类	Ⅳ类	Ⅴ类
0.005	0.01	0.05	0.1	>0.1

中国（GB 11607—89）渔业水质标准 0.1mg · L^{-1}

中国（GB 3097—1997）海水水质标准（mg · L^{-1}）

	Ⅰ类	Ⅱ类	Ⅲ类	Ⅳ类
六价铬	0.005	0.010	0.020	0.050
总铬	0.05	0.10	0.20	0.50

中国（GHZB1—1999）地表水环境质量标准（mg · L^{-1}）（六价铬）

Ⅰ类	Ⅱ类	Ⅲ类	Ⅳ类	Ⅴ类
0.01	0.05	0.05	0.05	0.1

(4) 铬的有毒无机化合物处理

消除 Cr(Ⅵ) 最简单的化学方法是利用 $Cr_2O_7^{2-}$ 的氧化性，使各种六价铬化合物处理成 $Cr_2O_7^{2-}$，并使其转化为 Cr(Ⅲ)，再加入碱，形成 $Cr(OH)_3$ 沉淀，再煅烧即可回收利用。国内处理含六价铬废水的常用方法硫酸亚铁-石灰法流程如下：

$$Cr(\text{Ⅵ}) \xrightarrow{FeSO_4 \cdot 7H_2O} Cr(\text{Ⅲ}) \xrightarrow{Ca(OH)_2} Cr(OH)_3 \xrightarrow{923\sim1473K} Cr_2O_3(\text{铬绿})$$

注意该法不宜在含 CN^- 水体中使用，因为易形成 $[Fe(CN)_6]^{4-}$。除 Cr(Ⅵ) 方法还有离子交换法，电渗析，电解氧化还原法，石灰絮凝和吸附法，铁氧体法等。

11.1.3 汞及其无机化合物

(1) 汞元素的电子构型与理化性质

汞（Hg，Mercury，俗称水银——如水似银）是 80 号元素，价电子构型为 $5d^{10}6s^2$，位于第 6 周期第二副族，能失去 1 个或 2 个电子，所以有 +1、+2 两种氧化态。汞是在常温下唯一以液态存在的银白色金属，且流动性好，密度是所有液体中最重的。汞的熔点为 −38.99℃，沸点 356.43℃，密度 13.546g/cm^3。汞具有挥发性，蒸气有剧毒，室内空气中即使含有微量的汞蒸气，也会对人体健康有害。汞能溶解多种金属（如 Na，K，Ag，Au，Zn，Cd，Sn 等）形成汞齐。铊在汞中的溶解度最大，18℃时为 42.8%，铁的溶解度最小为 1.0×10^{-17}%，所以可用铁器盛汞。汞齐有多方面的用途。例如，钠汞齐与水反应放出氢气；钠汞齐代替金属钠在有机合成方面用作还原剂；金银汞齐（如银汞齐：约 50%Hg，35%Ag，13%Sn，2%Cu）具有很快硬化的能力，故被牙科医生用作牙科材料；汞在冶金中用来提取和提纯金属，如混汞法提取金银和某些稀散金属的提纯。

Hg 有很高的热膨胀系数，受热时均匀地膨胀且不润湿玻璃，适用于制作温度计、压力计、扩散泵和电子设备中的 Hg 开关。在化学工业中用汞阴极电解食盐溶液生产氯气和烧碱；在有机化工的蒸馏设备中常代替水作为加热介质或用于较高温度的恒温器。汞广泛应用于电器和制造仪表，如飞机、轮船夜航的回转器、测压仪。制造各种类型的电气开关、水银电极、水银灯、水银整流器、振荡器、各种水银电池和原电池等。汞还可以作为原子反应堆的冷却剂和防辐射材料。

单质 Hg 源于自然界存在的辰砂（HgS，即朱砂，见图 11-3），汞有时也以单质和辰砂伴生。辰砂是提取汞单质的主要原料，在空气中加热至 873～973K 即可得汞：

$$HgS+O_2 \xrightarrow{873\sim973K} Hg+SO_2 \qquad (11\text{-}43)$$

也可将辰砂与石灰混合焙烧而得汞：

$$4HgS+4CaCO_3 \xrightarrow{>630K\ 焙烧} 4Hg+3CaS+CaSO_4 \qquad (11\text{-}44)$$

制得的粗汞用稀 HNO_3 洗涤并鼓入空气使比汞活泼的杂质金属均被氧化溶解，生成硝酸盐。不溶的汞进一步真空蒸馏提纯，即得 99.9%的纯汞。

图 11-3 朱砂

实验室也可用 HgO 制得单质 Hg

$$2HgO \xrightarrow{>573K} 2Hg+O_2 \qquad (11\text{-}45)$$

主要化学性质

由于汞的外层电子为全满状态，汞的化学性质较稳定，不容易受到氧化和腐蚀。汞在空气中稳定。与稀硫酸、盐酸、碱都不起作用。但能溶解许多金属，并能与氧化性酸反应，所以能溶于硝酸和热浓硫酸。

$$3Hg+8HNO_3 = 3Hg(NO_3)_2+2NO(g)+4H_2O \qquad (11\text{-}46)$$

$$Hg+2H_2SO_4 = HgSO_4+SO_2(g)+2H_2O \qquad (11\text{-}47)$$

汞与 F_2，Cl_2，Br_2 反应，生成卤化汞（Ⅱ），与 I_2 作用，由于反应物的比例不同可以生成 Hg_2I_2 和 HgI_2。汞大约在 300℃与氧化合，生成红色 HgO，但在稍高温度下反应可逆。

(2) 汞的重要化合物

除汞齐外，Hg 的无机化合物主要有升汞（$HgCl_2$）、甘汞（Hg_2Cl_2）、氧化汞（HgO）和（HgS）及可溶性硝酸盐等。

① Hg **的氧化物和硫化物** 氧化汞有红色和黄色两种变体，都不溶于水，有毒。

$$2Hg+O_2 \xrightarrow{300℃} 2HgO\downarrow（红色） \qquad (11\text{-}48)$$

在汞盐溶液中加入强碱，可生成黄色的氧化汞沉淀：

$$Hg(NO_3)_2+2NaOH = 2NaNO_3+HgO\downarrow+H_2O \qquad (11\text{-}49)$$

黄色的氧化汞受热时可转变为红色的氧化汞。氧化汞加热到 573K 时分解为汞和氧气。

氧化汞是制备汞盐的原料，作为防腐剂可用于海洋船底的油漆，干电池的去极剂。还用作医药制剂、分析试剂、陶瓷颜料等。

硫化汞的天然矿物朱砂由于具有鲜红的色泽，因而很早就被人们用作红色颜料。人工合成的朱砂是由汞与硫直接反应，加热升华而成：

$$Hg+S \xrightarrow{\triangle} HgS\downarrow（红色） \qquad (11\text{-}50)$$

实验室中，在汞盐溶液中通入硫化氢，得到黑色硫化汞沉淀：

$$Hg^{2+}+H_2S = HgS\downarrow+2H^+（黑色） \qquad (11\text{-}51)$$

由于晶型不同硫化汞颜色的不同，这两种晶型在 386℃时呈平衡状态，410℃以上，黑色型可转变为红色型。

硫化汞是最难溶的金属硫化物[$K_{sp}=4\times10^{-53}$(红色);1.6×10^{-52}(黑色)],它不溶于盐酸及硝酸,但溶于王水生成配离子:

$$3HgS+12Cl^-+2NO_3^-+8H^+ = 3[HgCl_4]^{2-}+3S\downarrow+2NO\uparrow+4H_2O \quad (11\text{-}52)$$

它也溶于硫化钠溶液,生成 $[HgS_2]^{2-}$:

$$HgS+S^{2-} = [HgS_2]^{2-} \quad (11\text{-}53)$$

$[HgS_2]^{2-}$ 遇酸将重新析出 HgS 沉淀:

$$[HgS_2]^{2-}+2H^+ = HgS\downarrow+H_2S\uparrow \quad (11\text{-}54)$$

硫化汞是红色颜料,用于橡胶和油墨。

② **Hg 的氯化物** Hg 与氯反应可生成升汞($HgCl_2$)和甘汞(Hg_2Cl_2)。

HgO 溶于盐酸或 $HgSO_4$ 与 NaCl 作用均可制得 $HgCl_2$

$$HgSO_4+2NaCl = HgCl_2+Na_2SO_4 \quad (11\text{-}55)$$

氯化汞 $HgCl_2$,白色针状,微溶于水;有毒,医院手术刀常用消毒剂,氯化汞可用于制革、照相、干电池、金属蚀刻、防腐剂。

氯化亚汞 Hg_2Cl_2,可用 $Hg_2(NO_3)_2$ 与 HCl 反应而得;或用 $HgCl_2$ 与 Hg 同热而得,产物用水洗去 $HgCl_2$,即得不溶的 Hg_2Cl_2。

$$Hg_2(NO_3)_2+2HCl = Hg_2Cl_2\downarrow+2HNO_3 \quad (11\text{-}56)$$

或

$$HgCl_2+Hg \xrightarrow{\triangle} Hg_2Cl_2\downarrow \quad (11\text{-}57)$$

Hg_2Cl_2 无色,味甜,俗称甘汞,无毒,光照分解。在电化学上,甘汞电极广泛地用作参比电极。

③ **汞的硝酸盐**

a. 硝酸汞 $[Hg(NO_3)_2]$ 硝酸汞溶于水,并发生水解生成碱式盐沉淀;

$$2Hg(NO_3)_2+H_2O = HgO\cdot Hg(NO_3)_2\downarrow+2HNO_3 \quad (11\text{-}58)$$

在配制硝酸汞溶液时,为防止发生水解,应将硝酸汞晶体溶于稀硝酸中。

在硝酸汞溶液中加入碘化钾溶液,先生成橘红色碘化汞沉淀,后者再与过量碘化钾作用形成无色 $[HgI_4]^{2-}$:

$$Hg+I_2 = HgI_2\downarrow \quad (11\text{-}59)$$

$$HgI_2+2KI = K_2[HgI_4] \quad (11\text{-}60)$$

b. 硝酸亚汞 $[Hg_2(NO_3)_2]$ 硝酸亚汞溶于水,并发生水解生成碱式盐沉淀:

$$Hg_2(NO_3)_2+H_2O = Hg_2(OH)NO_3\downarrow+HNO_3 \quad (11\text{-}61)$$

为了防止水解,配制硝酸亚汞溶液时,也应将硝酸亚汞晶体溶解在稀硝酸溶液中。

为防止氧化,可在硝酸亚汞溶液中加入少量金属汞,使生成的 Hg^{2+} 还原为 Hg_2^{2+}:

$$Hg^{2+}+Hg = Hg_2^{2+} \quad (11\text{-}62)$$

Hg^{2+} 和 Hg_2^{2+} 还能与有机化合物形成有机汞化合物,如甲基汞 $[Hg(CH_3)_2]$、乙基汞 $[Hg(CH_3CH_2)_2]$ 等,这些有机汞化合物易挥发,且毒性较大。

(3) 汞及其化合物的毒性及化学分析

汞及其化合物属于剧毒物质,可在人体内蓄积。汞的蒸气有剧毒!如果大量吸入和接触,Hg 会对人的神经系统和肝脏、肾脏等器官产生严重的损坏。汞食入后直接沉入肝脏,对大脑、神经、视力破坏极大。Hg 污染造成中毒最典型的就是"水俣病"。即甲基汞中毒。血液中的金属汞进入脑组织后,逐渐在脑组织中积累,达到一定的量时就会对脑组织造成损害,另外一部分汞离子转移到肾脏。进入水体的无机汞离子可转变为毒性更大的有机汞,由食物链进入人体,引起全身中毒作用;易受害的人群有女性,尤其是准妈妈、嗜好海鲜人士；天然水每升水中含0.01mg汞，就会导致人中毒。汞及其化合物常用于：塑料（含橡胶）材料中的稳定剂；颜料、涂料、墨水；水银电池；使用水银的继电器、开关、传感器；包装材料和包装零件；直管日光灯和高压水银灯等。因此，Hg污染有电池、温度计、化妆品（有些具有美白祛斑功效的化妆品含有很高含量的汞）、杀虫剂、塑料和橡胶等化工产品的生产，食盐电解、贵金属冶炼、采矿冶金，煤烟沉降，照明用灯、齿科材料、燃煤、水生生物等。天然水中含汞极少，一般不超过0.1μg/L。

汞的化学分析法见：

GB 7469—1987 水质 总汞的测定 高锰酸钾-过硫酸钾消解法 双硫腙分光光度法；

GB/T 17136—1997 土壤质量 总汞的测定 冷原子吸收分光光度法。

国家标准水中Hg的限量为1μg/L。

（4）Hg污染的化学防治

汞污染的化学防治可分为单质Hg（废气中汞或散落汞）的处理和汞离子Hg^{2+}（废水中汞）的处理。

① **废气中汞的处理** 除去废气中的汞有两种方法：

a. 用“$H_2SO_4+KMnO_4$”溶液吸收含汞废气，使之成为HgO沉淀：

$$4KMnO_4+2H_2SO_4 = 4MnO_2+2K_2SO_4+3O_2\uparrow+2H_2O \qquad (11\text{-}63)$$

$$2Hg+O_2 = 2HgO \qquad (11\text{-}48)$$

$$HgO+H_2SO_4 = HgSO_4+H_2O \qquad (11\text{-}64)$$

加入NaOH

$$HgSO_4+2NaOH = HgO\downarrow+Na_2SO_4+H_2O \qquad (11\text{-}65)$$

b. 可用“$KI+I_2$”溶液通过喷淋使废气中的汞生成配合物，见反应方程式（11-60）和式（11-61）。

此外，还有吸附（活性炭）法。

② **散落汞的处理** 人们在生活中常用含汞的产品，如温度计、压力计等，难免有打破并使散落的现象。汞的液体密度很大，所以水银溅落后，为防止汞蒸气的污染，必须把溅落的水银尽量收集起来，用饱和食盐水封后密封保存。微小的汞滴，可以用锡箔把它“沾起”（形成汞齐）。凡有可能遗留汞的地方（特别是缝隙）要覆盖上硫黄，以使汞变成极难溶的HgS。可减少了对人体的危害。

③ **废水中的汞（Hg^{2+}）的处理** 处理废水中汞的方法有下列4种。

a. 对于含汞量小于$70mg\cdot L^{-1}$的废水，可用氯化亚锡还原Hg^{2+}为Hg

$$Hg^{2+}+Sn^{2+} = Hg\downarrow+Sn^{4+} \qquad (11\text{-}66)$$

b. 对于汞含量小于0.1%的强酸性废水，可用铁屑进行处理

$$Fe+2H^+ = Fe^{2+}+H_2\uparrow \qquad (11\text{-}67)$$

$$Hg^{2+}+Fe = Hg\downarrow+Fe^{2+} \qquad (11\text{-}68)$$

$$Hg^{2+}+H_2 = Hg\downarrow+2H^+ \qquad (11\text{-}69)$$

c. 标准电池车间常有$HgSO_4$含量为$1\sim400mg\cdot L^{-1}$（以Hg^{2+}计）的废水，可用工业废料铜屑、铝屑以废治废处理；

$$Hg^{2+}+Cu(铜屑) = Hg+Cu^{2+} \qquad (11\text{-}70)$$

经过三组铜屑、一组铝屑过滤置换，可使流出液中汞含量降至$0.05mg\cdot L^{-1}$以下，并且汞的回收率可达99%。

实验室也可能以$NaBH_4$处理含汞废水

$$Hg^{2+}+NaBH_4+2OH^- = Hg\downarrow+3H_2\uparrow+NaBO_2 \qquad (11\text{-}71)$$

d. 离子交换法和化学沉淀法 废水用IR树脂和MR树脂两次交换，洗脱后，调节

pH＝8～10，然后加入 Na_2S 溶液，生成 HgS 沉淀回收

$$Hg^{2+}+S^{2-} = HgS\downarrow \qquad (11\text{-}72)$$

$$2Hg^{+}+S^{2-} = Hg_2S \qquad (11\text{-}73)$$

$$Hg^{2+}+Ca(OH)_2 = Hg(OH)_2+Ca^{2+} \qquad (11\text{-}74)$$

11.1.4 镉及其化合物

(1) 镉元素的价电子构型和理化性质

镉（Cd，cadmium；colloidal cadmium）为 48 号元素，价电子构型为 $4d^{10}5s^2$，位于周期表的第 5 周期第Ⅱ副族。能失去 $5s^2$ 的 2 个电子变为二价镉离子（Cd^{2+}，$4d^{10}5s^0$）。镉呈银白色，略带淡蓝光泽，质软，富有延展性。熔点 320.75℃；沸点 764.85℃；密度 $8.65g\cdot cm^{-3}$；不溶于水，溶于酸、硝酸铵和热硫酸；稳定。

镉用途很广，镉盐、镉蒸灯、镉作为原料或催化剂用于生产塑料、颜料、烟幕弹、合金、电镀、焊料、表面处理、标准电池及半导体材料等。由于镉的抗腐蚀性及耐摩擦性，也是制造原子核反应堆用控制棒的材料之一。

镉属亲硫元素，自然界主要以硫化物形式（CdS）存在于闪锌矿（ZnS）中，是锌矿熔炼和精制的副产品。

单质镉可以 CdS 为原料，经下列反应得到：

$$2CdS+3O_2 \xrightarrow{\triangle} 2CdO+2SO_2 \qquad (11\text{-}75)$$

CdO 以焦炭混合加热，即可得 Cd。

镉的化学性质比汞活泼，在潮湿的空气中缓慢地氧化，在盐酸和硫酸中也能很慢溶解。但不能溶解在强碱中。镉还可以在加热的情况下与卤素、硫直接化合。

(2) 镉的重要化合物

① **氧化物（CdO）和氢氧化物**［$Cd(OH)_2$］　CdO 由于制备方法不同，颜色也各异，所以可用作颜料。此外还用于碱性电池和化学合成原料。它可以升华，而不分解。它有 NaCl 型结构，Cd 与 O 还形成非计量化合物。将氢氧化钠加入 Cd 盐溶液中，即有白色的氢氧化镉 $Cd(OH)_2$ 析出。氢氧化镉也和氢氧化锌一样，溶于氨水中形成配离子：

$$Cd(OH)_2+4NH_3 = Cd(NH_3)_4{}^{2+}+2OH^- \qquad (11\text{-}76)$$

② **硫化物（CdS）和氟化物（CdF_2）**　CdS 存在于自然界中，可用于颜料、半导体、油漆和墨水。

CdF_2 很难溶于水，萤石结构。其他卤化物都是白色，易溶。但是，它们的溶液不仅含有 Cd^{2+} 和卤离子，而是一系列组成很广泛的含卤配合物，例如在 $0.15mol\cdot L^{-1}$ $CdBr_2$ 中，其主要成分是 $CdBr^+$、$CdBr_2$ 和 Br^- 及少量的 Cd^{2+}，$CdBr_3^-$ 和 $CdBr_4^{2-}$。氯化镉可用于电镀、聚氯乙烯的稳定剂。

镉盐的稀溶液含有 Cd 的许多形态，有溶剂化的 $CdOH^+$ 或多聚形式，在浓溶液中，还有 Cd_2OH^{3+} 存在。Cd^{2+} 和 NH_3 形成 $Cd(NH_3)_4^{2+}$ 并和 CN^- 形成 $Cd(CN)_4^{2-}$ 型配合物。

③ **镉盐**　常见镉的水合物为 $3CdSO_4\cdot 8H_2O$、$CdSO_4\cdot H_2O$，还有 $CdSO_4$。水合物的转变温度如下：

$$CdSO_4\cdot 8/3H_2O \xrightarrow{-5/3H_2O(75℃)} CdSO_4\cdot H_2O \xrightarrow{H_2O(105℃)} CdSO_4 \qquad (11\text{-}77)$$

镉的无水硫酸盐溶解度比锌大，25℃时每 100g 水溶解 772g 盐。温度的变化对它的溶解度影响不大，可用于制备标准电池，镍镉电池。

与硫酸锌相似，它与碱金属硫酸盐形成复盐，$M^{I}_2SO_4\cdot CdSO_4\cdot H_2O$。电导实验表明，在浓溶液中它也发生自配合作用。

(3) **镉的毒性与化学检测**

镉及其化合物可用于塑料（含橡胶）材料中的稳定剂、颜料、染料；涂料、墨水；表面处理（电镀等）、涂层；小型日光灯；包装材料和包装零件；玻璃中使用的颜料、染料、涂料；荧光的显示装置；镍镉、镍氢电池；高可靠性的电气接点和电镀材料。

镉主要来源于电镀、采矿、冶炼、燃料、电池和化学工业等排放的废水；废旧电池中镉含量较高、也存在于水果和蔬菜中，尤其在蘑菇中，在奶制品和谷物中也有少量存在。水中含镉 0.1mg·L^{-1}时，可轻度抑制地面水的自净作用，镉对白鲢鱼的安全浓度为 0.014mg·L^{-1}，用含镉 0.04mg·L^{-1}的水进行灌溉时，土壤和稻米受到明显污染，农灌水中含镉 0.007mg·L^{-1}时，即可造成污染。镉对环境的污染主要是对土壤的污染，镉通过食物链进入了人体，慢慢积累在肾脏和骨骼中并引发中毒。

Cd^{2+}的毒性是因为 Cd 能取代金属酶中的 Zn，影响酶的活性，所以是危险的毒物。另外，是因为Cd^{2+}的半径（97pm）与Ca^{2+}的半径（99pm）相近，它可以取代骨骼中的Ca^{2+}，引起骨痛，使骨骼严重软化，骨头寸断。镉还会引起胃脏功能失调，干扰生物体内锌的酶系统，导致高血压症上升。易受害的人群是矿业工作者、免疫力低下人群。

镉的化学分析方法如下。

GB 7471—1987；水质　镉的测定　双硫腙分光光度法。

(4) **镉污染处理**

含镉废水对人的危害很大，镉污染的防治主要是处理含镉废水。常用的方法有以下几种：

① **沉淀法**　在含镉废水中，可加入 NaOH 或 NaS 使其沉淀而除去：

$$Cd^{2+}+2OH^{-} \longrightarrow Cd(OH)_2\downarrow \tag{11-78}$$

$$Cd^{2+}+S^{2-} \longrightarrow CdS\downarrow \tag{11-79}$$

当溶液中的 Cl^- 和 CN^- 的含量也较高时，它们与Cd^{2+}形成配离子 $[CdCl]^+$ 和 $[CdCN]^+$，使得 $Cd(OH)_2$沉淀不完全，可采用调整 pH 或加入聚丙烯酰胺等高分子絮凝剂的办法，使沉淀凝聚。

② **氧化法**　冶炼厂和电镀厂排放的废水中常含有 $[Cd(CN)_4]^{2-}$ 配离子，稳定常数为$10^{18.78}$，此情况下，游离的Cd^{2+}浓度很低，沉淀法不能去除镉。可加入漂白粉，使CN^-氧化，转化为CO_3^{2-}和 N_2，使Cd^{2+}游离出来，然后再用沉淀法除去Cd^{2+}。

$$Ca(OCl)_2+2H_2O \longrightarrow 2HClO+Ca(OH)_2 \tag{11-80}$$

$$CN^{-}+OCl^{-} \longrightarrow CNO+Cl^{-} \tag{11-81}$$

$$2CNO+3OCl^{-}+2OH^{-} \longrightarrow 2CO_3^{2-}+N_2\uparrow+3Cl^{-}+H_2O \tag{11-82}$$

$$Cd^{2+}+2OH^{-} \longrightarrow Cd(OH)_2\downarrow \tag{11-78}$$

用此法可使镉的含量小于 0.1mg·L^{-1}，达到国家规定的排放标准。

③ **铁氧体法**　在含镉废水加入适当 $FeSO_4$，之后调节 pH 为 9～10，可得黑色氢氧化物沉淀。通入压缩空气氧化Fe^{2+}为Fe^{3+}，在适当加热（50～70℃）条件下可生成铁氧体。干燥后用磁分离回收镉铁氧体。相关反应如下：

$$(3-x)Fe^{2+}+xCd^{2+}+6OH^{-} \rightarrow Fe_{3-x}Cd_x(OH)_6 \rightarrow Cd_xFe_{3-x}O_4 \quad (x=1 \text{或} 2)$$

采用铁氧体法处理后的废水，镉可达到排放标准。

11.1.5　铅及其化合物

(1) **铅元素的价电子构型和理化性质**

铅（Pb，plumbum，lead）为 82 号元素，价电子构型为$6s^2 6p^2$，位于周期表第 6 周期第Ⅳ主族。最多可失去 4 个电子，铅有＋2、＋4 两种氧化态。铅的熔点 327.45℃；

沸点 1739.85℃；密度 11.35g·cm^{-3}；铅是很软的重金属，用手指甲能在铅上刻痕，故常温下可轧铅皮、铅箔。铅能耐化学腐蚀，所以不锈钢反应釜内衬铅可用于酸的反应。铅能有效地吸收短波长电磁辐射，即能阻挡 X 射线，所以可用铅制造防护用品，如铅玻璃、铅围裙及铅罐。铅可用作焊锡和焊接材，还用作电缆、蓄电池，Pb 还用于制造合金，铅合金的种类极多，如铸字合金、巴氏合金，等量铅与锡组成的焊条可用于焊接金属、制活字金，铅与锑的合金熔点低，用以制造蓄电池的电极，也用于制造保险丝。还有一些低熔点合金，如罗斯合金（Pb28.0，Bi50.0，Sn22.0）熔点 369K，抗腐合金（Pb37.7，Bi42.5，Sn11.3，Cd8.5）熔点 343K，武德合金（Pb25.0，Bi50.0，Sn12.5，Cd12.5）熔点 343K，卡罗路 117（Pb22.6，Bi44.7，Sn8.3，Cd5.3，In19.1）熔点 320K。铅曾用来制作铅笔（铅笔由此得名），在铅中加入 5%的砷可增加铅的硬度，经常用于制造轴承和子弹。

铅是一种不可降解的环境污染物，一旦被开采出来，会较永久地存在于环境中。你可以将它燃烧、掩埋，但它不会消失。铅的 1/4 可被人类回收利用，其余 3/4 则以不同形式污染我们的环境（包括土壤、水源和空气）。铅在环境中可以长期积累，通过消化道和呼吸道进入人体。

铅主要以方铅矿（PbS）及白铅矿（$PbCO_3$）形成存在于自然界中，把经过浮选的方铅矿，在空气中焙烧转化成 PbO，再用 CO 还原可得 Pb。

$$2PbS+3O_2 \xlongequal{} 2PbO+2SO_2 \tag{11-83}$$

$$PbO+CO \xlongequal{} Pb+CO_2 \tag{11-84}$$

粗铅经电解精制得纯度为 99.995%的铅，区域熔融法可得 99.9999%的高纯铅。

常温下，铅可与空气中的氧反应生成氧化铅或碱式碳酸铅，使表面失去光泽变灰暗，保护底层金属不被氧化。

在空气存在下，铅与水缓慢作用：

$$2Pb+O_2+2H_2O \xlongequal{} 2Pb(OH)_2 \tag{11-85}$$

铅和稀 HCl 及 H_2SO_4 几乎不作用。这是因为 $PbCl_2$ 和 $PbSO_4$ 的低溶解度，而且氢在铅上析出的过电位高的缘故。铅与热浓 H_2SO_4 强烈作用，生成可溶性酸式盐 $Pb(HSO_4)_2$。Pb 还易溶于 HNO_3，反应如下：

$$Pb+4HNO_3(浓) \xlongequal{} Pb(NO_3)_2+2NO_2(g)+2H_2O \tag{11-86}$$

铅还易溶于含有溶解氧的醋酸中：

$$2Pb+O_2 \xlongequal{} 2PbO \tag{11-87}$$

$$PbO+2CH_3COOH \xlongequal{} Pb(CH_3COO)_2+H_2O \tag{11-88}$$

铅在碱中也能溶解：

$$Pb+4KOH+2H_2O \xlongequal{} K_4[Pb(OH)_6]+H_2 \tag{11-89}$$

(2) **铅的重要化合物**

① **氧化物和氢氧化物**　铅的氧化物有 3 种：氧化铅（PbO）俗称密陀僧，有红色和黄色化合物；二氧化铅（PbO_2）为棕色固体，具有氧化性；四氧化三铅（Pb_3O_4）俗称铅丹或红丹，是红色粉末。

将铅在空气中加热，可得 PbO。它有红色正方晶体和黄色正交晶体两种变体，在常温下红色的比较稳定，将黄色 PbO 在水中煮沸即得红色变体，相转化温度为 488℃。PbO 易溶于醋酸和硝酸得到 Pb(Ⅱ) 盐，比较难溶于碱，说明它偏碱性。PbO 用于制铅蓄电池、铅玻璃和铅的化合物。

用熔融的氯酸钾或硝酸盐氧化 PbO，电解二价铅溶液或用 NaOCl 氧化亚铅酸盐都可以得到二氧化铅 PbO_2：

$$Pb(OH)_3^- + ClO^- \longrightarrow PbO_2 + Cl^- + OH^- + H_2O \qquad (11\text{-}90)$$

PbO_2是两性化合物，其酸性大于碱性。

$$PbO_2 + 2NaOH + 2H_2O \longrightarrow Na_2Pb(OH)_6 \qquad (11\text{-}91)$$

PbO_2为深褐色粉末的强氧化剂，与还原性物质如浓 HCl 作用放出 Cl_2：

$$PbO_2 + 4HCl(浓) \longrightarrow PbCl_2 + 2H_2O + Cl_2\uparrow \qquad (11\text{-}92)$$

在稀 HNO_3 或 H_2SO_4 中将 Mn^{2+} 氧化成 MnO_4^-：

$$2Mn^{2+} + 5PbO_2 + 4H^+ \longrightarrow 2MnO_4^- + 5Pb^{2+} + 2H_2O \qquad (11\text{-}93)$$

与 H_2SO_4 作用放出氧气：

$$2PbO_2 + 2H_2SO_4 \longrightarrow 2PbSO_4 + O_2 + 2H_2O \qquad (11\text{-}94)$$

PbO_2本身加热也会分解放出氧气，当它与可燃物如 P 或 S 发生摩擦时即发火，所以 PbO_2可用以制火柴。也可作铅蓄电池，橡胶硬化剂，颜料的原料。

PbO_2实际上也是非整数比化合物，在它的晶体中氧原子与铅原子的数量比为 1.88 而不是 2，因为有些应为氧原子占据的位置成为空穴，所以它能导电，用在铅蓄电池中起电极的作用。

将铅在氧气中加热或者在 673～773K 间小心将 PbO 加热都可以很到红色的四氧化三铅 Pb_3O_4粉末（如图 11-4），该化合物俗称铅丹或红丹，在它的晶体中既有 Pb(Ⅳ）又有 Pb(Ⅱ)，化学式可以写为 $2PbO \cdot PbO_2$，但根据其结构它应属于铅酸盐，所以据结构式应是 $Pb_2[PbO_4]$。

Pb_3O_4 与 HNO_3 反应可得到 PbO_2：

$$Pb_3O_4 + 4HNO_3 \longrightarrow PbO_2 + 2Pb(NO_3)_2 + 2H_2O$$

这个反应比说明了在 Pb_3O_4 的晶体中有 2/3 的 Pb(Ⅱ）和1/3的 Pb(Ⅳ)。

Pb_3O_4用于制铅玻璃和钢材上使用的油漆或涂料的颜料，因为它有氧化性，涂在钢材上有利于钢铁表面的钝化，其防锈蚀效果好，所以被大量地用于油漆船舶和桥梁钢架。同时 Pb_3O_4 还可用于铅蓄电池。

图 11-4　红丹粉

将 PbO_2 加热，它会逐步转变为铅的低氧化态氧化物。

$$PbO_2 \xrightarrow{563\sim593K} Pb_2O_3 \xrightarrow{633\sim693K} Pb_3O_4 \xrightarrow{803\sim823K} PbO \qquad (11\text{-}95)$$

② **铅的氢氧化物**　由于铅的氧化物难溶于水，$Pb(OH)_2$白色沉淀是用 Pb(Ⅱ）盐溶液加碱得到的。它也具有两性性质，溶于酸生成铅(Ⅱ）盐，溶于碱生成亚铅酸盐：

$$Pb(OH)_2 + 2HCl \longrightarrow PbCl_2 + 2H_2O \qquad (11\text{-}96)$$

$$Pb(OH)_2 + 2OH^- \longrightarrow Pb(OH)_4^- \, (PbO_2^{2-} + 2H_2O) \qquad (11\text{-}97)$$

若将 $Pb(OH)_2$在 373K 脱水可得到红色 PbO，如果加热温度低则得到黄色的 PbO。

③ **卤化物和硫化物**　Pb(Ⅱ）盐溶液与盐酸或可溶性氯化物作用，Pb 直接与卤素或浓的氢卤酸反应，或者用它们的氧化物与氢卤酸反应，均可得到铅的卤化物。如 Pb 直接与氯气反应得到 $PbCl_2$白色沉淀。

$$Pb + Cl_2 \longrightarrow PbCl_2\downarrow \qquad (11\text{-}98)$$

$PbCl_2$难溶于冷水，易溶于热水，溶解度随温度升高而急剧增大。这是 Pb^{2+} 离子的一个特征反应。$PbCl_2$ 可溶于盐酸中：

$$PbCl_2 + 2HCl \longrightarrow H_2[PbCl_4] \qquad (11\text{-}99)$$

在用盐酸酸化过的 $PbCl_2$ 溶液中通入氯气得到黄色液体 $PbCl_4$，这种化合物极不稳定，只能在低温下存在，在潮湿空气中因水解而冒烟。容易分解为 $PbCl_2$ 和 Cl_2。

$PbBr_4$和PbI_4不容易制得，就是制成了也会迅速分解为二价卤化物。PbI_2为黄色丝状有亮光的沉淀，可用于Pb^{2+}定性检验。

PbI_2也易溶于沸水，并也因生成配合物而溶解于KI的溶液中

$$PbI_2 + 2KI \xlongequal{} K_2[PbI_4] \tag{11-100}$$

Pb的硫化物只有Pb^{2+}的硫化物一种。Pb(Ⅳ)的硫化物因它的氧化性和S^{2-}的还原性而稳定性很差，因而PbS_2不存在，只有PbS，为黑色。PbS很稳定（$K_{sp}=1.3\times10^{-28}$），不溶于稀HCl和H_2SO_4，PbS能溶于浓HCl、稀HNO_3和H_2O_2

$$PbS + 4HCl(浓) \xlongequal{} PbCl_4^{2-} + 2H_2S\uparrow + 2H^+ \tag{11-101}$$

$$3PbS + 2NO_3^- + 8H^+ \xlongequal{} 3Pb^{2+} + 3S\downarrow + 2NO\uparrow + 4H_2O \tag{11-102}$$

$$PbS + 4H_2O_2 \xlongequal{} PbSO_4 + 4H_2O \quad (文物刷新) \tag{11-103}$$

从上面讨论可知，对于难溶硫化物，可采用不同的方法，如使用氧化剂、配位剂等手段使其溶解。

PbS可用于红外线检出器和半导体材料。

④ **铅盐**　重要的易溶Pb(Ⅱ)盐有$Pb(NO_3)_2$和$Pb(Ac)_2$。

Pb或PbO和HNO_3作用生成$Pb(NO_3)_2$，它热稳定性差，能分解生成PbO、NO_2和O_2，所以在高温下是强氧化剂。

PbO溶于HAc得到$Pb(Ac)_2\cdot3H_2O$晶体，它极易溶于水，1mL冷水溶解0.6g，沸水能溶解2g。因为$Pb(Ac)_2$有甜味，所以又称铅糖。$Pb(Ac)_2$是非电解质，溶解了的Pb^{2+}和Ac^-有明显的配位作用。PbO可用作颜料、着色剂、橡胶加硫催化剂和固体润滑油。

$Pb(Ac)_2$溶液因吸收空气中的CO_2而生成白色$PbCO_3$沉淀。

铅(Ⅱ)的其他难溶盐有白色$PbSO_4$和黄色$PbCrO_4$。

自然界中存在有大块正交晶体的硫酸铅晶体，如铅矾，纯净状态时像透明的玻璃，人们称之为铅玻璃，但常因含有杂质而有颜色。

Pb^{2+}盐溶液和SO_4^{2-}作用生成的白色$PbSO_4$沉淀难溶于水，但能溶于浓硫酸，硝酸（约$3mol\cdot L^{-1}$）和饱和NH_4Ac溶液。

$$PbSO_4 + H_2SO_4 \xlongequal{} Pb(HSO_4)_2 \tag{11-104}$$

$$PbSO_4 + HNO_3 \xlongequal{} HSO_4^- + Pb(NO_3)^+ \tag{11-105}$$

$$PbSO_4 + 3Ac^- \xlongequal{} Pb(Ac)_3^- + SO_4^{2-} \tag{11-106}$$

铅及其化合物可用作：塑料（含橡胶）材料中的稳定剂、颜料、染料；颜料、涂料、墨水；小型密封铅电池；平衡器用重物；包装材料和包装零件；光学玻璃；半导体内部的高熔点焊锡［铅为85%（质量）以上］；电子陶瓷零件（压电组件、陶瓷感应材料等）；显像管、电子零件、荧光显示管所使用的玻璃；合金成分［钢材中/0.35%（质量）以下、铝材中/0.4%（质量）以下、铜材中/4%（质量）以下］。

Pb盐的特点是有毒，Pb^{2+}和蛋白质分子中的半胱氨酸的巯基（—SH）作用，生成难溶物，沉积在机体内，累积在骨骼中。人体若每天摄入1mg铅，长期如此则有中毒危险。Pb盐的另一特点是多数难溶于水，且难溶盐常为颜料，如：$PbSO_4$、碱式碳酸铅呈纯白色，可制白色油漆的颜料、橡胶配合剂、聚氯乙烯稳定剂、电池；$PbCO_3$用于防锈油漆和陶瓷工业，也用作试剂；$PbCrO_4$为常用的黄色颜料铬黄，还可用作涂料和墨水。$PbCl_2$可用白色颜料，［$Pb(OH)_2\cdot PbCrO_4$］可为颜料，同时可用作聚氯乙烯稳定剂。磷酸铅也为塑料稳定剂。可见油漆和油灰中含有铅的化合物，它们是铅中毒的一个来源，所以含铅化合物的涂料不宜用于油漆儿童玩具和婴儿用家具。航空和汽车使用的燃料汽油加入四乙基铅和二溴代乙烷时，可减少汽油燃烧时的振动现象，为防止产生$PbBr_4$随废气排出造成对大气的污染，人

们研制了四乙基铅的代用品，如环戊二烯三羰基锰、甲基叔丁基醚等。

铅的化合物特点是颜色丰富、色彩鲜艳，常见的有碱式碳酸铅呈纯白色，砷酸铅为粉红色粉末，铬酸铅为黄色粉末，硫化铅为黑色结晶，二氧化铅为棕褐色结晶，四氧化三铅呈大红色（俗称红丹），一氧化铅呈黄色（俗称铅黄、黄丹、弥陀僧）。

(3) 铅的毒性与化学检测

铅是重金属污染中毒性较大的一种，所有可溶铅盐和铅蒸气都有毒，空气中铅的最高允许含量为 $0.15mg \cdot m^{-3}$。铅是可在人体和动物组织中积蓄的有毒金属。铅污染的主要来源是各种油漆、涂料、蓄电池、冶炼、五金、机械、电镀、化妆品、染发剂、釉彩碗碟、餐具、燃煤、膨化食品、自来水管等。铅对水生生物的安全浓度为 $0.16mg \cdot L^{-1}$，用含铅 $0.1 \sim 4.4mg \cdot L^{-1}$ 的水灌溉水稻和小麦时，作物中铅含量明显增加。甚至"菜篮子"、饮水机，我们常见的塑料门窗都存在重金属铅的污染。塑料门窗属于PVC异型材，PVC异型材用的热稳定剂体系主要有铅盐、有机锡、钙锌及其复合稳定剂。因铅盐稳定剂的稳定效果好，成为了目前我国塑料门窗生产中使用最多的稳定剂，但因铅的毒性，虽然并不直接与人体接触，仍对环境和人体健康造成威胁。北美地区不准硬聚氯乙烯门窗使用铅稳定剂。加拿大卫生部1996-48文件，美国消费者产品安全委员会第96-150文件和第4426号文件对此均有明确规定。但铅盐稳定剂的污染问题在我国目前尚未得到重视。铅一旦进入人体将很难排除。能直接伤害人的脑细胞，特别是胎儿的神经系统，导致儿童智力衰退。长期接触铅和它的盐（尤其是可溶的和强氧化性的 PbO_2）可以导致肾病和类似绞痛的腹痛。铅及其化合物摄取后主要贮存在骨骼内，部分取代磷酸钙中的钙，不易排出。中毒较深时引起神经系统损害，严重时会引起铅毒性脑病，多见于四乙基铅 [$Pb(CH_3CH_2)_4$] 的中毒。

黄色 $PbCrO_4$ 的生成在分析化学中常被用来鉴定 Pb^{2+}。它和其他黄色难溶铬酸盐的区别是能溶于碱：

$$PbCrO_4 + 3OH^- \longrightarrow Pb(OH)_3^- + CrO_4^{2-} \quad (11\text{-}107)$$

铅化合物的化学分析法见下：

GB/T 377—1964 (1990) 汽油四乙基铅含量测定法（铬酸盐法）；

GB/T 2432—1981 (1988) 汽油中四乙基铅含量测定法（络合滴定法）；

GB 7470—1987 水质　铅的测定　双硫腙分光光度法。

(4) 铅污染的处理

铅是电池生产、颜料、印刷、燃料、照相材料和火柴及炸药生产的工业原料，是使用最广的非铁金属之一。大多数含铅化合物呈无机颗粒或游离状态存在，含铅化合物还有乙基铅和工业废水。

倘若发生急性铅中毒，应立即注射EDTA-HAc的钠盐溶液、使铅形成稳定的配离子，从尿中排出而解毒。

主要化学处理方法如下。

① **沉淀法**

a. 加碳酸盐，产生碳酸铅沉淀。

b. 加磷酸盐，产生磷盐铅沉淀。

c. 加石灰或烧碱，产生氢氧化铅沉淀。

② **凝聚法**　加入 $FeSO_4$ 等凝聚剂。

③ **离子交换法**　用强酸性阳离子交换树脂可将有机铅的浓度从127～145mg/L降低至于0.02～0.53mg/L。

11.2 材料关键元素及其无机化合物

对材料类专业来说，材料包括金属材料、非金属材料和高分子材料三大专业，涉及的元素各不相同。金属材料是指金属元素或以金属元素为主构成的具有金属特性的材料的统称。包括纯金属、合金、金属材料金属间化合物和特种金属材料等。注：金属氧化物（如氧化铝）不属于金属材料。金属材料专业常把金属分为黑色金属和有色金属两大类。黑色金属（ferrous metal）为铁、锰、铬及其合金，统称钢铁；有色金属（non-ferrous metal，也称非铁金属）则包括除黑色金属以外的所有金属及其合金，其中轻金属（密度小于 $5g \cdot cm^{-3}$）以铝为代表，重金属（密度大于 $5g \cdot cm^{-3}$）以铜为代表，此外还有贵金属、稀有金属和放射性金属。

黑色金属包括下列物质：含碳量在 2%～4.5%的铁的合金为铸铁（生铁）；含碳量一般在 0.05%～2%的铁的合金为钢；含 C 小于 0.05%的为熟铁。在 Fe-C 合金中，有目的地加入各种适量的合金元素，来提高钢铁的强度、硬度、耐磨性和耐腐蚀性等性能。常用的合金元素有 Mn、Cr、Ni、Mo、W、V、Ti、Nb、B、Si 等，形成了多种多样的合金铸铁或合金钢。

非铁合金大体可分为：轻合金（铝合金、钛合金、镁合金、铍合金等）；重有色合金（铜合金、锌合金、锰合金、镍合金等）；低熔点合金（铅、锡、镉、铋、铟、镓、汞及其合金）；难熔合金（钨合金、钼合金、铌合金、钽合金等）；贵金属（金、银、铂、钯等）和稀土金属等。其中应用最广的是**铝合金**。据统计，协和式超音速飞机全部结构的 71%是用特殊的铝合金制造的；高速火车、汽车等交通工具对铝型材的用量需求不断加大；建筑装饰用的铝材越来越多，既漂亮、又耐腐蚀；电力系统和家用电器中铝导线的用量超过铜导线；铝箔可用于包装食品和香烟；铝合金还可用作电容器等。

传统的无机非金属材料指陶瓷、玻璃、水泥、耐火材料、碳材料以及以此为基体的复合材料。新型无机非金属材料包括半导体材料、超导材料、激光材料和光导材料等。其中最核心的元素是硅。

高分子材料是以有机高分子化合物为基础的材料，主要包括橡胶、塑料、纤维、涂料、胶黏剂和高分子基复合材料。其最核心的元素是碳。

由于学时所限，本节只介绍铁、碳和硅。

11.2.1 铁及其化合物

铁是一种是最常用的金属。是地壳含量第二高（仅次于铝）的金属元素。铁是碳钢、铸铁的主要元素，铁及其合金是最基本的金属结构材料，在工农业生产以及日常生活的各个领域都有广泛的应用：装备制造、铁路车辆、道路、桥梁、轮船、码头、房屋、土建均离不开钢铁构件。2011 年中国年产钢材 8 亿多吨，占世界钢产量的 45.5%，铸件 4150 万吨。钢铁的年产量代表一个国家的现代化水平。

中国是最早发现和掌握炼铁技术的国家。1977 年，在北京平谷县刘河村发掘一座商代墓葬，出土许多青铜器，最引人注目的是一件古代铁刃铜钺（yuè，图 11-5），长 8.7cm。经化验，该件铁刃铜钺刃部的铁不是人工冶铸的铁，而是用陨铁锻造成薄刃后，浇铸青铜柄部而成。

这不仅表明人类最早发现的铁来自陨石，也说明中国劳动人民早在 3300 多年前就认识了铁并熟悉了铁的锻造性能，掌握了铁和青铜在性质上的差别，并且把铁锻接到铜兵器上，加强铜的坚利性。就世界范围而言，人类往往在青铜时代使用陨铁制成兵器或工具，当冶铁术发明后，则不再用陨铁制器。

铁的最大用途是用于炼钢。铁和其化合物还用作磁铁、染料（墨水、蓝晒图纸、胭脂颜料）和磨料（红铁粉）。还原铁粉大量用于冶金。铁还用于浮选法治理污水：以铁为阳极电解污水，阴极产生气泡（氢气）使污垢浮起，达到一定厚度便可去除，阳极产生的 Fe^{2+} 遇到阴极产生的 OH^- 生成具有吸附性的沉淀 [$Fe(OH)_2$ 被氧化成 $Fe(OH)_3$]，吸附杂质。

图 11-5 商铁刃铜钺

(1) 铁元素的价电子构型及其理化性能

铁（Fe，iron）是 26 号元素，价电子构型为 (Ar) $3d^6 4s^2$，位于元素周期表的第 4 周期，第Ⅷ副族。可失去 4s 上的 2 个电子，形成 Fe^{2+}（离子构型 $3d^6$），也可以失去 3 个电子，形成 Fe^{3+}（离子构型 $3d^5$）。由于 d^5 为半满结构，稳定性大于 d^6，所以 Fe^{3+} 比 Fe^{2+} 更稳定。从其价电子构型还知，铁原子还可失去 6 个电子，形成氧化数为 +6 的化合物。

铁有 4 种同素异形体，分别是 α-、β-、γ-和 δ-Fe。各晶型转变的温度为：δ(1808K) → γ(1673K) → β(1183K) → α(1033K)。一般存在的纯铁为 α-Fe，晶体为体心立方结构，具有强磁性。而 γ-Fe 只有在 1183～1673K 的高温区域内方能存在，晶体为面心立方结构，其磁性略逊于 α-Fe。在高温下用激光照射 SF_6 和 $Fe(CO)_5$ 混合气，可成功制得 γ-Fe 纯铁的超微粒子，平均粒径 8000pm。

纯净的铁具有银白色金属光泽，熔点：1535℃；沸点：2750℃，密度：$7.85g \cdot cm^{-3}$，延展性良好，传导性（导电、导热）好。铁能被磁铁吸引，在磁场的作用下，铁自身也能有磁性。从应用考虑，重要的不是纯铁而是含不等量炭的铁。

单质铁主要源于磁铁矿（Fe_3O_4）、赤铁矿（Fe_2O_3）、褐铁矿（$2Fe_2O_3 \cdot 3H_2O$）和黄铁矿（FeS_2）等矿石。黄铁矿是工业上重要的工业原料，我国主要用于提取硫黄、制取硫酸。铁金属常用高炉以焦炭为燃料、用铁矿石和石灰石（在此用来除去铁矿石中混杂的硅化物，提高炼铁纯度）为原料炼得。工业制取原理如下：

$$C(焦炭)+O_2(g) \xrightarrow{点燃} CO_2\uparrow \tag{11-108}$$

$$CaCO_3(s)+SiO_2(s) = CaSiO_3\downarrow + CO_2\uparrow \tag{11-109}$$

$$CO_2+C(s) \xrightarrow{高温} 2CO\uparrow \tag{11-110}$$

$$Fe_2O_3(s)+3CO(g) \xrightarrow{高温} 2Fe(l)+3CO_2\uparrow \tag{11-111}$$

用氢气还原纯氧化铁也可得到纯铁。

纯铁耐蚀能力较强，在干燥的空气中很难跟氧气反应，加热到 150℃也不与氧作用，灼烧到 500℃时形成 Fe_3O_4（磁性氧化物），在更高温度时，可形成 Fe_2O_3。Fe 和高温水蒸气（500℃以上）反应，或将灼热的铁迅速扔进冷水——淬火时，反应式均为：

$$3Fe+4H_2O(g) \xrightarrow{>500℃} Fe_3O_4+4H_2\uparrow \tag{11-112}$$

铁越纯越难腐蚀。例如至今竖立在印度首都新德里附近一座清真寺内的一根高 6.7m 的铁柱，柱上所刻的文字表明它是公元 310 年建立的，此铁柱在多雨高温的气候条件下，已经经历了 1700 多年仍没有严重的锈蚀，据检测此铁柱的含铁为 99.72%，是比较高的。

但是含有杂质的铁在潮湿的空气中即使是室温条件也能生锈——发生电化学腐蚀，反应式如下：

$$4Fe(s)+3O_2(g)+2H_2O(l) = 2(Fe_2O_3 \cdot H_2O)(s) \tag{11-113}$$

铁的这一性质是金属腐蚀与防护专业至今仍需面对的难题。

若在酸性气体或卤素蒸气氛围中腐蚀更快。

铁是中等活泼金属，$\phi^{\ominus}_{Fe^{2+}/Fe}$为$-0.44V$，可作还原剂，如铁可以从溶液中还原金、铂、银、汞、铜、铅或锡等离子，如：

$$CuSO_4 + Fe = FeSO_4 + Cu \quad (11\text{-}114)$$

铁的化合价有$+2$、$+3$、$+6$，最常见的价态是$+2$和$+3$。铁溶于非氧化性的酸如盐酸和稀硫酸中，形成Fe^{2+}并置换出H_2。

$$Fe + H_2SO_4(稀) = FeSO_4 + H_2\uparrow \quad (11\text{-}115)$$

在常温下遇浓硫酸或浓硝酸时，表面生成一层氧化物保护膜，使铁"钝化"，故可用铁制品盛装浓硫酸或浓硝酸。铁钝化膜为$\gamma\text{-}Fe_2O_3$，Fe_3O_4或更复杂的$Fe_8O_{11}(Fe_2O_3+2Fe_3O_4)$。可能反应式为：

$$3Fe + 4H_2SO_4(浓) = Fe_3O_4 + 4SO_2\uparrow + 4H_2O \quad (11\text{-}116)$$

氧化膜阻止铁的进一步被氧化。

热、浓的硫酸与铁反应，则发生下列反应：

$$2Fe + 6H_2SO_4(热、浓) = Fe_2(SO_4)_3 + 3SO_2\uparrow + 6H_2O \quad (11\text{-}117)$$

$$Fe(过量) + 2H_2SO_4(热、浓) = FeSO_4 + SO_2\uparrow + 2H_2O \quad (11\text{-}118)$$

热的稀硝酸与铁反应，产物与两反应物的量比有关，若铁过量，则只有二价铁产物$Fe(NO_3)_2$；若硝酸过量，则生成$Fe(NO_3)_3$、NO或NH_4^+。

$$4Fe + 10HNO_3 = 4Fe(NO_3)_3 + NH_4NO_3 + 3H_2O \quad (11\text{-}119)$$

在高温条件下，铁可以与氯、硫、磷、硅、碳等非金属直接化合，如铁与氯在加热时反应剧烈：

$$2Fe + 3Cl_2 = 2FeCl_3 \quad (11\text{-}120)$$

铁与氮不能直接化合，但与氨作用，形成氮化铁，如Fe_2N（间隙化合物）。

在1200℃，铁与C化合形成碳化铁（Fe_3C），在冶金上称为渗碳体。

(2) 铁的氧化物和氢氧化物

铁的氧化物和氢氧化物均不溶于水。铁的氧化物有黑色的FeO，红棕色的Fe_2O_3，及它们的混合氧化物Fe_3O_4。它们显碱性，FeO与酸反应生成二价盐，Fe_2O_3与酸反应生成三价盐，如：

$$Fe_2O_3(s) + 6HCl(aq) \longrightarrow 2FeCl_3(aq) + 3H_2O(l) \quad (11\text{-}121)$$

以上反应表明：Fe(Ⅲ)不能将HCl氧化为Cl_2，因为Cl_2的氧化性大于Fe(Ⅲ)。

Fe_3O_4具有磁性，能导电，不溶于酸和碱。

铁的氢氧化物有白色的$Fe(OH)_2$；红棕色的$Fe(OH)_3$。由于$Fe(OH)_2$易被空气中的氧氧化，它会变成灰绿色最终变为红棕色：

$$4Fe(OH)_2(s) + O_2(g) + 2H_2O(l) \longrightarrow 4Fe(OH)_3(s) \quad (11\text{-}122)$$

(3) 铁的盐类

① $+2$ **价盐类** 较常见的有氯化物，硫酸盐和硝酸盐，它们易溶于水，常带结晶水。如绿矾（$FeSO_4 \cdot 7H_2O$），淡绿色晶体，在空气中易氧化，农业上用作杀虫剂。摩尔盐[$(NH_4)_2SO_4 \cdot FeSO_4 \cdot 6H_2O$]，比绿矾稳定，可用来配制$Fe^{2+}$标准溶液（$Fe^{2+}$有较强的还原剂，为防止$Fe^{2+}$氧化，可加入干净铁钉）。

② $+3$ **价盐类** 常见的有$FeCl_3$、$Fe_2(SO_4)_3$及它们的水合物。无水$FeCl_3$是黑棕色结晶，也有薄片状，易溶于水并且有强烈的吸水性，能吸收空气里的水分而潮解。$FeCl_3$从水溶液析出时带6个结晶水为$FeCl_3 \cdot 6H_2O$，六水合三氯化铁是橘黄色的晶体。$Fe_2(SO_4)_3$是呈土白色或浅黄色的粉末、易潮解，可变为棕色液体。它还有最常见的黄色水合物$Fe_2(SO_4)_3 \cdot 9H_2O$。

铁的+3价化合物较为稳定，并有较强的氧化性。$FeCl_3$溶液用于刻蚀铜板，在医疗上用作伤口止血剂，它能使蛋白质凝集。

$Fe_2(SO_4)_3$用途：分析试剂、糖定量测定、铁催化剂、媒染剂、净水剂、制颜料、药物等。

因为$\phi^{\ominus}_{Fe^{3+}/Fe^{2+}}$为0.771V，在所有的氧化剂和还原剂排列时界于中间部分，所以溶液中的Fe^{3+}和Fe^{2+}分别是中强氧化剂和还原剂。下面是它们常见的反应。

Fe^{3+}作为氧化剂：

$$2Fe^{3+}(aq)+Sn^{2+}(aq)=\!=\!=2Fe^{2+}(aq)+Sn^{4+}(aq) \quad (11\text{-}123)$$

$$2Fe^{3+}(aq)+2I^-(aq)=\!=\!=2Fe^{2+}(aq)+I_2(s) \quad (11\text{-}124)$$

$$2Fe^{3+}(aq)+H_2S(g)=\!=\!=2Fe^{2+}(aq)+S(s)+2H^+ \quad (11\text{-}125)$$

$$2FeCl_3(aq)+Cu(s)=\!=\!=2FeCl_2(aq)+CuCl_2(aq)\text{（刻蚀铜板）} \quad (11\text{-}126)$$

$$2FeCl_3(aq)+Fe(s)=\!=\!=3FeCl_2(aq)\text{（维持}Fe^{2+}\text{标准溶液稳定）} \quad (11\text{-}127)$$

Fe^{2+}作为还原剂：在酸性溶液中，硝酸、高锰酸钾、重铬酸钾、过氧化氢等氧化剂均能把Fe^{2+}氧化成Fe^{3+}。在碱性溶液中，Fe^{2+}的还原性更强，它能把NO_3^-和NO_2^-还原成NH_3，把Cu^{2+}还原成金属Cu。

（4）铁的配合物

二价和三价铁均易与无机或有机配位体形成稳定的配位化合物，如FeF_6^{3-}（无色），$[Fe(PO_4)_2]^{3-}$（无色），$[Fe(HPO_4)_2]^-$（无色），$[Fe(SCN)_n]^{3-n}$（$n=1\sim6$，血红色，用于鉴定Fe^{3+}），邻菲啰啉（1，10-phenanthroline monohydrate），配位数通常为6。零价铁还可与一氧化碳形成各种羰基铁，如$Fe(CO)_5$、$Fe_2(CO)_9$、$Fe_3(CO)_{12}$。羰基铁有挥发性，蒸气剧毒。常用配合物还有亚铁氰化钾$K_4[Fe(CN)_6]\cdot 3H_2O$（俗名：黄血盐）和铁氰化钾$K_3[Fe(CN)_6]$；（俗名：赤血盐）。在酸性介质中：

$$4Fe^{3+}+3[Fe(CN)_6]^{4-}=\!=\!=Fe_4[Fe(CN)_6]_3\downarrow \quad (11\text{-}128)$$

$Fe_4[Fe(CN)_6]_3$称六氰合亚铁（Ⅱ）酸铁（亚铁氰化铁，普鲁士蓝）为蓝色沉淀。

$$3Fe^{2+}+2[Fe(CN)_6]^{3-}=\!=\!=Fe_3[Fe(CN)_6]_2\downarrow \quad (11\text{-}129)$$

$Fe_3[Fe(CN)_6]_2$称六氰合铁（Ⅲ）酸铁（铁氰化铁，滕氏蓝）也为蓝色沉淀。

以上两反应可检验三价铁和二价铁离子。实际上，经X射线研究证明，普鲁士蓝和滕氏蓝的组成和结构是相同的，其化学式均为$KFe[Fe(CN)_6]$。它可作油漆、油墨的颜料。

铁与环戊二烯的化合物二茂铁，$Fe(C_5H_5)_2$，是一种具有夹心结构的金属有机化合物。二茂铁及其衍生物是汽油中的抗震剂，它们比曾经使用过的四乙基铅安全得多。

（5）铁的六价化合物

铁还能形成+6价的化合物，如：K_2FeO_4，将Fe_2O_3与KOH和KNO_3（氧化剂）共熔可以制得暗紫色的高铁酸钾：

$$Fe_2O_3(s)+4KOH(l)+3KNO_3(l)\rightarrow 2K_2FeO_4(s)+3KNO_3(l)+3H_2O(g) \quad (11\text{-}130)$$

K_2FeO_4是很强的氧化剂，由于其绿色环保、选择性高、活性强等特点而受到人们的关注，同时它也是一种集氧化、吸附、絮凝、助凝、杀菌、脱臭于一体的新型高效多功能水处理剂。Fe(Ⅵ)化合物也为电极材料的新型超铁电磁，因具有绿色、高电压和高能量的特点，被认为是电池工业的革命性成果，引起了电化学界的高度重视。近十年来，Fe(Ⅵ)化合物的研究非常活跃并取得了可喜的进展。然而，K_2FeO_4的不稳定性使其在各领域中的应用受到了限制，如当酸化含FeO_4^{2-}物种的碱性溶液时，Fe(Ⅵ)迅速将自身键合的O^{2-}氧化：

$$2FeO_4^{2-}(aq)+10H_2O(aq) \longrightarrow 2Fe^{3+}(aq)+1.5O_2(g)+15H_2O(l) \quad (11\text{-}131)$$

铁的化学分析方法见下。

GB 13456—1992 钢铁工业水污染物排放标准。

GB/T 13899—1992 水质铁（Ⅱ、Ⅲ）氰络合物的测定三氯化铁分光光度法。

11.2.2 碳及其无机化合物

(1) 碳元素的价电子构型和自然存在

碳（C，carbon）是 6 号元素，价电子构型为 $2s^2 2p^2$，位于元素周期表的第 2 周期ⅣA 族。按照 C 在周期表中的位置和电负性（2.50）来说，它得到电子和失去电子的倾向都应该是最低的。加上 C-C 键有很强的稳定性（C-C 键能 $607kJ \cdot mol^{-1}$），这些特征就使 C 形成了为数众多的共价化合物。从它的外层电子构型可知，它最多可失去 4 个电子，最多可得到 4 个电子，所以它有多种**氧化态**：主要为 $-4(CH_4)$，$-2(CH_3Cl)$，$0(CH_2Cl_2)$ $+2(CO, CHCl_3)$，$+4(CO_2, CCl_4)$。无机化合物中它只有 +2 或 +4 两种氧化态。碳是一种很常见的元素，它以多种形式广泛存在于大气和地壳之中，煤、石油、沥青、石灰石和其他碳酸盐以及一切有机化合物中均有碳的成分，生物体内大多数分子都含有碳元素。碳单质很早就被人们认识和利用，无定形碳有煤、焦炭、木炭等，晶体碳有金刚石和石墨，碳元素在大气中主要以有机物未完全燃烧而形成的炭黑（soot）形式出现。

(2) 碳的多种同素异形体和理化性质

碳的单质以多种同素异形体的形式存在，可分为石墨（graphite）、金刚石（diamond）、富勒烯（fullerenes，也被称为巴基球，C_{60}）类碳原子簇、碳纳米管（carbon nanotube）和石墨烯（graphene，单层石墨）。

单质碳的物理和化学性质取决于它的晶体结构。最常见的高硬度的金刚石和柔软滑腻的石墨晶体结构不同，它们有不同的外观、密度、熔点等。如石墨为灰黑、不透明固体，熔点 3652℃；沸点 4827℃。密度 $2.25g \cdot cm^{-3}$，硬度（莫氏）为 1，导电导热。金刚石为无色、透明固体，熔点 3550℃；沸点 4827℃；密度 $3.51g \cdot cm^{-3}$，硬度（莫氏）为 10，不导电。

金刚石的每个碳原子均以 sp^3 杂化轨道与相邻的 4 个碳原子以共价键结合而形成正四面体的结构单元，如图 11-6 所示，它是典型的原子晶体。由于金刚石晶体中 C-C 键很强（键长 154pm，键能 $345.6kJ \cdot mol^{-1}$），所有价电子都参与了共价键的形成，晶体中没有自由电子，因此金刚石不仅硬度大，熔点高，而且不导电。主要用于制造装饰品、切割金属材料，如钻探用的钻头和磨削工具。

石墨是一种深灰色有金属光泽而不透明的细鳞片状固体。质软，有滑腻感，具有优良的导电性能，被大量用来制作电极、高温热电锅、坩埚、电刷、润滑剂和铅笔芯、电车缆线等。

石墨中碳原子以平面三角形结构（sp^2杂化）键合在一起，如图 11-7 所示，同层 C-C 的键长均为 142pm；层与层之间距离（334pm）较大，键合（为分子间的作用力）比较弱，因此层与层之间结合疏松，容易被滑动而分开。这使许多分子或离子有可能渗入层间形成插入化合物，或称为层型、间充化合物。例如，K 原子还原石墨中的 C 原子，石墨片层和 π 电子体系不变，由于 K 的插入得到电子：$K \longrightarrow K^+ e^-$，使片层带负电荷，得到金黄色、顺磁性的 C_8K(图 11-8)。由于插入得到的电子是可以自由移动的，因此间充化合物 C_8K 有很高的导电性。根据 K 和石墨的量和反应条件的不同可以得到不同的间充化合物，如 C_8K、$C_{36}K$ 等。

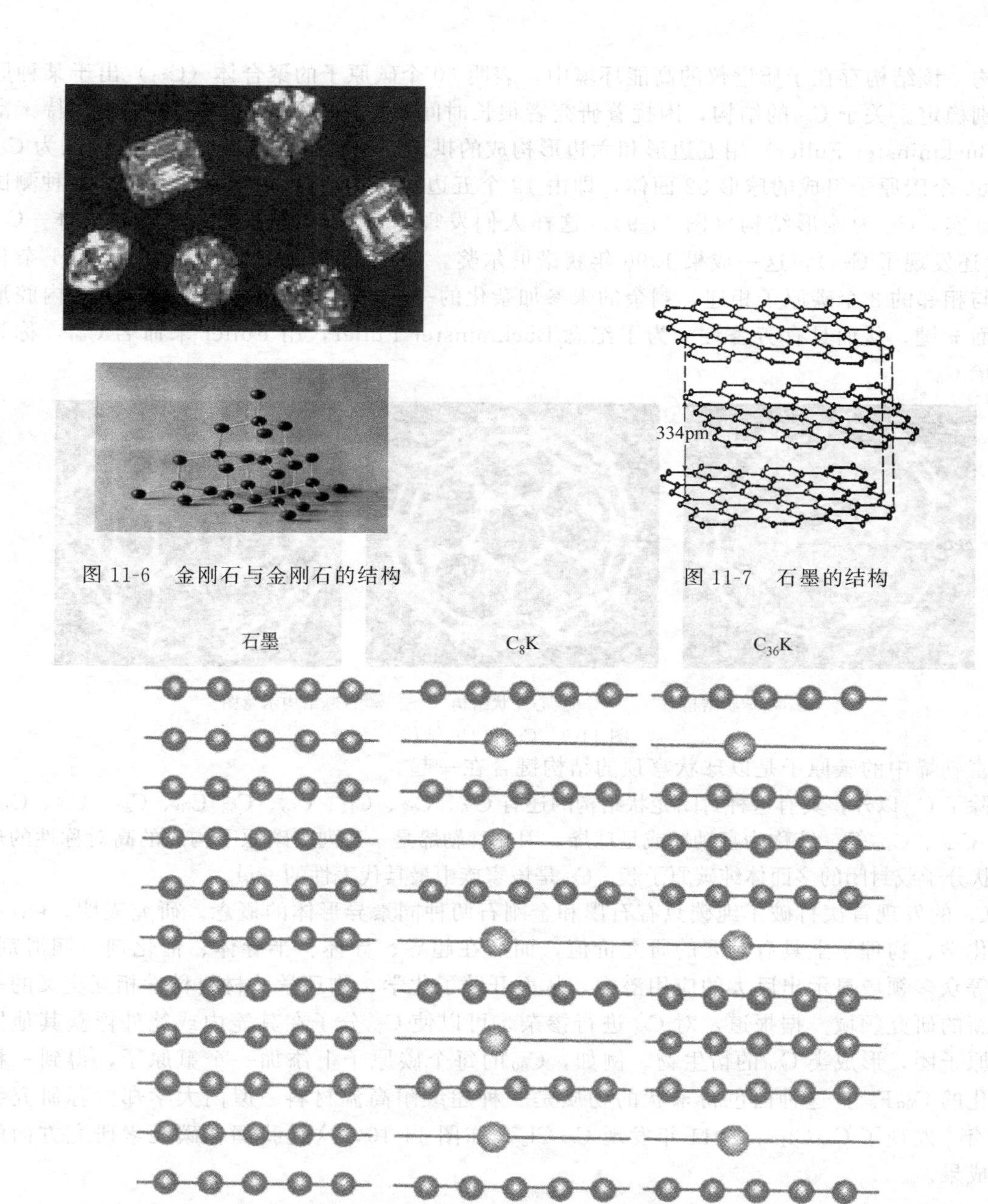

图 11-6　金刚石与金刚石的结构

图 11-7　石墨的结构

图 11-8　C_xK 的结构

通常所谓无定形碳，如焦炭、炭黑等都具有石墨结构。活性炭是经过加工处理所得的无定形碳，具有很大的比表面，良好的吸附性能。碳纤维是一种以碳为主要成分的一维材料，碳纤维是由含碳量较高，在热处理过程中不熔融的人造化学纤维，经热稳定氧化处理、碳化处理及石墨化等工艺制成的。具有质轻、耐高温、抗腐蚀、导电等性能，机械强度高，广泛用于航空、机械、化工、电子工业和外科医疗上等。

碳原子簇（Carbon atom clusters）如下所述。

1985 年，英国天文学家克罗托（H. W. Kroto）说服美国德克萨斯州赖斯（Rice）大学的科学家斯莫尔（R. E. Smalley）教授合作研究在实验室条件下对红巨星的某些气体成分进行模拟分析。在斯莫尔的飞行质谱仪中，检测在氦气流中激发蒸发的石墨纳米粒子，质谱图显示在 720 处峰十分强，每一个碳原子的质量数是 12u，这意味着 60 个碳原子可以形成一种结构，该结构存在于质谱仪的高能环境中，表明 60 个碳原子的聚合体（C_{60}）出于某种原因特别稳定。关于 C_{60} 的结构，困扰着研究者很长时间。由于受到建筑学家布克敏斯特·富勒（Buckminster Fuller）用五边形和六边形构成的拱形圆顶建筑的启发，科学家们认为 C_{60} 是由 60 个碳原子组成的球形 32 面体，即由 12 个五边形和 20 个六边形组成。后经多种测试手段证实，C_{60} 为笼形结构（图 11-9）。这样人们发现了碳元素的第三种同素异形体—C_{60}（同时还发现了 C_{70}），这一成果 1996 年获诺贝尔奖。在 C_{60} 分子中，每个碳原子以 sp^2 杂化轨道与相邻的 3 个碳原子相连，剩余的未参加杂化的一个 p 轨道在 C_{60} 球壳的外围和内腔形成球面 π 键，从而具有芳香性。为了纪念 Buckminster Fuller，用 Fuller 来命名 C_{60}，称为富勒烯 C_{60}。

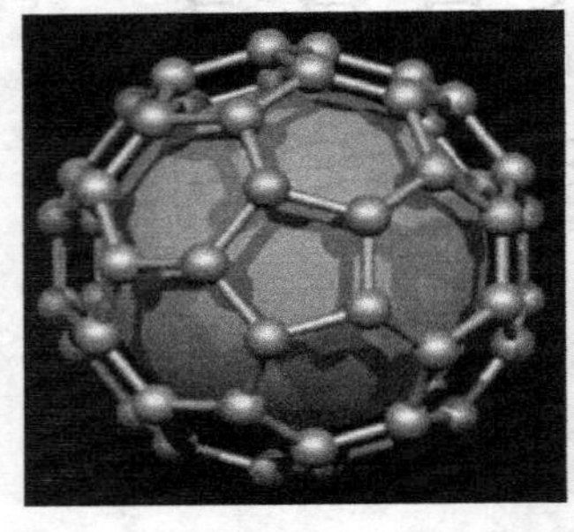
C_{60}足球状结构

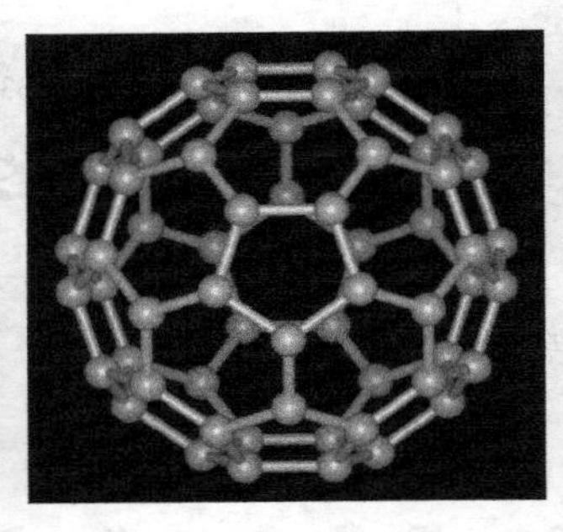
C_{60}空心笼状结构

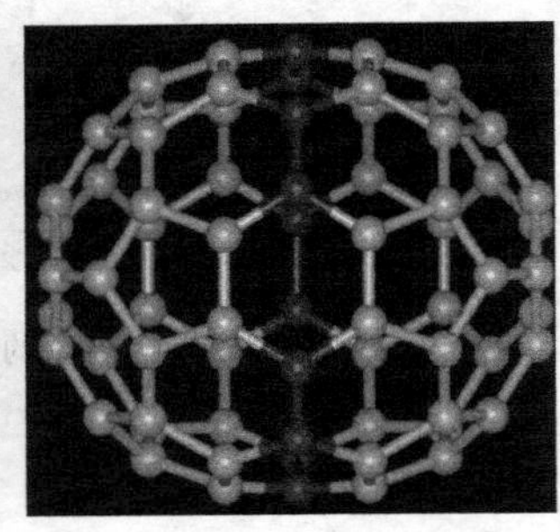
C_{70}结构示意图

图 11-9　C_{60} 和 C_{70} 结构

富勒烯中的碳原子是以球状穹顶的结构键合在一起。

除了 C_{60} 以外，具有这种封闭笼状结构的还有 C_{26}、C_{32}、C_{44}、C_{50}、C_{68}、C_{70}、C_{80}、C_{90}、C_{94}、C_{120}、C_{240}、C_{540} 等。统称为富勒烯或足球烯。因此富勒烯是一系列由碳原子构成的高对称性的球形笼状分子或封闭的多面体纯碳原子簇。C_{60} 是该家族中最具代表性的一员。

C_{60} 的发现首次打破了纯碳只有石墨和金刚石两种同素异形体的概念。研究表明，C_{60} 不仅在化学、物理学上具有重要的研究价值，而且在超导、导体、半导体、催化剂、润滑剂、医学等众多领域显示出巨大的应用潜力，从而开辟了化学、物理学、材料科学相互交叉的一个崭新的研究领域。据报道，对 C_{60} 进行掺杂，可以使 C_{60} 分子在其笼内或笼外俘获其他原子或原子团，形成类 C_{60} 的衍生物。例如，C_{60} 的每个碳原子上添加一个氟原子，得到一种全氟化的 $C_{60}F_{60}$，这种白色粉末状的物质是一种超级耐高温材料。厦门大学郑兰荪研究组 2004 年* 发现了 $C_{50}Cl_{10}$，2011 年发现 $C_{68}Cl_6$，如图 11-10，这是我国在碳元素研究方面的前沿成果。

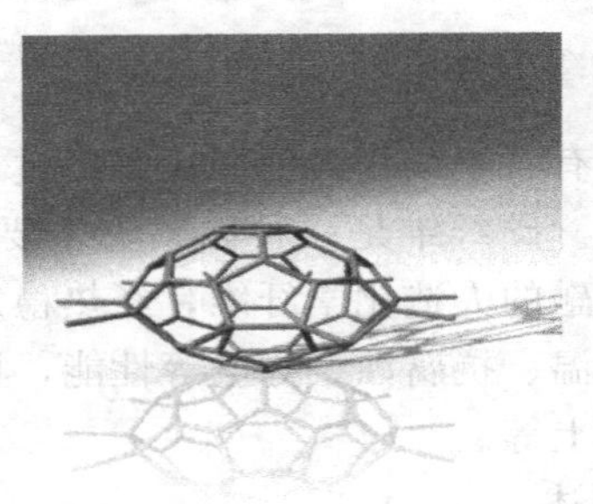
$C_{50}Cl_{10}$ 结构示意

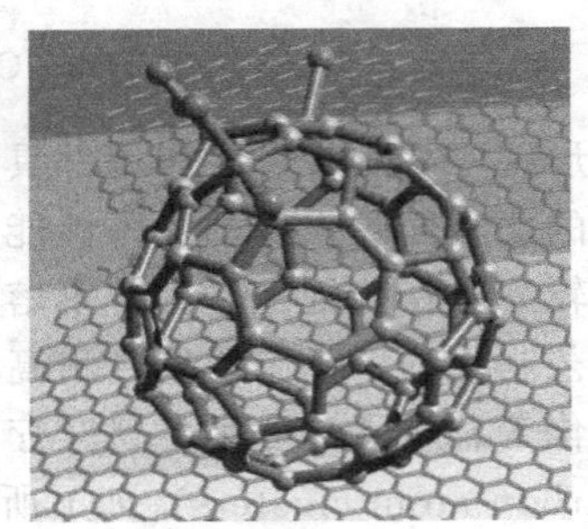
$C_{68}Cl_6$ 结构示意

图 11-10

* 参见：S. Y. Xie，F. Gao，X. Lu，R. B. Huang，C. R. Wang，X. Zhang，M. L. Liu，S. L. Deng，L. S. Zheng. Capturing the Labile Fullerene [50] as $C_{50}Cl_{10}$. Science，2004，304：699.

采用激光蒸发法使 C_{60} 分子开笼，可以将各种金属原子封装在 C_{60} 的空腔内。如将锂原子嵌入碳笼内，有望制成高效锂电池，嵌入稀土元素铕中有望成为新型发光材料。C_{60} 本身是电的不良导体，但掺杂碱金属（如金属钾、铷）后可转化为超导体。K_3C_{60} 就是世界上第一个发现的完美的三维超导体，具有电流密度大，稳定性高，易于拉制成线材等优点，是一类极具应用价值的新型超导材料。C_{60} 与有机分子作用可形成不含金属的软铁磁性材料，其居里温度为 16.1K，高于迄今报道的其他有机分子铁磁体的居里温度。由于有机铁磁体在磁性记忆材料中有重要应用前景，因此研究和开发 C_{60} 有机铁磁体具有非常重要的意义。此外，C_{60} 分子存在的三维高度非定域电子共轭结构，使其具有良好的光学性能。由于它有较大的非线性光学系数和高稳定性特点，作为新型非线性光学材料具有重要研究价值，有望在光计算、光记忆、光信号处理及控制等方面有所应用。将具有特殊笼形结构及功能的 C_{60} 作为新型功能团引入高分子体系，将得到具有优异导电、光学性质的新型功能高分子材料。

总之，C_{60} 的发现将一个新的化学世界展现在我们面前：从平面或低对称性的分子到全对称性的球形分子；从平面的芳香性到球面的芳香性；从简单分子到富勒烯笼内包合物的"超原子"分子；从简单的配合物到多金属的富勒烯配合物等。从 C_{60} 发现以来，全富勒烯笼状结构概念已经广泛影响到化学、物理、材料科学等领域，丰富了科学理论，也显示了巨大的应用前景。

碳纳米管和石墨烯见阅读材料。

目前已知的碳同位素共有十五种，有碳 8 至碳 22，其中碳 12 和碳 13 属稳定型，其余的均带放射性，其中碳 14 的半衰期长达 5568 年，由于碳 14 具有较长的半衰期，被广泛用来测定古物的年代。在地球的自然界里，碳 12 在所有碳的含量中占 98.93%，碳 13 则有 1.07%。C 的原子量取碳 12、13 两种同位素丰度加权的平均值，一般计算时取 12.01。

碳的用途综合如下。

碳是钢的成分之一。在工业上和医药上，碳和它的化合物用途极为广泛。如碳可治无菌腹泻。测量古物中碳 14 的含量，可以得知其年代，用于考古叫做碳 14 断代法。

石墨可以直接用作炭笔，也可以与黏土按一定比例混合做成不同硬度的铅芯。石墨还适用作润滑剂，且石墨处于高温时不容易挥发，所以适合在掘隧道时使用。

金刚石除了装饰之外，还可使切削用具更锋利。

无定形碳由于具有极大的表面积，被用来吸收毒气、废气。

富勒烯和碳纳米管则是极有价值的纳米材料。

(3) 碳的化学性质

常温下单质碳的化学性质不活泼，不溶于水、稀酸、稀碱和有机溶剂；不同高温下与氧发生的反应不同，可以生成二氧化碳或一氧化碳；在卤素中只有氟能与单质碳直接反应；在加热下，单质碳较易被酸氧化；在高温下，碳还能与许多金属反应，生成金属碳化物。碳具有还原性，在高温下可以冶炼金属。

碳可以与非金属单质如 H_2、O_2、F_2 等反应，生成相应的化合物。

如碳在空气中燃烧放热，可持续红热，产生无色无味能使 $Ca(OH)_2$ 溶液（澄清石灰水）变浑浊的气体 CO_2；当燃烧不充分，即氧气量不足时，则产生 CO。**燃烧热方程式为：**

$$C(s)+O_2(g) = CO_2(g) \quad \Delta H=-393.5kJ \cdot mol^{-1} \tag{11-132}$$

碳与 H_2 在一定的条件下可以反应生成甲烷，也可以和 F_2 反应生成 CF_4（$C+2F_2 = CF_4$），但是不能与其他卤族元素反应。

碳可以作为还原剂与 H_2O、金属氧化物、氧化性酸和一些盐类发生氧化还原反应。

$$C+H_2O(g) \xrightarrow{1273K} CO\uparrow + H_2\uparrow \tag{11-133}$$

反应得到的H_2与CO的混合气称为水煤气。

C具还原性，作为还原剂，碳单质可还原金属氧化物以制备金属。如：

$$C+CuO \xrightarrow{\triangle} CO\uparrow+Cu \tag{11-134}$$

$$C+2H_2SO_4(浓) = CO_2\uparrow+2SO_2\uparrow+2H_2O \tag{11-135}$$

$$C+4HNO_3(浓) = CO_2\uparrow+4NO_2\uparrow+2H_2O \tag{11-136}$$

另外，碳还可以和ⅠA族、ⅡA族金属或其氧化物及Zn、Cd等发生强烈反应生成碳化物，以CaC_2为例来说明。

$$CaO(s)+3C(s) \xrightarrow{电炉,2470K} CaC_2(s)+CO(g) \tag{11-137}$$

$$Ca(l)+2C(s) \xrightarrow{>2270K} CaC_2(s) \tag{11-138}$$

(4) 碳的重要化合物

① 碳的氧化物 碳在元素周期表中属第ⅣA族第一个元素，位于非金属性最强的卤素元素和金属性最强的碱金属中间。它的价电子层结构也显示其在化学反应中既不容易失去电子.也不容易得到电子，难以形成离子键，而是形成共价键。它的常见氧化态有+2、+4，所以碳容易形成稳定的氧化物CO和CO_2。

a. 一氧化碳 我们知道CO是由一个σ键和两个π键组成，其中一个为π配位键（$:C \overset{\leftarrow}{=} O:$）。如果没有配位键的话，CO应该是极性很强的分子。因为O原子的电负性要比C原子的大得多。但是由于配位键的存在，使O原子略带正电荷，C原子略带负电荷，两种因素相互抵消、因此CO的偶极矩几乎为零。

由于CO分子中C原子和O原子上都有孤对电子，C原子上的孤对电子更易给出，因此CO能与许多过渡金属配位生成碳基化合物. 如$Fe(CO)_5$、$Ni(CO)_4$、$Cr(CO)_6$、$PtCl_2(CO)_2$等，在这些配合物中，CO是以C端给出电子对的。CO不仅有给出电子对的能力，还有适宜的空轨道（π^*）接受中心金属反馈来的电子，从而增加了金属和CO之间的结合(σ和π两种成键作用产生协同效应)，使羰基化合物能稳定存在。

CO是无色、无味、易燃的有毒气体。CO对动物和人类的高度毒性是由于它的加合作用。它能与血液中携带O_2的血红蛋白（Hb）形成稳定的配合物COHb。CO与Hb的亲和力约为O_2与Hb的230～270倍。COHb的配合物一旦形成，就使血红蛋白丧失了输送O_2的能力，导致组织缺氧，生物窒息死亡。如果血液中50%的血红素与CO结合，即可引起心肌坏死。空气中只要有1/800(体积比）的CO就能使人在半小时内死亡。

CO是良好的气体燃料，其燃烧反应为：

$$CO(g)+1/2O_2(g) = CO_2(g) \qquad \Delta H=-283.5kJ/mol \tag{11-139}$$

高温时CO能使许多金属氧化物（CuO，Fe_2O_3等）还原成金属，所以CO常用于冶金工业。

$$Fe_2O_3+3CO \xrightarrow{高温} 2Fe+3CO_2 \tag{11-140}$$

$$CO+CuO \xrightarrow{高温} CO_2\uparrow+Cu \tag{11-141}$$

在常温下，CO还能使一些化合物中的金属离子还原。例如，CO能把$PdCl_2$溶液和$Ag(NH_3)_2OH$溶液中的Pd^{2+}、Ag^+还原为金属Pd和Ag，而使溶液变黑色，前者可用于检测微量CO的存在。即在常温下CO能将溶液中的氯化钯（$PdCl_2$）还原为黑色的金属钯：

$$CO+PdCl_2+H_2O = Pd\downarrow+2HCl+CO_2\uparrow \tag{11-142}$$

这个反应十分灵敏，可用来检查CO的存在与否。

$$CO+2Ag(NH_3)_2OH = 2Ag\downarrow+(NH_4)_2CO_3+2NH_3 \tag{11-143}$$

CO也很活泼，很容易同 H_2、S、O_2及卤素等非金属反应。

$$2CO+O_2 \xlongequal{} 2CO_2 \quad (11\text{-}144)$$

$$CO+2H_2 \xlongequal{} CH_3OH \quad (11\text{-}145)$$

$$CO+3H_2 \xlongequal{} CH_4+H_2O \quad (11\text{-}146)$$

$$CO+S \xlongequal{} COS(\text{硫化羰}) \quad (11\text{-}147)$$

CO与卤素（F_2、Cl_2、Br_2）反应、可以生成卤化碳酰，卤化碳酰很容易被水分解并与氨作用生成尿素。碳酰氯又称为光气，极毒，用于制造甲苯二异氰酯，这是生产“聚氨酯”的一种中间体。

工业上，CO的主要来源为水煤气，是水蒸气与灼热的焦炭反应得到的 H_2与CO的混合气。

实验室常用甲酸脱水或将草酸晶体与浓 H_2SO_4共热制得CO。

$$HCOOH \xlongequal{} CO\uparrow+H_2O \quad (11\text{-}148)$$

$$H_2C_2O_4 \xlongequal{} CO_2\uparrow+CO\uparrow+H_2O \quad (11\text{-}149)$$

b. 二氧化碳　CO_2是无色、无臭的气体，在大气中约占 0.03%，在海洋中约占 0.014%，它还存在于火山喷射气体和某些泉水中。地面上的 CO_2主要来自煤、石油、天然气及其他含碳化合物的燃烧、碳酸钙矿石的分解、动物的呼吸以及发酵过程。

CO_2不自燃不助燃，密度大于空气，可用作灭火剂，也可以作为防腐剂和灭虫剂。CO_2无毒，但在空气中的含量过高超过氧的浓度时，会使生物缺氧窒息，所以常为地窖和山洞的内在杀手，但大气中 CO_2的体积分数约为 0.03%，一般无害。

当太阳光通过大气层的时候，CO_2能吸收太阳光中的红外线及地球表面辐射到空间的红外辐射，阻止能量向空间散失，从而引起地面和大气下层温度的升高，产生温室效应，目前，全球气候变暖，被认为是由于空气中的 CO_2浓度增加而加剧的“温室效应”。人类为减少温室效应的影响，正努力研究变废为宝的方法，把 CO_2转化为化工原料。早在 1990 年，有报道说日本一位科学家研制成功分解 CO_2的新技术，分解反应方程式如下：

$$2CO_2(g) \xrightarrow{Fe_3O_4,543\sim573K} 2CO(g)+1/2O_2(g)$$

该方案的关键是找到了廉价的催化剂四氧化三铁，用此催化剂可在较低温度（543～573K）下分解 CO_2，此项技术的分解效率在 96%以上，但这个反应从热力学来看是较难实现的。目前有更多的研究正在展开。

在高度冷却下，CO_2凝结为白色、雪状固体，压缩成块状的 CO_2固体称为“干冰”，是分子晶体，它的熔点很低（−78.15℃），在常压下于 195K 升华。干冰常用作制冷剂，它蒸发比较慢，还可用于易腐食品的保存和运输中。

CO_2的临界温度为 304K，加压可液化（258K，1.545MPa），装入钢瓶，便于运输和计量。在该温度下，CO_2可作为优良溶剂进行超临界萃取，选择性地分离各种有机化合物，如从甜橙皮中萃取柠檬油，从茶叶中萃取咖啡因，从鱼油中萃取具有降低胆固醇药理作用的二十碳五烯酸等。

在 CO_2分子中，碳原子采用 sp 杂化轨道与氧原子成键，因而 CO_2为直线性分子，非极性，不活泼。但在高温下，能与碳或活泼金属镁、钠等反应。

$$CO_2+2Mg \xrightarrow{\triangle} 2MgO+C \quad (11\text{-}150)$$

CO_2是酸性氧化物，它能与碱发生反应。工业上，纯碱（Na_2CO_3）、小苏打（$NaHCO_3$）、碳酸氢铵（NH_4HCO_3）、铅白颜料［$Pb(OH)_2 \cdot 2PbCO_3$］、啤酒、饮料、干冰生产中都要使用大量的 CO_2。

CO_2主要来自生物的呼吸，有机化合物的燃烧，动植物的腐败分解等。但它同时又通过植物的光合作用，碳酸盐岩石的形成而消耗。工业上可利用煅烧石灰石，以及通过酿造工业而得到大量的副产物CO_2。

$$CaCO_3 \xrightarrow{\triangle} CaO + CO_2\uparrow \quad (11\text{-}151)$$

实验室中则常用碳酸盐和盐酸反应来制备CO_2：

$$CaCO_3 + 2HCl = CaCl_2 + H_2O + CO_2 \quad (11\text{-}152)$$

CO_2是一种重要的化工原料，可与盐反应制成碱，与氨反应制成尿素、碳酸氢铵，CO_2也可用于制甲醇。

CO_2可溶于水，生成碳酸，饱和CO_2水溶液中碳酸的浓度约为$0.04mol \cdot L^{-1}$。碳酸能形成两种类型的碳酸盐：正盐M_2CO_3和酸式盐$MHCO_3$（M为金属）。在碳酸盐中，以钠、钾、钙盐最为重要，如纯碱（Na_2CO_3），小苏打（$NaHCO_3$），在食品工业中，$NaHCO_3$、NH_4HCO_3和$(NH_4)_2CO_3$等用作蓬松剂。

② **共价型碳化物** 碳与一些电负性相近的非金属元素化合时，生成共价型碳化物，它们多是熔点高、硬度大的原子晶体。在这类化合物中SiC和B_4C最重要。

碳化硅俗称金刚砂，工业上是由石英和过量的焦炭加热到2300K制得。

$$SiO_2 + 3C \xrightarrow{电炉} SiC + 2CO \quad (11\text{-}153)$$

在H_2中将CH_3SiCl_3加热到1770K进行热分解可以得到纯的SiC。

SiC为无色晶体，化学性质不活泼，在浓酸中稳定。在加热时与铬酸钾和铬酸铅迅速反应，在高温时能被碱溶解。由于SiC有很好的化学稳定性、机械强度高而热膨胀率低，因此可作为高温结构陶瓷材料，如用作火箭喷嘴、热电偶保护管、热交换器和耐磨、耐蚀零件等。

B_4C是具有光泽的黑色晶体，其耐研磨能力比SiC高出50%。现已广泛用作磨料、耐磨部件、轴承、防弹甲和核反应的保护及控制材料等。工业上用焦炭和氧化硼在电炉中加热反应制得。

$$2B_2O_3 + 7C \xrightarrow{电炉} B_4C + 6CO\uparrow \quad (11\text{-}154)$$

制备B_4C的其他方法有镁还原法（$B_2O_3 + Mg + C \rightarrow B_4C + MgO$）和元素合成法（$B + C \rightarrow B_4C$）。

③ **金属型碳化物** 许多d区和f区金属能形成金属型碳化物，如前面提到的CaC_2，另还有碳化铬、碳化钼、碳化钒、碳化锆、碳化钨等。这些碳化物保持了金属的光泽和导电性，它们的硬度、熔点和在水中的难溶性常超过母体金属，其组成一般不符合化合价规则，属于非整比化合物。

④ **碳的其他化合物** 有机碳化合物一般从化石燃料中获得，然后再分离并进一步合成出各种生产生活所需的产品，如乙烯、塑料等。

冶铁和炼钢都需要焦炭。碳是生铁、熟铁和钢的成分之一。

[阅读材料] 石墨烯和碳纳米管的结构与性能简介*

石墨烯（graphene）是一种由碳原子构成的单层片状结构的新材料。是一种由碳原子以sp^2杂化轨道组成六角型呈蜂巢晶格的平面薄膜，只有一个碳原子厚度的二维材料，它也是目前世界上最薄（厚度只有0.335nm）的材料。石墨烯一直被认为是假设性的结构，无法单独稳定存在，直至2004年，英国曼彻斯特大学物理学家安德烈·海姆和康斯坦丁·诺沃肖洛夫，成功地在实验中从石墨中分离出石墨烯，而证实它可以单独存在，两人也因“在二维石墨烯材料的开创性实验”，共同获得2010年诺贝尔物理学奖。

碳纳米管（carbon nanotube）是由管状的同轴纳米管组成的碳分子。1991年日本NEC公司基础研究实验室的电子显微镜专家饭岛（Iijima）在用高分辨透射电子显微镜下检验石墨电弧设备中产生的球状碳分子时意外发现的。碳纳米管，又名巴基管，是一种奇异分子，它是使用一种特殊的化学气相方法，使碳原子形成长链而生长出的超细管子，细到5万根并排起来才有一根头发丝宽。这种又长又细的分子，人们给它取个计量单位“纳米”（百万分之一毫米）的名字，叫“纳米管”。尽管碳纳米管理论上可长到几公里而不断，但人们已用多种方法制备的碳纳米管，最长也只有100～200μm。我国科学家另辟蹊径，创造性地制出了3mm长的碳纳米管，把长度增加了上万倍。

(1) **石墨烯与碳纳米管的结构** 石墨烯是由六角形晶格排列的单层石墨原子组成的二维结构材料，其结构非常稳定。石墨烯中碳原子之间的连接非常柔韧，当施加外力时，碳原子面就弯曲变形，可卷曲形成碳纳米管，见图11-11。

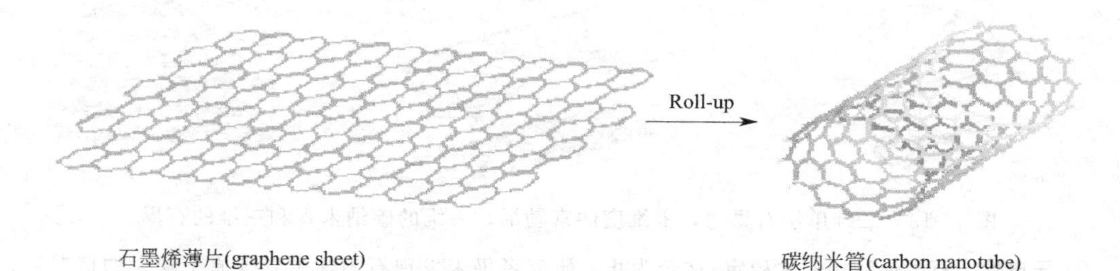

图11-11 由石墨烯（单层石墨）卷成碳纳米管

根据卷起的原子层的数目不同，碳纳米管又分为单壁碳纳米管和多壁碳纳米管。如图11-12所示：

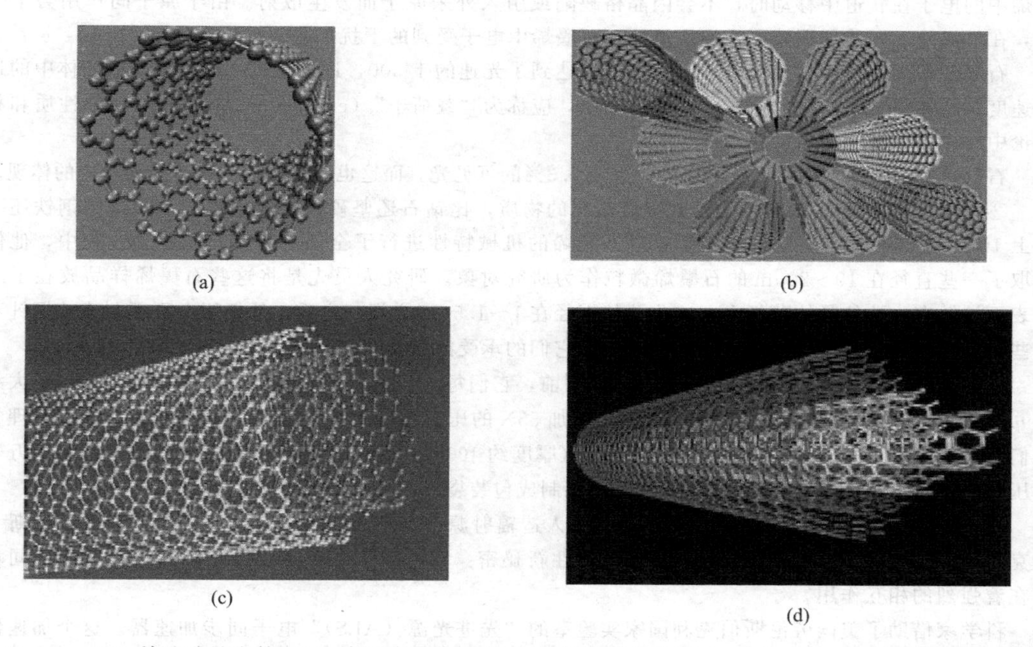

图11-12 (a) 单壁碳纳米管 (b) 单壁碳纳米管束 (c) 多壁碳纳米管（二层）(d) 多壁碳纳米管（多层）

(2) **石墨烯与碳纳米管、石墨和C_{60}结构的关系** 石墨烯分解可以变成零维的富勒烯，卷曲可以形成一维的碳纳米管，叠加可以形成三维的石墨。如图11-13所示。

(3) **石墨烯的性能** 在发现石墨烯以前，大多数（如果不是所有的话）物理学家认为，热力学不允许任何二维晶体在有限温度下存在。所以，它的发现立即震撼了凝聚态物理界。虽然理论和实验界都认为完美的二维结构无法在非绝对零度稳定存在，但是单层石墨烯在实验中被制备出来。这些可能归结于石墨烯在纳米级别上的微观扭曲。

石墨烯还表现出了异常的整数量子霍尔行为。其霍尔电导为量子电导的奇数倍，且可以在室温下观测到。这个行为已被科学家解释为“电子在石墨烯里遵守相对论量子力学，没有静质量”。

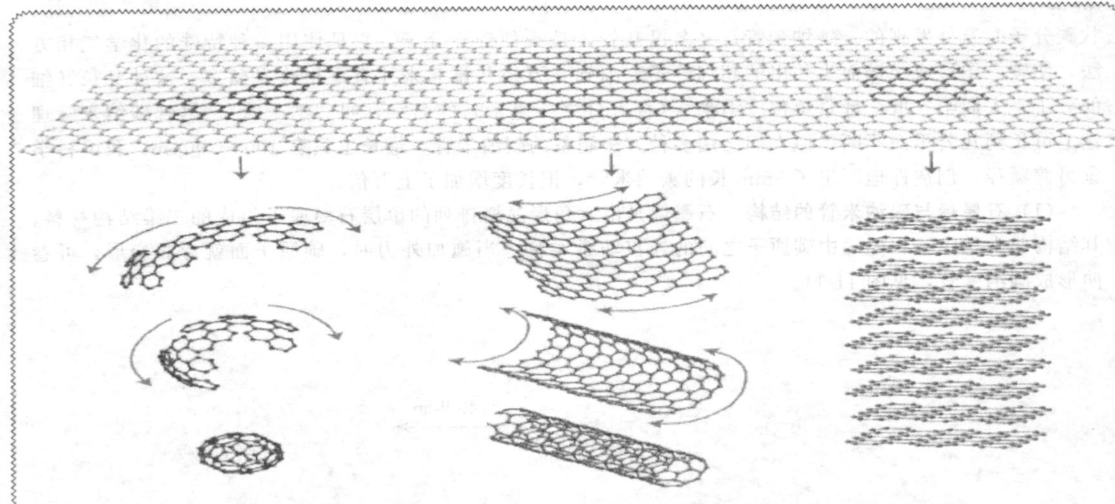

图 11-13　二维单层石墨烯，零维度的富勒烯，一维的碳纳米管和三维的石墨

① **导电性**　石墨烯结构非常稳定，迄今为止，研究者仍未发现石墨烯中有碳原子缺失的情况。石墨烯中各碳原子之间的连接非常柔韧，当施加外部机械力时，碳原子面就弯曲变形，从而使碳原子不必重新排列来适应外力，也就保持了结构稳定。这种稳定的晶格结构使碳原子具有优秀的导电性。石墨烯中的电子在轨道中移动时，不会因晶格缺陷或引入外来原子而发生散射。由于原子间作用力十分强，在常温下，即使周围碳原子发生挤撞，石墨烯中电子受到的干扰也非常小。

石墨烯最大的特性是其中电子的运动速度达到了光速的 1/300，远远超过了电子在一般导体中的运动速度。这使得石墨烯中的电子，或更准确地，应称为“载荷子”（electric charge carrier）的性质和相对论中的中微子非常相似。

石墨烯有相当的不透明度：可以吸收大约 2.3%的可见光。而这也是石墨烯中载荷子相对论的体现。

② **机械特性**　石墨烯是人类已知强度最高的物质，比钻石还坚硬，强度比世界上最好的钢铁还要高上 100 倍。哥伦比亚大学的物理学家对石墨烯的机械特性进行了全面的研究。在试验过程中，他们选取了一些直径在 10～20μm 的石墨烯微粒作为研究对象。研究人员先是将这些石墨烯样品放在了一个表面被钻有小孔的晶体薄板上，这些孔的直径在 1～1.5μm 之间。之后，他们用金刚石制成的探针对这些放置在小孔上的石墨烯施加压力，以测试它们的承受能力。

研究人员发现，在石墨烯样品微粒开始碎裂前，它们每 100nm 上可承受的最大压力居然达到了大约 2.9μN。据科学家们测算，这一结果相当于要施加 55N 的压力才能使 1μm 长的石墨烯断裂。如果物理学家们能制取出厚度相当于普通食品塑料包装袋（厚度约 100nm）的石墨烯，那么需要施加差不多两万牛的压力才能将其扯断。换句话说，如果用石墨烯制成包装袋，那么它将能承受大约 2t 重的物品。

③ **电子的相互作用**　利用世界上最强大的人造辐射源，美国加州大学、哥伦比亚大学和劳伦斯·伯克利国家实验室的物理学家发现了石墨烯特性新秘密：石墨烯中电子间以及电子与蜂窝状栅格间均存在着强烈的相互作用。

科学家借助了美国劳伦斯伯克利国家实验室的“先进光源（ALS）”电子同步加速器。这个加速器产生的光辐射亮度相当于医学上 X 射线强度的 1 亿倍。科学家利用这一强光源观测发现，石墨烯中的电子不仅与蜂巢晶格之间相互作用强烈，而且电子和电子之间也有很强的相互作用。

④ **化学性质**　我们至今关于石墨烯化学知道的是：类似石墨表面，石墨烯可以吸附和脱附各种原子和分子。从表面化学的角度来看，石墨烯的性质类似于石墨，可利用石墨来推测石墨烯的性质。石墨烯化学可能有许多潜在的应用，然而要石墨烯的化学性质得到广泛关注有一个不得不克服的障碍：缺乏适用于传统化学方法的样品。这一点未得到解决，研究石墨烯化学将面临重重困难。

(4) **碳纳米管的性能**　碳纳米管作为一维纳米材料，重量轻，六边形结构连接完美，具有许多异常的力学、电学和化学性能。近些年随着碳纳米管及纳米材料研究的深入，其广阔的应用前景也不断地展现出来。

① **力学性能** 由于碳纳米管中碳原子采取 sp^2 杂化，相比 sp^3 杂化，sp^2 杂化中 s 轨道成分比较大，使碳纳米管具有高模量、高强度。

碳纳米管具有良好的力学性能，CNTs 抗拉强度达到 50～200GPa，是钢的 100 倍，密度却只有钢的 1/6，至少比常规石墨纤维高一个数量级；它的弹性模量可达 1TPa，与金刚石的弹性模量相当，约为钢的 5 倍。对于具有理想结构的单层壁的碳纳米管，其抗拉强度约 800GPa。碳纳米管的结构虽然与高分子材料的结构相似，但其结构却比高分子材料稳定得多。碳纳米管是目前可制备出的具有最高比强度的材料。若以其他工程材料为基体与碳纳米管制成复合材料，可使复合材料表现出良好的强度、弹性、抗疲劳性及各向同性，将极大地改善复合材料的性能。

碳纳米管的硬度与金刚石相当，却拥有良好的柔韧性，可以拉伸。目前在工业上常用的增强型纤维中，决定强度的一个关键因素是长径比，即长度和直径之比。目前材料工程师希望得到的长径比至少是 20∶1，而碳纳米管的长径比一般在 1000∶1 以上，是理想的高强度纤维材料。2000 年 10 月，美国宾州州立大学的研究人员称，碳纳米管的强度比同体积钢的强度高 100 倍，重量却只有后者的 1/6～1/7。碳纳米管因而被称“超级纤维”。

莫斯科大学的研究人员曾将碳纳米管置于 1011MPa 的水压下（相当于水下 10000m 深的压强），由于巨大的压力，碳纳米管被压扁。撤去压力后，碳纳米管像弹簧一样立即恢复了形状，表现出良好的韧性。这启示人们可以利用碳纳米管制造轻薄的弹簧，用在汽车、火车上作为减震装置，能够大大减轻重量。

② **导电性能** 碳纳米管上碳原子的 p 电子形成大范围的离域 π 键，由于共轭效应显著，碳纳米管具有一些特殊的电学性质。

碳纳米管具有良好的导电性能，由于碳纳米管的结构与石墨的片层结构相同，所以具有很好的电学性能。理论预测其导电性能取决于其管径和管壁的螺旋角。当 CNTs 的管径大于 6nm 时，导电性能下降；当管径小于 6nm 时，CNTs 可以被看成具有良好导电性能的一维量子导线。有报道说 Huang 通过计算认为直径为 0.7nm 的碳纳米管具有超导性，尽管其超导转变温度只有 1.5×10^{-4}K，但是预示着碳纳米管在超导领域的应用前景。

碳纳米管表现出良好的导电性，电导率通常可达铜的 1 万倍。

③ **传热性能** 碳纳米管具有良好的传热性能，CNTs 具有非常大的长径比，因而其沿着长度方向的热交换性能很高，相对的其垂直方向的热交换性能较低，通过合适的取向，碳纳米管可以合成高各向异性的热传导材料。另外，碳纳米管有着较高的热导率，只要在复合材料中掺杂微量的碳纳米管，该复合材料的热导率将会得到很大的改善。

此外，碳纳米管的熔点是目前已知材料中最高的。

④ **其他性能** 碳纳米管还具有光学和储氢等其他良好的性能，正是这些优良的性质使得碳纳米管被认为是理想的聚合物复合材料的增强材料。

11.2.3 硅及其无机化合物

硅（Si，silicon）是 14 号元素，价电子构型为 $3s^23p^2$，位于周期表第 3 周期第Ⅳ主族，最多可失去 4 个电子，最多也可得到 4 个电子。硅在地壳中含量约 27%，仅次于氧，主要以二氧化硅和硅酸盐形式存在。单质有晶态和无定形两种同素异形体。晶态硅又分为单晶硅和多晶硅，它们的结构均与金刚石相似，晶体硬而脆，具金属光泽，虽能导电，但导电率低于金属，且随温度的升高而增加，具半导体性质。晶态硅为钢灰色，熔点 1410℃，沸点 2355℃，密度为 2.32～2.34$g\cdot cm^{-3}$，莫氏硬度为 7.0。

无定形硅是一种黑色的粉末。熔点 1420℃，沸点 2355℃，密度 2.4$g\cdot cm^{-3}$。

硅可用来制合金，如高硅铸铁（含硅 15%）能抵抗各种强酸腐蚀，用于制造耐酸器件，含硅量较高的硅钢可以抗化学腐蚀，用作化工设备的材料。硅钢具有高的导磁性，用作变压器的铁芯。电子级高纯硅、单晶硅可用作半导体大规模集成电路、电子计算机、自动控制系统等基本材料，用于电子及电器工业。近年来太阳能级高纯多晶硅（6N 或 9N，即 99.9999%～99.9999999%）被用于太阳能工业。硅的有机高分子化合物具有耐高、低温，耐辐射，化学稳定性好，难燃，无毒无味等特性，广泛应用于日用化工、航空、食品工业及电子工业等领域。

在自然界无游离状态的硅，它以二氧化硅，硅酸盐形式存在。制备硅可将粉末状细的石英砂（SiO_2）和镁燃烧能得到无定形粉末状硅（非晶硅）：

$$SiO_2(s)+2Mg(s)=2MgO(s)+Si(s) \quad (11\text{-}155)$$

工业上晶态硅（冶金级，含硅 95%左右）是用焦炭在电炉内还原硅石来制备的：

$$SiO_2(s)+2C(s)\xrightarrow{3273K}Si(s)+2CO(g) \quad \Delta_r H_m^{\ominus}=689.44kJ\cdot mol^{-1} \quad (11\text{-}156)$$

硅烷（SiH_4）热分解则得多晶硅：

$$SiH_4(g)\xrightarrow{>500℃}Si(s)+2H_2(g) \quad (11\text{-}157)$$

纯硅可用粗硅通过下列反应而得

$$Si(s)+2Cl_2(g)\xrightarrow{723\sim773K}SiCl_4(l) \quad (11\text{-}158)$$

将 $SiCl_4$ 经精馏提纯后，用纯 Zn 或 Mg 还原得较高纯度的单质硅。

$$SiCl_4+2Zn\xrightarrow{电炉,钼丝}Si+2ZnCl_2 \quad (11\text{-}159)$$

把纯硅熔成条状，经物理方法——区域熔融法来进一步提纯后，可得含 10^{-9}%～10^{-10}%，甚至 10^{-12}%杂质的高纯硅。

高纯硅被广泛用于电子工业，是最重要的半导体材料。在单晶硅中掺入微量的ⅤA 族元素（P、As、Sb、Bi），形成 n 型硅半导体（n 表示负电荷 negative），这是由于这些掺杂原子在 Si 中成键只需要 4 个价电子，因而多了 1 个电子，这个额外电子（负电荷）在晶体中流动使导电性增加；掺入微量的ⅢA 族元素（B、Al、La、In），形成 P 型硅半导体（p 表示正电荷 positive），这是由于晶体中掺入一个这样的原子就比成键所要求的价电子数少一个电子，留下了带一个正电荷的“空穴”，电子很容易激发到“空穴”的能级中去，所以导电性也增加。将 n 型和 P 型半导体结合在一起，就可做成太阳能电池，将辐射能转变为电能。非晶态硅薄膜半导体主要用于太阳能光转换和信息技术方面，在能源的开发方面，它是一种很有前途的材料。

(1) 硅的性质

在低温下，单质硅不活泼，与水、空气和酸均无作用。晶状硅具有金刚石晶格的结构，比非晶硅更稳定，即非晶硅比晶态硅活泼。如加热时，无定形硅能和许多金属和非金属化合。如高温下，硅能与氮、碳等非金属单质化合，1573K 与 N_2 反应得到 Si_3N_4，2273K 时与碳生成 SiC。这些化合物均有广泛用途。例如，Si_3N_4 属于强共价键合的物质，是最有实用价值的陶瓷材料，它耐高温，不易变形，在高温下有较高强度；有优良的耐磨性、机械性能和耐热冲击性；因此可以作陶瓷引擎用于汽车和飞机上。又如，纳米 $SiC\text{-}Al_2O_3$ 材料的强度高达 1200MPa，最高使用温度达 1200℃，受到了无机材料界的高度重视。

硅不和任何单一酸作用，但能溶于 HF 和 HNO_3 的混合液中；强碱能与硅作用形成硅酸盐：

$$Si+2KOH+H_2O=K_2SiO_3+2H_2\uparrow \quad (11\text{-}160)$$

硅的成键特点：和第二周期的 C 仅能以 s 和 p 轨道形成共价键不同，第三周期的 Si 有 d 道轨道参与成键。它可以 sp^3d^2 杂化形成 SiF_6^{2-}，或 d 轨道参与形成离域 π 键，如 SiO_4^{2-}。表 11-1 是 C 与 Si 一些成键情况的比较。

在上述碳、硅二元化合物中，C—H、Si—H 中除 σ 键外是不可能有其他键参与成键的，由于 C 的共价半径（77pm）比 Si（117pm）小，所以 C—H 键能（413）大于 Si—H（318），两者键长差值（39）也大。另外可看出，除 H 外，硅的其他二元化合物的键能都大于相应碳的二元化合物键能，且两者键长差值都显著小于 39pm，证明硅除 σ 键外还有其他键合—d 轨道参与成键的证据。

表 11-1　硅与碳一些化学键的键能、键长比较

项　目		—H	—F	—Cl	—Br	—I	—O
键能/$kJ \cdot mol^{-1}$	C—	413	485	327	285	213	358
	Si—	318	565	381	310	234	452
键长/pm	C—	109	135	177	194	214	143
	Si—	148	157	202	216	244	166
键长差/pm		39	22	25	22	30	23

从 Si 的结构特点可得出：除 H 化合物外，其他的硅化物比碳化物更稳定。

(2) 硅的重要化合物

① **硅的氢化物——硅烷**　和碳一样，硅也能和氢形成类似于碳烷的硅烷。但是硅的自相组合能力比碳差多了，形成的氢化物数目很有限。已经制得的硅烷有 12 个左右，其中熟悉的有 SiH_4、Si_2H_6、Si_3H_8、Si_4H_{10} 等，其通式为 Si_nH_{2n+2}，n 可高达 15。硅不能生成类似烯烃和炔烃类的不饱和化合物。

硅烷热稳定性差，且随硅烷相对分子质量增大而愈易分解。硅烷具还原性，在空气中能自燃，燃烧时放出大量热，产物为 SiO_2。最简单硅烷是甲硅烷（SiH_4），是无色无臭气体，在空气中自燃，分解反应如下：

$$SiH_4 + 2O_2 = SiO_2(\text{白炭黑}) + 2H_2O \quad (11\text{-}161)$$

$$SiH_4 + 2KMnO_4 = 2MnO_2 \downarrow + K_2SiO_3 + 2H_2O + H_2 \uparrow \quad (11\text{-}162)$$

该反应可用于检验硅烷。

硅烷具水解性，硅烷在纯水中不分解，但当水中存在极少量的碱时，硅烷在碱的催化下，猛烈地分解：

$$SiH_4 + (n+2)H_2O \xrightarrow{OH^-} SiO_2 \cdot nH_2O \downarrow + 4H_2 \uparrow \quad (11\text{-}163)$$

这些反应对硅烷的提纯很不利。

SiH_4 的结构和 CH_4 相同，因为 H 的电负性（2.1）大于 Si（1.8），一般认为硅烷中 H 显负性，而在碳（2.5）烷 CH_4 中碳显负性。SiH_4 是吸热化合物，$\Delta_r H_m^{\ominus} = 32.6 kJ \cdot mol^{-1}$，所以 SiH_4 容易分解成 Si（多晶）和 H_2。

② **硅卤化物**　卤化硅是共价型化合物，目前人们研究最多的卤化硅是 SiF_4 和 $SiCl_4$。它们的熔点、沸点都比较低，易于用精馏的办法提纯，常被用作制备其他化合物的原料（表 11-2）。99.99% 的 SiF_4 是制造太阳能电池用的非晶硅的原料。现在使用的原料是三氯氢硅（$SiHCl_3$，无色透明、极易挥发的液体，易燃易爆，并且有毒）。

$SiCl_4$ 只用于制硅酸脂类、有机硅单体、高温绝缘漆和硅橡胶，还用于生产光导纤维所需要的高纯度石英。SiF_4 可由氢氟酸与 SiO_2 反应制得；$SiCl_4$ 是将 SiO_2 与焦炭在氯气氛下加热制得。

$$SiO_2 + 4HF = SiF_4 \uparrow + 2H_2O \quad (11\text{-}164)$$

$$SiO_2 + 2C + 2Cl_2 \xrightarrow{\triangle} SiCl_4 \uparrow + 2CO \uparrow \quad (11\text{-}165)$$

表 11-2　卤化硅的一些物理性质

项　目	SiF_4	$SiCl_4$	$SiBr_4$	SiI_4
熔点/℃	−90.2(175.6kPa)	−70.4	5.4	120.5
沸点/℃	−65(24.1kPa)	57.5	155	287.5
$\Delta_r H_m^{\ominus}$/kJ·mol^{-1}	−1548.1(g)	−609.6(g)	397.9(g)	−132.2(s)
键能/kJ·mol^{-1}	565	381	310	234
键长/pm	157	202	216	224

SiX_4都是无色的。常温下SiF_4是有刺激性的气体，$SiCl_4$，$SiBr_4$是液体，SiI_4是固体。SiF_4和$SiCl_4$都易溶于水并水解，这是与CCl_4不同。这是因为Si的外层空3d轨道能参与H_2O配位而发生水解，碳却不具备该条件。$SiCl_4$在潮湿的空气中还会因水解而产生白雾，因此它可作烟雾剂。

$$SiCl_4 + 4H_2O \longrightarrow H_4SiO_4 \uparrow + 4HCl \quad (11\text{-}166)$$

SiF_4的水解产物为氟硅酸和正硅酸，SiF_4与氢氟酸能直接生成酸性比硫酸还强的氟硅酸：

$$3SiF_4 + 4H_2O \longrightarrow H_4SiO_4 \uparrow + 4H^+ + 2SiF_6^{2-} \quad (11\text{-}167)$$

$$SiF_4 + 2HF \longrightarrow 2H^+ + SiF_6^{2-} \quad (11\text{-}168)$$

气态H_2SiF_6易分解为HF和SiF_4，室温下有约50%分解。H_2SiF_6的水溶液是强酸，目前只制得60%的溶液，该溶液对玻璃有显著的腐蚀作用，它的锂、钙盐溶于水，而钠、钾、钡盐微溶于水，但在沸水中它们也完全水解为硅酸和氢氟酸。

$$Na_2SiF_6 + 3H_2O \longrightarrow 2NaF + H_2SiO_3 + 4HF \quad (11\text{-}169)$$

用纯碱溶液吸收SiF_4气体，可以制得白色的氟硅酸钠晶体。

$$3SiF_4(g) + 2Na_2CO_3 + 2H_2O \longrightarrow 2Na_2SiF_6 \downarrow + H_4SiO_4 + 2CO_2 \quad (11\text{-}170)$$

生产磷肥时，利用此反应除去有害的废气SiF_4，同时得到有用的副产物氟硅酸钠。

SiF_4易和F^-形成配离子：

$$SiF_4 + 2F^- \longrightarrow SiF_6^{2-} \qquad \Delta_r H_m^{\ominus} = -130.5\text{kJ}\cdot\text{mol}^{-1}$$

形成的配合物如K_2SiF_6等用于制备含量为99.97%以上的纯硅。

③ 硅的含氧化合物

a. 二氧化硅　二氧化硅又称为硅石，有晶体和无定形体两种形态。它在地壳中分布很广，构成多种矿物和岩石。比较纯净的二氧化硅晶体叫石英。无色透明的石英是最纯的二氧化硅，称为水晶。含微量杂质的水晶常显不同的颜色，如紫水晶、茶晶、墨晶等。不透明的石英晶体有浅灰色以及黄褐色的玛瑙等。河边、海滩上普通的砂粒是细小的石英颗粒。白砂质地较纯净，黄砂含有铁的化合物等杂质。水晶可以制造光学仪器、石英钟表及滤波器等。石英块、石英砂可作硅酸盐工业的原料及冶金工业的助熔剂和铸钢砂模。用较纯的石英制造的石英玻璃膨胀系数小，耐高温（石英玻璃1400℃仍不软化，普通玻璃600～900℃软化），且骤冷也不破裂，并可透过紫外光，是制造光学仪器和高级化学器皿的优良材料。医疗上用石英来制造水银灯，它能透出紫外线杀菌消毒。石英还用作耐酸材料以及晶体硅的生产。SiO_2还可用于陶器、搪瓷、耐火材料及建筑材料。玛瑙可用来制作研钵、研棒和天平刀口等。

硅藻土是由硅藻的硅质细胞壁构成的一种生物化学沉积岩，属于无定形硅石，呈淡黄色或浅灰色，质软、多孔而轻，密度1.9～2.35g·cm^{-3}，表观密度0.15～0.45g·cm^{-3}。它的比表面积大，吸附能力力强，常用作吸附剂和催化剂载体，也用作建筑材料，具有轻质、绝缘、隔声的特点。

二氧化硅为大分子的原子晶体，熔点1710℃，沸点2230℃，硬度大，化学性质很稳定。

在二氧化硅晶体中结构的基本单位是“硅氧四面体”。其中硅原子以 sp^3 杂化形式同四个氧原子结合，组成 SiO_4 正四面体，Si 位于四面体的中心，SiO_4 正四面体之间可以通过共用氧原子而构成巨大的空间网状结构。

SiO_2 的化学性质很不活泼，常温下不与水、酸反应，但可与氢氟酸反应生成四氟化硅或氟硅酸，也能缓慢溶于强碱溶液。

$$SiO_2+4HF \longrightarrow SiF_4+2H_2O \qquad \Delta_r H_m^{\ominus}=-92.82kJ\cdot mol^{-1}$$

$$SiF_4+2HF \longrightarrow H_2[SiO_6]$$

高温下，SiO_2 可与强碱反应生成硅酸盐：

$$SiO_2+2NaOH \xrightarrow{高温} Na_2SiO_3+H_2O \tag{11-171}$$

与 Na_2CO_3 共熔也得到硅酸盐：

$$SiO_2+Na_2CO_3 \xrightarrow{熔融} Na_2SiO_3+CO_2 \tag{11-172}$$

H_2 即使在高温下都不能把 SiO_2 还原，但 Mg、Al 及 B 可以把 SiO_2 还原。C 在高温下可以把 SiO_2 还原为 Si。当 C 过量时，产物为 SiC，它是重要的耐高温和硬质材料，常用作研磨材料，如磨轮、磨光纸等。

$$SiO_2+2C(适量) \longrightarrow Si+2CO\uparrow \tag{11-173}$$

$$SiO_2+3C(过量) \xrightarrow{2000℃} SiC+2CO\uparrow \tag{11-174}$$

b. 硅酸及其盐　硅酸的形式很多，常以通式 $x SiO_2 . y H_2O$ 表示，其中 $x/y>1$ 的叫多硅酸，习惯上常用化学式 H_2SiO_3 代表硅酸，实际上它是偏硅酸，正硅酸是 H_4SiO_4。由可溶性硅酸盐与酸反应生成 H_2SiO_3。H_2SiO_3 是很弱的酸，$K_1=10^{-9}$，$K_2=10^{-12}$。它的溶解度较小，因而很容易从溶解的硅酸盐内被其他酸（即使是最弱的酸）置换出来。虽然硅酸在水中的溶解度很小，但所生成的硅酸并不立即沉淀出来，而经过一定的时间后发生絮凝作用。这是因为起初生成的硅酸为单分子，可溶于水，逐渐变成双分子聚合物、三分子聚合物，最后变为完全不溶解的多分子聚合物。虽然全部硅酸可以转变为不溶于水的高聚分子，但不一定有沉淀产生，因为硅酸很容易形成胶体溶液，称为硅酸溶胶。在硅酸溶胶加入电解质，得到黏浆状硅酸沉淀，若溶胶的浓度较高，则产生硅酸凝胶。硅酸凝胶含水量高，软而透明，有弹性，干燥脱水后得硅酸干胶，常称为硅胶。硅胶是白色稍透明的多孔性固体物质，有很高的吸附能力，可用在气体回收，石油精炼和制备催化剂方面，在实验室内用作干燥剂。

为了便于在使用时了解硅胶的吸湿情况，常把硅酸凝胶用氯化钴 $CoCl_2$ 溶液浸透，干燥即得含 $CoCl_2$ 的干胶。这种硅胶呈蓝色（$CoCl_2$），吸湿后呈红色（$CoCl_2\cdot 6H_2O$），所以称变色硅胶。变色硅胶不仅有干燥功能，而且可以从它所显示的颜色判断它的干燥能力的大小，使用很方便。

硅酸或多硅酸的盐称为硅酸盐。在硅酸盐中，仅碱金属盐能溶于水，将 Na_2O 与 SiO_2 共熔可制得硅酸钠 Na_2SiO_3，是无色（或青绿色、棕色）透明的浆状溶液所以又称“水玻璃”，俗称“泡花碱”，是一种无机胶黏剂，可用于木材和织物的防火处理及作胶黏剂。Na_2SiO_3 还可作肥皂填充剂、发泡剂，也可用来制硅胶、硅酸盐类和分子筛。

地壳的 95% 为硅酸盐矿，它们的组成复杂，通常将它们看作 SiO_2 和金属氧化物相结合的化合物。例如：

正长石　$K_2O\cdot Al_2O_3\cdot 6SiO_2$

白云母　$K_2O\cdot 3Al_2O_3\cdot 6SiO_2\cdot 2H_2O$

高岭土　$Al_2O_3\cdot 2SiO_2\cdot 2H_2O$

石　棉　$CaO\cdot 3MgO\cdot 4SiO_2$

滑　石　$3MgO\cdot 4SiO_2\cdot H_2O$

泡沸石（沸石）　$Na_2O \cdot Al_2O_3 \cdot 2SiO_2 \cdot xH_2O$

天然的泡沸石具有许多孔径均匀的孔道，它能吸附某些分子，即具有筛选分子的性能，故称作“分子筛”。分子筛为白色或灰白色粉末或颗粒，溶于强碱强酸，不溶于水和有机溶剂，具有优异的高效选择性吸附能力，广泛用作吸附剂、干燥剂、催化剂及催化剂载体。

天然分子筛由沸石除去结晶水加工而成。人工合成的分子筛以水玻璃、偏铝酸钠（$NaAlO_2$）和NaOH为原料在适当条件下制得。改变原料的配比和操作条件可以制造具有不同孔径、不同性能的人造分子筛。因为硅氧四面体和铝氧四面体之间的连接方式不同，可形成了不同类型的分子筛，常见的有A型、X型、Y型等。每一种类型又分为若干种。如A型又分为3A、4A、5A，X型又可分为10X、13X。各种分子筛由于结构和孔径不同，吸附性能也不同。利用分子筛的强吸附性，可把它用作干燥剂。合成的A型分子筛，其干燥能力超过硅胶，尤其在较高温度和较低浓度下它仍有很强的干燥能力。经过分子筛干燥后的气体和液体，其含水量一般低于$10mg \cdot kg^{-1}$。分子筛的选择性吸附作用，可用来分离某些气体和液体的混合物，如5A分子筛对氮气的吸附能力大于氧气，因此让空气通过这种分子筛可使氧气富集，成为富氧空气，可用于富氧炼钢。分子筛还具有催化性能，例如在石油炼制工业中应用的一种高活性裂化催化剂的活性组分，主要就是分子筛。除了作为吸附剂和催化剂外，分子筛还可以用作离子交换剂和催化剂载体。有关分子筛的研究和应用仍在迅速发展之中。

以天然硅酸盐为基本原料可制陶瓷、玻璃、搪瓷、水泥、耐火材料等，这类工业叫硅酸盐工业，是无机化学工业的一个重要部门。硅酸盐材料与金属材料、高分子材料往往并列为现代三大重要材料。

[阅读材料] 光伏材料*

光伏材料又称太阳电池材料（solar cell materials），是能将太阳能直接转换成电能的材料，只有**半导体材料**具有这种功能。可用做太阳电池材料的材料有单晶硅、多晶硅、非晶硅、GaAs、GaAlAs、InP、CdS、CdTe等。用于空间的有单晶硅、GaAs、InP。用于地面并已批量生产的有单晶硅、多晶硅、非晶硅。其他尚处于开发阶段。目前致力于降低材料成本和提高转换效率，使太阳电池的电力价格与火力发电的电力价格竞争，从而为更广泛更大规模应用创造条件。

（1）光伏材料发电原理

光伏材料能产生电流是因为光生伏特效应，即如果光线照射在太阳能电池上并且光在界面层被吸收，具有足够能量的光子能够在P型硅和N型硅中将电子从共价键中激发，从而产生电子-空穴对。界面层附近的电子和空穴在复合之前，将通过空间电荷的电场作用被相互分离。电子向带正电的N区而空穴则向带负电的P区运动。通过界面层的电荷分离，将在P区和N区之间产生一个向外的可测试的电压。此时可在硅片的两边加上电极并接入电压表。对晶体硅太阳能电池来说，开路电压的典型数值为0.5～0.6V。通过光照在界面层产生的电子-空穴对越多，电流越大；界面层吸收的光能越多，界面层即电池面积越大，在太阳能电池中形成的电流也越大。

（2）各种材料特性

① 单晶硅太阳能电池　单晶硅太阳能电池的光电转换效率为15%左右，最高的达到24%，这是目前所有种类的太阳能电池中光电转换效率最高的，但制作成本很大，以至于它还不能被大量广泛和普遍地使用。由于单晶硅一般采用钢化玻璃以及防水树脂进行封装，因此其坚固耐用，使用寿命一般可达15年，最高可达25年。

② 多晶硅太阳能电池　多晶硅太阳电池的制作工艺与单晶硅太阳电池差不多，但是多晶硅太阳能电池的光电转换效率则要降低不少，其光电转换效率约12%左右（2004年7月1日日本夏普上市效率为14.8%的世界最高效率多晶硅太阳能电池）。从制作成本上来讲，比单晶硅太阳能电池要便宜一些，材料制造简便，节约电耗，总的生产成本较低，因此得到较大发展。但多晶硅太阳能电池的使用寿命也要比单晶硅太阳能电池短。综合性价比，单晶硅太阳能电池还略好。

③ 非晶硅太阳能电池　非晶硅太阳电池是1976年出现的新型薄膜式太阳电池，它与单晶硅和多晶硅太阳电池的制作方法完全不同，工艺过程大大简化，硅材料消耗很少，电耗更低。非晶硅太阳电池的主要优点是在弱光条件也能发电，主要问题是光电转换效率偏低，目前国际先进水平为10%左右，且不够稳定，随着时间的延长，其转换效率衰减。

④ 多元化合物太阳电池　多元化合物太阳电池指不是用单一元素半导体材料制成的太阳电池。现在各国研究的品种繁多，大多数尚未工业化生产，主要有以下几种：硫化镉（CdS）太阳能电池、砷化镓（GaAs）太阳能电池、铜铟硒［Cu（In，Ga）Se_2］太阳能电池（新型多元带隙梯度薄膜太阳能电池）。Cu（In，Ga）Se_2是一种性能优良太阳光吸收材料，具有梯度能带间隙（导带与价带之间的能级差）多元的半导体材料，可以扩大太阳能吸收光谱范围，进而提高光电转化效率。以它为基础可以设计出光电转换效率比硅薄膜太阳能电池明显提高的薄膜太阳能电池。可以达到的光电转化率为18%，而且，此类薄膜太阳能电池到目前为止，未发现有光辐射引致性能衰退效应（SWE），其光电转化效率比目前商用的薄膜太阳能电池板提高约50%～75%，在薄膜太阳能电池中属于世界的最高水平的光电转化效率。

*摘自百度百科。

思考题与习题

基本概念复习及相关思考

11-1　说明下列术语的含义：

环境污染，有毒元素，化学污染，价电子构型，同素异形体，生物链，钢铁，合金，非金属材料，高分子材料

11-2　思考题

(1) 解释下列事实，并写出化学反应方程式

① 用Pb（NO_3）$_2$热分解来制取NO_2而不用$NaNO_3$？

② 铅为什么能耐稀H_2SO_4和盐酸的腐蚀？铅能耐浓H_2SO_4、浓HCl腐蚀吗，为什么？

③ 在空气中，铅很难溶于常见非氧化性的稀酸，但能溶于醋酸。试用反应式给予解释。

④ 下面第一个反应是CO_2和Na_2SiO_3反应生成H_2SiO_3，第二个反应是SiO_2从Na_2CO_3中置换出CO_2。请解释原因。

$$2CO_2 + Na_2SiO_3 + 2H_2O \xlongequal{\quad} H_2SiO_3 + 2NaHCO_3$$

$$Na_2CO_3 + SiO_2 \xlongequal{\quad} Na_2SiO_3 + CO_2\uparrow$$

⑤ 根据金刚石、石墨的特点，比较它们的主要特征；讨论碳几种同素异形体存在的原因；硅是否有类似的同素异形体，为什么？

⑥ 碳和硅都是第四主族元素，为什么碳的化合物有几百万种，而硅的化合物种类却远不及碳的化合物那样多？为什么常温下CO_2是气体，而SiO_2却是固体？

⑦ 为什么碱式滴定管下端要用橡皮管和玻璃珠，而不是像酸式滴定管一样？

⑧ As_2O_3是砷的重要化合物，俗称砒霜，是剧毒的白色固体，As_2O_3中毒时为什么可用新制$Fe(OH)_2$的悬浊液解毒？

(2) 五种污染元素中哪个是单质危害大？哪种是化合物危害大？中毒的机理和解毒的办法分别是什么？

习　题

11-3　完成并配平下列方程式：

(1) $SiO_2 + HF \longrightarrow$

(2) $SiO_2 + C$(适量)$\longrightarrow$

(3) $SiO_2 + C$（过量）$\longrightarrow$

(4) $SiH_4 + O_2 \longrightarrow$

(5) $Si + KOH + H_2O \longrightarrow$

(6) $CO + PdCl_2 + H_2O \longrightarrow$

(7) $PbS + H_2O_2 \longrightarrow$

(8) $Cr^{3+}(aq) + 3OH^-(aq) \longrightarrow$

(9) $As_2O_3 + NaOH \longrightarrow$

(10) $Fe(s) + O_2(g) + H_2O(l) \longrightarrow$

(11) $FeS_2 + O_2 \longrightarrow$

11-4 选择题

(1) 测定红丹（Pb_3O_4）时，先把样品处理成 $PbCrO_4$ 沉淀，洗涤后溶于酸并加过量的 KI，析出的 I_2 用 $Na_2S_2O_3$ 标准溶液滴定，在此测定中，$Na_2S_2O_3$ 与 Pb_3O_4 的物质的量之比为（　　）。

A. 1∶9　　B. 6∶1　　C. 9∶1　　D1∶6

(2) 用铈量法测定铁时，化学计量点的电极电位是（　）。

已知 $\varphi^{\ominus\prime}_{Ce^{4+}/Ce^{3+}} = 1.44V$，$\varphi^{\ominus\prime}_{Fe^{3+}/Fe^{2+}} = 0.68V$

A. 0.68V　　B. 1.44V

C. 1.06V　　D. 0.86V

(3) $Fe_4[Fe(CN)_6]_3$ 称为（　　）。

A. 普鲁士蓝　　B. 赤血盐　　C. 黄血盐　　D. 其他

11-5 填空题

(1) 氧化还原滴定中常使用 $K_2Cr_2O_7$ 作氧化剂，在将含 Cr^{3+} 的废液倒入水槽前应加入________，使其生成____________，以防止污染环境。

(2) 配位滴定中常使用 KCN 作掩蔽剂，在将含 KCN 的废液倒入水槽前应加入__________，使其生成稳定的络合物____________以防止污染环境。

11-6 简答题

(1) 有三种组成相同的化合物，分子式均为 $CrCl_3 \cdot 6H_2O$，但颜色各不相同，这是为什么？

(2) 冶炼厂和电镀厂排放的废水中常含有 $[Cd(CN)_4]^{2-}$ 配离子，稳定常数为 $10^{18.78}$，此情况下，游离的 Cd^{2+} 浓度很低，沉淀法不能去除镉。可加入漂白粉，使 CN^- 氧化，转化为 CO_3^{2-} 和 N_2，使 Cd^{2+} 游离出来，然后再用沉淀法除去 Cd^{2+}。写出有关反应方程式。

(3) 以焦炭炼铁时，为什么要加入石灰石？

(4) 试设计铬铁矿（$FeCr_2O_4$）中铬含量测定的工艺流程和相关反应方程式。

(5) 硅胶和分子筛的化学组成有什么不同？它们在吸附性质上有何异同？

(6) 混合溶液中含有 $0.01mol \cdot L^{-1}$ Pb^{2+} 和 $0.1mol \cdot L^{-1}$ Ba^{2+}，问能否用 K_2CrO_4 溶液将 Pb^{2+} 和 Ba^{2+} 有效分离？

（已知 $BaCrO_4$ 的 $K_{sp} = 1.2 \times 10^{-10}$，$PbCrO_4$ 的 $K_{sp} = 2.8 \times 10^{-13}$）

(7) 铬酸洗液是怎样配制的？为什么它有去污能力？失效时有何外观现象？

(8) 实验室常用重铬酸钾与浓硫酸混合配制洗液，但却严禁把浓硫酸与高锰酸钾晶体混合，这是为什么？

11-7 计算题

(1) 工业废水的排放标准规定 Pb^{2+} 降到 $0.10mg \cdot L^{-1}$ 以下即可排放。若用加消石灰中和沉淀法除 Pb^{2+}，按理论计算，废水溶液中的 pH 至少应为多少？（已知：$M_{Pb^{2+}} = 207.2$，$Pb(OH)_2$ 的 K_{sp} 为 1.2×10^{-15}）

(2) 一溶液中含有 Fe^{3+} 和 Fe^{2+}，它们的浓度都是 $0.05mol \cdot L^{-1}$，如果要求 $Fe(OH)_3$ 沉淀完全，而 Fe^{2+} 不生成 $Fe(OH)_2$ 的沉淀，需控制溶液的 pH 值为多少？[已知 $Fe(OH)_3$ 的 $K_{sp} = 4.0 \times 10^{-38}$，$Fe(OH)_2$ 的 $K_{sp} = 8.0 \times 10^{-16}$]

(3) 工业上处理含 CrO_4^{2-} 废水时，可采用加入可溶性钡盐生成 $BaCrO_4$ 沉淀的方法除去 Cr^{6+}。若在中性溶液中除去铬，应控制 Ba^{2+} 浓度不小于多少才可使废水中 Cr^{6+} 的含量达到排放标准（$1.19 \times 10^{-7} mol \cdot L^{-1}$）？

（已知 $K_{a_1 H_2CrO_4} = 1.8 \times 10^{-1}$，$K_{a_2 H_2CrO_4} = 3.2 \times 10^{-7}$，$BaCrO_4$ 的 $K_{sp} = 1.2 \times 10^{-10}$）

11-8 Distinguish the difference of following materials by the proper means:

(1) Plumbum ions and Cadmium ions

(2) $K_2Cr_2O_7$ and $Cr(OH)_3$

(3) Corrosive sublimate and calomel

(4) Pure iron and steel

(5) Silver chloride and calomel

11-9 Completing and balancing the following chemical equations:

(1) $As_2O_3 + 2Fe(OH)_2 \longrightarrow$

(2) $K_2Cr_2O_7$ (s) $+ H_2SO_4$ (浓) $\longrightarrow$

(3) $Hg^{2+} + H_2S \longrightarrow$

(4) $HgS + Cl^- + NO_3^- + H^+ \longrightarrow$

(5) $Hg^{2+} + Sn^{2+} \longrightarrow$

(6) $Hg^{2+} + NaBH_4 + OH^- \longrightarrow$

(7) $Cd^{2+} + 2OH^- \longrightarrow$

(8) $Fe^{2+} + Cd^{2+} + OH^- \longrightarrow$

(9) $Fe_2O_3(s) + CO(g) \xrightarrow{\text{高温}}$

(10) $Fe^{3+} + [Fe(CN)_6]^{4-} \longrightarrow$

11-10 计算题

(1) 大桥钢梁的衬漆用红丹（Pb_3O_4）作填料，称取 0.1000g 红丹，加盐酸处理成溶液后再加入铬酸钾使定量沉淀为 $PbCrO_4$，将沉淀过滤、洗涤后溶于酸中并加入过量的碘化钾，析出的碘以淀粉作指示剂再用 0.1000mol·L^{-1} $Na_2S_2O_3$ 溶液滴定耗去 12.00mL，求试样中 Pb_3O_4 的质量分数。[$M(Pb_3O_4)$=685.6g·mol^{-1}]

(2) 工业废水的排放标准规定 Pb^{2+} 降到 0.10mg·L^{-1} 以下即可排放。若用加消石灰中和沉淀法除 Pb^{2+}，按理论计算，废水溶液中的 pH 至少应为多少？［已知：$M_{Pb^{2+}}$=207.2g·mol^{-1}；$Pb(OH)_2$ 的 K_{sp} 为 1.2×10^{-15}］

(3) 用双硫腙法-$CHCl_3$ 萃取光度法测定工业废水中的 Cd^{2+}。先配制 50mL 含 Cd^{2+} 为 5.0×10^{-6}g 溶液，加入 10mL 萃取剂萃取完全后，在 518nm 波长下，用 1cm 比色皿测得 T=44.4%。再取工业废水试样 50.00mL，以同样方法条件测定 Cd^{2+}，测得 A=0.431，求该废水中 Cd^{2+} 的浓度。

第 12 章 紫外-可见分光光度法

Chapter 12 UV-VIS Spectrometry

分光光度法（spectrophotometry）是基于物质分子对光的选择性吸收而建立起来的分析方法。按物质吸收的波长不同，分光光度法可分为可见分光光度法、紫外分光光度法及红外分光光度法（又称红外光谱法）。

紫外一可见分光光度法具有操作方便、仪器设备简单、灵敏度和选择性较好等优点，适用于微量组分的测定。其灵敏度一般能达到 $10^{-6}\sim10^{-5}$ mol·L^{-1}。该方法的相对误差为 2%～5%，可满足微量组分的测定要求。

12.1 概述

12.1.1 电磁波谱

光是一种电磁波。所有电磁波都具有波粒二象性，可用能量、波长、频率和速度等物理量来描述这些性质。电磁波包括从波长很短的 X 射线到波长很长的无线电波，有很宽的波长范围。波长范围在 200～400nm 的光称为紫外光；波长范围在 400～750nm 的电磁波，可被人们的视觉所辨别，称为可见光。长于可见光波长的光称为红外光，其波长范围约为 0.75～1000μm。根据波长排列可得到电磁波谱如图 12-1。

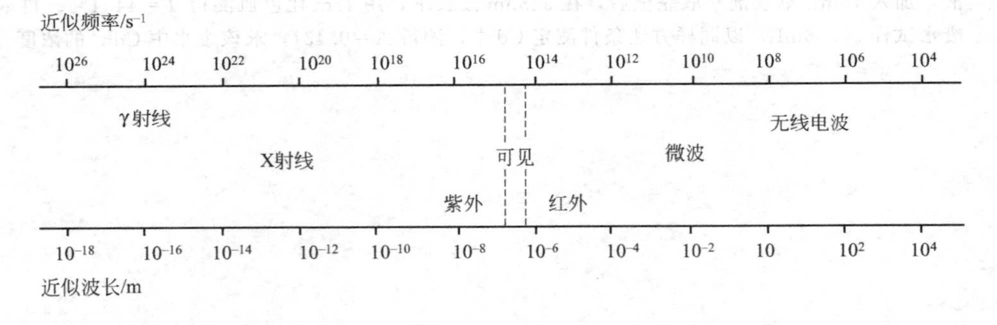

图 12-1 光的分区及波长与频率之间的关系

不同波长光的能量与分子和原子中电子不同能级的跃迁能量以及分子的振动能、转动能相对应，产生了各种光谱分析方法（表 12-1）。

表 12-1 电磁波谱范围表

光谱名称	波长范围	跃迁类型	分析方法
X 射线	10^{-1}～100nm	K 和 L 层电子	X 射线光谱法
远紫外	10～200nm	中层电子	真空紫外光度法
近紫外	200～400nm	外层电子	紫外光度法
可见光	400～750nm		比色及可见光度法

续表

光谱名称	波长范围	跃迁类型	分析方法
近红外光	0.75～2.5μm	分子振动	近红外光谱法
中红外光	2.5～5.0μm		中红外光谱法
远红外光	5.0～1000μm	分子转动和低位振动	远红外光谱法
微波	0.1～100cm	分子转动	微波光谱法
无线电波	1～1000cm	核的自旋	核磁共振光谱法

12.1.2 物质的颜色与光的关系

只具有一种波长的光称为单色光，由两种以上波长组成的光为复合光。白光就是复合光，它是由红、橙、黄、绿、青、蓝、紫等各种色光按一定比例混合而成的。如果两种颜色的光按一定的强度比例混合也可以得到白光，这两种光就叫互补色光。

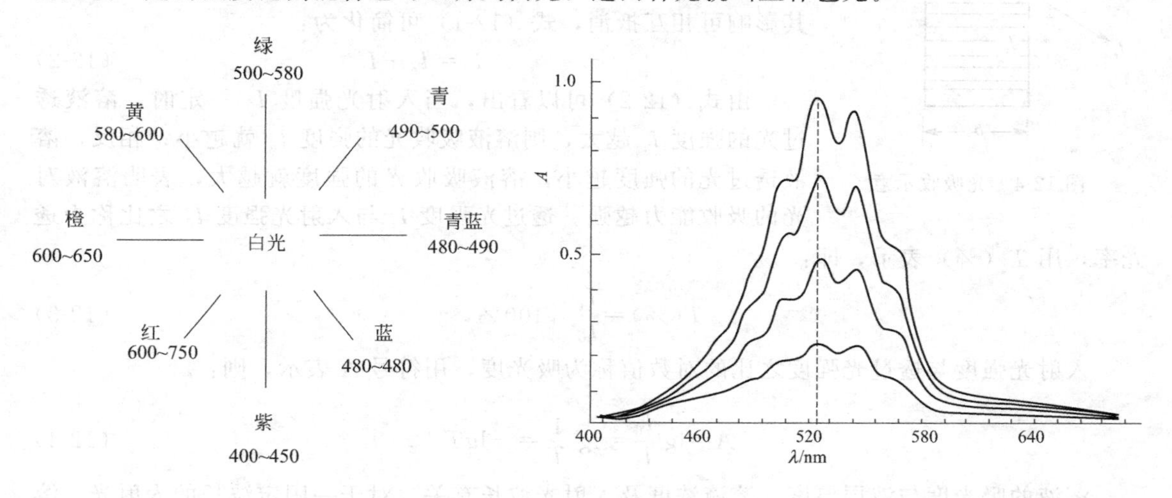

图 12-2 光的互补色（nm）　　图 12-3 $KMnO_4$ 溶液的光吸收曲线

物质的颜色是由于物质对不同波长的光具有选择性的吸收作用而产生的。例如：硫酸铜溶液因吸收白光中的黄色光而呈蓝色；高锰酸钾溶液因吸收白光中的绿色光而呈紫色。若物质对白光中所有颜色的光均吸收，它就呈现黑色；若反射所有颜色的光则呈现白色；若透射所有颜色的光，则为无色。因此，物质呈现的颜色和吸收的光颜色之间是互补关系，如图 12-2 所示。

图 12-2 中处于一条直线的两种色光都是互补色光。以上只是粗略地用物质对各种色光的选择性吸收来说明物质呈现的颜色。各种物质独有其特征的分子能级，内部结构的差异决定了它们对光的吸收是具有选择性的。

如果将各种波长的单色光，依次通过一定浓度的某物质溶液，测量该溶液对各种光的吸收程度，然后以波长为横坐标，以物质的吸光度为纵坐标作图，所得的曲线为该物质的吸收光谱（或吸收曲线），如图 12-3 所示。

吸收曲线中显示的各个峰称为吸收峰，其最大吸收峰对应的波长称为最大吸收波长，用 λ_{max} 表示。由图 12-3 可见，$KMnO_4$ 溶液的 λ_{max} 为 520nm。

不同浓度的同一物质，其最大吸收波长 λ_{max} 位置不变，吸收曲线的形状相似。通常选择在 λ_{max} 进行物质含量的测定，以获得较高的灵敏度。但不同物质的 λ_{max} 是不相同的，它可以作为物质定性鉴定的基础。

12.2 光吸收的基本定律

12.2.1 朗伯-比尔定律

朗伯（Lambert）和比尔（Beer）分别于1760年和1852年研究了光的吸收与液层厚度及浓度的定量关系，两者结合称为朗伯－比尔定律，也称为光的吸收定律，这是吸光光度法定量分析的依据。

当一束平行单色光垂直照射到一均匀非散射的溶液时，光的一部分被溶液中的吸光质点吸收，一部分透过溶液，还有一部分被器皿表面所反射（图12-4）。设入射光强度为I_0，吸收光强度为I_a，透过光强度为I_t，反射光强度为I_r，则有：

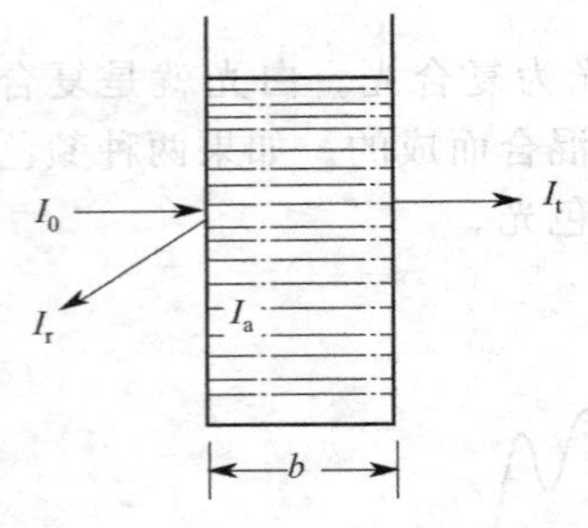

图12-4　光吸收示意

$$I_0 = I_a + I_t + I_r \tag{12-1}$$

在光谱分析中，盛装待测试液和参比溶液的吸收池是采用相同质料和厚度的光学玻璃制成，I_r基本不变，且其值很小，其影响可相互抵消，式（12-1）可简化为：

$$I_0 = I_a + I_t \tag{12-2}$$

由式（12-2）可以看出，当入射光强度I_0一定时，溶液透过光的强度I_t越大，则溶液吸收光的强度I_a就越小；相反，溶液透过光的强度越小，溶液吸收光的强度就越大，表明溶液对光的吸收能力越强。透过光强度I_t与入射光强度I_0之比称为透光率，用T（%）表示，即：

$$T(\%) = \frac{I_t}{I_0} \times 100\% \tag{12-3}$$

入射光强度与透过光强度之比的对数值称为吸光度，用符号A表示，则：

$$A = \lg \frac{I_0}{I_t} = \lg \frac{1}{T} = -\lg T \tag{12-4}$$

溶液的吸光度与液层厚度、溶液浓度及入射光波长有关。对于一固定波长的入射光，溶液的吸光度只与液层厚度和溶液浓度有关。1760年，朗伯（Lambert）指出溶液的吸光度与液层厚度成正比，此即朗伯定律。1852年，比尔（Beer）指出吸光度与溶液浓度成正比，此即比尔定律。这两个定律合并起来就是光的吸收定律——朗伯-比尔定律：

$$A = \alpha bc \quad 或 \quad A = \varepsilon bc \tag{12-5}$$

式中，A为吸光度；α为质量吸光系数，$L \cdot g^{-1} \cdot cm^{-1}$；$\varepsilon$为摩尔吸光系数，$L \cdot mol^{-1} \cdot cm^{-1}$；$c$为溶液浓度，$g \cdot L^{-1}$或$mol \cdot L^{-1}$；$b$为液层厚度（吸收池长度），cm。

朗伯-比尔定律的物理意义是：当一束平行单色光垂直通过某一均匀非散射的吸光物质时，其吸光度A与吸光物质的浓度c及吸光层厚b成正比。当吸收池厚度不变，以吸光度对浓度作图时，A和c应得到一条通过原点的直线（图12-5）。这就是吸光光度法进行定量分析的理论依据。

朗伯-比尔定律是光吸收的基本定律，适用于所有的电磁辐射和所有的吸光物质（气体、固体、液体、原子、分子和离子）。同时应当指出，朗伯-比尔定律成立是有前提的，即①入射光为平行单色光且垂直照射；②吸收光物质为均匀非散射体系；③吸光质点之间无相互作用；④辐射与物质之间的作用仅限于光吸收过程，无荧光和光化学现象发生。

ε比α更常用，因为有时吸收光谱的纵坐标用ε或$\lg\varepsilon$表示，并以最大摩尔吸光系数ε_{max}

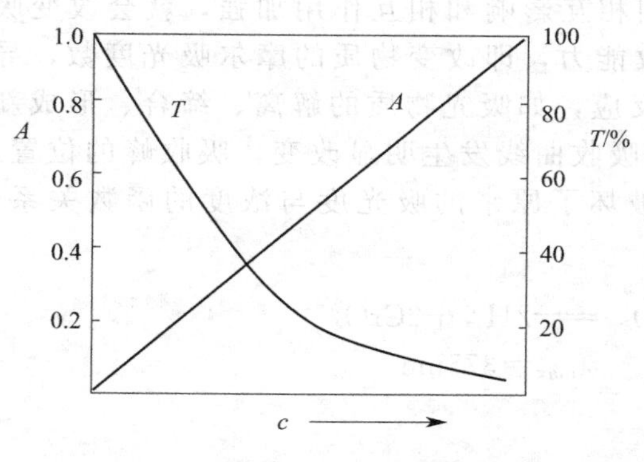

图 12-5　T、A、c 三者之间的关系

表示吸光强度。摩尔吸光系数的物理意义是：当吸光物质的浓度为 $1mol \cdot L^{-1}$，吸收层厚度为 1cm 时，吸光物质对某波长光的吸光度。但在实际工作中，不能直接取 $1mol \cdot L^{-1}$ 这样高浓度的溶液来测定 ε，而是在适宜的低浓度时测量其吸光度 A，然后据 $\varepsilon = \frac{A}{bc}$ 求得。

摩尔吸光系数在特定波长和溶剂的情况下是吸光质点的一个特征常数，是物质吸光能力的量度，可作为定性分析的参考，也可用于大致估计定量分析方法的灵敏度。通常所说的摩尔吸光系数是指最大吸收波长 λ_{max} 处的摩尔吸光系数 ε_{max}。一般 ε 值在 10^3 以上即可进行分光光度法测定。ε 值越大，方法的灵敏度越高。如 ε 为 10^4 数量级时，测定该物质的浓度范围可以达到 $10^{-6} \sim 10^{-5} mol \cdot L^{-1}$。

【例 12-1】 已知含铁（Fe^{2+}）为 $1\mu g \cdot mL^{-1}$ 的溶液，用邻二氮菲分光光度法测定。吸收池厚度为 2cm，在 510nm 处测得其吸光度 $A = 0.380$，计算其摩尔吸光系数。

解 已知 Fe 的相对原子质量为 55.85

$$c = \frac{1.0 \times 10^{-3}}{55.85} = 1.8 \times 10^{-5} (mol \cdot L^{-1})$$

$$\varepsilon 510 = \frac{A}{bc} = \frac{0.380}{2 \times 1.8 \times 10^{-5}} = 1.1 \times 10^{-4} (L \cdot mol^{-1} \cdot cm^{-1})$$

【例 12-2】 某有色溶液，当用 1cm 比色皿时，其透射比为 T，若改用 2cm 的比色皿，则透射比和吸光度为多少？

解

$$A = -\lg T = abc \Longrightarrow T = 10^{-abc}$$

$$b_1 = 1cm 时, T_1 = 10^{-ac} = T$$

$$b_2 = 2cm 时, T_2 = 10^{-2ac} = T^2, A = -2\lg T$$

12.2.2 偏离朗伯-比尔定律的原因

根据朗伯-比尔定律，当吸收池厚度不变，以吸光度对浓度作图时，应得到一条通过原点的直线。但在实际工作中，吸光度与浓度之间常常偏离线性关系，即对朗伯-比尔定律发生偏离，一般以负偏离的情况居多，如图 12-6 所示。

产生偏离的主要因素如下。

(1) **仪器因素**（物理因素） 朗伯-比尔定律仅适用于单色光。但实际上，经单色器分光后通过仪器的出射狭缝投射到被测溶液的光，并不是理论上要求的单色光。这种非单色光是所有偏离朗伯-比尔定律因素中较为重要的一个。因此实际用于测量的是一小段波长范围的复合光，吸光物质对不同波长的光的吸收能力不一样，就导致了对朗伯-比尔定律的偏离。在所使用的波长范围内，吸光物质的吸收能力变化越大，这种偏离就越显著。

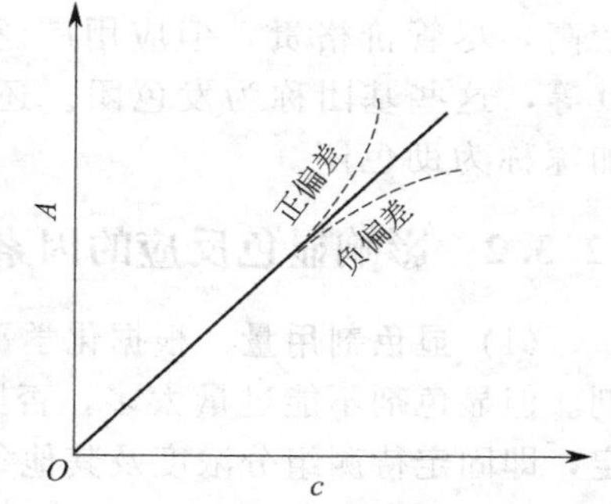

图 12-6　朗伯-比尔定律的偏离情况

(2) **样品溶液因素**（化学因素） 朗伯-比尔定律是建立在吸光质点之间没有相互作用的前提下，它只适用于稀溶液。但随着溶液浓度

的增大，吸光质点间的平均距离减小，彼此间相互影响和相互作用加强，就会改变吸光质点的电荷分布，从而改变它们对光的吸收能力，即改变物质的摩尔吸光度数，导致对朗伯-定律的偏离。此外，溶液中的化学反应，如吸光物质的解离、缔合、形成新化合物或互变异构等作用，都会使被测组分的吸收曲线发生明显改变，吸收峰的位置、高度以及光谱的精细结构等都会不同，从而破坏了原来的吸光度与浓度的函数关系，导致偏离朗伯-比尔定律。例如：

$$Cr_2O_7^{2-} + 2H_2O \rightleftharpoons 2HCrO_4^- \rightleftharpoons 2H^+ + 2CrO_4^{2-}$$

$$\lambda_{max} = 350nm \qquad \lambda_{max} = 375nm$$

12.3 显色反应及其影响因素

12.3.1 显色反应与显色剂

可见分光光度法测定的是有色溶液，实际测量中，首先应把被测组分转变为有色化合物。把无色或浅色的被测物质转化成有色化合物的过程叫显色过程，这个过程中发生的化学反应叫显色反应，参加显色反应的主要试剂为显色剂。显色反应多是氧化还原反应或配位反应。显色反应一般可表示为：

$$M + R \rightleftharpoons MR \tag{12-6}$$

为了获得一个灵敏度高、选择性好的显色反应，须了解对显色反应的要求和掌握显色反应的条件。应用于光度分析的显色反应必须符合下列要求。

① 显色反应的灵敏度要高。一般来说，ε 值在 $10^4 \sim 10^5$ 时，则可认为此显色反应灵敏度较高。

② 有色化合物组成要固定、稳定性要高。生成的有色化合物应具有固定的组成，这样被测物质与有色化合物之间才有定量关系，否则测定的重现性就较差。

③ 反应的选择性要好。一种显色剂最好只与一种被测组分起显色反应，这样干扰就少。这种显色剂实际上是不存在的，故常常根据样品中待测元素和共存元素存在的情况，选择干扰较少或者干扰易消除的显色剂来显色。

④ 显色剂在测定波长处无明显吸收。

⑤ 显色反应受温度、pH、试剂加入量的变化影响最小。若反应条件要求过于严格，就难以控制，测定结果的重现性就差。

显色剂分无机显色剂和有机显色剂。无机显色剂如硫氰酸盐、钼酸盐等，价格便宜，但灵敏度和选择性不高，故应用不多。有机显色剂的品种繁多，灵敏度和选择性较高，尽管价格贵，但应用广泛。它们一般含有双键，如 C═C、C═O、C═N、N═O 等，这些基团称为发色团。还有一些基团，如—NH_2、—OH 等，能使化合物的颜色加深称为助色团。

12.3.2 影响显色反应的因素

(1) **显色剂用量** 根据化学平衡移动原理，为使显色反应趋于完全，应加入过量的显色剂。但显色剂不能过量太多，否则会引起副反应，对测定反而不利。显色剂用量由实验确定，即固定待测组分浓度及其他条件，仅改变显色剂的用量，作 A 与 C_R 的关系曲线，求出有色化合物吸光度最大且稳定时所对应的显色剂用量范围。如果显色剂用量在某个范围内，测得的吸光度不变（曲线上的平台部分），即可在此范围内确定显色剂的加入量；否则就必须严格控制显色剂的用量（无平台出现时）。

（2）酸度 溶液的酸度影响显色剂的有效浓度和颜色、影响被测离子的有效浓度、影响生成的有色化合物组成。显色反应的酸度可通过实验进行选择。固定被测组分浓度和显色剂用量，在不同的酸度下进行显色，分别测定显色后溶液的吸光度，绘制 A 与 pH 的关系曲线，从中确定吸光度高且比较恒定的 pH 区间，此即显色反应的最适宜酸度范围。

（3）温度 温度是影响化学反应速率的重要因素。因此，显色温度和显色程度应密切相关。显色反应通常在室温下进行，但有些显色反应必须加热至一定温度才能完成。但在较高温度下，某些有色化合物会分解、变色、故显色温度要根据反应的具体情况通过实验来确定。合适的显色温度通过作 A 与 T 的关系曲线，从中确定吸光度高且比较恒定的温度值。

（4）显色时间 显色时间可分几种情况，有些有机化合物能很快生成，颜色很快达到稳定状态，并保持长时间不变。有的有色化合物虽然能够迅速生成，却难做到不褪色。有些有色化合物生成缓慢，一段时间以后颜色才能稳定。要根据反应的具体情况通过实验来确定显色时间。实验方法是配制一份显色溶液，从加入显色剂计算时间，每隔一定时间测定一次吸光度，绘制 A 与 t 的关系曲线，来确定适宜的时间。

12.4 光度分析法及其仪器

12.4.1 目视比色法

目视比色法是用肉眼观察，比较被测溶液和标准溶液的颜色异同，确定被测物质含量的方法。目视比色法采用的光源是自然光、白炽灯光等复合光，比较的是溶液吸收光的互补光的强弱。

最常用的目视比色法是标准系列法。将一系列不同量的标准溶液依次加入一套由相同材料制成、形状大小相同并具有相同体积标度的比色管中，再分别加入等量的显色剂及其他试剂，最后稀释至相同体积，便配成一套颜色逐渐加深的标准色阶。将一定量被测试液置于另一相同的比色管中，在同样条件下显色并稀释至相同体积。从管口垂直向下观察，若试液与标准系列中某溶液的颜色深度相同，即透过强度相等，则这两个比色管中溶液的浓度相等。若试液颜色介于某相邻两标准溶液之间，则试液浓度也就介于这两个标准溶液的浓度之间。

目视比色法的缺点是用肉眼观察，主观误差大，准确度不高，相对误差为 5%～20%。尽管目视比色法存在上述缺点，但因其设备简单，操作简便快速，且不要求有色溶液严格服从朗伯-比尔定律，因而它广泛用于准确度要求不高的常规分析中，特别是野外分析。如某些无机化工产品的杂质分析，使一定量样品溶解后所得的试液中加入一定量的显色剂及其他试剂，然后根据该样品允许的最高杂质含量在相同的条件下配制成标准溶液，比较两者颜色的深浅。若试样溶液的颜色比标准溶液的浅，则可认为该产品此项杂质的含量符合规定标准。方法简便、快速而且可靠。

12.4.2 分光光度法及分光光度计

（1）基本原理 分光光度法的基本原理是：由光源发出白光，采用分光装置，获得单色光，让单色光通过有色溶液，透过光的强度通过检测器进行测量，从而求出被测物质含量。

（2）分光光度计的主要部件 分光光度计不论其型号如何，基本上均由光源、单色器、吸收池、检测器、显示系统 5 个部分组成（图 12-7）。

① **光源** 对光源的要求是发光强度要足够，以便在检测器上产生足够的信号；发光强度要稳定，以保证测量的重现性。

可见光区用的光源是钨灯和碘钨灯等白炽光源。钨灯发光的波长范围是 320～2500nm。为保证发光强度的稳定需配备稳压电源。钨灯光源发热量大，钨丝易烧断，寿命短。若在钨

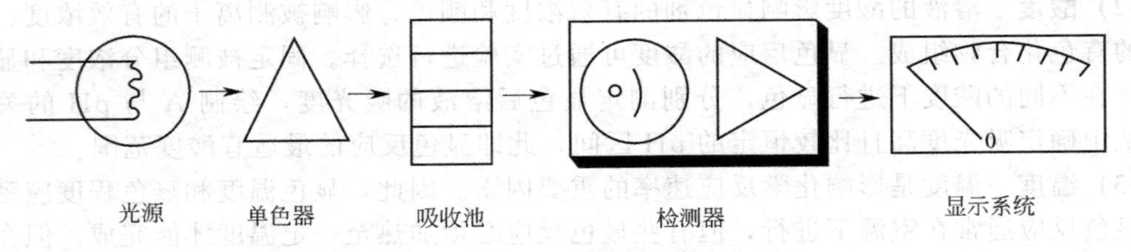

图 12-7　紫外-可见分光光度计结构示意

丝灯泡中引入少量碘蒸气而制成碘钨灯可防止高温下钨蒸气沉积在冷的灯泡内壁，故可延长灯的寿命。

紫外光区主要采用氢灯、氘灯等放电灯。用稳压电源供电，氢灯放电十分稳定，光强恒定。在375～160nm范围内发出连续光谱。氘灯特性与氢灯类似，其辐射强度较高，是氢灯的2～3倍，使用寿命较长，但成本较高。受石英窗限制，紫外区波长的有效范围是350～200nm。

② **单色器**　其作用是将光源发出的连续光谱的光分为各种波长的单色光。单色器的分辨能力越高，得到的单色光的纯度就越高。单色器主要组成为入射狭缝；准直镜——使辐射束成平行光线；色散元件——使不同波长的辐射以不同的角度进行辐射；聚集透镜或凹面反射镜——使单色光束在单色器的出口曲面上成像；及出射狭缝。

色散元件的质量决定单色器的质量。棱镜和光栅是两种主要的色散元件。棱镜的波长精度是±（3～5）nm，光栅的精度是±0.2nm，光栅的使用波长范围较宽。

③ **吸收池**　吸收池（比色皿）是盛装被测溶液的装置，是单色器和检测器之间光路的连接部分。大多数仪器中配有厚度为0.5cm、1cm、2cm、3cm等一套长方形或正方形吸收池以供选用。吸收池窗口应完全垂直于入射光束，以减小反射损失。在可见光区吸收池的材质是光学玻璃，在紫外区则是石英玻璃。使用时应注意保护其透光面的光洁，避免沾上指纹、油腻及其他物质，防止磨损产生划痕而影响其他透光特性，造成误差。

④ **检测器**　将透过吸收池的光转换成光电流并测量出其大小的装置为检测器。一个理想的检测器应具有高灵敏度、高信噪比，响应时间快，并且在整个使用波长范围内响应恒定。常用的检测器有光电池、光电管、光电倍增管、二极管陈列等检测器。

硒光电池是最常用的光电池，它由半导体材料制成，硒沉积在铁板上作为其中一个电极。波长的响应范围是400～700nm。硒光电池可以不需接外接电源就能产生较强的光电流。但因其内电阻小，输出不易放大，易疲劳，不宜长期使用。现在一般仅用于便携式仪器中。

光电管是一个真空二极管，其阳极为一个金属丝，阴极为半导体材料，阳极与阴极之间加有直流电压。当光线照射到阴极上时，阴极表面放出电子，电子在电场作用下流向阳极形成光电流。光电流大小在一定条件下与照射的光强度成正比。光电管产生的光电流可以放大。

光电倍增管相当于一个多阴极的光电管，光经过多个阴极的电子发射，光电流放大了许多倍。光电倍增管适于测弱光，不能用来测强光；否则，信号漂移、灵敏度降低。光电倍增管对紫外和可见光的检测灵敏度较高，而且响应时间极快。

二极管阵列是在200～1000nm范围内，紧密排列几百个光电二极管，扩大了光电管的响应范围，二极管阵列检测器先测量后分光。

⑤ **显示系统**　光度分析仪器中常用的显示器有检流计、微安表、电位计，数字电压表、记录仪或计算机显示和记录测量结果。

(3) 分光光度计　根据仪器适用的波长范围，分光光度计分为可见光分光光度计和紫外

-可见分光光度计两类。根据仪器的结构可分为单光束、双光束和双波长三种基本类型。

① **721 型分光光度计** 721 型分光光度计是单光束的可见分光光度计，如图 12-8 所示。

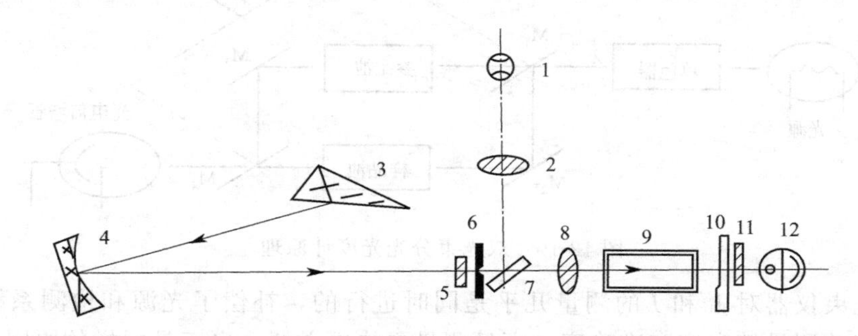

图 12-8 721 型分光光度计光学系统示意图

1—光源；2—聚光透镜；3—色散棱镜；4—准光镜；5—保护玻璃；6—狭缝；
7—半反半透射镜；8—聚光透镜；9—吸光池；10—光门；11—保护玻璃；12—光电管

由光源发出的主要是可见光，通过聚光透镜，半反射半透射镜和准光镜反射到棱镜。由棱镜色散后的光再经准光镜反射和半反射半透射镜、狭缝进入吸收池。被溶液吸收后的单色光进入光电管。光电管把光信号转变成电流信号，经过放大电路放大后由微安表显示出溶液的透光率或吸光度。微安表上的显示刻度有两种：一种是透光率；另一种是吸光度。透光率的刻度标尺是均匀的，而吸光度与透光率呈负对数关系，所以吸光度标尺上的刻度是不均匀的。

② **751 型分光光度计** 751 型分光光度计是单光束的紫外-可见分光光度计。它可以用于紫外、可见、近红外区的吸收光谱。仪器中有两种光源：氢灯提供紫外光，钨灯提供可见光。751 型分光光度计的适用波长范围为 200～1000nm。吸收池分为石英和玻璃两种。检测器的光电管有两种：蓝敏光电管和红敏光电管，使用时根据所用光的波长进行选择。其结构如图 12-9 所示。

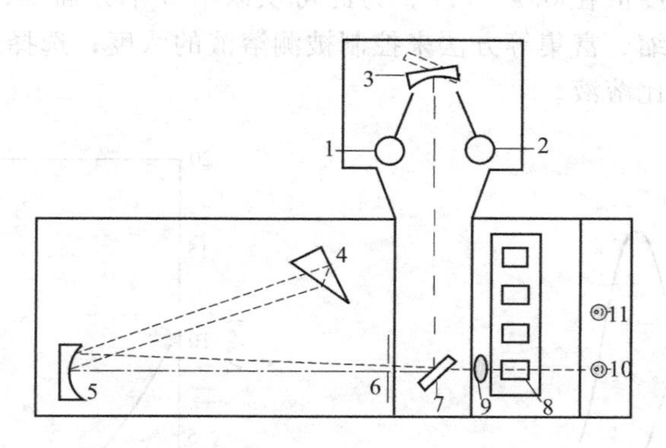

图 12-9 751 型分光光度计光学系统立体图

1—钨灯；2—氢灯；3—凹面反射镜；4—石英棱镜；5—准直镜；
6—狭缝；7—平面镜；8—吸收池；9—透镜；10—蓝敏光电管；11—红敏光电管

③ **双光束分光光度计** 图 12-10 是一种双光束分光光度计的原理图。半透半反旋转镜 M_1 和平面反射镜 M_2 将来自单色器的单色光束转变成入射参比溶液和试液的两束光，通过参比溶液后的光束强度为 I_0，通过试液后的光束强度为 I，I_0 和 I 经由反射镜 M_3 和半透半反旋转镜 M_4 交替地照射在同一检测器光电倍增管。检测器交替接收光信号 I_0 和 I，经处理后便可获得样品溶液的吸光度。

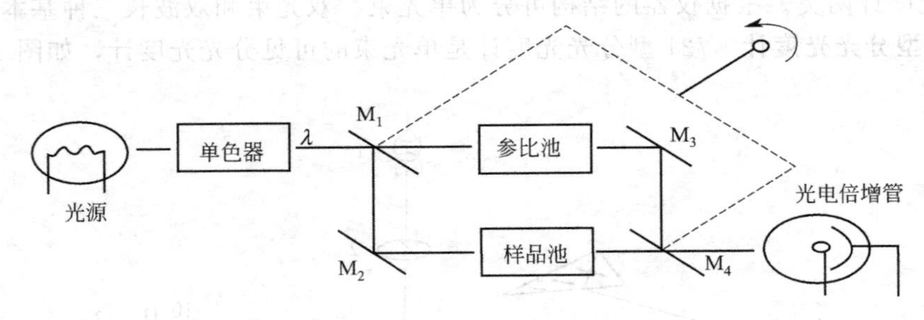

图 12-10　双光束分光光度计原理

由于双光束仪器对 I_0 和 I 的测量几乎是同时进行的，补偿了光源和检测系统的不稳定性，具有较高的测量精密度和准确度，而且测量更快更方便。也正是同样的原因，双光束分光光度计可以不断地变更入射光波长，自动测量不同波长下试液的吸光度，绘制吸收光谱，实现吸收光谱的自动扫描。但是双光束分光光度计结构比较复杂，价格比较昂贵。

12.4.3　吸光光度法测量条件的选择

(1) 测量条件

① **入射光的波长**　为了使测定结果有较高的灵敏度，应选择被测物质的最大吸收波长的光作为入射光。选用这种波长的光进行分析，不仅灵敏度较高，而且测定时对朗伯-比尔定律的偏离较小，其准确度较好。但是如果在最大吸收波长处，共存的其他吸光组分（显色剂、共存离子等）也有吸收，就会产生干扰。此时，应选择其它能避开干扰组分的入射光波长作为测量波长。如图 12-11，b 组分在 a 组分的最大吸收波长 320nm 处有吸收，则测定 a 组分时应选择小于最大吸收波长的 315nm 作为测量波长。

② **吸光度范围**　理论计算表明，被测溶液的吸光度 A 为 0.434 或透光率 T 为 36.8% 时，测量的相对误差最小（图 12-12）。为了减少相对误差，提高测定结果的准确度，一般应控制被测溶液的吸光度值在 0.2～0.8。为此可从以下 3 个方面加以控制：改变试样的称样量，或采用稀释、浓缩、富集等方法来控制被测溶液的浓度；选择适宜厚度的吸收池；选择适当的显色反应和参比溶液。

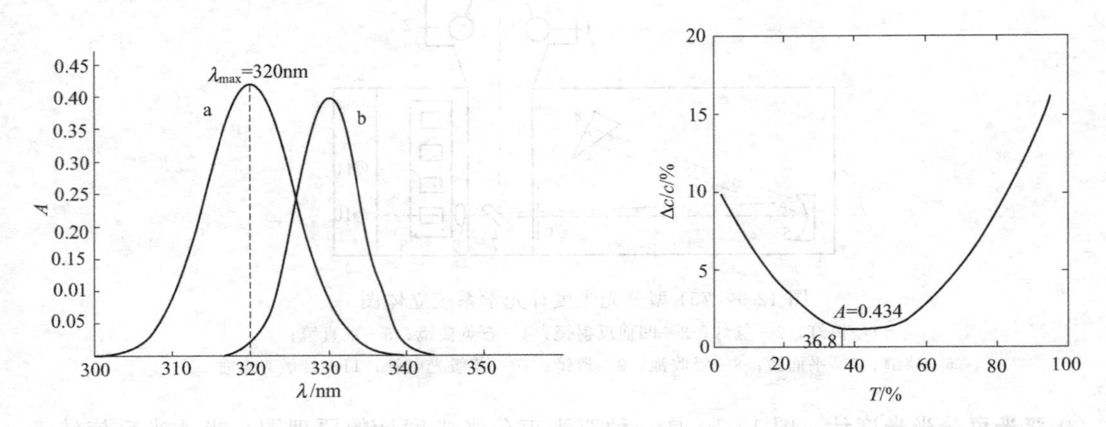

图 12-11　a 和 b 混合溶液的吸收光谱　　　　图 12-12　浓度测量的相对误差与透射比的关系

③ **参比溶液**　在测量吸光度时，利用参比溶液来调节仪器的零点，可以消除由于吸收池器壁及溶液中其他成分对入射光的反射和吸收带来的误差。在测定时应根据不同的情况选择不同的参比溶液。当试液及显色剂均无色时，可用溶剂作参比溶液，即溶剂空白。如果显色

剂无色，而被测试液中存在其他有色离子，可采用不加显色剂的被测试液作参比溶液，即试样空白。如果显色剂有色，而试液本身无色，可用溶剂加显色剂和其他试剂作参比溶液，即试剂空白。如果显色剂和试液均有颜色，可将一份试液加入适当掩蔽剂，将被测组分掩蔽起来，使之不再与显色剂作用，而显色剂及其他试剂均按试液测定方法加入，以此作为参比溶液，这样可以消除显色剂和一些共存组分的干扰。

(2) 721型分光光度计一般操作程序

① 选定合适的波长作为入射光，接通电源预热仪器。一般从资料上查得有色物质的最大吸收波长，或通过测定一浓度合适的有色溶液，找到它的最大吸收波长，将仪器调到该波长处。

② 调透光率为零，即仪器零点。光路应断开，光电转换元件不应受光，显示系统显示 T（%）=0.0，如不在“0”处，则应调节到“0”。

③ 将参比溶液置于光路，接通光路（盖上吸收池暗箱盖），调 T（%）=100.0。②、③步应反复调整。

④ 将标准溶液或样品溶液依次推入光路，读取其吸光度 A。溶液的吸光度一般应控制在 0.2～0.8，使测定结果有较高的准确度。过大或过小应予以调节。

⑤ 测定完成后，应整理好仪器，尤其要注意吸收池应及时清洗干净。

12.5 紫外-可见分光光度法测定方法

(1) 标准比较法 比较法又称标准比较法、直接比较法。其方法是将试液和一个标准溶液在相同条件进行显色、定容，分别测出它们的吸光度，按下式计算被测溶液的浓度：

$$\frac{A_{测}}{A_{标}}=\frac{k_{测}\ b_{测}\ c_{测}}{k_{标}\ b_{标}\ c_{标}} \tag{12-7}$$

因为测定条件完全相同，即入射光波长相同，测定温度相同，标准溶液与待测溶液的性质相同，吸收池厚度相同，故

$$k_{标}=k_{测} \qquad b_{标}=b_{测}$$

$$c_{测}=\frac{A_{测}}{A_{标}}c_{标} \tag{12-8}$$

使用比较法测定时要求 A 和 c 线性关系良好，标准溶液的浓度尽量接近未知溶液的浓度（可通过比较两种溶液的吸光度大小去判断），以减小测量误差。应用式（12-8）时，只要 $c_{标}$、$c_{测}$ 的单位相同，均可直接比较，无须换成 $mol \cdot L^{-1}$。

【例 12-3】 将 1.000g 钢样用 HNO_3 溶解，钢中的锰用 KIO_4 氧化成高锰酸钾，并稀释到 100.0mL，用 1.00cm 比色皿在波长 525nm 测得此溶液的吸光度为 0.700。一标准 $KMnO_4$ 溶液的浓度为 $1.52\times10^{-4}mol \cdot L^{-1}$，在同样的条件下测得的吸光度为 0.350，求试液中锰的浓度。

解 根据 $\frac{A_x}{A_s}=\frac{c_x}{c_s}$

$$\frac{0.700}{0.350}=\frac{c_x}{1.52\times10^{-4}}$$

$$c_x=c_{KMnO_4}=c_{Mn^{2+}}=3.04\times10^{-4}mol \cdot L^{-1}$$

(2) 工作曲线法 工作曲线又称标准曲线，它是吸光光度法中最经典的定量方法，尤其适用于单色光不纯的仪器。具体做法是：首先配制一系列不同浓度的标准溶液，然后和被测溶液同时进行处理、显色，在相同的条件下分别测定每个溶液的吸光度。以标准溶液的浓度为横坐标，以相应的吸光度为纵坐标，绘制标准曲线。若符合朗伯-比尔定律，则得到一条通过原点的直线，称为工作曲线（图 12-13）。然后用被测溶液的吸光度从工作曲线上找出

对应的被测溶液的浓度，这就是工作曲线法。

使用工作曲线法时，应该在其线性范围之内进行，并且使未知溶液的浓度大小处于标准系列的浓度范围之中，这样才能得到较准确的结果。

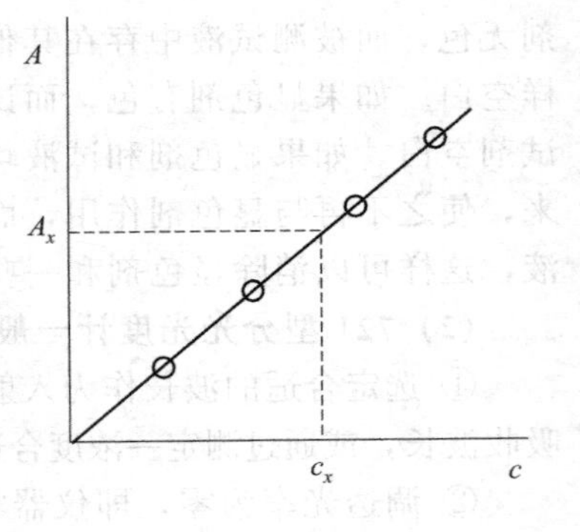

图 12-13　标准曲线法

(3) 吸光系数法　在没有标准品可供比较测定的条件下，可查阅文献，找出被测物质的吸光系数，然后按文献规定条件测定被测物的吸光度，从试样的配制浓度、测定的吸光度及文献查出的吸光系数即可计算试样的含量，这种方法在有机化合物的紫外分析时有较大价值。

$$a_{样}=\frac{A}{bc}$$

则

$$试样的含量=\frac{a_{样}}{a_{标}}\times 100\%=\frac{\frac{A}{cb}}{a_{标}}\times 100\%$$

【例 12-4】　已知维生素 B_{12} 在 361nm 条件下 $a_{标}=20.7\mathrm{L\cdot g^{-1}\cdot cm^{-1}}$。精确称取试样 30mg，加水溶解至 1000mL，在波长为 361nm 下，用 1.00cm 的吸收池测得溶液的吸光度为 0.618，计算试样维生素 B_{12} 的含量。

解

$$a_{样}=\frac{A}{bc}=\frac{0.618}{\frac{30}{1000}\times 1}=20.6(\mathrm{L\cdot g^{-1}\cdot cm^{-1}})$$

$$维生素\ B_{12}的含量=\frac{20.6}{20.7}\times 100\%=99.5\%$$

(4) 示差分光光度法　分光光度法中，样品中被测组分浓度过大或浓度过小（吸光度过高或过低）时，测量误差均较大。为克服这种缺点而改用浓度比样品稍低或稍高的标准溶液代替空白试剂来调节仪器的 100％透光率（对浓溶液）或 0％透光率（对稀溶液）以提高分光光度法精密度、准确度和灵敏度的方法，称为示差分光光度法（图 12-14）。示差分光光度法又可分高吸光度示差法，低吸光度示差法，精密示差分光光度法等。

$$A_s=Kbc_s$$
$$A_x=Kbc_x$$

两式相减，得

$$A_x-A_s=Kb(c_x-c_s)$$
$$\Delta A=Kb\Delta c \tag{12-9}$$

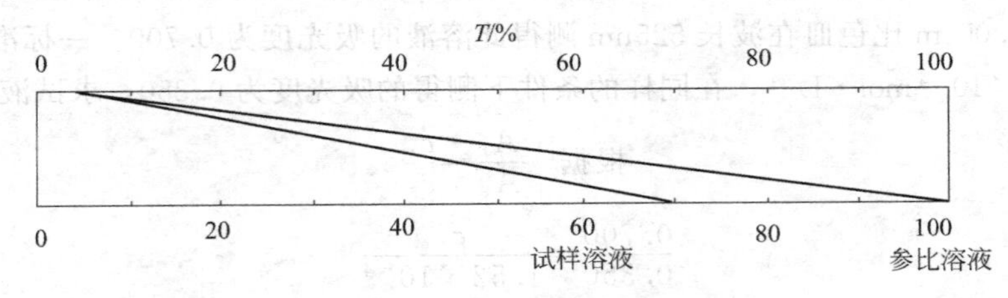

图 12-14　示差法标尺扩展原理

式(12-9) 表明：试液与参比液吸光度的差值 ΔA 和两溶液的浓度差值 Δc 成正比。

以浓度为 c_s 的标准溶液作参比液，调节 $T\%$ 为 100，在相同条件下测得一系列不同浓度标准溶液的吸光度 ΔA，作 ΔA-Δc 曲线，得到一条过原点的直线，称为示差法工作曲线。

由测得试液的 ΔA_x，从工作曲线上可查出试液和参比液的浓度差 Δc_x，则试液的浓度为 $c_x=\Delta c_x+c_s$。

12.6 吸光光度法的应用

分光光度法能进行无机、有机成分测定，在生化分析、药物分析、环境分析等许多领域都有广泛的应用。除可测量试样微量组分之基本功能外，还可用以测定配合物的组成及稳定常数、弱酸的解离常数、化学反应的速率常数、催化反应的活化能等。此外，还可以根据分子的紫外或红外光谱数据确定分子结构。

(1) 单一组分分析 磷钼蓝法测定全磷。磷是构成生物体的重要元素，也是土壤肥效的要素之一，在工农业生产及生命科学研究中常遇到磷的测定。测定时一般先用浓硫酸和高氯酸（$HClO_4$）处理试样，使磷的各种形式转变为磷酸（H_3PO_4），然后在硝酸介质中，H_3PO_4与（$(NH_4)_2MoO_4$）反应形成磷钼黄杂多酸，反应如下：

$$H_3PO_4+12(NH_4)_2MoO_4+21HNO_3 = (NH_4)_2PO_4\cdot 12MoO_3+21NH_4NO_3+12H_2O$$

用适当的还原剂如维生素 C 将其中的 Mo（Ⅵ）还原为 Mo（Ⅴ），及生成蓝色的磷钼蓝，其最大的吸收波长为 $\lambda_{max}=660nm$，用标准曲线法可测得试样的全磷含量。

(2) 多组分含量测定 在含有多组分的体系中，各组分对同一波长的光可能都有吸收。如果各组分之间没有相互作用，这时，溶液的总吸光度等于各组分的吸光度之和：

$$A=A_1+A_2+A_3+\cdots+A_n \tag{12-10}$$

这就是吸光度的加和性。因此，常可在同一溶液中进行多组分含量的测定，其测定的结果往往可以通过计算求得。

现以双组分混合物为例，根据吸收峰相互重叠的情况，可按下列两种情况进行定量测定。

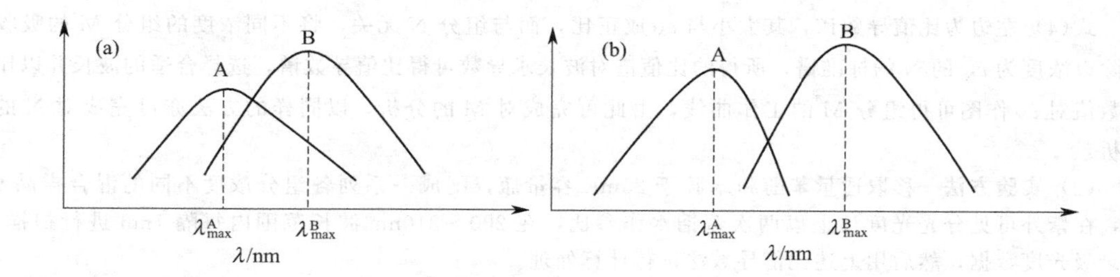

图 12-15 多组分的吸收曲线

吸收峰不重叠：如图 12-15(b)，A，B 两组分的吸收峰相互不重叠，即可分别在 λ_{max}^A，λ_{max}^B处用单组分含量测定法测定组分 A 和 B。

吸收峰相互重叠：如图 12-15(a)，A，B 两组分的吸收峰相互重叠，即 A 在 λ_{max}^B处，B 在 λ_{max}^A处也有吸收。这时可分别在 λ_{max}^A和 λ_{max}^B处测出两组分的总吸光度 A_1和 A_2，然后根据吸光度的加和性列联立方程：

$$在\ \lambda_{max}^A 处: A_1=\varepsilon_1^A bc(A)+\varepsilon_1^B bc(B)$$

$$在\ \lambda_{max}^B 处: A_2=\varepsilon_2^A bc(A)+\varepsilon_2^B bc(B)$$

解上述联立方程，即可求 A，B 两组分的浓度 c（A）和 c（B）。

在实际应用中，常限于 2～3 个组分系统，对于更复杂的多组分系统，可用计算机处理测定结果。

[阅读材料] 比值-导数法同时测定污水中的苯酚和苯胺*

工业废水中常存在苯酚和苯胺。含苯酚废水排入水体，不仅使生化需氧量增加，还会危害水生物繁殖与生存。苯胺是有毒物质之一，具有致癌作用，因此需严格控制在一定含量范围内。苯酚和苯胺的紫外吸收光谱重叠严重，通常在测定苯酚时，苯胺作为干扰物质被消除。一般需萃取、蒸馏、加脱硫剂等以消除苯胺的干扰操作较麻烦，时间长。近年来随着化学计量学方法的出现，一些分析工作者提出以数学方法解决这一干扰问题。李萍等报道了导数吸收光光度法及双波长系数补偿法同时测定苯酚和苯胺的方法，操作简便，测定准确。赵杉林等报道了多波长线性回归紫外吸收光度法同时测定污水中苯酚和苯胺，结果良好。本文采用比值导数法直接同时测定苯酚和苯胺，具有灵敏度高和速度快等特点。苯酚和苯胺分别在 1.01～24.24mg·L^{-1}和 1.01～24.29mg·L^{-1}浓度范围内呈线性关系。它们的检测限分别为 0.097mg·L^{-1}和 0.685mg·L^{-1}。

(1) 基本原理 比值导数法的原理已有论文报道。该法以混合物的谱除以干扰组分的标准谱而得到比值谱，以比值谱对波长求导数得到比值导数谱，由此得到的谱可完全消除干扰组分的吸光度贡献，其强度与被测物浓度成比例。采用此法能方便地对二组分混合体系进行分析，如选择合适的零交点，则可完成对三组分混合体系进行分析。

倘若吸光度具有加合性，则对于二组分体系各组分在第 i 波长处的吸光度有如下关系：

$$A_i = a_i^M c_M + a_i^N c_N \tag{1}$$

式中，c_M 和 c_N 分别表示组分 M 和 N 的浓度，a_i^M 和 a_i^N 分别表示它们在波长 i 处的吸光系数，而 A_i表示混合组分吸光度。

$$A_i^M = a_i^M c_M^0 \qquad A_i^N = a_i^N c_N^0 \tag{2}$$

式中，A_i^M，A_i^N 分别是浓度为 c_M^0，c_N^0 时 M，N 纯组分在 i 波长处的吸光度。

现以浓度为 c_N^0 的 N 纯组分的标准谱作除数因子在各波长点处除式 (1) 则可得到比值谱

$$A_i/(a_i^N c_N^0) = (a_i^M/a_i^N) c_M/c_N^0 + c_N/c_N^0 \tag{3}$$

对上式求导数得比值导数谱：

$$d(A_i/a_i^N)/d\lambda = c_M d(a_i^M/a_i^N)/d\lambda \tag{4}$$

式(4) 左边为比值导数谱，其大小与 c_M成正比，而与组分 N 无关，将不同浓度的组分 M 的吸收谱除以浓度为 c_N^0 的 N 的标准谱，所得的比值谱对波长求导数可得比值导数谱，选择合适的波长并以比导数值对 c_M作图可得组分 M 的工作曲线，由此可完成对 M 的分析，以同样的方法亦可完成对 N 的分析。

(2) **实验方法** 移取适量苯酚和苯胺于 25mL 容量瓶，配成一系列各组分浓度不同的混合样品 9 组，在紫外可见分光光度计上以两次蒸馏水作参比，在 200～310nm 波长范围内每隔 1nm 进行扫描，记录吸光度数据，然后用上述比值导数法进行计算处理。

① 苯酚和苯胺的紫外吸收光谱图 下图为苯酚和苯胺的紫外吸收光谱图。由图可知，苯酚和苯胺的最大吸收波长分别为 209.1nm 和 229.1nm，两者的吸收光谱严重重叠，若对它们进行单独测定，必须先进行分离，这显然增加了测定的工作量，同时也不可避免地会增大误差，化学计量学多组分分析方法的引入，可不经分离对它们进行同时测定。

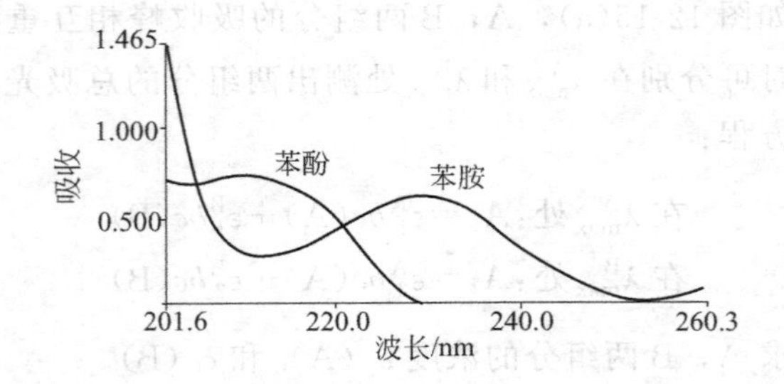

(苯酚和苯胺的吸收曲线)

② 测量波长的选择　分别以一定浓度的苯酚和苯胺作为除数因子，并按基本原理部分的理论进行测定，得到苯胺的比值导数谱和苯酚的比值导数谱。

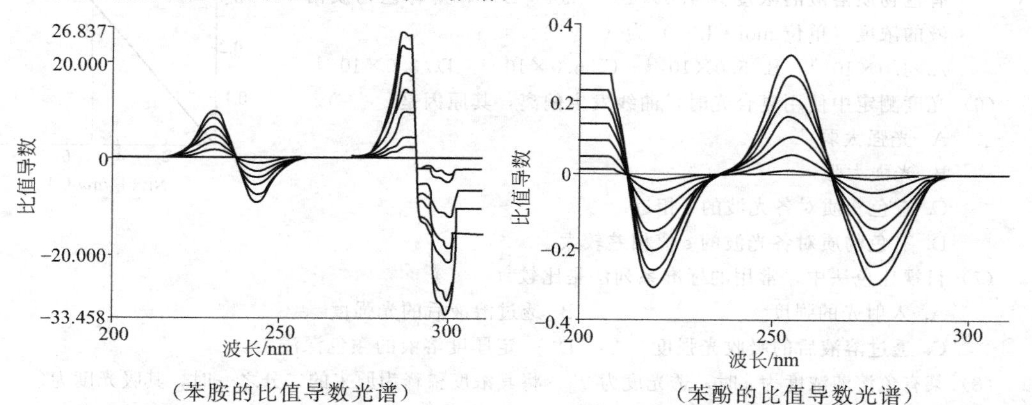

（苯胺的比值导数光谱）　　（苯酚的比值导数光谱）

可知因以苯酚作为除数因子，苯酚对苯胺的干扰已被消除，该比值导数谱各波长处的导数值均与苯胺的浓度成比例，波谱上有多个波峰可选择，我们选择 230.0nm 作为苯胺的测量波长；同理，我们可选择 254.0nm 作为苯酚的测量波长。

③ 人工合成样品测定　配制不同比例的苯酚和苯胺标准混合液 9 组，分别按上述方法进行测定，结果表明，苯酚和苯胺的平均相对标准偏差（RSD）分别为 2.60% 和 2.16%，而回收率在 95%～104%范围内，可以看到苯胺的标准加入回收率略为偏高，但在误差范围内。

*详见：倪永年，周小群，邱萍．比值-导数法同时测定污水中的苯酚和苯胺 [J]．光谱学与光谱分析，2004，24 (1)：118-121.

思考题与习题

基本概念复习及相关思考

12-1　说明下列术语的含义：

单色光；复合光；互补光；吸收曲线；工作曲线；最大吸收波长；吸光度；透光率；显色反应；显色剂

12-2　思考题：

(1) 朗伯-比尔定律的物理意义是什么？它的适用条件和适用范围是什么？

(2) 摩尔吸光系数的物理意义是什么？它与哪些因素有关？

(3) 分光光度计的主要部件有哪些，各有什么作用？

(4) 分光光度法中参比溶液有什么作用？怎么选择参比溶液？

(5) 如何控制被测溶液的测量误差最小？

12-3　选择题

(1) 在分光光度法测定中，如其他试剂对测定无干扰时，一般常选用最大吸收波长 λ_{max} 作为测定波长，这是由于（　　）。

A. 灵敏度最高　　B. 选择性最好　　C. 精密度最高　　D. 操作最方便

(2) $KMnO_4$ 溶液呈紫红色是由于它吸收了白光中的（　　）。

A. 紫光　　B. 蓝光　　C. 绿光　　D. 黄光

(3) 在光度测定中，使用参比溶液的作用是（　　）。

A. 调节仪器吸光度的零点　　B. 吸收入射光中测定所需要的光波

C. 调节入射光的光强度　　D. 消除溶液和试剂等非测定物质对入射光吸收的影响

(4) 微量镍比色测定的标准曲线如下页图所示。将 1.0g 钢样溶解成 100mL 试液，取此液再稀释 10 倍。在同样条件下显色后测得吸光度为 0.30，则钢样中镍含量为（　　）。

A. 0.05%　　B. 0.1%　　C. 0.5%　　D. 1%

(5) 以浓度为 2.0×10^{-4} mol·L^{-1}某标准有色物质溶液做参比溶液调节光度计的 $A=0$。再用标准曲线示差分光光度法测得某有色物质溶液的浓度为 4.0×10^{-4} mol·L^{-1}。则有色物质溶液的浓度（单位 mol·L^{-1}）为（　　）。

A. 4.0×10^{-4}　B. 5.0×10^{-4}　C. 6.0×10^{-4}　D. 3.0×10^{-4}

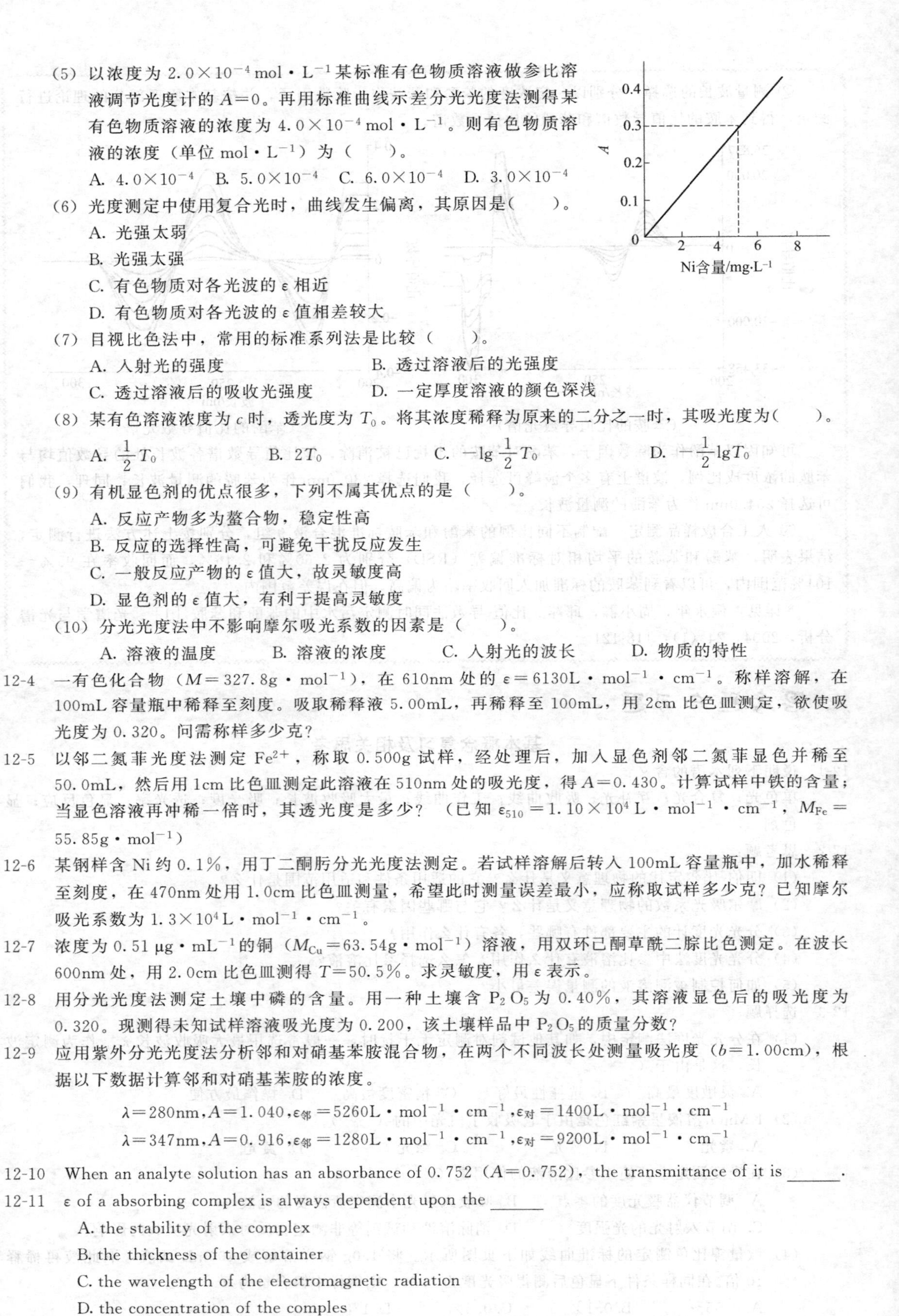

(6) 光度测定中使用复合光时，曲线发生偏离，其原因是(　　)。

A. 光强太弱

B. 光强太强

C. 有色物质对各光波的 ε 相近

D. 有色物质对各光波的 ε 值相差较大

(7) 目视比色法中，常用的标准系列法是比较（　　）。

A. 入射光的强度　　B. 透过溶液后的光强度

C. 透过溶液后的吸收光强度　　D. 一定厚度溶液的颜色深浅

(8) 某有色溶液浓度为 c 时，透光度为 T_0。将其浓度稀释为原来的二分之一时，其吸光度为(　　)。

A. $\frac{1}{2}T_0$　B. $2T_0$　C. $-\lg\frac{1}{2}T_0$　D. $-\frac{1}{2}\lg T_0$

(9) 有机显色剂的优点很多，下列不属其优点的是（　　）。

A. 反应产物多为螯合物，稳定性高

B. 反应的选择性高，可避免干扰反应发生

C. 一般反应产物的 ε 值大，故灵敏度高

D. 显色剂的 ε 值大，有利于提高灵敏度

(10) 分光光度法中不影响摩尔吸光系数的因素是（　　）。

A. 溶液的温度　B. 溶液的浓度　C. 入射光的波长　D. 物质的特性

12-4 一有色化合物（$M=327.8$g·mol^{-1}），在 610nm 处的 $\varepsilon=6130$L·mol^{-1}·cm^{-1}。称样溶解，在 100mL 容量瓶中稀释至刻度。吸取稀释液 5.00mL，再稀释至 100mL，用 2cm 比色皿测定，欲使吸光度为 0.320。问需称样多少克？

12-5 以邻二氮菲光度法测定 Fe^{2+}，称取 0.500g 试样，经处理后，加入显色剂邻二氮菲显色并稀至 50.0mL，然后用 1cm 比色皿测定此溶液在 510nm 处的吸光度，得 $A=0.430$。计算试样中铁的含量；当显色溶液再冲稀一倍时，其透光度是多少？（已知 $\varepsilon_{510}=1.10\times10^4$ L·mol^{-1}·cm^{-1}，$M_{Fe}=55.85$g·mol^{-1}）

12-6 某钢样含 Ni 约 0.1%，用丁二酮肟分光光度法测定。若试样溶解后转入 100mL 容量瓶中，加水稀释至刻度，在 470nm 处用 1.0cm 比色皿测量，希望此时测量误差最小，应称取试样多少克？已知摩尔吸光系数为 1.3×10^4L·mol^{-1}·cm^{-1}。

12-7 浓度为 0.51 μg·mL^{-1}的铜（$M_{Cu}=63.54$g·mol^{-1}）溶液，用双环己酮草酰二腙比色测定。在波长 600nm 处，用 2.0cm 比色皿测得 $T=50.5\%$。求灵敏度，用 ε 表示。

12-8 用分光光度法测定土壤中磷的含量。用一种土壤含 P_2O_5 为 0.40%，其溶液显色后的吸光度为 0.320。现测得未知试样溶液吸光度为 0.200，该土壤样品中 P_2O_5 的质量分数？

12-9 应用紫外分光光度法分析邻和对硝基苯胺混合物，在两个不同波长处测量吸光度（$b=1.00$cm），根据以下数据计算邻和对硝基苯胺的浓度。

$$\lambda=280\text{nm}, A=1.040, \varepsilon_{邻}=5260\text{L}\cdot\text{mol}^{-1}\cdot\text{cm}^{-1}, \varepsilon_{对}=1400\text{L}\cdot\text{mol}^{-1}\cdot\text{cm}^{-1}$$

$$\lambda=347\text{nm}, A=0.916, \varepsilon_{邻}=1280\text{L}\cdot\text{mol}^{-1}\cdot\text{cm}^{-1}, \varepsilon_{对}=9200\text{L}\cdot\text{mol}^{-1}\cdot\text{cm}^{-1}$$

12-10 When an analyte solution has an absorbance of 0.752 ($A=0.752$), the transmittance of it is ______.

12-11 ε of a absorbing complex is always dependent upon the ______

A. the stability of the complex

B. the thickness of the container

C. the wavelength of the electromagnetic radiation

D. the concentration of the comples

12-12 计算题

(1) 称取某药物一定量，用 0.1mol·L^{-1} 的 HCl 溶解后，转移至 100mL 容量瓶中用同样 HCl 稀释至刻度。吸取该溶液 5.00mL，再稀释至 100mL。取稀释液用 2cm 吸收池，在 310nm 处进行吸光度测定，欲使吸光度为 0.350。问需称样多少克？(已知：该药物在310nm 处摩尔吸收系数 $\varepsilon_{310}=6130L\cdot mol^{-1}\cdot cm^{-1}$，$M=327.8g\cdot mol^{-1}$)

(2) 某弱酸 HA 总浓度为 $2.0\times10^{-4}mol\cdot L^{-1}$。于 520nm 处，用 1cm 比色皿测定，在不同 pH 值的缓冲溶液中，测得吸光度值如下：

pH	0.88	1.17	2.99	3.41	3.95	4.89	5.50
A	0.890	0.890	0.692	0.552	0.385	0.260	0.260

求：①在 520nm 处，HA 和 A^- 的 ε_{HA}，ε_{A^-}；②HA 的电离常数 K_a。

(3) 称取含银废液 2.075g，加入适量硝酸，以铁铵矾为指示剂，消耗了 0.04600mol·L^{-1} 的 NH_4SCN 溶液 25.50mL（已扣除空白)，计算此废液中 Ag 的质量分数。($M_{Ag}=107.87g\cdot mol^{-1}$)

附　录

附录一　本书采用的法定计量单位

本书采用《中华人民共和国法定计量单位》，现将有关法定计量单位摘录如下。

1. 国际单位制基本单位

量的名称	符号	单位名称	单位符号
长度	l	米	m
质量	m	千克(公斤)	kg
时间	t	秒	s
电流	I	安[培]	A
热力学温度	T	开[尔文]	K
物质的量	n	摩[尔]	mol
光强度	I_v	坎[德拉]	cd

2. 国际单位制导出单位

量的名称	符号	单位名称	单位符号
面积	S	平方米	m^2
体积	V	立方米	m^3
压力	p	帕[斯卡]	Pa
频率	ν	赫[兹]	Hz
力	F	牛[顿]	N
能、功、热量	E	焦[耳]	J
功率	P	瓦[特]	W
电量、电荷	Q	库[仑]	C
电势、电压、电动势	U	伏[特]	V
电阻	R	欧[姆]	Ω
电导	G	西[门子]	S
电容	C	法[拉]	F
磁通量	Φ	韦[伯]	Wb
电感	L	亨[利]	H
磁通量密度	B	特[斯拉]	T

3. 国际单位制词冠

倍数	10^1	10^2	10^3	10^6	10^9	10^{12}	10^{15}	10^{18}
中文符号	十	百	千	兆	吉[咖]	太[拉]	拍[它]	艾[可萨]
国际符号	da	h	k	M	G	T	P	E

分数	10^{-1}	10^{-2}	10^{-3}	10^{-6}	10^{-9}	10^{-12}	10^{-15}	10^{-18}
中文符号	分	厘	毫	微	纳[诺]	皮[可]	飞[母托]	阿[托]
国际符号	d	c	m	μ	n	p	f	a

4. 我国选定的非国际单位制单位（部分）

物理量	单位名称	单位符号
时间	分	min
	小时	h
	天(日)	d
体积	升	L
	毫升	mL
能	电子伏特	eV
质量	吨	t

附录二　基本物理常量、化学分析术语和本书使用的其他符号与名称

1. 基本物理常量

量子力学	符号	数值	单位
摩尔气体常量	R	8.314510	J/(mol·k)
普朗克常量	h	6.6260755×10^{-34}	J·s
电子的电荷	e	1.60217722×10^{-19}	C
法拉第常量	F	96487.309	C/mol
阿伏伽德罗常量	N_A	6.0221367×10^{23}	mol^{-1}
真空中的光速	c	2.99792458×10^{8}	m/s
热力学温度	T	(T)=(t)+273.15	K
冰点的绝对温度	T_0	273.15	K

2. 化学分析术语——摘自分析化学术语　GB/T 14666—2003

2.1　一般术语 general terms

2.1.1　采样 sampling

从总体中取出有代表性试样的操作。

2.1.2　试样 sample

用于进行分析以便提供代表该总体特性量值的少量物质。

2.1.3　四分法 quartering

从总体中取得试样后，采用圆锥四等分任意取对角二份试样，弃去剩余部分，以缩减试样量的操作。

2.1.4　测定 determination

取得物质的特性量值的操作。

2.1.4.1　平行测定 parallel determination

取几份同一试样，在相同的操作条件下对它们进行的测定。

2.1.5　空白试验 blank test

不加试样，但用与有试样时同样的操作进行的试验。

2.1.6　检测 detection

确认试样特定性质并判断某种物质存在与否的操作。

2.1.7　鉴定 identification

未知物通过比较试验或用其他方法试验后，确认某种特定物质的操作。

2.1.8　校准 calibration

用标准器具或标准物质等确定测量仪器显示值与真值的关系的操作。

2.1.8.1　校准曲线 calibration curve

物质的特定性质、体积、浓度等和测定值或显示值之间关系的曲线。

2.1.9　分步沉淀 fractional precipitation

利用两种以上的共存离子与同一沉淀剂所生成沉淀的溶度积之差而进行的分离。

2.1.10　共沉淀 coprecipitation

某种可溶性组分伴随难溶组分沉淀的现象。

2.1.11　后沉淀 postprecipitation

一种组分沉淀以后，另一可溶或微溶组分经放置而从溶液中析出沉淀的现象。

2.1.12　陈化 aging

沉淀生成后，为减少吸附的和夹带的杂质离子，经放置或加热到易于过滤的粗颗粒沉淀的操作。

2.1.13　倾析 decantation

容器中上层澄清液和沉淀共存时，使容器倾斜流出澄清液以分离沉淀的操作。

2.1.14　掩蔽 masking

使干扰物质转变为稳定的络合物、沉淀或发生价态变化等，使之不干扰测定的作用。

2.1.15　解蔽 demasking

被掩蔽的物质由其被掩蔽的形式恢复到初始状态的作用。

2.1.16　封闭 blocking

在络合滴定过程中，到达终点时，滴定剂不能从指示剂一金属离子有色络合物中夺取金属离子，造成指示剂无颜色变化的现象。

2.1.17　同离子效应 common ion effect

由于共同离子的存在而使反应向特定方向进行的效应。

2.1.18　熔融 fusion

为熔解难熔物质，一般加入适当熔剂与其混合并加热，使之与熔剂进行反应。

2.1.19　灼烧 ignition

在称量分析中，沉淀在高温下加热，使沉淀转化为组成固定的称量形式的过程。

2.1.20　标定 standardization

确定标准溶液的准确浓度的操作。

2.1.21　滴定 titration

将滴定剂通过滴定管滴加到试样溶液中，与待测组分进行化学反应，达到化学计量点时，根据所需滴定剂的体积和浓度计算待测组分的含量的操作。

2.1.22　恒重 constant weight

在同样条件下，对物质重复进行干燥、加热或灼烧，直到两次质量差不超过规定值的范围的操作。

2.1.23　变色域 transition interval

与指示剂开始变色至变色终了相对应的有关特定值（如 pH 值）的变化范围。

2.1.24　化学计量点 stoichiometric point

滴定过程中．待滴定组分的物质的量浓度和滴定剂的物质的量浓度达到相等时的点。

2.1.25　滴定终点 end point

用指示剂或终点指示器判断滴定过程中化学反应终了时的点。

2.1.26　滴定度 titer

1mL 标准溶液相当于待测组分的质量。

2.1.27　滴定曲线 titration curve

以横坐标代表滴定剂的体积或浓度，纵坐标代表待测组分的特性量值的关系曲线。

2.1.28　纯度 purity

化学物质中，主成分在该物质中所占的分数。

2.1.29　含量 content

某物质中所含某种组分的质量或体积分数。

2.1.30　量值 value of a quantity

由一个数和一个合适的计量单位表示的量。

2.1.31　物质的量 amount of substance（n）

国际单位制的基本量之一（它与基本单元粒子数成正比，描述一系统中给定基本单元的一个量），单位为摩尔。

注 1：使用物质的量时，一般指明基本单元。

注 2：物质 B 的物质的量，常用 n_B 或 n（B）表示。

注 3：一般粒子的物质的量，常用括弧给出，如：n（$1/2H_2SO_4$）。

2.1.32　摩尔 mol

国际单位制的基本单位。它是一系统的物质的量，该系统中所包含的基本单元数与 0.012kg 碳－12 的原子数目相等。

注：使用摩尔时，指明基本单元。

2.1.33　基本单元 elementary entity

组成物质的任何自然存在的原子、分子、离子、电子、光子等一切物质的粒子，或按需要人为的将它们进行分割或组合、而实际上并不存在的个体或单元，如：$1/2H_2SO_4$、$1/5KMnO_4$。

2.1.34　摩尔质量 molar mass（M）

一系统中某给定基本单元的摩尔质量 M 等于其总质量 m 与其物质的量之比。单位为千克每摩尔（$kg \cdot mol^{-1}$），常用克每摩尔（$g \cdot mol^{-1}$）。

$$M=m/n$$

2.1.35　摩尔体积 molar volume（V_m）　系统的体积 V 与其中粒子的物质的量之比。单位为立方米每摩尔（$m^3 \cdot mol^{-1}$），常用升每摩尔（$L \cdot mol^{-1}$）。

$$V_m=V/n$$

2.1.36　物质的量浓度 amount of substance concentration（c）

物质 B 的量 n_B 与相应混合物的体积 V 之比。单位为摩尔每立方米（$mol \cdot m^{-3}$），常用摩尔每升（$mol \cdot L^{-1}$）。

$$c_B=n_B/V$$

注 1：可简称为浓度（concentration）。

注 2：物质 B 作为溶质时，物质 B 的浓度为溶质的物质的量 n_B 与溶液的体积 V 之比。其浓度也可用符号 [B] 表示。

2.1.37　质量摩尔浓度 molality（b）　溶质 B 的物质的量 n_B 与溶剂 A 的质量 m_A 之比。单位为摩尔每千克（$mol \cdot kg^{-1}$），常用毫摩尔每千克（$mmol \cdot kg^{-1}$）。

$$b_B=n_B/m_A$$

2.1.38　质量浓度 mass concentration　（ρ）　物质 B 的总质量 m 与相应混合物的体积 V（包括物质 B 的体积）之比。单位为千克每立方米（$kg \cdot m^{-3}$），常用克每升（$g \cdot L^{-1}$）。

$$\rho=m/V$$

2.1.39　称量因子 gravimetric factor

具有一定组成称量形式的物质与其中某元素或某一元素的化合物相互之间换算的系数。

2.1.40 灰分 ash

试样在规定条件下，经灼烧后，剩余物质的质量。

2.1.41 酸值 acid value

在规定条件下，中和1g试样中的酸性物质所消耗的以毫克计的氢氧化钾的质量。

2.1.42 酸度 acidity

在规定条件下，与中和100g试样中的酸性物质所消耗的碱性物质相当的氢离子的量(以毫摩尔计)。

2.1.43 碱度 alkalinity

在规定条件下，与中和100g试样中的碱性物质所消耗的酸性物质相当的氢氧离子的量(以毫摩尔计)。

2.1.44 pH值 pH value

溶液中氢离子活度的负对数值。

2.1.45 皂化值 saponification number

在规定条件下。中和并皂化1g试样所消耗的以毫克计的氢氧化钾的质量。

2.1.46 酯值 ester value

在规定条件下，1g试样中的酯水解时所消耗的以毫克计的氢氧化钾的质量。它等于皂化值减去酸值。

2.1.47 溴值 bromine value

在规定条件下，100g试样消耗以克计的溴的质量。用以表示物质不饱和度的一种量度。

2.1.48 碘值 iodine value

在规定条件下，100g试样消耗的以克计的碘的质量。用以表示物质不饱和度的一种量度。

2.1.49 残渣 residue

试样在一定温度下蒸发、灼烧或经规定的溶剂提取后所得的残留物。

2.2 方法 methods

2.2.1 化学分析 chemical analysis

对物质的化学组成进行以化学反应为基础的定性或定量的分析方法。

2.2.2 仪器分析 instrumental analysis

使用光、电、电磁、热、放射能等测量仪器进行的分析方法。

2.2.3 定性分析 qualitative analysis

为检测物质中原子、原子团、分子等成分的种类而进行的分析。

2.2.4 定量分析 quantitative analysis

为测定物质中化学成分的含量而进行的分析。

2.2.5 常量分析 macro analysis

对0.1g以上的试样进行的分析。

2.2.6 半微量分析 semimicro analysis

对10～100mg的试样进行的分析。

2.2.7 微量分析 micro analysis

对1～10mg的试样进行的分析。

2.2.8 超微量分析 ultramicro analysis

对1mg以下的试样进行的分析。

2.2.9　痕量分析 trace analysis

对待测组分的质量分数小于0.01%的分析。

2.2.10　超痕量分析 ultratrace analysis

对待测组分的质量分数小于0.0001%的分析。

2.2.11　干法 dry method

用固体试样直接测定其组分的分析。

2.2.12　湿法 wet method

将试样制成溶液后测定其组分的分析。

2.2.13　系统分析 systematic analysis

在定性分析中，根据物质的性质对试样先进行分组，再对各组中离子、元素、官能团等逐个检出的分析。

2.2.14　称量分析［法］gravimetric analysis

通过称量操作，测定试样中待测组分的质量，以确定其含量的一种分析方法。

2.2.15　滴定分析［法］titrimetric analysis

通过滴定操作，根据所需滴定剂的体积和浓度，以确定试样中待测组分含量的一种分析方法。

注：此术语曾命名为容量分析［法］（volumetric analysis）。

2.2.16　元素分析 elemental analysis

对试样中所含元素进行检测或测定的分析。

2.2.17　斑点试验 spot test

在点滴板或滤纸上用大约一滴试样通过颜色反应进行的分析。

2.2.18　气体分析 gasometric analysis

以气体物质为分析对象的分析。

2.2.19　酸碱滴定［法］acid-base titration

利用酸、碱之间质子传递反应进行的滴定。

2.2.20　氧化还原滴定［法］redox titration

利用氧化还原反应进行的滴定。

2.2.20.1　高锰酸钾［滴定］法 permanganate titration

利用高锰酸盐标准滴定溶液进行的滴定。

2.2.20.2　重铬酸钾［滴定］法 dichromate titration

利用重铬酸盐标准滴定溶液的氧化作用进行的滴定。

2.2.20.3　溴量法 bromometry

利用溴酸盐标准滴定溶液进行的滴定。

2.2.20.4　碘量法 iodimetry

利用碘的氧化作用或碘离子的还原作用进行的滴定。一般使用硫代硫酸钠标准滴定溶液滴定。

2.2.21　沉淀滴定［法］precipitation titration

利用沉淀的产生或消失进行的滴定。

2.2.22　非水滴定［法］non-aqueous titration

除水以外的溶剂进行的滴定。

2.2.22.1　卡尔·费休滴定［法］Karl fischer titration

用二氧化硫的甲醇或乙二醇甲醚溶液（弱碱，例如吡啶、咪唑、无水乙酸钠），以碘量法测定试样中水分的方法。

2.2.23　返滴定［法］back titration

在试样溶液中加过量的标准溶液与组分反应，再用另一种标准溶液滴定过量部分，从而求出组分含量的滴定。

2.2.24　络合滴定［法］compleximetry

利用络合物的形成及解离反应进行的滴定。

2.2.25　凯氏定氮法 Kjeldahl determination

试样经浓硫酸、硫酸钾和催化剂蒸煮转化成铵盐，从而测定有机物中氮的含量的方法。

2.2.26　熔珠试验 bead test

将金属元素的化合物与硼砂、磷酸氢铵钠等一起加热时，生成具有金属特有颜色玻璃状硼酸盐、磷酸盐等融珠的操作。

2.2.27　焰色试验 flame test

将试样置于火焰中，使火焰发出所含组分特有颜色的操作。

2.2.28　吹管试验 blowpipe test

取少量试样或混上熔剂放在硬质木炭上，用吹管吹进还原焰或氧化焰使发生反应的操作。

2.3　试剂和溶液 reagent and solution

2.3.1　化学试剂 chemical reagents

为实现某一化学反应而使用的化学物质。

2.3.2　参考物质 reference material（RM）

标准物质

具有一种或多种足够均匀和很好地确定了的特性，用以校准测量装置、评价测量方法或给材料赋值的一种材料或物质。

见《JJF1001—1998 通用计量术语及定义》

2.3.2.1　一级标准物质 primary reference material

其特性量值采用绝对测量方法或其他准确、可靠的测量方法，测量准确度达到国内最高水平并附有证书的标准物质，此类标准物质由国家最高计量行政部门批准、颁布并授权生产。

2.3.2.2　二级标准物质 secondary reference material

其特性量值采用准确、可靠的测量方法或直接与一级标准物质相比较的测量方法，测量准确度满足现场测量的需要并附有证书的标准物质。此类标准物质经有关业务主管部门批准并授权生产。

2.3.3　标准溶液 standard solution

由用于制备该溶液的物质而准确知道某种元素、离子、化合物或基团浓度的溶液。

见［GB/T 20001.4］

2.3.4　试液 test solution

用试样配成的溶液或为分析而取得的溶液。

2.3.5　储备溶液 stock solution

配制成的比使用时浓度大的、并为储存用的试剂溶液。

2.3.6　缓冲溶液 buffer solution

加入溶液中能控制 pH 值或氧化还原电位等仅发生可允许的变化的溶液。

2.3.7　络合剂 complexing agent

具有自由电子对并能和金属离子形成络合物的试剂。

2.3.8　滴定剂 titrant

用于滴定而配制的具有一定浓度的溶液。

2.3.9　沉淀剂 precipitant

用来引起沉淀反应的试剂。

2.3.10　指示剂 indicator。

在滴定分析中，为判断试样的化学反应程度时本身能改变颜色或其他性质的试剂。

2.3.10.1　酸碱指示剂 acid—base indicator

酸碱滴定用的指示剂。

2.3.10.2　氧化还原指示剂 redox indicator

氧化还原滴定用的指示剂。

2.3.10.3　金属指示剂 metal indicator'

络合滴定用的指示剂。

2.3.10.4　吸附指示剂 adsorption indicator

沉淀滴定时，能被沉淀物吸附并改变颜色从而判断终点的指示剂。

2.3.10.5　混合指示剂 mixed indicator

两种或两种以上指示剂或一种指示剂与一种染料混合而成的指示剂。

2.3.11　外［用］指示剂 external indicator

滴定时，取出少量被滴定的溶液，在外部与之反应的指示剂。

2.3.12　内指示剂 internal indicator

滴定时，加到被滴定的溶液中，与之反应的指示剂。

2.4　仪器 apparatus

2.4.1　分析天平 analytical balance

利用杠杆原理，分度值在1mg以下，直接测量物质质量的仪器。

2.4.2　砝码 weights

具有精确质量值的、在称量时用于测量物质质量的物体。

2.4.3　称量瓶 weighing bottle

用以称取试样的具盖的圆筒形小玻璃器具。

2.4.4　容量瓶 volumetric flask

用以配制溶液，颈细长有精确体积刻度线的具塞玻璃容器。

2.4.5　滴定管 buret

用于滴定分析的、具有精确容积刻度、下端具活栓或嵌有玻璃珠的橡胶管的管状玻璃器具。

2.4.6　移液管 pipet

转移液体用的、具有一精确容积刻度的玻璃管状器具。

2.4.7　锥形瓶 erlenmeyer'flask

平底的圆锥形玻璃器具。

2.4.8　碘瓶 iodine flask

具有磨口塞的，且可对塞口进行液封的锥形瓶。

2.4.9　坩埚 crucible

用于高温灼烧的、一般是上大下小的截圆锥形的、容量较小的器具。

2.4.10　玻璃砂坩埚 sintered—glass filter crucible

用于过滤的、以烧结玻璃粒子制成的多孔性滤板为底的坩埚。

2.4.11　表面皿 watch glass

凹形的圆形玻璃。

2.4.12　干燥器 desiccator

具有磨口顶盖，放干燥剂后可以保持干燥气氛的密封玻璃容器。

2.4.13　滤纸 filter paper

用于过滤的、不含填料能使水渗透过的质地均匀的多孔性纸。

2.4.14　试纸 test paper。

浸有指示剂或特定试剂的干的小纸条。

2.4.15　点滴板 spot plate

带有凹洼的厚玻璃或厚瓷板。

2.4.16　研钵 mortar

和研杵（chǔ）一道用来压碎、研磨或混合物质的器具。

3. 本书使用的其他常用量的符号与名称

符号	名　称	符号	名　称	符号	名　称
a	活度	k	速率常数	U	热力学能、晶格能
A	电子亲和能	K	平衡常数	W	功
d	偏差	s	标准偏差	w	质量分数
D	键解离能	p	压强	x_B	摩尔分数、电负性
G	吉布斯函数	r	粒子半径	$Y_{l,m}$	原子轨道的角度分布
H	焓	Q	热量、电量、反应商	E_a	活化能
I	离子强度，电离能	S	熵、溶解度	E	能量、误差、电动势
α	副反应系数、极化率	β	累积平衡常数	γ	活度系数
Δ	分裂能	θ	键角	μ	真值、键矩、磁矩、偶极矩
ξ	反应进度	σ	屏蔽常数	φ	电极电势

附录三　常见物质的 $\Delta_f H_m^\ominus$、$\Delta_f G_m^\ominus$ 和 $S_m^\ominus$

一些物质的标准热力学数据

（100kPa，298.15K）

物质(状态)	$\Delta_f H_m^\ominus$ /kJ·mol^{-1}	$\Delta_f G_m^\ominus$ /kJ·mol^{-1}	$S_m^\ominus$ /J·mol^{-1}·K^{-1}
Ag(cr)	0	0	42.55
Ag^+(ao)	105.579	77.107	72.68
AgBr(cr)	−100.37	−96.90	107.1
AgCl(cr)	−127.068	−109.789	96.2
$AgCl_2^-$(ao)	−245.2	−215.4	231.4
Ag_2CO_3(cr)	−505.8	−436.8	167.4
$Ag_2C_2O_4$(cr)	−673.2	−584.0	209
Ag_2CrO_4(cr)	−731.74	−641.76	217.6
AgF(cr)	−204.6	—	—
AgI(cr)	−61.84	−66.19	115.5
AgI_2^-(ao)	—	87.0	—
$AgIO_3$(cr)	−171.1	−93.7	149.4
$AgNO_3$(cr)	−124.39	−33.41	140.92
$Ag(NH_3)_2^+$(ao)	−111.29	−17.12	245.2
Ag_2O(cr)	−31.05	−11.20	121.3
Ag_3PO_4(cr)	—	−879	—
Ag_2S(cr，α-斜方)	−32.59	−40.69	144.01
Ag_2SO_4(cr)	−715.9	−618.4	200.4

物质(状态)	$\Delta_f H_m^\ominus$ /kJ·mol^{-1}	$\Delta_f G_m^\ominus$ /kJ·mol^{-1}	$S_m^\ominus$ /J·mol^{-1}·K^{-1}
Al(cr)	0	0	28.33
Al(g)	330.0	289.4	164.6
Al^{3+}(ao)	−531	−485	−321.7
$AlCl_3$(cr)	−704.2	−628.8	110.67
AlF_3(cr)	−1504.1	−1425.0	66.44
AlN(cr)	−318.0	−287.0	20.17
AlO_2^-(ao)	−930.9	−830.9	−36.8
Al_2O_3(cr，刚玉)	−1675.7	−1582.3	50.92
$Al(OH)_4^-$(ao) [AlO_2^-(ao)+$2H_2O$(l)]	−1502.5	−1305.3	102.9
$Al_2(SO_4)_3$(cr)	−3440.84	−3099.94	239.3
As(cr，灰)	0	0	35.1
AsH_3(g)	66.44	68.93	222.78
AsO_4^{3-}(ao)	−888.14	−648.41	−162.8
As_4O_6(cr)	−1313.94	−1152.43	214.2
$HAsO_4^{2-}$(ao)	−906.34	−714.60	−1.7
$H_2AsO_4^-$(ao)	−909.36	−753.17	117

续表

物质(状态)	$\Delta_f H_m^\ominus$ /kJ·mol^{-1}	$\Delta_f G_m^\ominus$ /kJ·mol^{-1}	$S_m^\ominus$ /J·mol^{-1}·K^{-1}
H_3AsO_4(ao)	−902.5	−766.0	184
H_3AsO_3(ao)	−742.2	−639.80	195.0
As_2O_3(cr)	−924.87	−782.3	105.4
As_2S_3(cr)	−169.0	−168.6	163.6
Au(cr)	0	0	47.40
AuCl(cr)	−34.7	—	—
$AuCl_2^-$(ao)	—	−151.12	—
$AuCl_3$(cr)	−117.6	—	—
$AuCl_4^-$(ao)	−322.2	−235.14	266.9
B(cr)	0	0	5.86
B(g)	180.0	146.0	170.2
BBr_3(g)	−205.64	−232.50	324.24
BCl_3(g)	−403.76	−388.72	290.10
BF_3(g)	−1137.00	−1120.33	254.12
BF_4^-(ao)	−1574.9	−1486.9	180
B_2H_6(g)	35.6	86.7	232.11
BI_3(g)	71.13	20.72	349.18
B_2O_3(cr)	−1272.77	−1193.65	53.97
H_3BO_3(cr)	−1094.33	−968.92	88.83
H_3BO_3(ao)	−1072.32	−968.75	162.3
$B(OH)_4^-$(ao)	−1344.03	−1153.17	102.5
BN(cr)	−254.4	−228.4	14.81
Ba(cr)	0	0	62.8
Ba^{2+}(ao)	−537.64	−560.77	9.6
$BaBr_2$(cr)	−757.3	−736.8	146.0
$BaCl_2$(cr)	−858.6	−810.4	123.7
$BaCO_3$(cr)	−1216.3	−1137.6	112.1
$BaCrO_4$(cr)	−1446.0	−1345.22	158.6
BaF_2(cr)	−1207.1	−1156.8	96.4
BaH_2(cr)	−178.7	—	—
BaI_2(cr)	−602.1	—	—
$Ba(NO_2)_2$(cr)	−768.2	—	—
$Ba(NO_3)_2$(cr)	−992.07	−796.59	213.8
BaO(cr)	−553.5	−525.1	70.42
$Ba(OH)_2$(cr)	−944.7	—	—
BaS(cr)	−460.0	−456.0	78.2
$BaSO_4$(cr)	−1473.2	−1362.2	132.2
Be(cr)	0	0	9.50
Be(g)	324.0	286.6	136.269
Be^{2+}(ao)	−382.8	−379.73	−129.7
$BeBr_2$(cr)	−353.5	—	—
$BeCl_2$(cr,α)	−490.4	−445.6	82.68
$BeCO_3$(cr)	−1025.0	—	—
BeF_2(cr)	−1026.8	−979.4	53.4
BeI_2(cr)	−192.5	—	—
BeO(cr)	−609.6	−580.3	14.14
$Be(OH)_2$(cr,α)	−902.5	−815.0	51.9
BeS(cr)	−234.3	—	—
$BeSO_4$(cr)	−1205.2	−1093.8	77.9
Bi(cr)	0.0	0	56.74
Bi(g)	207.1	168.2	187.0
Bi^{3+}(ao)	—	82.8	—
$BiCl_3$(cr)	−379.1	−315.0	177.0
$BiCl_3$(g)	−265.7	−256.0	358.9
BiI_3(cr)	—	−175.3	
$Bi(OH)_3$(cr)	−711.3	—	—
Bi_2O_3(cr)	−573.88	−493.7	151.5
BiOCl(cr)	−366.9	−322.1	120.5
Bi_2S_3(cr)	−143.1	−140.6	200.4
Br^-(ao)	−121.55	−103.96	82.4
Br_2(l)	0	0	152.231
Br_2(ao)	−2.59	3.96	130.5
Br_2(g)	30.907	3.110	245.436
BrO^-(ao)	−94.1	−33.4	42
BrO_3^-(ao)	−67.07	18.60	161.71
BrO_4^-(ao)	13.0	118	199.6
HBr(g)	−36.40	−53.45	198.695
HBrO(ao)	−113.0	−82.4	142
BrF_3(l)	−300.8	−240.5	178.2
BrF_3(g)	−255.6	−229.4	292.5
BrF_5(l)	−458.6	−351.8	225.1
BrF_5(g)	−428.9	−350.6	320.2
BrO(g)	125.8	108.2	237.6
C(cr,石墨)	0	0	5.740
C(cr,金刚石)	1.895	2.900	2.377
CH_4(g)	−74.81	−50.72	186.264
CH_3OH(g)	−200.66	−161.96	239.81
CH_3OH(l)	−238.66	−166.27	126.8
CH_2O(g)	−115.9	−110	218.7
HCOOH(ao)	−425.43	−372.3	163
C_2H_2(g)	226.73	209.20	200.94
C_2H_4(g)	52.26	68.15	219.56
C_2H_6(g)	−84.68	−32.82	229.60
CH_3CHO(g)	−166.19	−128.86	250.3
CH_3CHO(l)	−192.2	−127.6	160.2
C_2H_5OH(g)	−235.10	−168.49	282.70
C_2H_5OH(l)	−277.69	−174.78	160.78
C_2H_5OH(ao)	−288.3	−181.64	148.5
CH_3COO^-(ao)	−486.01	−369.31	86.6
CH_3COOH(l)	−484.5	−389.9	124.3
CH_3COOH(ao)	−485.76	−396.46	178.7
$(CH_3)_2O$(g)	−184.05	−112.59	266.38c
$C_6H_{12}O_6$(s)	−1274.4	−910.5	212
$C_{12}H_{22}O_{11}$(s)	−2222	—	360.2
$CHCl_3$(l)	−134.47	−73.66	201.7
CCl_4(l)	−135.44	−65.21	216.40
CN^-(ao)	150.6	172.4	94.1
HCN(ao)	107.1	119.7	124.7
SCN^-(ao)	76.44	92.71	144.3
HSCN(ao)	—	97.56	—
CO(g)	−110.525	−137.168	197.674

续表

物质(状态)	$\Delta_f H_m^{\ominus}$ /kJ·mol^{-1}	$\Delta_f G_m^{\ominus}$ /kJ·mol^{-1}	$S_m^{\ominus}$ /J·mol^{-1}·K^{-1}
CO_2(g)	−393.509	−394.359	213.74
CO_2(ao)	−413.80	−385.98	117.6
CO_3^{2-}(ao)	−677.14	−527.81	−56.9
HCO_3^-(ao)	−691.99	−586.77	91.2
H_2CO_3(ao)	−699.65	−623.08	187.4
$C_2O_4^{2-}$(ao)	−825.1	−673.9	45.6
$HC_2O_4^-$(ao)	−818.4	−698.34	149.4
CS_2(l)	89.70	65.27	151.34
Ca(cr)	0	0	41.42
Ca^{2+}(ao)	−542.83	−553.58	−53.1
CaC_2(cr)	−59.8	−64.9	69.96
$CaCl_2$(cr)	−795.8	−748.1	104.6
$CaCO_3$(cr,方解石)	−1206.92	−1128.79	92.9
CaC_2O_4(cr)	−1360.6	—	—
$CaC_2O_4 \cdot H_2O$(cr)	−1674.86	−1513.87	156.5
CaF_2(cr)	−1219.6	−1167.3	68.87
CaH_2(cr)	−186.2	−147.2	42.0
CaI_2(cr)	−533.5	−528.9	142.0
$Ca(NO_3)_2$(cr)	−938.2	−742.8	193.2
CaO(cr)	−635.09	−604.03	39.75
$Ca(OH)_2$(cr)	−986.09	−898.49	83.39
CaS(cr)	−482.4	−477.4	56.5
$CaSO_4$(cr,α)	−1425.24	−1313.42	108.4
$CaSO_4 \cdot H_2O$(cr,石膏)	−2022.63	−1797.28	194.1
Cd(cr)	0	0	51.76
Cd^{2+}(ao)	−75.9	−77.612	−73.2
$CdBr_2$(cr)	−316.2	−296.3	137.2
$CdCl_2$(cr)	−391.5	−343.9	115.3
$CdCO_3$(cr)	−750.6	−669.4	92.5
CdF_2(cr)	−700.4	−647.7	77.4
CdI_2(cr)	−203.3	−201.4	161.1
CdO(cr)	−258.4	−228.4	54.8
$Cd(OH)_2$(cr)	−560.7	−473.6	96.0
CdS(cr)	−161.9	−156.5	64.9
$CdSO_4$(cr)	−933.3	−822.7	123.0
Ce(cr)	0	0	72.0
Ce(g)	423.0	385.0	191.8
Ce^{3+}(ao)	−696.2	−672.0	−205
Ce^{4+}(ao)	−537.2	−503.8	−301
$CeCl_3$(cr)	−1053.5	−977.8	151.0
CeO_2(cr)	−1088.7	−1024.6	62.3
CeS(cr)	−459.4	−451.5	78.2
Cl^-(ao)	−167.159	−131.228	56.5
Cl_2(g)	0	0	223.066
Cl_2(ao)	−23.4	6.94	121
Cl_2CO(g)	−219.1	−204.9	283.5
ClF_3 (g)	−163.2	−123.0	281.6
ClF_3 (l)	−189.5	—	—
ClO_2(g)	102.5	120.5	256.8
Cl_2OS(g)	−212.5	−198.3	309.8
ClO^-(ao)	−107.1	−36.8	42
ClO_2^-(ao)	−66.5	17.2	101.3
ClO_3^-(ao)	−103.97	−7.95	162.3
ClO_4^-(ao)	−129.33	−8.52	182.0
HCl(g)	−92.307	−95.299	186.908
HClO(g)	−78.7	−66.1	236.67
HClO(ao)	−120.9	−79.9	142
Co(cr,六方)	0	0	30.04
Co^{2+}(ao)	−58.2	−54.4	−113
Co^{3+}(ao)	92	134	−305
$CoCl_2$(cr)	−312.5	−269.8	109.16
$Co(NH_3)_4^{2+}$(ao)	—	−189.3	—
$Co(NH_3)_6^{3+}$(ao)	−584.9	−157.0	146
$Co(OH_2$(cr,蓝,沉淀)	—	−450.6	—
$Co(OH)_2$(cr,桃红,沉淀)	−539.7	−454.3	79
$Co(OH)_3$(cr)	−716.7	—	—
Cr(cr)	0	0	23.77
$CrCl_3$(cr)	−556.5	−486.1	123.0
CrO_4^{2-}(ao)	−881.15	−727.75	50.21
Cr_2O_3(cr)	−1139.7	−1058.1	81.2
$Cr_2O_7^{2-}$(ao)	−1490.3	−1301.1	261.9
Cs(cr)	0	0	85.23
Cs^+(ao)	−258.28	−292.02	133.05
CsCl(cr)	−443.04	−414.53	101.17
CsF(cr)	−553.5	−525.5	92.80
Cu(cr)	0	0	33.150
Cu^+(ao)	71.67	49.98	40.6
Cu^{2+}(ao)	64.77	65.49	−99.6
CuBr(cr)	−104.6	−100.8	96.11
$CuBr_2$(cr)	−141.8	—	—
CuCl(cr)	−137.2	−119.86	86.2
$CuCl_2$(cr)	−220.1	−175.7	108.1
CuCN(cr)	96.2	111.3	84.5
CuF_2(cr)	−542.7	—	—
CuI(cr)	−67.8	−69.5	96.7
$Cu(NH_3)_4^{2+}$(ao)	−138.5	−111.07	273.6
$Cu(NO_3)_2$(cr)	−302.9	—	—
CuO(cr)	−157.3	−129.7	42.63
$Cu(OH)_2$(cr)	−449.8	—	—
CuS(cr)	−53.1	−53.6	66.5
$CuSO_4$(cr)	−771.4	−661.8	109
$CuWO_4$(cr)	−1105.0	—	—
Cu_2O(cr)	−168.6	−146.0	93.1
Cu_2S(cr)	−79.5	−86.2	120.9
F_2(g)	0	0	202.78
F^-(ao)	−332.63	−278.79	−13.8
HF(g)	−271.1	−273.1	173.799
HF(ao)	−320.08	−296.82	88.7
HF_2^-(g)	−649.94	−578.08	92.5
Fe(cr)	0	0	27.28
Fe^{2+}(ao)	−89.1	−78.9	−137.7

续表

物质(状态)	$\Delta_f H_m^\ominus$ /kJ·mol^{-1}	$\Delta_f G_m^\ominus$ /kJ·mol^{-1}	$S_m^\ominus$ /J·mol^{-1}·K^{-1}
Fe^{3+}(ao)	−48.5	−4.7	−315.9
Fe_2O_3(cr,赤铁矿)	−824.2	−742.2	87.4
Fe_3O_4(cr,磁铁矿)	−1118.4	−1015.4	146.4
$FeCl_2$(cr)	−341.79	−302.30	117.95
$FeCl_3$(cr)	−399.49	−334.00	142.3
$Fe(OH)_2$(cr,沉淀)	−569.0	−486.5	88
$Fe(OH)_3$(cr,沉淀)	−823.0	−696.5	106.7
FeS_2(cr,黄铁矿)	−178.2	−166.9	52.93
$FeSO_4$(cr)	−928.4	−820.8	107.5
$FeSO_4\cdot 7H_2O$(cr)	−3014.57	−2509.87	409.2
H^+(ao)	0	0	0
H_2(g)	0	0	130.684
H_2O(l)	−285.830	−237.129	69.91
H_2O(g)	−241.818	−228.575	188.825
H_2O_2(l)	−187.8	−120.35	109.6
H_2O_2(g)	−136.31	−105.57	232.7
H_2O_2(ao)	−191.17	134.03	143.9
H_3AsO_4(cr)	−906.3	—	—
H_3BO_3(cr)	−1094.3	−968.9	88.8
H_3BO_3(g)	−994.1	—	—
HBr(g)	−36.3	−53.4	198.7
HCl(g)	−92.3	−95.3	186.9
HClO(g)	−78.7	−66.1	236.7
$HClO_4$(l)	−40.6	—	—
HF(l)	−299.8	—	—
HF(g)	−273.3	−275.4	173.8
Hg (l)	0	0	76.02
(g)	61.4	31.8	175.0
Hg^{2+}(ao)	171.1	164.40	−32.2
Hg_2^{2+}(ao)	172.4	153.52	84.5
$HgBr_2$(cr)	−170.7	−153.1	172.0
Hg_2Br_2(cr)	−206.9	−181.1	218.0
$HgCl_2$(cr)	−224.3	−178.6	146.0
Hg_2Cl_2(cr)	−265.4	−210.7	191.6
Hg_2CO_3(cr)	−553.5	−468.1	180.0
$HgSO_4$(cr)	−707.5	—	—
Hg_2SO_4(cr)	−743.1	−625.8	200.7
HgI_2(cr)	−105.4	−101.7	180.0
Hg_2I_2(cr)	−121.3	−111.0	233.5
HgI_4^{2-}(ao)	−235.6	−221.7	360
HgO(cr,红色)	−90.83	−58.539	70.29
HgO(cr,黄色)	−90.46	−58.409	71.1
HgS(cr,红色)	−58.2	−50.6	82.4
HgS(cr,黑色)	−53.6	−47.7	88.3
$Hg(NH_3)_4^{2+}$(ao)	−282.8	−51.7	335
HNO_2(g)	−79.5	−46.0	254.1
HNO_3(l)	−174.1	−80.7	155.6
HNO_3(g)	−135.1	−74.7	266.4
H_3P(g)	5.4	13.4	210.2
HPO_3(cr)	−948.5	—	—
H_3PO_2 (cr)	−604.6	—	—
(l)	−595.4	—	—
H_3PO_3(cr)	−964.4	—	—
H_3PO_4 (cr)	−1284.4	−1124.3	110.5
(l)	−12271.7	−1123.6	150.8
$H_4P_2P_7$ (cr)	−2241.0	—	—
(l)	−2231.7	—	—
H_2S(g)	−20.6	−33.4	205.8
H_2SO_4(l)	−814.0	−690.0	156.9
H_3Sb(g)	145.1	147.8	232.8
H_2Se(g)	29.7	15.9	219.0
H_2SeO_4(cr)	−530.1	—	—
H_2SiO_3(cr)	−1188.7	−1092.4	134.0
H_4SiO_4(cr)	−1481.1	−1332.9	192.0
H_2Te(g)	99.6	—	—
He(g)	0	0	126.2
Hf (cr)	0	0	43.6
(g)	619.2	576.5	186.9
$HfCl_4$ (cr)	−990.4	−901.3	190.8
(g)	−884.5	—	—
HfF_4 (cr)	−1930.5	−1830.4	113.0
(g)	−1669.8	—	—
HfO_2(cr)	−1144.7	−1088.2	59.3
I^-(ao)	−55.19	−51.57	111.3
I_2(cr)	0	0	116.135
I_2(g)	62.438	19.327	260.69
I_2(ao)	22.6	16.40	137.2
I_3^-(ao)	−51.5	−51.4	239.3
IF_5(g)	−822.49	−751.73	327.7
IO^-(ao)	−107.5	−38.5	−5.4
IO_3^-(ao)	−221.3	−128.0	118.4
IO_4^-(ao)	−151.5	−58.5	222
HI(g)	26.48	1.70	206.549
HIO(ao)	−138.1	−99.1	95.4
HIO_3(cr)	−230.1	—	—
In(cr)	0	0	57.8
In(g)	243.3	208.7	173.8
Ir (cr)	0	0	35.5
(g)	665.3	617.9	193.6
K (cr)	0.0	—	64.7
(g)	89.0	60.5	160.3
K^+(ao)	−252.38	−283.27	102.5
$KAlH_4$(cr)	−183.7	—	—
KBH_4(cr)	−227.4	−160.3	106.3
KBr(cr)	−393.8	−380.7	95.9
$KBrO_3$(cr)	−360.2	−271.2	149.2
$KBrO_4$(cr)	−287.9	−174.4	170.1
KCl(cr)	−436.5	−408.5	82.6
$KClO_3$(cr)	−397.7	−296.3	143.1
$KClO_4$(cr)	−432.8	−303.1	151.0

续表

物质(状态)	$\Delta_f H_m^{\ominus}$ /kJ·mol^{-1}	$\Delta_f G_m^{\ominus}$ /kJ·mol^{-1}	$S_m^{\ominus}$ /J·mol^{-1}·K^{-1}
KCN(cr)	−113.0	−101.9	128.5
K_2CO_3(cr)	−1151.0	−1063.5	155.5
K_2CrO_4(cr)	−1403.7	−1295.7	200.12
$K_2Cr_2O_7$(cr)	−2061.5	1881.8	291.2
KF(cr)	−567.3	−537.8	66.6
$K_3[Fe(CN)_6]$(cr)	−249.8	−129.6	426.06
$K_4[Fe(CN)_6]$(cr)	−594.1	−450.3	418.8
KH(cr)	−57.7	—	—
$KHSO_4$(cr)	−1160.6	−1031.3	138.1
KH_2PO_4(cr)	−1568.3	−1415.9	134.9
KI(cr)	−327.9	−324.9	106.3
KIO_3(cr)	−501.4	−418.4	151.5
KIO_4(cr)	−467.2	−361.4	175.7
$KMnO_4$(cr)	−837.2	−737.6	171.7
KNH_2(cr)	−128.9	—	—
KNO_2(cr)	−369.8	−306.6	152.1
KNO_3(cr)	−494.6	−394.9	133.1
KNa(l)	6.3	—	—
KOH(cr)	−424.8	−379.1	78.9
KO_2(cr)	−284.9	−239.4	116.7
K_2O(cr)	−361.5	—	—
K_2O_2(cr)	−494.1	−425.1	102.1
K_3PO_4(cr)	−1950.2	—	—
K_2S(cr)	−380.7	−364.0	105.0
KSCN(cr)	−200.2	−178.3	124.3
K_2SO_4(cr)	−1437.8	−1321.4	175.6
K_2SiF_5(cr)	−2956.0	−2798.6	226.0
Kr(g)	0	0	164.1
La(cr)	0	0	56.9
La(g)	431.0	393.6	182.4
La_2O_3(cr)	−1793.7	−1705.8	127.3
Li(cr)	0	0	29.12
Li(g)	159.3	126.6	138.8
Li^+(ao)	−278.49	−293.31	13.4
$LiAlH_4$(cr)	−116.3	−44.7	78.7
$LiBH_4$(cr)	−190.8	−125.0	75.9
LiBr(cr)	−351.2	−342.0	74.3
LiCl(cr)	−408.6	−384.4	59.3
$LiClO_4$(cr)	−381.0	—	—
Li_2CO_3(cr)	−1215.9	−1132.1	90.4
LiF(cr)	−616.0	−587.7	35.7
LiH(cr)	−90.5	−68.3	20.0
LiI(cr)	−270.4	−270.3	86.8
$LiNH_2$(cr)	−179.5	—	—
LiOH(cr)	−484.9	−439.0	42.8
Li_2O(cr)	−597.94	−561.18	37.57
Li_2O_2(cr)	−634.3	—	—
Li_3PO_4(cr)	−2095.8	—	—
Li_2S(cr)	−441.4	—	—
Li_2SO_4(cr)	−1436.5	−1321.7	115.1
Li_2SiO_3(cr)	−1648.1	−1557.2	79.8
Lu(cr)	0	0	51.0
Lu(g)	427.6	387.8	184.8
Mg(cr)	0	0	32.7
Mg(g)	147.1	112.5	148.6
Mg^{2+}(ao)	−466.85	−454.8	−138.1
$MgBr_2$(cr)	−524.3	−503.8	117.2
$MgCl_2$(cr)	−641.3	−591.8	89.6
$MgCO_3$(cr)	−1095.8	−1012.1	65.7
MgF_2(cr)	−1124.2	−1071.1	57.2
MgH_2(cr)	−75.3	−35.9	31.1
MgI_2(cr)	−364.0	−358.2	129.7
$Mg(NO_3)_2$(cr)	−790.7	−589.4	164.0
MgO(cr)	−601.6	−569.3	27.0
$Mg(OH)_2$(cr)	−924.5	−833.5	63.2
MgS(cr)	−346.0	−341.8	50.3
$MgSO_4$(cr)	−1284.9	−1170.6	91.6
$MgSeO_4$(cr)	−968.5	—	—
Mg_2SiO_4(cr)	−2174.0	−2055.1	95.1
Mn(cr)	0	0	32.0
Mn(g)	280.7	238.5	173.7
Mn^{2+}(ao)	−220.75	−228.1	−73.6
$MnBr_2$(cr)	−384.9	—	—
$MnCl_2$(cr)	−481.3	−440.5	118.2
$MnCO_3$(cr)	−894.1	−816.7	85.8
$Mn(NO_3)_2$(cr)	−576.3	—	—
MnO_2(cr)	−520.0	−465.1	53.1
MnO_4^-(ao)	−541.4	−447.2	191.2
MnO_4^{2-}(ao)	−653	−500.7	59
MnS(cr,绿)	−214.2	−218.4	78.2
$MnSO_4$(cr)	−1065.25	−957.36	112.1
$MnSiO_3$(cr)	−1320.9	−1240.5	89.1
Mn_2SiO_4(cr)	−1730.5	−1632.1	163.2
Mo(cr)	0	0	28.7
Mo(g)	658.1	612.5	182.0
N_2(g)	0	0	191.6
NH_3(g)	−45.9	−16.4	192.8
NH_3(ao)	−80.29	−26.50	111.3
NH_2NO_2(cr)	−89.5	—	—
NH_2OH(cr)	−114.2	—	—
NH_4^+(ao)	−132.51	−79.31	113.4
NH_4Br(cr)	−270.8	−175.2	113.0
NH_4Cl(cr)	−314.4	−202.9	94.6
NH_4ClO_4(cr)	−295.3	−88.8	186.2
NH_4F(cr)	−464.0	−348.7	72.0
NH_4HSO_3(cr)	−768.6	—	—
NH_4HSO_4(cr)	−1027.0	—	—
NH_4I(cr)	−201.4	−112.5	117.0
NH_4NO_2(cr)	−256.5	—	—

续表

物质(状态)	$\Delta_f H_m^{\ominus}$ /kJ·mol⁻¹	$\Delta_f G_m^{\ominus}$ /kJ·mol⁻¹	$S_m^{\ominus}$ /J·mol⁻¹·K⁻¹
NH_4NO_3(cr)	−365.6	−183.9	151.1
$(NH_4)_2HPO_4$(cr)	−1566.9	—	—
$(NH_4)_3PO_4$(cr)	−1671.9	—	—
$(NH_4)_2SO_4$(cr)	−1180.9	−901.7	220.1
$(NH_4)_2SiF_6$(cr)	−2681.7	−2365.3	280.2
N_2H_4(l)	50.6	149.3	121.2
N_2H_4(g)	95.4	159.4	238.5
NO(g)	90.25	86.55	210.761
NO_2(g)	33.2	51.3	240.1
NO_2^-(ao)	−104.6	−32.0	123.0
N_2O(g)	82.1	104.2	219.9
N_2O_3(l)	50.3	—	—
N_2O_3(g)	83.7	139.5	312.3
N_2O_4(l)	−19.5	97.5	209.2
N_2O_4(g)	9.2	97.9	304.3
N_2O_5(cr)	−43.1	113.9	178.2
N_2O_5(g)	11.3	115.1	355.7
Na(cr)	0	0	51.3
Na(g)	107.5	77.0	153.7
NaAc(cr)	−708.81	−607.18	123.0
$NaAlF_4$(g)	−1869.0	−1827.5	345.7
$NaBF_4$(cr)	−1844.7	−1750.1	145.3
$NaBH_4$(cr)	−188.6	−123.9	101.3
$Na_2B_4O_7 \cdot 10H_2O$(cr)	−6288.6	−5516.0	586
NaBr(cr)	−361.1	−349.0	86.8
NaBr(g)	−143.1	−177.1	241.2
$NaBrO_3$(cr)	−334.1	−242.6	128.9
NaCl(cr)	−411.2	−384.1	72.1
$NaClO_3$(cr)	−365.8	−262.3	123.4
$NaClO_4$(cr)	−383.3	−254.9	142.3
NaCN(cr)	−87.5	−76.4	115.6
Na_2CO_3(cr)	−1130.7	−1044.4	135.0
NaF(cr)	−576.6	−546.3	51.1
NaH(cr)	−56.3	−33.5	40.0
$NaHSO_4$(cr)	−1125.5	−992.8	113.0
NaI(cr)	−287.8	−286.1	98.5
$NaIO_3$(cr)	−481.8	—	—
$NaIO_4$(cr)	−429.3	−323.0	163.0
$NaNH_2$(cr)	−123.8	−64.0	76.9
$NaNO_2$(cr)	−358.7	−284.6	103.8
$NaNO_3$(cr)	−467.9	−367.0	116.5
NaOH(cr)	−425.6	−379.5	64.5
$Na_2B_4O_7$(cr)	−3291.1	−3096.0	189.5
Na_3PO_4(cr)	−1917.4	−1788.8	173.8
NaH_2PO_4(cr)	−1536.8	−1386.1	127.49
Na_2HPO_4(cr)	−1748.1	−1608.2	150.5
$NaMnO_4$(cr)	−1156.0	—	—
Na_2MoO_4(cr)	−1468.1	−1354.3	159.7
Na_2O(cr)	−414.2	−375.5	75.1
Na_2O_2(cr)	−510.9	−447.7	95.0
Na_2S(cr)	−364.8	−349.8	83.7
Na_2SO_3(cr)	−1100.8	−1012.5	145.9
Na_2SO_4(cr)	−1387.1	−1270.2	149.6
Na_2SiF_6(cr)	−2909.6	−2754.2	207.1
Na_2SiO_3(cr)	−1554.9	−1462.8	113.9
Nb(cr)	0	0	36.4
Nb(g)	725.9	681.1	186.3
Nd(cr)	0	0	71.5
Nd(g)	327.6	292.4	189.4
Ne(g)	0	0	146.3
Ni(cr)	0	0	29.9
Ni(g)	429.7	384.5	182.2
$NiBr_2$(cr)	−212.1	—	—
$NiCl_2$(cr)	−305.3	−259.0	97.7
NiI_2(cr)	−78.2	—	—
$Ni(OH)_2$(cr)	−529.7	−447.2	88.0
NiS(cr)	−82.0	−79.5	53.0
$NiSO_4$(cr)	−872.9	−759.7	92.0
Ni_2O_3(cr)	−489.5	—	—
O(g)	249.170	231.731	161.055
O_2(g)	0	0	205.2
O_3(g)	142.7	163.2	238.9
Os(cr)	0	0	32.6
Os(g)	791.0	745.0	192.6
OF_2(g)	24.7	41.9	247.43
OH^-(ao)	−229.994	−157.244	−10.75
P(白,white)(cr)	0	0	41.1
P(红,red)(cr)	−17.6	−12.1	22.8
P(黑,black)(cr)	−39.3	—	—
PCl_3(l)	−319.7	−272.3	217.1
PCl_3(g)	−287.0	−267.8	311.8
PCl_5(cr)	−443.5	—	—
PCl_5(g)	−374.9	−305.0	364.6
PF_3(g)	−958.4	−936.9	273.1
PF_5(g)	−1594.4	−1520.7	300.8
PH_3(g)	5.4	13.4	210.23
PI_3(cr)	−45.6	—	—
PO_4^{3-}(ao)	−1277.4	−1018.7	−222
Pb(cr)	0	0	64.8
Pb(g)	195.2	162.2	175.4
$PbBr_2$(cr)	−278.7	−261.9	161.5
$PbCl_2$(cr)	−359.4	−314.1	136.0
$PbCl_3^-$(ao)	—	−426.3	—
$PbCl_4$(l)	−329.3	—	—
$PbCO_3$(cr)	−699.1	−625.5	131.0
$PbCrO_4$(cr)	−930.9	—	—
PbI_2(cr)	−175.5	−173.6	174.9
PbI_4^{2-}(ao)	—	−254.8	—
$PbMoO_4$(cr)	−1051.9	−951.4	166.1
$Pb(NO_3)_2$(cr)	−451.9	—	—

续表

物质(状态)	$\Delta_f H_m^\ominus$ /kJ·mol^{-1}	$\Delta_f G_m^\ominus$ /kJ·mol^{-1}	$S_m^\ominus$ /J·mol^{-1}·K^{-1}
PbO(黄)(cr)	−217.3	−187.9	68.7
PbO(红,red)(cr)	−219.0	−188.9	66.5
PbO_2(cr)	−277.4	−217.3	68.6
$Pb(OH)_3^-$(ao)	—	−575.6	—
PbS(cr)	−100.4	−98.7	91.2
$PbSO_3$(cr)	−669.9	—	—
$PbSO_4$(cr)	−920.0	−813.0	148.5
$PbSiO_3$(cr)	−1145.7	−1062.1	109.6
Pb_2SiO_4(cr)	−1363.1	−1252.6	186.6
Pd(cr)	0	0	37.6
Pd(g)	378.2	339.7	167.1
Pr(cr)	0	0	73.2
Pr(g)	355.6	320.9	189.8
Pt(cr)	0	0	41.6
Pt(g)	565.3	520.5	192.4
$PtCl_2$(cr)	−123.4	—	—
PtS(cr)	−81.6	−76.1	55.1
Rb(cr)	0	0	76.8
Rb(g)	80.9	53.1	170.1
RbBr(cr)	−394.6	−381.8	110.0
RbCl(cr)	−435.4	−407.8	95.9
$RbClO_4$(cr)	−437.2	−306.9	161.1
Rb_2CO_3(cr)	−1136.0	−1051.0	181.3
RbF(cr)	−557.7	—	—
RbH(cr)	−52.3	—	—
$RbHSO_4$(cr)	−1159.0	—	—
RbI(cr)	−333.8	−328.9	118.4
$RbNH_2$(cr)	−113.0	—	—
$RbNO_2$(cr)	−367.4	−306.2	172.0
$RbNO_3$(cr)	−495.1	−395.8	147.3
RbOH(cr)	−418.2	—	—
Rb_2O(cr)	−339.0	—	—
Rb_2O_2(cr)	−472.0	—	—
Rb_2SO_4(cr)	−1435.6	−1316.9	197.4
S(正交晶体,Mono)(cr)	0	0	32.1
S(单斜晶体,Mono)(cr)	0.3	—	—
S(单斜晶体,Mono)(g)	277.2	236.7	167.8
SO_2(l)	−322.98	−300.676	161.9
SO_2(g)	−296.8	−300.1	248.2
SO_3(cr)	−454.5	−374.2	70.7
SO_3(l)	−441.0	−373.8	113.8
SO_3(g)	−395.7	−371.1	256.8
SO_3^{2-}(ao)	−635.5	−486.5	−29
SO_4^{2-}(ao)	−909.27	−744.53	20.1
$S_2O_3^{2-}$(ao)	−648.5	−522.5	67
$S_2O_6^{2-}$(ao)	−1224.2	−1040.4	257.3
Sb(cr)	0	0	45.7
Sb(g)	262.3	222.1	180.3
$SbCl_3$(cr)	−382.2	−323.7	184.1
Sc(cr)	0	0	34.6
Sc(g)	377.8	336.0	174.8
Se(cr)	0	0	42.4
Se(g)	227.1	187.0	176.7
SeO_2(cr)	−225.4	—	—
Si(cr)	0	0	18.8
Si(g)	450.0	405.5	168.0

物质(状态)	$\Delta_f H_m^\ominus$ /kJ·mol^{-1}	$\Delta_f G_m^\ominus$ /kJ·mol^{-1}	$S_m^\ominus$ /J·mol^{-1}·K^{-1}
SiC(立方晶体,Cub)(cr)	−65.3	−62.8	16.6
SiC(六方晶体,Hex)(cr)	−62.8	−60.2	16.5
$SiCl_4$(l)	−687.0	−619.8	239.7
$SiCl_4$(g)	−657.0	−617.0	330.7
SiF_4(g)	−1614.9	−1572.7	282.49
SiF_6^{2-}(ao)	−289.1	−2199.4	122.2
SiO_2(α)(cr)	−910.7	−856.3	41.5
SiO_2(α)(g)	−322.0	—	—
Sn(白,white)(cr)	0	0	51.2
Sn(灰,gray)(cr)	−2.1	0.1	44.1
Sn(灰,gray)(g)	301.2	266.2	168.5
Sn^{2+}(ao)	−8.8	−27.2	−17
$SnCl_2$(ao)	−329.7	−299.5	172
$SnCl_4$(l)	−511.3	−440.1	258.6
$SnCl_4$(g)	−471.5	−432.2	365.8
$Sn(OH)_2$(cr)	−561.1	−491.6	155.0
SnO_2(cr)	−577.6	−515.8	49.0
SnS(cr)	−100.0	−98.3	77.0
Sr(cr)	0	0	52.3
Sr(g)	164.4	130.9	164.6
$SrCl_2$(cr)	−828.9	−781.1	114.9
$Sr(NO_3)_2$(cr)	−978.2	−780.0	194.6
SrO(cr)	−592.0	−561.9	54.4
$Sr(OH)_2$(cr)	−959.0	—	—
$SrSO_4$(cr)	−1453.1	−1340.9	117.0
Ta(cr)	0	0	41.5
Ta(g)	782.0	739.3	185.2
Ti(cr)	0	0	30.63
$TiCl_3$(cr)	−720.9	−653.5	139.7
$TiCl_4$(l)	−804.2	−737.2	252.34
TiO_2(金红石)(cr)	−944.0	−889.5	50.33
TiO_2(cr,锐钛矿)	−939.7	−884.5	49.92
Tl(cr)	0	0	64.2
Tl(g)	182.2	147.4	181.0
TlBr(cr)	−173.2	−167.4	120.5
TlBr(g)	−37.7	—	—
TlCl(cr)	−204.1	−184.9	111.3
TlCl(g)	−67.8	—	—
Tl_2CO_3(cr)	−700.0	−614.6	155.2
TlF(cr)	−324.7	—	—
TlF(g)	−182.4	—	—
TlI(cr)	−123.8	−125.4	127.6
TlI(g)	7.1	—	—
$TlNO_3$(cr)	−243.9	−152.4	160.7
TlOH(cr)	−238.9	−195.8	88.0
Tl_2O(cr)	−178.7	−147.3	126.0
Tl_2SO_4(cr)	−931.8	−830.4	230.5
Tm(cr)	0	0	74.0
Tm(g)	232.2	197.5	190.1
U(cr)	0	0	50.2
U(g)	533.0	488.4	199.8

续表

物质(状态)	$\Delta_f H_m^{\ominus}$ /kJ·mol^{-1}	$\Delta_f G_m^{\ominus}$ /kJ·mol^{-1}	$S_m^{\ominus}$ /J·mol^{-1}·K^{-1}
UO(g)	21.0	—	—
V(cr)	0	0	28.9
V(g)	514.2	754.4	182.3
VBr_4(g)	−336.8	—	—
VCl_4(l)	−569.4	−503.7	255.0
VCl_4(g)	−525.5	−492.0	362.4
V_2O_5(cr)	−1550.6	−1419.5	131.0
W(cr)	0	0	32.6
W(g)	849.4	807.1	174.0
WBr_6(cr)	−348.5	—	—
WCl_6(cr)	−602.5	—	—
WCl_6(g)	−513.8	—	—
WO_2(cr)	−589.7	−533.9	50.5
Xe(g)	0	0	169.7
Y(cr)	0	0	44.4
Y(g)	421.3	381.1	179.5
Y_2O_3(cr)	−1905.3	−1816.6	99.1
Yb(cr)	0	0	59.9
Yb(g)	152.3	118.4	173.1
Zn(cr)	0	0	41.6
Zn(g)	130.4	94.8	161.0
Zn^{2+}(ao)	−153.89	−147.06	−112.1
$ZnBr_2$(cr)	−328.7	−312.1	138.5
$ZnCl_2$(cr)	−415.1	−369.4	111.5
$ZnCl_2$(g)	−266.1	—	—
$ZnCO_3$(cr)	−812.8	−731.5	82.4
ZnF_2(cr)	−764.4	−713.3	73.7
ZnI_2(cr)	−208.0	−209.0	161.1
$Zn(NO_3)_2$(cr)	−483.7	—	—
ZnO(cr)	−350.5	−320.5	43.7
$Zn(OH)_2$(cr)	−641.9	−553.5	81.2
$Zn(OH)_4^{2-}$(ao)	—	−858.52	—
ZnS(闪锌矿)	−205.98	−201.29	57.7
$ZnSO_4$(cr)	−982.8	−871.5	110.5
Zn_2SiO_4(cr)	−1636.7	−1523.2	131.4
Zr(cr)	0	0	39.0
Zr(g)	608.8	566.5	181.4
$ZrBr_4$(cr)	−760.7	—	—
$ZrCl_2$(cr)	−502.0	—	—
$ZrCl_4$(cr)	−980.5	−889.9	181.6
ZrF_4(cr)	−1911.3	−1809.9	104.6
ZrI_4(cr)	−481.6	—	—
ZrO_2(cr)	−1100.6	−1042.8	50.4
$Zr(SO_4)_2$(cr)	−2217.1	—	—
$ZrSiO_4$(cr)	−2033.4	−1919.1	84.1

物质状态表示符号为：g——气态，l——液态，cr——为结晶固体，ao——为水溶液，非电离物质，标准状态，$c^{\ominus}$或不考虑进一步解离时的离子。

数据摘自《NBS化学热力学性质表》(美国)国家标准局，刘天河、赵梦月译。中国标准出版社，1998。

附录四　弱酸、弱碱的解离平衡常数 $K^{\ominus}$

(近似浓度0.01～0.003mol·L^{-1}，温度298K)

化学式		解离常数 K	pK	化学式		解离常数 K	pK
醋酸	HAc	1.75×10^{-5}	4.75	*硼酸	H_3BO_3	5.8×10^{-10}	9.24
碳酸	H_2CO_3	$K_1=4.30\times10^{-7}$	6.37	氢氟酸	HF	3.53×10^{-4}	3.45
		$K_2=5.61\times10^{-11}$	10.25	过氧化氢	H_2O_2	2.4×10^{-12}	11.62
草酸	$H_2C_2O_4$	$K_1=5.90\times10^{-2}$	1.23	次氯酸	HClO	2.95×10^{-5}(291K)	4.53
		$K_2=6.40\times10^{-5}$	4.19	次溴酸	HBrO	2.06×10^{-9}	8.69
亚硝酸	HNO_2	4.6×10^{-4}(285.5K)	3.37	次碘酸	HIO	2.3×10^{-11}	10.64
磷酸	H_3PO_4	$K_1=7.52\times10^{-3}$	2.12	碘酸	HIO_3	1.69×10^{-1}	0.77
		$K_2=6.23\times10^{-8}$	7.21	砷酸	H_3AsO_4	$K_1=5.62\times10^{-3}$(291K)	2.25
		$K_3=2.2\times10^{-13}$(291K)	12.67			$K_2=1.70\times10^{-7}$	6.77
亚硫酸	H_2SO_3	$K_1=1.54\times10^{-2}$(291K)	1.81			$K_3=3.95\times10^{-12}$	11.40
		$K_2=1.02\times10^{-7}$	6.91	亚砷酸	$HAsO_2$	6×10^{-10}	9.22
硫酸	H_2SO_4	$K_2=1.20\times10^{-2}$	1.92	铵离子	NH_4^+	5.56×10^{-10}	9.25
硫化氢	H_2S	$K_1=9.1\times10^{-8}$(291K)	7.04	氨水	$NH_3\cdot H_2O$	1.8×10^{-5}	4.75
		$K_2=1.1\times10^{-12}$	11.96	联氨	N_2H_4	8.91×10^{-7}	6.05
氢氰酸	HCN	6.2×10^{-10}	9.31	羟氨	NH_2OH	9.12×10^{-9}	8.04
铬酸	H_2CrO_4	$K_1=1.8\times10^{-1}$	0.74	氢氧化铅	$Pb(OH)_2$	9.6×10^{-4}	3.02
		$K_2=3.20\times10^{-7}$	6.49	氢氧化锂	LiOH	6.31×10^{-1}	0.2

续表

名称	化学式	解离常数 K	pK
氢氧化铍	$Be(OH)_2$	1.78×10^{-6}	5.75
	$BeOH^+$	2.51×10^{-9}	8.6
氢氧化铝	$Al(OH)_3$	5.01×10^{-9}	8.3
	$Al(OH)_2^+$	1.99×10^{-10}	9.7
氢氧化锌	$Zn(OH)_2$	7.94×10^{-7}	6.1
氢氧化镉	$Cd(OH)_2$	5.01×10^{-11}	10.3
*乙二胺	$H_2NC_2H_4NH_2$	$K_1=8.5\times10^{-5}$	4.07
		$K_2=7.1\times10^{-8}$	7.15
*六亚甲基四胺	$(CH_2)_6N_4$	1.35×10^{-9}	8.87
*尿素	$CO(NH_2)_2$	1.3×10^{-14}	13.89
*质子化六亚甲基四胺	$(CH_2)_6N_4H^+$	7.1×10^{-6}	5.15
甲酸	HCOOH	1.77×10^{-4}(293K)	3.75
氯乙酸	$ClCH_2COOH$	1.40×10^{-3}	2.85
氨基乙酸	NH_2CH_2COOH	1.67×10^{-10}	9.78
*邻苯二甲酸	$C_6H_4(COOH)_2$	$K_1=1.12\times10^{-3}$	2.95
		$K_2=3.91\times10^{-6}$	5.41
柠檬酸	$(HOOCCH_2)_2C(OH)COOH$	$K_1=7.1\times10^{-4}$	3.14
		$K_2=1.68\times10^{-5}$(293K)	4.77
酒石酸	$(CH(OH)COOH)_2$	$K_1=1.04\times10^{-3}$	2.98
		$K_2=4.55\times10^{-5}$	4.34
*8-羟基喹啉	C_9H_6NOH	$K_1=8\times10^{-6}$	5.1
		$K_2=1\times10^{-9}$	9.0
苯酚	C_6H_5OH	1.28×10^{-10}(293K)	9.89
*对氨基苯磺酸	$H_2NC_6H_4SO_3H$	$K_1=2.6\times10^{-1}$	0.58
		$K_2=7.6\times10^{-4}$	3.12
*乙二胺四乙酸(EDTA)	$(CH_2COOH)_2NH^+CH_2CH_2NH^+(CH_2COOH)_2$	$K_5=5.4\times10^{-7}$	6.27
		$K_6=1.12\times10^{-11}$	10.95

*摘自其他参考书。

注：摘自 R. C. Weast, Handbook of Chemistry and PhysicsD-165, 70th. edition, 1989—1990。

附录五　几种常用缓冲溶液的配制

序号	溶液名称	配制方法	pH 值
1	氯化钾-盐酸	13.0mL0.2mol·L^{-1} HCl 与 25.0mL0.2mol·L^{-1} KCl 混合均匀后，加水稀释至 100mL	1.7
2	氨基乙酸-盐酸	在 500mL 水中溶解氨基乙酸 150g，加 480mL 浓盐酸，再加水稀释至 1L	2.3
3	一氯乙酸-氢氧化钠	在 200mL 水中溶解 2g 一氯乙酸后，加 40gNaOH，溶解完全后再加水稀释至 1L	2.8
4	邻苯二甲酸氢钾-盐酸	把 25.0mL0.2mol·L^{-1}的邻苯二甲酸氢钾溶液与 6.0mL0.1mol·L^{-1} HCl 混合均匀，加水稀释至 100mL	3.6
5	邻苯二甲酸氢钾-氢氧化钠	把 25.0mL0.2mol·L^{-1}的邻苯二甲酸氢钾溶液与 17.5mL0.1mol·L^{-1} NaOH 混合均匀，加水稀释至 100mL	4.8
6	六亚甲基四胺-盐酸	在 200mL 水中溶解六亚甲基四胺 40g，加浓 HCl10mL，再加水稀释至 1L	5.4
7	磷酸二氢钾-氢氧化钠	把 25.0mL0.2mol·L^{-1}的磷酸二氢钾与 23.6mL0.1mol·L^{-1} NaOH 混合均匀，加水稀释至 100mL	6.8
8	硼酸-氯化钾-氢氧化钠	把 25.0mL0.2mol·L^{-1}的硼酸-氯化钾与 4.0mL0.1mol·L^{-1} NaOH 混合均匀，加水稀释至 100mL	8.0
9	氯化铵-氨水	把 0.1mol·L^{-1}氯化铵与 0.1mol·L^{-1}氨水以 2∶1 比例混合均匀	9.1
10	硼酸-氯化钾-氢氧化钠	把 25.0mL0.2mol·L^{-1}的硼酸-氯化钾与 43.9mL　0.1mol·L^{-1}　NaOH 混合均匀，加水稀释至 100mL	10.0
11	氨基乙酸-氯化钠-氢氧化钠	把 49.0mL0.1mol·L^{-1}氨基乙酸-氯化钠与 51.0mL0.1mol·L^{-1} NaOH 混合均匀	11.6
12	磷酸氢二钠-氢氧化钠	把 50.0mL　0.05mol·L^{-1} Na_2HPO_4 与 26.9mL　0.1mol·L^{-1} NaOH 混合均匀，加水稀释至 100mL	12.0
13	氯化钾-氢氧化钠	把 25.0mL0.2mol·L^{-1} KCl 与 66.0mL0.2mol·L^{-1} NaOH 混合均匀，加水稀释至 100mL	13.0

附录六　常见难溶化合物的溶度积常数

分子式 (molecular formula)	K_{sp}	pK_{sp} ($-\lg K_{sp}$)	分子式 (molecular formula)	K_{sp}	pK_{sp} ($-\lg K_{sp}$)
Ag_3AsO_4	1.0×10^{-22}	22	CdSe	6.31×10^{-36}	35.2
AgBr	5.0×10^{-13}	12.3	$CdSeO_3$	1.3×10^{-9}	8.89
$AgBrO_3$	5.50×10^{-5}	4.26	CeF_3	8.0×10^{-16}	15.1
AgCl	1.8×10^{-10}	9.75	$CePO_4$	1.0×10^{-23}	23
AgCN	1.2×10^{-16}	15.92	$Co_3(AsO_4)_2$	7.6×10^{-29}	28.12
Ag_2CO_3	8.1×10^{-12}	11.09	$CoCO_3$	1.4×10^{-13}	12.84
$Ag_2C_2O_4$	3.5×10^{-11}	10.46	CoC_2O_4	6.3×10^{-8}	7.2
Ag_2CrO_4	1.2×10^{-12}	11.92	$Co(OH)_2$(蓝)	6.31×10^{-15}	14.2
$Ag_2Cr_2O_7$	2.0×10^{-7}	6.7	$Co(OH)_2$(粉红,新沉淀)	1.58×10^{-15}	14.8
AgI	8.3×10^{-17}	16.08	$Co(OH)_2$(粉红,陈化)	2.00×10^{-16}	15.7
$AgIO_3$	3.1×10^{-8}	7.51	$CoHPO_4$	2.0×10^{-7}	6.7
AgOH	2.0×10^{-8}	7.71	$Co_3(PO_4)_2$	2.0×10^{-35}	34.7
Ag_2MoO_4	2.8×10^{-12}	11.55	$CrAsO_4$	7.7×10^{-21}	20.11
Ag_3PO_4	1.4×10^{-16}	15.84	$Cr(OH)_3$	6.3×10^{-31}	30.2
Ag_2S	6.3×10^{-50}	49.2	$CrPO_4\cdot4H_2O$(绿)	2.4×10^{-23}	22.62
AgSCN	1.0×10^{-12}	12	$CrPO_4\cdot4H_2O$(紫)	1.0×10^{-17}	17
Ag_2SO_3	1.5×10^{-14}	13.82	CuBr	5.3×10^{-9}	8.28
Ag_2SO_4	1.4×10^{-5}	4.84	CuCl	1.2×10^{-6}	5.92
Ag_2Se	2.0×10^{-64}	63.7	CuCN	3.2×10^{-20}	19.49
Ag_2SeO_3	1.0×10^{-15}	15	$CuCO_3$	2.34×10^{-10}	9.63
Ag_2SeO_4	5.7×10^{-8}	7.25	CuI	1.1×10^{-12}	11.96
$AgVO_3$	5.0×10^{-7}	6.3	$Cu(OH)_2$	4.8×10^{-20}	19.32
Ag_2WO_4	5.5×10^{-12}	11.26	$Cu_3(PO_4)_2$	1.3×10^{-37}	36.9
$Al(OH)_3$①	4.57×10^{-33}	32.34	Cu_2S	2.5×10^{-48}	47.6
$AlPO_4$	6.3×10^{-19}	18.24	Cu_2Se	1.58×10^{-61}	60.8
Al_2S_3	2.0×10^{-7}	6.7	CuS	6.3×10^{-36}	35.2
$Au(OH)_3$	5.5×10^{-46}	45.26	CuSe	7.94×10^{-49}	48.1
$AuCl_3$	3.2×10^{-25}	24.5	$Dy(OH)_3$	1.4×10^{-22}	21.85
AuI_3	1.0×10^{-46}	46	$Er(OH)_3$	4.1×10^{-24}	23.39
$Ba_3(AsO_4)_2$	8.0×10^{-51}	50.1	$Eu(OH)_3$	8.9×10^{-24}	23.05
$BaCO_3$	5.1×10^{-9}	8.29	$FeAsO_4$	5.7×10^{-21}	20.24
BaC_2O_4	1.6×10^{-7}	6.79	$FeCO_3$	3.2×10^{-11}	10.5
$BaCrO_4$	1.2×10^{-10}	9.93	$Fe(OH)_2$	8.0×10^{-16}	15.1
$Ba_3(PO_4)_2$	3.4×10^{-23}	22.44	$Fe(OH)_3$	4.0×10^{-38}	37.4
$BaSO_4$	1.1×10^{-10}	9.96	$FePO_4$	1.3×10^{-22}	21.89
BaS_2O_3	1.6×10^{-5}	4.79	FeS	6.3×10^{-18}	17.2
$BaSeO_3$	2.7×10^{-7}	6.57	$Ga(OH)_3$	7.0×10^{-36}	35.15
$BaSeO_4$	3.5×10^{-8}	7.46	$GaPO_4$	1.0×10^{-21}	21
$Be(OH)_2$②	1.6×10^{-22}	21.8	$Gd(OH)_3$	1.8×10^{-23}	22.74
$BiAsO_4$	4.4×10^{-10}	9.36	$Hf(OH)_4$	4.0×10^{-26}	25.4
$Bi_2(C_2O_4)_3$	3.98×10^{-36}	35.4	Hg_2Br_2	5.6×10^{-23}	22.24
$Bi(OH)_3$	4.0×10^{-31}	30.4	Hg_2Cl_2	1.3×10^{-18}	17.88
$BiPO_4$	1.26×10^{-23}	22.9	$Hg_2C_2O_4$	2.0×10^{-13}	12.7
$CaCO_3$	2.8×10^{-9}	8.54	Hg_2CO_3	8.9×10^{-17}	16.05
$CaC_2O_4\cdot H_2O$	4.0×10^{-9}	8.4	$Hg_2(CN)_2$	5.0×10^{-40}	39.3
CaF_2	2.7×10^{-11}	10.57	Hg_2CrO_4	2.0×10^{-9}	8.7
$CaMoO_4$	4.17×10^{-8}	7.38	Hg_2I_2	4.5×10^{-29}	28.35
$Ca(OH)_2$	5.5×10^{-6}	5.26	HgI_2	2.82×10^{-29}	28.55
$Ca_3(PO_4)_2$	2.0×10^{-29}	28.7	$Hg_2(IO_3)_2$	2.0×10^{-14}	13.71
$CaSO_4$	3.16×10^{-7}	5.04	$Hg_2(OH)_2$	2.0×10^{-24}	23.7
$CaSiO_3$	2.5×10^{-8}	7.6	HgSe	1.0×10^{-59}	59
$CaWO_4$	8.7×10^{-9}	8.06	HgS(红)	4.0×10^{-53}	52.4
$CdCO_3$	5.2×10^{-12}	11.28	HgS(黑)	1.6×10^{-52}	51.8
$CdC_2O_4\cdot3H_2O$	9.1×10^{-8}	7.04	Hg_2WO_4	1.1×10^{-17}	16.96
$Cd_3(PO_4)_2$	2.5×10^{-33}	32.6	$Ho(OH)_3$	5.0×10^{-23}	22.3
CdS	8.0×10^{-27}	26.1	$In(OH)_3$	1.3×10^{-37}	36.9

续表

分子式 (molecular formula)	K_{sp}	pK_{sp} $(-\lg K_{sp})$	分子式 (molecular formula)	K_{sp}	pK_{sp} $(-\lg K_{sp})$
$InPO_4$	2.3×10^{-22}	21.63	$Pu(OH)_4$	1.0×10^{-55}	55
In_2S_3	5.7×10^{-74}	73.24	$RaSO_4$	4.2×10^{-11}	10.37
$La_2(CO_3)_3$	3.98×10^{-34}	33.4	$Rh(OH)_3$	1.0×10^{-23}	23
$LaPO_4$	3.98×10^{-23}	22.43	$Ru(OH)_3$	1.0×10^{-36}	36
$Lu(OH)_3$	1.9×10^{-24}	23.72	Sb_2S_3	1.5×10^{-93}	92.8
$Mg_3(AsO_4)_2$	2.1×10^{-20}	19.68	ScF_3	4.2×10^{-18}	17.37
$MgCO_3$	3.5×10^{-8}	7.46	$Sc(OH)_3$	8.0×10^{-31}	30.1
$MgCO_3\cdot3H_2O$	2.14×10^{-5}	4.67	$Sm(OH)_3$	8.2×10^{-23}	22.08
$Mg(OH)_2$	1.8×10^{-11}	10.74	$Sn(OH)_2$	1.4×10^{-28}	27.85
$Mg_3(PO_4)_2\cdot8H_2O$	6.31×10^{-26}	25.2	$Sn(OH)_4$	1.0×10^{-56}	56
$Mn_3(AsO_4)_2$	1.9×10^{-29}	28.72	SnO_2	3.98×10^{-65}	64.4
$MnCO_3$	1.8×10^{-11}	10.74	SnS	1.0×10^{-25}	25
$Mn(IO_3)_2$	4.37×10^{-7}	6.36	$SnSe$	3.98×10^{-39}	38.4
$Mn(OH)_2$	1.9×10^{-13}	12.72	$Sr_3(AsO_4)_2$	8.1×10^{-19}	18.09
MnS(粉红)	2.5×10^{-10}	9.6	$SrCO_3$	1.1×10^{-10}	9.96
MnS(绿)	2.5×10^{-13}	12.6	$SrC_2O_4\cdot H_2O$	1.6×10^{-7}	6.8
$Ni_3(AsO_4)_2$	3.1×10^{-26}	25.51	SrF_2	2.5×10^{-9}	8.61
$NiCO_3$	6.6×10^{-9}	8.18	$Sr_3(PO_4)_2$	4.0×10^{-28}	27.39
NiC_2O_4	4.0×10^{-10}	9.4	$SrSO_4$	3.2×10^{-7}	6.49
$Ni(OH)_2$(新)	2.0×10^{-15}	14.7	$SrWO_4$	1.7×10^{-10}	9.77
$Ni_3(PO_4)_2$	5.0×10^{-31}	30.3	$Tb(OH)_3$	2.0×10^{-22}	21.7
α-NiS	3.2×10^{-19}	18.5	$Te(OH)_4$	3.0×10^{-54}	53.52
β-NiS	1.0×10^{-24}	24	$Th(C_2O_4)_2$	1.0×10^{-22}	22
γ-NiS	2.0×10^{-26}	25.7	$Th(IO_3)_4$	2.5×10^{-15}	14.6
$Pb_3(AsO_4)_2$	4.0×10^{-36}	35.39	$Th(OH)_4$	4.0×10^{-45}	44.4
$PbBr_2$	4.0×10^{-5}	4.41	$Ti(OH)_3$	1.0×10^{-40}	40
$PbCl_2$	1.6×10^{-5}	4.79	$TlBr$	3.4×10^{-6}	5.47
$PbCO_3$	7.4×10^{-14}	13.13	$TlCl$	1.7×10^{-4}	3.76
$PbCrO_4$	2.8×10^{-13}	12.55	Tl_2CrO_4	9.77×10^{-13}	12.01
PbF_2	2.7×10^{-8}	7.57	TlI	6.5×10^{-8}	7.19
$PbMoO_4$	1.0×10^{-13}	13	TlN_3	2.2×10^{-4}	3.66
$Pb(OH)_2$	1.2×10^{-15}	14.93	Tl_2S	5.0×10^{-21}	20.3
$Pb(OH)_4$	3.2×10^{-66}	65.49	$TlSeO_3$	2.0×10^{-39}	38.7
$Pb_3(PO_4)_3$	8.0×10^{-43}	42.1	$UO_2(OH)_2$	1.1×10^{-22}	21.95
PbS	1.0×10^{-28}	28	$VO(OH)_2$	5.9×10^{-23}	22.13
$PbSO_4$	1.6×10^{-8}	7.79	$Y(OH)_3$	8.0×10^{-23}	22.1
$PbSe$	7.94×10^{-43}	42.1	$Yb(OH)_3$	3.0×10^{-24}	23.52
$PbSeO_4$	1.4×10^{-7}	6.84	$Zn_3(AsO_4)_2$	1.3×10^{-28}	27.89
$Pd(OH)_2$	1.0×10^{-31}	31	$ZnCO_3$	1.4×10^{-11}	10.84
$Pd(OH)_4$	6.3×10^{-71}	70.2	$Zn(OH)_2$③	2.09×10^{-16}	15.68
PdS	2.03×10^{-58}	57.69	$Zn_3(PO_4)_2$	9.0×10^{-33}	32.04
$Pm(OH)_3$	1.0×10^{-21}	21	α-ZnS	1.6×10^{-24}	23.8
$Pr(OH)_3$	6.8×10^{-22}	21.17	β-ZnS	2.5×10^{-22}	21.6
$Pt(OH)_2$	1.0×10^{-35}	35	$ZrO(OH)_2$	6.3×10^{-49}	48.2
$Pu(OH)_3$	2.0×10^{-20}	19.7			

①～③：形态均为无定形。

附录七　标准电极电势（298.15K）及一些电对的条件电极电势

电极过程(electrode process)	$E_A^{\ominus}$/V	电极过程(electrode process)	$E_A^{\ominus}$/V
$Ag^++e^- \rightleftharpoons Ag$	0.7996	$Ag_2CrO_4+2e^- \rightleftharpoons 2Ag+CrO_4^{2-}$	0.447
$Ag^{2+}+e^- \rightleftharpoons Ag^+$	1.98	$AgF+e^- \rightleftharpoons Ag+F^-$	0.779
$AgBr+e^- \rightleftharpoons Ag+Br^-$	0.0713	$Ag_4[Fe(CN)_6]+4e^- \rightleftharpoons 4Ag+[Fe(CN)_6]^{4-}$	0.148
$AgBrO_3+e^- \rightleftharpoons Ag+BrO_3^-$	0.546	$AgI+e^- \rightleftharpoons Ag+I^-$	−0.152
$AgCl+e^- \rightleftharpoons Ag+Cl^-$	0.222	$AgIO_3+e^- \rightleftharpoons Ag+IO_3^-$	0.354
$AgCN+e^- \rightleftharpoons Ag+CN^-$	−0.017	$Ag_2MoO_4+2e^- \rightleftharpoons 2Ag+MoO_4^{2-}$	0.457
$Ag_2CO_3+2e^- \rightleftharpoons 2Ag+CO_3^{2-}$	0.47	$[Ag(NH_3)_2]^++e^- \rightleftharpoons Ag+2NH_3$	0.373
$Ag_2C_2O_4+2e^- \rightleftharpoons 2Ag+C_2O_4^{2-}$	0.465	$AgNO_2+e^- \rightleftharpoons Ag+NO_2^-$	0.564

续表

电极过程(electrode process)	$E_A^\ominus$/V	电极过程(electrode process)	$E_A^\ominus$/V
$Ag_2O+H_2O+2e^- = 2Ag+2OH^-$	0.342	$BrO^- +H_2O+2e^- = Br^- +2OH$	0.761
$2AgO+H_2O+2e^- = Ag_2O+2OH^-$	0.607	$BrO_3^- +6H^+ +6e^- = Br^- +3H_2O$	1.423
$Ag_2S+2e^- = 2Ag+S^{2-}$	−0.691	$BrO_3^- +3H_2O+6e^- = Br^- +6OH^-$	0.61
$Ag_2S+2H^+ +2e^- = 2Ag+H_2S$	−0.0366	$2BrO_3^- +12H^+ +10e^- = Br_2+6H_2O$	1.482
$AgSCN+e^- = Ag+SCN^-$	0.0895	$HBrO+H^+ +2e^- = Br^- +H_2O$	1.331
$Ag_2SeO_4+2e^- = 2Ag+SeO_4^{2-}$	0.363	$2HBrO+2H^+ +2e^- = Br_2(aq)+2H_2O$	1.574
$Ag_2SO_4+2e^- = 2Ag+SO_4^{2-}$	0.654	$CH_3OH+2H^+ +2e^- = CH_4+H_2O$	0.59
$Ag_2WO_4+2e^- = 2Ag+WO_4^{2-}$	0.466	$HCHO+2H^+ +2e^- = CH_3OH$	0.19
$Al^{3+} +3e^- = Al$	−1.662	$CH_3COOH+2H^+ +2e^- = CH_3CHO+H_2O$	−0.12
$AlF_6^{3-} +3e^- = Al+6F^-$	−2.069	$(CN)_2+2H^+ +2e^- = 2HCN$	0.373
$Al(OH)_3+3e^- = Al+3OH^-$	−2.31	$(CNS)_2+2e^- = 2CNS^-$	0.77
$AlO_2^- +2H_2O+3e^- = Al+4OH^-$	−2.35	$CO_2+2H^+ +2e^- = CO+H_2O$	−0.12
$Am^{3+} +3e^- = Am$	−2.048	$CO_2+2H^+ +2e^- = HCOOH$	−0.199
$Am^{4+} +e^- = Am^{3+}$	2.6	$Ca^{2+} +2e^- = Ca$	−2.868
$AmO_2^{2+} +4H^+ +3e^- = Am^{3+} +2H_2O$	1.75	$Ca(OH)_2+2e^- = Ca+2OH^-$	−3.02
$As+3H^+ +3e^- = AsH_3$	−0.608	$Cd^{2+} +2e^- = Cd$	−0.403
$As+3H_2O+3e^- = AsH_3+3OH^-$	−1.37	$Cd^{2+} +2e^- = Cd(Hg)$	−0.352
$As_2O_3+6H^+ +6e^- = 2As+3H_2O$	0.234	$Cd(CN)_4^{2-} +2e^- = Cd+4CN^-$	−1.09
$HAsO_2+3H^+ +3e^- = As+2H_2O$	0.248	$CdO+H_2O+2e^- = Cd+2OH^-$	−0.783
$AsO_2^- +2H_2O+3e^- = As+4OH^-$	−0.68	$CdS+2e^- = Cd+S^{2-}$	−1.17
$H_3AsO_4+2H^+ +2e^- = HAsO_2+2H_2O$	0.56	$CdSO_4+2e^- = Cd+SO_4^{2-}$	−0.246
$AsO_4^{3-} +2H_2O+2e^- = AsO_2^- +4OH^-$	−0.71	$Ce^{3+} +3e^- = Ce$	−2.336
$AsS_2^- +3e^- = As+2S^{2-}$	−0.75	$Ce^{3+} +3e^- = Ce(Hg)$	−1.437
$AsS_4^{3-} +2e^- = AsS_2^- +2S^{2-}$	−0.6	$CeO_2+4H^+ +e^- = Ce^{3+} +2H_2O$	1.4
$Au^+ +e^- = Au$	1.692	Cl_2(气体)$+2e^- = 2Cl^-$	1.358
$Au^{3+} +3e^- = Au$	1.498	$ClO^- +H_2O+2e^- = Cl^- +2OH^-$	0.89
$Au^{3+} +2e^- = Au^+$	1.401	$HClO+H^+ +2e^- = Cl^- +H_2O$	1.482
$AuBr_2^- +e^- = Au+2Br^-$	0.959	$2HClO+2H^+ +2e^- = Cl_2+2H_2O$	1.611
$AuBr_4^- +3e^- = Au+4Br^-$	0.854	$ClO_2^- +2H_2O+4e^- = Cl^- +4OH^-$	0.76
$AuCl_2^- +e^- = Au+2Cl^-$	1.15	$2ClO_3^- +12H^+ +10e^- = Cl_2+6H_2O$	1.47
$AuCl_4^- +3e^- = Au+4Cl^-$	1.002	$ClO_3^- +6H^+ +6e^- = Cl^- +3H_2O$	1.451
$AuI+e^- = Au+I^-$	0.5	$ClO_3^- +3H_2O+6e^- = Cl^- +6OH^-$	0.62
$Au(SCN)_4^- +3e^- = Au+4SCN^-$	0.66	$ClO_4^- +8H^+ +8e^- = Cl^- +4H_2O$	1.38
$Au(OH)_3+3H^+ +3e^- = Au+3H_2O$	1.45	$2ClO_4^- +16H^+ +14e^- = Cl_2+8H_2O$	1.39
$BF_4^- +3e^- = B+4F^-$	−1.04	$Cm^{3+} +3e^- = Cm$	−2.04
$H_2BO_3^- +H_2O+3e^- = B+4OH^-$	−1.79	$Co^{2+} +2e^- = Co$	−0.28
$B(OH)_3+7H^+ +8e^- = BH_4^- +3H_2O$	−0.0481	$[Co(NH_3)_6]^{3+} +e^- = [Co(NH_3)_6]^{2+}$	0.108
$Ba^{2+} +2e^- = Ba$	−2.912	$[Co(NH_3)_6]^{2+} +2e^- = Co+6NH_3$	−0.43
$Ba(OH)_2+2e^- = Ba+2OH^-$	−2.99	$Co(OH)_2+2e^- = Co+2OH^-$	−0.73
$Be^{2+} +2e^- = Be$	−1.847	$Co(OH)_3+e^- = Co(OH)_2+OH^-$	0.17
$Be_2O_3^{2-} +3H_2O+4e^- = 2Be+6OH^-$	−2.63	$Cr^{2+} +2e^- = Cr$	−0.913
$Bi^+ +e^- = Bi$	0.5	$Cr^{3+} +e^- = Cr^{2+}$	−0.407
$Bi^{3+} +3e^- = Bi$	0.308	$Cr^{3+} +3e^- = Cr$	−0.744
$BiCl_4^- +3e^- = Bi+4Cl^-$	0.16	$[Cr(CN)_6]^{3-} +e^- = [Cr(CN)_6]^{4-}$	−1.28
$BiOCl+2H^+ +3e^- = Bi+Cl^- +H_2O$	0.16	$Cr(OH)_3+3e^- = Cr+3OH^-$	−1.48
$Bi_2O_3+3H_2O+6e^- = 2Bi+6OH^-$	−0.46	$Cr_2O_7^{2-} +14H^+ +6e^- = 2Cr^{3+} +7H_2O$	1.232
$Bi_2O_4+4H^+ +2e^- = 2BiO^+ +2H_2O$	1.593	$CrO_2^- +2H_2O+3e^- = Cr+4OH^-$	−1.2
$Bi_2O_4+H_2O+2e^- = Bi_2O_3+2OH^-$	0.56	$HCrO_4^- +7H^+ +3e^- = Cr^{3+} +4H_2O$	1.35
$Br_2(aq)+2e^- = 2Br^-$	1.087	$CrO_4^{2-} +4H_2O+3e^- = Cr(OH)_3+5OH^-$	−0.13
$Br_2(l)+2e^- = 2Br^-$	1.066	$Cs^+ +e^- = Cs$	−2.92

电极过程(electrode process)	$E_A^\ominus$/V	电极过程(electrode process)	$E_A^\ominus$/V
$Cu^+ + e^- = Cu$	0.521	$Hg_2Br_2 + 2e^- = 2Hg + 2Br^-$	0.1392
$Cu^{2+} + 2e^- = Cu$	0.342	$[HgBr_4]^{2-} + 2e^- = Hg + 4Br^-$	0.223
$Cu^{2+} + 2e^- = Cu(Hg)$	0.345	$Hg_2Cl_2 + 2e^- = 2Hg + 2Cl^-$	0.2681
$Cu^{2+} + Br^- + e^- = CuBr$	0.66	$2HgCl_2 + 2e^- = Hg_2Cl_2 + 2Cl^-$	0.63
$Cu^{2+} + Cl^- + e^- = CuCl$	0.57	$[HgCl_4]^{2-} + 2e^- = Hg + 4Cl^-$	0.38
$Cu^{2+} + I^- + e^- = CuI$	0.86	$Hg_2CrO_4 + 2e^- = 2Hg + CrO_4^{2-}$	0.54
$Cu^{2+} + 2CN^- + e^- = [Cu(CN)_2]^-$	1.103	$Hg_2I_2 + 2e^- = 2Hg + 2I^-$	−0.0405
$CuBr_2^- + e^- = Cu + 2Br^-$	0.05	$[HgI_4]^{2-} + 2e^- = Hg + 4I^-$	−0.038
$CuCl_2^- + e^- = Cu + 2Cl^-$	0.19	$Hg_2O + H_2O + 2e^- = 2Hg + 2OH^-$	0.123
$CuI_2^- + e^- = Cu + 2I^-$	0	$HgO + H_2O + 2e^- = Hg + 2OH^-$	0.0977
$Cu_2O + H_2O + 2e^- = 2Cu + 2OH^-$	−0.36	HgS(红色)$+ 2e^- = Hg + S^{2-}$	−0.7
$Cu(OH)_2 + 2e^- = Cu + 2OH^-$	−0.222	HgS(黑色)$+ 2e^- = Hg + S^{2-}$	−0.67
$2Cu(OH)_2 + 2e^- = Cu_2O + 2OH^- + H_2O$	−0.08	$Hg_2(SCN)_2 + 2e^- = 2Hg + 2SCN^-$	0.22
$CuS + 2e^- = Cu + S^{2-}$	−0.7	$Hg_2SO_4 + 2e^- = 2Hg + SO_4^{2-}$	0.613
$CuSCN + e^- = Cu + SCN^-$	−0.27	$Ho^{2+} + 2e^- = Ho$	−2.1
$Dy^{2+} + 2e^- = Dy$	−2.2	$Ho^{3+} + 3e^- = Ho$	−2.33
$Dy^{3+} + 3e^- = Dy$	−2.295	$I_2 + 2e^- = 2I^-$	0.5355
$Er^{2+} + 2e^- = Er$	−2	$I_3^- + 2e^- = 3I^-$	0.536
$Er^{3+} + 3e^- = Er$	−2.331	$2IBr + 2e^- = I_2 + 2Br^-$	1.02
$Es^{2+} + 2e^- = Es$	−2.23	$ICN + 2e^- = I^- + CN^-$	0.3
$Es^{3+} + 3e^- = Es$	−1.91	$2HIO + 2H^+ + 2e^- = I_2 + 2H_2O$	1.439
$Eu^{2+} + 2e^- = Eu$	−2.812	$HIO + H^+ + 2e^- = I^- + H_2O$	0.987
$Eu^{3+} + 3e^- = Eu$	−1.991	$IO^- + H_2O + 2e^- = I^- + 2OH^-$	0.485
$F_2 + 2H^+ + 2e^- = 2HF$	3.053	$2IO_3^- + 12H^+ + 10e^- = I_2 + 6H_2O$	1.195
$F_2O + 2H^+ + 4e^- = H_2O + 2F^-$	2.153	$IO_3^- + 6H^+ + 6e^- = I^- + 3H_2O$	1.085
$Fe^{2+} + 2e^- = Fe$	−0.447	$IO_3^- + 2H_2O + 4e^- = IO^- + 4OH^-$	0.15
$Fe^{3+} + 3e^- = Fe$	−0.037	$IO_3^- + 3H_2O + 6e^- = I^- + 6OH^-$	0.26
$Fe^{3+} + e^- = Fe^{2+}$	0.771	$2IO_3^- + 6H_2O + 10e^- = I_2 + 12OH^-$	0.21
$[Fe(CN)_6]^{3-} + e = [Fe(CN)_6]^{4-}$	0.358	$H_5IO_6 + H^+ + 2e^- = IO_3^- + 3H_2O$	1.601
$[Fe(CN)_6]^{4-} + 2e = Fe + 6CN^-$	−1.5	$In^+ + e^- = In$	−0.14
$FeF_6^{3-} + e^- = Fe^{2+} + 6F^-$	0.4	$In^{3+} + 3e^- = In$	−0.338
$Fe(OH)_2 + 2e^- = Fe + 2OH^-$	−0.877	$In(OH)_3 + 3e^- = In + 3OH^-$	−0.99
$Fe(OH)_3 + e^- = Fe(OH)_2 + OH^-$	−0.56	$Ir^{3+} + 3e^- = Ir$	1.156
$Fe_3O_4 + 8H^+ + 2e^- = 3Fe^{2+} + 4H_2O$	1.23	$IrBr_6^{2-} + e^- = IrBr_6^{3-}$	0.99
$Fm^{3+} + 3e^- = Fm$	−1.89	$IrCl_6^{2-} + e^- = IrCl_6^{3-}$	0.867
$Fr^+ + e^- = Fr$	−2.9	$K^+ + e^- = K$	−2.931
$Ga^{3+} + 3e^- = Ga$	−0.549	$La^{3+} + 3e^- = La$	−2.379
$H_2GaO_3^- + H_2O + 3e^- = Ga + 4OH^-$	−1.29	$La(OH)_3 + 3e^- = La + 3OH^-$	−2.9
$Gd^{3+} + 3e^- = Gd$	−2.279	$Li^+ + e^- = Li$	−3.04
$Ge^{2+} + 2e^- = Ge$	0.24	$Lr^{3+} + 3e^- = Lr$	−1.96
$Ge^{4+} + 2e^- = Ge^{2+}$	0	$Lu^{3+} + 3e^- = Lu$	−2.28
$GeO_2 + 2H^+ + 2e^- = GeO$(棕色)$+ H_2O$	−0.118	$Md^{2+} + 2e^- = Md$	−2.4
$GeO_2 + 2H^+ + 2e^- = GeO$(黄色)$+ H_2O$	−0.273	$Md^{3+} + 3e^- = Md$	−1.65
$H_2GeO_3 + 4H^+ + 4e^- = Ge + 3H_2O$	−0.182	$Mg^{2+} + 2e^- = Mg$	−2.372
$2H^+ + 2e^- = H_2$	0	$Mg(OH)_2 + 2e^- = Mg + 2OH^-$	−2.69
$H_2 + 2e^- = 2H^-$	−2.25	$Mn^{2+} + 2e^- = Mn$	−1.185
$2H_2O + 2e^- = H_2 + 2OH^-$	−0.8277	$Mn^{3+} + 3e^- = Mn$	1.542
$Hf^{4+} + 4e^- = Hf$	−1.55	$MnO_2 + 4H^+ + 2e^- = Mn^{2+} + 2H_2O$	1.224
$Hg^{2+} + 2e^- = Hg$	0.851	$MnO_4^- + 4H^+ + 3e^- = MnO_2 + 2H_2O$	1.679
$Hg_2^{2+} + 2e^- = 2Hg$	0.797	$MnO_4^- + 8H^+ + 5e^- = Mn^{2+} + 4H_2O$	1.507
$2Hg^{2+} + 2e^- = Hg_2^{2+}$	0.92	$MnO_4^- + 2H_2O + 3e^- = MnO_2 + 4OH^-$	0.595

续表

电极过程(electrode process)	$E_A^{\ominus}$/V	电极过程(electrode process)	$E_A^{\ominus}$/V
$Mn(OH)_2+2e^- = Mn+2OH^-$	−1.56	$PbO_2+SO_4^{2-}+4H^++2e^- = PbSO_4+2H_2O$	1.691
$Mo^{3+}+3e^- = Mo$	−0.2	$PbSO_4+2e^- = Pb+SO_4^{2-}$	−0.359
$MoO_4^{2-}+4H_2O+6e^- = Mo+8OH^-$	−1.05	$Pd^{2+}+2e^- = Pd$	0.915
$N_2+2H_2O+6H^++6e^- = 2NH_4OH$	0.092	$[PdCl_4]^{2-}+2e^- = Pd+4Cl^-$	0.591
$2NH_3OH^++H^++2e^- = N_2H_5^++2H_2O$	1.42	$[PdBr_4]^{2-}+2e^- = Pd+4Br^-$	0.60
$2NO+H_2O+2e^- = N_2O+2OH^-$	0.76	$PdO_2+H_2O+2e^- = PdO+2OH^-$	0.73
$2HNO_2+4H^++4e^- = N_2O+3H_2O$	1.297	$Pd(OH)_2+2e^- = Pd+2OH^-$	0.07
$NO_3^-+3H^++2e^- = HNO_2+H_2O$	0.934	$Pm^{2+}+2e^- = Pm$	−2.2
$NO_3^-+H_2O+2e^- = NO_2^-+2OH^-$	0.01	$Pm^{3+}+3e^- = Pm$	−2.3
$2NO_3^-+2H_2O+2e^- = N_2O_4+4OH^-$	−0.85	$Po^{4+}+4e^- = Po$	0.76
$Na^++e^- = Na$	−2.713	$Pr^{2+}+2e^- = Pr$	−2
$Nb^{3+}+3e^- = Nb$	−1.099	$Pr^{3+}+3e^- = Pr$	−2.353
$NbO_2+4H^++4e^- = Nb+2H_2O$	−0.69	$Pt^{2+}+2e^- = Pt$	1.18
$Nb_2O_5+10H^++10e^- = 2Nb+5H_2O$	−0.644	$[PtBr_4]^{2-}+2e^- = Pt+4Br^-$	0.58
$Nd^{2+}+2e^- = Nd$	−2.1	$[PtCl_4]^{2-}+2e^- = Pt+4Cl^-$	0.73
$Nd^{3+}+3e^- = Nd$	−2.323	$[PtCl_6]^{2-}+2e^- = [PtCl_4]^{2-}+2Cl^-$	0.68
$Ni^{2+}+2e^- = Ni$	−0.257	$[PtI_6]^{2-}+2e^- = [PtI_4]^{2-}+2I^-$	0.393
$NiCO_3+2e^- = Ni+CO_3^{2-}$	−0.45	$Pt(OH)_2+2e^- = Pt+2OH^-$	0.14
$Ni(OH)_2+2e^- = Ni+2OH^-$	−0.72	$PtO_2+4H^++4e^- = Pt+2H_2O$	1
$NiO_2+4H^++2e^- = Ni^{2+}+2H_2O$	1.678	$PtS+2e^- = Pt+S^{2-}$	−0.83
$No^{2+}+2e^- = No$	−2.5	$Pu^{3+}+3e^- = Pu$	−2.031
$No^{3+}+3e^- = No$	−1.2	$Pu^{5+}+e^- = Pu^{4+}$	1.099
$Np^{3+}+3e^- = Np$	−1.856	$Ra^{2+}+2e^- = Ra$	−2.8
$NpO_2+H_2O+H^++e^- = Np(OH)_3$	−0.962	$Rb^++e^- = Rb$	−2.98
$O_2+4H^++4e^- = 2H_2O$	1.229	$Re^{3+}+3e^- = Re$	0.3
$O_2+2H_2O+4e^- = 4OH^-$	0.401	$ReO_2+4H^++4e^- = Re+2H_2O$	0.251
$O_3+H_2O+2e^- = O_2+2OH^-$	1.24	$ReO_4^-+4H^++3e^- = ReO_2+2H_2O$	0.51
$Os^{2+}+2e^- = Os$	0.85	$ReO_4^-+4H_2O+7e^- = Re+8OH^-$	−0.584
$OsCl_6^{3-}+e^- = Os^{2+}+6Cl^-$	0.4	$Rh^{2+}+2e^- = Rh$	0.6
$OsO_2+2H_2O+4e^- = Os+4OH^-$	−0.15	$Rh^{3+}+3e^- = Rh$	0.758
$OsO_4+8H^++8e^- = Os+4H_2O$	0.838	$[RhCl_6]^{2-}+e^- = [RhCl_4]^{3-}$	1.2
$OsO_4+4H^++4e^- = OsO_2+2H_2O$	1.02	$Ru^{2+}+2e^- = Ru$	0.455
$P+3H_2O+3e^- = PH_3(g)+3OH^-$	−0.87	$RuO_2+4H^++2e^- = Ru^{2+}+2H_2O$	1.12
$H_2PO_2^-+e^- = P+2OH^-$	−1.82	$RuO_4+6H^++4e^- = Ru(OH)_2^{2+}+2H_2O$	1.4
$H_3PO_3+2H^++2e^- = H_3PO_2+H_2O$	−0.499	$S+2e^- = S^{2-}$	−0.476
$H_3PO_3+3H^++3e^- = P+3H_2O$	−0.454	$S+2H^++2e^- = H_2S(aq)$	0.142
$H_3PO_4+2H^++2e^- = H_3PO_3+H_2O$	−0.276	$S_2O_6^{2-}+4H^++2e^- = 2H_2SO_3$	0.564
$PO_4^{3-}+2H_2O+2e^- = HPO_3^{2-}+3OH^-$	−1.05	$2SO_3^{2-}+3H_2O+4e^- = S_2O_3^{2-}+6OH^-$	−0.571
$Pa^{3+}+3e^- = Pa$	−1.34	$2SO_3^{2-}+2H_2O+2e^- = S_2O_4^{2-}+4OH^-$	−1.12
$Pa^{4+}+4e^- = Pa$	−1.49	$SO_4^{2-}+H_2O+2e^- = SO_3^{2-}+2OH^-$	−0.93
$Pb^{2+}+2e^- = Pb$	−0.126	$Sb+3H^++3e^- = SbH_3$	−0.51
$Pb^{2+}+2e^- = Pb(Hg)$	−0.121	$Sb_2O_3+6H^++6e^- = 2Sb+3H_2O$	0.152
$PbBr_2+2e^- = Pb+2Br^-$	−0.284	$Sb_2O_5+6H^++4e^- = 2SbO^++3H_2O$	0.581
$PbCl_2+2e^- = Pb+2Cl^-$	−0.268	$SbO_3^-+H_2O+2e^- = SbO_2^-+2OH^-$	−0.59
$PbCO_3+2e^- = Pb+CO_3^{2-}$	−0.506	$Sc^{3+}+3e^- = Sc$	−2.077
$PbF_2+2e^- = Pb+2F^-$	−0.344	$Sc(OH)_3+3e^- = Sc+3OH^-$	−2.6
$PbI_2+2e^- = Pb+2I^-$	−0.365	$Se+2e^- = Se^{2-}$	−0.924
$PbO+H_2O+2e^- = Pb+2OH^-$	−0.58	$Se+2H^++2e^- = H_2Se(aq)$	−0.399
$PbO+4H^++2e^- = Pb+H_2O$	0.25	$H_2SeO_3+4H^++4e^- = Se+3H_2O$	−0.74
$PbO_2+4H^++2e^- = Pb^{2}+2H_2O$	1.455	$SeO_3^{2-}+3H_2O+4e^- = Se+6OH^-$	−0.366
$HPbO_2^-+H_2O+2e^- = Pb+3OH^-$	−0.537	$SeO_4^{2-}+H_2O+2e^- = SeO_3^{2-}+2OH^-$	0.05

续表

电极过程(electrode process)	$E_A^{\ominus}$/V	电极过程(electrode process)	$E_A^{\ominus}$/V
$Si+4H^++4e^-$ ═ SiH_4(气体)	0.102	Tl^++e^- ═ Tl	−0.336
$Si+4H_2O+4e^-$ ═ SiH_4+4OH^-	−0.73	$Tl^{3+}+3e^-$ ═ Tl	0.741
$SiF_6^{2-}+4e^-$ ═ $Si+6F^-$	−1.24	$Tl^{3+}+Cl^-+2e^-$ ═ $TlCl$	1.36
$SiO_2+4H^++4e^-$ ═ $Si+2H_2O$	−0.857	$TlBr+e^-$ ═ $Tl+Br^-$	−0.658
$SiO_3^{2-}+3H_2O+4e^-$ ═ $Si+6OH^-$	−1.697	$TlCl+e^-$ ═ $Tl+Cl^-$	−0.557
$Sm^{2+}+2e^-$ ═ Sm	−2.68	$TlI+e^-$ ═ $Tl+I^-$	−0.752
$Sm^{3+}+3e^-$ ═ Sm	−2.304	$Tl_2O_3+3H_2O+4e^-$ ═ $2Tl^++6OH^-$	0.02
$Sn^{2+}+2e^-$ ═ Sn	−0.138	$TlOH+e^-$ ═ $Tl+OH^-$	−0.34
$Sn^{4+}+2e^-$ ═ Sn^{2+}	0.151	$Tl_2SO_4+2e^-$ ═ $2Tl+SO_4^{2-}$	−0.436
$SnCl_4^{2-}+2e^-$ ═ $Sn+4Cl^-$(1mol/LHCl)	−0.19	$Tm^{2+}+2e^-$ ═ Tm	−2.4
$SnF_6^{2-}+4e^-$ ═ $Sn+6F^-$	−0.25	$Tm^{3+}+3e^-$ ═ Tm	−2.319
$Sn(OH)_3^-+3H^++2e^-$ ═ $Sn^{2+}+3H_2O$	0.142	$U^{3+}+3e^-$ ═ U	−1.798
$SnO_2+4H^++4e^-$ ═ $Sn+2H_2O$	−0.117	$UO_2+4H^++4e^-$ ═ $U+2H_2O$	−1.4
$Sn(OH)_6^{2-}+2e^-$ ═ $HSnO_2^-+3OH^-+H_2O$	−0.93	$UO_2^++4H^++e^-$ ═ $U^{4+}+2H_2O$	0.612
$Sr^{2+}+2e^-$ ═ Sr	−2.899	$UO_2^{2+}+4H^++6e^-$ ═ $U+2H_2O$	−1.444
$Sr^{2+}+2e^-$ ═ $Sr(Hg)$	−1.793	$V^{2+}+2e^-$ ═ V	−1.175
$Sr(OH)_2+2e^-$ ═ $Sr+2OH^-$	−2.88	$VO^{2+}+2H^++e^-$ ═ $V^{3+}+H_2O$	0.337
$Ta^{3+}+3e^-$ ═ Ta	−0.6	$VO_2^++2H^++e^-$ ═ $VO^{2+}+H_2O$	0.991
$Tb^{3+}+3e^-$ ═ Tb	−2.28	$VO_2^++4H^++2e^-$ ═ $V^{3+}+2H_2O$	0.668
$Tc^{2+}+2e^-$ ═ Tc	0.4	$V_2O_5+10H^++10e^-$ ═ $2V+5H_2O$	−0.242
TiO_2(金红石)$+4H^++2e^-$ ═ $Ti^{3+}+2H_2O$	−0.666	$W^{3+}+3e^-$ ═ W	0.1
$TcO_4^-+8H^++7e^-$ ═ $Tc+4H_2O$	0.472	$WO_3+6H^++6e^-$ ═ $W+3H_2O$	−0.09
$TcO_4^-+2H_2O+3e^-$ ═ TcO_2+4OH^-	−0.311	$W_2O_5+2H^++2e^-$ ═ $2WO_2+H_2O$	−0.031
$Te+2e^-$ ═ Te^{2-}	−1.143	$Y^{3+}+3e^-$ ═ Y	−2.372
$Te^{4+}+4e^-$ ═ Te	0.568	$Yb^{2+}+2e^-$ ═ Yb	−2.76
$Th^{4+}+4e^-$ ═ Th	−1.899	$Yb^{3+}+3e^-$ ═ Yb	−2.19
$Ti^{2+}+2e^-$ ═ Ti	−1.63	$Zn^{2+}+2e^-$ ═ Zn	−0.7618
$Ti^{3+}+3e^-$ ═ Ti	−1.37	$Zn^{2+}+2e^-$ ═ $Zn(Hg)$	−0.7628
$TiO_2+4H^++2e^-$ ═ $Ti^{2+}+2H_2O$	−0.502	$Zn(OH)_2+2e^-$ ═ $Zn+2OH^-$	−1.249
$TiO^{2+}+2H^++e^-$ ═ $Ti^{3+}+H_2O$	0.1	$ZnS+2e^-$ ═ $Zn+S^{2-}$	−1.4
$Au(CN)_2^-+e^-$ ═ $Au+2CN^-$	−0.611	$ZnSO_4+2e^-$ ═ $Zn(Hg)+SO_4^{2-}$	−0.799
$Ag(CN)_2^-+e^-$ ═ $Ag+2CN^-$	−0.31	$H_2O_2+2H^++2e^-$ ═ $2H_2O$	1.776
$Zn(CN)_4^{2-}+2e^-$ ═ $Zn+4CN^-$	−1.26	$V^{3+}+3e^-$ ═ V	−0.89
$Zn(NH_3)_4^{2+}+2e^-$ ═ $Zn+4NH_3$	−1.04		

附录八　金属-有机配位体配合物的稳定常数

序号	配位体(ligand)	金属离子(metal ion)	配位体数目 n (number of ligand)	$\lg\beta_n$	序号	配位体(ligand)	金属离子(metal ion)	配位体数目 n (number of ligand)	$\lg\beta_n$
1	乙二胺	Ag^+	1	7.32	1	乙二胺	Co^{3+}	1	36.0
	四乙酸	Al^{3+}	1	16.11		四乙酸	Cr^{3+}	1	23.0
	(EDTA)	Ba^{2+}	1	7.78		(EDTA)	Cu^{2+}	1	18.7
	[(HOOC	Be^{2+}	1	9.3		[(HOOC	Fe^{2+}	1	14.83
	$CH_2)_2$	Bi^{3+}	1	22.8		$CH_2)_2$	Fe^{3+}	1	24.23
	$NCH_2]_2$	Ca^{2+}	1	11.0		$NCH_2]_2$	Ga^{3+}	1	20.25
		Cd^{2+}	1	16.4			Hg^{2+}	1	21.80
		Co^{2+}	1	16.31			In^{3+}	1	24.95

续表

序号	配位体 (ligand)	金属离子 (metal ion)	配位体数目 n (number of ligand)	$\lg\beta_n$
1	乙二胺	Li^+	1	2.79
	四乙酸	Mg^{2+}	1	8.64
	(EDTA)	Mn^{2+}	1	13.8
	[(HOOC	Mo(V)	1	6.36
	$CH_2)_2$	Na^+	1	1.66
	$NCH_2]_2$	Ni^{2+}	1	18.56
		Pb^{2+}	1	18.3
		Pd^{2+}	1	18.5
		Sc^{2+}	1	23.1
		Sn^{2+}	1	22.1
		Sr^{2+}	1	8.80
		Th^{4+}	1	23.2
		TiO^{2+}	1	17.3
		Tl^{3+}	1	22.5
		U^{4+}	1	17.50
		VO^{2+}	1	18.0
		Y^{3+}	1	18.32
		Zn^{2+}	1	16.4
		Zr^{4+}	1	19.4
2	乙酸	Ag^+	1,2	0.73,0.64
	(acetic	Ba^{2+}	1	0.41
	acid)	Ca^{2+}	1	0.6
	CH_3C	Cd^{2+}	1,2,3	1.5,2.3,2.4
	OOH	Ce^{3+}	1,2,3,4	1.68,2.69,3.13,3.18
		Co^{2+}	1,2	1.5,1.9
		Cr^{3+}	1,2,3	4.63,7.08,9.60
		Cu^{2+}(20℃)	1,2	2.16,3.20
		In^{3+}	1,2,3,4	3.50,5.95,7.90,9.08
		Mn^{2+}	1,2	9.84,2.06
		Ni^{2+}	1,2	1.12,1.81
		Pb^{2+}	1,2,3,4	2.52,4.0,6.4,8.5
		Sn^{2+}	1,2,3	3.3,6.0,7.3
		Tl^{3+}	1,2,3,4	6.17,11.28,15.10,18.3
		Zn^{2+}	1	1.5
3	乙酰丙酮	Al^{3+}(30℃)	1,2	8.6,15.5
	(acetyl	Cd^{2+}	1,2	3.84,6.66
	acetone)	Co^{2+}	1,2	5.40,9.54
	CH_3	Cr^{2+}	1,2	5.96,11.7
	$COCH_2$	Cu^{2+}	1,2	8.27,16.34
	CH_3	Fe^{2+}	1,2	5.07,8.67
		Fe^{3+}	1,2,3	11.4,22.1,26.7
		Hg^{2+}	2	21.5
		Mg^{2+}	1,2	3.65,6.27
		Mn^{2+}	1,2	4.24,7.35
		Mn^{3+}	3	3.86
		Ni^{2+}(20℃)	1,2,3	6.06,10.77,13.09
		Pb^{2+}	2	6.32
3	乙酰丙酮	Pd^{2+}(30℃)	1,2	16.2,27.1
	(acetyl	Th^{4+}	1,2,3,4	8.8,16.2,22.5,26.7
	acetone)	Ti^{3+}	1,2,3	10.43,18.82,24.90
	CH_3	V^{2+}	1,2,3	5.4,10.2,14.7
	$COCH_2$	Zn^{2+}(30℃)	1,2	4.98,8.81
	CH_3	Zr^{4+}	1,2,3,4	8.4,16.0,23.2,30.1
4	草酸	Ag^+	1	2.41
	(oxalic	Al^{3+}	1,2,3	7.26,13.0,16.3
	acid)	Ba^{2+}	1	2.31
	HOOC	Ca^{2+}	1	3.0
	COOH	Cd^{2+}	1,2	3.52,5.77
		Co^{2+}	1,2,3	4.79,6.7,9.7
		Cu^{2+}	1,2	6.23,10.27
		Fe^{2+}	1,2,3	2.9,4.52,5.22
		Fe^{3+}	1,2,3	9.4,16.2,20.2
		Hg^{2+}	1	9.66
		Hg_2^{2+}	2	6.98
		Mg^{2+}	1,2	3.43,4.38
		Mn^{2+}	1,2	3.97,5.80
		Mn^{3+}	1,2,3	9.98,16.57,19.42
		Ni^{2+}	1,2,3	5.3,7.64,~8.5
		Pb^{2+}	1,2	4.91,6.76
		Sc^{3+}	1,2,3,4	6.86,11.31,14.32,16.70
		Th^{4+}	4	24.48
		Zn^{2+}	1,2,3	4.89,7.60,8.15
		Zr^{4+}	1,2,3,4	9.80,17.14,20.86,21.15
5	乳酸	Ba^{2+}	1	0.64
	(lactic	Ca^{2+}	1	1.42
	acid)	Cd^{2+}	1	1.70
	CH_3	Co^{2+}	1	1.90
	CHOH	Cu^{2+}	1,2	3.02,4.85
	COOH	Fe^{3+}	1	7.1
		Mg^{2+}	1	1.37
		Mn^{2+}	1	1.43
		Ni^{2+}	1	2.22
		Pb^{2+}	1,2	2.40,3.80
		Sc^{2+}	1	5.2
		Th^{4+}	1	5.5
		Zn^{2+}	1,2	2.20,3.75
6	水杨酸	Al^{3+}	1	14.11
	(salicylic	Cd^{2+}	1	5.55
	acid)	Co^{2+}	1,2	6.72,11.42
	C_6H_4	Cr^{2+}	1,2	8.4,15.3
	(OH)	Cu^{2+}	1,2	10.60,18.45
	COOH	Fe^{2+}	1,2	6.55,11.25
		Mn^{2+}	1,2	5.90,9.80
		Ni^{2+}	1,2	6.95,11.75

续表

序号	配位体 (ligand)	金属离子 (metal ion)	配位体数目 n (number of ligand)	$\lg\beta_n$
6	水杨酸 (salicylic acid) $C_6H_4(OH)COOH$	Th^{4+}	1,2,3,4	4.25,7.60,10.05,11.60
		TiO^{2+}	1	6.09
		V^{2+}	1	6.3
		Zn^{2+}	1	6.85
7	磺基水杨酸 (5-sulfosalicylic acid) $HO_3SC_6H_3(OH)COOH$	Al^{3+}(0.1mol/L)	1,2,3	13.20,22.83,28.89
		Be^{2+}(0.1mol/L)	1,2	11.71,20.81
		Cd^{2+}(0.1mol/L)	1,2	16.68,29.08
		Co^{2+}(0.1mol/L)	1,2	6.13,9.82
		Cr^{3+}(0.1mol/L)	1	9.56
		Cu^{2+}(0.1mol/L)	1,2	9.52,16.45
		Fe^{2+}(0.1mol/L)	1,2	5.9,9.9
		Fe^{3+}(0.1mol/L)	1,2,3	14.64,25.18,32.12
		Mn^{2+}(0.1mol/L)	1,2	5.24,8.24
		Ni^{2+}(0.1mol/L)	1,2	6.42,10.24
		Zn^{2+}(0.1mol/L)	1,2	6.05,10.65
8	酒石酸 (tartaric acid) $(HOOCCHOH)_2$	Ba^{2+}	2	1.62
		Bi^{3+}	3	8.30
		Ca^{2+}	1,2	2.98,9.01
		Cd^{2+}	1	2.8
		Co^{2+}	1	2.1
		Cu^{2+}	1,2,3,4	3.2,5.11,4.78,6.51
		Fe^{3+}	1	7.49
		Hg^{2+}	1	7.0
		Mg^{2+}	2	1.36
		Mn^{2+}	1	2.49
		Ni^{2+}	1	2.06
		Pb^{2+}	1,3	3.78,4.7
		Sn^{2+}	1	5.2
		Zn^{2+}	1,2	2.68,8.32
9	丁二酸 (butanedioic acid)	Ba^{2+}	1	2.08
		Be^{2+}	1	3.08
		Ca^{2+}	1	2.0
		Cd^{2+}	1	2.2
		Co^{2+}	1	2.22
		Cu^{2+}	1	3.33
		Fe^{3+}	1	7.49
		Hg^{2+}	2	7.28
		Mg^{2+}	1	1.20
		Mn^{2+}	1	2.26
		Ni^{2+}	1	2.36
		Pb^{2+}	1	2.8
		Zn^{2+}	1	1.6
10	硫脲 (thiourea) $H_2NC(=S)NH_2$	Ag^{+}	1,2	7.4,13.1
		Bi^{3+}	6	11.9
		Cd^{2+}	1,2,3,4	0.6,1.6,2.6,4.6
		Cu^{+}	3,4	13.0,15.4
		Hg^{2+}	2,3,4	22.1,24.7,26.8
		Pb^{2+}	1,2,3,4	1.4,3.1,4.7,8.3
11	乙二胺 (ethyoenediamine) $H_2NCH_2CH_2NH_2$	Ag^{+}	1,2	4.70,7.70
		Cd^{2+}(20℃)	1,2,3	5.47,10.09,12.09
		Co^{2+}	1,2,3	5.91,10.64,13.94
		Co^{3+}	1,2,3	18.7,34.9,48.69
		Cr^{2+}	1,2	5.15,9.19
		Cu^{+}	2	10.8
		Cu^{2+}	1,2,3	10.67,20.0,21.0
		Fe^{2+}	1,2,3	4.34,7.65,9.70
		Hg^{2+}	1,2	14.3,23.3
		Mg^{2+}	1	0.37
		Mn^{2+}	1,2,3	2.73,4.79,5.67
		Ni^{2+}	1,2,3	7.52,13.84,18.33
		Pd^{2+}	2	26.90
		V^{2+}	1,2	4.6,7.5
		Zn^{2+}	1,2,3	5.77,10.83,14.11
12	吡啶 (pyridine) C_5H_5N	Ag^{+}	1,2	1.97,4.35
		Cd^{2+}	1,2,3,4	1.40,1.95,2.27,2.50
		Co^{2+}	1,2	1.14,1.54
		Cu^{2+}	1,2,3,4	2.59,4.33,5.93,6.54
		Fe^{2+}	1	0.71
		Hg^{2+}	1,2,3	5.1,10.0,10.4
		Mn^{2+}	1,2,3,4	1.92,2.77,3.37,3.50
		Zn^{2+}	1,2,3,4	1.41,1.11,1.61,1.93
13	甘氨酸 (glycin) H_2NCH_2COOH	Ag^{+}	1,2	3.41,6.89
		Ba^{2+}	1	0.77
		Ca^{2+}	1	1.38
		Cd^{2+}	1,2	4.74,8.60
		Co^{2+}	1,2,3	5.23,9.25,10.76
		Cu^{2+}	1,2,3	8.60,15.54,16.27
		Fe^{2+}(20℃)	1,2	4.3,7.8
		Hg^{2+}	1,2	10.3,19.2
		Mg^{2+}	1,2	3.44,6.46
		Mn^{2+}	1,2	3.6,6.6
		Ni^{2+}	1,2,3	6.18,11.14,15.0
		Pb^{2+}	1,2	5.47,8.92
		Pd^{2+}	1,2	9.12,17.55
		Zn^{2+}	1,2	5.52,9.96
14	2-甲基-8-羟基喹啉（50%二噁烷） (8-hydroxy-2-methyl quinoline)	Cd^{2+}	1,2,3	9.00,9.00,16.60
		Ce^{3+}	1	7.71
		Co^{2+}	1,2	9.63,18.50
		Cu^{2+}	1,2	12.48,24.00
		Fe^{2+}	1,2	8.75,17.10
		Mg^{2+}	1,2	5.24,9.64
		Mn^{2+}	1,2	7.44,13.99
		Ni^{2+}	1,2	9.41,17.76
		Pb^{2+}	1,2	10.30,18.50
		UO_2^{2+}	1,2	9.4,17.0
		Zn^{2+}	1,2	9.82,18.72

附录九　常用化合物的相对分子质量

化合物	相对分子质量
$AgBr$	187.772
$AgCl$	143.321
$AgCN$	133.886
$AgSCN$	165.952
Ag_2CrO_4	331.730
AgI	234.772
$AgNO_3$	169.873
$AlCl_3$	133.340
Al_2O_3	101.961
$Al(OH)_3$	78.004
$Al_2(SO_4)$	342.154
As_2O_3	197.841
As_2O_5	229.840
As_2S_3	246.041
$BaCO_3$	197.336
BaC_2O_4	225.347
$BaCl$	208.232
$BaCrO_4$	253.321
BaO	153.326
$Ba(OH)_2$	171.342
$BaSO_4$	233.391
$BiCl_3$	315.338
$BiOCl$	260.432
CO_2	44.010
CaO	56.077
$CaCO_3$	100.087
CaC_2O_4	128.098
$CaCl_2$	110.983
CaF	78.075
$Ca(NO_3)_2$	164.087
$Ca(OH)_2$	74.093
$Ca_3(PO_4)_2$	310.177
$CaSO_4$	136.142
$CdCO_3$	172.420
$CdCl_2$	183.316
CdS	144.477
$Ce(SO_4)_2$	332.24
CH_3COOH	60.05
CH_3OH	32.04
CH_3COCH_3	58.08
C_6H_5COOH	122.12
$K_2Cr_2O_7$	294.185
$K_3Fe(CN)_6$	329.246
$K_4Fe(CN)_6$	368.347
$KHC_2O_4 \cdot H_2O$	146.141
$KHC_2O_4 \cdot H_2C_2O_4 \cdot 2H_2O$	254.20
$KHC_4H_4O_6$	188.178
$KHSO_4$	136.170
KI	166.003
KIO_3	214.001
$KIO_3 \cdot HIO_3$	389.91
$KMnO_4$	158.034
$KNaC_4H_4O_6 \cdot 4H_2O$	282.221
KNO_3	101.103
KNO_2	85.104
K_2O	94.196
KOH	56.105
K_2SO_4	174.261
$MgCO_3$	84.314
$MgCl_2$	95.210
$MgC_2O_4 \cdot 2H_2O$	148.355
$Mg(NO_3)_2 \cdot 6H_2O$	256.406
$MgNH_4PO_4$	137.82
MgO	40.304
$Mg(OH)_2$	58.320
$Mg_2P_2O_7 \cdot 3H_2O$	276.600
$MgSO_4 \cdot 7H_2O$	246.475
$MnCO_3$	114.947
$MnCl_2 \cdot 4H_2O$	197.905
$Mn(NO_3)_2 6H_2O$	287.040
MnO	70.937
MnO	86.937
MnS	87.004
$MnSO_4$	151.002
NO	30.006
NO_2	46.006
NH_3	17.031
$NH_3 \cdot H_2O$	35.046
NH_4Cl	53.492
$(NH_4)_2CO_3$	96.086
$(NH_4)_2C_2O_4$	124.10
$NH_4Fe(SO_4)_2 \cdot 12H_2O$	482.194
$(NH_4)_3PO_4 \cdot 12MoO_3$	1876.35
NH_4SCN	76.122
C_6H_5COONa	144.11
$C_6H_4COOHCOOK$	204.22
CH_3COONH_4	77.08
CH_3COONa	82.03
C_6H_5OH	94.11
$(C_9H_7N)_3H_3PO_3 \cdot 12MoO_3$（磷钼酸喹啉）	2212.74
$COOHCH_2COOH$	104.06
$COOHCH_2COONa$	126.04
CCl_4	153.82
$CoCl_2$	129.838
$Co(NO_3)_2$	182.942
CoS	91.00
$CoSO_4$	154.997
$CO(NH_2)_2$	60.06
$CrCl_3$	158.354
$Cr(NO_3)_3$	238.011
Cr_2O_3	151.990
$CuCl$	98.999
$CuCl_2$	134.451
$CuSCN$	121.630
CuI	190.450
$Cu(NO_3)_2$	187.555
CuO	79.545
Cu_2O	143.091
CuS	95.612
$CuSO_4$	159.610
$FeCl_2$	126.750
$FeCl_3$	162.203
$Fe(NO_3)_3$	241.862
FeO	71.844
Fe_2O_3	159.688
Fe_3O_4	231.533
$Fe(OH)_3$	106.867
FeS	87.911
Fe_2S_3	207.87
$FeSO_4$	151.909
$Fe_2(SO_4)_3$	399.881
H_3AsO_3	125.944
H_3AsO_4	141.944
H_3BO_3	61.833
NH_4HCO_3	79.056
$(NH_4)_2MoO_4$	196.04
NH_4NO_3	80.043
$(NH_4)_2HPO_4$	132.055
$(NH_4)_2S$	68.143
$(NH_4)_2SO_4$	132.141
Na_3AsO_3	191.89
$Na_2B_4O_7$	201.220
$Na_2B_4O_7 \cdot 10H_2O$	381.373
$NaBiO_3$	279.968
$NaBr$	102.894
$NaCN$	49.008
$NaSCN$	81.074
Na_2CO_3	106.0
$Na_2CO_3 \cdot 10H_2O$	286.142
$Na_2C_2O_4$	134.000
$NaCl$	58.443
$NaClO$	74.442
NaI	149.894
NaF	41.988
$NaHCO_3$	84.007
Na_2HPO_4	141.959
NaH_2PO_4	119.997
$Na_2H_2Y \cdot 2H_2O$	372.240
$NaNO_2$	68.996
$NaNO_3$	84.995
Na_2O	61.979
Na_2O_2	77.979
$NaOH$	39.997
Na_3PO_4	163.94
Na_2S	78.046
Na_2SiF_6	188.056
Na_2SO_3	126.044
$Na_2S_2O_3$	158.11
Na_2SO_4	142.044
$NiC_8H_{14}O_4N_4$（丁二酮肟合镍）	288.92
$NiCl_2 \cdot 6H_2O$	237.689
NiO	74.692
$Ni(NO_3)_2 \cdot 6H_2O$	290.794
NiS	90.759
$NiSO_4 \cdot 7H_2O$	280.863
P_2O_5	141.945
HBr	80.912
HCN	27.026
$HCOOH$	46.03
H_2CO_3	62.0251
$H_2C_2O_4$	90.04
$H_2C_2O_4 \cdot 2H_2O$	126.0665
$H_2C_4H_4O_6$（酒石酸）	150.09
HCl	36.461
$HClO_4$	100.459
HF	20.006
HI	127.912
HIO_3	175.910
HNO_3	63.013
HNO_2	47.014
H_2O	18.015
H_2O_2	34.015
H_3PO_4	97.995
H_2S	34.082
H_2SO_3	82.080
H_2SO_4	98.080
$Hg(CN)_2$	252.63
$HgCl_2$	271.50
Hg_2Cl_2	472.09
HgI_2	454.40
$Hg_2(NO_3)_2$	525.19
$Hg(NO_3)_2$	324.60
HgO	216.59
HgS	232.66
$HgSO_4$	296.65
Hg_2SO_4	497.24
$KAl(SO_4)_2 \cdot 12H_2O$	474.391
$KB(C_6H_5)_4$	358.332
KBr	119.002
$KBrO_3$	167.000
KCl	74.551
$KClO_3$	122.549
$KClO_4$	138.549
KCN	65.116
$KSCN$	97.182
K_2CO_3	138.206
K_2CrO_4	194.191
$PbCO_3$	267.2
PbC_2O_4	295.2
$PbCl_2$	278.1
$PbCrO_4$	323.2
$Pb(CH_3COO)_2$	325.3
$Pb(CH_3COO)_2 \cdot 3H_2O$	427.3
PbI_2	461.0
$Pb(NO_3)_2$	331.2
PbO	223.2
PbO_2	239.2
Pb_3O_4	685.6
$Pb_3(PO_4)_2$	811.5
PbS	239.3
$PbSO_4$	303.3
SO_3	80.064
SO_2	64.065
$SbCl_3$	228.118
$SbCl_5$	299.024
Sb_2O_3	291.518
Sb_2S_3	339.718
SiO_2	60.085
$SnCO_3$	178.82
$SnCl_2$	189.615
$SnCl_4$	260.521
SnO_2	150.709
SnS	150.776
$SrCO_3$	147.63
SrC_2O_4	175.64
$SrCrO_4$	203.61
$Sr(NO_3)_2$	211.63
$SrSO_4$	183.68
TiO_2	79.866
$UO_2(C_2H_3O_2)_2 \cdot 2H_2O$	422.13
WO_3	231.84
$ZnCO_3$	125.40
$ZnC_2O_4 \cdot 2H_2O$	189.44
$ZnCl_2$	136.29
$Zn(CH_3COO)_2$	183.48
$Zn(NO_3)$	189.40
$Zn_2P_2O_7$	304.72
ZnO	81.39
ZnS	97.46
$ZnSO_4$	161.45

参 考 文 献

[1] 董元彦等编．无机及分析化学．北京：科学出版社，2000.
[2] 史启祯主编．无机化学与化学分析．北京：高等教育出版社，1998，2005.
[3] 徐勉懿等编著．无机及分析化学．武汉：武汉大学出版社，1994年，2003年．
[4] 武汉大学《无机及分析分析》编写组编著．无机化学及分析化学．第3版．武昌：武汉大学出版社，2008.
[5] 王致勇编著．无机化学原理．北京：清华大学出版社，1983.
[6] 彭崇慧等．定量分析简明教程．第2版．北京：北京大学出版社，1997.
[7] 印永嘉等．物理化学简明教程．北京：高等教育出版社，1992.
[8] 倪静安等编．无机及分析化学．北京：化学工业出版社，1998，2005.
[9] 汪尔康主编．21世纪的分析化学．北京：科学出版社，1999.
[10] 浙江大学编（主编贾之慎）．无机及分析化学．第2版．北京：高等教育出版社，2008.
[11] 南京大学《无机及分析化学》编写组．无机及分析化学．第4版．北京：高等教育出版社，2010.
[12] 竺际舜主编．无机化学．北京：科学出版社，2008.
[13] 薛增泉著．碳电子学．北京：科学出版社，2010.
[14] 曲保中，朱炳林，周伟红主编．新大学化学．北京：科学出版社，2002.
[15] 钟国清，朱云云主编．无机及分析化学．北京：科学出版社，2011.
[16] 张天蓝主编．无机化学．第5版．北京：人民卫生出版社，2008.
[17] 《电镀手册》编写组．电镀手册．北京：国防工业出版社，1986.
[18] 李运涛主编．无机及分析化学．北京：化学工业出版社，2010.
[19] 黄月君主编．无机及分析化学．武汉：华中科技大学出版社，2010.
[20] 中国知网．
[21] 中国标准全文．
[22] 外文数据库 Spring LINK.
[23] 外文数据库 Web of Science.

元素周期表

IUPAC 2013

图例（以95号元素为例）：

+2 +3 +4 +5 +6	95 — 原子序数
Am — 元素符号(红色的为放射性元素)	
镅▲ — 元素名称(注▲的为人造元素)	
$5f^7 7s^2$ — 价层电子构型	
243.06138(2)✦	

氧化态(单质的氧化态为0，未列入；常见的为红色)

以 $^{12}C=12$ 为基准的原子量(注✦的是半衰期最长同位素的原子量)

s区元素　p区元素　d区元素　ds区元素　f区元素　稀有气体

族 周期	1 ⅠA	2 ⅡA	3 ⅢB	4 ⅣB	5 ⅤB	6 ⅥB	7 ⅦB	8 ⅧB(Ⅷ)	9 ⅧB(Ⅷ)	10 ⅧB(Ⅷ)	11 ⅠB	12 ⅡB	13 ⅢA	14 ⅣA	15 ⅤA	16 ⅥA	17 ⅦA	18 ⅧA(0)	电子层
1	−1 +1 1 H 氢 $1s^1$ 1.008																	2 He 氦 $1s^2$ 4.002602(2)	K
2	+1 3 Li 锂 $2s^1$ 6.94	+2 4 Be 铍 $2s^2$ 9.0121831(5)											+3 5 B 硼 $2s^2 2p^1$ 10.81	−4 +2 +4 6 C 碳 $2s^2 2p^2$ 12.011	−3 −2 −1 +1 +2 +3 +4 +5 7 N 氮 $2s^2 2p^3$ 14.007	−2 −1 8 O 氧 $2s^2 2p^4$ 15.999	−1 9 F 氟 $2s^2 2p^5$ 18.998403163(6)	10 Ne 氖 $2s^2 2p^6$ 20.1797(6)	L K
3	−1 +1 11 Na 钠 $3s^1$ 22.98976928(2)	+2 12 Mg 镁 $3s^2$ 24.305											+3 13 Al 铝 $3s^2 3p^1$ 26.9815385(7)	−4 +2 +4 14 Si 硅 $3s^2 3p^2$ 28.085	−3 −2 +1 +3 +5 15 P 磷 $3s^2 3p^3$ 30.973761998(5)	−2 +2 +4 +6 16 S 硫 $3s^2 3p^4$ 32.06	−1 +1 +3 +5 +7 17 Cl 氯 $3s^2 3p^5$ 35.45	18 Ar 氩 $3s^2 3p^6$ 39.948(1)	M L K
4	−1 +1 19 K 钾 $4s^1$ 39.0983(1)	+2 20 Ca 钙 $4s^2$ 40.078(4)	+3 21 Sc 钪 $3d^1 4s^2$ 44.955908(5)	−1 0 +2 +3 +4 22 Ti 钛 $3d^2 4s^2$ 47.867(1)	0 ±1 +2 +3 +4 +5 23 V 钒 $3d^3 4s^2$ 50.9415(1)	−3 0 ±1 ±2 +3 +4 +5 +6 24 Cr 铬 $3d^5 4s^1$ 51.9961(6)	−2 0 ±1 +2 ±3 +4 +5 +6 +7 25 Mn 锰 $3d^5 4s^2$ 54.938044(3)	−2 0 ±1 +2 +3 +4 +5 +6 26 Fe 铁 $3d^6 4s^2$ 55.845(2)	0 ±1 +2 +3 +4 +5 27 Co 钴 $3d^7 4s^2$ 58.933194(4)	0 ±1 +2 +3 +4 28 Ni 镍 $3d^8 4s^2$ 58.6934(4)	+1 +2 +3 +4 29 Cu 铜 $3d^{10} 4s^1$ 63.546(3)	+1 +2 30 Zn 锌 $3d^{10} 4s^2$ 65.38(2)	+1 +3 31 Ga 镓 $4s^2 4p^1$ 69.723(1)	+2 +4 32 Ge 锗 $4s^2 4p^2$ 72.630(8)	−3 +3 +5 33 As 砷 $4s^2 4p^3$ 74.921595(6)	−2 +2 +4 +6 34 Se 硒 $4s^2 4p^4$ 78.971(8)	−1 +1 +3 +5 +7 35 Br 溴 $4s^2 4p^5$ 79.904	+2 +4 36 Kr 氪 $4s^2 4p^6$ 83.798(2)	N M L K
5	−1 +1 37 Rb 铷 $5s^1$ 85.4678(3)	+2 38 Sr 锶 $5s^2$ 87.62(1)	+3 39 Y 钇 $4d^1 5s^2$ 88.90584(2)	+1 +2 +3 +4 40 Zr 锆 $4d^2 5s^2$ 91.224(2)	0 ±1 +2 +3 +4 +5 41 Nb 铌 $4d^4 5s^1$ 92.90637(2)	0 ±1 ±2 +3 +4 +5 +6 42 Mo 钼 $4d^5 5s^1$ 95.95(1)	0 ±1 +2 +3 +4 +5 +6 +7 43 Tc 锝▲ $4d^5 5s^2$ 97.90721(3)✦	0 +1 ±2 +3 +4 +5 +6 +7 +8 44 Ru 钌 $4d^7 5s^1$ 101.07(2)	0 ±1 +2 +3 +4 +5 +6 45 Rh 铑 $4d^8 5s^1$ 102.90550(2)	0 +1 +2 +3 +4 46 Pd 钯 $4d^{10}$ 106.42(1)	+1 +2 +3 47 Ag 银 $4d^{10} 5s^1$ 107.8682(2)	+1 +2 48 Cd 镉 $4d^{10} 5s^2$ 112.414(4)	+1 +3 49 In 铟 $5s^2 5p^1$ 114.818(1)	+2 +4 50 Sn 锡 $5s^2 5p^2$ 118.710(7)	−3 +3 +5 51 Sb 锑 $5s^2 5p^3$ 121.760(1)	−2 +2 +4 +6 52 Te 碲 $5s^2 5p^4$ 127.60(3)	−1 +1 +3 +5 +7 53 I 碘 $5s^2 5p^5$ 126.90447(3)	+2 +4 +6 +8 54 Xe 氙 $5s^2 5p^6$ 131.293(6)	O N M L K
6	−1 +1 55 Cs 铯 $6s^1$ 132.90545196(6)	+2 56 Ba 钡 $6s^2$ 137.327(7)	57~71 La~Lu 镧系	+1 +2 +3 +4 72 Hf 铪 $5d^2 6s^2$ 178.49(2)	0 ±1 +2 +3 +4 +5 73 Ta 钽 $5d^3 6s^2$ 180.94788(2)	0 ±1 ±2 +3 +4 +5 +6 74 W 钨 $5d^4 6s^2$ 183.84(1)	0 ±1 +2 +3 +4 +5 +6 +7 75 Re 铼 $5d^5 6s^2$ 186.207(1)	0 +1 +2 +3 +4 +5 +6 +7 +8 76 Os 锇 $5d^6 6s^2$ 190.23(3)	0 ±1 +2 +3 +4 +5 +6 77 Ir 铱 $5d^7 6s^2$ 192.217(3)	0 +2 +3 +4 +5 +6 78 Pt 铂 $5d^9 6s^1$ 195.084(9)	+1 +2 +3 +5 79 Au 金 $5d^{10} 6s^1$ 196.966569(5)	+1 +2 +3 80 Hg 汞 $5d^{10} 6s^2$ 200.592(3)	+1 +3 81 Tl 铊 $6s^2 6p^1$ 204.38	+2 +4 82 Pb 铅 $6s^2 6p^2$ 207.2(1)	−3 +3 +5 83 Bi 铋 $6s^2 6p^3$ 208.98040(1)	−2 +2 +4 +6 84 Po 钋 $6s^2 6p^4$ 208.98243(2)✦	±1 +5 +7 85 At 砹 $6s^2 6p^5$ 209.98715(5)✦	+2 86 Rn 氡 $6s^2 6p^6$ 222.01758(2)✦	P O N M L K
7	+1 87 Fr 钫▲ $7s^1$ 223.01974(2)✦	+2 88 Ra 镭 $7s^2$ 226.02541(2)✦	89~103 Ac~Lr 锕系	104 Rf 𬬻▲ $6d^2 7s^2$ 267.122(4)✦	105 Db 𬭊▲ $6d^3 7s^2$ 270.131(4)✦	106 Sg 𬭳▲ $6d^4 7s^2$ 269.129(3)✦	107 Bh 𬭛▲ $6d^5 7s^2$ 270.133(2)✦	108 Hs 𬭶▲ $6d^6 7s^2$ 270.134(2)✦	109 Mt 鿏▲ $6d^7 7s^2$ 278.156(5)✦	110 Ds 𫟼 281.165(4)✦	111 Rg 𬬭▲ 281.166(6)✦	112 Cn 鿔▲ 285.177(4)✦	113 Nh 鉨▲ 286.182(5)✦	114 Fl 𫓧▲ 289.190(4)✦	115 Mc 镆▲ 289.194(6)✦	116 Lv 𫟷▲ 293.204(4)✦	117 Ts 石田▲ 293.208(6)✦	118 Og 气奥▲ 294.214(5)✦	Q P O N M L K

★ 镧系	+3 57 La★ 镧 $5d^1 6s^2$ 138.90547(7)	+2 +3 +4 58 Ce 铈 $4f^1 5d^1 6s^2$ 140.116(1)	+3 +4 59 Pr 镨 $4f^3 6s^2$ 140.90766(2)	+2 +3 +4 60 Nd 钕 $4f^4 6s^2$ 144.242(3)	+3 61 Pm 钷▲ $4f^5 6s^2$ 144.91276(2)✦	+2 +3 62 Sm 钐 $4f^6 6s^2$ 150.36(2)	+2 +3 63 Eu 铕 $4f^7 6s^2$ 151.964(1)	+3 64 Gd 钆 $4f^7 5d^1 6s^2$ 157.25(3)	+3 +4 65 Tb 铽 $4f^9 6s^2$ 158.92535(2)	+3 +4 66 Dy 镝 $4f^{10} 6s^2$ 162.500(1)	+3 67 Ho 钬 $4f^{11} 6s^2$ 164.93033(2)	+3 68 Er 铒 $4f^{12} 6s^2$ 167.259(3)	+2 +3 69 Tm 铥 $4f^{13} 6s^2$ 168.93422(2)	+2 +3 70 Yb 镱 $4f^{14} 6s^2$ 173.045(10)	+3 71 Lu 镥 $4f^{14} 5d^1 6s^2$ 174.9668(1)
★ 锕系	+3 89 Ac★ 锕 $6d^1 7s^2$ 227.02775(2)✦	+3 +4 90 Th 钍 $6d^2 7s^2$ 232.0377(4)	+3 +4 +5 91 Pa 镤 $5f^2 6d^1 7s^2$ 231.03588(2)	+2 +3 +4 +5 +6 92 U 铀 $5f^3 6d^1 7s^2$ 238.02891(3)	+3 +4 +5 +6 +7 93 Np 镎 $5f^4 6d^1 7s^2$ 237.04817(2)✦	+3 +4 +5 +6 +7 94 Pu 钚 $5f^6 7s^2$ 244.06421(4)✦	+2 +3 +4 +5 +6 95 Am 镅▲ $5f^7 7s^2$ 243.06138(2)✦	+3 +4 96 Cm 锔▲ $5f^7 6d^1 7s^2$ 247.07035(3)✦	+3 +4 97 Bk 锫▲ $5f^9 7s^2$ 247.07031(4)✦	+2 +3 +4 98 Cf 锎▲ $5f^{10} 7s^2$ 251.07959(3)✦	+2 +3 99 Es 锿▲ $5f^{11} 7s^2$ 252.0830(3)✦	+2 +3 100 Fm 镄▲ $5f^{12} 7s^2$ 257.09511(5)✦	+2 +3 101 Md 钔▲ $5f^{13} 7s^2$ 258.09843(3)✦	+2 +3 102 No 锘▲ $5f^{14} 7s^2$ 259.1010(7)✦	+3 103 Lr 铹▲ $5f^{14} 6d^1 7s^2$ 262.110(2)✦